高等学校教材

化工制图

熊洁羽 编

化学工业出版社

·北京·

全书共10章，包括机械制图基础和化学工程图样两大部分。机械制图基础内容包括：制图的基本知识和基本技能、投影基础、组合体和机件表达方法。化学工程图样内容包括：化工设备及管件的平面展开图、化工机械图、化工设备图、化工流程图、化工设备布置图和化工管道布置图。

本教材体系以投影基础为基础，以机件表达方法为中介，以化工图样为主线，将机械制图基础融入化工图样的教学内容中，基本实现了化工制图教学内容之间的有机衔接，使教学内容更趋于合理化。

本教材首次在国内以“国际通用设计体制和方法”的《化工设备设计文件编制规定——HG/T 20668—2000》、《管道仪表流程图设计规定——HG/T 20559—93》、《化工装置设备布置设计规定——HG/T 20546—92》、《化工装置管道布置设计规定——HG/T 20549—1998》对化工图样的要求编写教学内容，并且选择紧密联系化工生产实际的典型设备、流程、布置图作为图样示例，使得教学内容更加贴近实际且与国际接轨。

本书可作为高等学校化工类及相关专业的教学用书，也可供大专院校各有关专业师生以及化工企业工程技术人员参考。

图书在版编目(CIP)数据

化工制图/熊洁羽编. —北京：化学工业出版社，2007.1(2019.6重印)
高等学校教材
ISBN 978-7-5025-9890-7

Ⅰ.化… Ⅱ.熊… Ⅲ.化工机械-机械制图-高等学校-教材 Ⅳ.TQ050.2

中国版本图书馆CIP数据核字（2007）第002636号

责任编辑：程树珍　金玉连　　　　装帧设计：韩　飞
责任校对：李　林

出版发行：化学工业出版社（北京市东城区青年湖南街13号　邮政编码100011）
印　　装：大厂聚鑫印刷有限责任公司
787mm×1092mm　1/16　印张24¾　插页1　字数639千字　2019年6月北京第1版第9次印刷

购书咨询：010-64518888　　　　售后服务：010-64518899
网　　址：http://www.cip.com.cn
凡购买本书，如有缺损质量问题，本社销售中心负责调换。

定　　价：49.00元

前　言

化工图样是化学化工领域工程技术上用来表达设计思想和进行技术交流的主要手段，任何工程技术方案的实施都必须以此为依据，因此化工图样被喻为化工技术工作者交流技术思想的“共同语言”，也是高等学校化学化工及相关领域必开的一门专业基础课。

近年来，随着我国加入世贸组织及大量的化工工程项目国际化，为适应国际工程公司通用设计模式，原国家石油和化学工业局组织由全国化工工艺配管设计技术中心站和工艺系统设计技术中心站牵头，中国寰球化学工程公司、中国五环化学工程公司、中国天辰化学工程公司等参加，在总结国内外工程设计的实际经验基础上，编制了适用于“国际通用设计体制和方法”的一系列中华人民共和国化工设计行业标准，以促进我国化学工程设计与国际接轨。虽然近年来国内学者对化学工程图学教学内容进行了一些改革探索，但化工图样教学内容没有脱离 20 世纪 50 年代化工图样表达模式，不利于我国国际化的进程。因此，本人在多年教学经验和教学研究基础上，参照国际通用设计体制和方法的设计规定，并结合化工工程设计经验，对化学工程图学内容进行了较为系统的编著，旨在使我们培养的人才掌握国际通用设计体制和方法下的较为系统的化工图样基本知识和基本技能。

本教材具有以下特点。

(1) 本书体系以投影基础为基础，以机件表达方法为中介，以化工图样为主线，将机械制图基础融入化工图样的教学内容中，基本实现了化工制图教学内容之间的有机衔接，使教学内容更趋于合理化。特别适用于没有机械制图基础的化工类专业及轻化工、环境与食品工程、制药工程等相关专业使用。

(2) 传统的化工制图教程将化工图样分为化工设备图和化工工艺图，本教材为适应国际工程公司通用设计模式将化工图样分为化工设备及管件的平面展开图、化工机械图、化工设备图、化工流程图、化工设备布置图和化工管道布置图六部分，并对化工图样的表示方法进行较为详细且系统的介绍。

(3) 首次在国内以“国际通用设计体制和方法”的《化工设备设计文件编制规定——HG/T 20668—2000》、《管道仪表流程图设计规定——HG/T 20559—93》、《化工装置设备布置设计规定——HG/T 20546—92》、《化工装置管道布置设计规定——HG/T 20549—1998》对化工图样的要求编写化学工程图学教学内容，并且选择紧密联系化工生产实际的典型设备、流程、布置图作为图样示例，使得教学内容更加贴近实际且与国际接轨。

(4) 机械制图基础理论不强调完整、系统，而以化工图样的应用为目的，以必须和够用为度。

由于编者的水平有限，错误在所难免，欢迎读者批评指正。

编　者

2006 年 10 月

目　　录

第 1 章　制图的基本知识和基本技能

作为工程界共同语言的图样是用来进行信息交流的，规范性要求很高。为此，对于图纸、图线、字体、作图比例以及尺寸标注等国家标准均做出了严格规定，每个制图者都必须坚决遵守。本章对此择要介绍。

为了使绘图质量高、速度快，绘图者必须有坚实的基本功。本章对工具使用、绘图方法与步骤、基本几何作图和徒手绘图技能等做基本介绍。

1.1　制图的标准

《技术制图》国家标准是工程界重要的技术基础标准，是绘制和阅读机械图样的准则和依据。中国于 1959 年制订了国家标准《机械制图》，后来经过了几次修订。目前使用的是 1998 年修订的《技术制图》国家标准。

中国国家标准（简称国标）的代号为“GB”（“GB/T”为推荐性国标），字母后面的两组数字，分别表示标准顺序号和标准批准的年份，例如“GB/T 17451—1998　技术制图　图样画法　视图”即表示制图标准：图样画法的视图部分，顺序号为 17451，批准发布年份为 1998 年。

本节就图纸幅面和格式、比例、字体、图线等制图国标的有关规定做简要介绍，其他标准将在有关章节中叙述。

1.1.1　图纸幅面和格式（GB/T 14689—93）

1.1.1.1　图纸幅面

图纸幅面指的是图纸宽度与长度组成的图面。绘制技术图样时应优先采用表 1-1 所规定的基本幅面 $B \times L$。

表 1-1　图纸幅面及图框格式尺寸

幅面代号	A0	A1	A2	A3	A4
$B \times L$	841×1189	594×841	420×594	297×420	210×297
a	25				
c	10			5	
e	20		10		

必要时，也允许选用由基本幅面的短边成整数倍增加后所得出的加长幅面。在图 1-1 中，粗实线所示为基本幅面（第一选择）；细实线和虚线所示为加长幅面（第二选择和第三选择）。

绘图时，图纸可以竖用（短边水平）或横用（长边水平）。

1.1.1.2　图框格式

图纸上限定绘图区域的线框称为图框。在图纸上必须用粗实线画出图框，其格式分为不留装订边和留有装订边两种，但同一产品的图样只能采用一种格式。不留装订边的图纸，其图框格式如图 1-2；留有装订边的图纸，其图框格式如图 1-3；尺寸按表 1-1 规定。

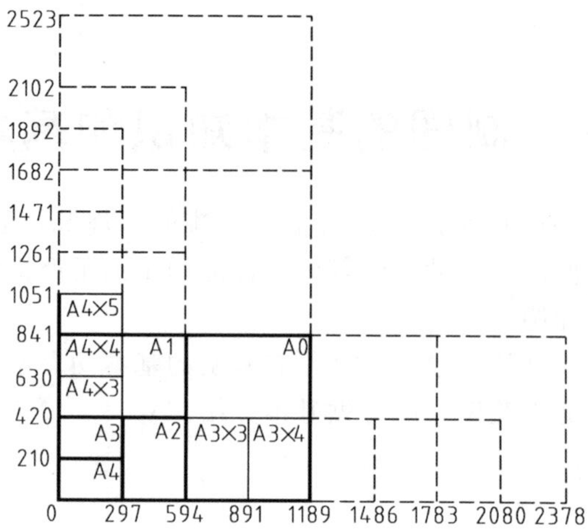

图 1-1 图纸幅面

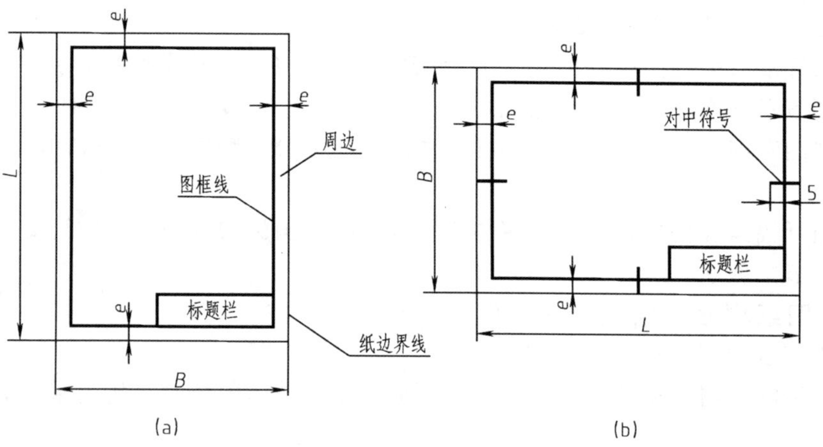

图 1-2 不留装订边的图框格式

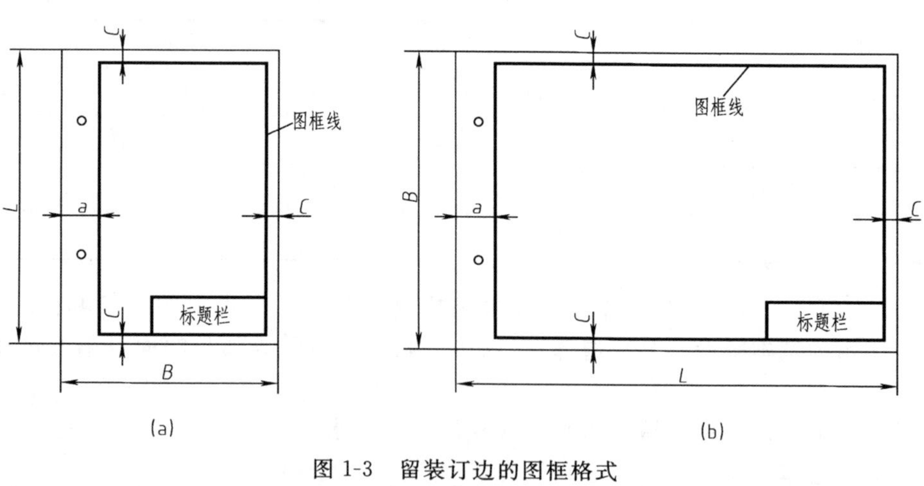

图 1-3 留装订边的图框格式

为了使图样复制和缩微摄影时定位方便，应在图纸各边（不是图框的边）的中点处分别画出对中符号，对中符号用粗实线绘制，线宽不小于 0.5mm，长度从纸边界线开始伸入图框内约 5mm，如图 1-2 所示。对中符号的位置误差应不大于 0.5mm。

1.1.1.3 标题栏

每张图纸上都必须画出标题栏。标题栏是由名称及代号区、签字区，更改区和其他区组成的栏目。标题栏可提供图样自身、图样所表达的产品及图样管理的若干信息，是图样不可缺少的内容。

GB/T 10609.1—1989 对标栏题的内容、格式和尺寸做了规定，见图 1-4 所示的格式。在学习本课程时可暂用图 1-5 所示格式。

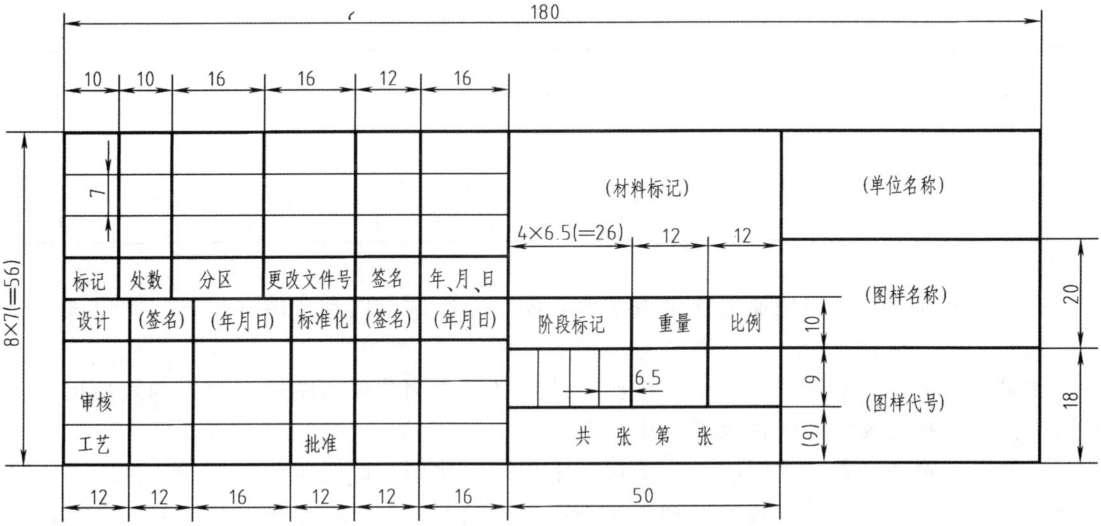

图 1-4 标题栏的尺寸和格式

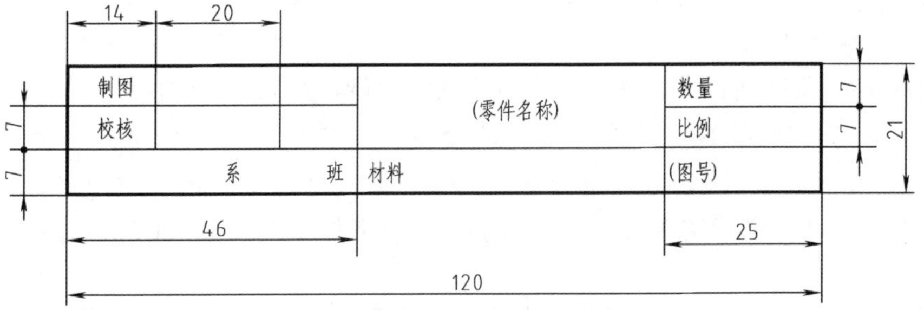

图 1-5 学生用标题栏格式

标题栏应位于图纸右下角，如图 1-2 和图 1-3 所示，标题栏的底边与下图框线重合，标题栏的右边与右图框线重合，标题栏中的文字方向通常为看图方向。

1.1.2 比例（GB/T 14690—93）

1.1.2.1 比例的概念

比例是指图中图形与实物要素的线性尺寸之比。图形画得和相应实物一样大小时，比例值为 1，称为原值比例；图形画得比相应实物大时，比例大于 1，称为放大比例；图形画得比相应实物小时，比值小于 1，称为缩小比例。

1.1.2.2 比例的选取

图家标准 GB/T 14690—93《技术制图　比例》对比例的选用做了规定。绘图时由表 1-2 规定的系列中选取适当的比例；必要时，也允许选取表 1-3 中的比例。

表 1-2　绘图比例（一）

种　类	比　例		
原值比例	1∶1		
放大比例	5∶1 5×10^n∶1	2∶1 2×10^n∶1	 1×10^n∶1
缩小比例	1∶2 1∶2×10^n	1∶5 1∶5×10^n	1∶10 1∶1×10^n

注：n 为正整数。

表 1-3　绘图比例（二）

种　类	比　例				
放大比例	4∶1 4×10^n∶1	2.5∶1 2.5×10^n∶1			
缩小比例	1∶1.5 1∶1.5×10^n	1∶2.5 1∶2.5×10^n	1∶3 1∶3×10^n	1∶4 1∶4×10^n	1∶6 1∶6×10^n

注：n 为正整数。

在绘制图样时尽可能用原值比例按实物真实大小绘制，以利读图和进行空间思维。

1.1.2.3　标注方法

比例的标记采用数学的比例式。按比例的定义，比例前项为图形中要素的线性尺寸，比例后项为实物相应要素的线性尺寸，中间为比号“∶”，如 1∶2，2∶1 等。

绘制同一物体的各个视图时，应尽可能采用同一比例，此时可将采用的比例统一填写在标题栏的比例栏中。当某个视图必须采用不同比例绘制时，可在视图名称下方或右侧标注出来，如$\frac{\text{I}}{2:1}$，$\frac{B—B}{5:1}$等。

1.1.3　字体（GB/T 14690—93）

1.1.3.1　基本要求

① 书写字体必须做到：字体工整、笔画清楚、间隔均匀、排列整齐。

② 字体高度（用 h 表示）必须规范，其公称尺寸系列为：1.8mm，2.5mm，3.5mm，5mm，7mm，14mm，20mm。如需书写更大的字，其高度应按$\sqrt{2}$的比率递增。

同高度的字体以不同号数称之，字体高度代表字体的号数，如 5mm 高的字体称为 5 号字。

③ 汉字应写成长仿宋字，并应采用中华人民共和国国务院正式公布推行的《汉字简化方案》中规定的简化字。汉字的字高 h 不应小于 3.5mm，其字宽一般为 $h/\sqrt{2}$（约 $0.7h$）。汉字示例见图 1-6 所示。书写的要点在于横平竖直，注意起落，结构均匀，填满方格。

④ 字母和数字分为 A 型和 B 型。A 型字体的笔画宽度（d）为字高（h）的十四分之一，B 型字体笔画宽度为字高的十分之一。在同一图样上只允许选用一种形式的字体。字母和数字可写成斜体或直体，注意全图统一。斜体字字头向右倾斜，与水平基准线成 75°。

A 型阿拉伯数字、罗马数字和拉丁字母的字体示例见图 1-7 和图 1-8。

1.1.3.2　综合应用的规定和建议

① 用作指数、分数、极限偏差、注脚等的数字及字母一般应采用小一号的字体。

② 图样中的数学符号、物理量符号、计量单位符号以及其他符号、代号，应分别符合国家的有关法令和标准的规定。

③ 字母和数字的 A 型字体较纤细挺秀，与汉字并列时比较协调，建议采用 A 型字体。

10号字

字体工整 笔画清楚 间隔均匀 排列整齐

7号字

横平竖直 注意起落 结构均匀 填满方格

5号字

技术制图机械电子汽车航空船舶土木建筑矿山井坑港口纺织服装

3.5号字

螺纹齿轮端子接线飞行指导驾驶舱位挖填施工引水通风闸阀坝棉麻化纤

图 1-6 长仿宋体例字

图 1-7 阿拉伯数字、罗马数字示例（A 型）

图 1-8 拉丁字母示例（A 型）

1.1.4 图线（GB/T 17450—98）

在绘制图样时，应根据表达的需要，采用相应的线型。

1.1.4.1 图线的型式及应用

图线的基本线型与应用见表 1-4。

表 1-4 图线的基本线型与应用

图线名称	图线型式	图线宽度	一般应用举例
粗实线		d	可见轮廓线
细实线		约 $d/2$	尺寸线及尺寸界线 剖面线 重合剖面的轮廓线
虚线		约 $d/2$	不可见轮廓线
细点画线		约 $d/2$	轴线 对称中心线 轨迹线
粗点画线		d	有特殊要求的线或表面
双点画线		约 $d/2$	相邻辅助零件的轮廓线 极限位置的轮廓线
波浪线		约 $d/2$	断裂处的波浪线 视图和剖视的分界线
双折线		约 $d/2$	断裂处的边界线

1.1.4.2　图线的宽度

所有线型的宽度（d）应按图样的类型和尺寸大小在下列系列中选择（该数系公比为 $1:\sqrt{2}\approx 1:1.4$）：0.13mm，0.18mm，0.25mm，0.35mm，0.5mm，0.7mm，1.0mm，1.4mm，2.0mm。

当图样中出现三类不同宽度的图线时，称为粗线、中粗线和细线，其宽度比率为 4∶2∶1。机械工程图样上采用两类线宽，称为粗线与细线，其宽度比例关系为 2∶1。在同一图样中，同类图线的宽度应一致，图 1-9 为图线应用示例。

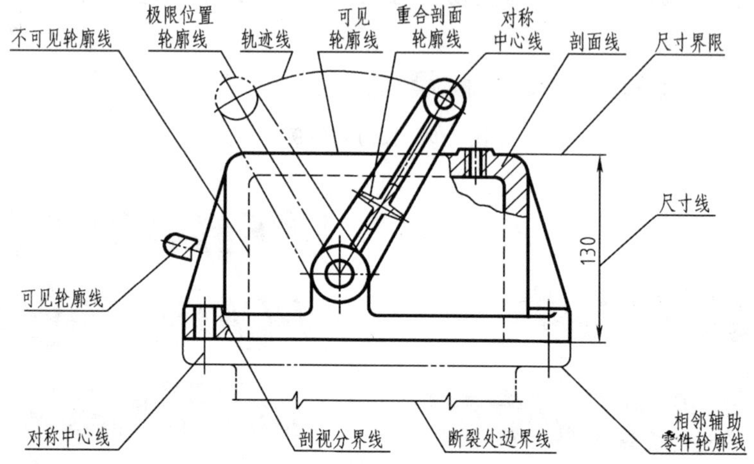

图 1-9　图线的应用示例

1.1.4.3　画线时注意事项

① 虚线、点画线、双点画线的线段长度和间隔应各自大致相等。图 1-10 为线型应用的示例。

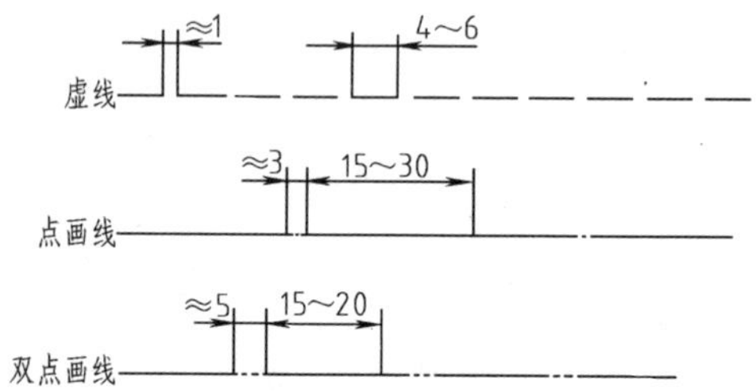

图 1-10　图线规格

② 绘制圆的对称中心线时，圆心应为线段与线段的交点；点画线应超出圆的轮廓线外 2～5mm，且轮廓线外不能出现点画线中的点。当所绘制的圆的直径较小，画点画线有困难时，中心线可用细实线代替。虚线、细点画线与其他图线相交时，都应交到线段处。当虚线处于粗实线的延长线上时，虚线与粗实线间应留有间隙。参阅图 1-11。

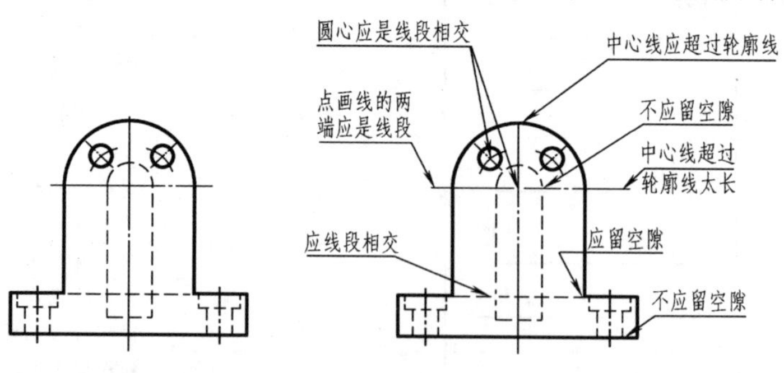

(a) 正确　　(b) 错误

图 1-11　画点画线和虚线应遵守的画法

1.2 制图工具

正确使用绘图工具和仪器是保证绘图质量和效率的一个重要方面，为此，必须养成正确使用制图工具及仪器的良好习惯。

常用的制图工具及仪器有图板、丁字尺、圆规、三角板等，如图 1-12 所示。

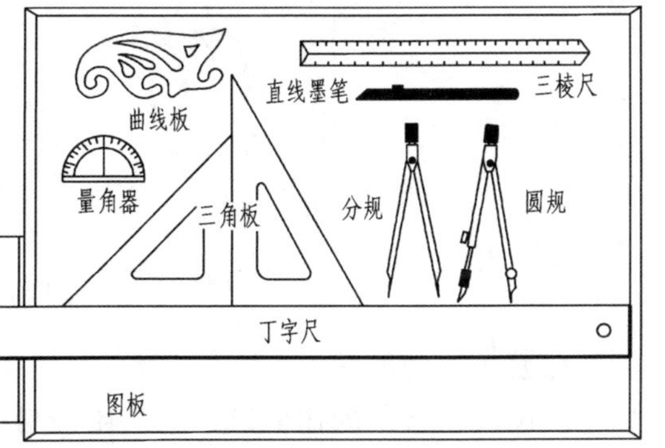

图 1-12 制图主要工具及仪器

制图用品包括铅笔、图纸、橡皮、胶带纸、小刀等。在制图前应把这些工具、仪器、用品准备齐全。

下面分别介绍各种工具及仪器的使用方法。

1.2.1 图板与丁字尺

图板用作画图时的垫板，要求表面平坦光洁，用作导边的左边必须平直，图纸用胶带纸固定在图板上。丁字尺与图板配合使用，主要用来画水平线，如图 1-13 所示。

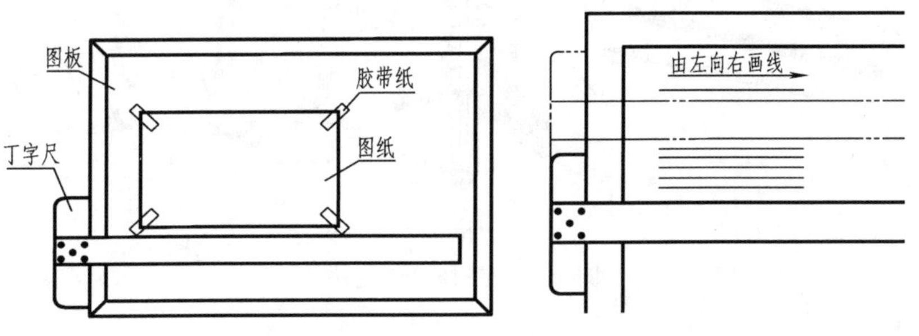

图 1-13 图板与丁字尺的用法

1.2.2 一字尺

一字尺的作用相当于丁字尺，因为有滑轮及绳子将其尺身固定，所以尺身始终保持水平位置，又能上下移动，且不脱离图板，所以用起来比较方便，如图 1-14 所示。

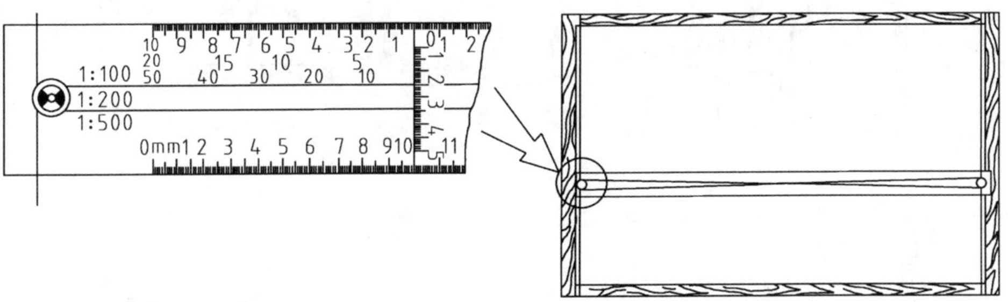

图 1-14 一字尺的用法

1.2.3 三角板

一副三角板有两块，一块是 45°三角板，一块是 30°和 60°三角板，三角板和丁字尺配合使用可以画垂直线和 30°、45°、60°以及 $n\times15°$的各种斜线，如图 1-15 所示。此外，利用一副三角板，还可以画出已知直线的平行线或垂直线。

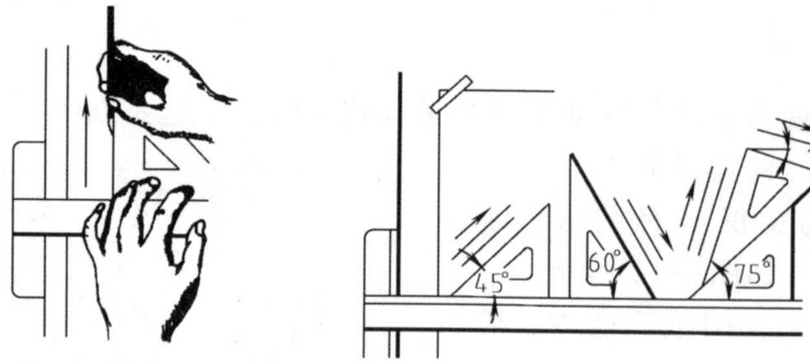

(a)　　(b)

图 1-15　三角板的用法

1.2.4　三棱尺

三棱尺是常用的比例尺，它只用来量取尺寸，不可用来画直线。在它的三个面上刻有六种不同比例的尺度，以便按规定比例来作图，不必另行计算。如图 1-16（a）所示。图 1-16（b）表示利用分规在三棱尺上截取长度，图 1-16（c）是把三棱尺放在图线上直接量取长度。

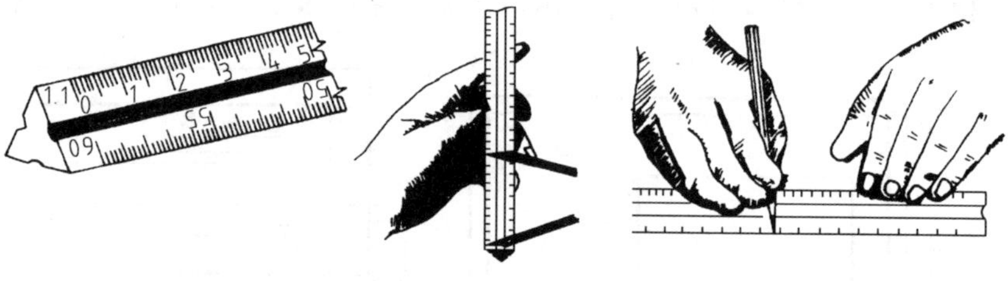

(a)　　(b)　　(c)

图 1-16　三棱尺的用法

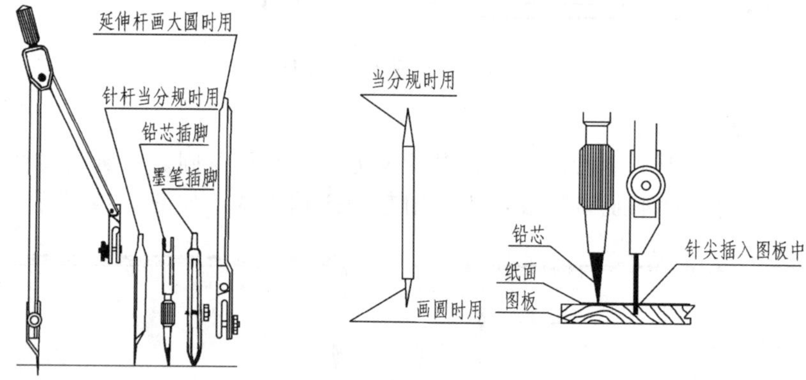

(a)　　(b)　　(c)

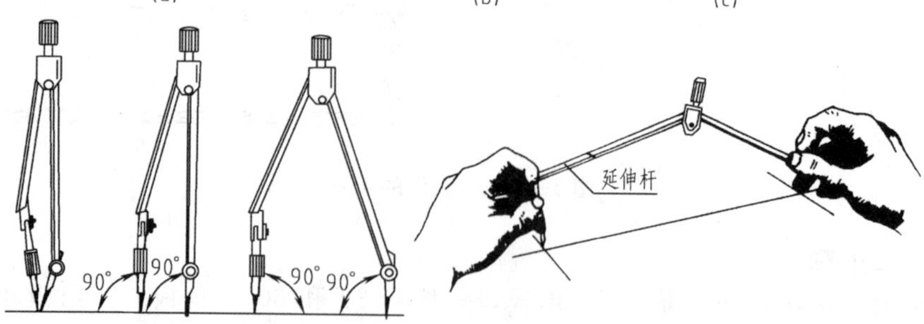

(d)　　(e)

图 1-17　圆规的用法

1.2.5 圆规

圆规用来画圆和圆弧，如图 1-17 所示。成套的圆规有三只插脚和一支延伸杆，见图 1-17（a）；圆规自身的针有两个尖端，见图 1-17（b）；图 1-17（c）表示画圆弧时，针尖插入图板的情况；图 1-17（d）表示画不同直径的圆弧时，针尖、插脚与纸面的相对位置，即必须处于垂直位置；图 1-17（e）表示用延伸杆画大圆弧的情况。

1.2.6 分规

分规用以截取尺寸，如图 1-18 所示。先用分规在三棱尺上量取所需尺寸［图 1-18（a)］，然后再量到图纸上去［图 1-18（b)］。

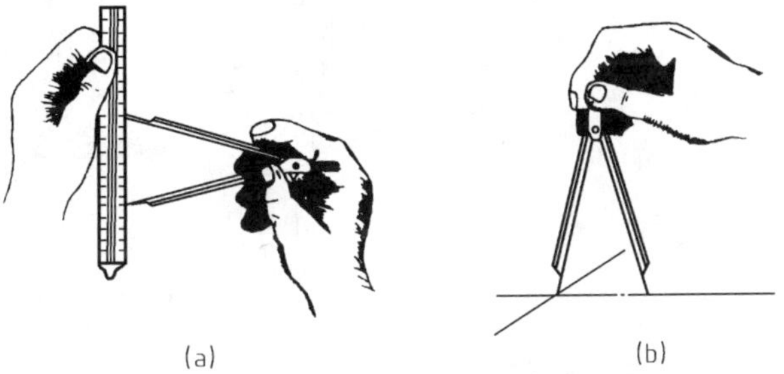

图 1-18 分规的用法

1.2.7 直线墨笔

直线墨笔是描图时上墨线的主要工具，如图 1-19 所示。也可以通过计算机绘图直接绘在描图纸上，描图结果可以晒成蓝图。直线墨笔叶片部分的结构见图 1-19（a），其上调节螺钉用来调节两叶片之间的距离；往叶片内加注墨水时应用图 1-19（b）所示细管，注意不要染及叶片外侧，更不要将直线墨笔直接插入墨水瓶内，装墨高度约为 5～8mm，为了避免移动尺时拖渗墨汁，应用图 1-19（c）所示的斜角尺来画直线；画线时，直线墨笔应与纸面垂直，且笔杆应稍微倾斜于画线方向，如图 1-19（d）、（e）所示；图 1-19（f）所示为不正确的画线方法，由于直线墨笔与纸面没有垂直，因此所画线条很不光滑。

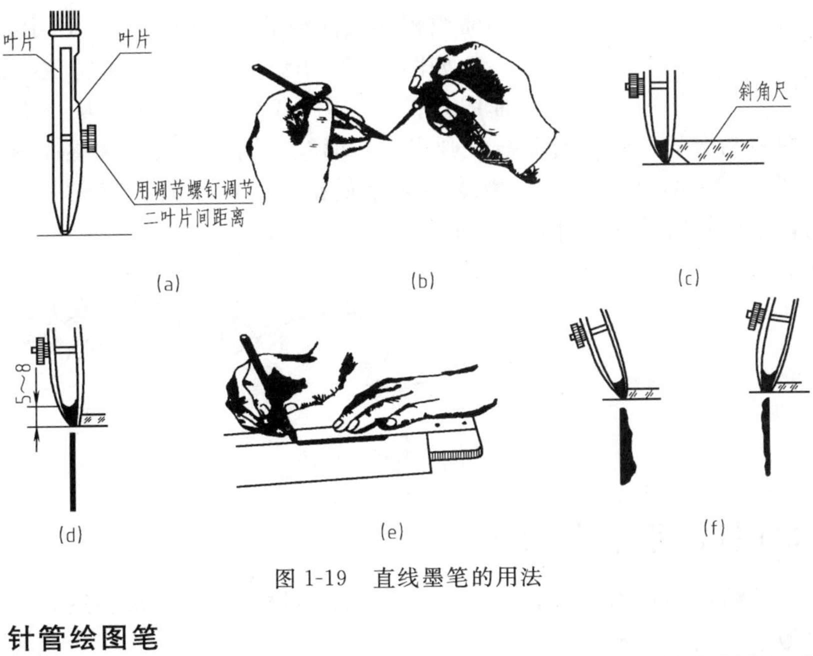

图 1-19 直线墨笔的用法

1.2.8 针管绘图笔

针管绘图笔（图 1-20）是带有储水装置的上墨工具，适用于技术制图、描图描字、模板绘图、美术设计等。由于使用方便，储水量大，生产、设计单位已常用针管笔代替储水量小的直线墨笔进行描图。

中国已有0.2～1.2mm的9种针管笔，可供描绘不同粗细的各种图线使用。所用墨水是专用的碳素墨水。画线时笔杆倾斜度约为80°，不能反方向画线。图1-20（a）表示配合直尺画直线。装上连接杆，可用以与模板配合绘图、写字，如图1-20（b）所示。利用圆规插入圆规脚内，可以画圆，如图1-20（c）和图1-20（d）所示。

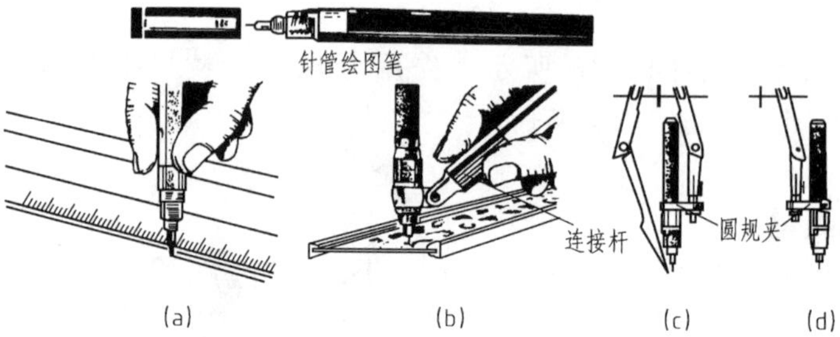

图1-20　针管绘图笔

1.2.9　铅笔

绘图用铅笔的铅芯分别用B和H表示其软、硬程度。绘图时根据不同使用要求，应备有以下几种硬度不同的铅笔：B或2B——画粗实线用；H或HB——写字用；H或2H——画细线用。

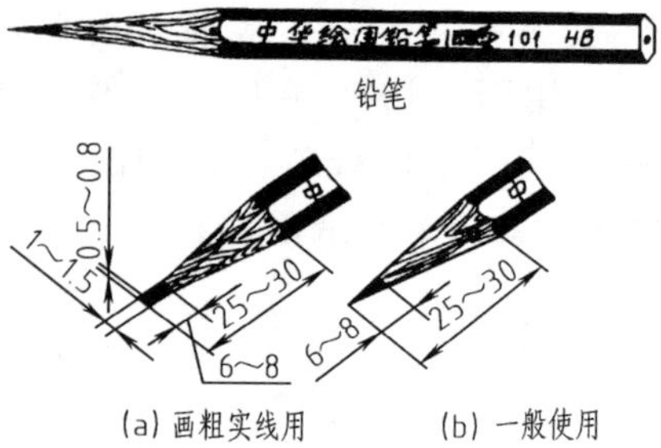

图1-21　铅笔

画粗实线的铅笔芯磨成凿形，见图1-21（a），其余可磨成锥形，见图1-21（b）。

1.2.10　曲线板

曲线板用来画非圆曲线，已知曲线上的一系列点，用曲线板连成曲线的画法如图1-22所示。

如图1-22（b）所示，先徒手将这些点轻轻地连成曲线；接着如图1-22（c）所示，从一端开始，找出曲线板上与所画曲线吻合的一段，沿曲线板画出这段曲线；用同样的方法逐段描绘曲线，直到最后一段，如图1-22（d）所示。值得注意的是前后描绘的两段曲线应有一小段（不少于三点）是重合的，这样描绘的曲线才能保证圆滑。

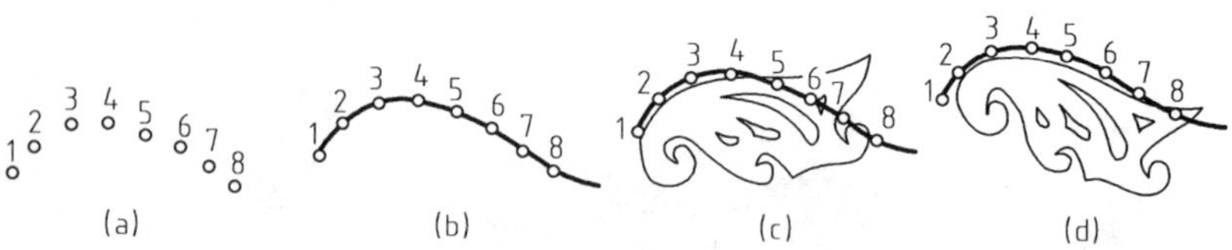

图1-22　曲线板用法

1.3　尺寸标注基本规则

图样中，零件结构形状用视图表示，零件大小则通过标注尺寸来表达。国标中对尺寸标注的基本方法做了一系列规定，必须严格遵守。

1.3.1　基本规定

① 图样中的尺寸，以mm为单位时，不需注明计量单位代号或名称。若采用其他单位则必须标注相应计量单位或名称（如35°30′）。

② 图样上所注的尺寸数值是零件的真实大小，与图形大小及绘图的准确度无关。

③ 零件的每一尺寸，在图样中一般只标注一次。

④ 图样中所注尺寸是该零件最后完工时的尺寸，否则应另加说明。

1.3.2 尺寸要素

一个完整的尺寸，包含下列四个尺寸要素。

1.3.2.1 尺寸界线

尺寸界线用细实线绘制，见图 1-23（a）。尺寸界线一般是图形轮廓线、轴线或对称中心的延长线，超出尺寸线终端约 2～3mm。也可直接用轮廓线、轴线或对称中心线做尺寸界线。尺寸界线一般与尺寸线垂直，必要时允许倾斜。

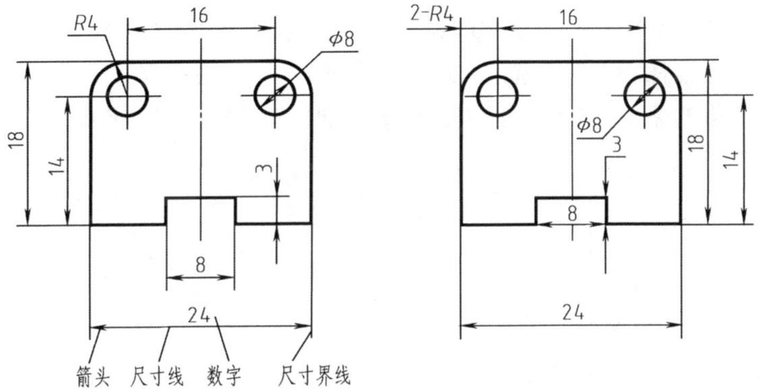

(a) 正确　　(b) 错误

图 1-23　尺寸的组成及尺寸标注正误对比

1.3.2.2 尺寸线

尺寸线用细实线绘制，见图 1-23（a）。尺寸线必须单独画出，不能与图线重合或在其延长线上，如图 1-23（b）中尺寸 3 和 8 的尺寸线，并应尽量避免尺寸线之间及尺寸线与尺寸界线之间相交，图 1-23（b）中尺寸 14 和 18 标注不好。

标注线性尺寸时，尺寸线必须与所标注的线段平行，相同方向的各尺寸线的间距要均匀，间隔应大于 5mm，以便注写尺寸数字和有关符号。

1.3.2.3 尺寸线终端

尺寸线终端有两种形式，箭头或细斜线，如图 1-24 所示；箭头适用于各种类型的图形，箭头尖端与尺寸界线接触，不得超出也不得离开，见图 1-25。

细斜线的方向和画法如图 1-24 所示。当尺寸线终端采用斜线形式时，尺寸线与尺寸界线必须相互垂直，并且同一图样中只能采用一种尺寸线终端形式。

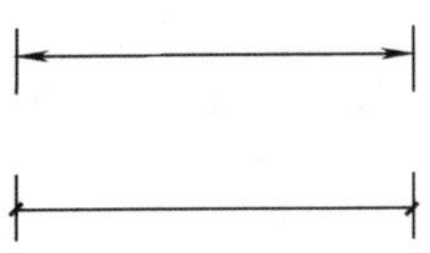

图 1-24　尺寸线终端两种形式

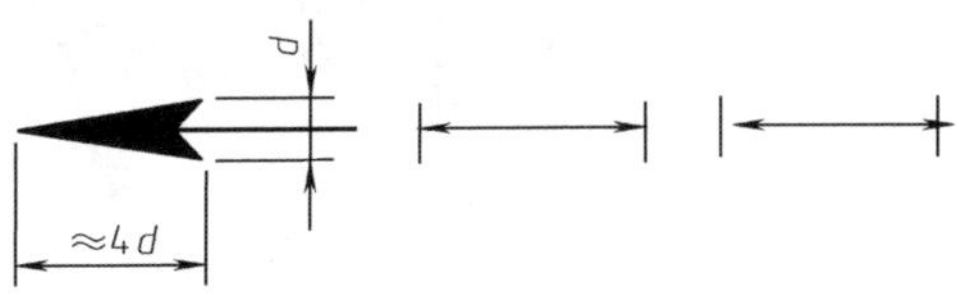

(a) 箭头画法　　(b) 正确注法　　(c) 错误注法

图 1-25　箭头画法对比

1.3.2.4　尺寸数字

线性尺寸的数字一般注写在尺寸线上方或尺寸线中断处。同一图样内字号大小一致，位置不够可引出标注。尺寸数字前的符号区分不同类型的尺寸：

Φ——直径、R——半径、S——球面、t——板状零件厚度、□——正方形、◁（或▷）——锥度、±——正负偏差、×——参数分隔符（如 M10×1，槽宽×槽深等）、∠（或⦣）——斜度、-——连字符（如 4-Φ10、M10×1-6H）、∨——埋头孔、EQS——均布等。

1.3.3　各类尺寸注法示例

1.3.3.1　线性尺寸的注法

标注线性尺寸时，尺寸线必须与所标注的线段平行。尺寸界线一般应与尺寸线垂直（必要时才允许倾斜），并超出尺寸线 2～3mm。线性尺寸的数字应按图 1-26（a）中所示的方向注写，并尽可能避免在图示 30°的范围内标注尺寸，当无法避免时，可按图 1-26（b）所示的方法进行标注。总的来看，当尺寸线呈垂直方向时，尺寸数字字头朝左，其余方向时，字头有朝上趋势。

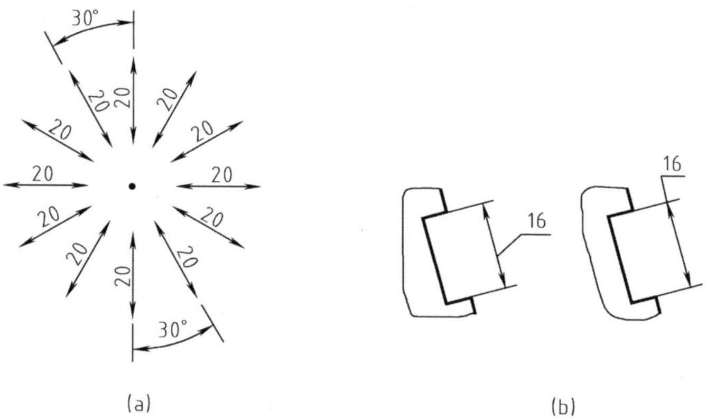

图 1-26　线性尺寸的数字

1.3.3.2　角度尺寸注法

标注角度时，尺寸界线应沿径向引出，尺寸线画成圆弧，圆心是角的顶点。尺寸数字一律水平书写，即字头永远朝上，一般注在尺寸线的中断处，如图 1-27（b）所示，必要时也可按图 1-27（c）的形式标注。角度尺寸必须注明单位。

1.3.3.3　圆、圆弧及球面尺寸的注法

① 标注圆的直径时，应在尺寸数字前加注符号“Φ”；标注圆弧半径时，应在尺寸数字

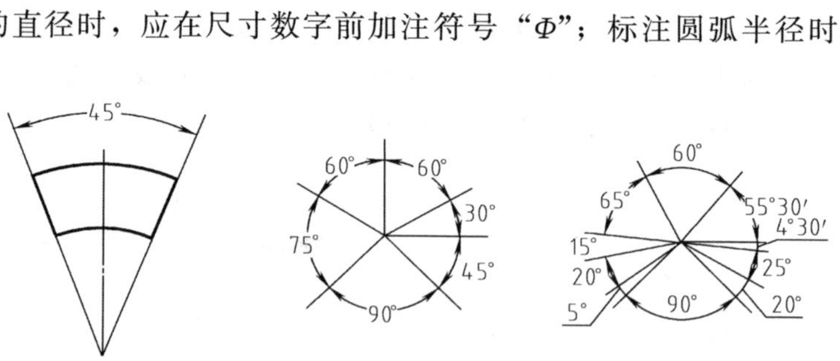

图 1-27　角度尺寸注法

前加注符号“*R*”。圆的直径和圆弧半径的尺寸线终端应画成箭头，并按图 1-28 所示的方法标注。

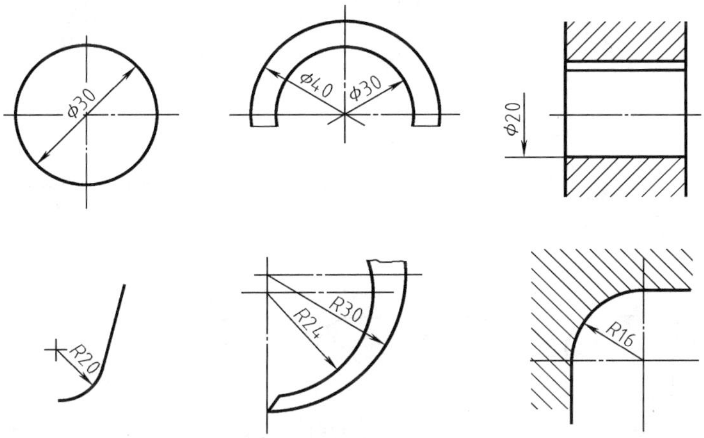

图 1-28　圆及圆弧尺寸的注法

② 当圆弧的半径过大或在图纸范围内无法按常规标出其圆心位置时，可按图 1-29（a）的形式标注；若不需要标出其圆心位置时，可按图 1-29（b）的形式标注。

③ 标注球面的直径或半径时，应在尺寸数字前分别加注符号“*SΦ*”或“*SR*”，如图 1-30 所示。

④ 圆、圆弧以及球面的尺寸数字均按图 1-30（a）所示的方法标注。

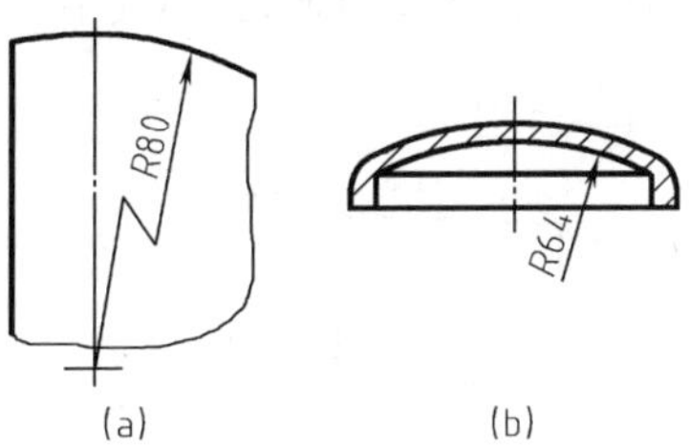

图 1-29　大圆弧尺寸的注法

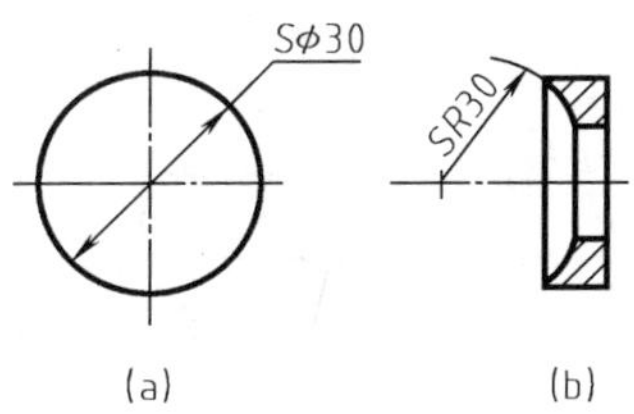

图 1-30　球面的尺寸注法

1.3.3.4　小尺寸的注法

对于小尺寸在没有足够的位置画箭头或注写数字时，箭头可画在外面，或用小圆点代替两个箭头，尺寸数字也可采用旁注或引出标注，如图 1-31 所示。

1.3.3.5　弦长和弧长的标注

如图 1-32 所示，标注弦长时，尺寸界线应平行于弦的垂直平分线。标注弧长尺寸时，尺寸线用圆弧，并应在尺寸数字左方加注符号“⌒”。

1.3.3.6　其他结构尺寸的注法

（1）光滑过渡处的尺寸注法　如图 1-33 所示，在光滑过渡处，必须用细实线将轮廓线延长，并从它们的交点引出尺寸界线。尺寸界线一般应与尺寸线垂直，必要时允许倾斜。尺寸线应平行与两交点的连线。

（2）锥度和斜度的标注　斜度、锥度的标注方法见图 1-34，标注符号的方向应与斜度、锥度的方向一致。锥度也可注在轴线上。一般不需在标注锥度的同时，再注出其角度值（α 为圆锥角）；如有必要，在括号中注出其角度值。斜度和锥度的标注方法如图 1-34 所示，符号的线宽为 $h/10$，h 为字高。

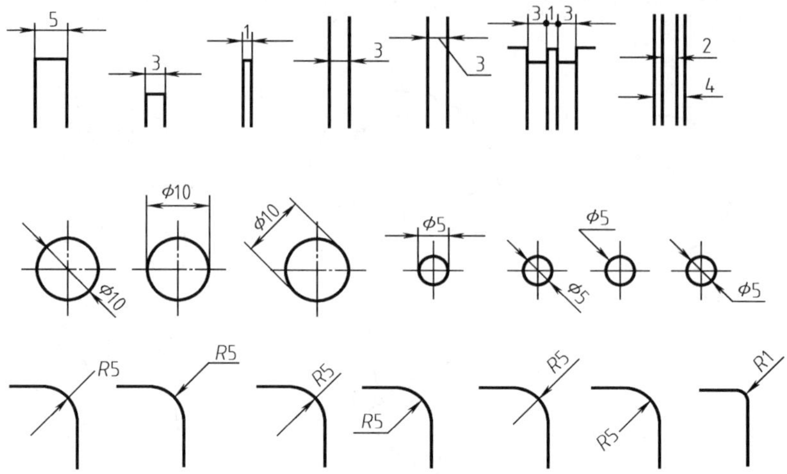

图 1-31　小尺寸的注法

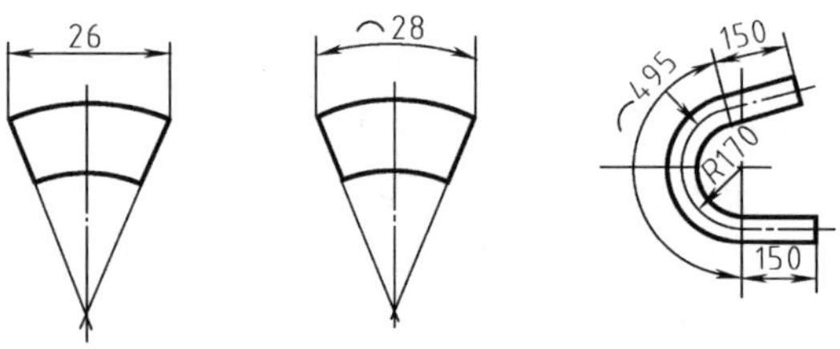

图 1-32　弦长、弧长的标注

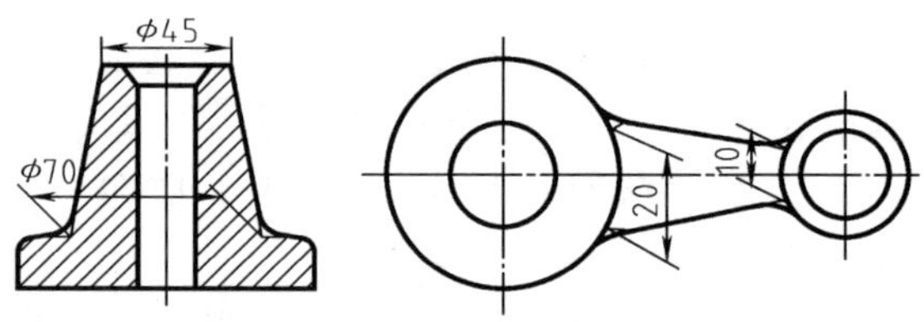

图 1-33　光滑过渡处的尺寸标注

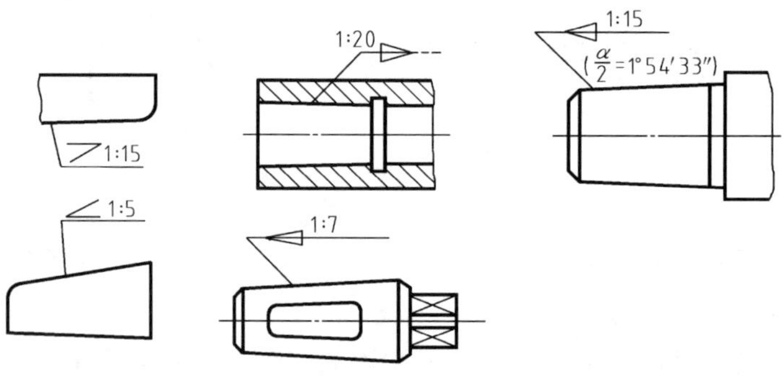

图 1-34　锥度和斜度的标注方法

(3) 板状零件和正方形结构的注法　如图 1-35 所示，标注板状零件的尺寸时，在厚度的尺寸数字前加注符号“t”。如图 1-36 所示，标注机件的断面为正方形结构的尺寸时，可在边长尺寸数字前加注符号“□”，或用 14×14 代替□14。图中相交的两条细实线是平面符号（当图形不能充分表达平面时，可用这个符号表达平面）。

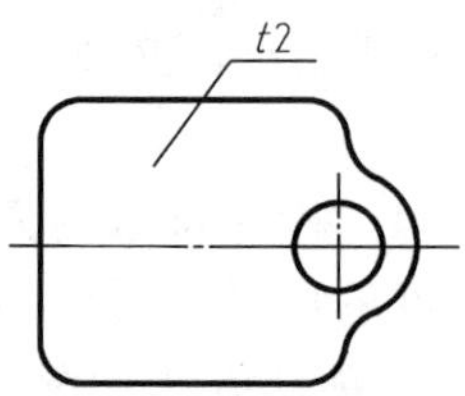

图 1-35　板状零件厚度的标注

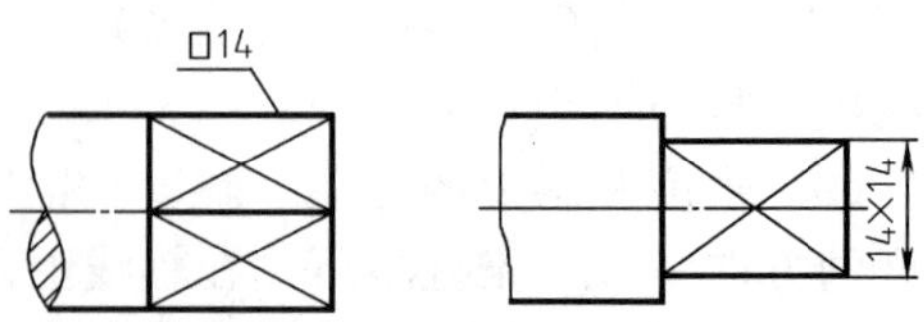

图 1-36　正方形结构的尺寸标注

1.4 几何作图

虽然机件的轮廓形状是多种多样的，但它们的图样基本上都是由直线、圆弧和其他一些曲线所组成的几何图形，因而在绘制图样时，经常要运用一些最基本的几何作图方法。

1.4.1 圆内接正多边形的画法

圆内接正五边形和正六边形的作法分别见图 1-37 和图 1-38。

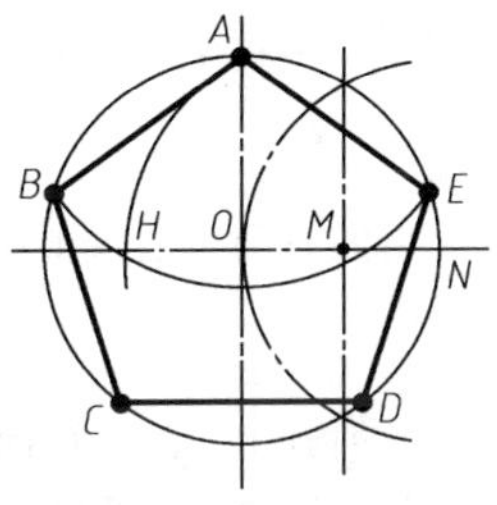

图 1-37 正五边形作法

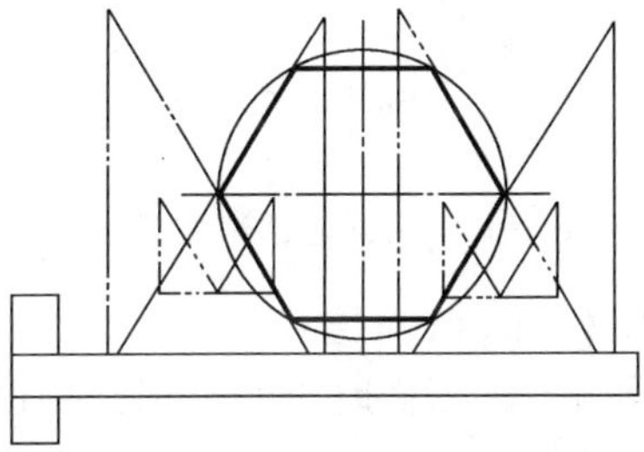

图 1-38 正六边形作法

在图 1-37 中，作水平线 ON 的中点 M，以点 M 为圆心、MA 为半径作弧，交水平中心线于 H。以 AH 为边长，即可作出圆内接正五边形。

在图 1-38 中，用 60°三角板配合丁字尺通过水平直径的端点作四条边，再以丁字尺作上、下水平边；或以半径长为边长，即可作出圆内接正六边形。

1.4.2 斜度和锥度

一直线对另一直线或一平面对另一平面的倾斜程度，称为斜度，在图样中以 1∶n 的形式标注。图 1-39 为斜度 1∶6 的作法：由点 A 在水平线 AB 上取六个单位长度得点 D，过点 D 作 AB 的垂线 DE，取 DE 为一个单位长，连 A 和 E，即得斜度为 1∶6 的直线。

正圆锥底圆直径与圆锥高度之比，称为锥度，在图样中常以 1∶n 的形式标注。图 1-40 为锥度 1∶6 的作法：由点 S 在水平线上取六个单位长得 O；由 O 作 SO 的垂线，分别向上和向下量取半个单位长度，得 A、B 两点；分别过点 A、B 与点 S 相连，即得 1∶6 的锥度。

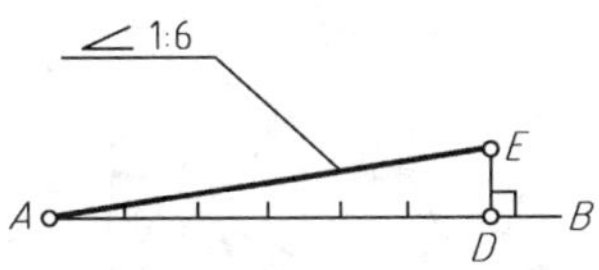

图 1-39 斜度作法

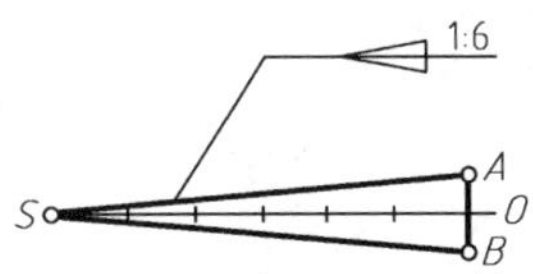

图 1-40 镀度作法

1.4.3 椭圆的画法

绘图时，除了直线和圆弧外，也会遇到一些非圆曲线。在此对椭圆的常用画法做些介绍。

(1) 同心圆作椭圆的画法（同心圆法） 图 1-41 给出了由长、短轴画椭圆的方法：以 O 为圆心、长半轴 OA 和短半轴 OC 为半径分别作圆；过圆心 O 作若干射线与两圆相交，由各交点分别作与长、短轴平行的直线，即可相应地得到椭圆上的各点。最后，把椭圆上的各个点用曲线板连接成椭圆。

(2) 椭圆的近似画法（四心圆弧法） 图 1-42 中是利用长、短轴作椭圆的一种近似画法：连长、短轴的端点 A、C，取 $CE_1=CE=OA-OC$；作 AE_1 的中垂线与两轴分别交于点 O_1、O_2；分别取 O_1、O_2 对轴线的对称点 O_3、O_4；最后分别以点 O_1、O_2、O_3、O_4 为圆心，

O_1A、O_2C、O_3B、O_4D 为半径作圆弧，这四段圆弧就近似地代替了椭圆，圆弧间的连接点为 K、N、N_1、K_1。这种作椭圆方法主要应用于轴测图画法中。

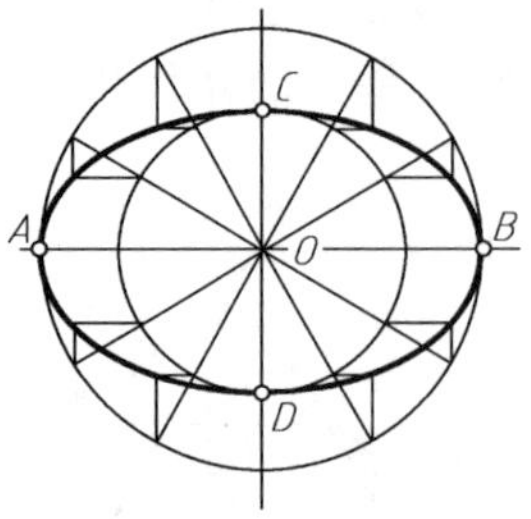

图 1-41 用同心圆法作椭圆

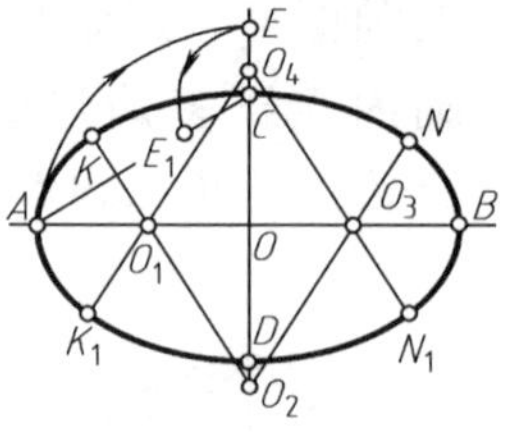

图 1-42 用四心圆弧法近似画椭圆

1.4.4 圆弧连接

在绘制工程图样时，经常遇到用圆弧来光滑连接已知直线或圆弧情况，光滑连接也就是在连接点处相切。为了保证相切，在作图时就必须准确地作出连接圆弧的圆心和切点。

圆弧连接有三种情况：用已知半径为 R 的圆弧连接两条已知直线；用已知半径为 R 的圆弧连接两已知圆弧，其中有外连接和内连接之分；用已知半径为 R 的圆弧连接一已知直线和一已知圆弧。下面就各种情况做简要地介绍。

1.4.4.1 圆弧与两已知直线连接的画法

已知两直线以及连接圆弧的半径 R，求作两直线的连接弧。作图过程如图 1-43 所示。

要画一个圆弧，必须知道半径和圆心的位置，如果只知道圆弧半径，圆心要用作图法求得，这样画出的圆弧为连接弧。

① 求连接弧的圆心：作与已知两直线分别相距为 R 的平行线，交点 O 即为连接弧圆心。

② 求连接弧的切点：从圆心 O，分别向两直线作垂线，垂足 M、N 即为切点。

③ 以 O 为圆心，R 为半径在两切点 M、N 之间作圆弧，即为所求连接弧。

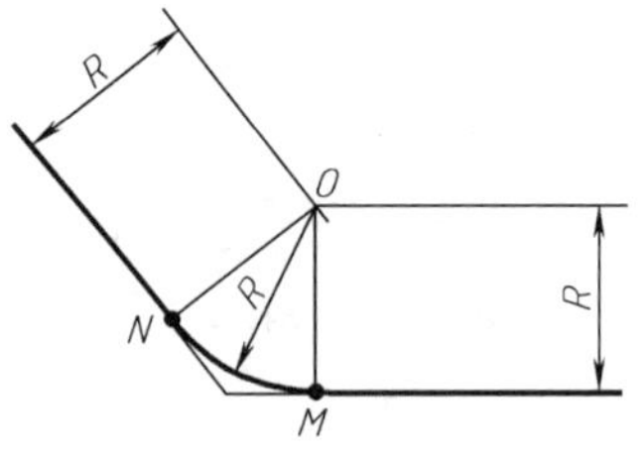

图 1-43 圆弧连接两直线的画法

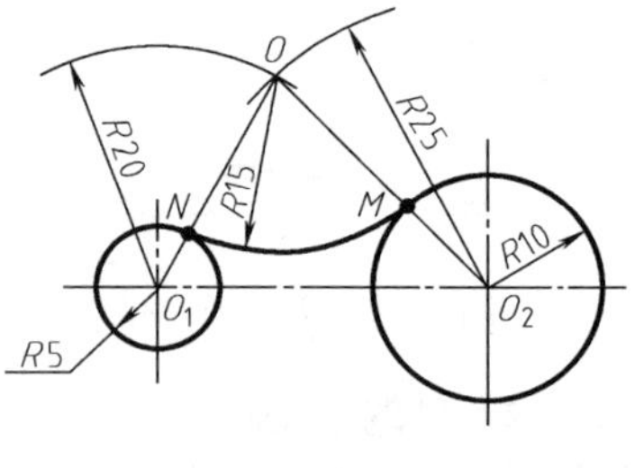

图 1-44 圆弧与两圆弧外连接画法

1.4.4.2 圆弧与两圆弧外连接的画法

已知两圆圆心 O_1、O_2 及其半径 $R5$、$R10$，用半径为 15 的圆弧外连接两圆。作图过程如图 1-44 所示。

① 求连接弧的圆心：以 O_1 为圆心，$R=5+15=20$ 为半径画弧，以 O_2 为圆心，$R=10+15=25$ 为半径画弧，两圆弧的交点 O 即为连接弧的圆心。

② 求连接弧的切点：连接 O、O_1，得点 N，连接 O、O_2 得点 M。点 M、N 为切点。

③ 以 O 为圆心，$R15$ 为半径画圆弧$\overset{\frown}{MN}$，$\overset{\frown}{MN}$即为所求连接弧。

1.4.4.3　圆弧与两圆弧内连接的画法

已知两圆圆心 O_1、O_2 及其半径 $R5$、$R10$，用半径为 30 的圆弧内连接两圆。作图过程如图 1-45 所示。

① 求连接弧的圆心：以 O_1 为圆心，$R_1=30-5=25$ 为半径画弧，以 O_2 为圆心，$R_2=30-10=20$ 为半径画弧，两圆弧的交点 O 即为连接弧的圆心。

② 求连接弧的切点：连接 O、O_1，得点 N，连接 O、O_2 得点 M，点 M、N 即为切点。

③ 以 O 为圆心，$R30$ 为半径画圆弧$\overset{\frown}{MN}$。$\overset{\frown}{MN}$即为所求的连接弧。

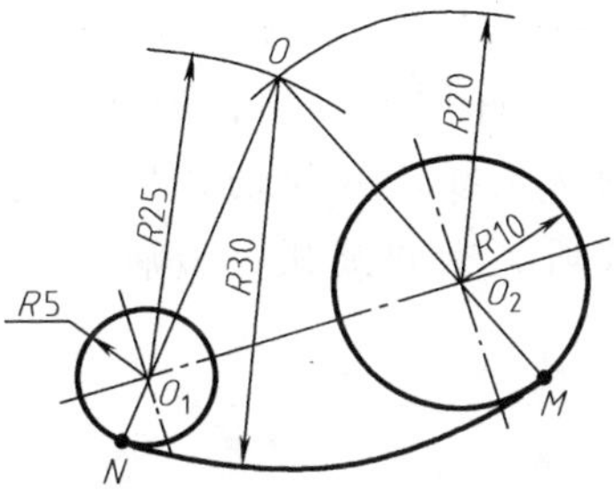

图 1-45　圆弧与两圆弧内连接的画法

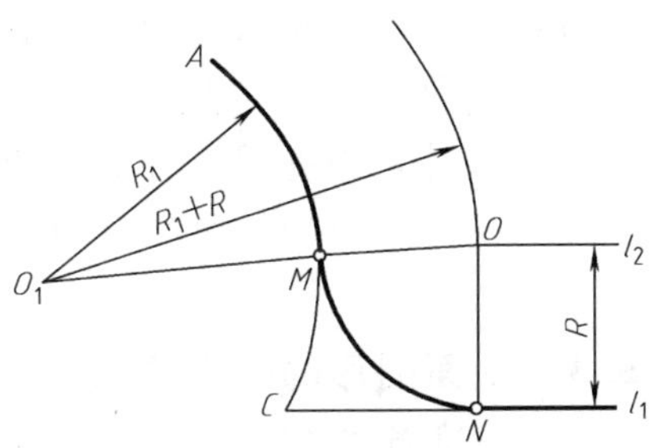

图 1-46　圆弧与圆弧、直线连接的画法

1.4.4.4　圆弧与圆弧、直线连接的画法

已知圆心为 O_1、半径为 R_1 的圆弧和直线 l_1，用半径为 R 的圆弧把圆心为 O_1，半径为 R_1 的圆弧和直线 l_1 连接起来。图解过程如图 1-46 所示。

① 求连接弧的圆心：作直线 l_1 的平行线 l_2，两平行线间的距离为 R，以 O_1 为圆心，$R+R_1$ 为半径画圆弧，直线 l_2 与圆弧的交点 O 即为所求连接弧的圆心。

② 求连接圆弧的切点：从点 O 向直线 l_1 作垂线得垂足 N，连接 OO_1 与已知弧相交得交点 M，点 M 和点 N 即为切点。

③ 以 O 为圆心，R 为半径作圆弧$\overset{\frown}{MN}$，$\overset{\frown}{MN}$即为所求的连接弧。

1.5　平面图形

画平面图形之前，要对图形进行尺寸分析和线段分析，以便明确平面图形的作图步骤。

1.5.1　尺寸分析

平面图形中的尺寸，按其作用可分为以下两类。

(1) 定形尺寸　确定平面图形中各线段形状大小的尺寸称为定形尺寸。如线段的长度、圆或圆弧的直径和半径以及角度大小等，图 1-47 中的 15、$\Phi20$、$R10$、$R12$ 等均为定形尺寸。

(2) 定位尺寸　确定平面图形中线段或线框间相对位置的尺寸。如图 1-47 中，8 是确定 $\Phi5$ 圆心位置的尺寸；75 则间接地确定了 $R10$ 的圆心位置，同时也是手柄长度的定形尺寸。

定位尺寸通常以图形的对称线、中心线或某一轮廓线作为标注尺寸的起点，这个起点叫做基准，如图 1-47 中的 A 和 B。

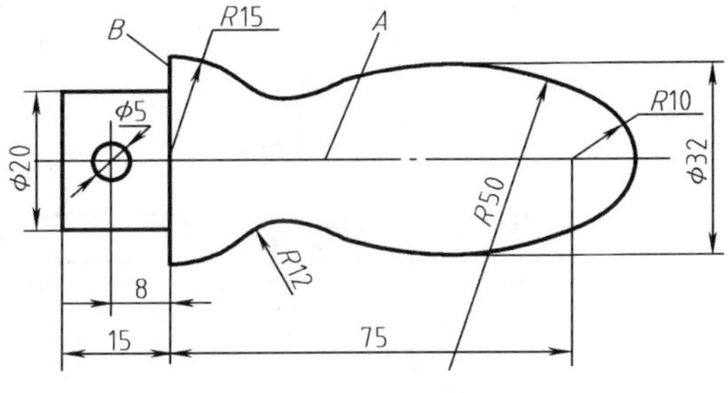

图 1-47　手柄示例

1.5.2　线段分析

平面图形中的线段（直线或圆弧），根据

其定位尺寸的完整与否，可分为以下三类。

(1) 已知线段　具有定形尺寸和齐全的定位尺寸的线段称为已知线段。具有圆弧半径或直径大小和圆心的两个定位尺寸的圆弧称为已知圆弧，如图 1-47 中的 $R15$、$R10$。

(2) 中间线段　具有定形尺寸和不齐全的定位尺寸的线段称为中间线段。具有圆弧半径或直径大小和圆心的一个定位尺寸的圆弧称为中间圆弧，如图 1-47 中的 $R50$。

(3) 连接线段　只有定形尺寸没有定位尺寸的线段称为连接线段。只有圆弧半径或直径大小没有圆心定位尺寸的圆弧称为连接圆弧，如图 1-47 中的 $R12$。

作图时，由于已知圆弧有两个定位尺寸，故可直接画出；中间圆弧虽然缺少一个定位尺寸，但它总是和一个已知线段相连接，利用相切的条件便可画出；连接圆弧则由于缺少两个定位尺寸，因此，唯有借助于它和已经画出的两条线段的相切条件才能画出来。因此，画图时应先画已知线段、已知圆弧；再画中间线段、中间圆弧；最后画连接线段、连接圆弧。

1.5.3　平面图形的作图方法

1.5.3.1　准备工作

① 确定比例，选用图幅、固定图纸。

② 画出图框和标题栏。

③ 分析图形的尺寸与线段，拟定作图步骤。

1.5.3.2　绘制底稿

① 画底稿步骤，画作图基准线确定图形位置，依次画出已知线段、中间线段和连接线段，见图 1-48。

② 检查、修改和清理图形，符合要求后，描深全图。

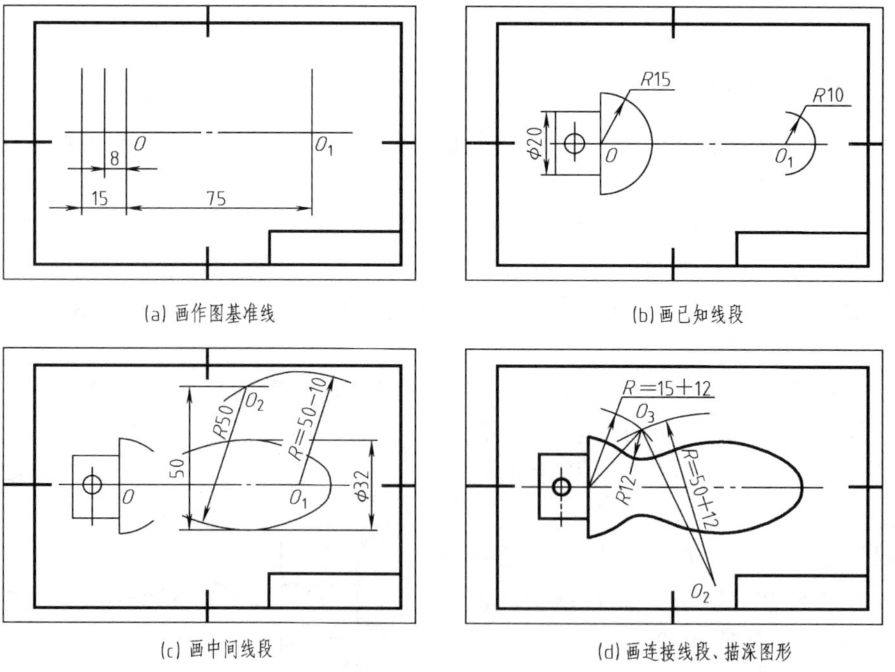

图 1-48　底稿步骤

1.6 徒手草图

1.6.1 草图的概念

草图是不借助仪器，仅用铅笔以徒手、目测的方法绘制的图样。由于绘制草图迅速简便，有很大的实用价值，常用于创意设计、测绘机件和技术交流中。

草图不要求按照国标规定的比例绘制，但要求正确目测实物形状及大小，基本上把握住形体各部分间的比例关系。判断形体间比例要从整体到局部，再由局部返回整体，相互比较。如一个物体的长、宽、高之比为 4∶3∶2，画此物体时，就要保持物体自身的这种比例。

草图不是潦草的图，除比例一项外，其余必须遵守国家标准规定，要求做到图线清晰，粗细分明，字体工整等。为便于控制尺寸大小，经常在网格纸上画徒手草图，网格纸不要求固定在图板上，为了作图方便可任意转动或移动。

1.6.2 草图的绘制方法

1.6.2.1 画直线

水平直线应自左向右，铅垂线应自上而下画出，眼视终点，小指压住纸面，手腕随线移

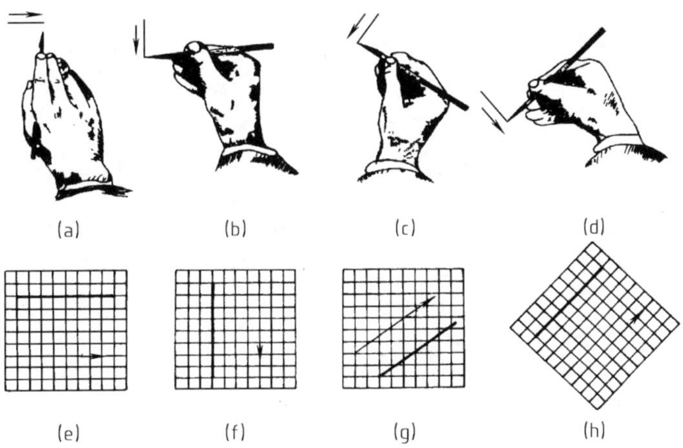

图 1-49 草图画线

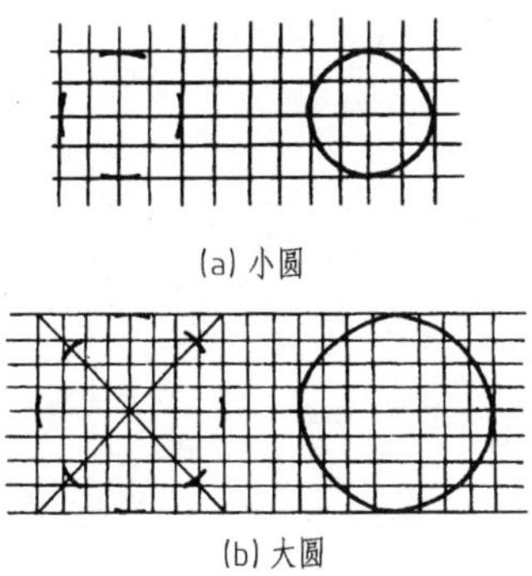

图 1-50 草图画圆

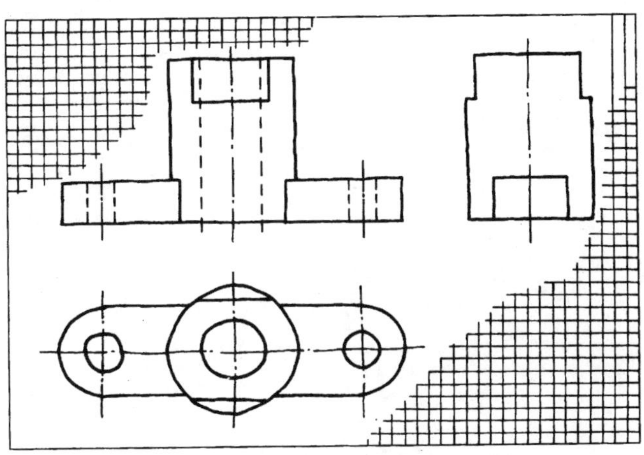

图 1-51 草图示例

动。画水平线和铅垂线时，要充分利用坐标纸的方格线，画 45°斜线时，应利用方格的对角线方向（见图 1-49）。

1.6.2.2　画圆

画不太大的圆，应先画出两条互相垂直的中心线，再在中心线上按半径定四端点，然后连成圆，见图 1-50（a）。如画的圆较大，可以再增画两条对角线，在对角线上找出四段半径的端点，然后通过这些点进行描绘，最后完成所画的圆，见图 1-50（b）。

图 1-51 是草图画法示例。

第 2 章　投影基础

2.1　投影法及其分类

2.1.1　投影法

如图 2-1 所示，投射线通过物体，向选定的平面进行投射，并在该面上得到图形的方法叫做投影法，所得到的图形叫做投影，选定的平面叫做投影面。

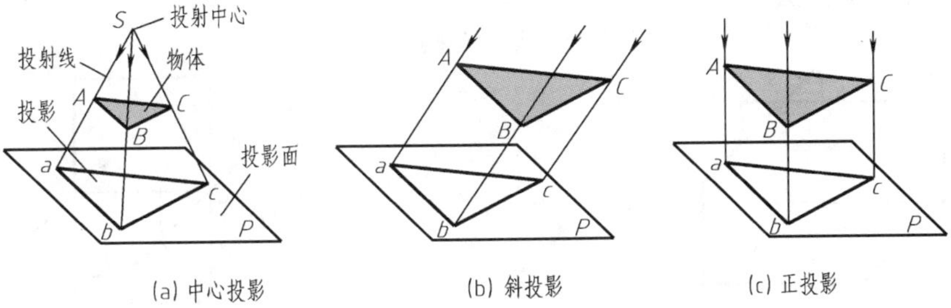

图 2-1　投影法及其分类

2.1.2　投影法的分类

根据投射线的类型（平行或汇交），投影法可分为中心投影法和平行投影法两类。

（1）中心投影法　投射线汇交于一点的投影法叫做中心投影法，如图 2-1（a）所示。其中，投射线的交点 S 称为投射中心，用中心投影法得到的图形叫做中心投影图。

由于中心投影图一般不反映物体各部分的真实形状和大小，且投影的大小随投射中心、物体和投影面之间的相对位置的改变而改变，度量性较差。但中心投影图立体感较好，多用于绘制建筑物的直观图（透视图）。

（2）平行投影法　投射线互相平行的投影法叫做平行投影法，如图 2-1（b）、（c）所示。其中，投射线与投影面倾斜的叫做斜投影法［图 2-1（b）］；投射线与投影面垂直的叫做正投影法［图 2-1（c）］。用正投影法得到的图形称为正投影图。

正投影图的直观性虽不如中心投影图好，但由于正投影图一般能真实地表达空间物体的形状和大小，作图也比较简便，因此，国家标准（GB/T 14692—1993《技术制图投影法》）中明确规定，机件的图样采用正投影法绘制。

在本书的后续章节中，如无特别说明，所谈到的投影都是指正投影。

2.2　点的投影

2.2.1　点的投影

如图 2-2（a）所示，过空间点 A 的投射线与投影面 P 的交点 a 叫做点 A 在投影面 P 上的投影。

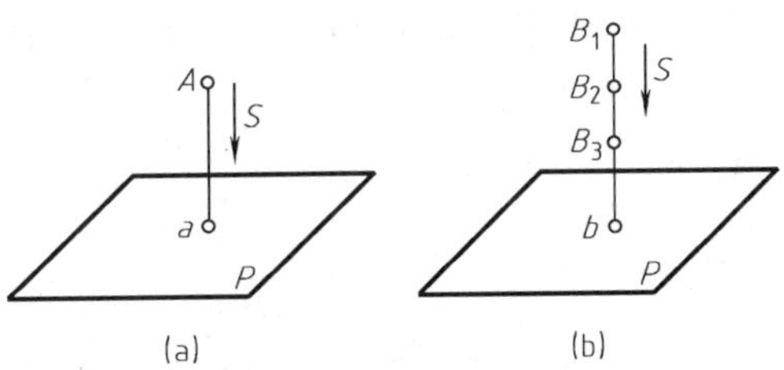

图 2-2　点的单面投影

点的空间位置确定后，它在一个投影面上的投影是唯一确定的。但是，若只有点的一个投影，则不能唯一确定点的空间位置，如图 2-2（b）所示，因此工程上多采用多面正投影。

2.2.2 点的三面投影及投影特性

2.2.2.1 三投影面体系

以相互垂直的三个平面作为投影面，便组成了三投影面体系，如图 2-3 所示。正立放置的投影面称为正立投影面，简称正面，用 V 表示；水平放置的投影面称为水平投影面，简称水平面，用 H 表示；侧立放置的投影面称为侧立投影面，简称侧面，用 W 表示。

相互垂直的三个投影面的交线称为投影轴，分别用 OX、OY、OZ 表示。

如图 2-4 所示，投影面 V 和 H 将空间分成的各个区域称为分角，将物体置于第Ⅰ分角内，使其处于观察者与投影面之间而得到正投影的方法叫做第一角画法。将物体置于第Ⅲ分角内，使投影面处于物体与观察者之间而得到正投影的方法叫做第三角画法。中国标准规定工程图样采用第一角画法。

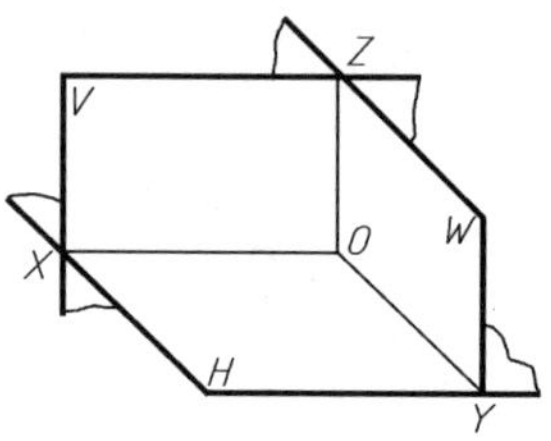

图 2-3 三投影面体系

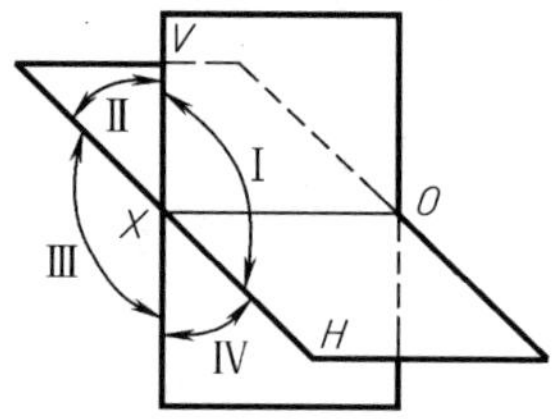

图 2-4 四个分角

2.2.2.2 点的三面投影的形成

将空间点 A 分别向 H、V、W 三个投影面投射，得到点 A 的三个投影 a、a'、a''，分别称为点 A 的水平投影、正面投影和侧面投影，如图 2-5（a）所示。

为了使点的三个投影画在同一图面上，规定 V 面不动，将 H 面绕 OX 轴向下旋转 90°，将 W 面绕 OZ 轴向右旋转 90°，使 H、V、W 三个投影面共面。画图时，则不必画出投影面的边框，如图 2-5（b）所示。

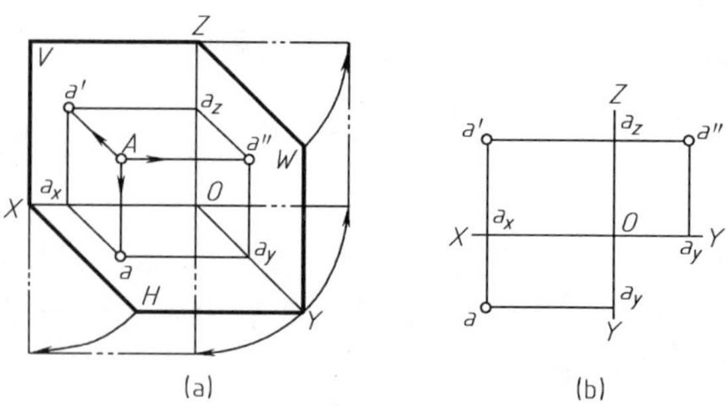

图 2-5 点的三面投影

2.2.2.3 点的三面投影的投影特性

由图 2-5 不难证明，点的三面投影具有下列特性。

① 点的正面投影与水平投影的连线垂直于 OX 轴，即 $a'a \perp OX$；点的正面投影与侧面投影的连线垂直于 OZ 轴，即 $a'a'' \perp OZ$。

② 点的水平投影到 OX 轴的距离等于点的侧面投影到 OZ 轴的距离。即

$$aa_X = a''a_Z$$

这里

$$a'a_X = a''a_Y = \text{点 } A \text{ 到 } H \text{ 面的距离}$$

$$aa_X = a''a_Z = \text{点 } A \text{ 到 } V \text{ 面的距离}$$

$$aa_Y = a'a_Z = \text{点 } A \text{ 到 } W \text{ 面的距离}$$

根据上述投影特性，在点的三面投影中，只要知道其中任意两个面的投影，就可以很方

便地求出第三面的投影。

[例 2-1] 如图 2-6 (a) 所示，已知点 A 的正面投影和水平投影，求其侧面投影。

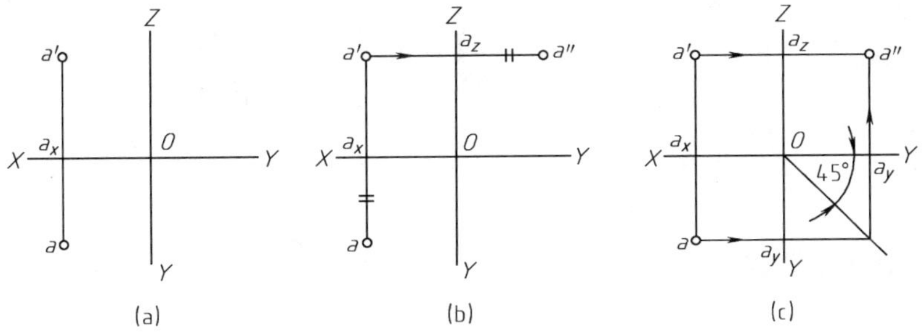

图 2-6 已知点的两个投影求第三投影

解 由点的投影特性可知，$a'a'' \perp OZ$，$aa_X = a''a_Z$，故过 a' 作直线垂直于 OZ 轴，交 OZ 轴于 a_Z，在 $a'a_Z$ 的延长线上量取 $aa_X = a''a_Z$ [图 2-6 (b)]，也可以采用作 45°斜线的方法 [图 2-6 (c)]。

2.2.2.4 点的投影与坐标之间的关系

如图 2-7 所示，在三投影面体系中，三根投影轴可以构成一个空间直角坐标系，空间点 A 的位置可以用三个坐标值 (x_A，y_A，z_A) 表示，则点的投影与坐标之间的关系为：

$$aa_Y = a'a_Z = X_A \qquad aa_X = a''a_Z = Y_A \qquad a'a_X = a''a_Y = Z_A$$

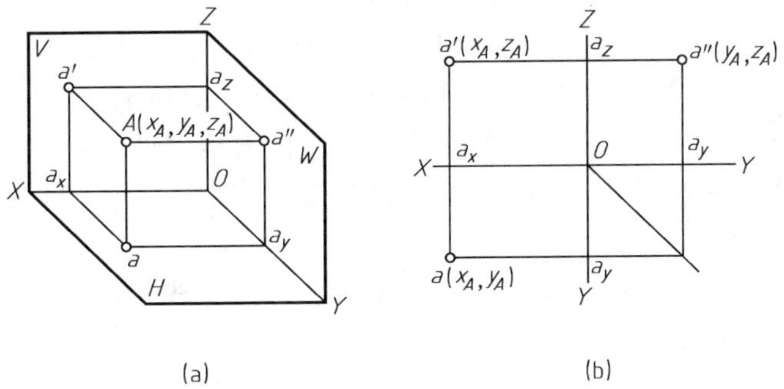

图 2-7 点的投影与坐标之间的关系

2.2.3 两点的相对位置与重影点

2.2.3.1 两点的相对位置

两点的相对位置指空间两点的上下、前后、左右位置关系。这种位置关系可以通过两点的同名投影（在同一个投影面上的投影）的相对位置或坐标的大小来判断，即：X 坐标大的在左；Y 坐标大的在前；Z 坐标大的在上。

如图 2-8 所示，由于 $X_A > X_B$，故点 A 在点 B 的左，同理可判断出点 A 在点 B 上方、后方。

2.2.3.2 重影点

如图 2-9 所示，点 C 与点 D 位于垂直于 H 面的同一条投射线上，它们的水平投影重合。

若空间两点在某个投影面上的投影重合，则此两点称为对该投影面的重影点。

重影点的两对同名坐标相等。在图 2-9 中，点 C 与点 D 是对 H 面的重影点，$X_C = X_D$，$Y_C = Y_D$。由于 $Z_C > Z_D$，故点 C 在点 D 的上方。若沿投射线方向进行观察，看到者为可见，被遮挡者为不可见，为了表示点的可见性，被挡住的点的投影加括号如图 2-9 (b) 所示。

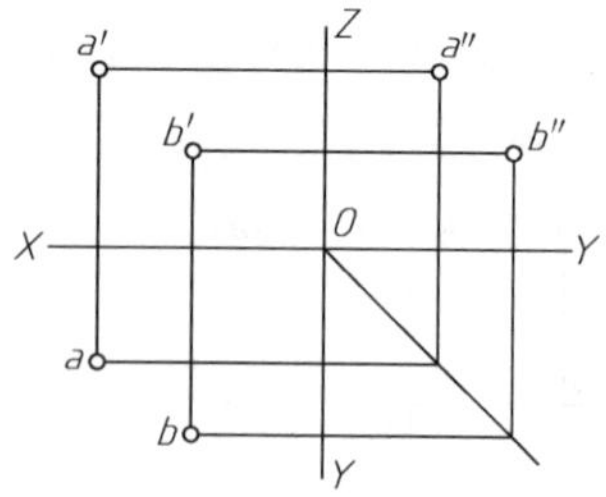

图 2-8　两点的相对位置

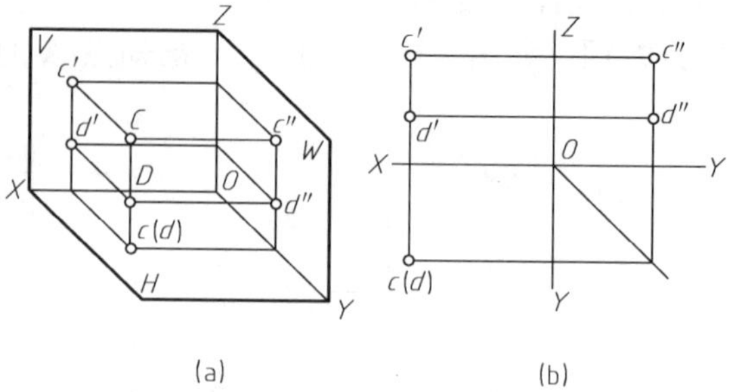

图 2-9　重影点

2.3　直线的投影

2.3.1　直线的投影

由平面几何得知，两点确定一条直线，故直线的投影可由直线上两点的投影确定。如图 2-10 所示，分别将 A、B 两点的同名投影用直线相连，则得到直线 AB 的同名投影。

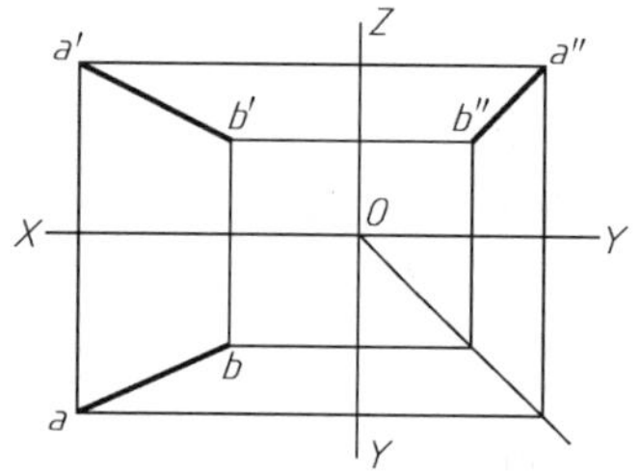

图 2-10　直线的投影

2.3.2　直线的投影特性

2.3.2.1　直线对一个投影面的投影特性

直线对单一投影面的投影特性取决于直线与投影面的相对位置，如图 2-11 所示。

（1）直线垂直于投影面［图 2-11（a）］　其投影重合为一个点，而且位于直线上的所有点的投影都重合在这一点上。投影的这种特性称为积聚性。

（2）直线平行于投影面［图 2-11（b）］　其投影的长度反映空间线段的实际长度，即：$ab=AB$。投影的这种特性称为实长性。

（3）直线倾斜于投影面［图 2-11（c）］　其投影仍为直线，但投影的长度比空间线段的实际长度缩短了 $ab=AB\cos\alpha$。

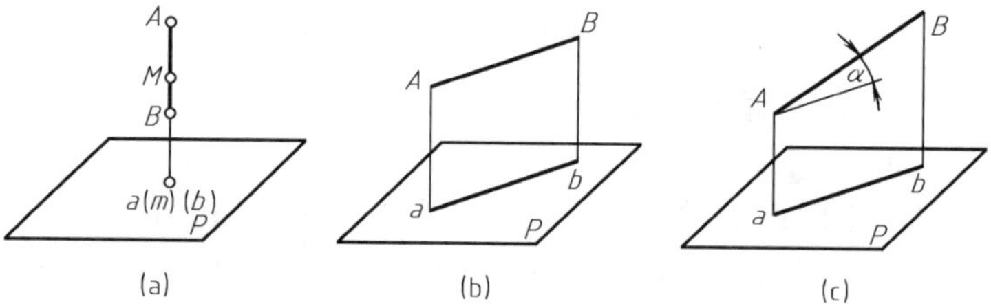

图 2-11　直线对一个投影面的投影特性

2.3.2.2　直线在三投影面体系中的投影特性

直线在三投影面体系中的投影特性取决于直线与三个投影面之间的相对位置。根据直线与三个投影面之间的相对位置不同可将直线分为三类：投影面平行线、投影面垂直线和一般位置直线。投影面平行线和投影面垂直线又称为特殊位置直线。

（1）投影面平行线　平行于某一投影面而与其余两投影面倾斜的直线。

其中，平行于 H 面的直线叫做水平线，平行于 V 面的直线叫做正平线，平行于 W 面的直线叫做侧平线。它们的投影特性列于表 2-1。

表 2-1　投影面平行线的投影特性

名　称	水平线	正平线	侧平线
立体图	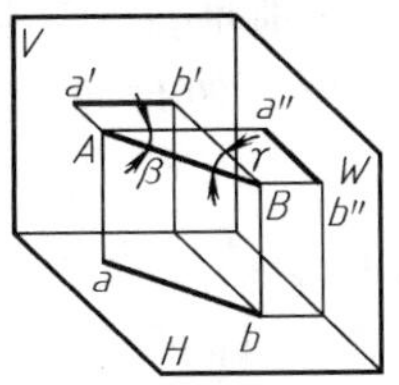	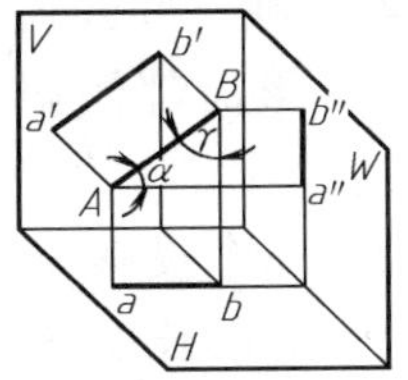	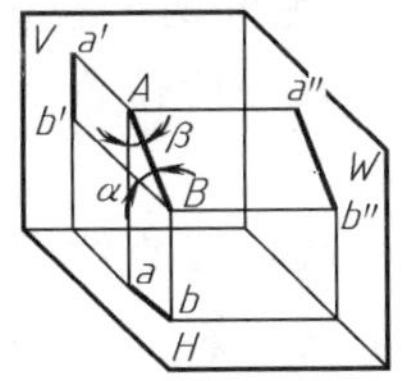
投影图	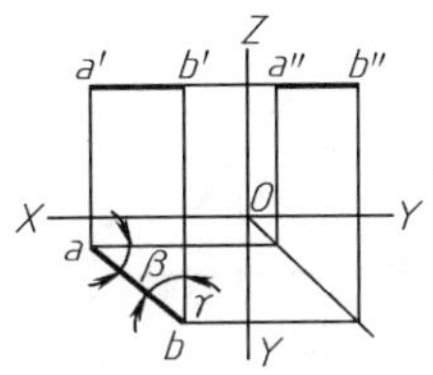	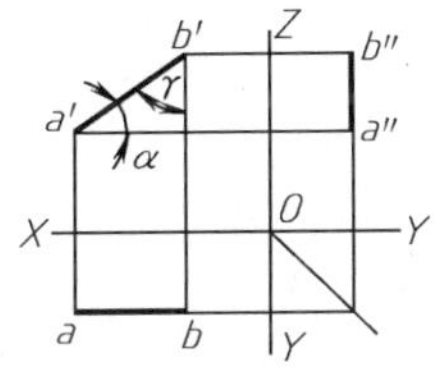	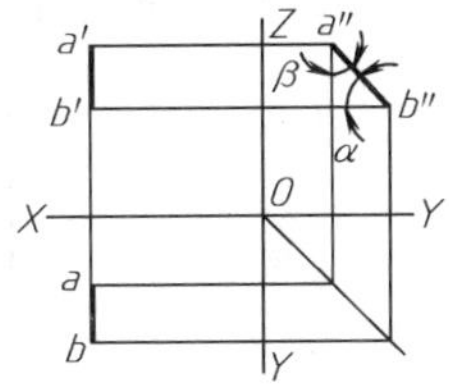
投影特性	$ab=AB$，反映实长 ab 与 OX 轴的夹角反映 AB 对 V 面的倾角 β；ab 与 OY 轴的夹角反映 AB 对 W 面的倾角 γ $a'b' /\!/ OX$，$a''b'' /\!/ OY$	$a'b'=AB$，反映实长 $a'b'$ 与 OX 轴的夹角反映 AB 对 H 面的倾角 α；$a'b'$ 与 OZ 轴的夹角反映 AB 对 W 面的倾角 γ $ab /\!/ OX$，$a''b'' /\!/ OZ$	$a''b''=AB$，反映实长 $a''b''$ 与 OY 轴的夹角反映 AB 对 H 面的倾角 α；$a''b''$ 与 OZ 轴的夹角反映 AB 对 V 面的倾角 β $ab /\!/ OY$，$a'b' /\!/ OZ$

归纳表 2-1 的内容，投影面平行线的投影特性为：

① 在其平行的投影面上的投影反映实长；投影与投影轴的夹角分别反映直线对另外两个投影面的倾角的实际大小；

② 另外两个投影面上的投影分别平行于不同的投影轴，且长度比空间线段短。

(2) 投影面垂直线　垂直于某一投影面，从而与其余两个投影面平行的直线。

其中，垂直于 V 面的直线叫正垂线，垂直于 H 面的直线叫铅垂线，垂直于 W 面的直线叫侧垂线。它们的投影特性列于表 2-2。

表 2-2　投影面垂直线的投影特性

名　称	铅垂线	正垂线	侧垂线
立体图	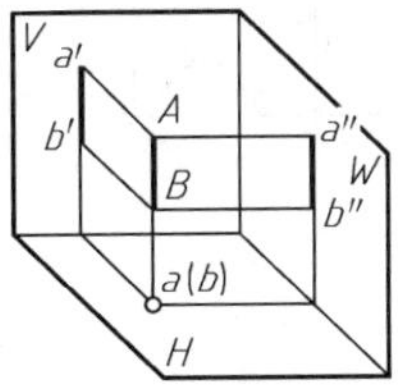	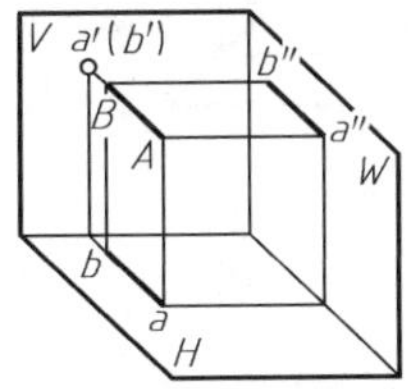	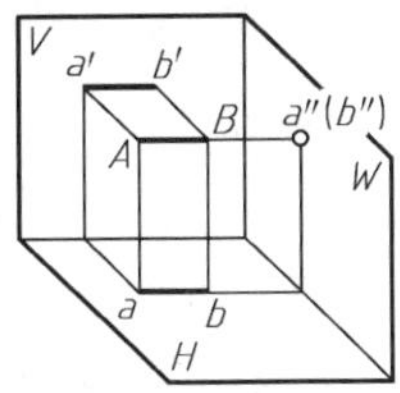
投影图	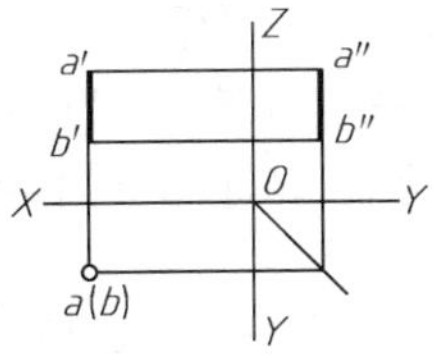	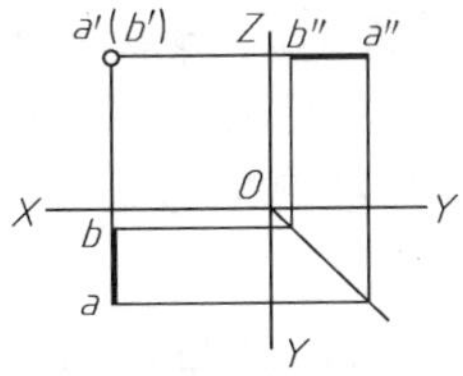	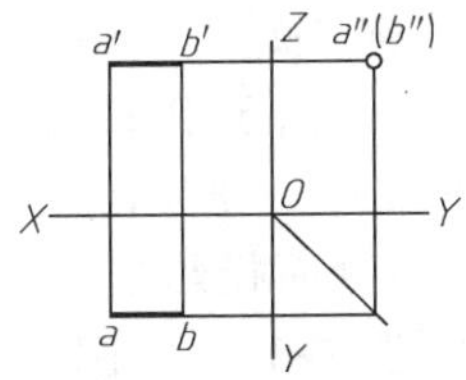
投影特性	水平投影积聚为一点 $a'b'=a''b''=AB$，反映实长 $a'b' \perp OX$，$a''b'' \perp OY$	正面投影积聚为一点 $ab=a''b''=AB$，反映实长 $ab \perp OX$，$a''b'' \perp OZ$	侧面投影积聚为一点 $ab=a'b'=AB$，反映实长 $ab \perp OY$，$a'b' \perp OZ$

归纳表 2-2 的内容，投影面垂直线的投影特性为：

① 在其垂直的投影面上的投影积聚为一点；

② 另外两个投影面上的投影反映空间线段的实长，且分别垂直于不同的投影轴。

(3) 一般位置直线　与三个投影面都倾斜的直线，称为一般位置直线，如图 2-12 (a) 所示。

一般位置直线的投影特性为：三个投影都倾斜于投影轴，其与投影轴的夹角并不反映空间线段对投影面的夹角，且三个投影的长度均比空间线段短，即都不反映空间线段的实长，如图 2-12 (b) 所示。

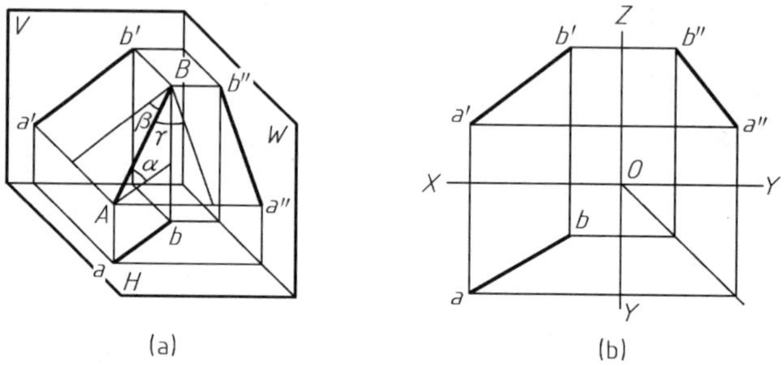

图 2-12　一般位置直线

2.3.3　直线上的点

如图 2-13 所示，直线与其上的点有如下关系。

① 若点在直线上，则点的投影一定在直线的同名投影上；反之亦然。

② 若点在直线上，则点的投影将线段的同名投影分割成与空间线段相同的比例；反之亦然。即：

$$ac : cb = a'c' : c'b' = a''c'' : c''b'' = AC : CB$$

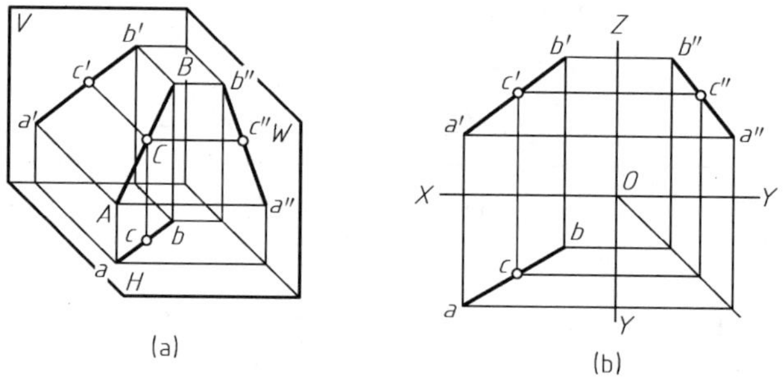

图 2-13　直线上的点

2.3.3.1　求直线上点的投影

[例 2-2]　如图 2-14 (a) 所示，已知点 K 在直线 AB 上，求作它们的三面投影。

解　由于点 K 在直线 AB 上，所以点 K 的各个投影一定在直线 AB 的同名投影上。如图 2-14 (b) 所示，求出直线 AB 的侧面投影 $a''b''$后，即可在 ab 和 $a''b''$上确定点 K 的水平投影 k 和侧面投影是 k''。

[例 2-3]　如图 2-15 (a) 所示，已知点 K 在直线 CD 上，求点 K 的正面投影。

解　点 K 的正面投影 k'一定在 $c'd'$上，但如何确定 k'在 $c'd'$上的位置呢？这里可采用两种方法：一是求出它们的侧面投影（作图略）；另一种方法如图 2-15 (b) 所示，用分割线段成定比的方法作图。

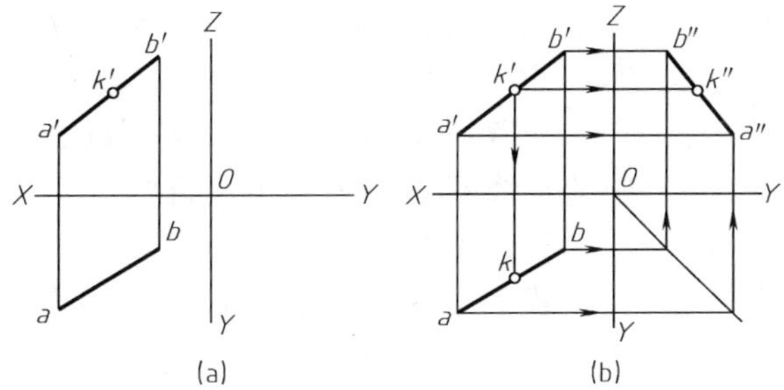

图 2-14　求直线上点的投影（一）

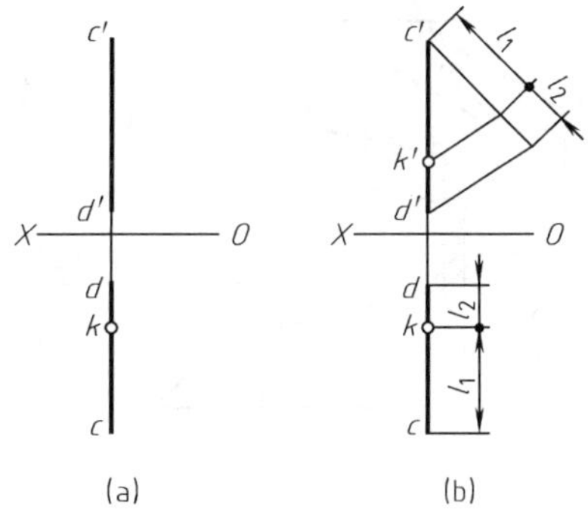

图 2-15　求直线上点的投影（二）

2.3.3.2　判断点是否在直线上

判断点是否在直线上，一般只需判断两个投影面上的投影即可。如图 2-16 所示，点 C 在直线 AB 上，而点 D 不在直线 AB 上（因 d 不在 ab 上）。但是当直线为投影面平行线，且给出的两个投影又都平行于投影轴时，则还需求出第三个投影进行判断，或用点分线段成定比的方法判断。

[例 2-4]　如图 2-17（a）所示，已知侧平线 AB 及点 M 的正面投影和水平投影，判断点 M 是否在直线 AB 上。

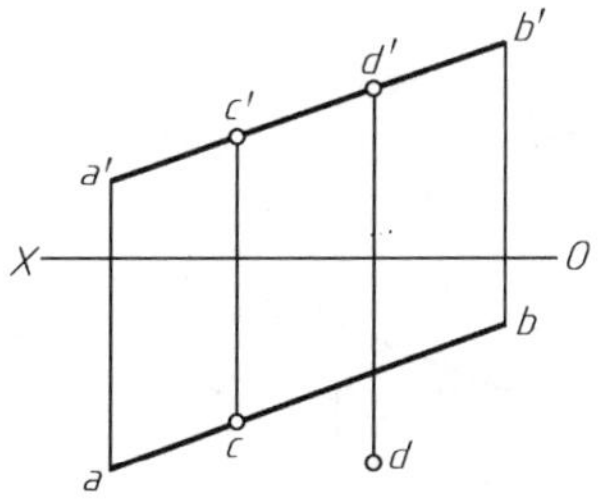

图 2-16　判断点是否在直线上（一）

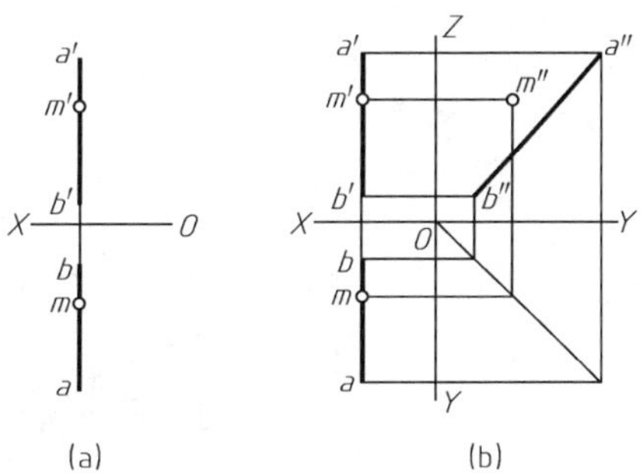

图 2-17　判断点是否在直线上（二）

解　判断方法有两种。

（1）求出它们的侧面投影

如图 2-17（b）所示，由于 m'' 不在 $a''b''$ 上，故点 M 不在直线 AB 上。

（2）用点分线段成定比的方法判断

由于 $am:mb \neq a'm':m'b'$，故点 M 不在直线 AB 上。

2.3.4　两直线的相对位置

空间两直线的相对位置有三种：平行、相交和交叉（异面）。

2.3.4.1　两直线平行

若空间两直线相互平行，则其同名投影必相互平行；若两直线的三个同名投影分别相互平行，则空间两直线必相互平行（图 2-18）。

判断空间两直线是否平行，一般情况下，只需判断两直线的任意两对同名投影是否分别平行即可，如图 2-18（b）。但是当两直线均平行于某一投影面时，只有两对同名投影分别平行，空间两直线不一定平行。如图 2-19（a）所示（CD，EF 为侧平线），虽然 $cd \parallel ef$，

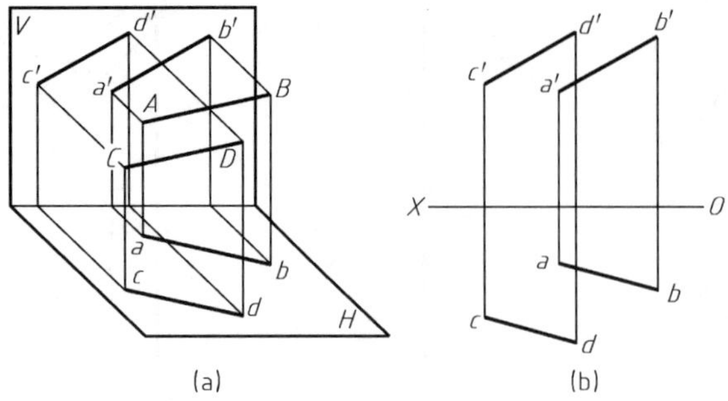

图 2-18　两直线平行

$c'd' /\!/ e'f'$，但求出侧面投影［图 2-19 (b)］后，由于 $c''d''$ 不平行于 $e''f''$，故 CD，EF 不平行。

思考：有无其他方法可判断图 2-19 中的直线 CD、EF 是否平行？

2.3.4.2　两直线相交

若空间两直线相交，则其同名投影必相交，且其交点必符合空间一个点的投影特性。

如图 2-20 所示，直线 AB、CD 相交于点 K，其投影 ab 与 cd，$a'b'$ 与 $c'd'$ 分别相交于 k、k'，且 $kk' \perp OX$ 轴。

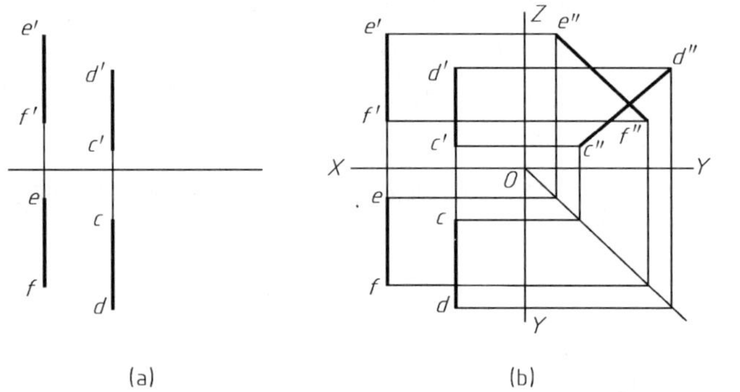

图 2-19　判断两直线是否平行

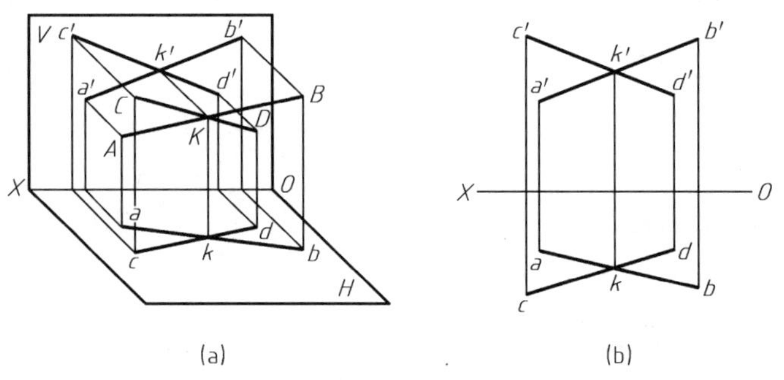

图 2-20　两直线相交

相交两直线的交点是两直线的共有点，因此交点应满足直线上点的投影特性。

判断空间两直线是否相交，一般情况下，只需判断两组同名投影相交，且交点符合一个点的投影特性即可。但是，当两条直线中有一条为特殊位置直线时，只有两组同名投影相交，空间两直线不一定相交。

［例 2-5］　判断直线 AB、CD 是否相交［图 2-21 (a)］。

解　由于 AB 是一条侧平线，所以根据所给的两组同名投影还不能确定两条直线是否相交。可用以下两种方法判断。

① 求出侧面投影。如图 2-21 (b)，虽然 $a''b''$、$c''d''$ 亦相交，但其交点不是点 K 的侧面投影，即点 K 不是两直线的共有点，故 AB、CD 不相交。

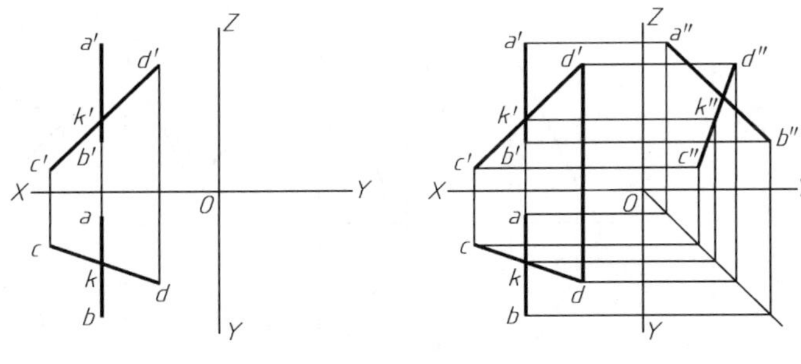

(a) (b)

图 2-21 判断两直线是否相交

② 很明显，$ak : kb \neq a'k' : k'b'$，故点 K 不在直线 AB 上，因此点 K 不是两直线的共有点，故 AB、CD 不相交。

2.3.4.3 两直线交叉

既不平行又不相交的两条直线称为两交叉直线。

如图 2-22 所示，直线 AB 和 CD 为两交叉直线，虽然它们的同名投影也相交了，但“交点”不符合一个点的投影特性。

两交叉直线同名投影的交点是直线上一对重影点的投影，用它可以判断空间两直线的相对位置。

在图 2-22 中，直线 AB 和 CD 水平投影的交点是直线 AB 上的点Ⅰ和 CD 上的点Ⅱ（对 H 面的重影点）的水平投影 1（2），由正面投影可知，点Ⅰ在上，点Ⅱ在下，故在该处 AB 在 CD 的上方。同理，AB 和 CD 的正面投影的交点是直线 AB 上的点Ⅳ和 CD 上的点Ⅲ（对 V 面的重影点）的正面投影 3′（4′），由水平投影可知，点Ⅲ在前，点Ⅳ在后，故在该处 CD 在 AB 的前方。

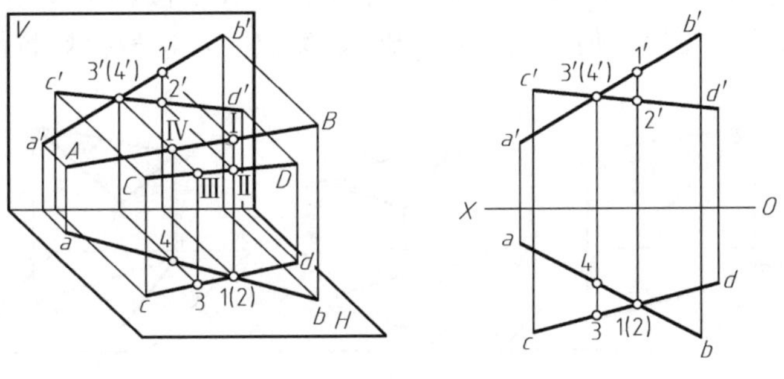

(a) (b)

图 2-22 两直线交叉

2.4 平面的投影

2.4.1 平面的表示法

在投影图上，通常用图 2-23 所示的五组几何要素中的任意一组表示一个平面的投影。

① 不在同一直线上的三点［图 2-23（a）］；

② 一直线及线外一点［图 2-23（b）］；

③ 两平行直线［图 2-23（c）］；

④ 两相交直线［图 2-23（d）］；

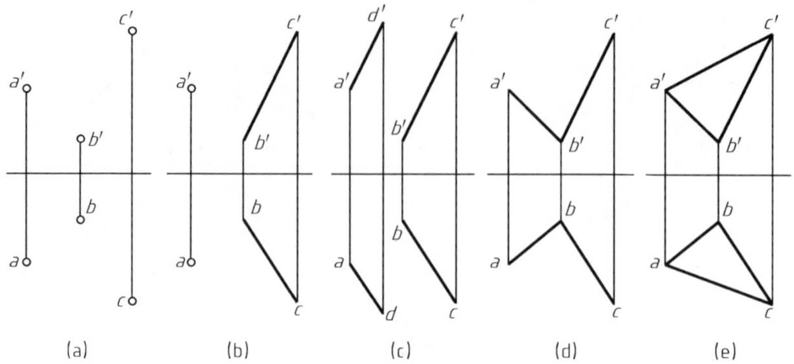

图 2-23 平面的五种表示法

⑤ 平面几何图形，如三角形、四边形、圆等［图 2-23（e）］。

以上用几何元素表示平面的五种形式彼此之间是可以互相转化的。实际上，第一种表示法是基础，后几种都由它转化而来。

2.4.2 平面的投影特性

2.4.2.1 平面对一个投影面的投影特性

平面对一个投影面的投影特性取决于平面与投影面的相对位置。

（1）平面垂直于投影面　如图 2-24（a）所示，△*ABC* 垂直于投影面 *P*，它在 *P* 面上的投影积聚成一条直线，平面内的所有几何元素在 *P* 面上的投影都重合在这条直线上，这种投影特性称为积聚性。

（2）平面平行于投影面　如图 2-24（b）所示，△*ABC* 平行于投影面 *P*，它在 *P* 面上的投影反映△*ABC* 的实形，这种投影特性称为实形性。

（3）平面倾斜于投影面　如图 2-24（c）所示，△*ABC* 倾斜于投影面 *P*，它在 *P* 面上的投影并不反映△*ABC* 的实形，但形状与△*ABC* 是类似的，这种投影特性称为类似性。

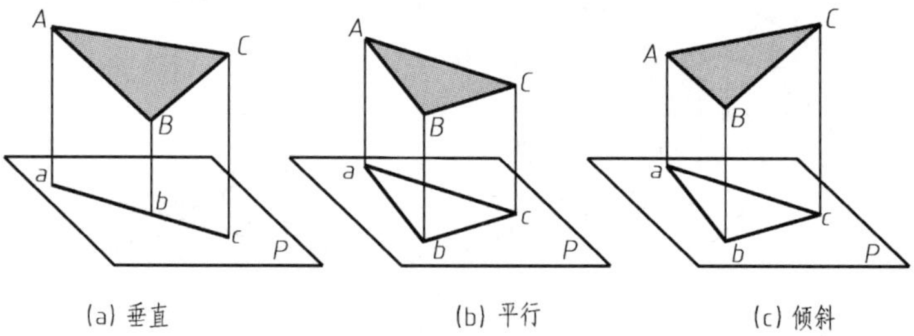

图 2-24 平面对一个投影面的投影特性

2.4.2.2 平面在三投影面体系中的投影特性

平面在三投影面体系中的投影特性取决于平面对三个投影面的相对位置。

根据平面与三个投影面的相对位置不同可将平面分为三类：投影面垂直面、投影面平行面和一般位置平面。投影面垂直面和投影面平行面又称特殊位置平面。

（1）投影面垂直面　垂直于某一投影面而与其余两投影面都倾斜的平面称为投影面垂直面。

其中，垂直于 *H* 面的叫做铅垂面，垂直于 *V* 面的叫做正垂面，垂直于 *W* 面的叫做侧垂面。它们的投影特性见表 2-3。

表 2-3　投影面垂直面的投影特性

名　称	正 垂 面	铅 垂 面	侧 垂 面
立体图	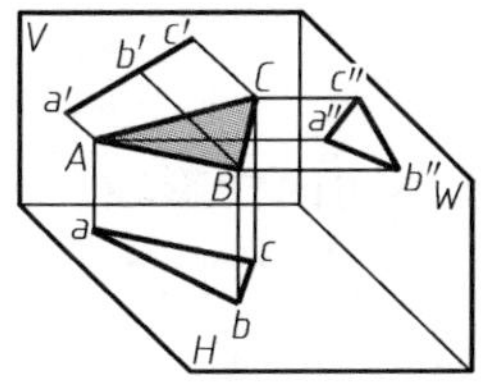	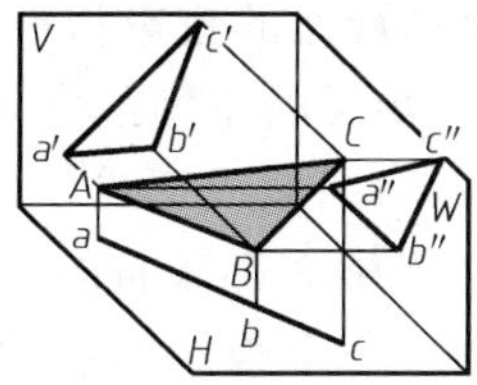	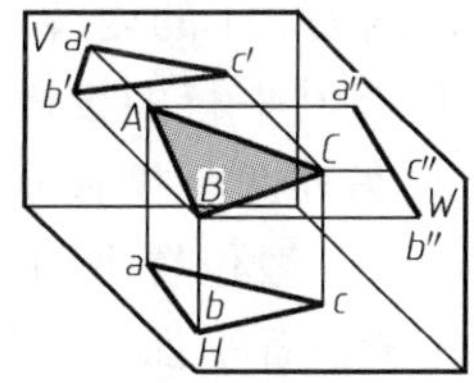
投影图	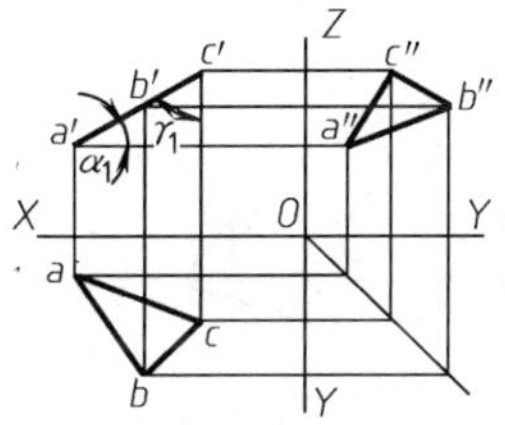	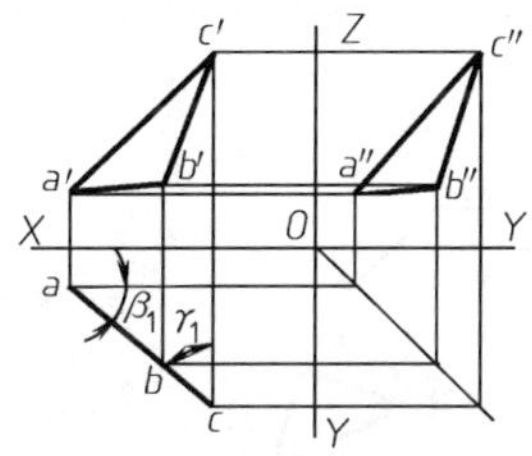	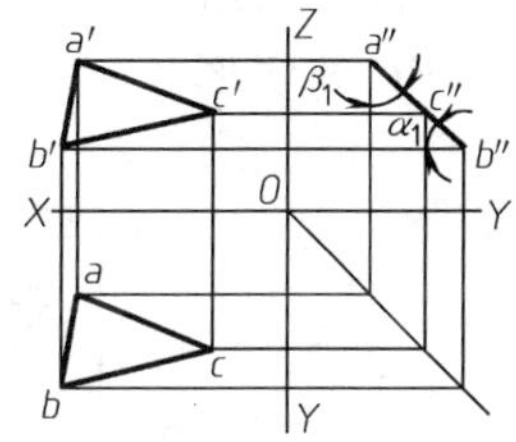
投影特性	正面投影积聚为直线，它与 OX、OZ 轴的夹角反映平面对 H 面、W 面的夹角 α_1、γ_1 水平投影与侧面投影为类似形	水平投影积聚为直线，它与 OX、OY 轴的夹角反映平面对 V 面、W 面的夹角 β_1、γ_1 正面投影与侧面投影为类似形	侧面投影积聚为直线，它与 OY、OZ 轴的夹角反映平面对 H 面、V 面的夹角 α_1、β_1 水平投影与正面投影为类似形

归纳表 2-3 的内容，投影面垂直面的投影特性为：

① 在其垂直的投影面上的投影积聚成与该投影面内的两根投影轴都倾斜的直线，该直线与投影轴的夹角反映空间平面与另两个投影面的夹角的实际大小；

② 在另两个投影面上的投影形状相类似。

(2) 投影面平行面　平行于某一投影面从而垂直于其余两个投影面的平面称为投影面平行面。

表 2-4　投影面平行面的投影特性

名　称	正 平 面	水 平 面	侧 平 面
立体图	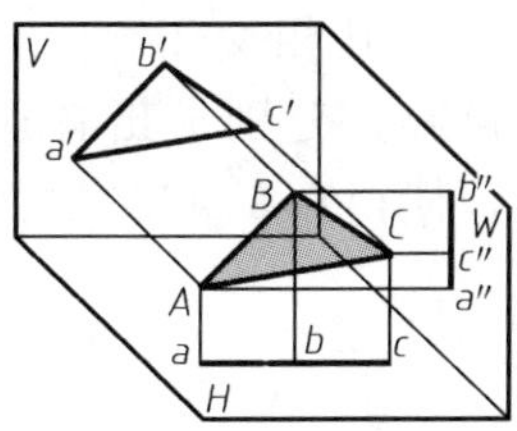	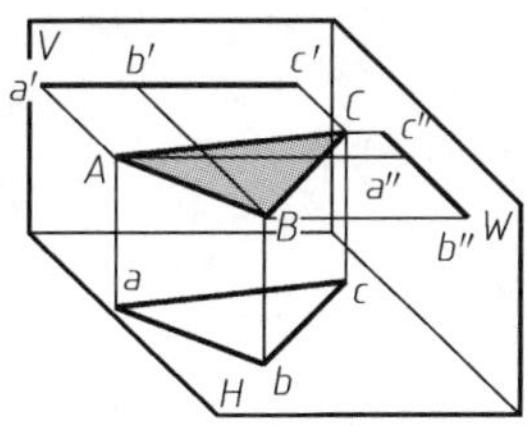	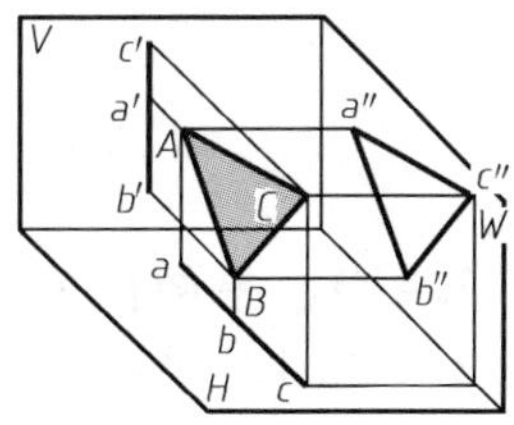
投影图	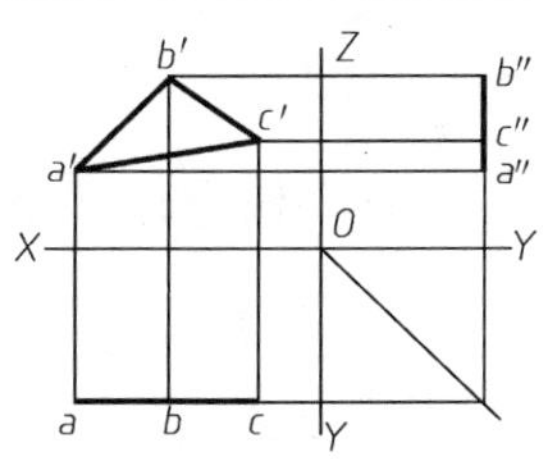	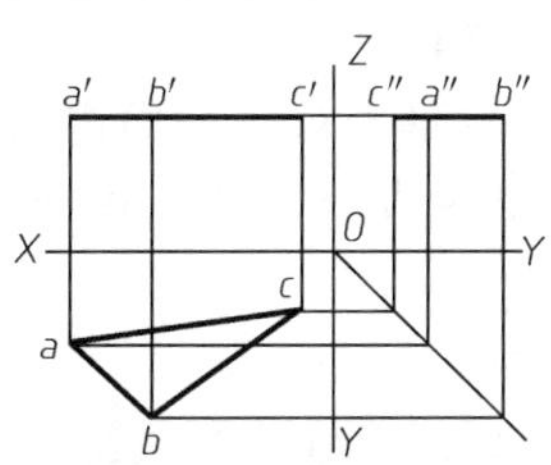	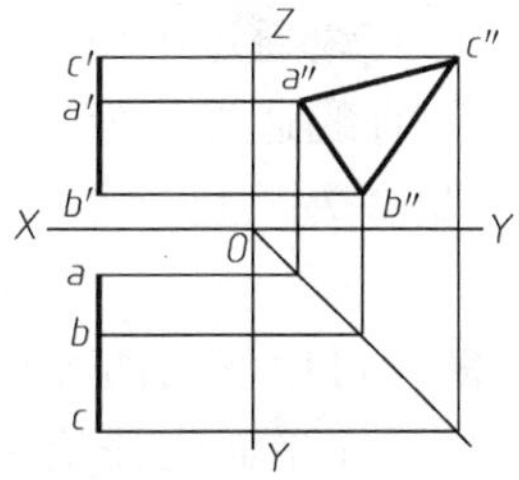
投影特性	正面投影反映实形 水平投影和侧面投影积聚成直线，并分别平行于 OX、OZ 轴	水平投影反映实形 正面投影和侧面投影积聚成直线，并分别平行于 OX、OY 轴	侧面投影反映实形 正面投影和水平投影积聚成直线，并分别平行于 OZ、OY 轴

其中，平行于 H 面的叫做水平面，平行于 V 面的叫做正平面，平行于 W 面的叫做侧平面。它们的投影特性见表 2-4。

归纳表 2-4 的内容，投影面平行面的投影特性为：

① 在其平行的投影面上的投影反映平面的实形；

② 另外两个投影面上的投影均积聚成直线，且平行于不同的投影轴。

(3) 一般位置平面　与三个投影面都倾斜的平面叫做一般位置平面。

一般位置平面的投影特性为：三个投影的形状相类似。

如图 2-25 所示，△ABC 与三个投影面都倾斜，它的三个投影的形状相类似，但都不反映△ABC 的实形。

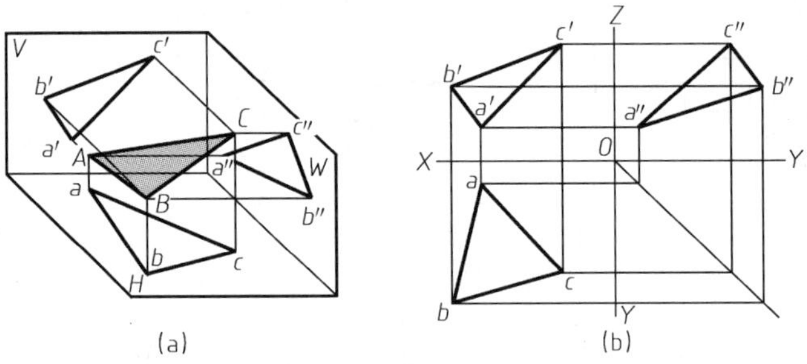

图 2-25　一般位置平面

[例 2-6]　△ABC 为一正垂面，已知其水平投影及顶点 B 的正面投影 [图 2-26 (a)]，且△ABC 对 H 面的倾角 $\alpha_1 = 45°$，求△ABC 的正面投影及侧面投影。

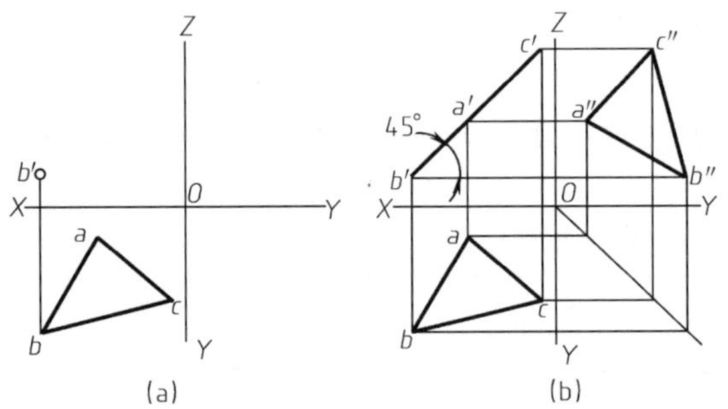

图 2-26　求作正垂面

分析　△ABC 为一正垂面，它的正面投影应积聚成直线，且该直线与 OX 轴的夹角为 45°。

作图　如图 2-26 (b) 所示，过 b' 作与 OX 轴成 45°的直线，再分别过 a、c 作 OX 轴的垂线与其相交于 a'、c'，则得△ABC 的正面投影。分别求出各顶点的侧面投影并连接，便得△ABC 的侧面投影。

2.4.3　平面内的直线与点

2.4.3.1　平面内取直线

具备下列条件之一的直线必位于给定的平面内：

① 直线通过平面内的两个点；

② 直线通过平面内的一个点且平行于平面内的某条直线。

[例 2-7]　已知平面由相交两直线 AB、AC 给出，在平面内任意作一条直线 [图 2-27 (a)]。

解　可用下面两种作图方法。

(1) 在平面内任找两个点连线 [图 2-27 (b)]

在直线 AB 上任取一点 M (m, m')，在直线 AC 上任取一点 N (n, n')，用直线连接 M、N 的同名投影，直线 MN 即为所求。

(2) 过面内一点作面内已知直线的平行线 [图 2-27 (c)]

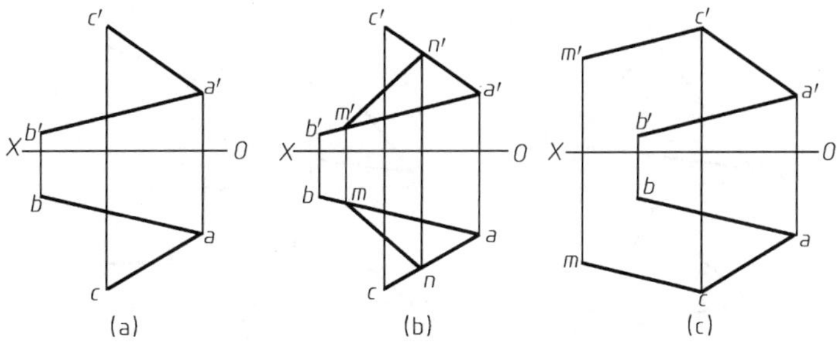

图 2-27　平面内取任意直线

过点 C 作直线 $CM /\!/ AB$（$cm /\!/ ab$，$c'm' /\!/ a'b'$），直线 CM 为所求。

2.4.3.2　平面内取点

点位于平面内的几何条件是点位于平面内的某条直线上，因此点的投影也必须位于平面内的某条直线的同名投影上。所以在平面内取点应首先在平面内取直线，然后再在该直线上取符合要求的点。

[例 2-8]　已知点 K 位于△ABC 内，求点 K 的水平投影［图 2-28（a）］。

分析　在平面内过点 K 任意作一条辅助直线，点 K 的投影必在该直线的同名投影上。

作图　如图 2-28（b）所示，连接 $b'k'$ 与 $a'c'$ 交于 d'，求出直线 AC 上点 D 的水平投影 d，按投影关系在 bd 上求得点 K 的水平投影 k。

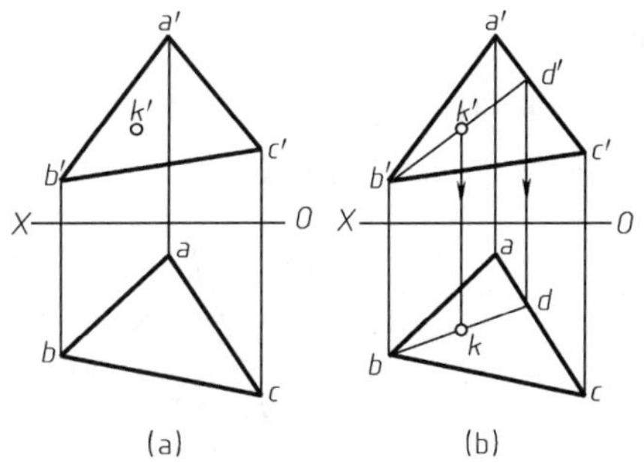

图 2-28　在平面内取点

2.5　直线与平面及两平面的相对位置

2.5.1　平行问题

2.5.1.1　直线与平面平行

由初等几何可知，若平面外的一条直线与平面内的某条直线平行，则该直线与该平面平行。

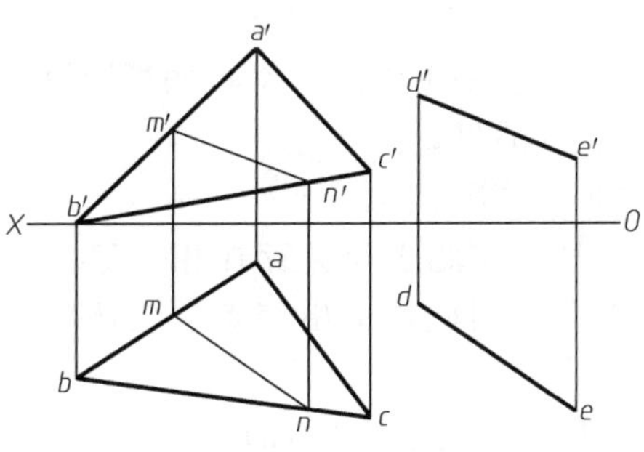

图 2-29　直线与平面平行

在图 2-29 中，直线 DE 的正面投影 $d'e' /\!/ m'n'$，水平投影 $de /\!/ mn$，因为直线 MN 位于△ABC 所确定的平面内，故 $DE /\!/$ △ABC。

[例 2-9]　已知△ABC 所确定的平面及平面外一点 M 的投影［图 2-30（a）］，过点 M 作正平线与△ABC 平行。

分析　在△ABC 内取一条正平线，然后过点 M 作该直线的平行线即为所求。

作图　过 b 作直线 bd 平行于 OX 轴并与 ac 交于 d，按投影关系在 $a'c'$ 上确定 d'。作 $mn /\!/ bd$，$m'n' /\!/ b'd'$，则直线 MN 为所求，如图 2-30（b）所示。

2.5.1.2　两平面平行

由初等几何知，若一平面内的两条相交直线分别平行于另一平面内的两条相交直线，则

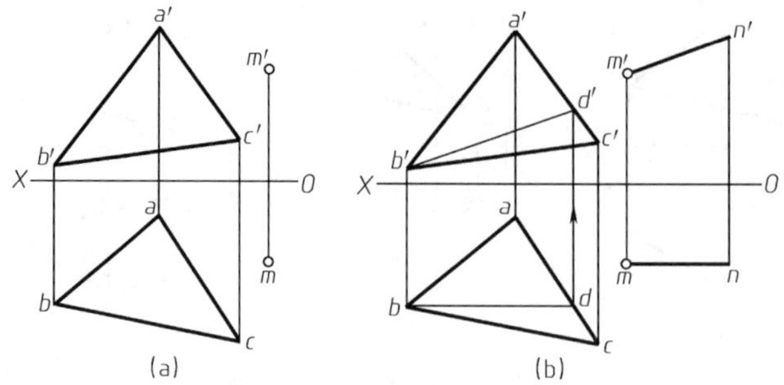

图 2-30 作直线与平面平行

两平面相互平行。

［**例 2-10**］ 过点 K 作平面与△ABC 平行［图 2-31（a)］。

分析 根据两平面平行的几何条件，可以把两平面平行的问题转化为两直线平行的问题来解决。

作图 作 $km /\!/ ac$，$k'm' /\!/ a'c'$，则直线 $KM /\!/ AC$。作 $kn /\!/ bc$，$k'n' /\!/ b'c'$，则直线 $KN /\!/ BC$。平面 MKN 为所求。

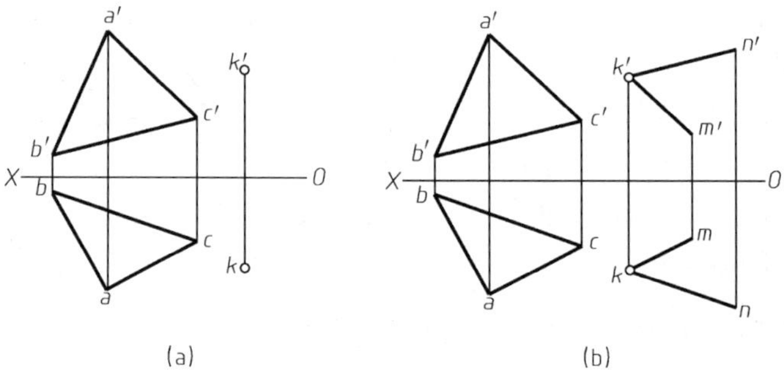

图 2-31 两平面平行

2.5.2 相交问题

2.5.2.1 直线与平面相交

直线与平面相交，其交点是直线与平面的共有点。因此交点的投影既满足直线上点的投影特性，又满足平面内点的投影特性。

当直线或平面处于特殊位置，特别是当其中某一投影具有积聚性时，交点的投影也必定在有积聚性的投影上，利用这一特性可以较简单地求出交点的投影。

这里只讨论直线与平面中至少有一个处于特殊位置时的情况。

由于直线与平面的相对位置不同，从某个方向投射时，彼此之间会存在相互遮挡关系（见图 2-32)，且交点是直线的可见段与不可见段的分界点。因此，求出交点后，还应判别可见性。

［**例 2-11**］ 求直线 MN 与△ABC 的交点 K 并判别可见性［图 2-33（a)］。

解 如图 2-33（b）所示。

（1）求交点

△ABC 的水平投影有积聚性，根据交点的共有性可确定交点 K 的水平投影 k，再利用点 K 位于直线 MN 上的投影特性，采用线上找点的方法求出交点的正面投影 k'。

（2）判别可见性

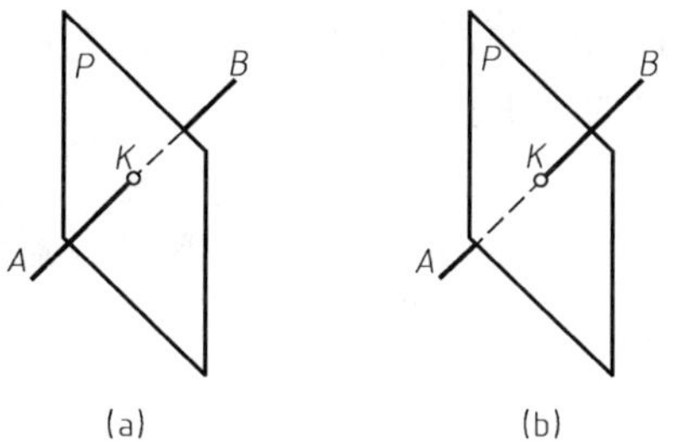

图 2-32 平面与直线的相互遮挡关系

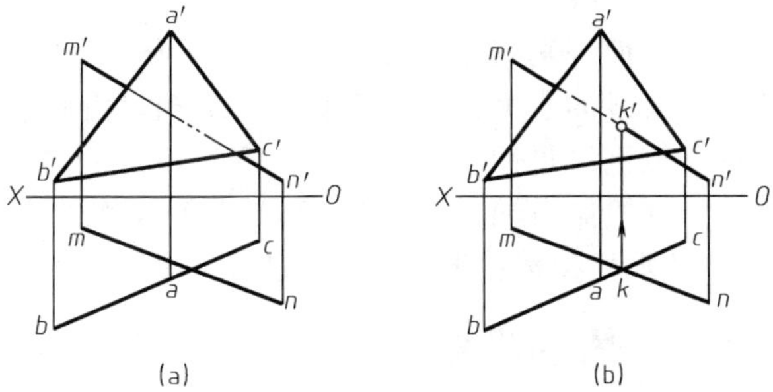

图 2-33 一般位置直线与投影面垂直面相交

由水平投影可知，KN 在平面之前，故正面投影 $k'n'$ 可见，而 $k'm'$ 与 $\triangle a'b'c'$ 的重叠部分不可见，用虚线表示。

［例 2-12］ 求铅垂线 EF 与 $\triangle ABC$ 的交点 K 并判别可见性［图 2-34（a）］。

解 如图 2-34（b）所示。

（1）求交点

因为 EF 的水平投影有积聚性，故交点 K 的水平投影与直线 EF 的水平投影重合。根据交点的共有性，利用交点 K 位于 $\triangle ABC$ 内的投影特性，采用面上找点的方法求出交点 K 的正面投影 k'。

（2）判别可见性

选择重影点判别。其方法是判别哪个投影面上的可见性就在哪个投影面上找重影点的投影，如 m'（n'）。假设点 M 在 EF 上，点 N 在 AC 上，由水平投影可知，点 M 在前，点 N 在后，故 $e'k'$ 可见。

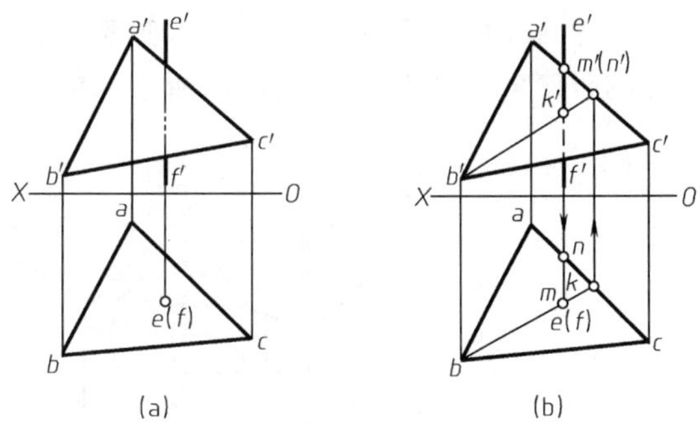

图 2-34 特殊位置直线与一般位置平面相交

2.5.2.2 两平面相交

两平面相交，其交线为一条直线，它是两平面的共有线。所以，只要确定两平面的两个共有点，或一个共有点及交线的方向，就可确定两平面的交线。

这里只讨论两个相交的平面中至少有一个处于特殊位置时的情况。

［例 2-13］ 求 $\triangle ABC$ 和 $\triangle DEF$ 的交线 MN 并判别可见性［图 2-35（a）］。

解 如图 2-35（b）所示。

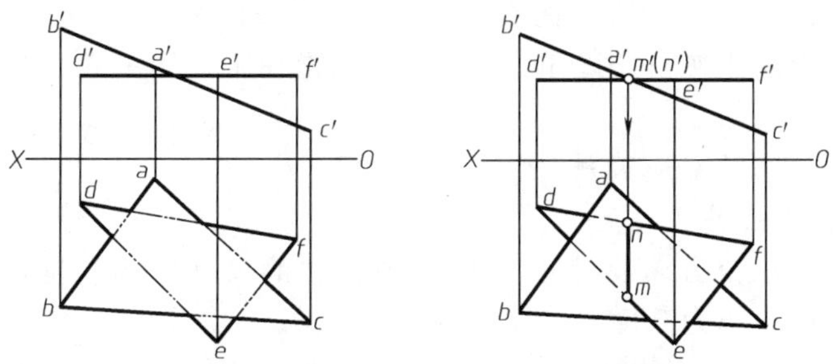

图 2-35 两个特殊位置平面相交

（1）求交线

因两平面都垂直于 V 面，其交线应为正垂线。两平面的正面投影的交点即为交线的正面投影。交线的水平投影应垂直于 OX 轴，由此可求得交线的水平投影。

（2）判别可见性

由正面投影可知，$\triangle DEF$ 在交线 MN 的左侧部分位于 $\triangle ABC$ 的下方，其水平投影与 $\triangle ABC$ 的水平投影相重叠的部分为不可见。

2.6 体的投影

尽管立体的形状是千变万化的，但按照立体表面的几何形状的不同可分为两类：表面全部为平面的立体叫做平面体；表面为曲面或既有曲面又有平面的立体叫做曲面体，当曲面为回转面时又叫做回转体。

单一的几何体称为基本立体。常用的基本立体包括棱柱、棱锥、圆柱、圆锥、圆球、圆环等。基本立体的投影是物体的基础，必须很好的掌握它们的投影特性，以及在这些基本立体表面上取点和取线的作图方法。

2.6.1 体的三面投影——三视图

体的投影实质上是构成该体的所有面的投影的总和，如图 2-36 所示。

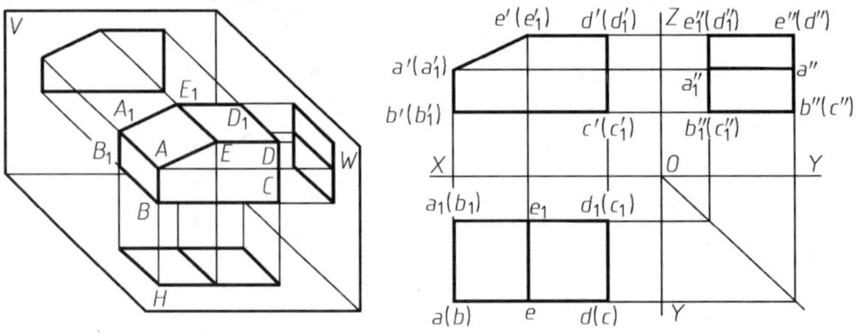

(a)　　　　(b)

图 2-36　体的投影

国家标准规定，用正投影法绘制的物体的图形又称为视图。并且规定，可见的轮廓线用粗实线表示，不可见的轮廓线用虚线表示。所以物体的投影与视图在本质上是相同的。

因此，体的三面投影又叫做三视图。其中：

主视图——由前向后投射所得的视图；

俯视图——由上向下投射所得的视图；

左视图——由左向右投射所得的视图。

画图时，投影轴省略不画（图 2-36），俯视图配置在主视图的正下方，左视图配置在主视图的正右方。

下面介绍三视图之间的对应关系。

2.6.1.1 度量对应关系

物体有长、宽、高三个方向的尺寸，将 X 轴方向的尺寸作为长度，Y 轴方向的尺寸作为宽度，Z 轴方向的尺寸作为高度。

由图 2-37 可以看出，当将物体的主要表面分别平行于投影面放置时，主视图反映物体的长度和高度，俯视图反映物体的长度和宽度，左视图反映物体的高度和宽度，故三视图间的度量对应关系为：

主视图和俯视图长度相等且对正；

主视图和左视图高度相等且平齐；

左视图和俯视图宽度相等且对应。

在画图时，应特别注意三视图之间“长对正、高平齐、宽相等”的“三等”对应关系。

2.6.1.2　方位对应关系

物体有上、下、左、右、前、后六个方位，由图 2-38 可以看出：

主视图反映物体的上、下和左、右方位；

俯视图反映物体的前、后和左、右方位；

左视图反映物体的上、下和前、后方位。

若以主视图为中心来看俯视图和左视图，则靠近主视图的一侧表示物体的后面，远离主视图的一侧表示物体的前面。

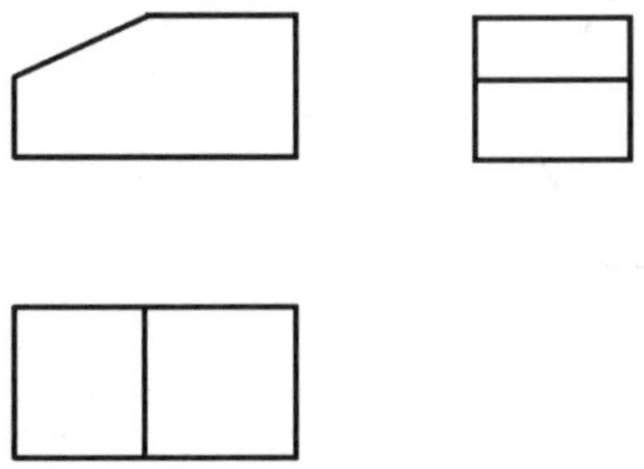

图 2-37　体的三视图

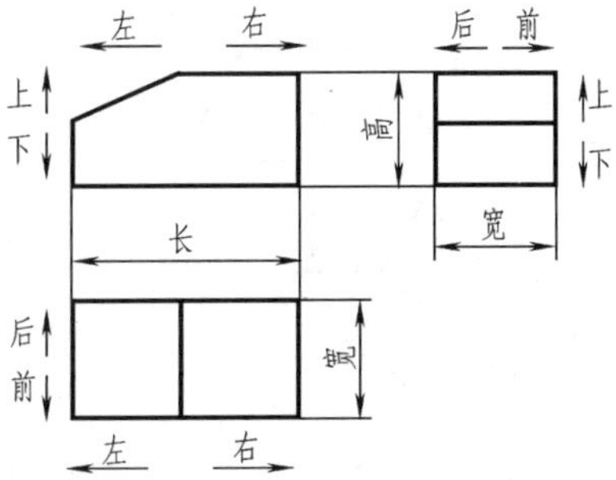

图 2-38　三视图间的对应关系

2.6.2　基本体的三视图

2.6.2.1　平面基本体

2.6.2.1.1　棱柱

棱柱由两个底面和若干侧棱面组成，侧棱面与侧棱面的交线称为侧棱线，侧棱线互相平行。侧棱线与底面垂直的叫直棱柱。这里只讨论直棱柱的投影。

（1）棱柱的三视图　以六棱柱为例。当六棱柱与投影面处于图 2-39（a）所示的位置时，六棱柱的两底面与 H 面平行，在俯视图上反映实形，前后两侧棱面为正平面，在主视图上反映实形，其余四个侧棱面为铅垂面，六个侧棱面在俯视图上都积聚成与六边形的边重合的直线。

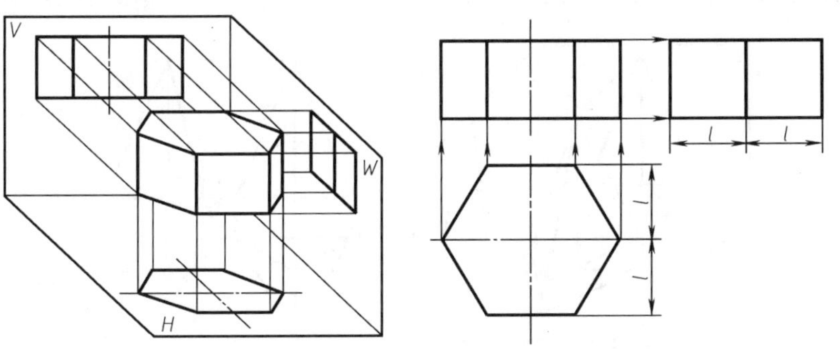

(a)　(b)

图 2-39　六棱柱的三视图

作图过程，如图 2-39（b）所示：

① 画出反映两底面实形（正六边形）的水平投影；

② 由侧棱线的高度按三视图间的对应关系画出其余两个视图。

注意：在视图图形对称时，还应画出对称中心线（点画线），而且往往是首先画出对称中心线以确定三个视图的位置。

（2）棱柱体表面上取点　由于棱柱体的表面都是平面，所以在棱柱体表面上取点的方法与前面介绍的在平面上取点的方法相同。

［例 2-14］ 如图 2-40（a）所示，已知棱柱体表面上 A、B 两点的正面投影，求其另两个投影并判别可见性。

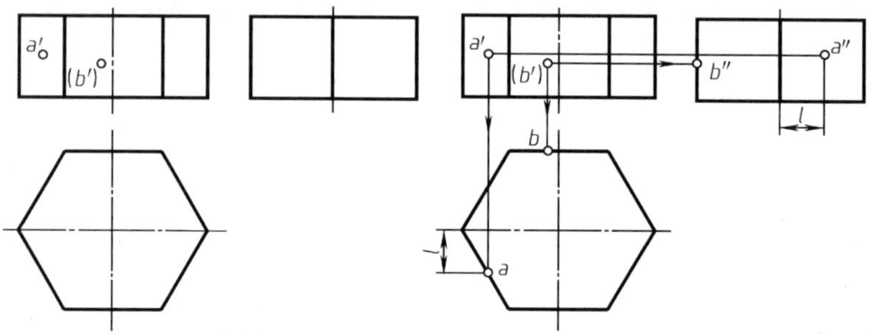

(a)　　　　(b)

图 2-40　棱柱体表面上取点

分析　由图 2-40（a）可知，点 A 位于左前棱面上，该棱面在俯视图上积聚成一条直线，点 A 的水平投影 a 也应位于该直线上，求出 a 后，可根据“三等”关系求得 a''。

作图　如图 2-40（b）所示，由 a' 向 H 面作投影连线与左前棱面的水平投影相交求得 a，由 a、a' 按“三等”关系求得 a''。

判别可见性： 判别可见性的原则为若点所在的面的投影可见（或有积聚性），则点的投影亦可见。

由于点 A 位于左前棱面上，故 a'、a'' 均可见。

同理，根据点 B 的位置可求出 b、b''，并确定它们的可见性。

2.6.2.1.2　棱锥

棱锥与棱柱的区别是侧棱线交于一点——锥顶。

（1）棱锥的三视图　如图 2-41（a）所示，正三棱锥的底面 ABC 为水平面，俯视图反映实形。后侧面 SAC 是侧垂面，在左视图上有积聚性。左、右两侧面 SAB、SBC 为一般位

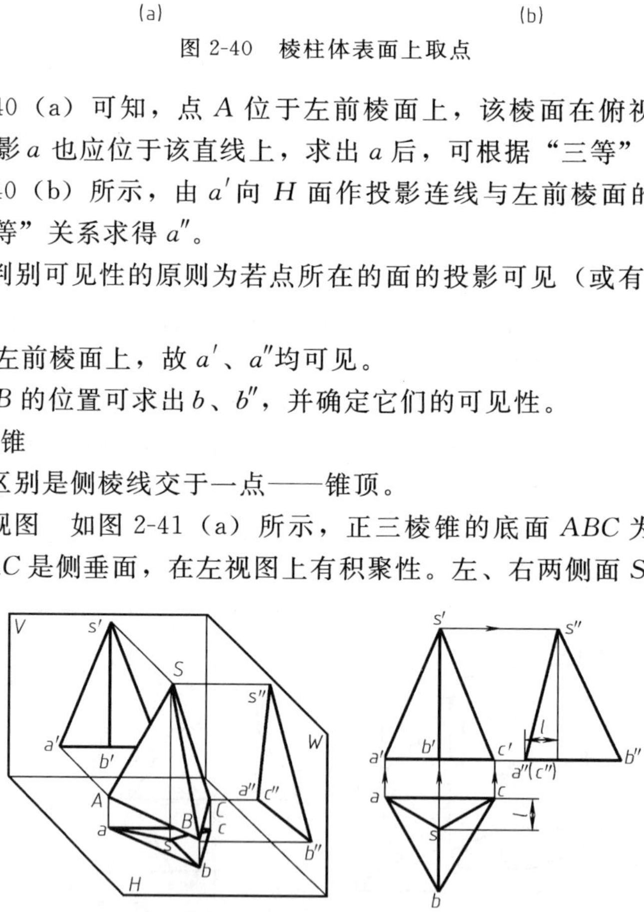

(a)　　　　(b)

图 2-41　棱锥的三视图

置平面。

作图过程，如图 2-41（b）所示：

① 画出反映底面 ABC 实形的水平投影及有积聚性的正面、侧面投影；

② 确定顶点 S 的三面投影；

③ 分别连接顶点 S 与底面各顶点的同名投影，从而画出各侧棱线的投影。

（2）棱锥表面上取点

［**例 2-15**］ 如图 2-42（a）所示，已知棱锥表面上点 K 与点 N 的正面积影，求其余二投影。

分析 由图 2-42（a）可知，点 K 与点 N 分别位于处于一般位置的侧棱面 SAB、SBC 上，需要在平面内过已知点作一辅助线，然后再在辅助线的投影上确定点的未知投影。

可采用两种方法作辅助线：

① 过平面内两点作直线；

② 过平面内一点作平面内已知直线的平行线。

作图 如图 2-42（b）所示，过点 K 的正面投影 k' 作辅助线 SD 的正面投影，求出 SD 的水平投影并在其上确定点 K 的水平投影 k，按“三等”关系由是 k'、k 求得 k''。

如图 2-42（c）所示，过点 N 的正面投影作 BC 的平行线 Ⅰ、Ⅱ 的正面投影，从而求出点 N 的另两个投影。

判别可见性： 由于侧棱面 SAB 的水平投影和侧面投影均是可见的，故 k、k'' 均可见。而侧棱面 SBC 的水平投影可见，侧面投影不可见，故 n 可见，n'' 不可见。

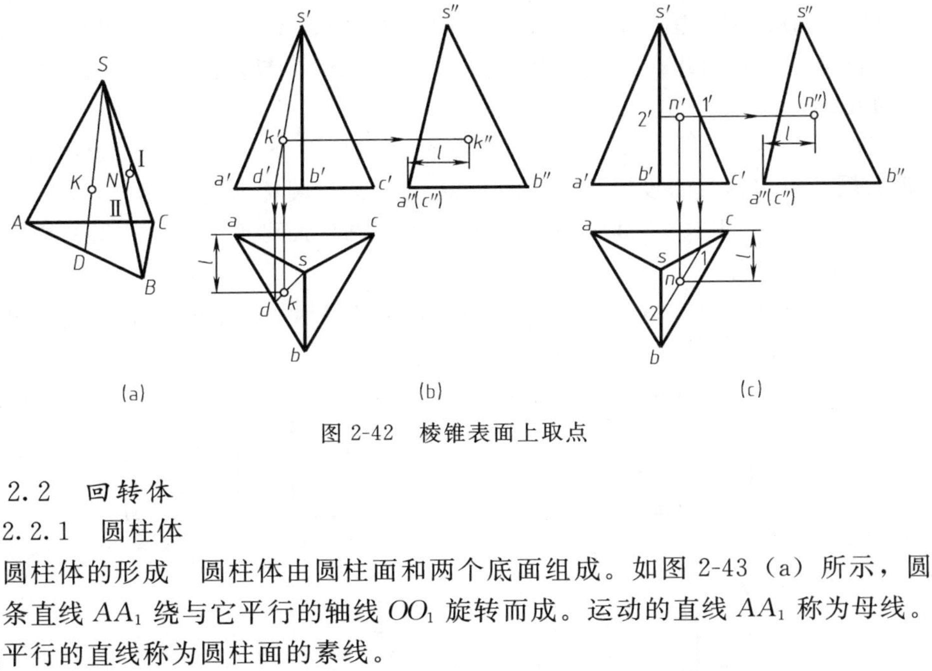

图 2-42 棱锥表面上取点

2.6.2.2 回转体

2.6.2.2.1 圆柱体

（1）圆柱体的形成 圆柱体由圆柱面和两个底面组成。如图 2-43（a）所示，圆柱面可看成由一条直线 AA_1 绕与它平行的轴线 OO_1 旋转而成。运动的直线 AA_1 称为母线。圆柱面上与轴线平行的直线称为圆柱面的素线。

（2）圆柱体的三视图 如图 2-43（b）所示，当圆柱体的轴线垂直于 H 面时，圆柱面在俯视图上积聚为一个圆，其主视图和左视图上的轮廓线为圆柱面上最左、最右、最前、最后轮廓素线的投影。圆柱体的上、下底面为水平面，水平投影为圆（反映实形），另两个投影积聚为直线。

作图过程，如图 2-43（b）所示：

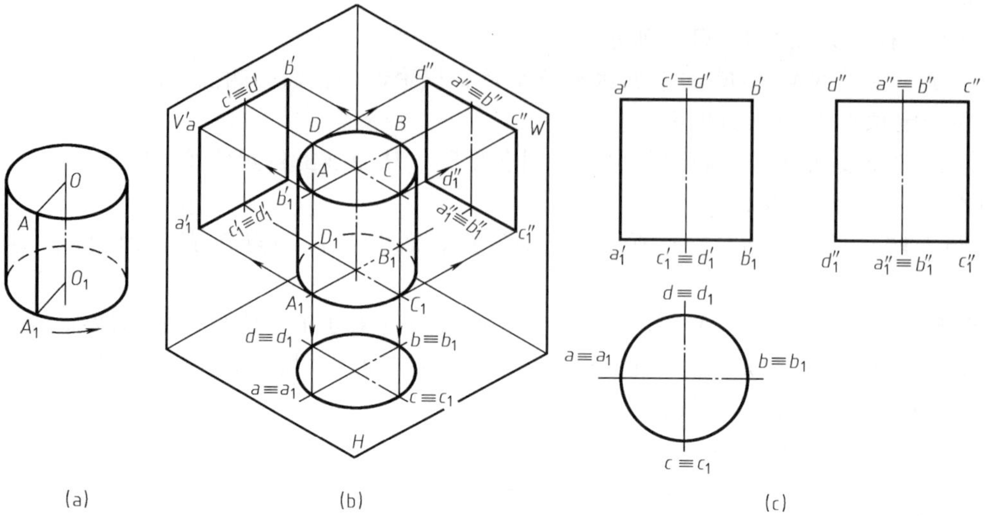

图 2-43　圆柱体的形成及三视图

① 画俯视图的中心线及轴线的正面和侧面投影（细点画线）；

② 画投影为圆的俯视图；

③ 按圆柱体的高，根据“三等”关系画出另两个视图（矩形）。

（3）轮廓线的投影分析及圆柱面可见性的判断　由图 2-43（b）、（c）可见，主视图上的轮廓线 $a'a_1'$和 $b'b_1'$是圆柱面上最左、最右两条素线 AA_1、BB_1 的投影，在左视图上，AA_1 和 BB_1 的投影与轴线的投影重合（注意：图中不画出）。AA_1 和 BB_1 又是圆柱面前半部分与后半部分的分界线，因此在主视图上，以 AA_1 和 BB_1 为界，前半个圆柱面可见，后半个圆柱面不可见。

左视图的轮廓线 $c''c_1''$、$d''d_1''$是圆柱面最前、最后两条素线 CC_1、DD_1 的投影，CC_1、DD_1 的正面投影也与轴线的投影重合。CC_1 和 DD_1 又是圆柱面左半部分与右半部分的分界线，因此在左视图上，以 CC_1 和 DD_1 为界，左半个圆柱面可见，右半个圆柱面不可见。

（4）圆柱面上取点

［例 2-16］ 如图 2-44（a）所示，已知圆柱面上点 M 的正面投影 m'和点 N 的侧面投影 n''，求点 M、N 的其余二投影。

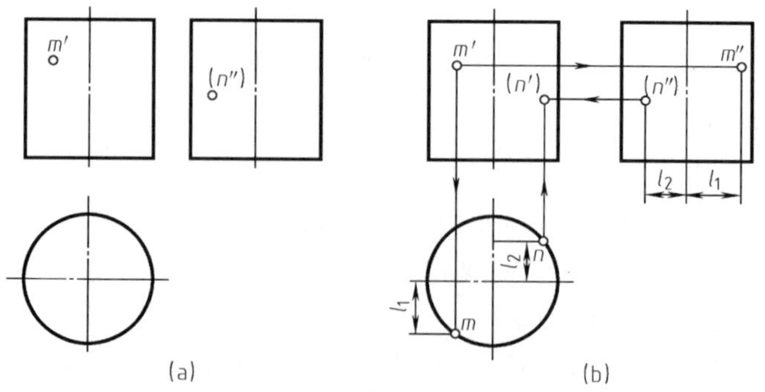

图 2-44　圆柱面上取点

分析　由点 M 的正面投影的位置及可见性可知，点 M 位于前半个圆柱面的左侧。由点 N 的侧面投影的位置及可见性可知，点 N 位于右半个圆柱面的后边。

作图 如图 2-44（b）所示，利用圆柱面的水平投影的积聚性由 m'求出 m，再利用“三等”关系求得 m''。利用积聚性和“三等”关系，由 n''求出 n，再由 n、n''求得 n'。

判别可见性： 由上面分析的点 M 和点 N 的位置可判断出，n'不可见，其余均可见。

2.6.2.2.2 圆锥体

（1）圆锥体的形成 圆锥体由圆锥面和一个底面组成。如图 2-45（a）所示，圆锥面可看成是直线 SA 绕与它相交的轴线 OO_1 旋转而成。运动的直线 SA 叫做母线，圆锥面上过锥顶 S 的任一直线称为圆锥面的素线。

（2）圆锥体的三视图

如图 2-45（b）所示，当圆锥体的轴线垂直于 H 面时，其俯视图为圆，主视图及左视图为两个全等的等腰三角形，三角形的底边为圆锥底面的投影，两个等腰三角形的腰分别为圆锥面的轮廓素线的投影。圆锥面的三个投影都没有积聚性。

作图过程，如图 2-45（c）所示：

① 画俯视图的中心线及轴线的正面、侧面投影（细点画线）；

② 画俯视图的圆；

③ 按圆锥体的高确定顶点 S 的投影，并按“三等”关系画出另两个视图（等腰三角形）。

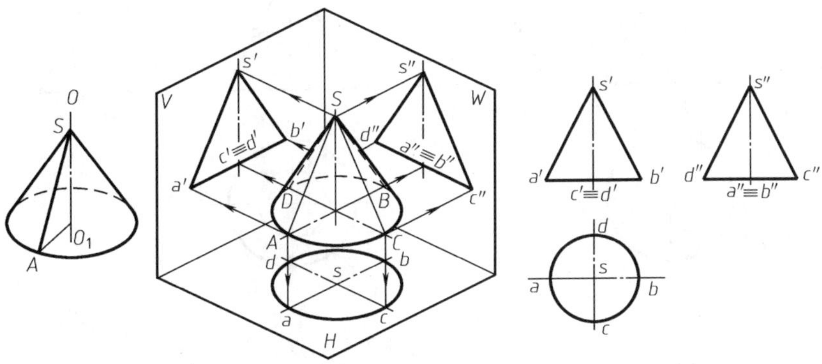

(a) (b) (c)

图 2-45 圆锥体的形成及三视图

（3）轮廓线的投影分析及圆锥面可见性的判断 轮廓线的投影及圆锥面可见性的判断问题与圆柱面的分析方法相同，请参看图 2-45（b）、（c）自行分析。

（4）圆锥面上取点 在圆锥面上取点，可利用作辅助线（直线或圆）的方法。

［**例 2-17**］ 已知圆锥面上点 K 的正面投影 k'，求点 K 的其余二投影［图 2-46（a）］。

（1）辅助直线法

分析 如图 2-46（b）所示，过锥顶 S 和点 K 在圆锥面上作一条素线 SA，以 SA 作为辅助线求点 K 的另两个投影。

作图 如图 2-46（c）所示。

① 在主视图上，连接 $s'k'$与底边交于 a'。

② 求 SA 的水平投影 sa，并在其上确定点 K 的水平投影 k。

③ 利用“三等”关系求得 k''。

（2）辅助圆法

分析 如图 2-46（b）所示，过 K 在圆锥面上作一与底面平行的圆，该圆的水平投影为底面投影的同心圆，正面投影和侧面投影积聚为直线。

作图　如图 2-46（d）所示。

① 过 k'作直线 $c'd'$（辅助圆的正面投影）。

② 做辅助圆的水平投影（圆）并在其上确定点 K 的水平投影 k。

③ 利用“三等”关系求得 k''。

判别可见性：由于点 K 位于前半个圆锥面的左半部分，故 k、k''均可见。

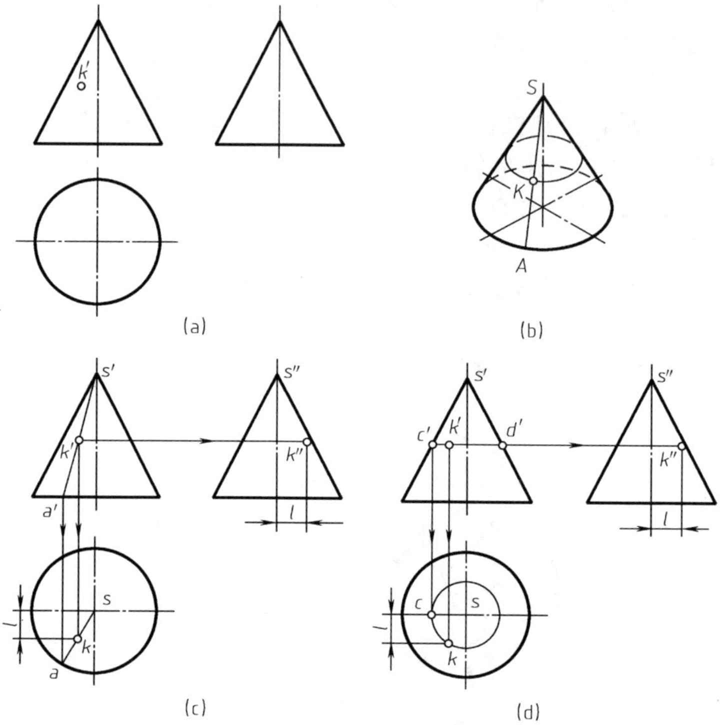

图 2-46　圆锥面上取点

2.6.2.2.3　圆球

（1）圆球的形成　如图 2-47（a）所示，圆球可看成是半圆形的母线绕其直径 OO_1 旋转而成。

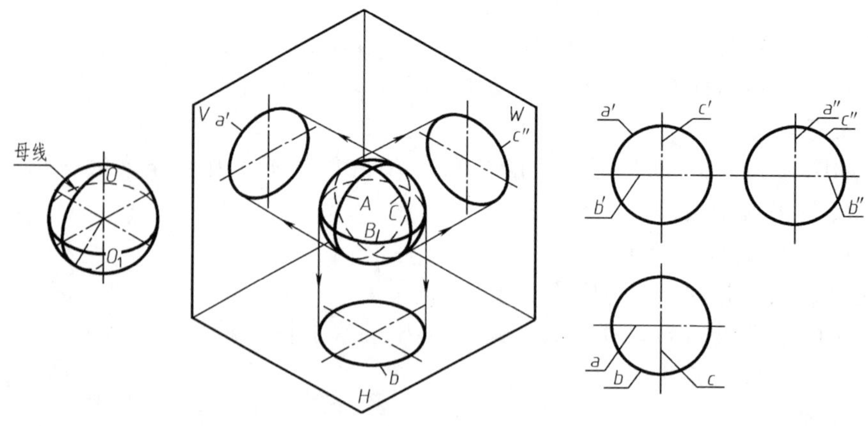

图 2-47　圆球的形成及三视图

(2) 圆球的三视图　如图 2-47 (b)、(c) 所示，圆球的三个视图均为大小相等的圆（圆的直径和球的直径相等），它们分别是球的三个方向的轮廓圆的投影。例如球面上的轮廓圆 A 在主视图上的投影为轮廓线圆 a'，而在俯视图和左视图上的投影 a、a''都与中心线重合（不画出）。轮廓圆 A 又是前半个球面与后半个球面的分界线，据此可以在主视图上判别球面的可见性。

(3) 圆球面上取点　在圆球面上取点只能采用辅助圆法。

［**例 2-18**］ 如图 2-48 所示，已知球面上点 D 的正面投影 d'，求点 D 的其余二投影。

分析　过点 D 在球面上作一水平圆，该圆的水平投影为圆，正面投影和侧面投影积聚成直线，求出圆的三个投影后，即可用线上找点的方法求得 d、d''。

作图　其作图过程见图 2-48。

判别可见性　由已知投影 d'的位置及可见性，可判断出点 D 位于上半球的前方及右方，故 d 可见，d''不可见。

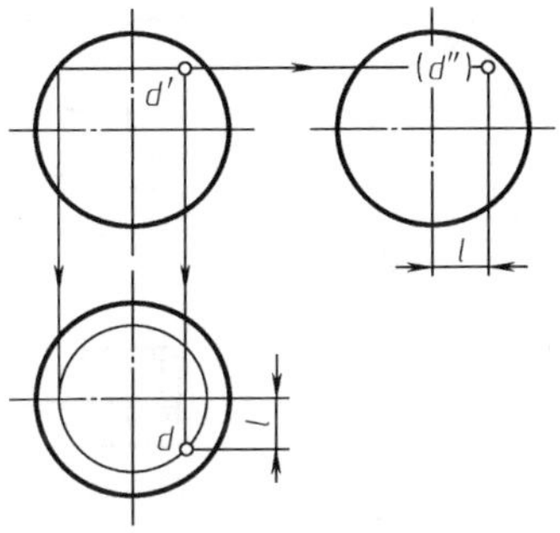

图 2-48　圆球面上取点

图 2-49 是一些常见的不完整的回转体的三视图。

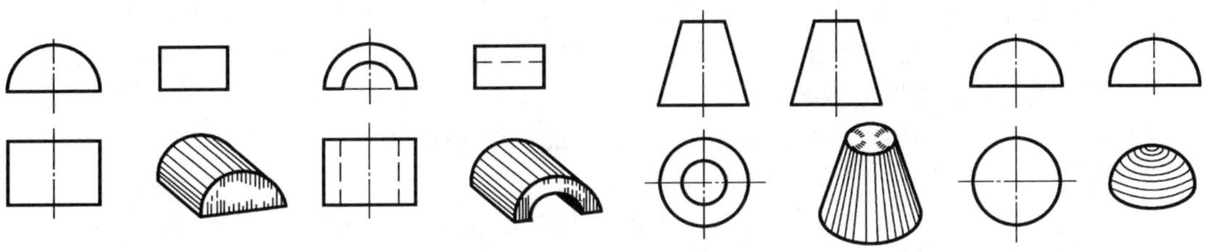
(a)半圆柱　(b)半圆筒　(c)圆台　(d)半圆球

图 2-49　不完整的回转体

2.6.3 简单叠加体的三视图

仅由单一基本体构成的物体是很少的，更多的是由若干个基本体组合而成，其组合方式可分为叠加和切割两种。其中最简单的叠加方式为两个基本体表面互相贴合，这里主要介绍由这一简单的叠加方式形成的简单叠加体的画图及看图方法。

2.6.3.1 简单叠加体的表面过渡关系

组成简单叠加体的基本体相对位置不同，其表面的过渡关系也不同。

简单叠加体的基本体之间以平面分界，在与该平面垂直的投影面上的投影积聚成直线，如图 2-50、图 2-51 和图 2-52 (a)、(b) 所示，当两基本体的表面共面时，分界处无线，如图 2-52 (c)、(d) 所示。

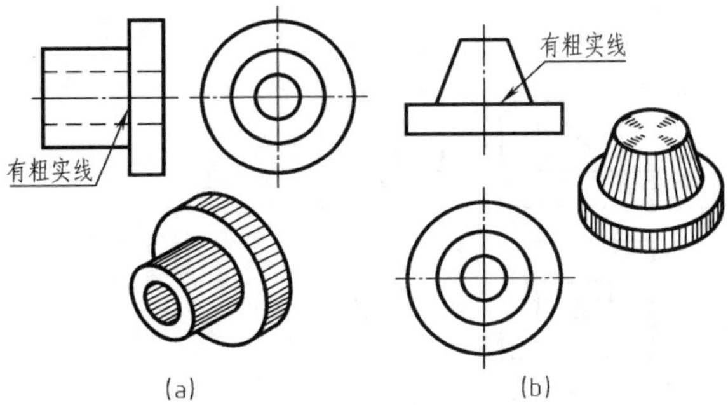

(a)　(b)

图 2-50　回转体与回转体叠加

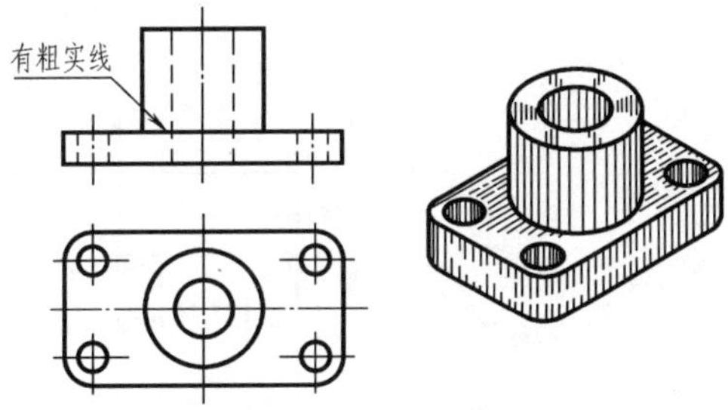

图 2-51　回转体与平面体叠加

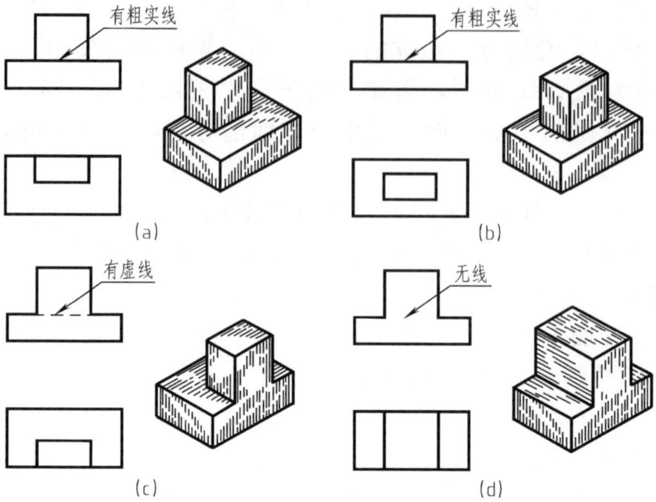

图 2-52　平面体与平面体叠加

2.6.3.2　简单叠加体的画图方法

画图时，假想将简单叠加体分解成若干基本体，弄清它们的相互位置关系，然后逐个画出每个基本体的三视图，同时分析表面过渡关系及投影特性，最后得到简单叠加体的三视图。

现以图 2-53 为例说明三视图的画法。

(1) 分解形体　此物体可以分解为Ⅰ、Ⅱ、Ⅲ三个基本体。

(2) 画图过程

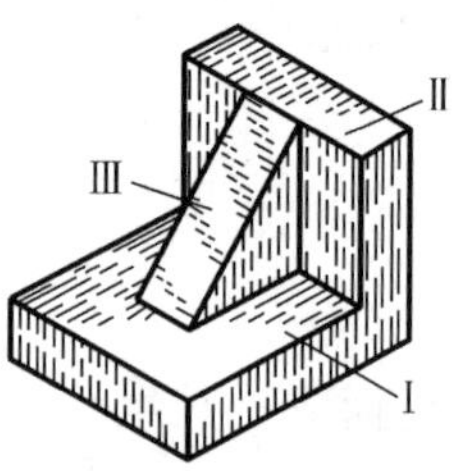

图 2-53　简单叠加体

① 画基本体Ⅰ的三投影。先画对称中心线，后画轮廓线［图 2-54 (a)］。

② 画基本体Ⅱ的三投影。由于基本体Ⅱ与Ⅰ前后表面共面，在主视图上不应有分界线［图 2-54 (b)］。

③ 画基本体Ⅲ的三投影。它与基本体Ⅰ、Ⅱ前后对称叠加，除分界面外，其余表面均不共面，分界处有线［图 2-54 (c)］。

④ 检查无误后将轮廓线加深［图 2-54 (d)］。

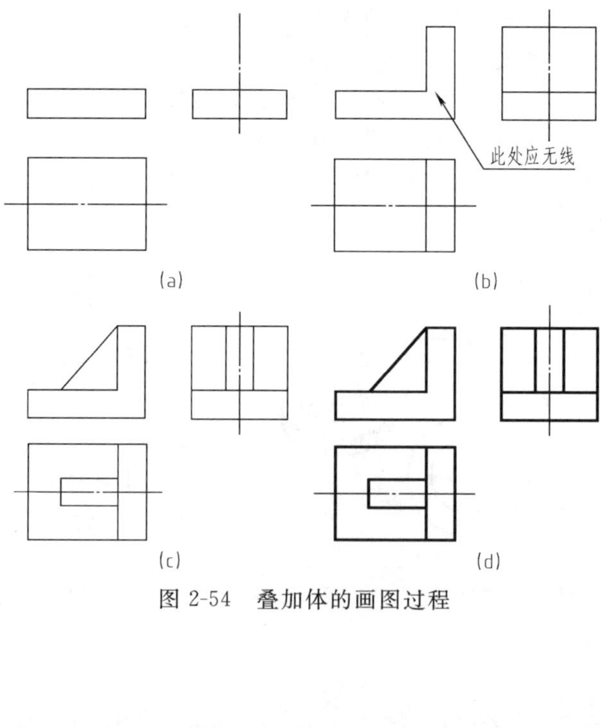

图 2-54　叠加体的画图过程

2.7 立体表面的交线

如图 2-55 所示，工程上经常可以看到机件的某些部分是由平面与立体相交或者两立体相交形成的，这样，在立体表面就会产生交线。为了清楚地表达物体的形状，画图时应当正确地画出这些交线的投影。

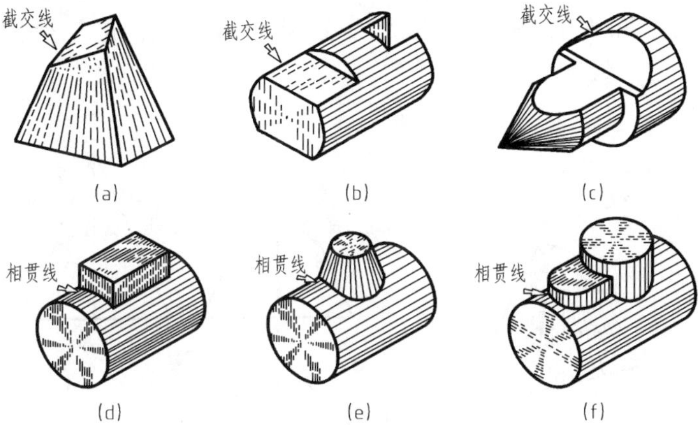

图 2-55 立体表面的交线

2.7.1 立体表面的截交线

用平面与立体相交截去立体的一部分叫做截切，与立体相交的平面叫做截平面，截平面与立体表面的交线叫做截交线，如图 2-55 (a)、(b)、(c) 所示。

(1) 截交线的性质　有以下三点。

① 截交线一般是由直线、曲线或直线和曲线围成的封闭的平面多边形；

② 截交线的形状取决于被截立体的形状及截平面与立体的相对位置，截交线的投影形状取决于截平面与投影面的相对位置；

③ 截交线是截平面与立体表面的共有线，截交线上的点都是截平面与立体表面的共有点，即既在截平面上，又在立体表面上。

(2) 方法与步骤　求截交线的方法与步骤如下。

① 空间及投影分析：分析被截立体的形状及截平面与被截立体的相对位置以确定截交线的空间形状；分析截平面及立体与投影面的相对位置以确定截交线的投影特性（类似性、积聚性等）。从而找到截交线的已知投影，预见未知投影。

② 作图：求出截平面与立体表面的一系列共有点，依次连接成截交线。

2.7.1.1 平面与平面体相交

平面与平面体相交，其截交线是由直线围成的平面多边形，多边形的边是截平面与平面体表面的交线，多边形的顶点是截平面与平面体棱线的交点。因此，求平面体的截交线可归结为求截平面与立体表面的交线或求截平面与立体上棱线的交点。

[例 2-19] 求正四棱锥被平面 P 截切后的三视图 [图 2-56 (a)、(b)]。

解 (1) 空间及投影分析

截平面 P 与四棱锥的四个侧棱面相交，故截交线的形状为四边形，它的四个顶点为截平面 P 与四条侧棱线的交点。

因截平面 P 是正垂面，故截交线的投影在主视图上积聚在 p' 上，在俯视图和左视图上为类似形（四边形）。

(2) 作图［图 2-56 (c)］

由于截平面 P 在主视图上有积聚性，故截交线的顶点的正面投影 1′、2′、3′、4′可直接得出，据此可在四条侧棱线上分别求得截交线各顶点的水平投影 1、2、3、4 和侧面投影 1″、2″、3″、4″，将四个顶点的同名投影依次连接可得截交线的投影。

分析四条侧棱线的投影（哪一段被截去了，哪一段被保留下来了）并检查截交线的投影特性（在俯视图和左视图上是否为类似形），最后完成三视图，如图 2-56 (d) 所示。

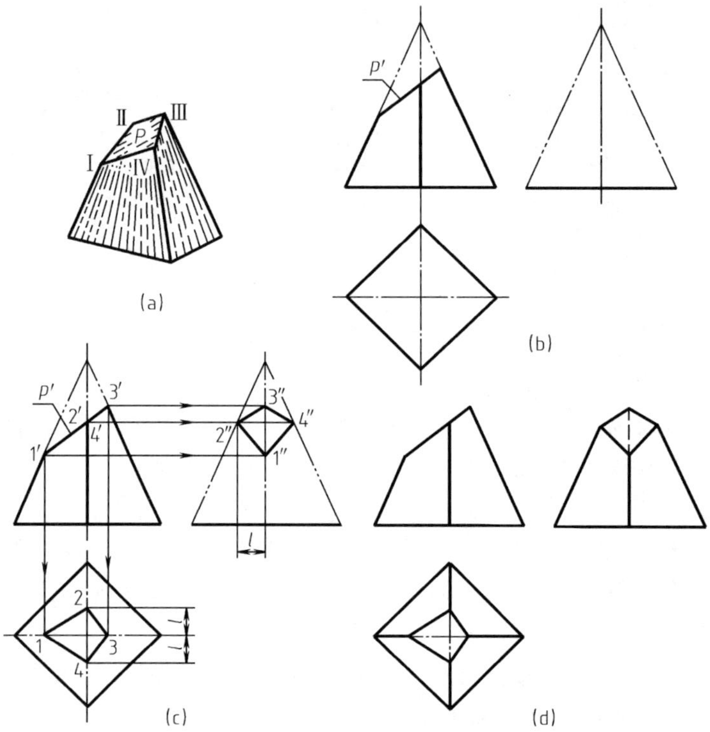

图 2-56 正四棱锥被一个平面截切

［例 2-20］ 已知棱柱被平面 P 截切后的主视图和左视图，求俯视图［图 2-57 (a)、(b)］。

解 (1) 空间及投影分析

截平面与棱柱的八个棱面相交，故截交线为八边形。

由于截平面是正垂面，故截交线的投影在主视图上有积聚性（积聚在 P' 上），在俯视图和左视图上为类似形（八边形）。棱柱的八个棱面的投影在左视图上有积聚性，根据截交线的共有性，截交线在主视图和左视图上的投影为已知［图 2-57 (b)］。

(2) 作图

画出完整的八棱柱的俯视图，求出截交线八个顶点的水平投影并依次连接成八边形，如图 2-57 (c) 所示。

分析棱线的投影（擦去被截去的部分），检查截交线的投影特性（类似性），最后完成俯视图，图如 2-57 (d) 所示。

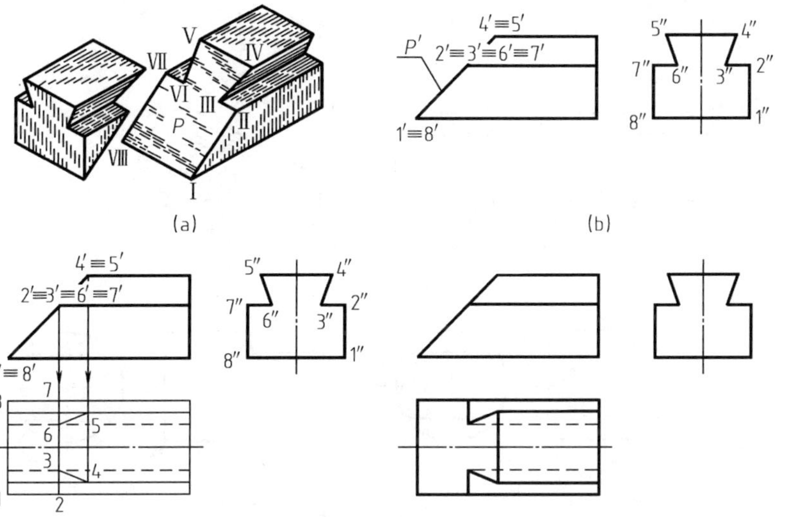

图 2-57　八棱柱被一个平面截切

2.7.1.2　平面与回转体相交

平面与回转体相交时，平面可能只与其回转面相交（交线通常为平面曲线，特殊情况下为直线），也可能既与其回转面相交又与其平面（端面）相交（交线为直线）。故回转体表面的截交线由直线、曲线或直线和曲线组成。当交线为非圆曲线时，一般先求出能确定交线的形状和范围的特殊点，如最高、最低、最前、最后、最左、最右点，可见与不可见部分的分界点等，然后再求出若干中间点，最后光滑地连接成曲线。

2.7.1.2.1　平面与圆柱体相交

由于平面与圆柱面的轴线的相对位置不同，平面与圆柱面的交线有三种形状：即直线、圆和椭圆。如表 2-5 所示。

表 2-5　平面与圆柱面交线的三种形状

截平面的位置	平行于轴线	垂直于轴线	倾斜于轴线
交线的形状	两平行直线	圆	椭圆
立体图	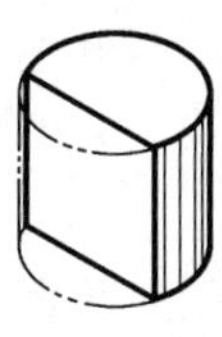	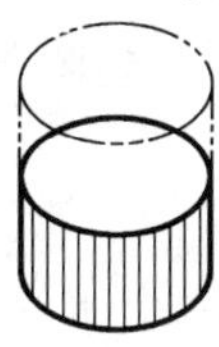	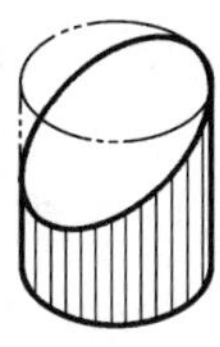
投影图	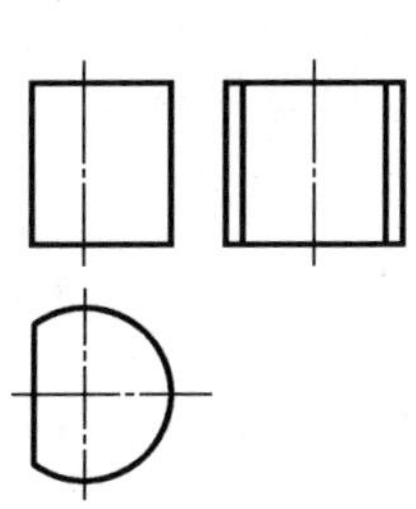	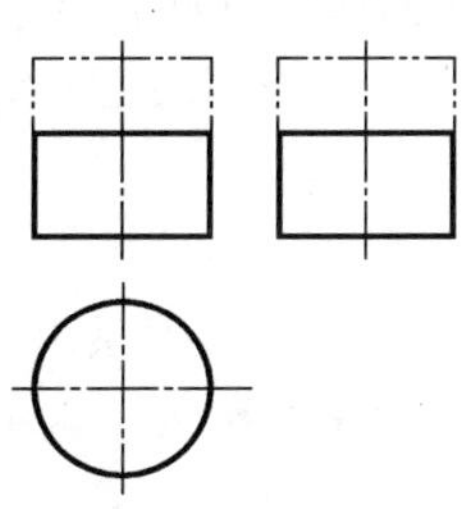	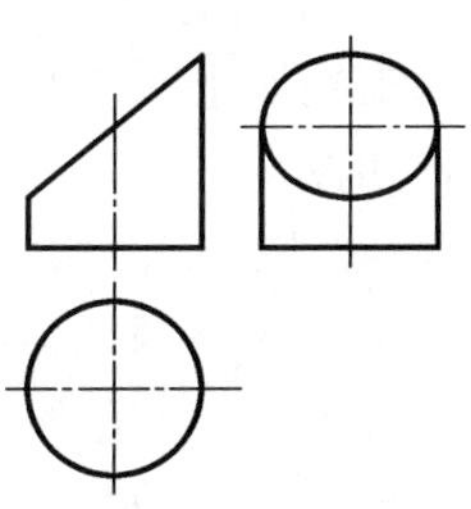

[例 2-21] 如图 2-58（a）所示，已知圆柱体被截切后的主视图和左视图，求作俯视图。

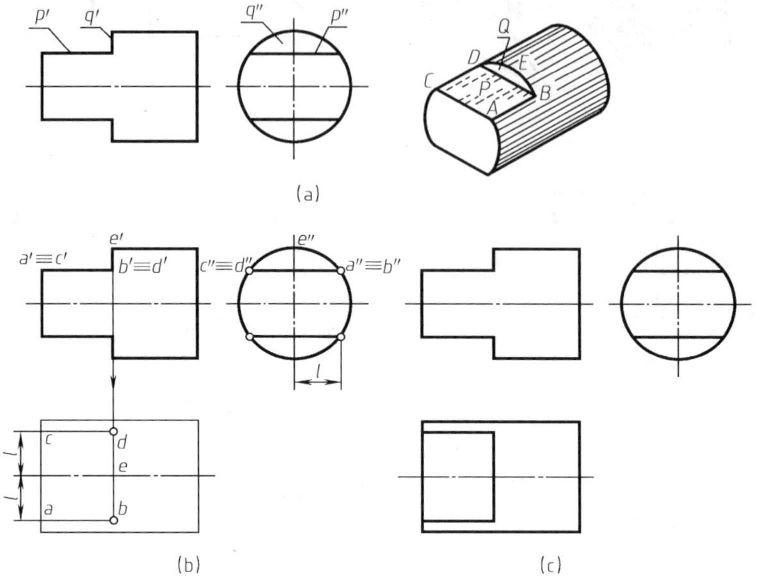

图 2-58 圆柱体上下各切去一块

解 （1）空间及投影分析

由于立体上下对称，所以只就上半部分进行分析。由图可知，圆柱体被水平面 P 和侧平面 Q 截切。截平面 P 与圆柱面的轴线平行，其交线为平行于圆柱轴线的两条直线 AB、CD；其正面投影 $a'b'$、$c'd'$ 积聚在 P' 上；由于截平面 P 与圆柱面的侧面投影都有积聚性，根据交线的共有性，交线的侧面投影 $a''b''$、$c''d''$ 为 p'' 与圆的共有点。截平面 Q 与圆柱面的轴线垂直，其交线的形状为一段圆弧 BED，其正面投影积聚在 g' 上，侧面投影为圆弧 $b''e''d''$。

（2）作图

如图 2-58（b）所示，首先画出完整的圆柱体的俯视图，按“三等”关系求出截交线的水平投影。

注意分析圆柱的轮廓线是否被截，此例中俯视图上圆柱的轮廓线应是完整的，结果如图 2-58（c）所示。

[例 2-22] 如图 2-59（a）所示，在圆柱体上开一方槽，已知主视图和左视图，求作俯视图。

解 （1）空间及投影分析

方形槽是由与圆柱轴线平行的两个水平面 P、Q 和与轴线垂直的侧平面 T 切出的。P 与 Q 与圆柱面的交线均为与圆柱轴线平行的直线，其正面投影分别积聚在 p' 和 g' 上，侧面投影积聚在圆上。T 与圆柱面的交线为两段圆弧，其正面投影积聚在 t' 上，侧面投影积聚在圆上，如图 2-59（b）所示。

（2）作图

先画出完整圆柱体的俯视图，按投影关系求出截交线的水平投影［图 2-59（b）］。

注意圆柱体 GE 的一段轮廓素线被截去了，俯视图上不应有该段轮廓素线的投影，结果如图 2-59（c）所示。

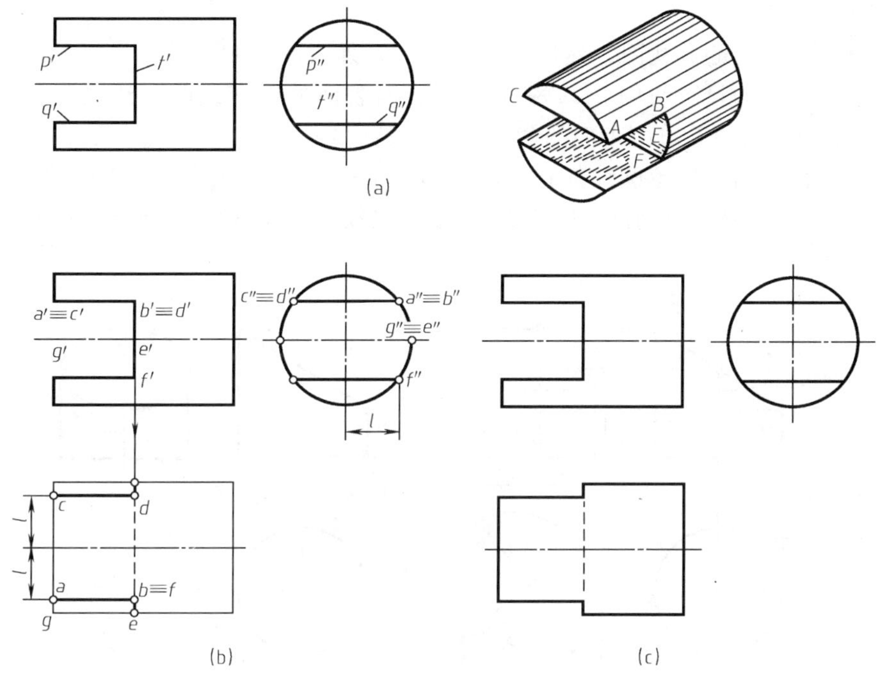

图 2-59　圆柱体上开一方槽

［例 2-23］　如图 2-60（a）所示，在圆筒上开一方槽，已知主视图和左视图，求作俯视图。

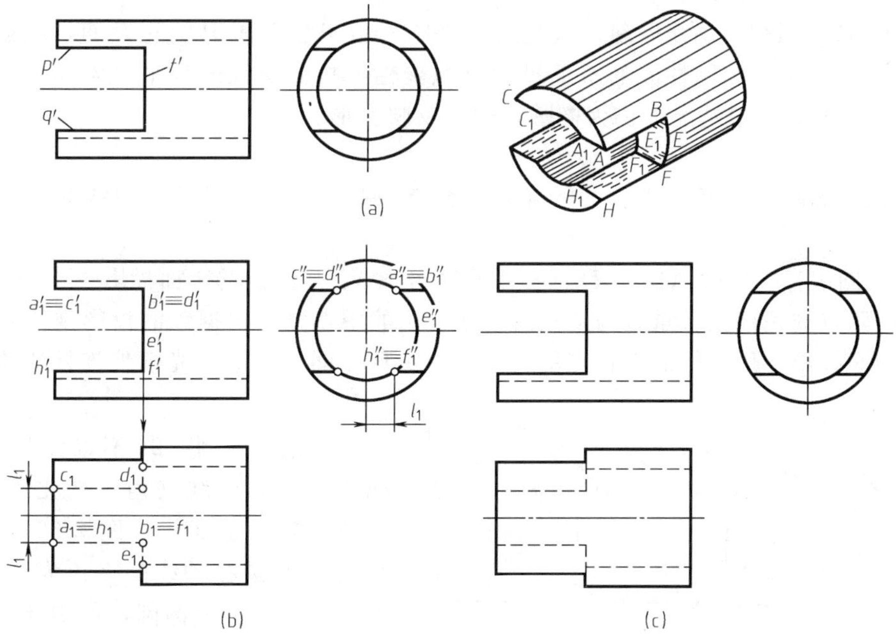

图 2-60　圆筒上开一方槽

解　(1) 空间及投影分析

本例与例 2-22 相似，只是把圆柱改成了圆筒，这时截平面 P、Q、T 不仅与外表面相交，而且与内表面相交，因此产生了内、外两层截交线。

（2）作图

首先画出完整圆筒的俯视图，然后依次求出内、外表面的截交线。

外表面上截交线的投影与例 2-22 完全相同。内表面的截交线的画法也与例 2-22 相似，分别求出截平面 P、Q、T 与内表面的截交线即可。

内、外圆柱面的前、后轮廓线都有一段被切掉了，其结果如图 2-60（c）所示。

［例 2-24］ 圆柱被一正垂面 P 所截，已知主视图和俯视图，求作左视图［图 2-61（a）］。

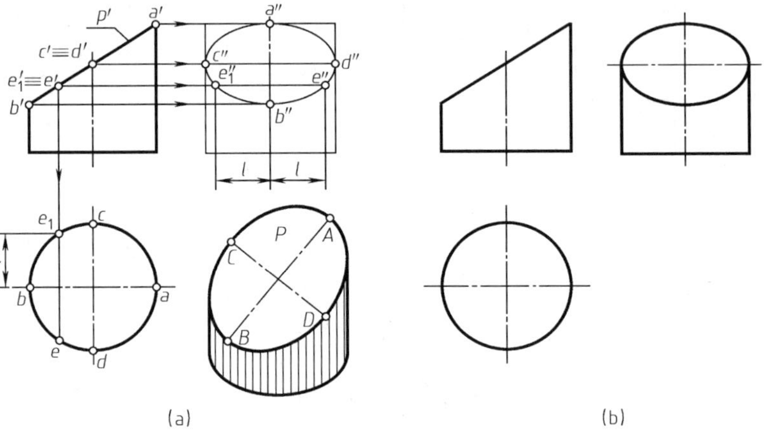

图 2-61　圆柱被正垂面截切

解　（1）空间及投影分析

截平面 P 与圆柱的轴线倾斜，截交线为椭圆。由于截平面 P 为正垂面，故截交线的正面投影积聚在 p'上；因圆柱面的水平投影有积聚性，故截交线的水平投影积聚在圆上。而截交线的侧面投影一般情况下仍为椭圆，但不反映实形。

（2）作图

首先找出椭圆长、短轴的端点，再适当补充一些中间点，然后用曲线光滑地连接起来即可。

空间椭圆的长、短轴 AB、CD 互相垂直平分，A、B 两点的正面投影位于圆柱的轮廓线上，C、D 两点的正面投影重合为一点且位于 $a'b'$的中点处，根据点的投影规律求出 A、B、C、D 的侧面投影。用圆柱面上找点的方法补充一些中间点，最后光滑地连接成椭圆［图 2-61（a）］。

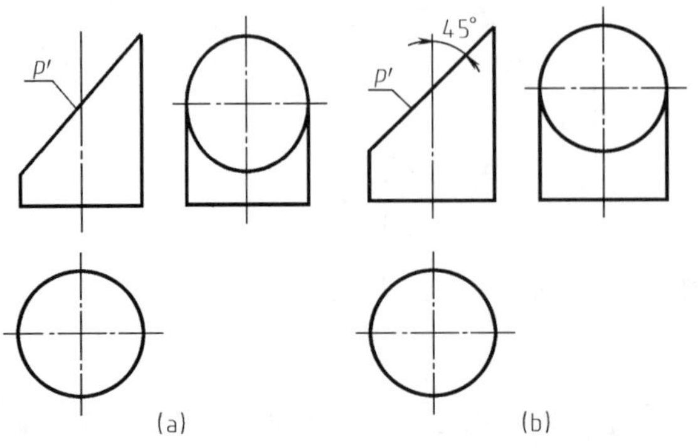

图 2-62　圆柱被正垂面截切的两种情况

讨论　由例 2-24 不难看出，随着截平面 P 与圆柱轴线夹角的变化，椭圆的长、短轴也会发生变化［图 2-62（a）］，当截平面 P 与圆柱轴线的夹角为 45°时，交线的空间形状仍为椭圆，但由于长、短轴的侧面投影长度相等，故其投影变为与圆柱直径相等的圆［图 2-62（b）］。

2.7.1.2.2　平面与圆锥体相交

由于平面与圆锥面的轴线的相对位置不同，其交线有五种情况，见表 2-6。

表 2-6　平面与圆锥面交线的五种情况

截平面的位置	过锥顶	与轴线垂直 $\theta=90°$	与轴线倾斜 $\alpha<\theta<90°$	与一条素线平行 $\theta=\alpha$	与轴线平行或倾斜 $0°\leqslant\theta<\alpha$
交线的形状	两直线	圆	椭圆	抛物线	双曲线
立体图	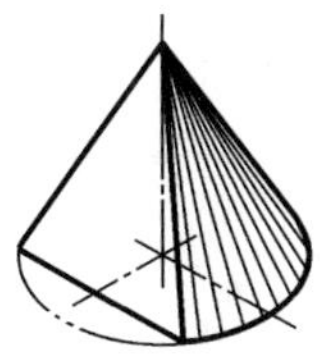	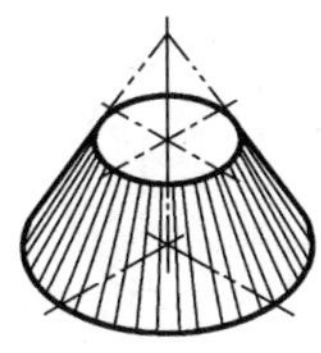	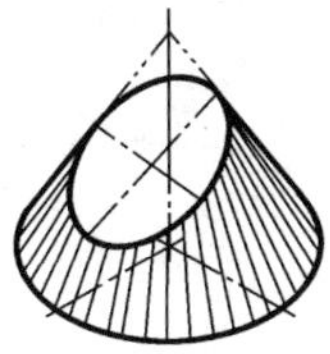	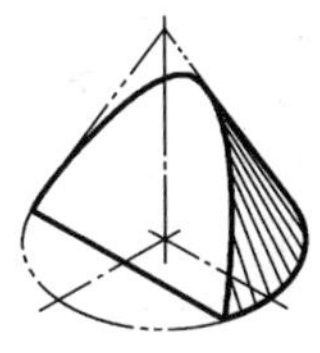	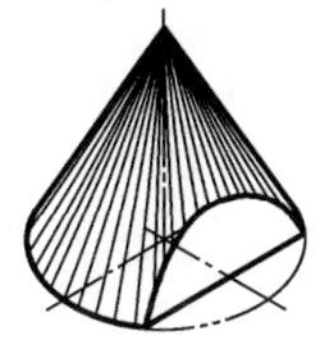
投影图	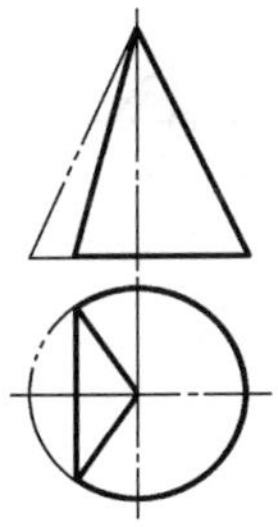	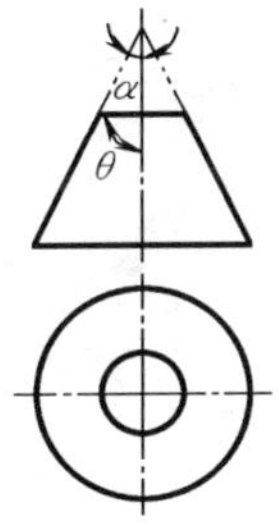	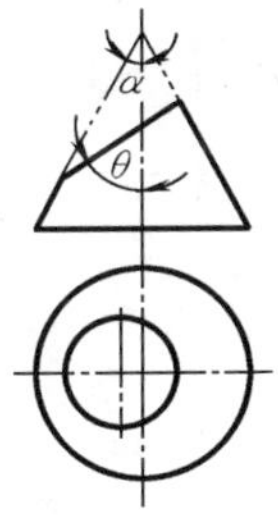	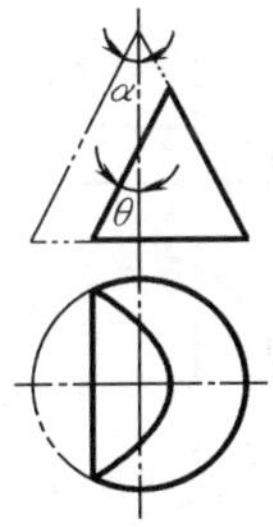	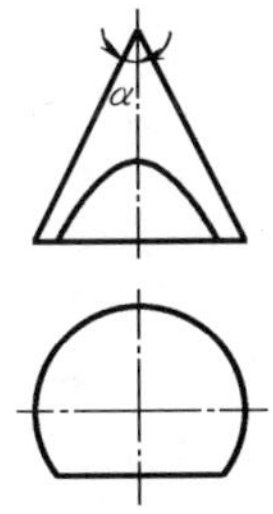

［例 2-25］ 圆锥被一正平面 Q 截切，补全主视图上截交线的投影［图 2-63 (a)］。

解　(1) 空间及投影分析

因为截平面 Q 与圆锥面的轴线平行，故与圆锥面的交线为双曲线的一叶，其水平投影积聚在 g 上，正面投影反映实形。

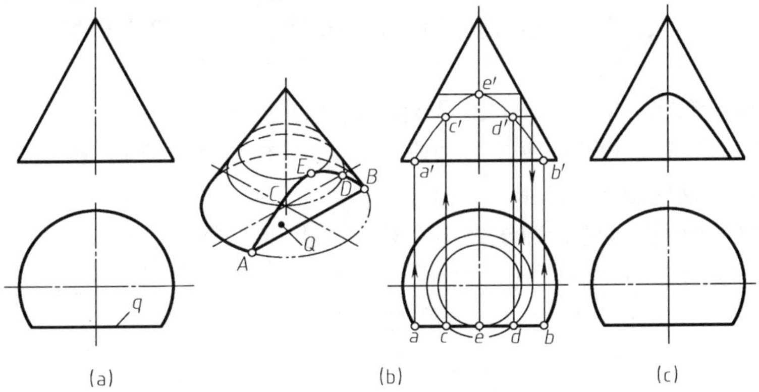

图 2-63　圆锥被正平面截切

(2) 作图

双曲线的最低点 A、B 在俯视图上的投影为截平面的投影与圆锥底面圆的投影的共有点 a、b，正面投影为 a'、b'。A、B 同时又是双曲线的最左、最右点。

双曲线的最高点 E 在俯视图上的投影为 ab 的中点 e，利用辅助圆法求得其正面投影 e'。采用同样的方法可求得中间点 C、D 的投影。

光滑连接上述各点的正面投影即为双曲线的正面投影，结果如图 2-63 (c)。

2.7.1.2.3　平面与圆球相交

平面与圆球相交，其截交线的形状为圆。但由于截平面与投影面的位置不同，截交线的投影可能为圆、椭圆或直线。

[例 2-26] 完成图 2-64（a）所示开槽半圆球的俯视图并画出左视图。

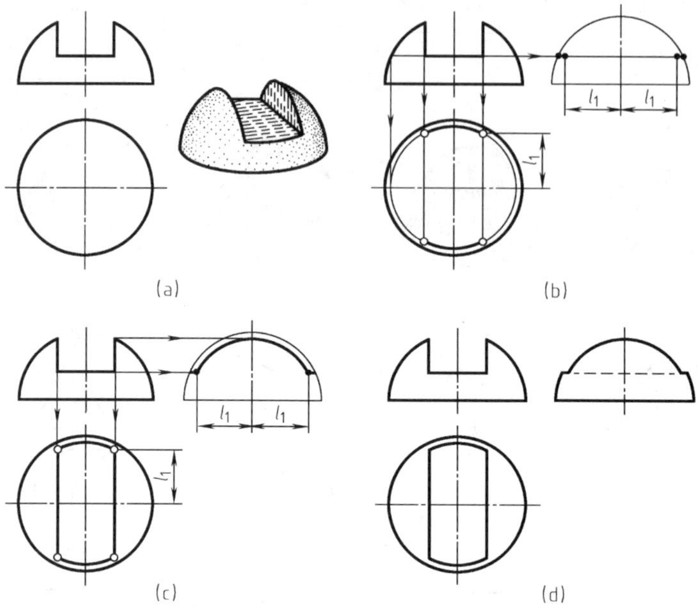

图 2-64 开槽半圆球

解 （1）空间及投影分析

半圆球上方的切槽是由一个水平面和两个侧平面截切圆球而成，其交线的空间形状均为圆弧。水平面与圆球的截交线的水平投影反映实形，正面投影和侧面投影积聚成直线。两个侧平面与圆球的截交线的侧面投影反映实形，正面投影和水平投影积聚成直线。

（2）作图

假设水平面将半球整体截切，求出截交线的水平投影后取局部［图 2-64（b）］。同理，求出侧平面截圆球的截交线的侧面投影和水平投影［图 2-64（c）］。求截平面间的交线（左视图上为虚线），结果如图 2-64（d）所示。

注意：圆球的侧面投影的轮廓线是不完整的，上面一段被截去。

2.7.1.2.4 综合举例

[例 2-27] 求图 2-65（a）所示立体的俯视图。

解 （1）空间及投影分析

该立体由同轴的一个圆锥体和两个直径不等的圆柱体组成。左边的圆锥和圆柱同时被水平面 P 截切，而右边的大圆柱不仅被 P 截切，还被正垂面 Q 截切。P 与圆锥面的交线为双曲线的一叶，其水平投影反映实形，正面投影和侧面投影积聚成直线。P 面与两个圆柱面的交线均为直线，正面投影积聚在 p' 上，侧面投影分别积聚在圆上。Q 面与大圆柱面的交线为椭圆的一部分，其正面投影积聚在 q' 上，侧面投影积聚在大圆上，水平投影为一段椭圆弧。

（2）作图

如图 2-65（a）所示，依次求出各个截平面与基本体的交线即可。结果见图 2-65（b）。

注意：当一个平面截切多个形体时，解题的基本方法是逐个形体分析和绘制截交线。

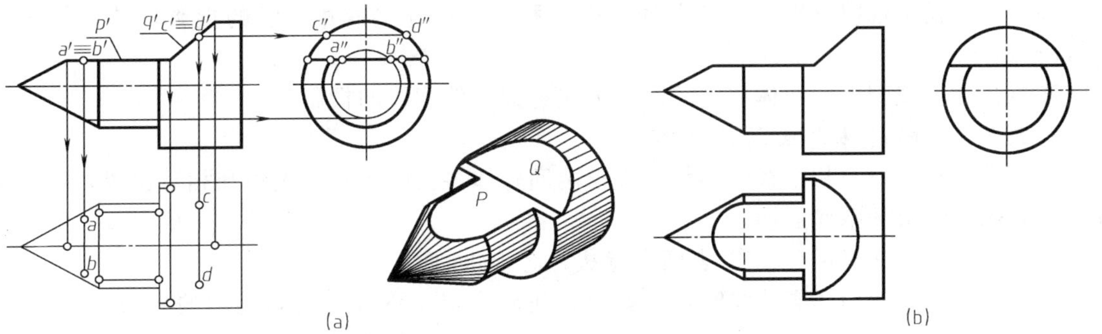

(a) (b)

图 2-65 复合回转体的截切

2.7.2 立体表面的相贯线

两立体相交叫做相贯，其表面产生的交线叫做相贯线［见图 2-55（d）、（e）、（f）］。

相贯线具有下列性质：

① 表面性——相贯线位于两立体的表面上；

② 封闭性——相贯线一般为封闭的空间折线（由直线和曲线组成）或光滑的空间曲线；

③ 共有性——相贯线是两立体表面的共有线，相贯线上的点是两立体表面的共有点。

所以，求相贯线的实质是求两立体表面的共有点。

2.7.2.1 平面体与回转体相贯

平面体与回转体相贯，相贯线为封闭的空间折线，折线的每一段为平面体的侧棱面与回转体表面的交线。所以，求相贯线的实质是求平面体的棱面与回转体表面的交线。

［例 2-28］ 正四棱柱与圆柱体相交，已知俯视图和左视图，求作主视图［图 2-66（a）］。

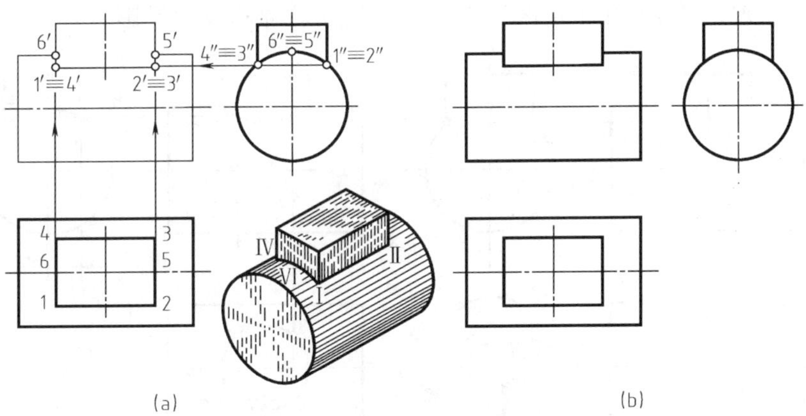

(a) (b)

图 2-66 正四棱柱与圆柱体相交

解 （1）空间及投影分析

相贯线由正四棱柱的四个侧棱面与圆柱面的交线组成，其中，前、后两个棱面与圆柱的轴线平行，交线为两段与圆柱轴线平行的直线；左、右两个棱面与圆柱的轴线垂直，交线为两段圆弧。

相贯线在左视图上积聚在圆弧 4″6″1″和 3″5″2″上，在俯视图上积聚在四边形 1-2-3-4 上。

（2）作图

利用点的投影规律分别求出各点的正面投影，依次连接成相贯线的投影，结果如图 2-66（b）所示。

注意：在主视图上，两体相交的区域不应有圆柱轮廓线的投影。

2.7.2.2　回转体与回转体相贯

两回转体相贯，其相贯线的形状取决于两回转体各自的形状、大小和相对位置，一般情况下为封闭的光滑的空间曲线。

求相贯线的方法有两种：① 表面取点法；② 辅助平面法。

当相贯线的投影为非圆曲线时，一般应先找出决定相贯线的投影范围的界限点（最上、最下、最前、最后、最左、最右点）及一些特殊点（如可见部分与不可见部分的分界点等），再适当补充一些中间点，最后光滑连接成曲线。

2.7.2.2.1　表面取点法

表面取点法也叫积聚性法。就是利用投影具有积聚性的特点，确定两回转体表面上若干共有点的已知投影，然后采用回转体表面上找点的方法求出它们的未知投影，从而画出相贯线的投影。

[例 2-29]　如图 2-67（a）所示，已知两圆柱正交，求其相贯线的投影。

解　（1）空间及投影分析

由图 2-67（a）可知，相贯线为一前后、左右对称的封闭的空间曲线。小圆柱面的轴线垂直于 H 面，其水平投影有积聚性；大圆柱面的轴线垂直于 W 面，其侧面投影有积聚性。根据相贯线的共有特性，相贯线的水平投影一定积聚在小圆柱面的水平投影上，侧面投影积聚在大圆柱面的侧面投影上，为两圆柱面侧面投影共有的一段圆弧。

（2）作图

首先求确定相贯线的投影范围的界限点Ⅰ、Ⅱ、Ⅲ、Ⅳ［图 2-67（a）］。再利用投影的积聚性采用圆柱面上找点的方法找中间点Ⅴ、Ⅵ、Ⅶ、Ⅷ，最后光滑连接成相贯线［图 2-67（b）］。

注意：在主视图上两圆柱相贯区域不应有圆柱面轮廓素线的投影。

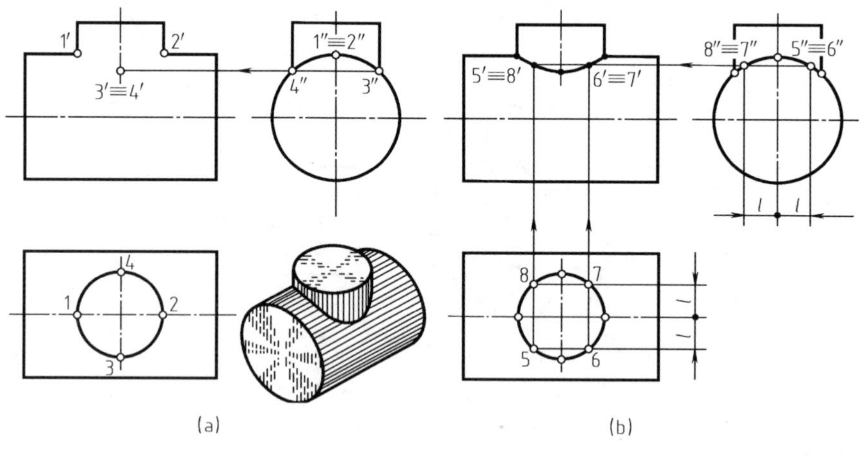

图 2-67　两圆柱正交

（3）讨论

① 相贯线的产生：相贯线通常可由三种形式产生，即两外表面相交［图 2-68（a)］；一内表面和一外表面相交［图 2-68（b)］；两内表面相交［图 2-68（c)］。但不管哪种形式，其相贯线的分析和作图方法都是相同的。

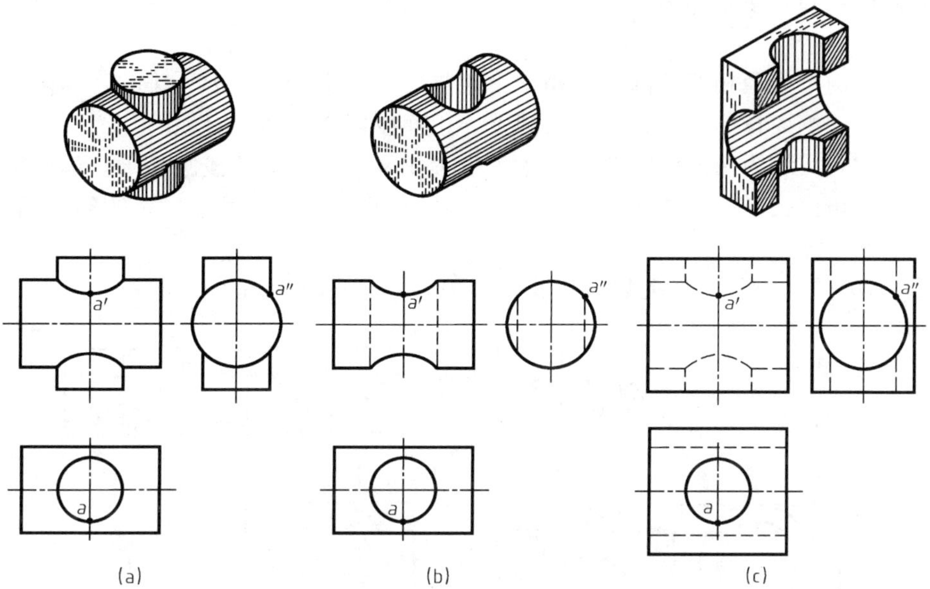

图 2-68　两圆柱正交时产生相贯线的形式

② 相贯线的变化：图 2-69 表明了两圆柱的轴线垂直相交时，两圆柱直径大小的变化对相贯线形状的影响。

从图中可以看出，在相贯线的非积聚性投影上，相贯线的弯曲方向总是朝向较大的圆柱的轴线［图 2-69（a）、（c）］。当两圆柱的直径相等时（即公切于一个球面时），相贯线变为两条平面曲线（椭圆），其投影变为两条相交直线［图 2-69（b）］。

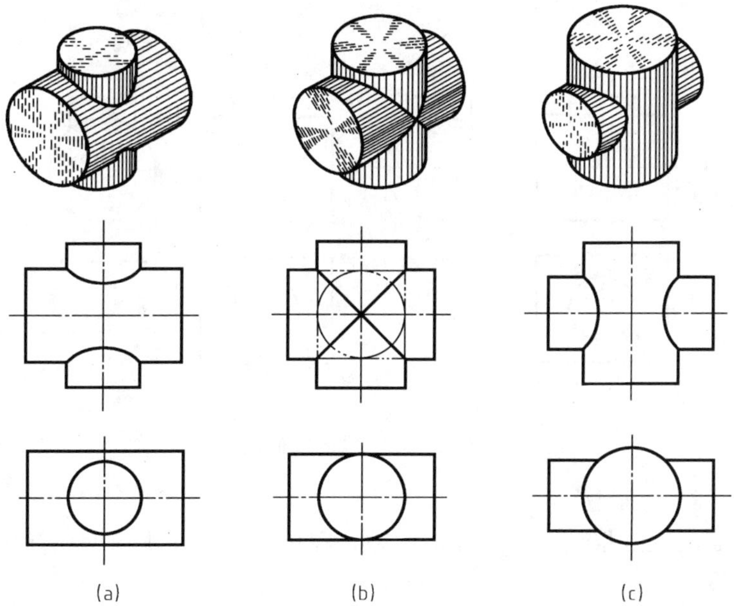

图 2-69　两圆柱正交时相贯线的变化

［例 2-30］　如图 2-70（a）所示，已知俯视图和左视图，求作主视图。

解　（1）空间及投影分析

由立体图可知，该立体为一个圆筒和一个半圆筒正交，外表面与外表面相交，内表面与内表面相交。

外表面为两个直径相等的圆柱面相交，相贯线为两条平面曲线（椭圆），它的水平投影积聚在大圆上，侧面投影积聚在半个大圆上，正面投影应为两段直线。

内表面的相贯线为两段空间曲线，水平投影积聚在小圆的两段圆弧上，侧面投影积聚在半个小圆上，正面投影应为曲线（没有积聚性），而且应该弯向直立的大圆筒的轴线方向。

（2）作图

如图 2-70（b）所示，按上述分析及投影关系，分别求出内、外交线。

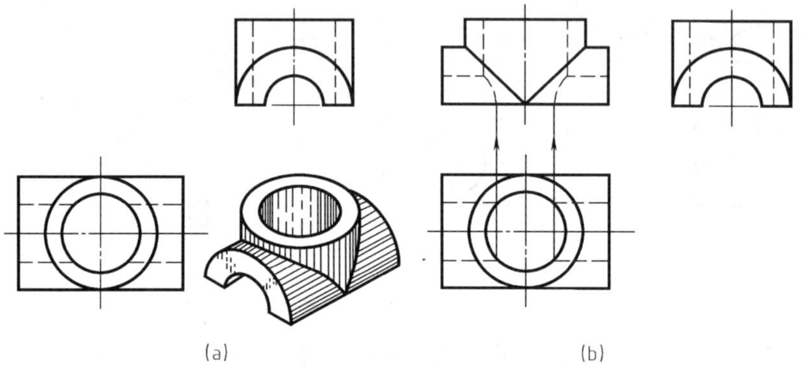

图 2-70　两体相贯

（3）两圆柱正交时相贯线的近似画法

当两圆柱的直径差别较大，并对相贯线形状的准确度要求不高时，允许采用近似画法。即用圆心位于小圆柱的轴线上，半径等于大圆柱半径的圆弧代替相贯线的投影。画图过程见图 2-71。

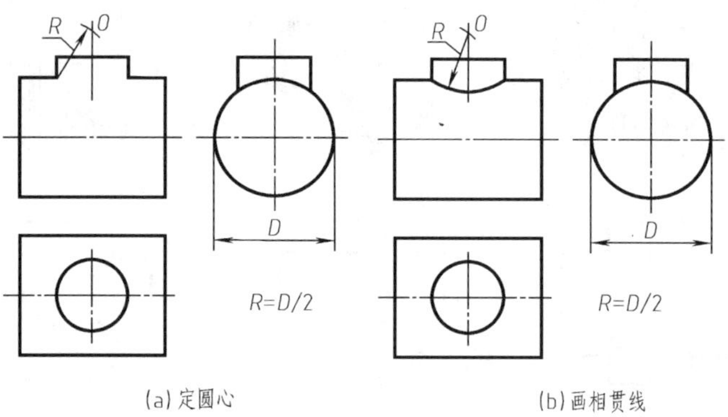

图 2-71　相贯线的近似画法

2.7.2.2.2　辅助平面法

所谓辅助平面法就是根据三面共点的原理，利用辅助平面求出两曲面体表面上若干共有点，从而画出相贯线的投影的方法。

辅助平面法的作图步骤如下。

① 作辅助平面与两相贯的立体相交。

为了作图简便，一般取特殊位置平面为辅助平面（通常为投影面平行面），并使辅助平面与相贯的立体表面的交线的投影简单易画（圆或直线）。

② 分别求出辅助平面与相贯的两个立体表面的交线。

③ 求出交线的交点即得相贯线上的点。

［例 2-31］ 已知圆柱与圆锥的轴线垂直相交，补画俯视图和主视图上相贯线的投影［图 2-72（a）］。

解 （1）空间及投影分析

相贯线为一封闭的空间曲线。由于圆柱面的轴线垂直于 W 面，它的侧面投影积聚成圆，因此，相贯线的侧面投影也积聚在该圆上，为两体共有部分的一段圆弧。相贯线的正面投影和水平投影没有积聚性，应分别求出。

（2）作图

求特殊点：如图 2-72（b）所示，Ⅰ、Ⅱ两点为相贯线上的最高点，也是最左、最右点。Ⅲ、Ⅳ两点为最低点，也是最前、最后点。根据点的投影规律求出它们的投影。

求中间点：采用辅助平面法。如图 2-72（c）所示，用水平面 P 作为辅助平面，它与圆锥面的交线为圆，与圆柱面的交线为两平行直线。两直线与圆交于四个点Ⅴ、Ⅵ、Ⅶ、Ⅷ，先求出它们的水平投影，然后再求其正面投影。

将这些特殊点和中间点光滑地连接起来，即得相贯线的投影，其结果如图 2-72（d）。

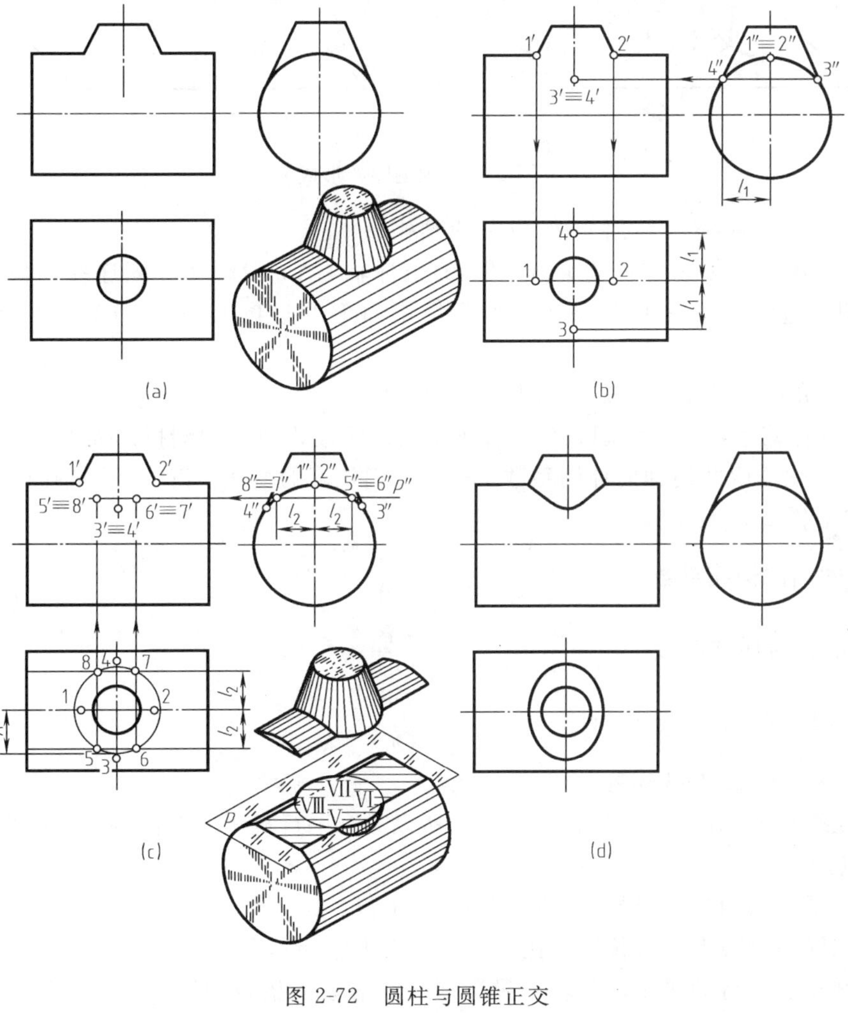

图 2-72 圆柱与圆锥正交

2.8 轴测投影

用正投影法绘制的三视图能准确地表达出物体的形状，但其缺点是直观性较差，不容易想象出物体的真实形状。因此在工程上常采用轴测图，这种直观性较好，并且具有一定立体感的图形作为辅助图样。

2.8.1 轴测图的基本知识

2.8.1.1 轴测图的形成

轴测图是用平行投影法将物体连同确定其空间位置的直角坐标系沿不平行于任一坐标面的方向投射在单一投影面（轴测投影面）上所得到的具有立体感的图形。

其中，用正投影法形成的轴测图形称为正轴测图，如图 2-73（a），用斜投影法形成的轴测图称为斜轴测图，如图 2-73（b）。

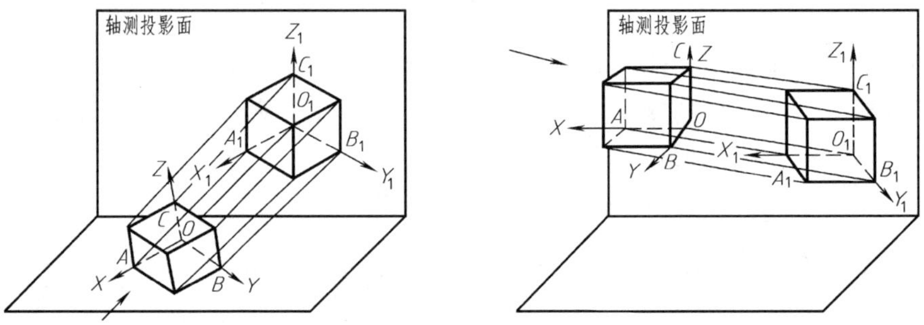

(a) (b)

图 2-73 轴测图的形成

2.8.1.2 轴测轴、轴间角及轴向伸缩系数

（1）轴测轴 如果将空间直角坐标系的坐标轴 OX、OY、OZ 固连在物体上，那么在形成轴测图的过程中，三个坐标轴在轴测投影面上的投影 O_1X_1、O_1Y_1、O_1Z_1 则称为轴测轴。

（2）轴间角 每两个轴测轴间的夹角叫轴间角。

（3）轴向伸缩系数 与空间直角坐标轴平行的线段投射到轴测投影面上时，其投影长度往往会发生变化，因此用轴向伸缩系数来衡量它们长度的变化情况。三个轴向伸缩系数的定义如下（参看图 2-73）：

OX 轴的轴向伸缩系数 $p=\dfrac{O_1A_1}{OA}$

OY 轴的轴向伸缩系数 $q=\dfrac{O_1B_1}{OB}$

OZ 轴的轴向伸缩系数 $r=\dfrac{O_1C_1}{OC}$

2.8.1.3 基本投影特性

由于轴测投影是用平行投影法形成的，所以具有平行投影的全部特性，在绘图时经常使用以下几点。

① 相互平行的两条直线的轴测投影仍相互平行。

② 空间同一线段上各段长度之比在轴测投影中保持不变。

③ 空间相互平行的线段，其轴测投影伸长或缩短的倍数相同。由此可知，空间和某一

坐标轴平行的线段，其轴测投影长度等于该线段空间实长与相应轴向伸缩系数的乘积。若轴向伸缩系数已知，就可以计算出该线段的轴测投影长度，并根据此长度直接量测，作出其轴测投影。“沿轴测轴方向可直接量测作图”就是“轴测”二字的含义。

要注意的是，与坐标轴不平行的线段具有与之不同的伸缩系数，不能直接量测与绘制，只能按“轴测”原则，根据端点坐标，作出两端点后连线绘出。

2.8.2 正等轴测图

2.8.2.1 轴间角与轴向伸缩系数

正等轴测图的空间直角坐标系的三个投影轴与轴测投影面的倾角都是35°16′，三个轴间角为120°。而三个轴测轴的轴向伸缩系数 $p_1=q_1=r_1=\cos35°16'\approx0.82$。为了作图方便，将轴向伸缩系数简化为1，即 $p_1=q_1=r_1=1$，如图2-74。

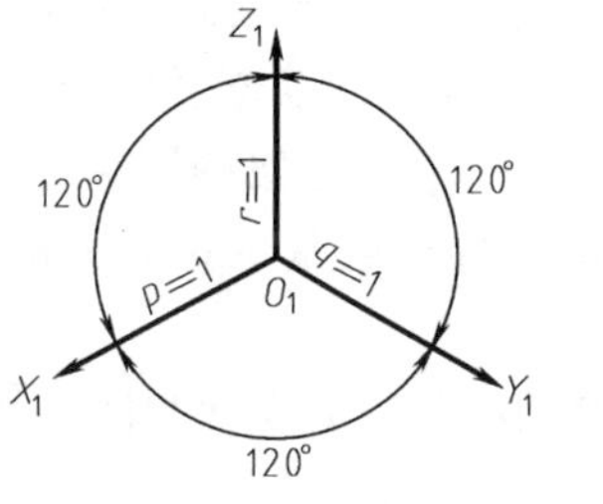

图2-74 正等轴测图的轴间角和轴向伸缩系数

2.8.2.2 正等轴测图的画法

绘制物体的轴测图常采用坐标法、切割法与组合法。其中坐标法是最基本的画法。

2.8.2.2.1 坐标法

根据物体的特点，选定合适的坐标轴，然后按照物体上各顶点的坐标关系画出其轴测投影，并相连形成物体轴测图的方法，称为坐标法。

下面介绍基本立体的正等轴测图画法。

（1）六棱柱的正等轴测图画法　其步骤如下。

① 六棱柱顶面与底面都是平行于水平投影面的正六边形，确定 OX、OY、OZ 轴的方向和原点 O 的位置，见图2-75（a）；

② 画出轴测轴 O_1X_1、O_1Y_1，在 O_1X_1 轴上从 O_1 点量取 $O_1A_1=oa$，$O_1D_1=od$，同样，在 O_1Y_1 轴上从 O_1 点量取 O_1 Ⅰ$_1=o1$、O_1 Ⅱ$_1=o2$，见图2-75（b）；

③ 过Ⅰ$_1$、Ⅱ$_2$ 点分别作 O_1X_1 轴的平行线，量取 $E_1F_1=ef$、$B_1C_1=bc$，见图2-75（c）；

④ 依次连接各点，即得顶面的轴测图，见图2-75（d）；

⑤ 由各点沿 O_1Z_1 轴方向量取六棱柱的高度，得底面正六边形，见图2-75（e）；

⑥ 擦去多余线条，加深可见轮廓线，即得六棱柱的正等轴测图，见图2-75（f）。

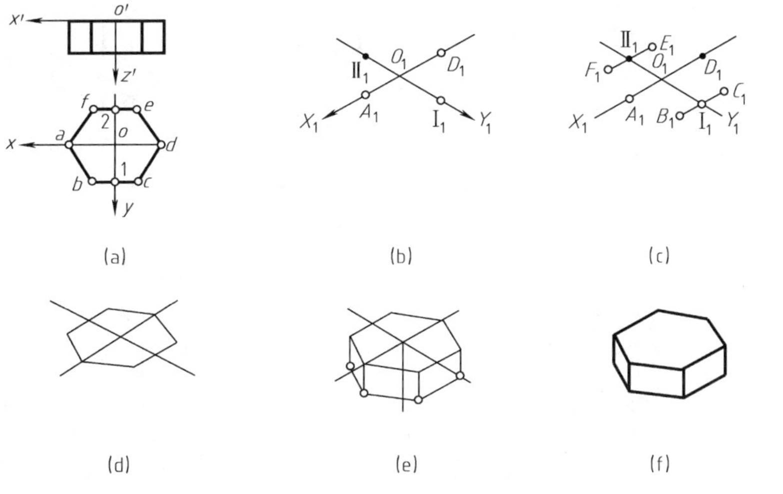

图2-75 六棱柱正等轴测图的画法

（2）圆的正等轴测图画法　其步骤如下。

① 圆所在的平面平行水平投影面，确定 OX 轴的方向和原点 O 的位置，并作外切正方形得切点 a、b、c、d，见图 2-76（a）；

② 作出轴测轴，O_1X_1、O_1Y_1，见图 2-76（b）；

③ 从 O_1 点出发，在 O_1X_1、O_1Y_1 轴上各量取圆的半径 R，得切点 A_1、B_1、C_1、D_1 四点，通过 B_1、D_1 点作 O_1X_1 轴平行线，过 A_1、C_1 点作 O_1Y_1 轴平行线，画出一菱形，即为外切正方形的轴侧投影，见图 2-76（c）；

④ 通过菱形钝角顶点，向对边中心作连线，相应连线的交点，就是圆心，见图 2-76（d）；

⑤ 先以钝角顶点 O_3 为圆心，顶点到对边中点的距离为半径，画两个圆弧（从一中点画到另一中点）；再以连线交点 O_2 为圆心，交点到对边中点距离为半径，作两圆弧，与另两圆弧相切，即成近似椭圆，见图 2-76（e）；

⑥ 平行于各基本投影面的圆，在正等轴测图中，它们的投影均为椭圆，作法同上，见图 2-76（f）。

（3）圆柱的正等轴测图画法　其步骤如下。

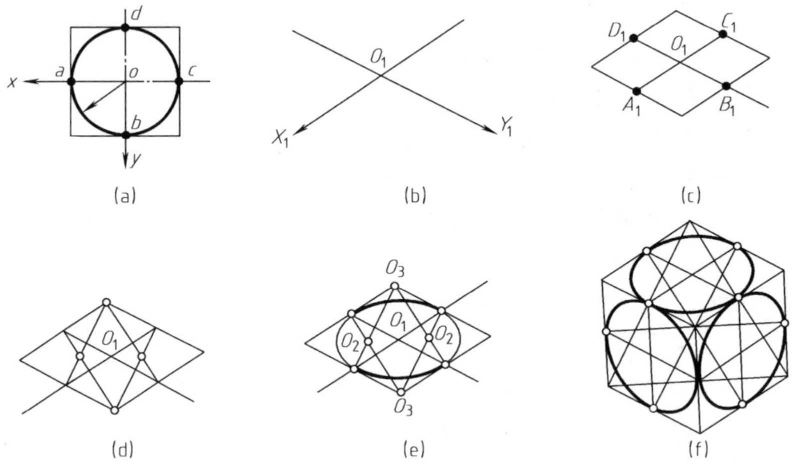

图 2-76　圆的正等轴测图画法

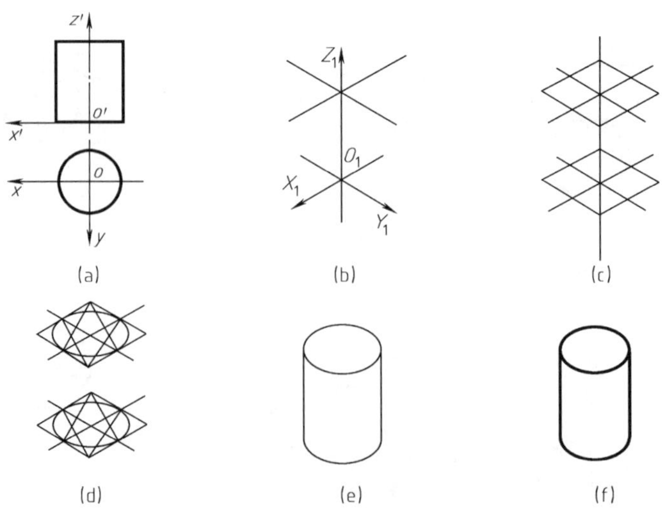

图 2-77　圆柱的正等轴测图画法

① 圆柱的顶面和底面相同，均平行水平投影面；确定 OX、OY、OZ 轴的方向和原点 O 的位置，见图 2-77（a）；

② 作出轴测轴 O_1X_1、O_1Y_1、O_1Z_1；从 O_1 点出发，量取圆柱的高度，定出顶面的位置，并作出与 O_1X_1、O_1Y_1 轴平行的轴线，见图 2-77（b）；

③ 作出顶面和底面的菱形，边长等于圆的直径，见图 2-77（c）；

④ 作出与菱形内切的椭圆，作法见圆的正等测画法，见图 2-77（d）；

⑤ 作两椭圆的公切线，见图 2-77（e）；

⑥ 整理，加深，即得圆柱正等轴测图，见图 2-77（f）。

2.8.2.2.2　切割法

切割式组合体，可以先画出它的完整形体的轴测图后，再按形体的形成过程逐一切去多余部分而得到所求的轴测图。

下面介绍切割法作五棱柱的正等轴测图。

① 将原形体补全成完整的长方体，并定出坐标原点与坐标轴，见图 2-78（a）；

② 画轴测轴，并根据尺寸 L、B、H 画出长方体的轴测图，见图 2-78（b）；

③ 在轴测图上定出 Ⅰ$_1$、Ⅱ$_1$ 点，然后切去该角，见图 2-78（c）；

④ 擦去多余的线，并加深可见的部分，最后得到五棱柱的轴测图，见图 2-78（d）。

注意：在轴测图上作与轴测轴不平行的斜线时，应先定出其两个端点，再连接而成。

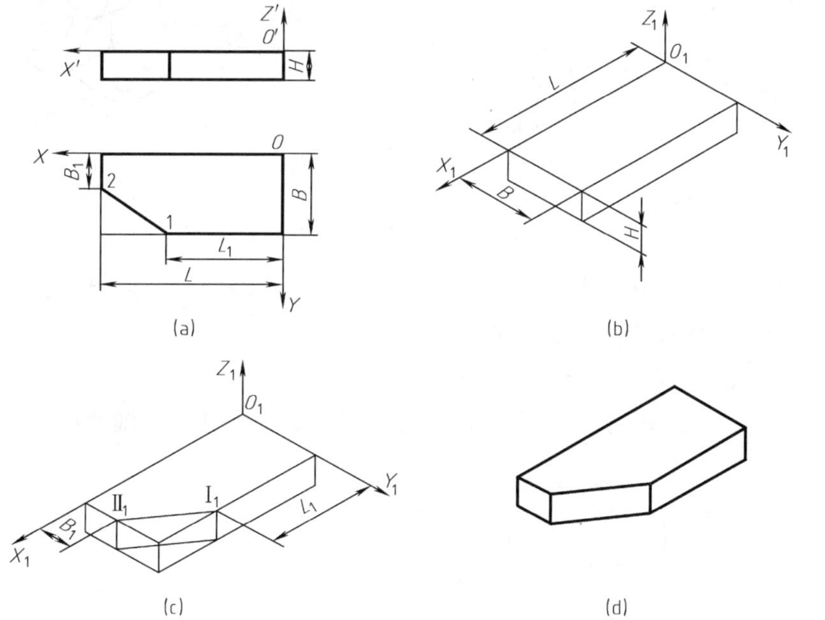

图 2-78　用切割法作五棱柱的正等轴测图的画法

2.8.2.2.3　组合法

组合法是运用形体分析的方法将物体分成几个简单的形体，然后按照各部分的位置关系分别画出它们的轴测图，并根据彼此表面的过渡关系组合起来而形成轴测图。

下面介绍组合法画轴承架的正等轴测图画法。

① 分析图 2-79（a）视图，确定 OX、OY、OZ 轴的方向和原点 O 的位置；

② 画轴测轴，并画出底板，见图 2-79（b）；

③ 按圆柱轴线高，画出圆柱，见图 2-79（c）；

④ 作出与圆柱相切的斜肋，见图 2-79（d）；

⑤ 作出垂直支撑肋，见图 2-79（e）；

⑥ 作出底板上两个圆角，见图 2-79（f）；

⑦ 作出底板上两个圆柱孔及圆柱体上圆柱孔，见图 2-79（g）；

⑧ 整理、加深，即得轴承架的正等轴测图，见图 2-79（h）。

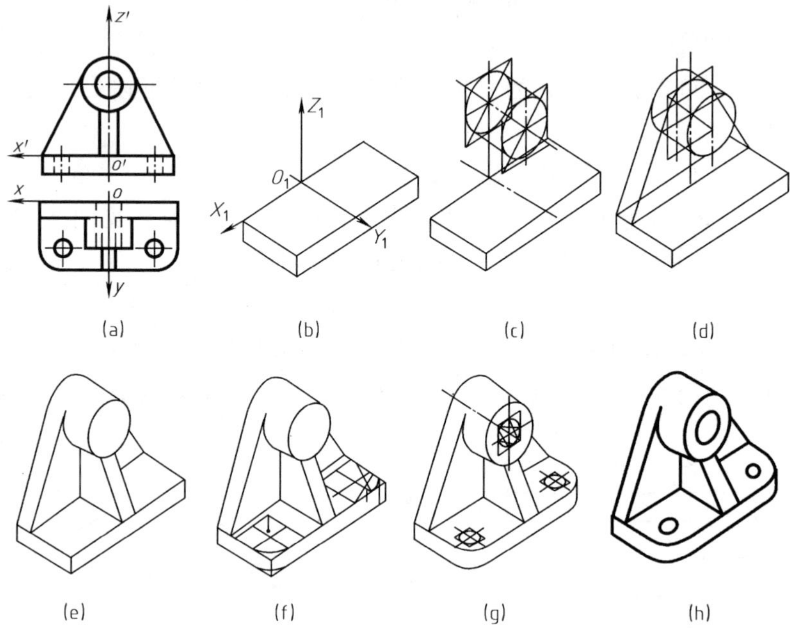

图 2-79 轴承架的正等轴测图画法

切割法与组合法都是从坐标法引伸出来的，在绘制轴测图时，应根据物体的形状特征选择使用，并力求使作图过程简化、准确。

2.8.2.2.4 化工管路正等轴测图的画法

如图 2-80 所示，已知管路 $ABCDEF$ 的三视图，试画出其正等轴测图。

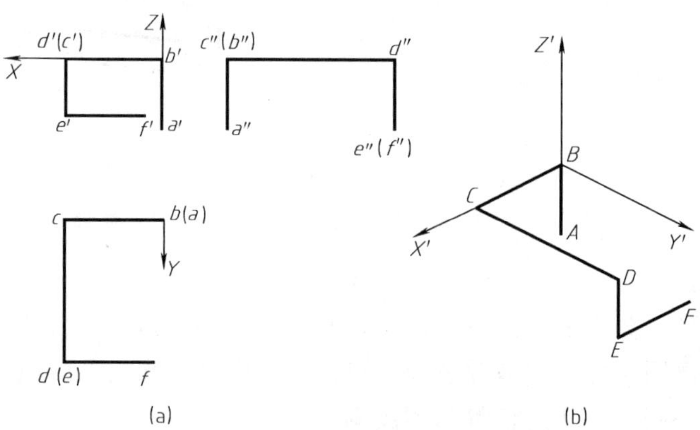

图 2-80 简单管线轴测图画法

① 在管线的三视图中定出直角坐标的原点及坐标轴，见图 2-80（a）；

② 画出正等轴测图的轴测轴，然后依次画出各管段的正等测图，加深图线，完成作图，见图 2-80（b）。

2.8.3 斜二轴测图

2.8.3.1 轴间角与轴向伸缩系数

工程上常用的斜二轴测图，其轴间角 $X_1O_1Z_1$ 为 90°，并且 OX 轴与 OZ 轴的轴向伸缩系数都为 1。而 O_1Y_1 轴测轴的方向与 OY 轴的轴向伸缩系数将随着投影方向的改变而改变，一般取 $q=0.5$，O_1Y_1 与水平线的夹角为 45°，见图 2-81。这时物体上与 XOZ 坐标面平行的平面在轴测图上反映实形。

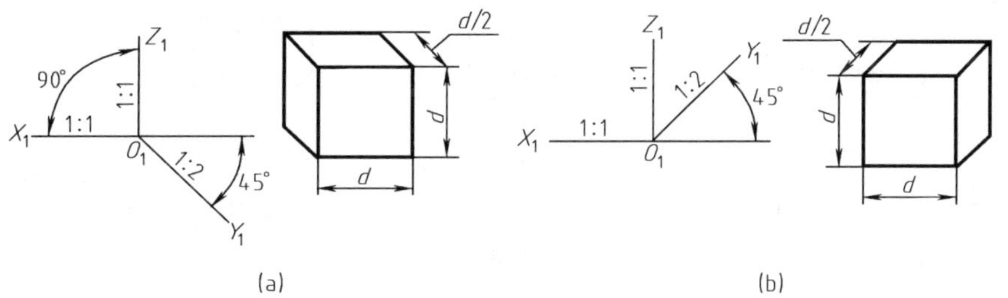

图 2-81 斜二轴测图的轴间角和轴向伸缩系数

2.8.3.2 平行于坐标面的圆的斜二轴测图画法

在斜二轴测图中，平行于 XOZ 坐标面的圆反映实形，而平行于 XOY、YOZ 坐标面的圆则为形状相同的椭圆。顶面上椭圆 1 的长轴对 O_1X_1 轴偏转 7°，侧面上椭圆 2 的长轴对 O_1Z_1 轴偏转 7°，它们的长轴约等于 $1.06d$，短轴约等于 $0.33d$，画起来较烦琐（见图 2-82）。因此，当物体上只有一个方向有圆时，用斜二轴测图较简便。

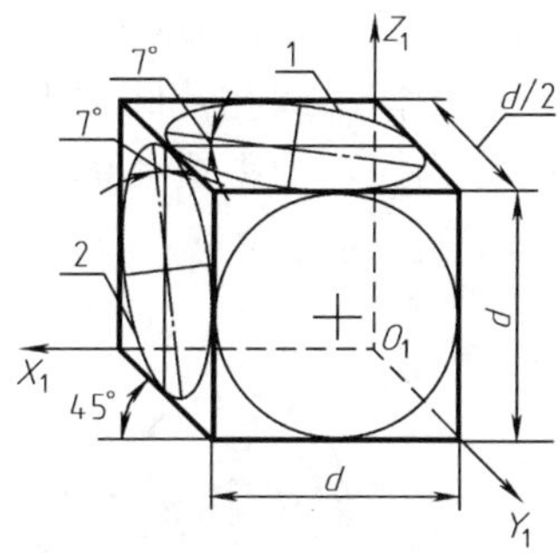

图 2-82 平行于坐标面的圆的斜二轴测图画法

2.8.3.3 斜二轴测图的画法

（1）正立方体的斜二轴测图画法 其步骤如下。

① 在已知视图上定出坐标轴 OX、OY、OZ，见图 2-83（b）；

② 画出轴测轴 O_1X_1、O_1Y_1、O_1Z_1，见图 2-83（c）；

③ 从 O_1 点出发，沿 O_1Z_1 轴量取线段 O_1B_1 等于 $o'b'$；画 A_1B_1 平行 O_1X_1 轴且等于 ab，画 B_1C_1 平行 O_1Y_1 轴并等于 $bc/2$，画 A_1D_1 平行 B_1C_1（即平行于 O_1Y_1 轴），画 C_1D_1 平行 A_1B_1（即平行 O_1X_1 轴），交 A_1D_1 于 D_1 点；过 A_1、D_1、C_1 各点作垂直线平行 O_1Z_1 轴，在垂直线上截取高度（等于 $o'b'$），得 E_1、H_1、G_1 各点，用直线连接 E_1、H_1、G_1 各点，见图 2-83（d）；

④ 整理，加深，即得正立方体的斜二轴测图，见图 2-83（e）。

因零件上平行于轴测投影面的平面形状，在斜二轴测图中反映实形，所以图中前面反映实形——正方形；其余两个面变形，成平行四边形。

（2）法兰的斜二轴测图画法 其步骤如下。

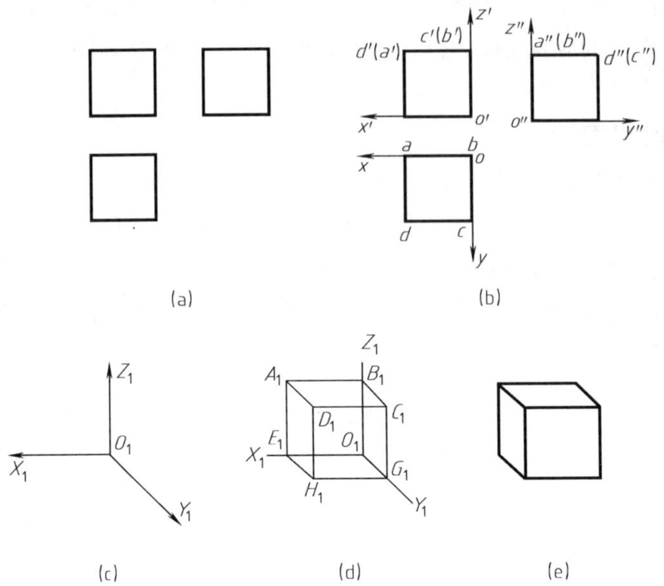

图 2-83　正立方体的斜二轴测图画法

① 构成法兰的圆板、圆柱与圆孔的圆都平行于正面投影面；确定 OX、OY、OZ 轴的方向和原点 O 的位置，见图 2-84（a）；

② 画出轴测轴 O_1X_1、O_1Y_1、O_1Z_1，见图 2-84（b）；

③ 画圆板，见图 2-84（c）；

④ 画圆柱，见图 2-84（d）；

⑤ 画圆板上四个圆孔及圆柱上圆孔，见图 2-84（e）；

⑥ 整理，加深，即得法兰的斜二轴测图，见图 2-84（f）。

画斜二轴测图时要注意 O_1Y_1 轴方向的伸缩系数为 0.5，量取尺寸时应取原尺寸的一半。

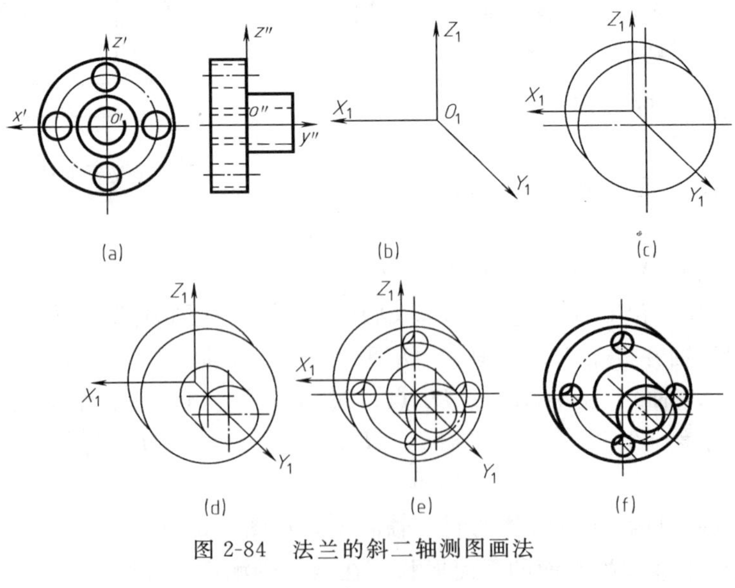

图 2-84　法兰的斜二轴测图画法

第 3 章　组　合　体

任何复杂的零件，从几何形体的角度看，都是由一些简单的平面体和曲面体组成的，将其称为组合体。

本章主要介绍如何应用前面介绍的投影理论来解决组合体的画图和看图中的问题，以及组合体的尺寸标注等内容。

3.1　组合体的组合方式及表面过渡关系

组合体的组合方式主要分为叠加和切割两种，如图 3-1（a）中的轴承座（叠加）和图 3-1（b）中的导向块（切割）。

3.1.1　叠加

（1）贴合　两个基本体的表面互相贴合在一起时的叠加方式。其形体间的表面过渡关系已在第 2 章做过详细介绍，这里不再重复。

（2）相切　两个基本体的表面（平面与曲面或曲面与曲面）相切时的叠加方式，如图 3-2 所示。相切叠加时，两体表面在相切处光滑过渡，不存在轮廓线，故不画分界线。

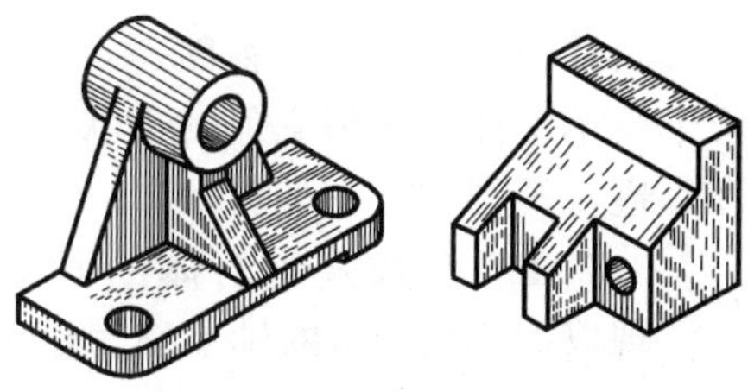

(a) 轴承座　　(b) 导向块

图 3-1　组合体

（3）相交　当两体相交时，其表面产生相贯线，如图 3-3 所示。

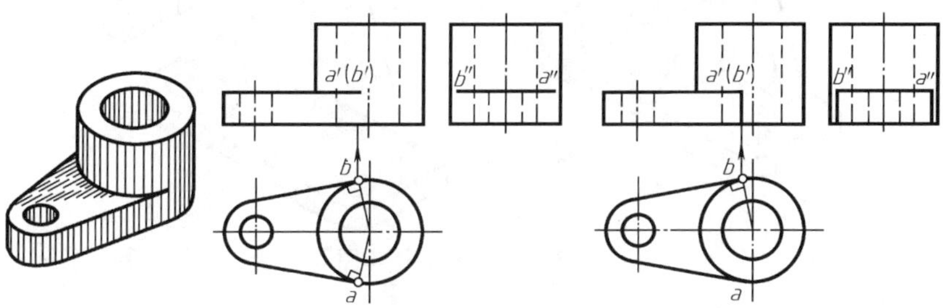

(a) 立体图　　(b) 正确　　(c) 错误

图 3-2　两体表面光滑过渡

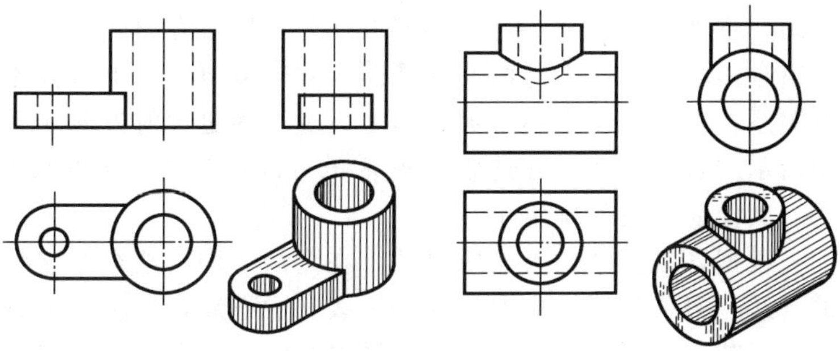

(a)　　(b)

图 3-3　两体相交

3.1.2 切割

如图 3-4 所示，用一个或几个平面截去基本体的一部分，这时在体的表面产生截交线。

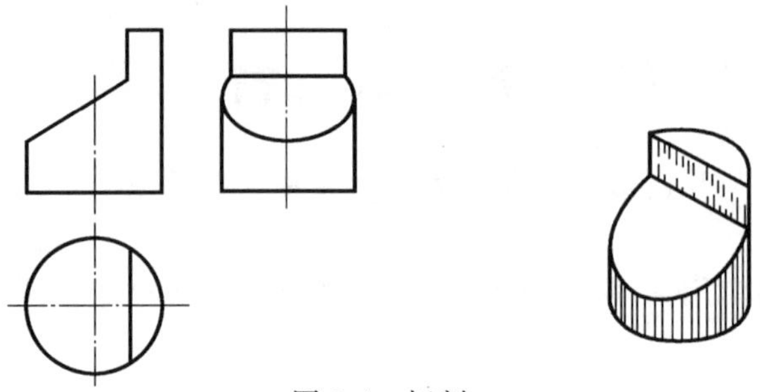

图 3-4 切割

3.2 组合体的画图方法

画、读组合体的三视图经常采用形体分析法。所谓形体分析法就是假想将组合体分解成若干简单形体，分清它们的形状、组合方式和相对位置；分析它们的表面过渡关系及投影特性，进行画图和读图的方法。

3.2.1 叠加式组合体的画图方法

现以图 3-5 所示的轴承座为例说明绘图过程。

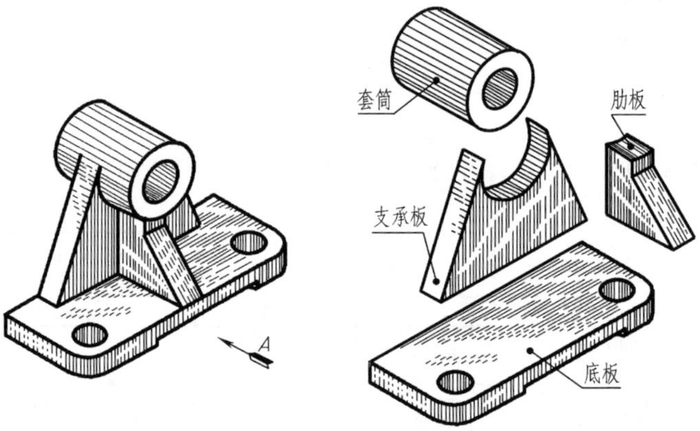

图 3-5 轴承座分解图

（1）形体分析 应用形体分析法可将轴承座分解为四部分：套筒、底板、支承板和肋板。其中，底板、支承板和肋板三部分左、右对称叠加在一起；支承板与底板后面共面；支承板与套筒表面光滑过渡；肋板与套筒相贯，表面应有相贯线。

（2）选择主视图 主视图主要由组合体的安放状态和投射方向两个因素确定。由画图方便和放置稳定确定组合体的安放状态；以使主视图能够较多地表达出组合体的形状特征及各部分间的相对位置关系，并使视图中不可见形体为最少来确定投射方向。

本例选用图中所示的安放状态，并选用箭头 A 的方向作为主视图的投射方向。

主视图确定后，其他视图也就确定了。

（3）布置视图 根据各视图的最大轮廓尺寸，在图纸上均匀地布置这些视图，为此，应首先画出各视图的基线、对称线以及主要形体的轴线和中心线，如图 3-6（a）所示。

（4）画底稿 从反映每一形体形状特征的视图开始，用细线逐个画出各形体的三视图，如图 3-6（b）～（e）所示。

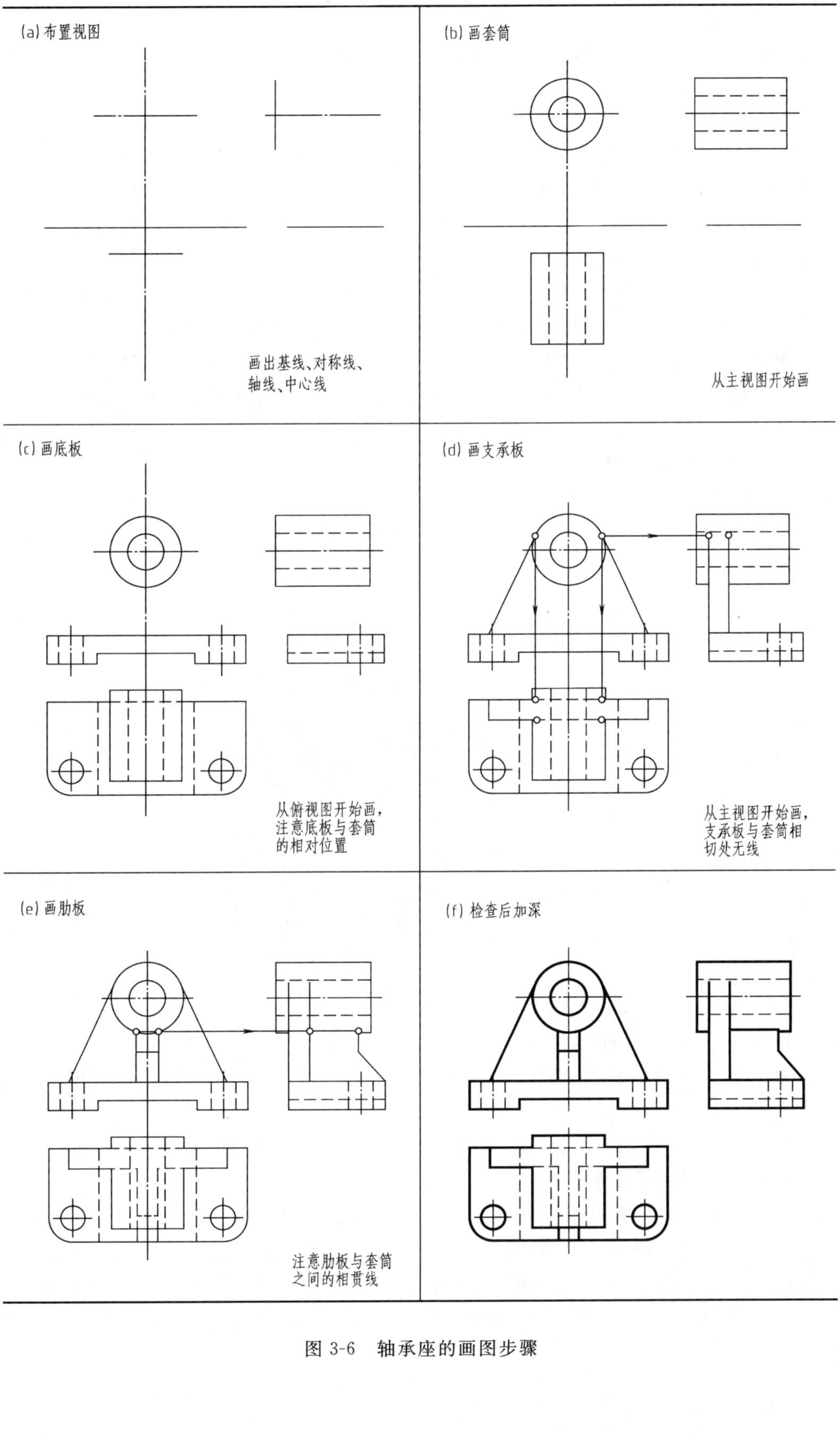

图 3-6 轴承座的画图步骤

画图的一般步骤为：先画主要部分，后画次要部分；先定位置，后定形状；先画整体形状，后画细节形状。

(5) 检查、加深　底稿画完后，仔细检查有无错误，确认正确无误后，擦去多余的线，用规定的线型进行加深。

画图时应注意以下几个问题。

① 要三个视图配合起来画。画图时，不要画完一个视图再画另一个视图，而要三个视图配合起来画，以便利用投影间的对应关系，使作图既快又准确。

② 各形体之间的相对位置要正确。例如，画底稿时，要注意底板与套筒后端面的前后位置关系，如图 3-6 (c) 所示。

③ 各形体间的表面过渡关系要正确。例如，支承板的左右侧面与套筒表面相切，相切处应无线［图 3-6 (d)］。肋板与套筒是相交的，应正确地画出相贯线［图 3-6 (e)］。由于套筒、支承板、肋板组合成一个整体，原来的轮廓线也发生了变化，如图 3-6 (d) 中俯视图上套筒的轮廓线，图 3-6 (e) 中左视图上套筒的轮廓线和俯视图上肋板与支承板间的分界线的变化。

3.2.2　切割式组合体的画图方法

图 3-1 (b) 所示的导向块可以看成是由长方体Ⅰ依次切去Ⅱ、Ⅲ、Ⅳ三个形体，然后钻了一个孔而形成的（图 3-7），可以按切割顺序依次画出切去每一部分后的三视图。画图步骤见图 3-8。

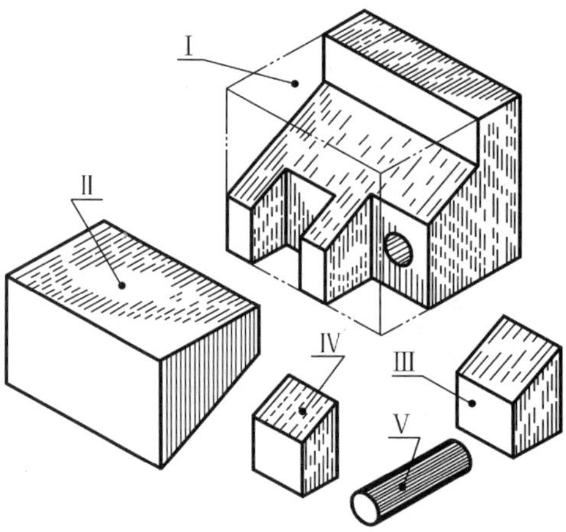

图 3-7　导向块的形体分析

画图时应注意以下几个问题。

① 对于被切的形体，应先画出反映其形状特征的视图。例如，切去形体Ⅱ，应先画主视图。

② 切割式组合体的特点是斜面比较多，画图时，除了对物体进行形体分析外，还应对一些主要的斜面进行面形分析。

根据第 2 章介绍的平面的投影特性，一个平面在各个投影面上的投影，除了有积聚性的投影外，其他投影都表现为一个封闭线框，特别是当平面为投影面垂直面时，除了有积聚性的投影外，另外两个投影均为与该面的形状相类似的封闭线框，例如图 3-8 (d) 中的 Q 面。作图时，利用这个规律，对面的投影进行分析、检查。可以快速、正确地画出图形。这种方法叫做面形分析法。

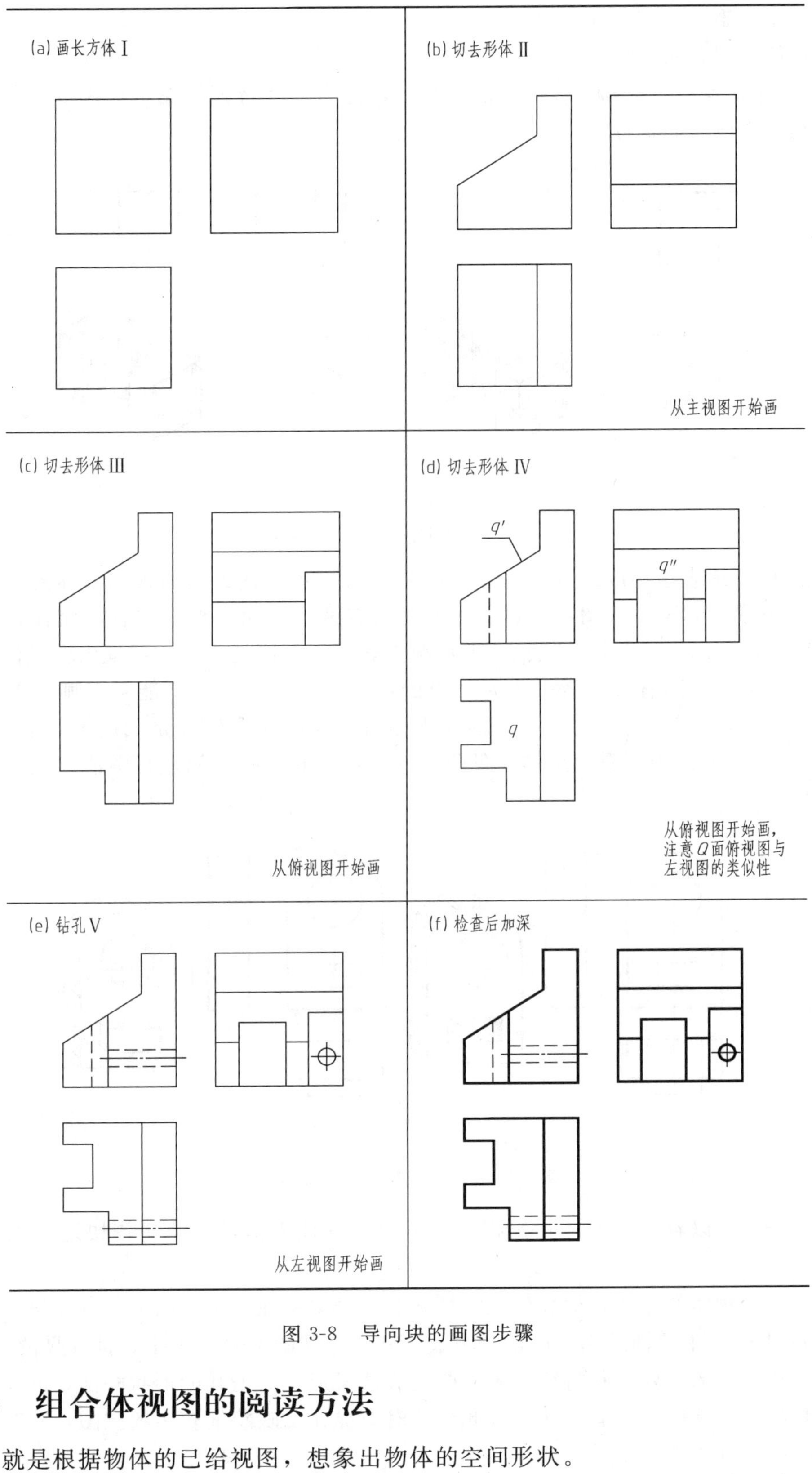

图 3-8　导向块的画图步骤

3.3　组合体视图的阅读方法

读图就是根据物体的已给视图，想象出物体的空间形状。

3.3.1 读图时应注意的几个问题

3.3.1.1 要善于抓特征视图

所谓特征视图有如下特征。

① 最能清晰地表达物体的形状特征的视图，称为形状特征视图。如图 3-9 中的俯视图清晰地表达了物体的形状特征。

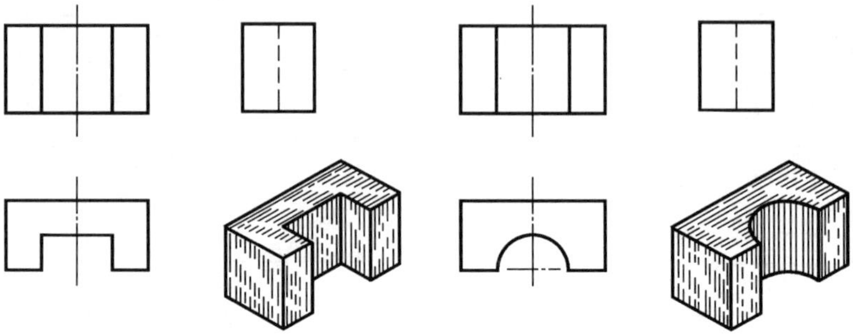

(a) (b)

图 3-9 俯视图为形状特征视图

② 最能清晰地表达构成组合体的各形体之间的相互位置关系的视图，称为位置特征视图。如图 3-10 所示，从主视图看，封闭线框Ⅰ内有两个封闭线框Ⅱ和Ⅲ，而且它们的形状特征比较明显。视图中一个封闭线框一般情况下表示一个面的投影，线框内套线框，表面一定凹凸不平。从俯视图看，两者一个是凸出的，一个是孔，但并不能确定哪个形体是凸出的，哪个形体是孔。若从图 3-10（a）的左视图看，很明显形体Ⅱ是凸出的，形体Ⅲ是孔。若从图 3-10（b）的左视图看，形体是Ⅲ凸出的，形体Ⅱ是孔。故左视图清晰地表达了形体间的位置特征。

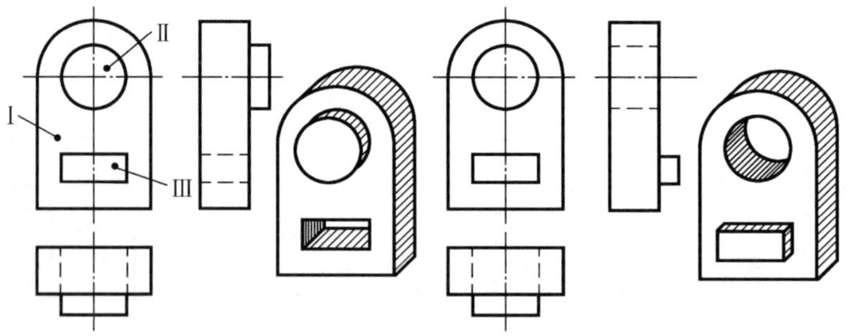

(a) (b)

图 3-10 左视图为位置特征视图

由以上分析可以看出，抓住特征视图，再配合其他视图，就能比较快地想象出物体的形状。

但要注意，物体的形状特征和位置特征并非完全集中在一个视图上，可能每个视图上都有一些。如图 3-11 中的轴承座由四部分组成，其中主视图上表达了Ⅰ、Ⅲ、Ⅳ的形状特征，左视图上表达了Ⅱ的主要形状特征，俯视图上表达了形体Ⅱ上孔的形状特征。形体间的相互位置关系则在三个视图上都有表达。因此看图时要抓住反映特征较多的视图，同时还必须配合其他视图一起分析。

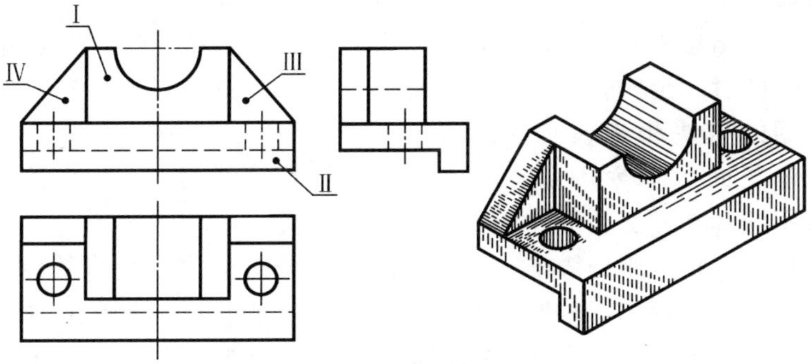

图 3-11　轴承座

3.3.1.2　要注意视图中反映形体之间过渡关系的图线

构成组合体的形体之间表面过渡关系的变化会引起视图中图线的变化。如图 3-12（a）中的三角形肋板与底板及侧板间的连接线在主视图上是实线，说明它们的前面不共面，因此肋板在底板中间。图 3-12（b）中的三角形肋板与底板及侧板间的连接线在主视图上均为虚线，说明它们的前面共面，根据俯视图可确定，前后各有一块肋板。

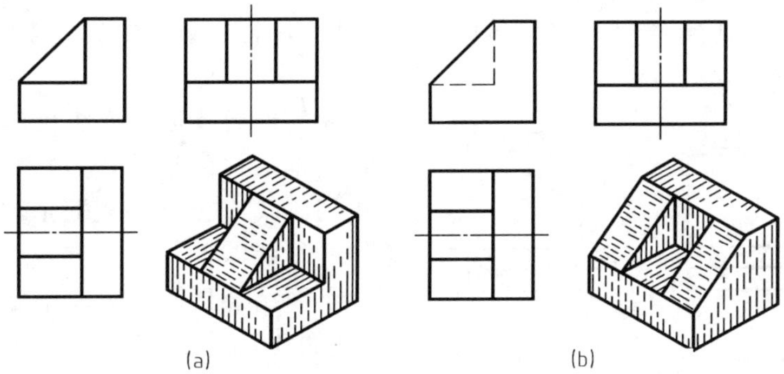

(a)　(b)

图 3-12　虚线、实线变化，形体变化

又如图 3-13（a）中，由主视图上两形体的交线是两条直线，可以确定是两个直径相等的圆柱相交。而图 3-13（b）中，主视图上两形体在过渡处没有线，可以确定它是由一个平面体（棱柱）的前后两个侧面与圆柱体表面相切形成的。

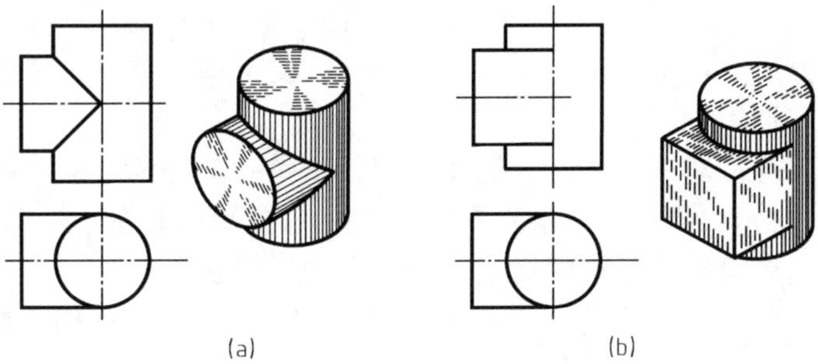

(a)　(b)

图 3-13　根据物体表面的过渡线确定物体的形状

3.3.1.3　要善于构思空间形体

要想正确而迅速地想象出视图所表达的物体的空间形状，就必须多看、多构思。读图的过程是不断地把想象中的物体与给定的视图进行对照的过程，也是不断地修正想象中的物体的形状的思维过程，要始终把空间想象和投影分析结合起来进行。首先根据所给视图构思物体的空间形状，默想出想象中的物体的视图，再与所给视图相对照，根据视图的差异修正想象中的物体，直至两者完全符合。

3.3.2 读图的方法和步骤

3.3.2.1 读图的基本方法

读组合体视图的基本方法是形体分析法和面形分析法。

（1）形体分析法 首先用分线框、对投影的方法分析出构成组合体的基本形体有几个，找出每个形体的形状特征视图，对照其他视图，从而想象出各基本形体的形状。然后分析各形体间的相对位置、组合方式、表面过渡关系，最后综合想象出整体形状。

（2）面形分析法 首先用分线框，对投影的方法分析出切割前的基本形体的形状，是用什么位置的平面切割的，找出切割后断面的特征视图，从而分析出形体的表面特征，最后综合想象出整体形状。

3.3.2.2 读图的步骤

读图的一般步骤是：先主后次，先易后难，先局部后整体。

先主后次：先看主视图，后看其他视图。先找特征视图，后对照其他视图。先确定形体的主要结构，后确定次要结构。

先易后难：把构成组合体的各形体中，形体结构比较容易确定的先读出来，形体结构比较难读的部分放在后边。

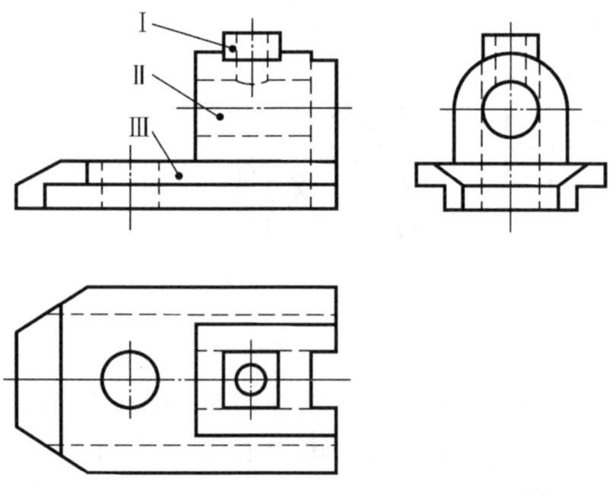

图 3-14 轴承座的三视图

先局部后整体：先想象组成叠加式组合体的各基本形体的形状，后想象整体的形状；先分析切割式组合体的表面形状特征，后想象出整体的形状。

下面结合具体实例来介绍。

［**例 3-1**］ 已知一轴承座的三视图，想象出它的空间形状（图 3-14）。

解 （1）抓特征分解形体

以主视图为主，配合其他视图，分别找出反映各组成形体特征较多的视图，从图上对物体进行形体分析，把它分解成几部分。

图 3-14 中的轴承座，从三个视图对照分析，可知它由三部分组成，即：Ⅰ——凸台，Ⅱ——支承座，Ⅲ——底板。

（2）对投影确定形体

根据投影的“三等”对应关系，在视图上划分出每一部分的三个投影，想象出它们的形状。如图 3-15（a）所示，根据“三等”对应关系，划分出凸台的三个投影，俯视图反映了它的形状特征，可以想象出它是中间穿了一个圆孔的四棱柱。

用同样的方法划分出支承座的三个投影［图 3-15（b）］，左视图反映了它的形状特征。由三个投影可以想象出它的空间形状。

如图 3-15（c）所示，根据“三等”对应关系，划分出底板的三个投影。对照三个投影进行分析，底板是由一个长方体经过多次切割而成。从主视图上看，左上角被切去一块；从俯视图上看，左端前后各被切去一块；从左视图上看，下部前后部位均被切去一块。

从形体分析角度看，对底板的形状只是有了一个大概的了解，要想象出它的形状还需进

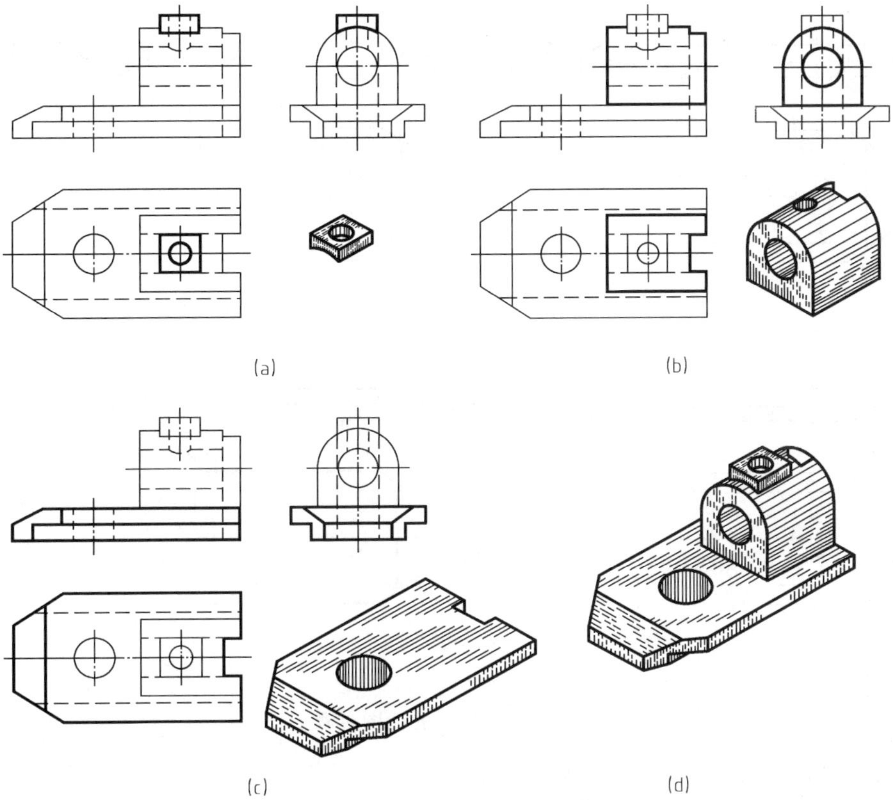

图 3-15　轴承座的读图过程

行面形分析。

（3）面形分析攻难点

为了便于分析，现将底板的三个投影从原视图中分离出来（图 3-16）。

利用视图上面形的投影规律，对底板的表面进行面形分析。视图上的一个封闭线框一般情况下代表一个面的投影，它在其他视图上对应的投影不是积聚成直线，就是类似形。用此投影特性划分出每个表面的三个投影，看懂它们的形状。

如图 3-16（a）所示，封闭线框 p 在主视图上对应的投影只能是直线 p'，因此 p 为正垂面，它的水平投影和侧面投影形状类似，是一个梯形，虽不反映 p 的实形，但也说明，p 面的空间形状为梯形。

如图 3-16（b）所示，封闭线框 g' 在俯视图上对应的投影只能是直线 g，因此 Q 面为铅垂面，它的正面投影和侧面投影为形状类似的七边形，说明底板左端前后两个面的形状为七边形。

用同样的方法可以看出平面 R 与平面 T 均为正平面，正面投影反映它们的实形，底板上的这两个表面为矩形。

请读者自行分析其他表面的形状。

从形体和面形两方面对底板进行投影分析后，可以想象出它的空间形状如图 3-15（c）的立体图所示。

（4）综合起来想整体

在看懂每部分形体的基础上，抓住位置特征视图，分析各部分间的相对位置及表面过渡

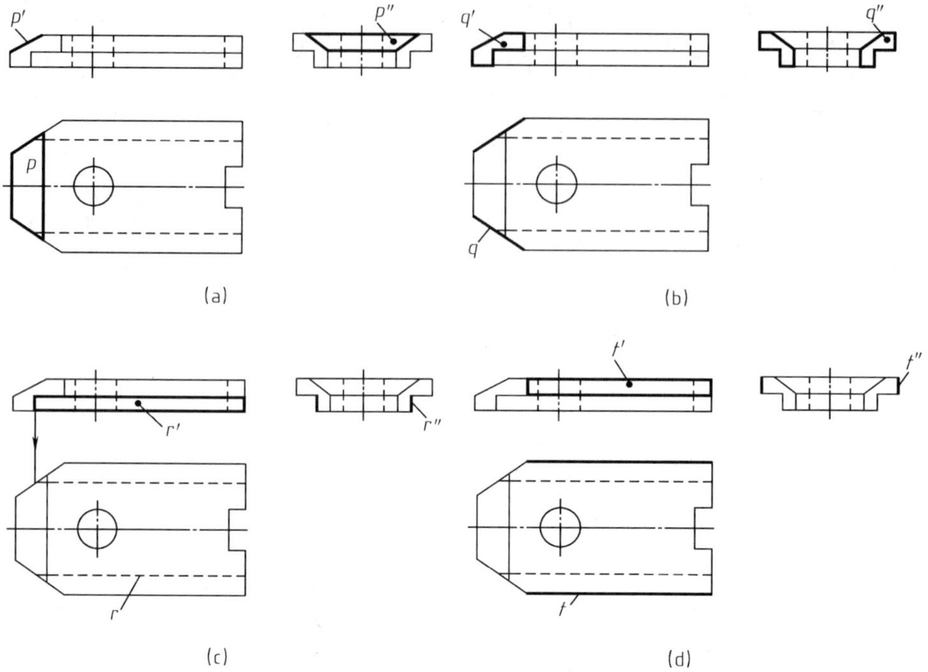

图 3-16 底板的读图过程

关系，最后综合起来想象出物体的整体形状。

从轴承座的俯视图看，支承座与底板右端共面、前后对称叠加在一起后在右端中间切了一个方槽。凸台与支承座相交，中间钻了一个与轴承孔相通的圆孔。综合起来可以想象出轴承座的空间形状如图 3-15（d）所示。

通过例 3-1 的分析，可得如下结论。

① 形体分析法和面形分析法两者虽然读图的步骤相似，但形体分析法是从体的角度出发，划分视图所得的三个投影是一个形体的三个投影。而面形分析法中分线框对投影所得的三个投影是一个面的投影。

② 形体分析法适合于叠加方式形成的组合体。而面形分析法较适合于切割方式形成的组合体。由于切割后的形体特征不明显，难以用形体分析法读懂，往往需要采用面形分析法分析。

③ 组合体的组合方式往往既有叠加又有切割，读图时，一般也不是孤立地采用某种方法，而是两种方法综合使用，互相配合，互相补充。对于既有叠加又有切割的较复杂组合体的读图主要用形体分析方法，面形分析法攻难点。

3.3.3 已知物体的两个视图，求第三视图

已知物体的两个视图，求第三视图是一种读图和画图相结合的训练方法。首先根据物体的已知视图想象出物体的形状，在完全读懂已知视图的基础上，再利用投影的“三等”对应关系画出第三视图。

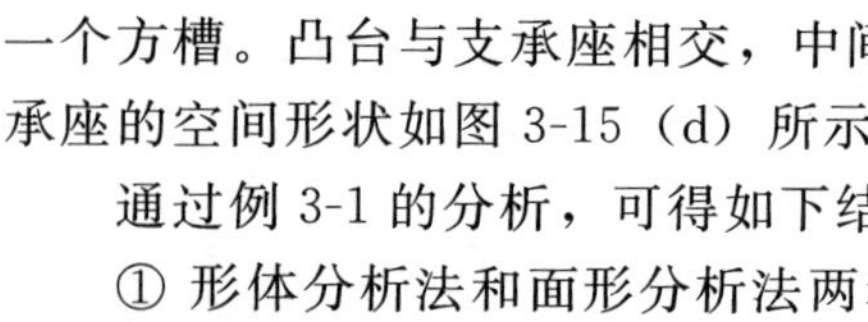

图 3-17 已知物体的两个视图，求第三视图

［例 3-2］ 已知物体的主视图和左视图，求作俯视图（图 3-17）。

解 （1）读懂已给的两个视图，想象出物体的形状

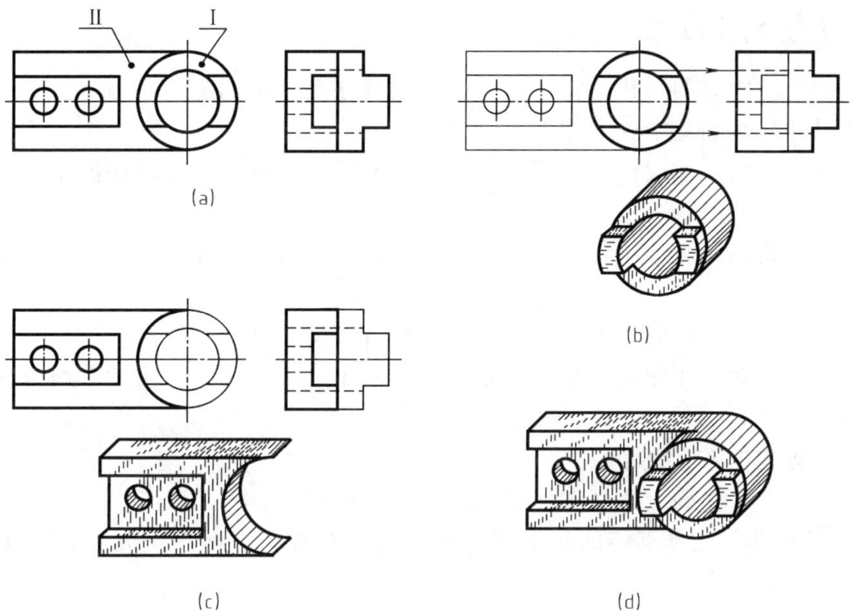

图 3-18　读图过程

由主视图和左视图可以看出，该物体主要由Ⅰ、Ⅱ两个形体组成［图 3-18（a）］。由于Ⅰ、Ⅱ两个形体的高度相等，为了准确地划分出它们在左视图上的投影，可以利用各个形体上局部的孔和槽。如图 3-18（b）所示，利用形体Ⅰ上圆孔的投影来帮助确定它在左视图上对应的投影。从划分出的形体Ⅰ的两个视图可以看出，它是由一个圆筒前端上下对称各切去了一块形成的，如立体图所示。

形体Ⅱ在两个视图上的对应投影如图 3-18（c）所示。它的整体形状类似于一块矩形板。主视图的大线框内有一个矩形线框，矩形线框内有两个小圆，对照左视图分析可以看出，矩形板的左端中间由前向后挖了一个方槽，槽底钻了两个圆孔，其形状如立体图所示。

从主视图上看，形体Ⅱ的上下表面与圆筒Ⅰ相切，组合体的整体形状如图 3-18（d）所示。

（2）画俯视图

画图时，一般先画整体形状，后画局部形状；先画形体，后画交线。即首先画出Ⅰ、Ⅱ的轮廓投影［图 3-19（a）］，然后再分别画出圆筒上下部位被切去两块后产生的截交线的投影和形体Ⅱ的切槽及小圆孔的投影［图 3-19（b）］。

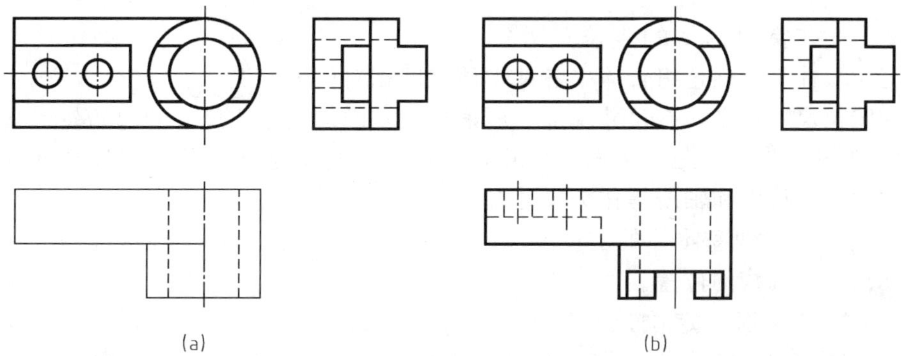

图 3-19　求作俯视图

3.4 组合体的尺寸标注

视图只能表达物体的形状，物体的大小则靠标注尺寸来确定。

组合体尺寸标注的基本要求如下。

(1) 正确　所注尺寸应符合国家标准《技术制图》中有关尺寸注法的基本规定（详见第1章）。

(2) 完全　将确定组合体各部分形状大小及相对位置的尺寸标注完全，既不能遗漏，也不要重复。

(3) 清晰　尺寸标注要布置匀称、清楚、整齐，便于阅读。

组合体的尺寸要标注完全，必须包含基本体的定形尺寸、定位尺寸和组合体的总体尺寸三方面的内容。

3.4.1 基本体的定形尺寸

所谓定形尺寸是指确定各基本体的形状和大小的尺寸。

图 3-20 是一些常用基本体的定形尺寸的注法。注意，当标注球面直径或半径时，要在“ϕ”或“R”前加注“S”。

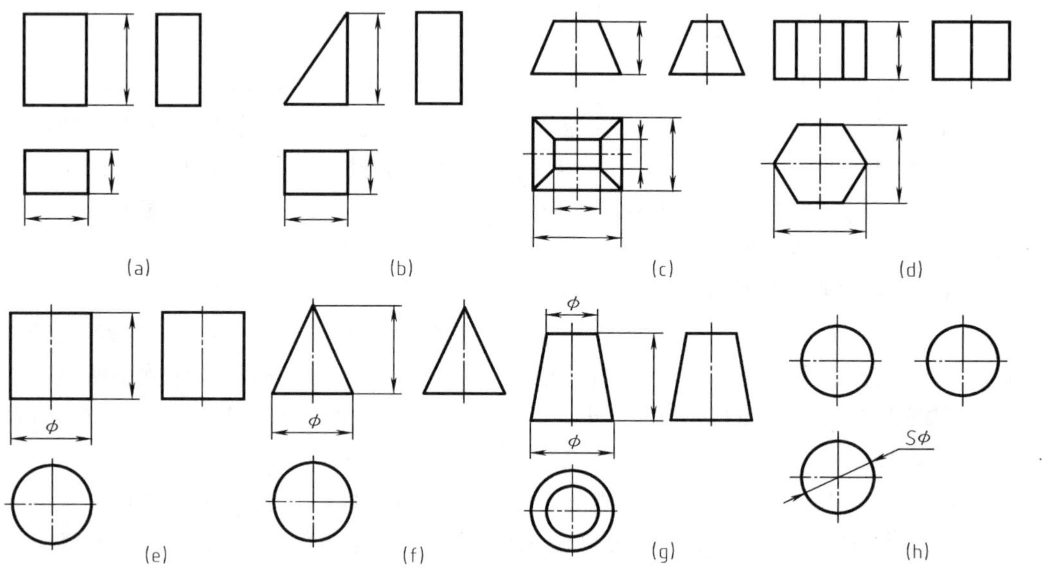

图 3-20　基本体的定形尺寸

3.4.2 一些常见形体的定位尺寸

所谓定位尺寸是指确定组合体中各基本体之间相对位置的尺寸。

要标注定位尺寸，必须有尺寸基准。所谓尺寸基准是指标注尺寸的起始位置（可以是线或面）。物体有长、宽、高三个方向的尺寸，每个方向至少要有一个尺寸基准。通常以物体的底面、端面、对称面和轴线等作为尺寸基准。

图 3-21 是一些常见基本体的定位尺寸。从图中可以看出，在标注回转体的定位尺寸时，一般都是标注它的轴线的位置。

3.4.3 标注定形、定位尺寸时应注意的问题

① 当基本体被平面截切时，除了标注基本体的定形尺寸外，还需标注截平面的定位尺寸，不允许直接在截交线上标注尺寸（图 3-22）。

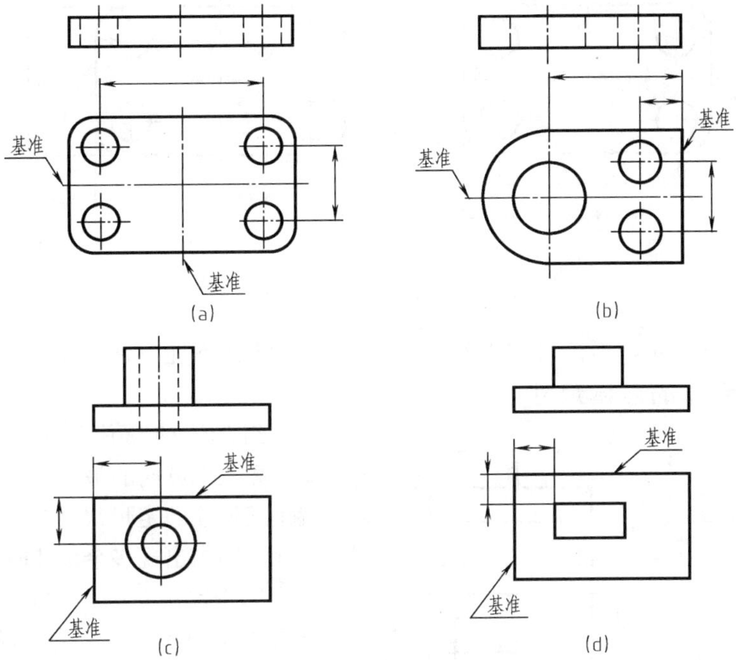

图 3-21　一些常见基本体的定位尺寸

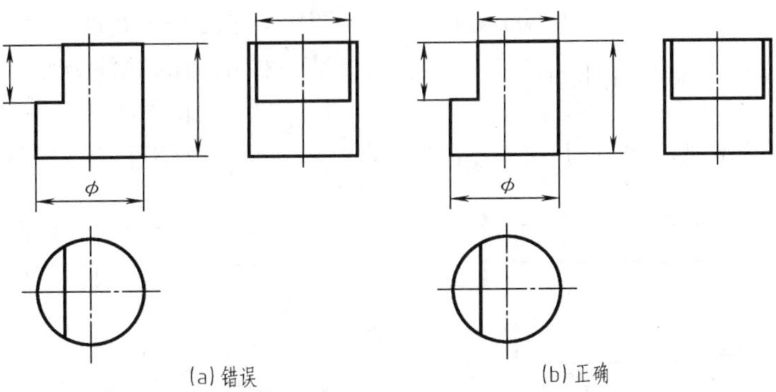

图 3-22　表面具有截交线时的尺寸注法

② 如图 3-23 所示，当体的表面具有相贯线时，应标注产生相贯线的两形体的定形、定位尺寸，而不允许直接在相贯线上标注尺寸［请读者分析图 3-23（a）中的错误标注］。

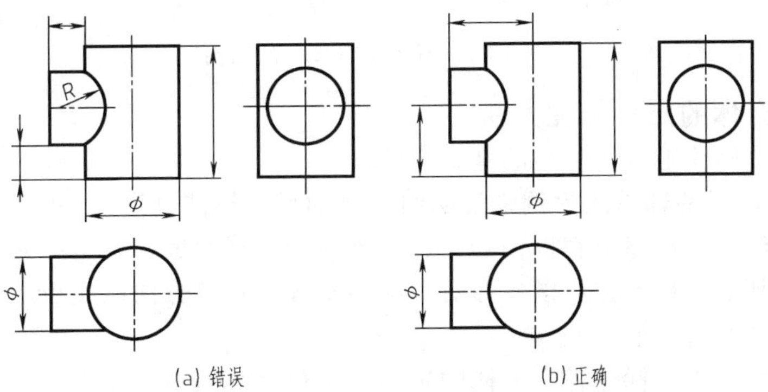

图 3-23　表面具有相贯线时的尺寸注法

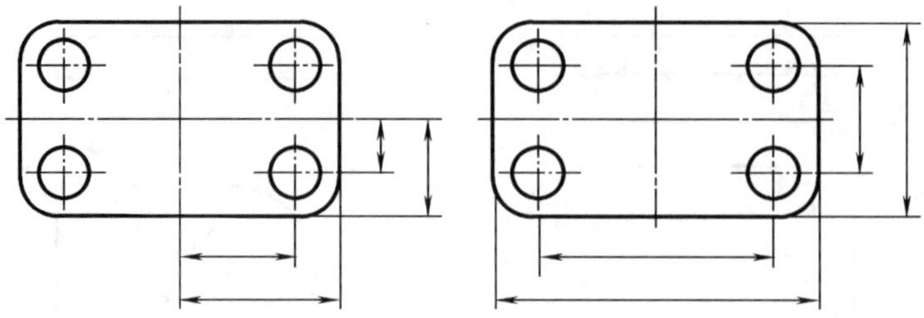

图 3-24　对称结构的尺寸注法

③ 对称结构的尺寸，不论是定形尺寸还是定位尺寸，不能只注一半。如图 3-24 所示。

3.4.4 组合体的总体尺寸

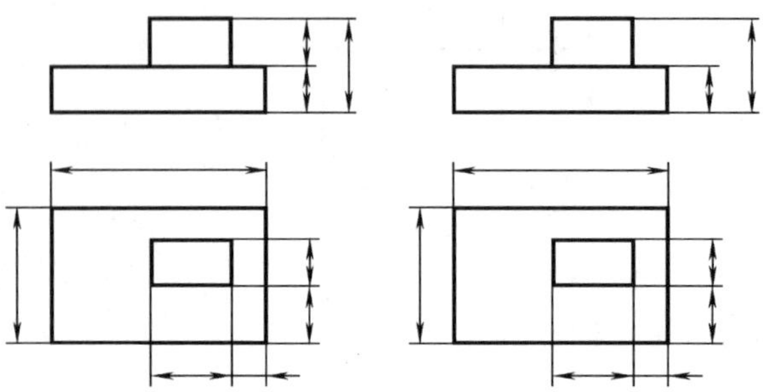

图 3-25　标注总体尺寸

组合体的总体尺寸是指组合体在长、宽、高三个方向的最大尺寸。总体尺寸有时就是某形体的定形尺寸或定位尺寸，一般不再标注。当出现多余尺寸时，需作适当调整。

① 图 3-25（a）中标注了每个形体的定形、定位尺寸后，物体的总长、总宽就是底板的定形尺寸，不再标注。但标注了总高尺寸后，出现了多余尺寸，这时需作调整，去掉一个次要尺寸，图 3-25（b）是一种正确的标注方法。

② 当组合体的某一方向具有回转面结构时，由于注出了其定形、定位尺寸，该方向的总体尺寸一般不再注出（图 3-26）。

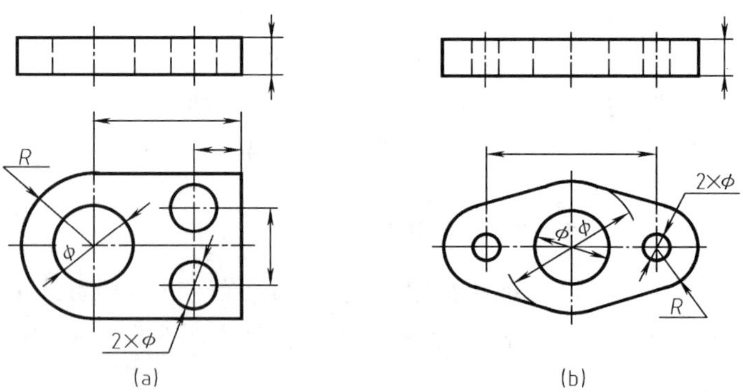

图 3-26　不注总体尺寸的结构

3.4.5 组合体的尺寸标注方法

形体分析法是标注组合体尺寸的基本方法。

现以图 3-27 所示的轴承座为例来说明组合体的尺寸标注过程。

（1）形体分析　轴承座由底板、套筒、支承板和肋板组成。

（2）选尺寸基准　长度方向以左右对称面为基准；宽度方向以底板的后端面为基准；高度方向以底板的底面为基准。

（3）标注尺寸　逐个标注各个形体的定形、定位尺寸。

① 标注底板的尺寸。其中尺寸线上标有“a”的为定位尺寸（下同），见图 3-28（a）。

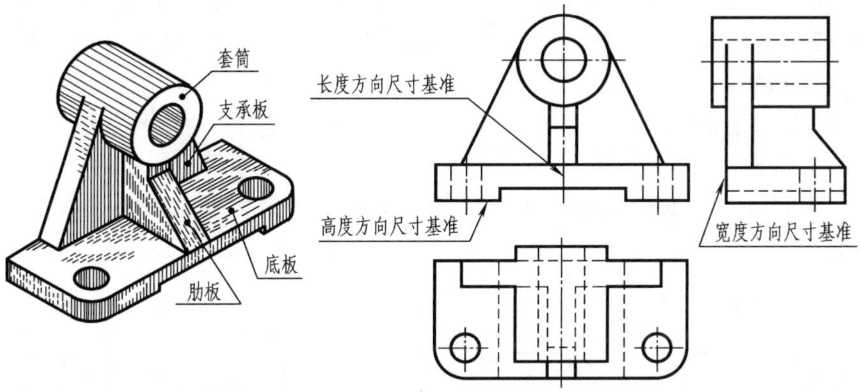

图 3-27　轴承座

② 标注套筒的尺寸，见图 3-28（b）。
③ 标注支承板和肋板的尺寸，见图 3-28（c）。
④ 标注总体尺寸。

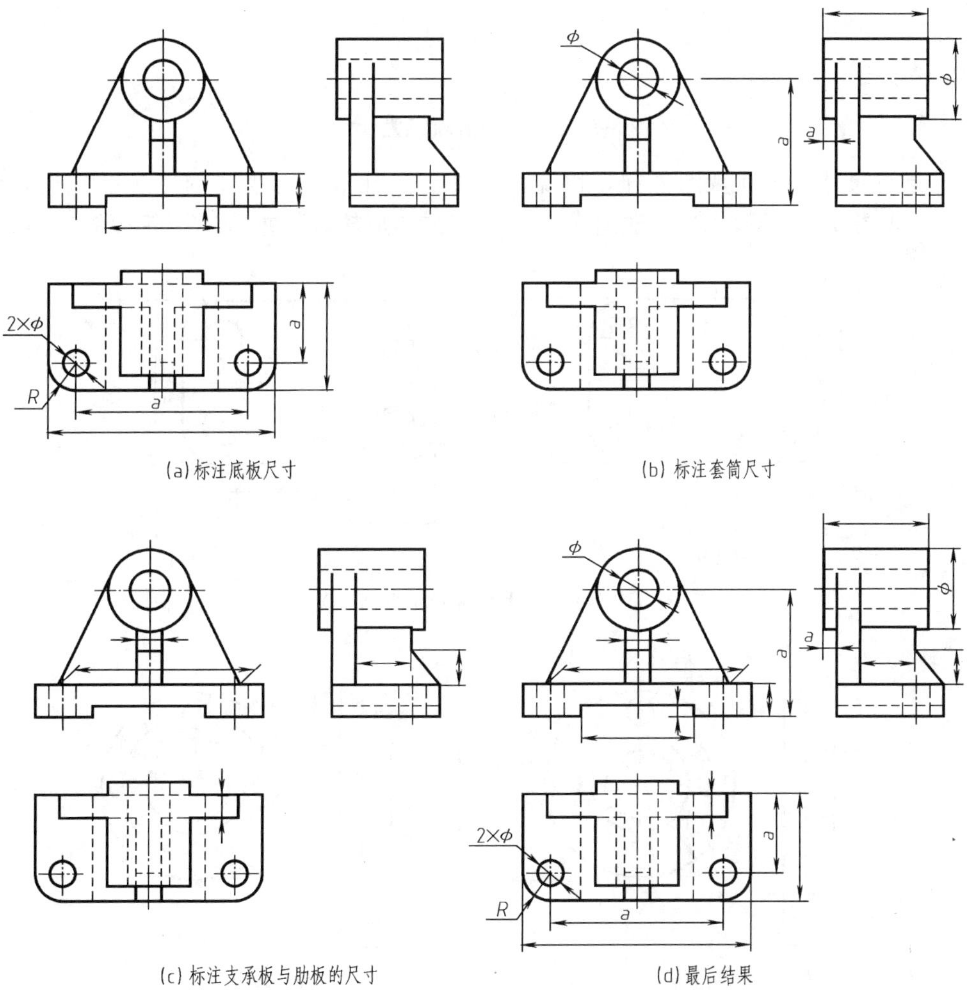

图 3-28　轴承座的尺寸标注

总长为底板的长度方向的定形尺寸；总高由套筒高度方向的定位尺寸和定形尺寸确定，不再标注；总宽由底板宽度方向的定形尺寸和套筒宽度方向的定位尺寸确定，不再标注。结果如图 3-28（d）所示。

3.4.6 尺寸的清晰布置

尺寸清晰布置的几点要求如下。

① 同一形体的尺寸尽量集中标注在一个视图上，且尽量标注在表达形体特征最明显的视图上。如图 3-29 所示。

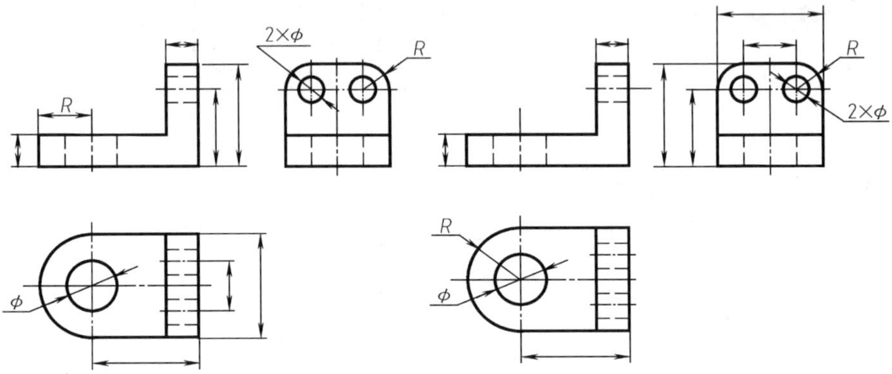

(a)不好　　(b)清晰

图 3-29　尺寸的清晰布置（一）

② 尽量将尺寸布置在视图外面，以免尺寸线、尺寸数字与视图的轮廓线相交，给看图带来不便。如图 3-30 所示。当无法避免尺寸数字与图形轮廓线重合时，轮廓线应断开。

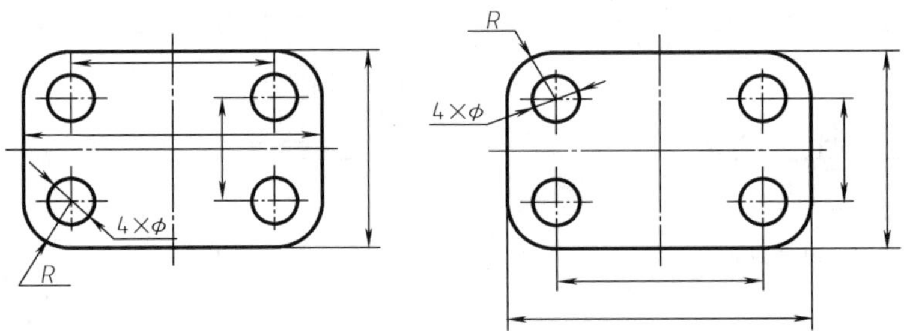

(a)不好　　(b)清晰

图 3-30　尺寸的清晰布置（二）

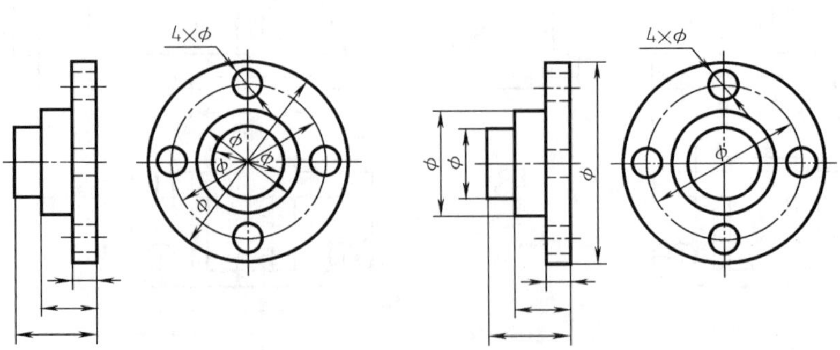

(a)不好　　(b)清晰

图 3-31　尺寸的清晰布置（三）

③ 同心圆柱的直径尺寸，不要集中标注在投影为圆的视图上。如图 3-31 所示。

④ 相互平行的尺寸，应按大小顺序排列，小尺寸在内，大尺寸在外，以免一个尺寸的尺寸线与另一尺寸的尺寸界线相交。如图 3-32 所示。

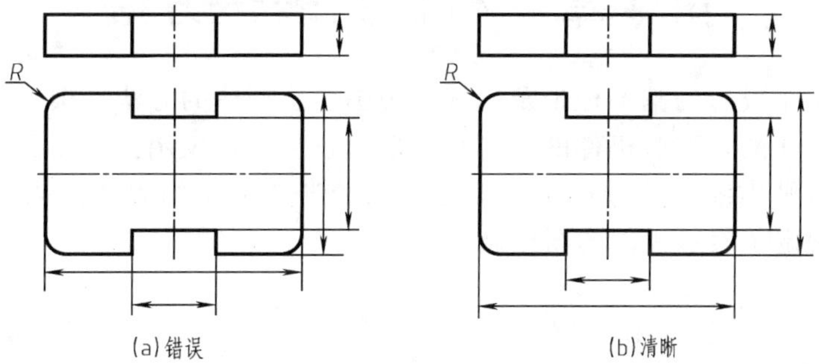

图 3-32　尺寸的清晰布置（四）

⑤ 避免在虚线轮廓上标注尺寸。

第4章　机件的表达方法

前二章介绍了正投影的基本理论及用三面视图表示物体的方法。但是，在工程实际中机件的形状是千变万化的，有些机件的外形和内形都较复杂，仅用三个视图和“可见部分画粗实线，不可见部分画虚线”的方法不可能完整、清晰地把它们表达出来，为此，国家标准 GB 4458.1—89 规定了表示机件的图样画法。

4.1　视图

根据有关标准和规定，用正投影法所绘制出物体的图形称为视图。通常有基本视图、向视图、局部视图和斜视图。

4.1.1　基本视图

机件向基本投影面投射所得到的视图称为基本视图。基本投影面除前面用过的正投影面、水平投影面和侧投影面外，又增加了分别与它们相平行的三个投影面。增加这三个投影面后，由右向左投射，得到右视图，由下向上投射，得到仰视图；由后向前投射，得到后视图。六个投影面的展开方法如图 4-1（a）所示，展开后六个视图的配置关系如图 4-1（b）所示。

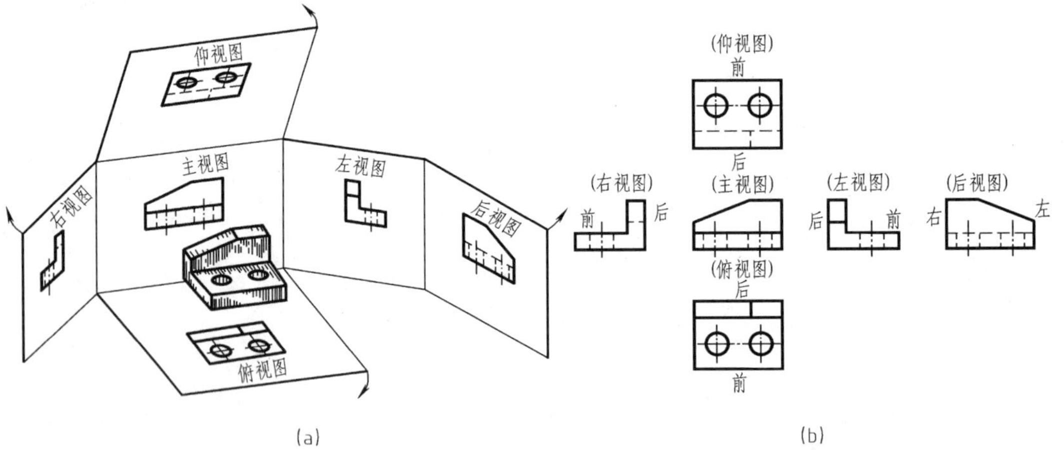

图 4-1　六面视图

六面视图的度量对应关系，仍遵守“三等”规律，即：主、俯、仰、后视图等长，主、左、右、后视图等高，左、右、俯、仰视图等宽。

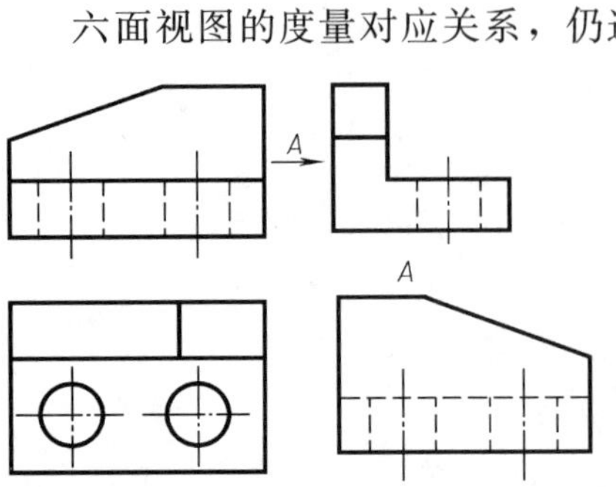

图 4-2　向视图

六面视图的方位对应关系，仍然是：左、右、俯、仰视图靠近主视图的一边代表物体的后面，而远离主视图的一边代表物体的前面，如图 4-1（b）所示。

没有特殊情况，优先选用主、俯和左视图。

4.1.2　向视图

当六个基本视图在同一张图纸内按图 4-1（b）配置时，可以不标注视图的名称。若某个视图不能按图 4-1

(b) 所示的位置配置，则应在该视图的上方标出"×"("×"为大写的拉丁字母)，在相应视图的附近用箭头指明投射方向，并标注相同的字母（如图 4-2 中的 A)。这种位置可自由配置的视图称为向视图。

4.1.3 局部视图

局部视图是将物体的某一部分向基本投影面投射所得的视图。当机件在某个方向仅有部分形状需要表示，没有必要画出整个基本视图时，可采用局部视图。

采用局部视图时应注意以下几点。

① 局部视图可按基本视图的形式配置［图 4-3 (b) 的左视图］，也可以按向视图的形式配置并标注［图 4-3 (b) 中的 A 向视图］。

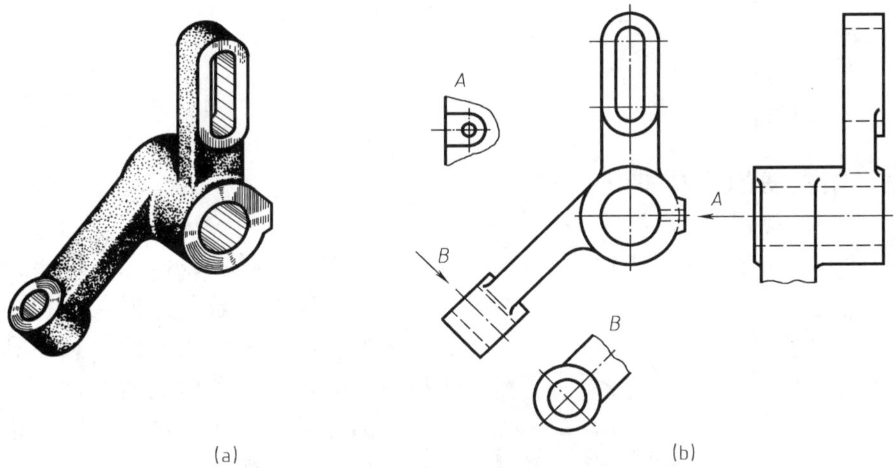

图 4-3 局部视图和斜视图（一）

② 局部视图的断裂处边界线用波浪线［图 4-3 (b) 中的 A 向视图］或双折线表示。当所表示的局部结构是完整的，且外轮廓线又成封闭时，则波浪线或双折线可省略（图 4-26 中的 B 向视图)。

③ 当局部视图是为了节省绘图时间和图幅，将对称机件的视图只画一半或四分之一时，应在对称中心线的两端画出两条与其垂直的平行细实线（如图 4-46 所示）。

4.1.4 斜视图

当机体的表面与基本投影面成倾斜位置时［如图 4-3 (a) 中摇杆的倾斜部分］，在基本投影面上就不能反映表面的实形。这时，可用更换投影面的方法，增设一个与倾斜表面平行的辅助投影面，并在该投影面上作出反映倾斜部分实形的投影。这种将机件向不平行于基本投影面的平面投射所得的视图称为斜视图。

图 4-3 (b) 中的 B 向斜视图，表示了摇杆倾斜部分的局部真实形状。

画斜视图时要注意下列几点。

① 斜视图一般只表达倾斜部分的局部形状，其余部分不必全部画出，可用波浪线或双折线断开。

② 斜视图通常按向视图的形式配置并标注。

③ 斜视图最好如图 4-3 (b) 那样按投影关系配置，必要时也可平移到其他适当位置。

④ 必要时，允许将斜视图旋转配置。旋转符号的箭头指示旋转的方向。表示该视图名称的大写拉丁字母应靠近旋转符号箭头端［图 4-4 (a)］，允许将旋转角度注写在字母之后

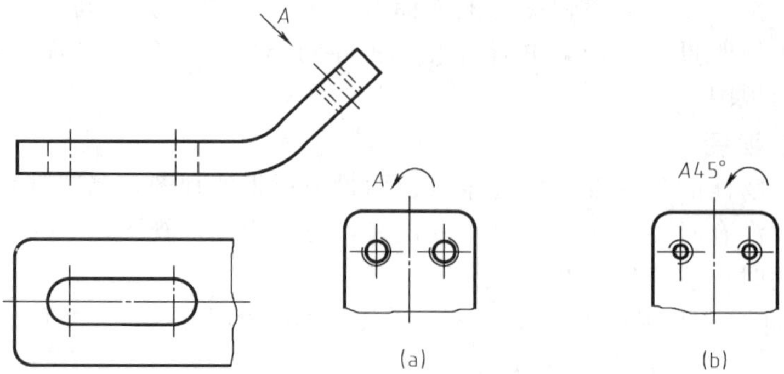

图 4-4　局部视图和斜视图（二）

［图 4-4（b）］。

4.2　剖视图

4.2.1　剖视图的基本知识

4.2.1.1　剖视图的形成

在前几章里，凡是遇到机件内部有孔时，在视图上都用虚线表示，如图 4-5 所示。但是当机件的内部形状较复杂时，在视图上就会出现很多虚线，既不便于看图，又不利于标注尺寸和其他要求。为了解决这个问题，使原来不可见的部分转化为可见的，国家标准《技术制图》中规定了剖视的方法。

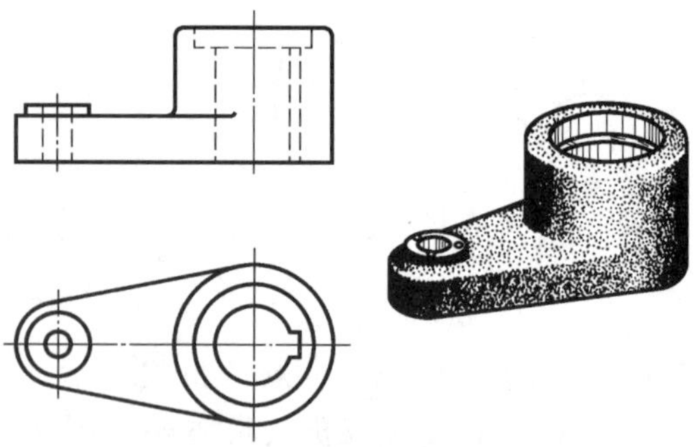

图 4-5　用虚线表示内部形状

如图 4-6 所示，假想用一个剖切平面 A，通过机件的前后对称平面将机件剖开，移去观察者和剖切平面之间的部分，而将其余部分向投影面投射所得的图形称为剖视图，可简称剖视。通常在剖切平面与机件的接触部分（称剖面区域）画上剖面符号（常简称为“剖面线”）。剖面符号因机件的材料不同而不同，表 4-1 列出了常用材料的剖面符号。

(a)　(b)

图 4-6　剖视的基本概念

表 4-1　剖面符号

材料名称	剖面符号	材料名称	剖面符号
金属材料（已有规定剖面符号者除外）	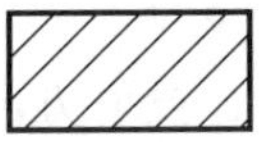	木质胶合板	
线圈绕组元件	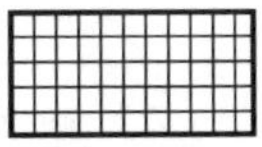	基础周围的泥土	
转子、电枢、变压器和电抗器等的叠钢片		混凝土	
非金属材料（已有规定剖面符号者除外）	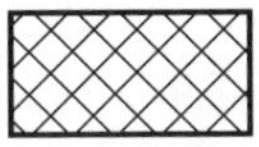	钢筋混凝土	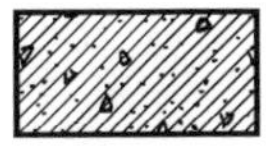
玻璃及供观察用的其他透明材料	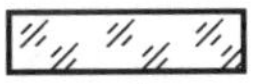	格网（筛网、过滤网等）	
型砂、填砂、粉末冶金、砂轮、陶瓷刀片、硬质合金刀片等		固体材料	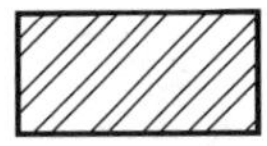
木材 纵剖面		液体材料	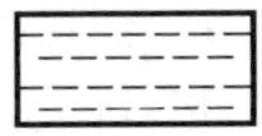
木材 横剖面	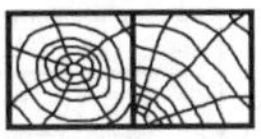	气体材料	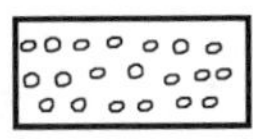

注：1. 剖面符号仅表示材料的类别，材料的代号和名称必须另行注明。

2. 叠钢片的剖面线方向，应与束装中叠钢片的方向一致。

3. 液面用细实线绘制。

4.2.1.2　剖视图的画法

① 确定剖切平面的位置。为了使主视图中的内孔变成可见并反映实际大小，剖切平面应平行于正面并通过对称中心线。

② 在作图时要想清楚剖切后的情况：哪些部分移走了？哪些部分留下了？哪些部分切着了？切着部分的截面形状是什么样的？

若要由含虚线的视图改成剖视图，则先将剖到的内形轮廓线和剖切面后可见的轮廓线画成粗实线，再去掉多余的外形线；若要由机件直接画成剖视图，则先画出在剖切面上的内孔形状和外形轮廓，再画出剖切面后的可见的线。

③ 将剖面区域画上剖面符号（又称为剖面线）。金属材料（或不需在剖面区域中表示材料的类别时）的剖面线用与图形的主要轮廓线或剖面区域的对称线成45°的相互平行的细实线画出（称通用剖面线），见图 4-7。剖面线之间的距离视剖面区域的大小而异，通常可取2～4mm（图 4-8）。同一物体的各个剖面区域，其剖面线画法应一致。

当画出的剖面线与图形的主要轮廓线或剖面区域的对称线平行时，可将剖面线画成与主

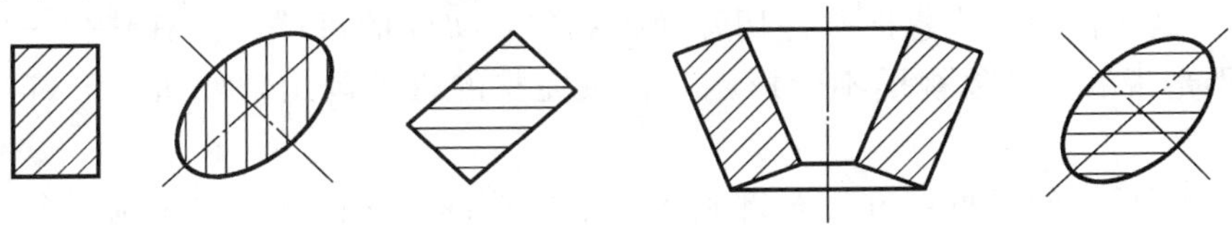

图 4-7　剖面线画法

要轮廓线或剖面区域的对称线成 30°或 60°的平行线，剖面线不画成 45°的图形中，剖面线的倾斜方向仍与其他图形上剖面线方向相同（图 4-22）。

4.2.1.3　剖视图的标注

为了便于看图，在画剖视图时，应将剖切位置、投射方向和剖视名称标注在相应的视图上。标注内容有下列三项（图 4-8）。

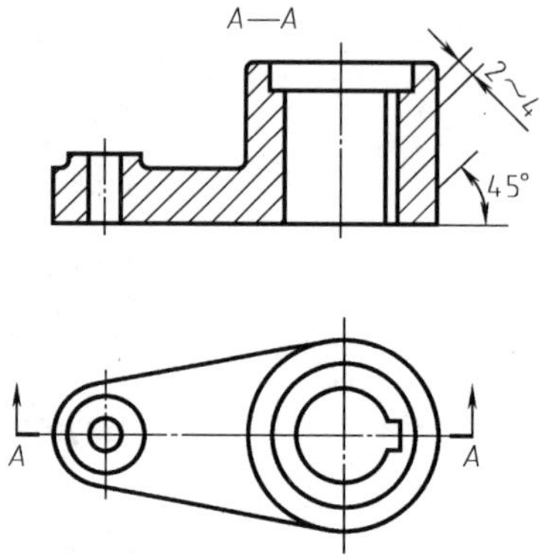

图 4-8　剖视图的标注和剖面线画法

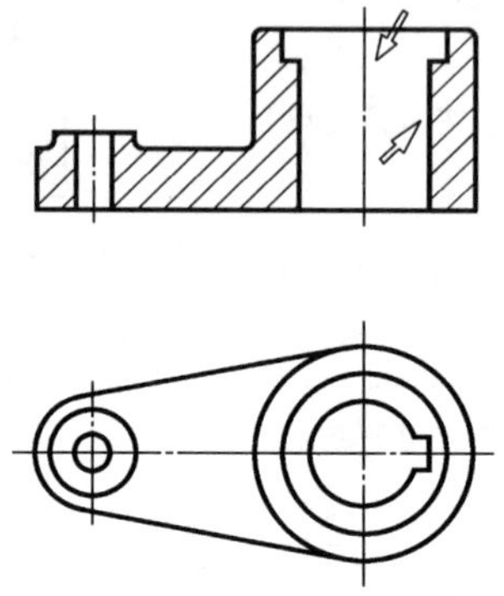
图 4-9　剖视图的错误画法

（1）剖切线　指示剖切面位置的线，以细点画线表示［图 4-10（a）］；也可省略不画［图 4-10（b）］。

(a)　　(b)

图 4-10　剖视图标注法

（2）剖切符号　指示剖切面起、迄和转折位置（用粗短画表示）及投射方向（用箭头表示）的符号。剖切符号尽可能不要与图形的轮廓线相交。

（3）剖视名称　在剖视图的上方用大写字母标出剖视图的名称“×—×”，并在剖切符号旁注上同样的字母。如果在同一张图上同时有几个剖视图，则其名称应按字母顺序排列，不得重复。

在下列情况下，剖视图的标注内容可以简化或省略。

① 当剖视图按投影关系配置，中间又没有其他图形隔开时，可以省略箭头，如图 4-13 中的 A—A 剖视。

② 当剖切平面与机件的对称平面完全重合，且剖切后的剖视图按投影关系配置，中间又没有其他图形隔开时，可以省略标注［图 4-8 属于这种情形，因此在实际画图时可以不必标注，而画成图 4-6（b）那样；图 4-11 也是省略标注的实例］。

4.2.1.4　画剖视图应注意的问题

① 剖切平面一般应通过机件的对称平面或轴线，并要平行或垂直于某一投影面。

② 剖视图是在作图时假想把机件切开而得到的，实际的机件并没有缺少一块，所以在一个视图上取剖视后，其他视图不受影响，仍按完整的机件画出，如图 4-6（b）的俯视图就是这样。

③ 剖切平面后方的可见部分应全部画出，不能遗漏。在图 4-9 中漏画了台阶面的投影线和键槽的轮廓线。这种情形在初学时常常出现，务必注意防止。

④ 在剖视图上，对于已经表示清楚的结构，其虚线可以省略不画。

4.2.2 剖视图的种类及其适用条件

国家标准规定，剖视图可分为全剖视图、半剖视图和局部剖视图三种。

4.2.2.1 全剖视图

用剖切面完全地剖开机件所得的剖视图称为全剖视图。

全剖视主要用于内形复杂的不对称机件［图 4-11（a）］或外形简单的回转体零件［图 4-11（b）］。它的标注规则同上节所述。

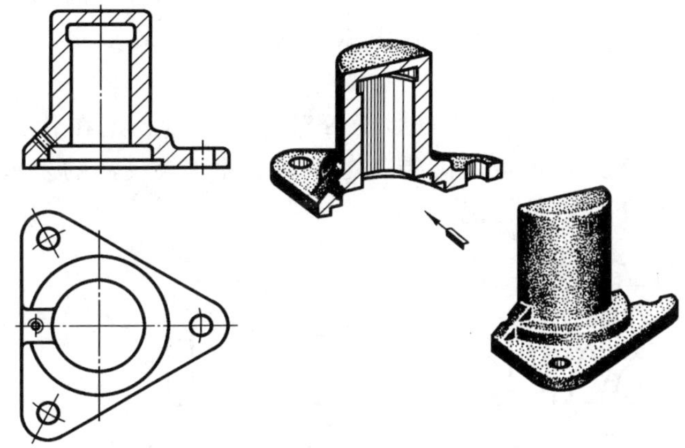

(a) 用全剖视图表示内形复杂的不对称机件

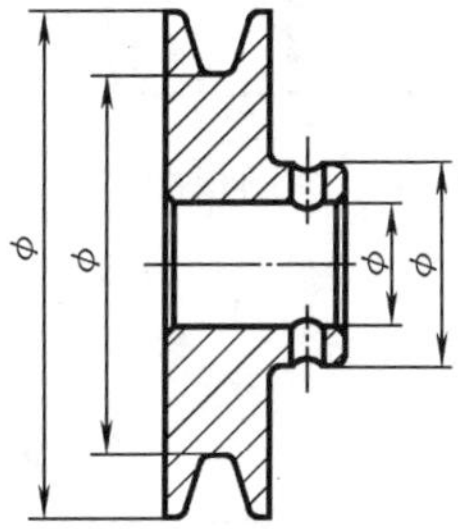

(b) 用全剖视图表示简单对称零件

图 4-11 全剖视图

4.2.2.2 半剖视图

当机件具有对称平面时，向垂直于对称平面的投影面上投射所得的图形，可以对称中心线为界，一半画成剖视图，另一半画成视图，这样的图形叫做半剖视图（图 4-12）。

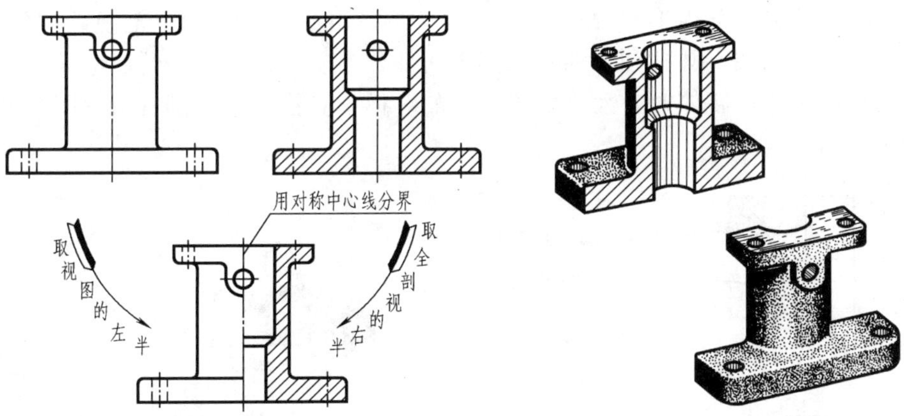

图 4-12 半剖视图的形成

半剖视主要用于内、外形状都需要表示的对称机件（图 4-13）。当机件的形状接近于对称，且其不对称部分已另有视图表达清楚时，也允许画成半剖视图（图 4-14）。

由于半剖视图的图形对称，所以在半个剖视图上已表示清楚的内形，其在半个视图上的虚线不再画出。

半剖视的标注规则与全剖视相同。在图 4-13 中，因为主视所取剖视的剖切平面与机件的前后对称平面重合，所以在图上可以不标注。而对俯视图来说，所取剖视的剖切平面不是机件的对称平面，所以在图上需要标出剖切符号和剖视名称，但是箭头可以省略。

4.2.2.3 局部剖视图

用剖切面局部地剖开机件所得的剖视图称为局部剖视图（图 4-15）。局部剖视图以波浪线（图 4-15）或双折线（图 4-18）分界。

① 局部剖视不受图形是否对称的限制，剖在什么地方和剖切范围多大，可根据需要决定，是一种比较灵活的表示方法，一般用于下列四种情况。

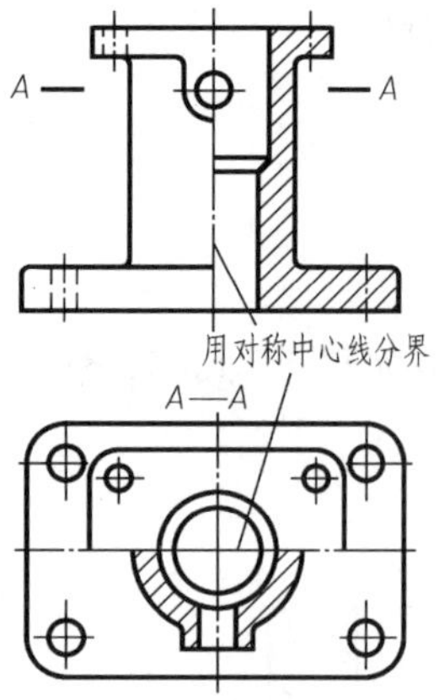

图 4-13 半剖视图

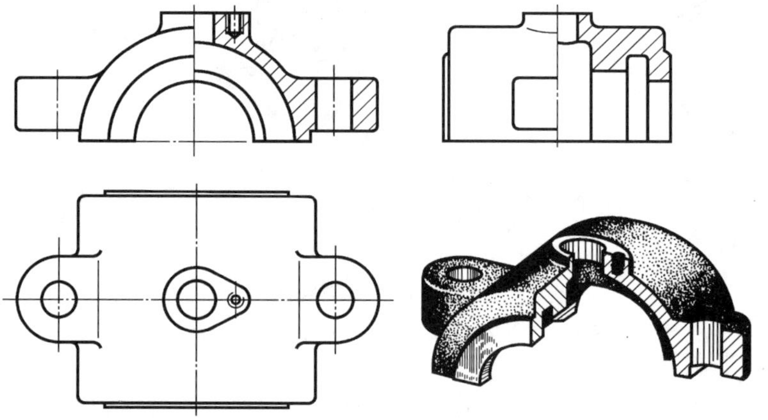

图 4-14 用半剖视表示基本对称的机件

ⅰ. 当机件只有局部内形需要表达，因而不必采用或不宜采用全剖视。例如图 4-15 中的拉杆，只有左右两端有圆孔和小螺孔，而中间部分为实心杆，这种情况应采用局部剖视。

当被剖切结构为回转体时，允许以该结构的对称中心作为局部剖视与视图的分界线，如图 4-15 右端所示。

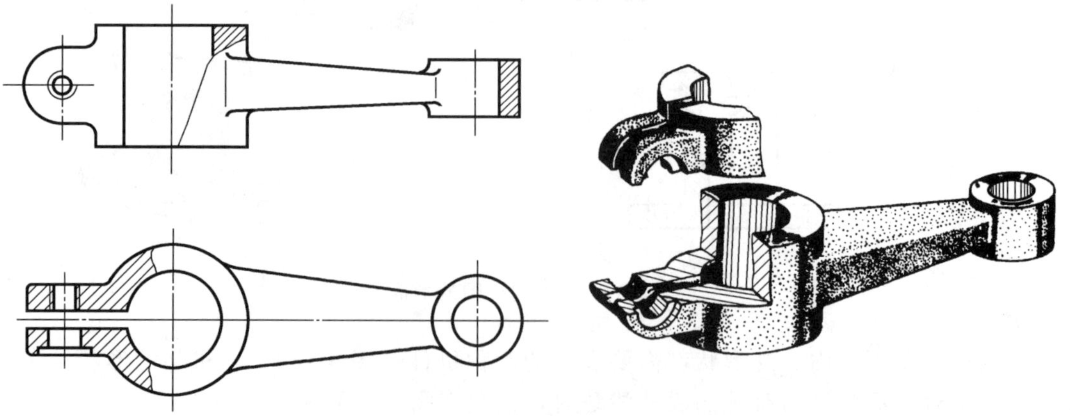

图 4-15 局部剖视图

此外，当轴、手柄、连杆等实心零件上有小孔或槽需要表示时，也应该用局部剖视（图 4-16）。

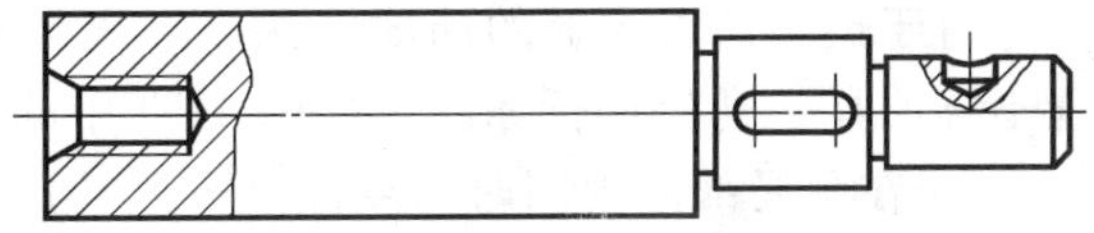

图 4-16　局部剖视表示实心零件上的孔或槽

ⅱ. 当不对称机件的内、外形状均需要表达，而它们的投影基本上不重叠时，例如图 4-17 中的支座，采用局部剖视，可以把机件的内、外形状都表示清晰。

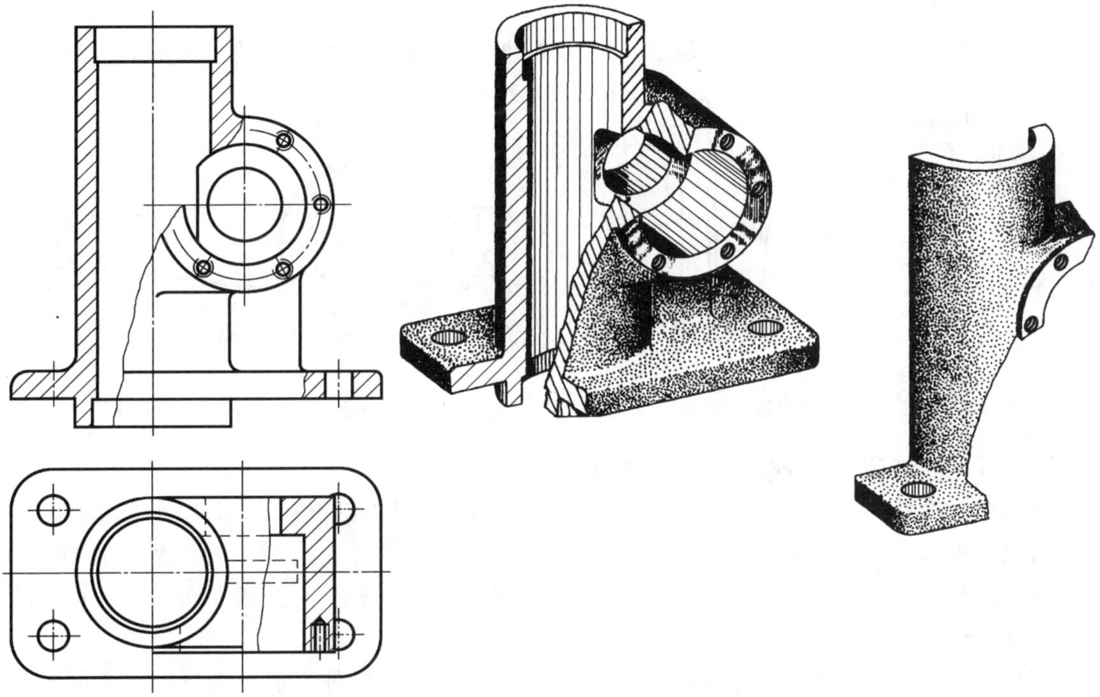

图 4-17　用局部剖视表示复杂零件

ⅲ. 当对称机件的轮廓线与对称中心线重合，不宜采用半剖视时，可采用局部剖视（图 4-18）。

ⅳ. 必要时，允许在剖视图中再作一次简单的局部剖视，这时两者的剖面线应同方向、同间隔，但要相互错开（图 4-19）。

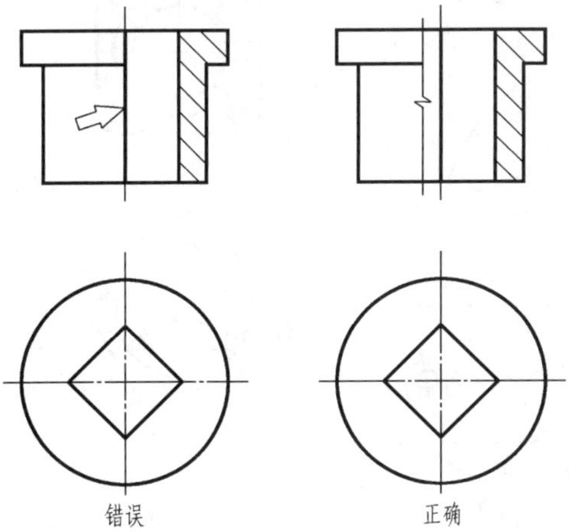

图 4-18　用局部剖视代替半剖视

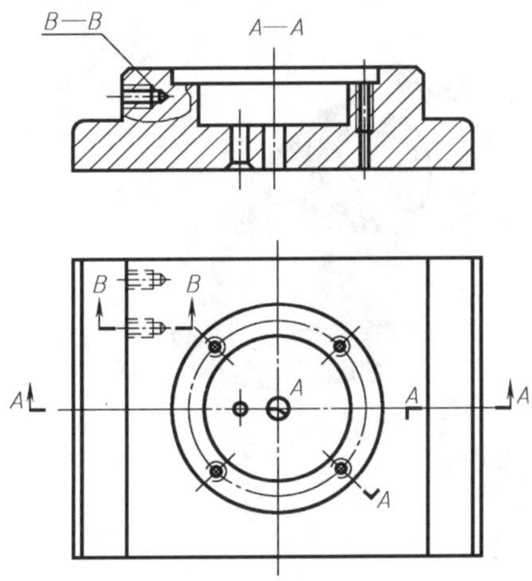

图 4-19　在剖视图上作局部剖视

对于剖切位置明显的局部剖视，一般都不必标注，如图 4-15～图 4-18 所示。若剖切位置不够明显，则应进行标注，如图 4-19 中的 *B*—*B*。

② 在画局部剖视图时，要注意下列几点。

ⅰ. 局部剖视是一种比较灵活的表示方法，运用得好，可使视图简明清晰。但在同一个视图中，局部剖视的数量不宜过多，不然会使图形过于破碎，反而对看图不利。

ⅱ. 表示剖切范围的波浪线，不应和图形上其他图线重合（图 4-20）；如遇孔、槽，波浪线不能穿空而过，也不能超出视图的轮廓线（图 4-21）。

ⅲ. 当使用双折线表示局部剖视范围时，双折线端头要超出轮廓线少许，如图 4-18 所示。

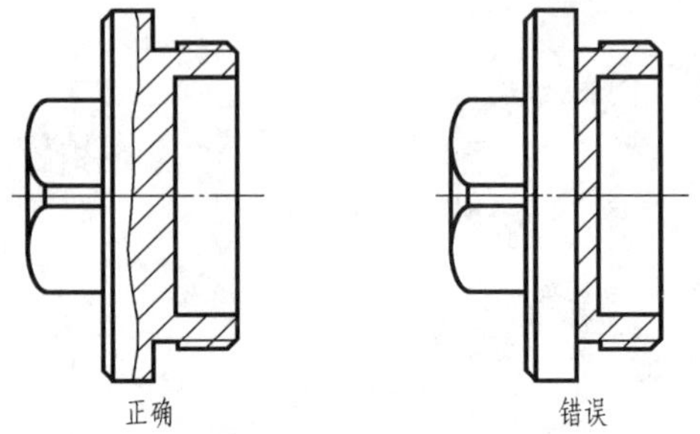

图 4-20 波浪线不应与轮廓线重合

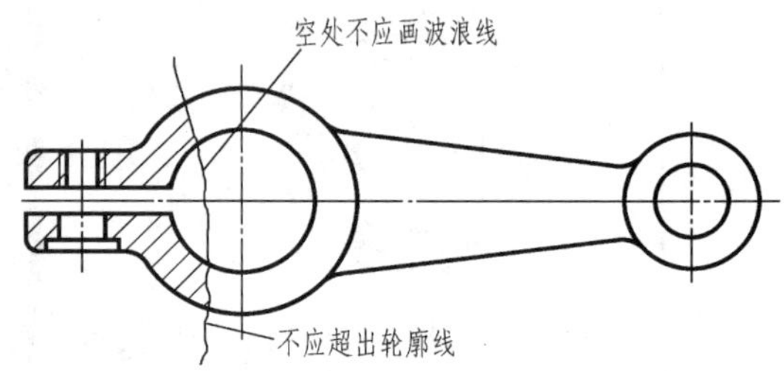

图 4-21 波浪线的错误画法

4.2.3 剖切面的种类和常用的其他剖切方法

在前边的介绍中，一直是使用投影面平行面作剖切面去剖开机件形成剖视图的。实际上，国家标准（GB/T 17452—1998）规定：剖切面是剖切被表达物体的假想平面或曲面。同时规定：根据物体的结构特点，可选择单一剖切面、几个平行的剖切平面、几个相交的剖切面剖开物体。

在机械图样中，除前述用投影面平行面作剖切面去剖开机件形成全剖视图、半剖视图和局部剖视图外，还常使用以下剖切方法。

4.2.3.1 斜剖

当机件上倾斜部分的内形在基本视图上不能反映实形时，可以用与基本投影面倾斜的投

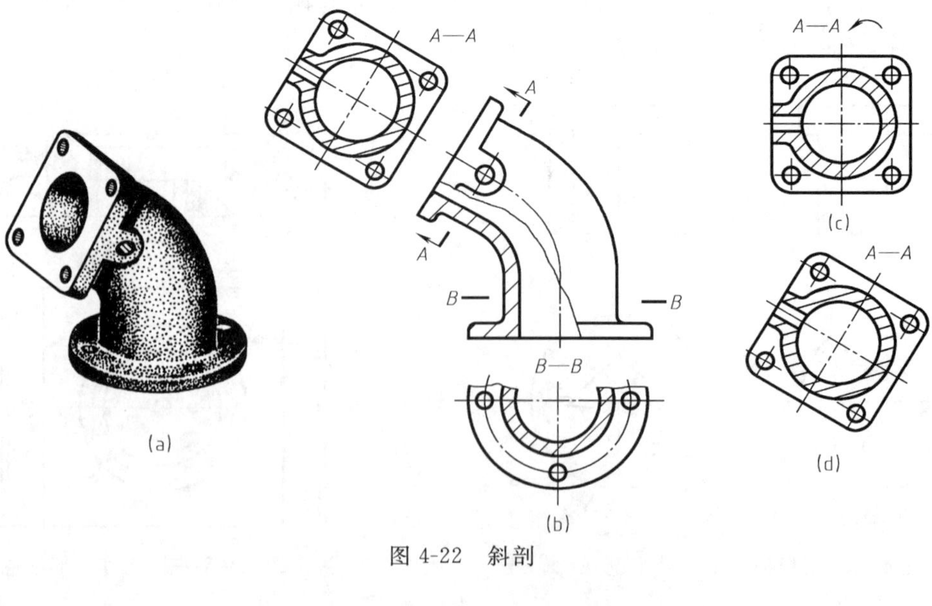

图 4-22 斜剖

影面垂直面剖切，再投射到与剖切平面平行的投影面上，这种剖切法称为斜剖。图 4-22 中的 A—A 剖视即为用斜剖所得的全剖视图。

采用斜剖时，必须标全剖切符号，注明剖视图名称。

用斜剖得到的剖视图最好按投影关系配置［图 4-22（b）］。必要时可以平移到其他适当地方［图 4-22（d）］。在不致引起误解时，也允许将图形旋转，其标注形式如图 4-22（c）所示。

4.2.3.2 旋转剖

用两个相交的剖切平面（其交线垂直于某一基本投影面）剖开机件的方法称为旋转剖。图 4-23 中的 A—A 剖视即为用旋转剖得到的全剖视图。采用旋转剖作剖视时，被倾斜剖切平面剖开的结构及其有关部分应先绕两剖切平面的交线旋转到与选定的投影面平行后再进行投射。

旋转剖的剖切面交线常和机件的主要孔的轴线重合，如图 4-23 所示。

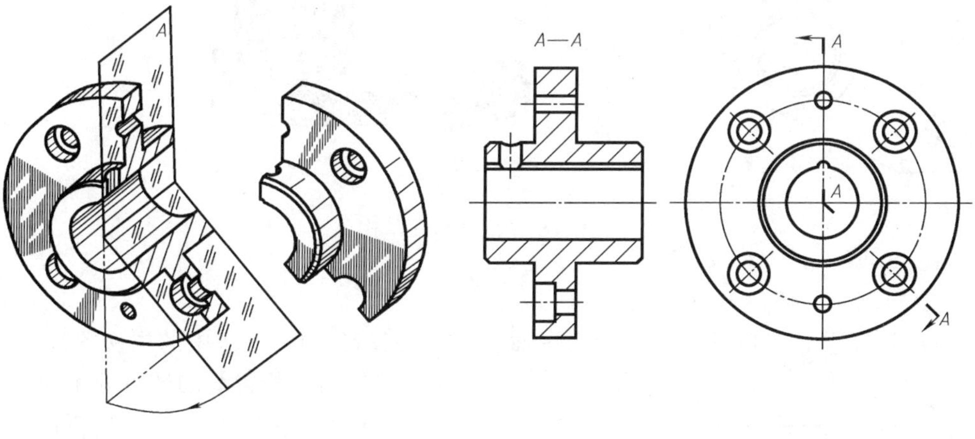

图 4-23　旋转剖（一）

采用旋转剖时，必须标出剖视图名称，标全剖切符号，在剖切面的起迄和转折处用相同的字母标出。但当转折处地位有限，又不致引起误解时，允许省略字母（图 4-24）。

位于剖切平面后的其他结构一般仍按原来位置投射（图 4-24 中小孔）。当剖切后产生不完整要素时，应将此部分按不剖绘制，如图 4-25 中的臂。

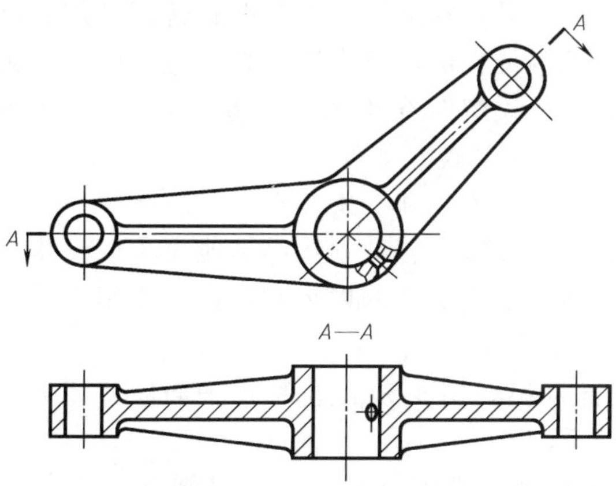

图 4-24　旋转剖（二）

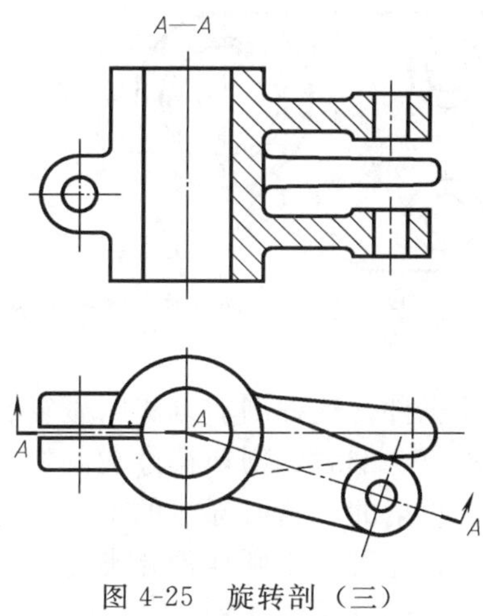

图 4-25　旋转剖（三）

4.2.3.3 阶梯剖

采用几个平行的剖切平面剖开机件的方法称为阶梯剖。图 4-26 中的 $A—A$ 剖视即为采用阶梯剖得到的全剖视图。

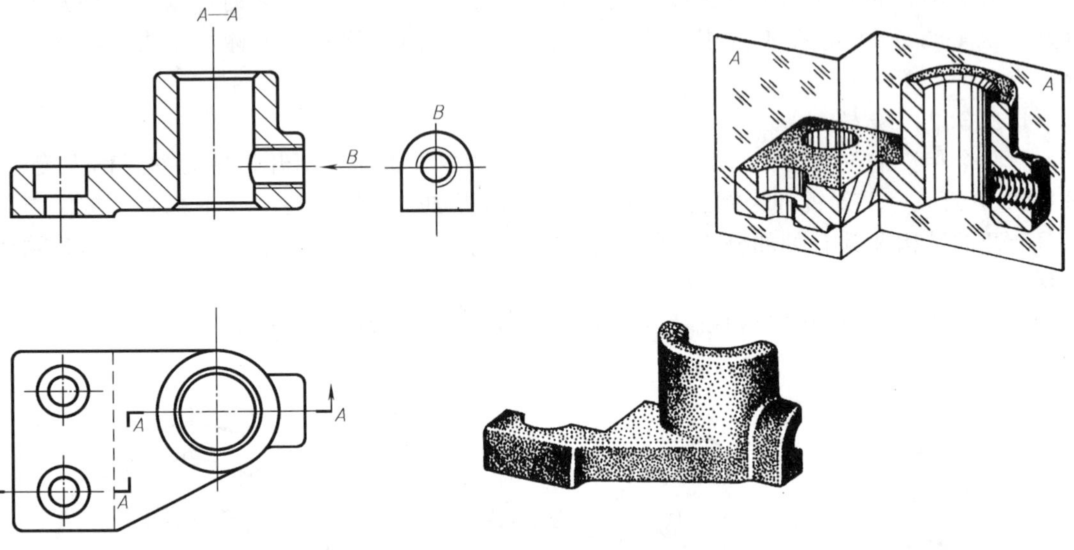

图 4-26 阶梯剖（一）

采用阶梯剖时，要注意下列几点。

① 在剖视图上，不应画出两个剖切平面转折处的投影（图 4-27 中的主视图）。

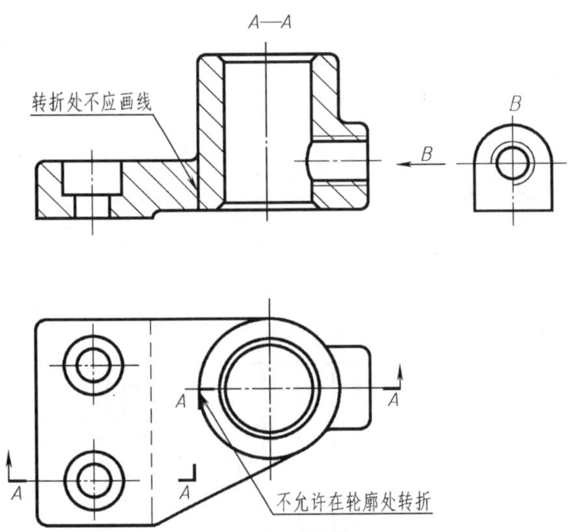

图 4-27 阶梯剖视的错误画法

② 剖切位置线的转折处不应与图上的轮廓线重合（图 4-27 中的俯视图）。

③ 在剖视图上，不应出现不完整要素。只有当两个要素在图形上具有公共对称中心线或轴线时，才允许各画一半，此时应以中心线或轴线为界（图 4-28 中的 $A—A$ 剖视）。

对阶梯剖，必须标出剖视图名称、剖切符号，在剖切面的起迄和转折处用相同的字母标出，但当转折处位置有限又不致引起误解时允许省略字母（图 4-28 中的 $A—A$ 剖视）。

4.2.3.4 复合剖

在以上各种方法都不能简单而又集中地表示出机件的内形时，可以用组合的剖切面剖开机件，这种剖切方法叫做复合剖（图 4-29 和图 4-30）。

在画复合剖时，剖切符号和剖视名称必须全部标出。图 4-30 是把剖切平面展开成同一平面后再投射的，这时标注的形式为“×—×展开”。

此外，还可采用圆柱面剖切机件，所得的剖视图一般应以展开的方式画出，并注明“×—×展开”（见图 4-31）。

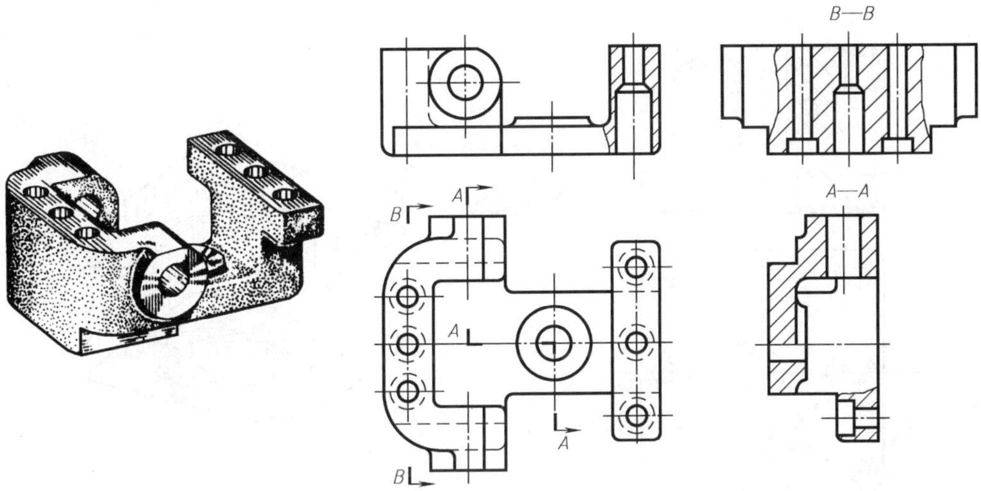

图 4-28　阶梯剖（二）

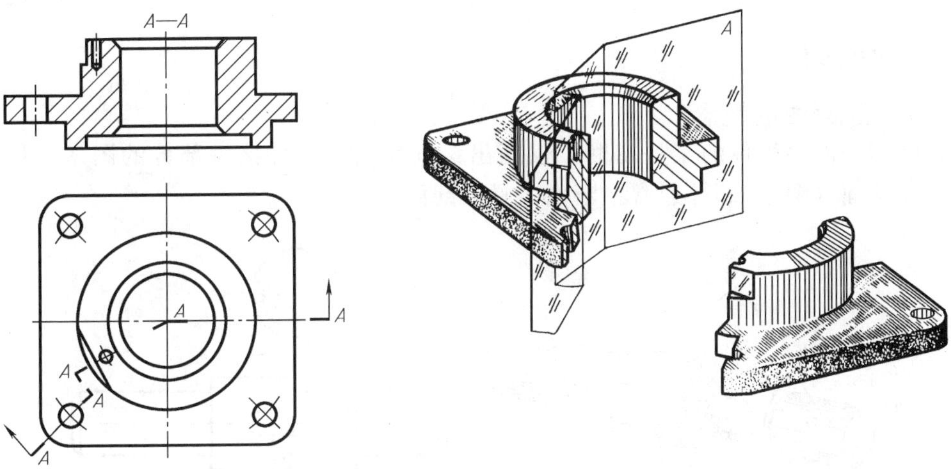

图 4-29　复合剖

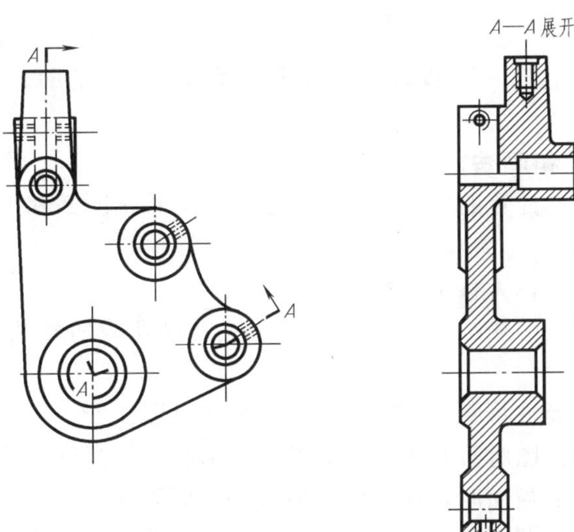

图 4-30　复合剖（展开）

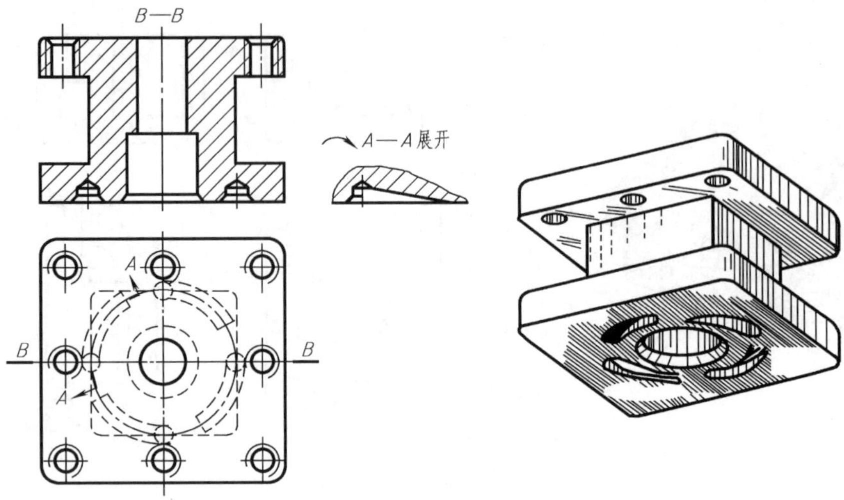

图 4-31　用圆柱面剖切得到的剖视图

4.3　断面图

4.3.1　断面图的概念

假想用剖切面将机件的某处切断，仅画出该剖切面与机件接触部分的图形，称为断面图，可简称断面（图 4-32）。通常在断面上画上剖面符号。

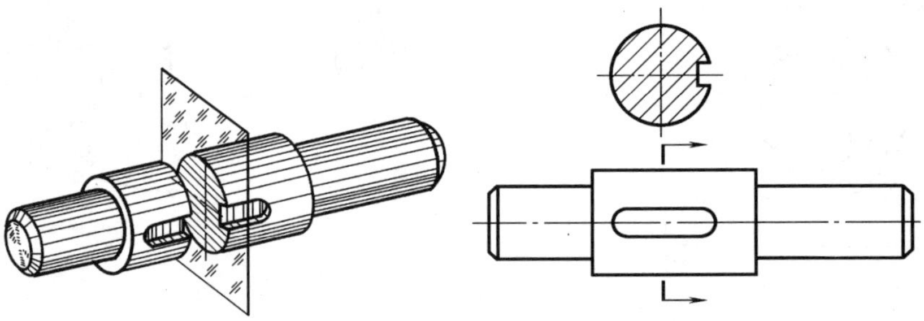

图 4-32　断面图

断面常用来表示机件上某一局部的断面形状，例如机件上的肋、轮辐，轴上的键槽和孔等。

4.3.2　断面的种类和画法

根据断面图在绘制时所配置的位置不同，断面可分为移出断面和重合断面两种。

4.3.2.1　移出断面

画在视图之外的断面，称为移出断面（图 4-32）。

移出断面的轮廓线用粗实线画出。移出断面配置在剖切线的延长线上（图 4-32）或其他适当的位置（图 4-33）。

在不致引起误解时，允许将断面旋转，其标注形式见图 4-33。

一般情况下，在画断面图时只画出剖切后断面的形状，但当剖切平面通过圆孔、圆坑的轴线或剖后出现两个分离的断面时，这些结构应按剖视图画［图 4-34（a）、(b)］。

为了表示倾斜的加强板断面的真实形状，剖切平面应垂直于板的轮廓线。由两个相交平面剖切出的移出断面，中间部分应以波浪线断开（图 4-35）。

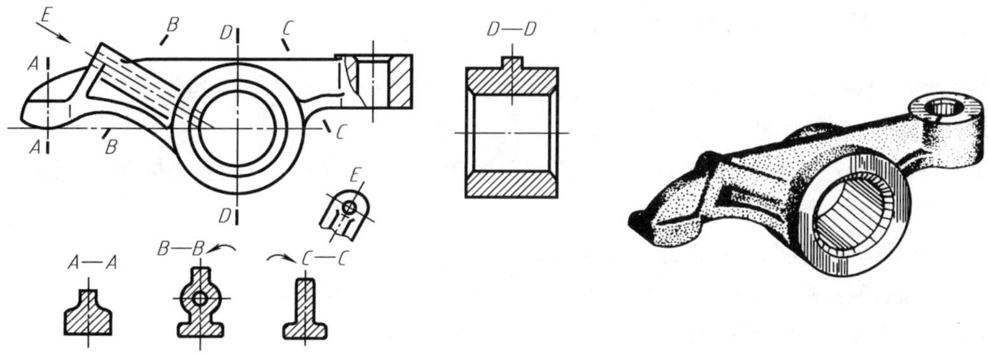

图 4-33　移出断面

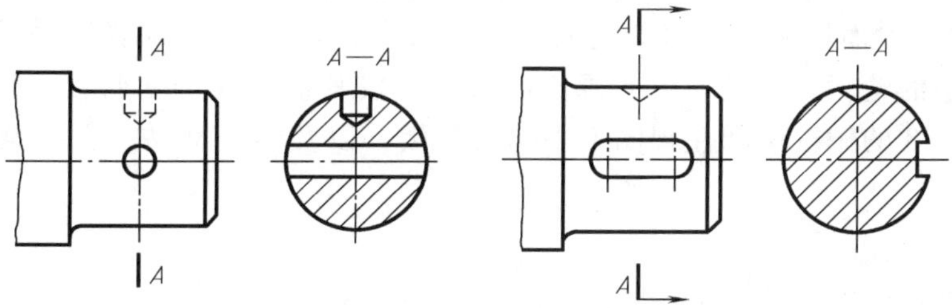

(a)　　(b)

图 4-34　断面画法的特殊情况

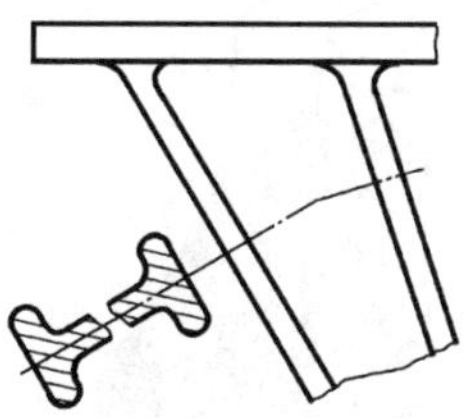

图 4-35　剖切面应垂直板的轮廓线

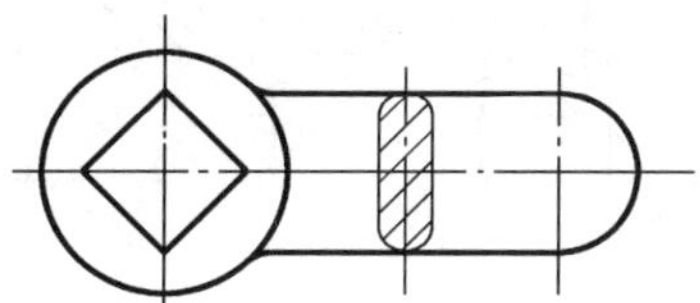

图 4-36　手柄的重合断面

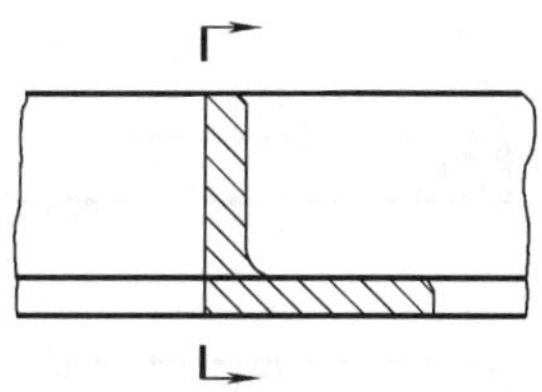

图 4-37　角钢的重合断面

4.3.2.2　重合断面

在不影响图形清晰的条件下，断面也可以画在视图之内，称为重合断面（图 4-36）。重合断面的轮廓线用细实线绘制。当视图中轮廓线与重合断面的图形重叠时，视图中轮廓线仍应连续画出，不可间断（图 4-37）。

4.3.3　断面的标注

断面的标注与剖视的标注基本相同。一般应标出移出断面的名称“×—×”（×为某一大写的拉丁字母），在相应的视图上用剖切符号表示剖切位置和投射方向，并标注相同的大写字母，如图 4-34（b）所示。

当以上的标注内容不注自明时，可部分或全部省略标注。

① 配置在剖切线延长线上的不对称移出断面（图 4-32）和配置在剖切线上的不对称重合断面（图 4-37）可省略字母。

② 非配置在剖切线延长线上的对称移出断面可省略箭头（图 4-33 中的 $A—A$ 断面）。

③ 对称的重合断面（图 4-36）和配置在剖切线延长线上的对称移出断面（图 4-35）可以完全省略标注。

4.4 简化画法和其他规定画法

除前述的图样画法外，国家标准《技术制图》和《机械制图》还列出了一些简化画法和规定画法。简化的原则如下。

① 简化必须保证不致引起误解和不会产生理解的多意性，在此前提下，应力求制图简便；

② 便于识读和绘制，注重简化的综合效果；

③ 在考虑便于手工制图和计算机制图的同时，还要考虑缩微制图的要求。

对于这些简化画法和规定画法，本节综合择要介绍如下。

① 肋板和轮辐剖切后的画法。对于机件上的肋（起支承和加固作用的薄板）、轮辐及薄壁等，如按纵向剖切（剖切面垂直于肋和薄壁的厚度方向或通过轮辐的轴线剖切），这些结构都不画剖面符号，而用粗实线将它与其邻接部分分开，如4-38左视图中前后两块肋板和图4-39主视图中的轮辐，剖后均没有画剖面符号。按其他方向剖切肋板和轮辐时仍应画剖面符号，如图4-38的俯视图和左视图上中间的肋板，以及图4-39左视图上轮辐的重合剖面所示。

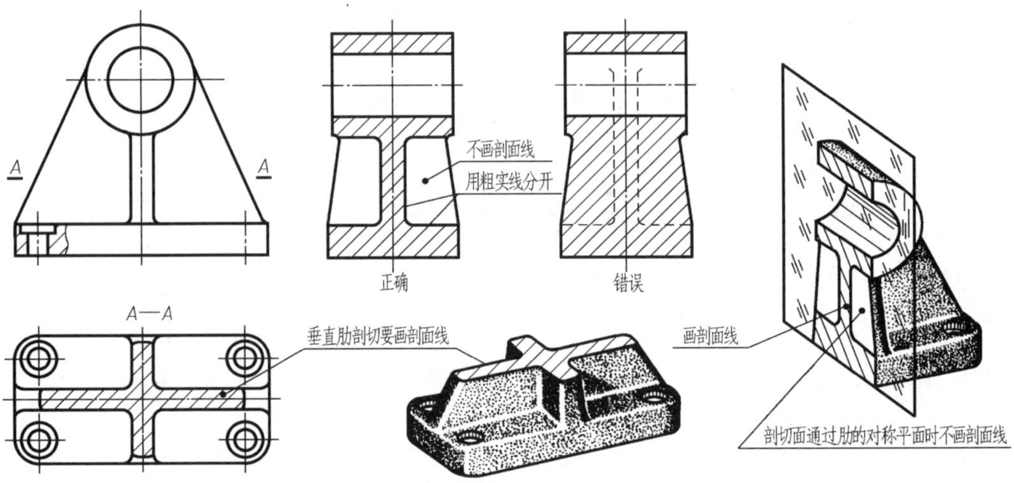

图 4-38　肋的剖切画法

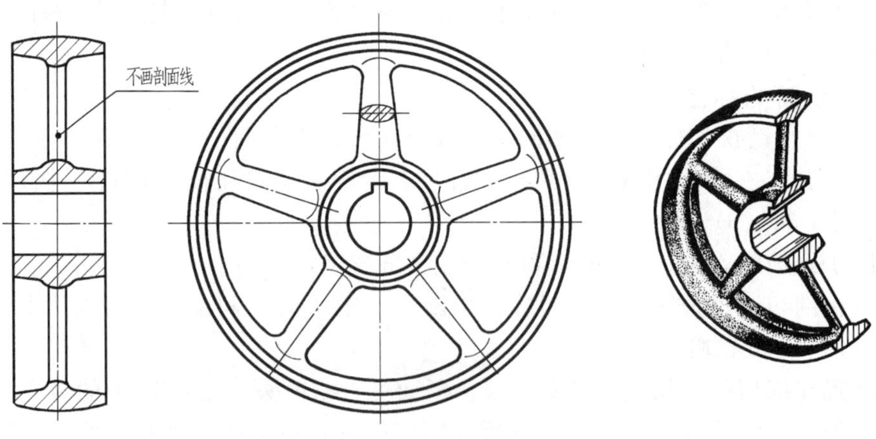

图 4-39　轮辐的剖切画法

② 当机件的部分结构的图形过小时，可以采用局部放大图——用大于原图形的比例画出（图 4-40）。局部放大图可画成视图、剖视、断面，它与被放大部分的表达方式无关。在画局部放大图时，应当用细实线圈出被放大部位。局部放大图可以用细实线圈出，也可用波浪线画出界线。局部放大图应尽量画在被放大部位附近。当同一机件有几个被放大部分时，必须用罗马数字依次标明被放大的部位，并在局部放大图的上方标出相应的罗马数字和采用的比例。

当机件上被放大的部分仅一个时，在局部放大图上方只需注明所采用的比例（图 4-41）。

在局部放大图表达完整的前提下，允许在原视图中简化被放大部位的图形（图 4-41）。

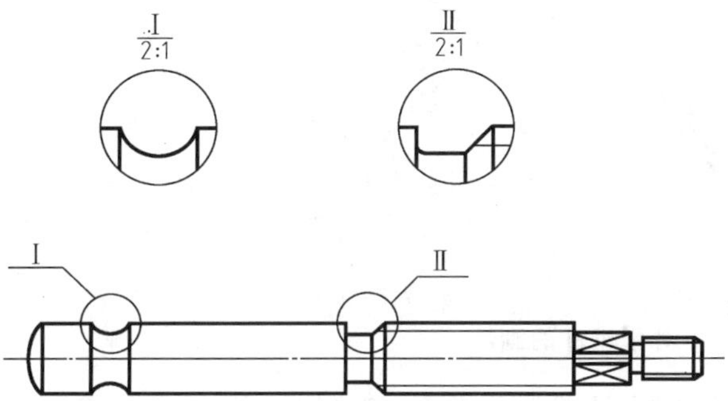

图 4-40　局部放大图（一）

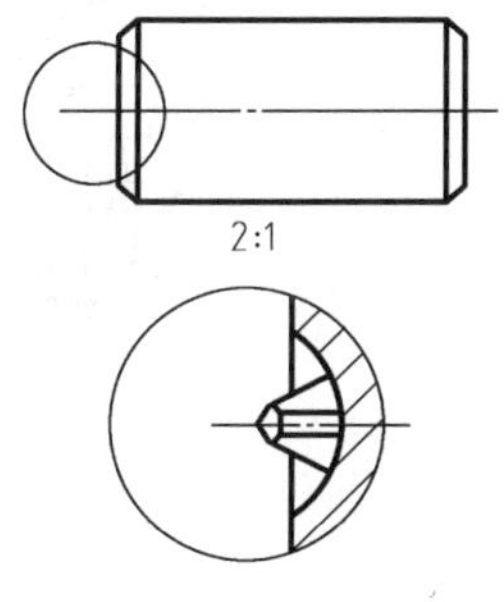

图 4-41　局部放大图（二）

③ 若干直径相等且成规律分布的孔，可以仅画出一个或少量几个，其余只需用细点画线“+”或“⊙”表示其中心位置（图 4-42）。

④ 除确属需要表示的某些结构圆角外，其他圆角在零件图中均可不画，但必须注明尺寸，或在技术要求中加以说明（图 4-43）。

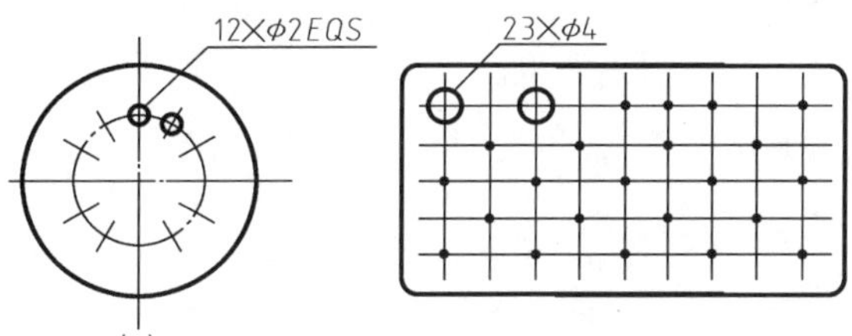

(a)　(b)

图 4-42　规律分布孔的画法

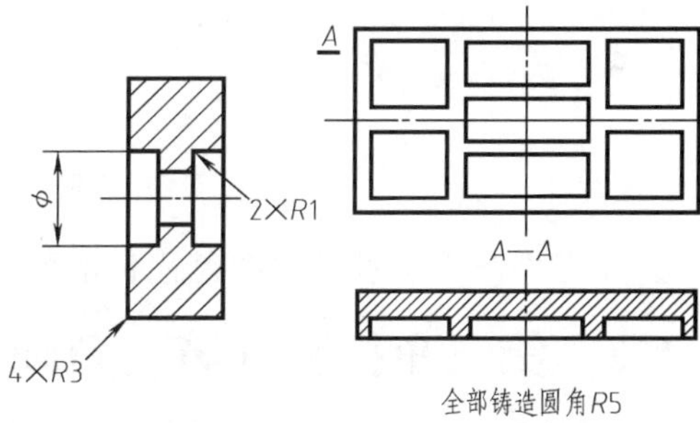

(a)　(b)

图 4-43　结构圆角的简化画法

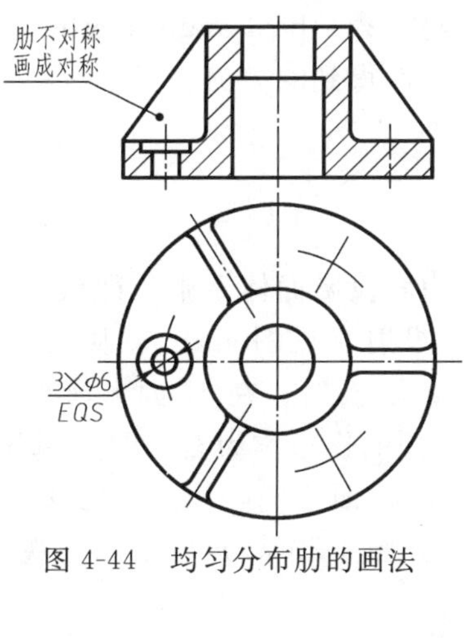

图 4-44　均匀分布肋的画法

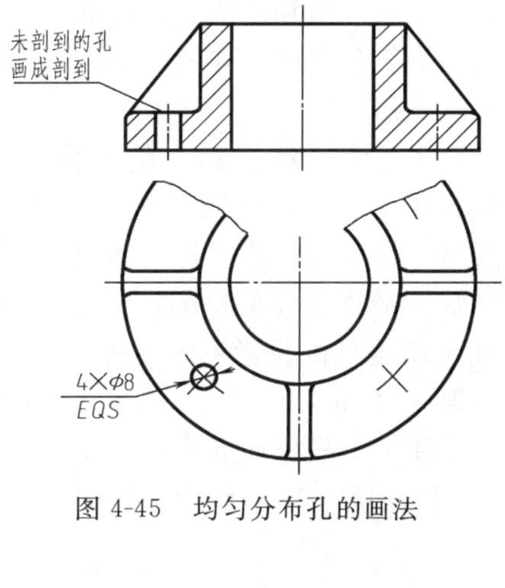

图 4-45　均匀分布孔的画法

⑤ 当机件的回转体上均匀分布的肋、轮辐、孔等结构不处于剖切平面上时，可将这些结构旋转到剖切平面上画出，如图 4-44、图 4-45 所示。

⑥ 在不致引起误解时，对于对称机件的视图可只画出一半或四分之一，并在对称中心线的两端画出两条与其垂直的平行细实线（图 4-46）。

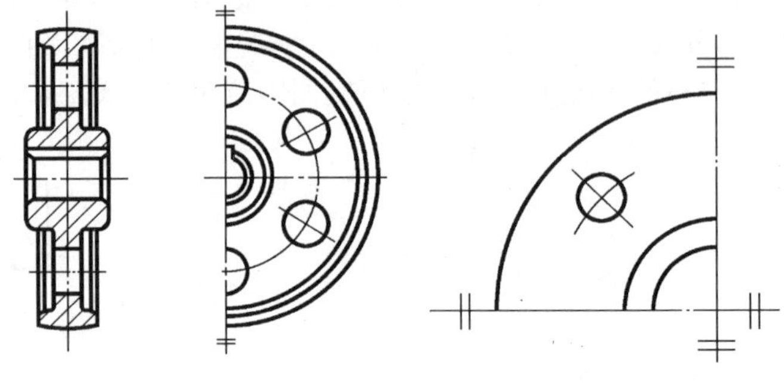

(a)画半个视图　　(b)画四分之一视图

图 4-46　对称机件的画法

⑦ 较长的机件（例如轴、杆件、型材、连杆等）沿长度方向的形状一致，或按一定规律变化时，可断开后缩短绘制，但必须按照原来的实际长度注出尺寸（图 4-47）。

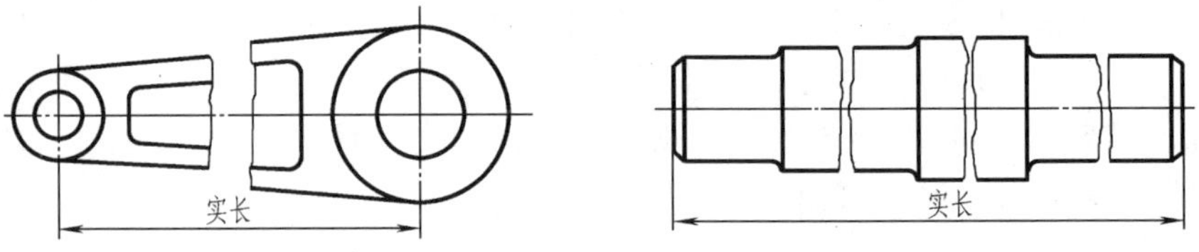

(a)　　(b)

图 4-47　断开画法

⑧ 在零件图中，可以用图色代替剖面符号。

4.5　第三角投影（第三角画法）

4.5.1　何谓第三角投影

相互垂直的两个投影面 V 和 H 将空间分为四个分角，并按顺序分别称为第一分角、第二分角、第三分角和第四分角，如图 4-48 所示。第三角投影（third angle method）就是将物体置于第三分角内，并使投影面处于观察者与物体之间而得到的多面正投影。第三角投影亦称为第三角画法。

4.5.2　第三角投影中的三面视图

4.5.2.1　三面视图的形成

按第三角投影，假想将物体放在三个相互垂直的透明的投影面体系中，即放在 H 之下、V 面之后、W 面之左的空间，然后分别沿三个方向进行投射（见图 4-49）。从前向后投射，在 V 面上所得到的投影称为主视图（front view）；从上向下投射，在 H 面上所得到的投影称为俯视图（top view）；从右向左投射，在 W 面上所得到的投影称为右视图（right view）。

为了使三个投影面展开成一个平面，规定 V 面不动，H 面绕它与 V 面的交线向上翻转约 90°，W 面绕它与 V 面的交线向右旋转 90°，即可得出如图 4-50（a）所示的三视图。在实

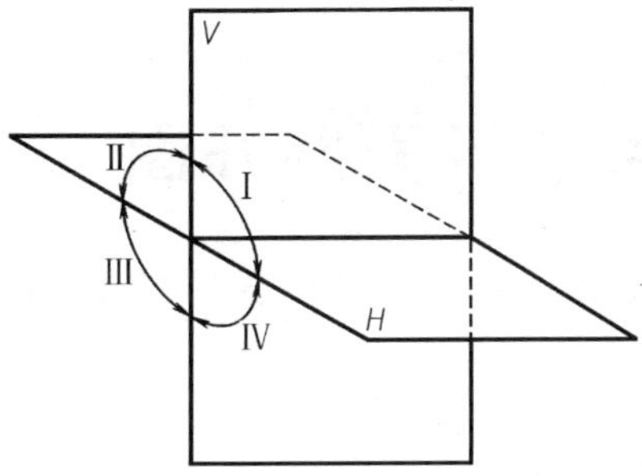

图 4-48　四个分角

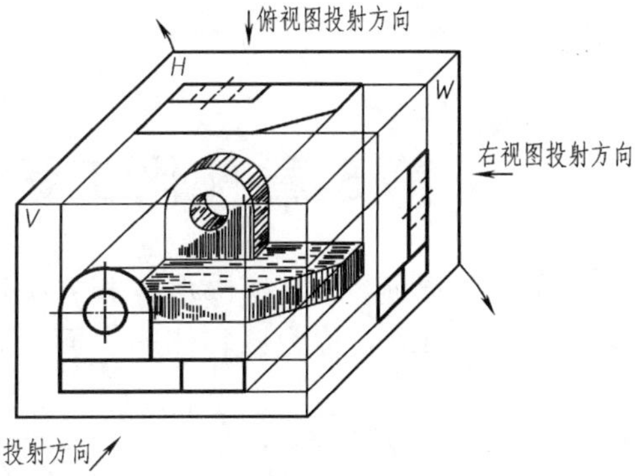

图 4-49　第三角画法中三视图的形成

际画图时，投影面的边框不必画出，如图 4-50（b）所示。

三个视图的位置关系是：俯视图在主视图的上方，右视图在主视图的右方。

4.5.2.2　三视图形成的特点

与第一角画法比较，第三角画法三视图的形成有如下特点。

（1）人（观察者）、物、投影面的相对位置关系　第一角画法为人—物—面的位置关系，即物体在人与投影面之间。第三角画法为人—面—物的位置关系，即投影面在物体与人之间。

（2）展开时投影面翻转方向与观察者视线方向的关系　第一角画法中，投影面展开时，H 面和 W 面均顺着观察者的视线方向翻转。而在第三角画法中，H 面和 W 面均逆着观察者的视线方向翻转，即：人从 H 面上方向下观察物体，H 面向上翻转；人从 W 面右方向左观察物体，W 面向右翻转。所以，在第三角画法中俯视图在主视图的上方，右视图在主视图的右方。

明确以上两个特点对读、画用第三角画法画出的图样是极为重要的。

4.5.2.3　三视图之间的投影关系（图 4-50）

① 主视图和俯视图长对正；

② 主视图和右视图高平齐；

③ 俯视图和右视图宽相等。

还应注意：俯视图和右视图靠近主视图一侧的均为物体的前面。

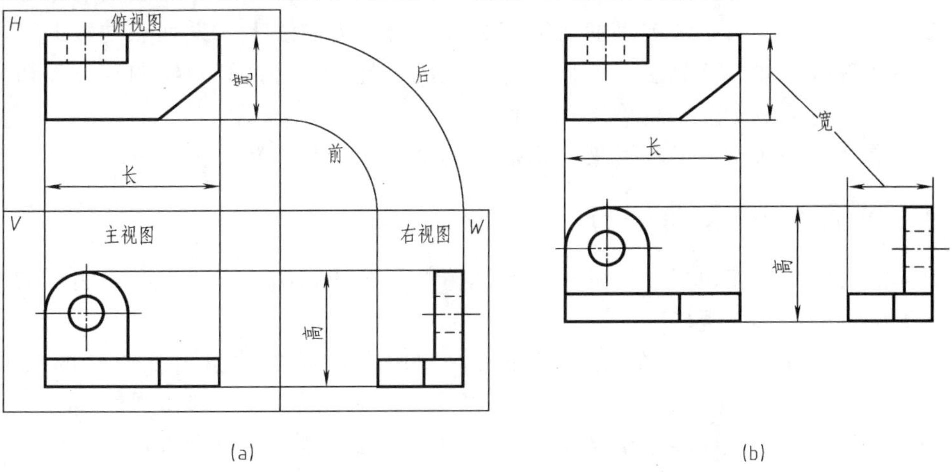

图 4-50　第三角投影的三视图位置

第 5 章　化工设备及管件的平面展开图

将物体表面，按其实际形状和大小摊平在一个平面上，称为物体的表面展开（图 5-1)。展开所得的图形，称为该物体的表面展开图。

图 5-1　表面展开

在化工领域中经常遇到由金属板制成的管件和设备，如图 5-2 所示。为了制造这些设备，必须先在金属板上画出展开图，然后下料，经过弯、卷成形，再用焊接或铆接等方法完成制作。

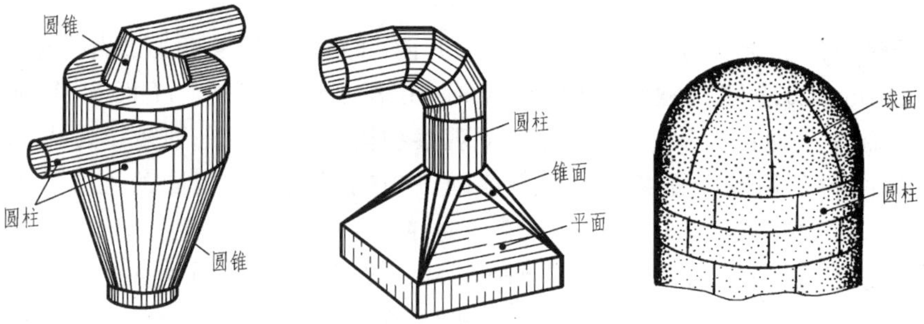

(a) 分离器　(b) 吸尘罩　(c) 热风炉

图 5-2　金属板制管件和设备

在生产中，绘制表面展开图的方法有两种：图解法和计算法。图解法根据投影原理，用几何作图法画出下料用的展开图，叫做几何放样。计算法根据被展立体表面的方程、相贯线方程或截交线方程求出相应的展平曲线方程或计算出所需曲线上一系列点的数据，再绘制出展开图，叫做数值放样。计算法一般用计算机完成，且往往是计算、绘图和数控切割下料一气呵成，大大提高了展开图的精确度和工作效率。

本章主要介绍平面体表面和可展曲面展开的基本原理和方法。

5.1　平面体的表面展开

平面体的表面都是多边形。因此，画平面体的展开图归结为求出这些多边形的实形。

5.1.1　棱锥的表面展开

图 5-3（a）所示为一空心的截头四棱锥，它用在鼓风机的出口处。它的展开图有两种画法。

方法一　先求出整个四棱锥的各个三角形侧面，画出整个棱锥的表面展开图。然后在每条棱线上减去截掉部分的实长，即得截头部分的展开图。

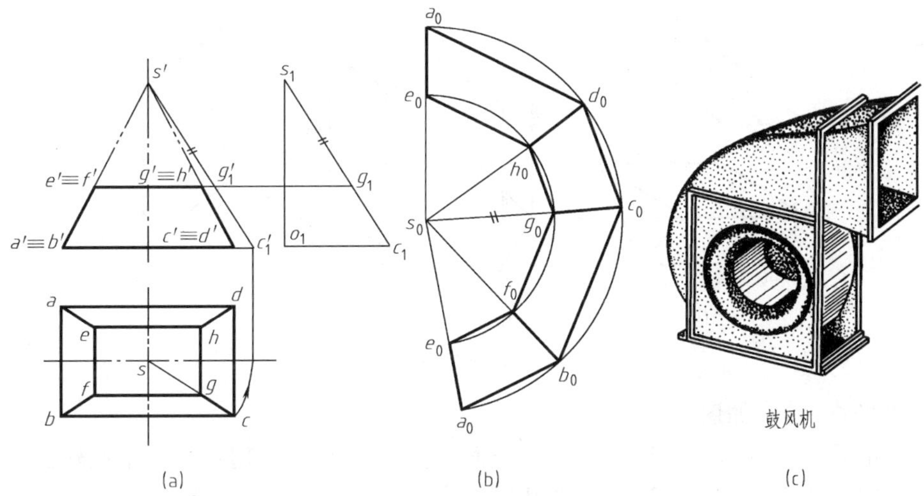

图 5-3 棱锥的展开（一）

在图 5-3（a）中，棱线 SC 的实长 $s'c_1'$，是利用旋转法作出的。为了清晰起见，也可以把它画在主视图的右边。量取 s_1o_1 等于点 s' 与 c' 的高度差，并取 $o_1c_1=SC$，则斜边 s_1c_1 即为棱线 SC 的实长。

经过点 g' 作水平线与 s_1c_1 相交于 g_1。s_1g_1 即为截掉部分的线段实长。

这种将表面划分成几个三角形去展开的方法称为三角形展开法，简称三角形法。三角形法常用于锥面的展开。

为了与投影图上的点 a、b…，a'、b'…相区别，用 a_0、b_0…表示展开图上的点。

方法二　将截头四棱锥的每个侧面四边形，用对角线划分成两个三角形；求出这些三角形的边长，并在图上依次画出每个三角形的实形，即得所求的展开图（图 5-4）。这种方法多用于锥顶不在图纸内，或当棱线不相交于一点时。

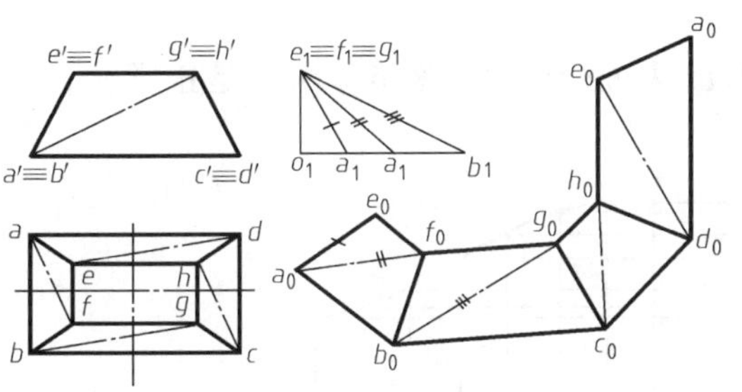

图 5-4 棱锥的展开（二）

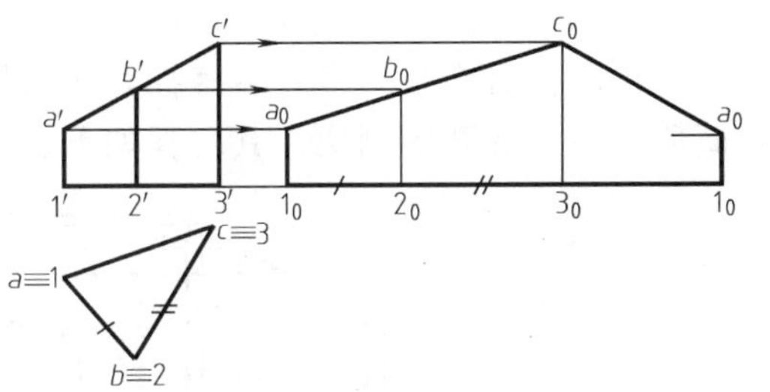

图 5-5 直三棱柱的展开

5.1.2 棱柱的表面展开

5.1.2.1 直棱柱的展开

图 5-5 是一个直三棱柱被平面斜切后的表面展开图的画法。

因为棱线与底面垂直，所以展开后这个关系仍保持不变。先将棱柱底面展开成一直线 1_0—1_0；再过 1_0、2_0、3_0 作垂直线，并在线上截取各棱线的实长，得 a_0、b_0、c_0 各点。把这些点连接起来，即为所求的展开图。

5.1.2.2 斜棱柱的展开

图 5-6 所示为斜三棱柱的展开图画法，其具体步骤如下。

① 作一辅助平面 Q 与棱线垂直，将斜棱柱分割成上、下两个直棱柱，并得到其正截面

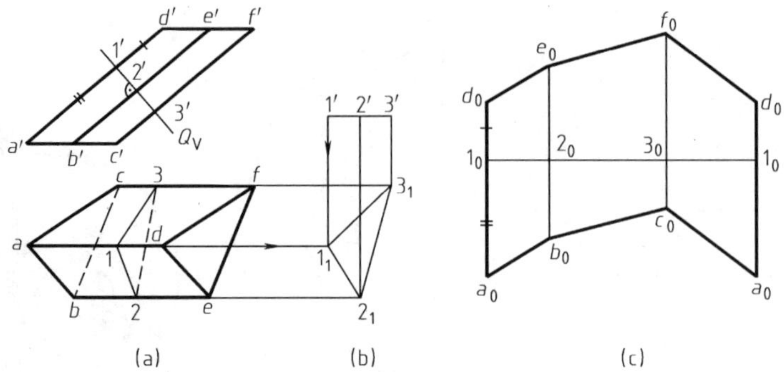

图 5-6 斜三棱柱的展开

（与棱线垂直的截面），如图 5-6（a）；

② 求出正截面的投影和实形（图中正截面的实形 $1_1 2_1 3_1$ 是用不指明轴旋转法作出的）；

③ 将所求得的正截面的各边实长展开成一直线 1_0—1_0，如图 5-6（c）；

④ 由 1_0、2_0、3_0 各点分别作垂直线，并在其上量取线段等于棱线上的线段实长，得到 a_0、b_0…和 d_0、e_0…各点；

⑤ 用直线连接所得各点，即得所求的展开图。

这种先展开正截面，在此基础上再展开各表面的方法称为正截面展开法，简称正截面法。正截面法常用于柱面展开。

5.2 可展曲面表面的展开

当直纹面的相邻两素线是相交或平行时，属于可展曲面。在作这些曲面的展开图时，可以把相邻两素线间的很小一部分曲面当作平面进行展开。因此，可展曲面的展开方法和棱锥、棱柱的展开方法类似。

5.2.1 柱面的展开

5.2.1.1 正圆柱的展开

将正圆柱看作是一个直多棱柱，然后用正截面法进行展开。图 5-7 所示是正圆柱被一正垂面所截后的展开图画法。其步骤如下。

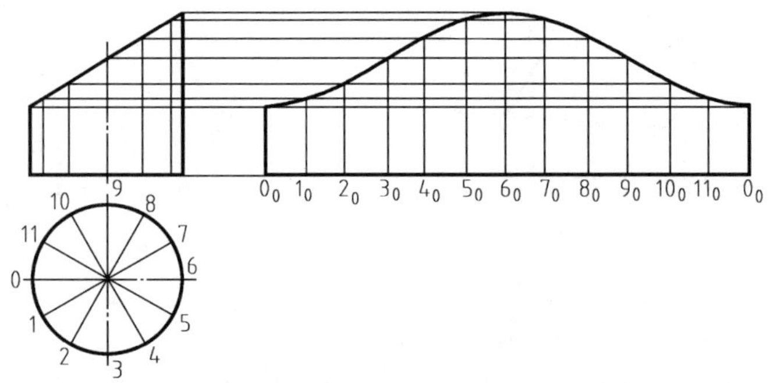

图 5-7 正圆柱的展开

① 将圆柱底圆分成 n 等分，并过各等分点画出圆柱的素线（在本例中 $n=12$）；

② 将底圆展开成一直线 0_0—0_0，并将它分为 12 等分，使它们的间距等于底圆上相邻两分点间的弧长；

③ 自各等分点画垂线，使它们分别等于相应素线的实长；

④ 用光滑曲线把各端点连接起来，即得所求的展开图。

5.2.1.2　斜椭圆柱的展开

图 5-8 所示为一斜椭圆柱，在作展开图时，可以在表面上引一系列素线，把它当作斜多棱柱进行展开。其步骤如下。

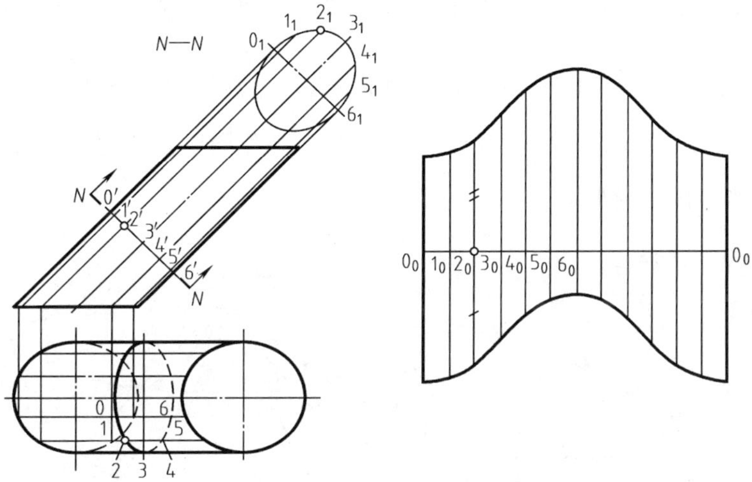

图 5-8　斜椭圆柱的展开

① 作一辅助平面 N 与斜椭圆柱的轴线垂直，将它分割成上、下两个直椭圆柱；

② 求出截断面的水平投影，并用换面法在斜剖视 $N—N$ 中画出截断面的实形——椭圆；

③ 将所求得的椭圆展开成一直线 $0_0—0_0$；

④ 过 0_0、1_0、2_0、…各点分别作垂直线，并在其上量取线段等于素线上相应线段的实长；

⑤ 用光滑曲线把各端点连接起来，即得所求的展开图。

5.2.1.3　相交两圆柱的展开

作两相交体的表面展开图时，必须先准确地画出交线的投影，然后分别展开各个表面，并在展开图上确定交线上各点的位置，再用光滑曲线把它们连接起来。图 5-9 所示为斜交三通管的展开图画法。

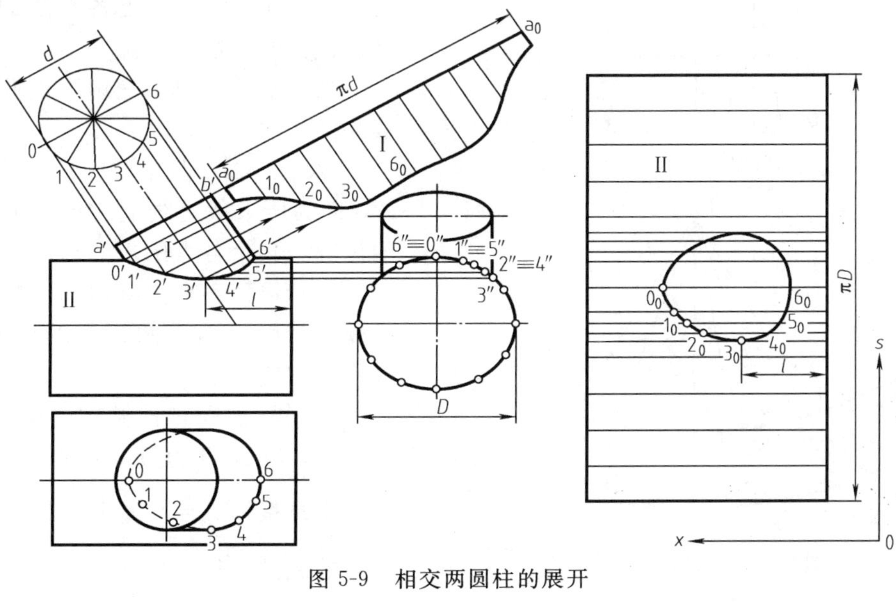

图 5-9　相交两圆柱的展开

5.2.2 锥面的展开

5.2.2.1 正圆锥的展开

在作圆锥的展开图时，可以在表面上引一系列素线，把它当作多棱锥然后用三角形法进行展开。

（1）锥顶在图纸内　图 5-10 所示是正圆锥被一正垂面所截后的展开图画法，其步骤如下。

① 作出整个正圆锥的展开图。由初等几何知道，正圆锥的展开图是一扇形，其半径等于圆锥的素线实长 l。扇形的圆心角为 $\theta=\frac{d}{l}\times180°$。在作图时，先算出 θ 的大小，然后以 s_0 为中心，以 l 为半径画出扇形。

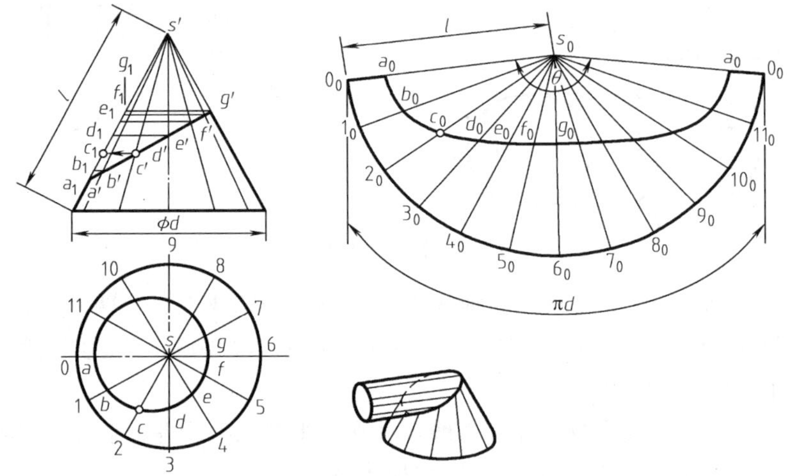

图 5-10　正圆锥的展开

② 作截头圆锥的展开图。

ⅰ. 将圆锥底圆分成 n 等份（在这里 $n=12$）。过各等分点画出素线，并标出各素线与截面的交点。

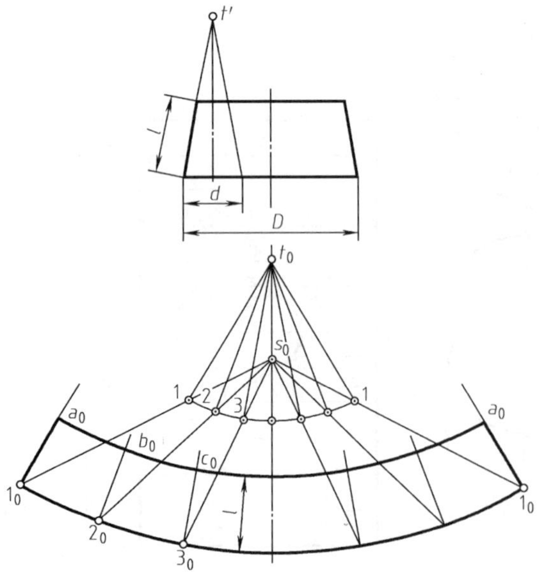

图 5-11　圆锥台的展开

ⅱ. 用旋转法求出各素线的实长，及其被截去的线段实长。

ⅲ. 在展开图上把扇形的圆心角也分成相同的 12 等份。

ⅳ. 在 $s_0 2_0$ 上量取 $s_0 c_0=s' c_1'$，得点 c_0，即为所求截交线上的点 C 在展开图上的位置。其余各点的求法与此相同。

（2）锥顶不在图纸内　图 5-11 所示是锥顶不在图纸内的圆锥台的展开图画法，其作图方法如下。

① 作一个与所给圆锥的锥顶角相等的小圆锥，其顶点为 T，底圆直径为 d。d 的大小是根据 $\frac{D}{d}=k$ 确定的，其中 D 为圆锥台的底圆直径，k 为一任意的正整数。

② 用计算法画出小圆锥的展开图 t_0—1、2、3、…1，并在此展开图的对称线上任取一点 s_0（图中 1、2、3、…是等分点）；

③ 连接 $s_0 1$、$s_0 2$、…，并将其延长至过 1_0、2_0、…各点，使得

$$\frac{s_0 1_0}{s_0 1}=\frac{s_0 2_0}{s_0 2}=\cdots=\frac{D}{d}$$

④ 过 1_0、2_0、3_0、…各点，分别作直线平行于 $t_0 1$、$t_0 2$、$t_0 3$、…；

⑤ 在所画的各平行线上，截取一段长度等于 l，得 a_0、b_0、c_0、…各点；

⑥ 将所得各点分别用光滑曲线连接起来，即得所求的展开图。

5.2.2.2 斜椭圆锥的展开

图 5-12 是一斜椭圆锥台的展开图。在作图时可以把它看作是一个斜多棱锥进行展开，其图解作图法见图自明。

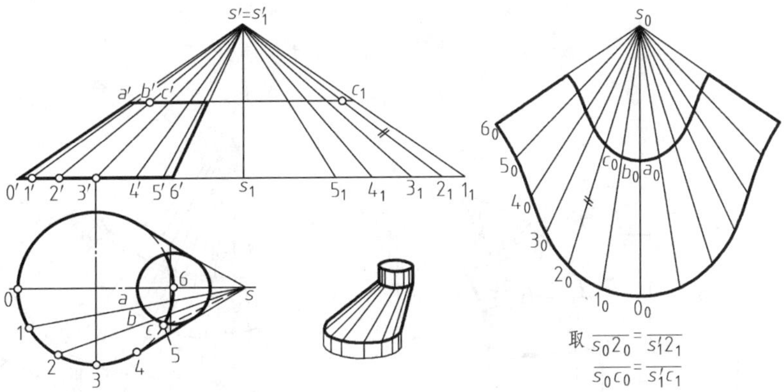

图 5-12 斜椭圆锥的展开

5.3 管道的设计与展开

5.3.1 等径弯管的设计与展开

在管道设计中常常会遇到需要作一过渡弯管，把两个直径相等、轴线垂直的管子连接起来，并画出弯管的展开图［图 5-13（a）］。

由于圆环是不可展曲面，因此在设计弯管时一般都不采用圆环，而用很多段圆柱组成，其具体作法如图 5-13（b）所示。

① 选取弯曲半径 R_0，为了使气流畅通，应使 $R\geqslant D$（管子直径）。

② 将圆弧 R 分为 n 等份。分段的数目愈多，气流通过时的阻力愈小。在这里取 $n=4$。

③ 以各等分点 1、2、3、…为中心，作直径为 D 的球面，并过各分点作辐射线与圆弧 R 的中心 O 相连。

④ 作一系列圆柱面与这些球面相切，并使其轮廓线与相应的辐射线垂直。根据蒙日定理，这时相邻两圆柱的交线是平面曲线，它们的投影积聚成直线。

图 5-13（c）所示是第Ⅱ节圆柱的展开图，其画法与图 5-7 相同。

由于弯管的各节圆柱的斜口与轴线的倾斜角 α 相同，如果把各节圆柱一正一反依次叠合，恰好构成一个完整的圆筒［图 5-13（d）］。因此，可如图 5-13（e）那样，把展开图合并画出，使作图简化，用料合理，下料方便。

5.3.2 变径弯管的设计与展开

在图 5-14（a）中给出两个直径不同、轴线垂直的管子Ⅰ和Ⅵ，要求设计一个过渡弯管，

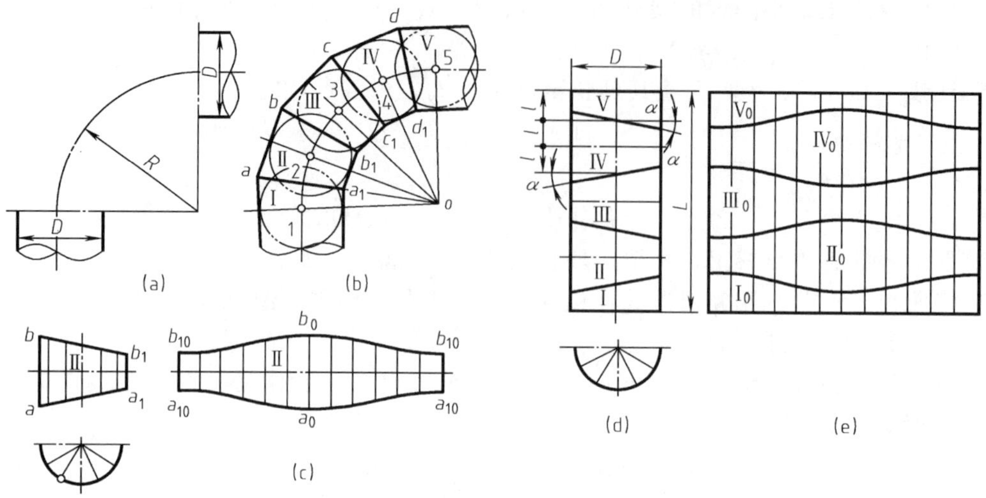

图 5-13　等径弯管的设计与展开

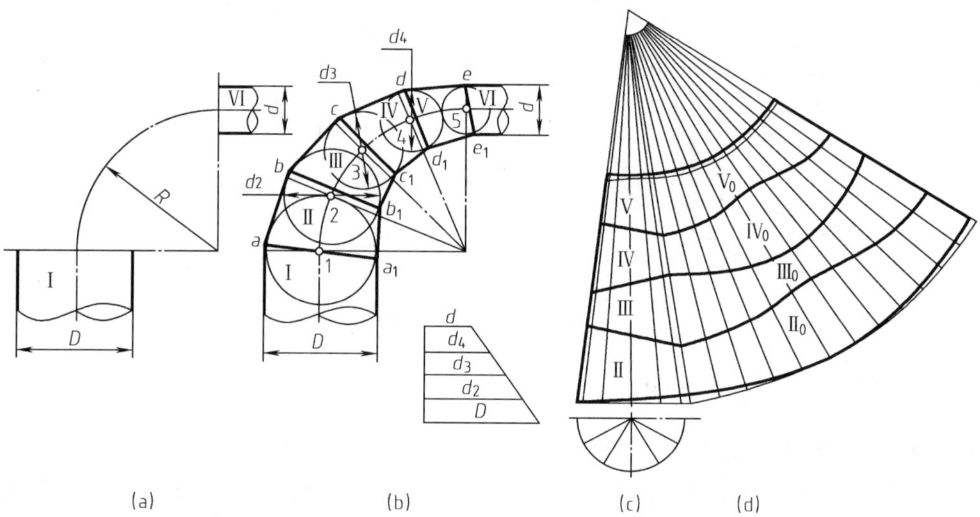

图 5-14　变径弯管的设计与展开

并画出它的展开图。

为了使气流畅通，由Ⅰ到Ⅵ的弯管直径应当均匀减小，其具体作法如图 5-14（b）所示。

① 选取弯曲半径 R_0，为使气流畅通，应选取 $R \geqslant 1.25D$；

② 将圆弧 R 分成 n 等份，这里取 $n=4$；

③ 以各等分点 1、2、3、4、5 为中心，以 D、d_2、d_3、d_4、d 为直径作球；

④ 作两相邻球面的外切圆锥。根据蒙日定理，这些圆锥之间的交线是平面曲线，它们的投影是直线 aa_1、bb_1、cc_1 等。所求的变径弯管由四个圆锥管组成。

图 5-14（c）和（d）为弯管的展开图画法。由于各节圆锥的锥度相等，并且斜口与轴线的倾斜角也相等，如果把各节圆锥一正一反地依次叠合，恰好构成一圆锥台，只是在两端各被一斜面切去一角，如图 5-14（c）所示。将圆锥台展开，并画出各节之间的交线，即得所求各节圆锥的展开图［图 5-14（d）］。

5.3.3 交叉管的设计与展开

在管道设计中还常常会遇到需要设计三叉管的情形。在图 5-15（a）中，给出轴线在同一正平面内的三个圆柱管Ⅰ、Ⅱ、Ⅲ，求作连接它们的过渡管，并画出展开图。其具体作法如图 5-15（b）所示。

① 选定过渡管的轴线位置。再以各轴线的交点 o_1'、o_2'、o_3'为中心，以已知管的直径为直径作三个内切球。

② 分别作球及 o_1'、o_2'、o_3'的外公切圆锥，即为所求的过渡管。根据蒙日定理，这两个圆锥管与已知圆柱管的交线以及它们相互之间的交线都是平面曲线，交线的正面投影分别为直线 $a'k'$、$c'l'$、$d'm'$及 $e'f'$、$g'h'$。此外，根据射影几何的定理，线段 $a'k'$、$c'l'$、$d'm'$应当共点，它们的交点 b'（与轴线的交点 o_1'不重合），就是三个管子表面的公有点的正面投影。

图 5-16 是三叉管的展开画法。为了作出过渡锥管的展开图，在圆锥上任取一正截面 $d'n'$，并找出圆锥的顶点 s'。先画出正圆锥 $s'd'n'$的展开图；然后在展开图上求出交线 $a'b'$和 $b'd'$上的点的位置，用光滑曲线连接起来即得［图 5-16（a）］。圆柱管Ⅰ和Ⅲ的展开画法看图自明［图 5-16（b）］，此处不再赘述。

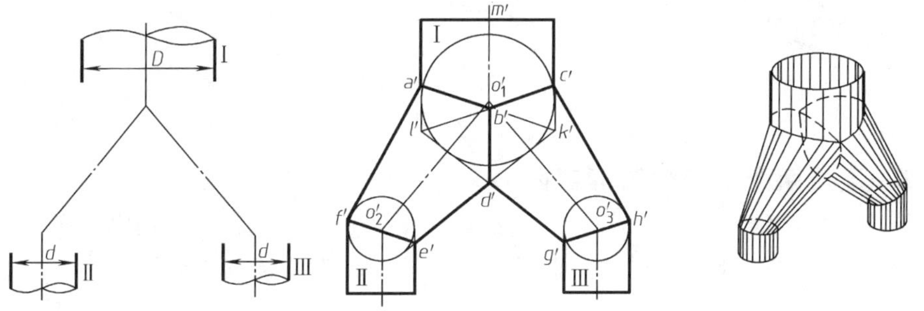

图 5-15 三叉管的设计

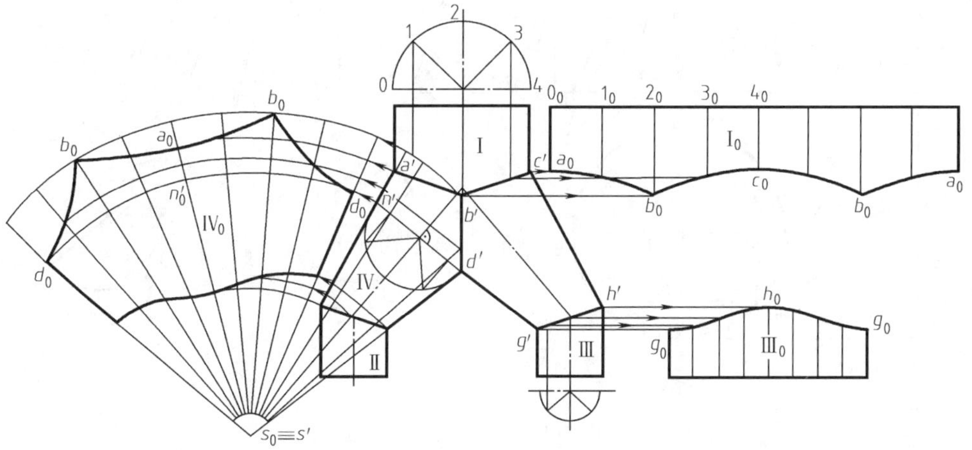

图 5-16 三叉管的展开

5.4 变形接头的设计与展开

把不同截形的管子连接起来的过渡部分叫做变形接头。工程实际中经常会遇到制作变形接头的问题。一般说来，可分四种情况。

5.4.1 连接两个不同的矩形截面

如图 5-17（a）、（b）所示，这时变形接头的表面由平面或柱面组成。

图 5-17（c）是图 5-17（a）的投影图和展开图。因为各棱线不交于一点，所以采用图5-4的方法，把各个侧面用对角线划分成两个三角形平面进行展开。

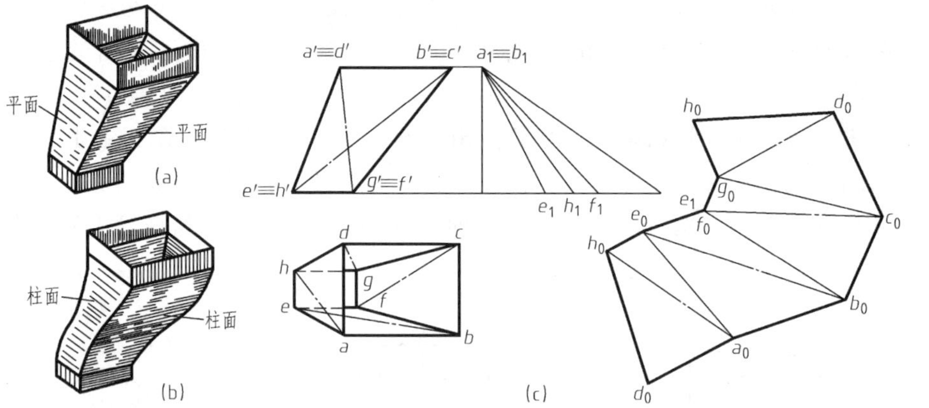

图 5-17 变形接头（一）

5.4.2 连接两个不同的圆形截面

如图 5-18（a）、（b）所示，这时变形接头的表面由锥面或盘旋面组成。

图 5-18（c）是图 5-18（b）的投影图和展开图，其作法请读者看图自行分析。

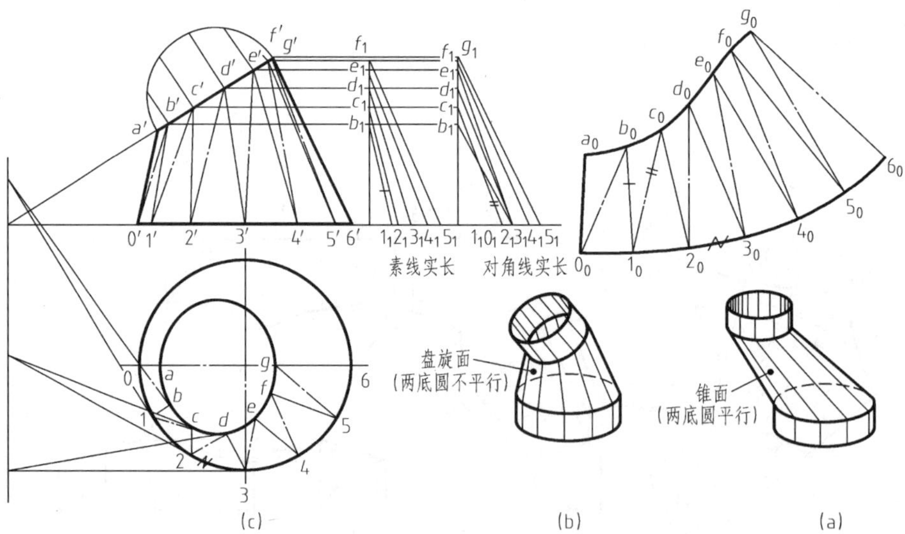

图 5-18 变形接头（二）

5.4.3 连接矩形和圆形截面

如图 5-19（b）所示，这时变形接头的表面由四个三角形平面和四个斜锥面组成。

图 5-19（a）、（c）是图 5-19（b）的投影图和展开图。斜锥面是用三角形法展开的。

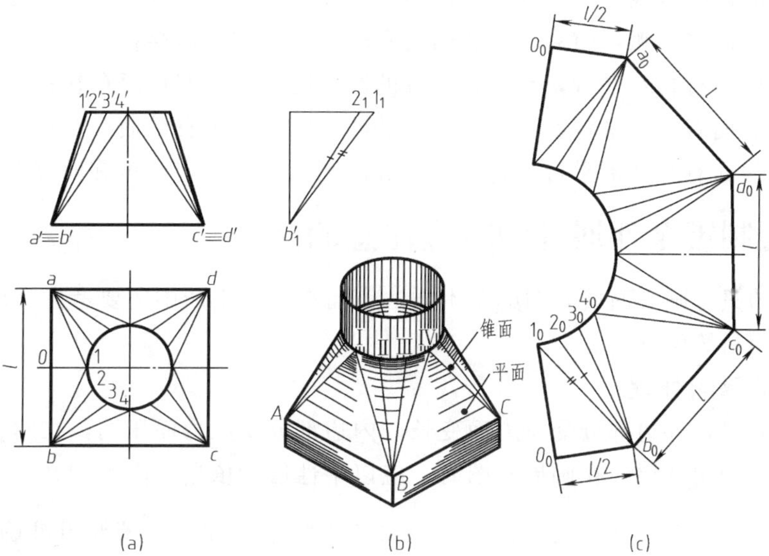

图 5-19　变形接头（三）

5.4.4　连接圆形和长圆形截面

如图 5-20（a）所示，变形接头的表面由两个三角形平面和两个斜柱面组成。

在画展开图时，可分别按平面和斜柱面进行展开。斜柱面的展开方法与图 5-8 相同。但由于在图 5-20（b）中，斜柱面的素线不与 V 面平行，所以应先用换面法作一新投影面 V_1 与柱面的素线平行；然后作柱面的正截面 N—N，并用换面法在新投影面 H_1 上求出正截面的实形，然后用正截面法进行展开。

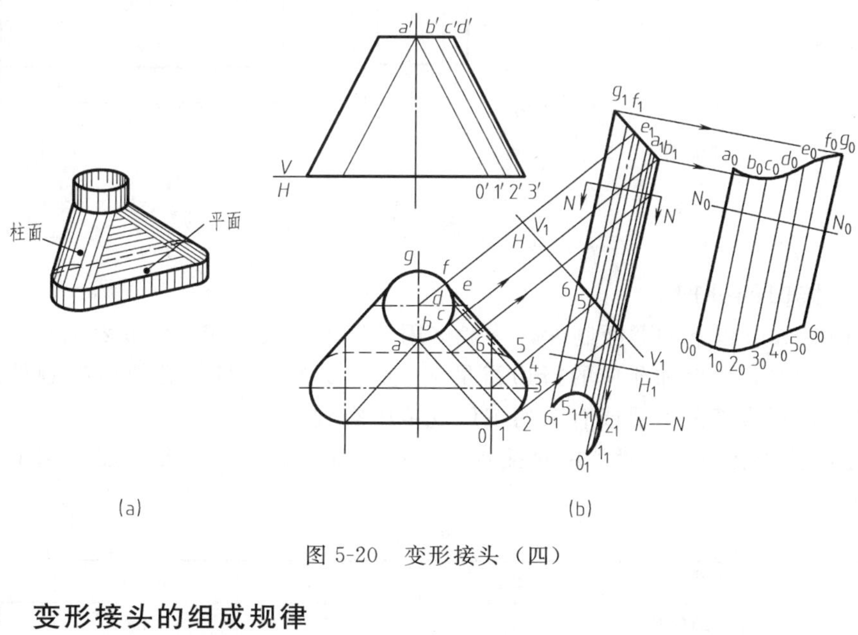

图 5-20　变形接头（四）

5.4.5　变形接头的组成规律

从上面几个例子可以看出：变形接头的表面常常由平面、锥面、柱面或盘旋面组合而成。在设计时，最好先确定平面，然后划分其余表面。在划分时，一般可遵循下列规律：

① 当任一底面有直线时，包含该直线一定存在一平面，在设计时应首先定出这个平面；

② 当一个底面有圆弧，而另一个底面没有时，一定有锥面存在；

③ 当两个底面有相互平行，且半径相等的圆弧时，一定有柱面存在；

④ 当两个底面有相互平行，且半径不等的圆弧时，一定有锥面存在；

⑤ 当两个底面有相互不平行，且半径不等的圆弧时，一定有盘旋面存在。

5.5 绘制钣金件展开图时应注意的问题

前面介绍的只是画表面展开图的基本方法，而在实际生产中还要考虑金属板的厚度、加工工艺和节约用料等问题。

5.5.1 板厚的处理

金属板弯曲时，外边部分受拉力而变长，内边部分受压力而压缩，在两者之间有一层既不拉长也不压缩的中性层。在画展开图时，应以中性层为依据（图 5-21）。

中性层的半径一般取在$\frac{s}{2}$处，即 $R=r+0.5s\left(当\frac{r}{R}\geqslant 5 时\right)$。若要更准确些，可取 $R=r+xs$，其中系数 x 由表 5-1 选取。

表 5-1

r/s	5.0	3.0	2.0	1.2	0.8	0.5
x	0.5	0.45	0.4	0.35	0.3	0.25

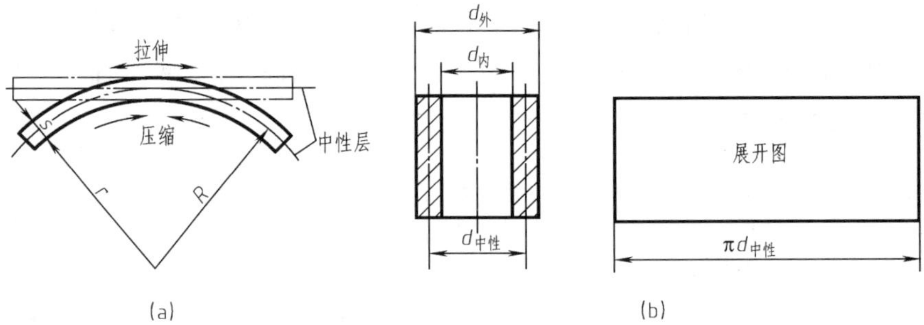

图 5-21

5.5.2 接口的处理

① 厚度在 1mm 以下的薄板制件，一般多用咬缝的方式连接（图 5-22）。

在画展开图时，要增加相应的折边裕量 e（图 5-23）。裕量的数值可按制件的尺寸大小和板的厚薄，从钣金工艺手册或有关的工厂规范中查到。

② 较厚钢板的制作，一般都用对接焊，且接口处要修平，因此在展开图上必须留有修整裕量（见表 5-2）。

表 5-2

板厚/mm		≤4	4～8	8～14	14～20
修整裕量	半自动气割	2	3	4	5
	手工气割	3	4.5	5.5	7

5.5.3 节约用料

在金属板上画展开图时，应该尽量排列紧凑，以减少剩余的边角料。

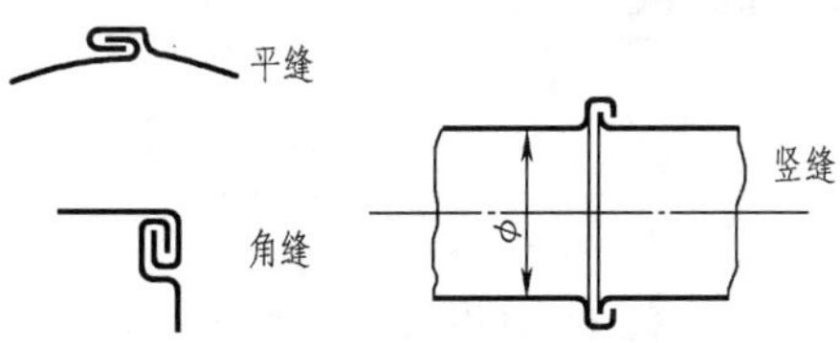

图 5-22 咬缝形式

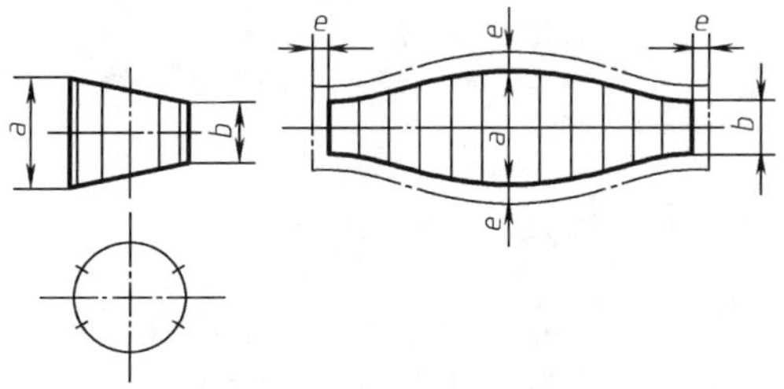

图 5-23 折边裕量

第6章　化工机械图

6.1　概述

化工设备是化学工业生产中的重要技术装备。化工设备有动设备和静设备两大类，动设备通常称为化工机械，如用于流体输送、非均相混合物分离的泵、压缩机和离心机等，如图6-1所示；静设备通常称为化工设备，如用于物料贮存、各种化学反应和各种化工单元操作（加热、吸收、蒸馏等）的容器、热交换器、反应器和塔器等。本章重点讨论化工机械图。

泵

压缩机

离心机

图6-1　常见的化工机械

任何机械设备或其部件都是由若干零件按一定的装配关系和技术要求装配而成的。装配机械设备时，一般先将零件装配成部件，然后把若干部件装配成机械设备。表示部件或机械设备的工程图样称为装配图。表示零件的工程图样称为零件图。

设计时，一般先画装配图，然后根据装配图设计零件并绘制零件图；制造加工时，则按零件图的要求加工制造零件，再根据装配图装配成部件和机械设备。因此，零件图和装配图的关系十分密切，它们都是生产中的重要技术文件。

在机械设备的零件中，有些零件在各种不同机械中都经常用到，这些常用零件称作常用件。常用件种类很多，例如，起紧固作用的螺钉、螺栓、螺母、垫圈、销等；起传动、变速作用的齿轮等；起储能作用的各种弹簧；起支承转动轴作用的各种滚动轴承等。

由于常用件使用广泛，为了便于生产、使用和简化设计，对其中一些常用件的结构要素、形状大小和规格，都制定了标准，例如螺纹紧固件。有一些常用件，如键、销和滚动轴承，在使用中必须保证互换性，因此还制定了严格的公差要求。由于螺纹紧固件、键、销和滚动轴承已经全部标准化，因此这类零件又称为标准件。标准件可集中大量生产，成本可大大降低。齿轮只有其上的轮齿结构是标准的，轮齿的参数已标准化、系列化，齿轮其他部分的结构、尺寸等国标不做统一规定。

对于所有的常用件，国标都制定了规定画法，特别是对螺纹紧固件、键、销和滚动轴承等标准件，还给它们制定了代号和标记，根据代号和标记，可以从相应的国家标准中查出其全部尺寸。

图 6-2 所示的齿轮油泵，由螺钉、螺栓、螺母、垫圈、销、键、齿轮、左端盖、右端盖、泵体等组成。除左端盖、右端盖、泵体等为该机械专用的零件外，大部分零件为常用件。

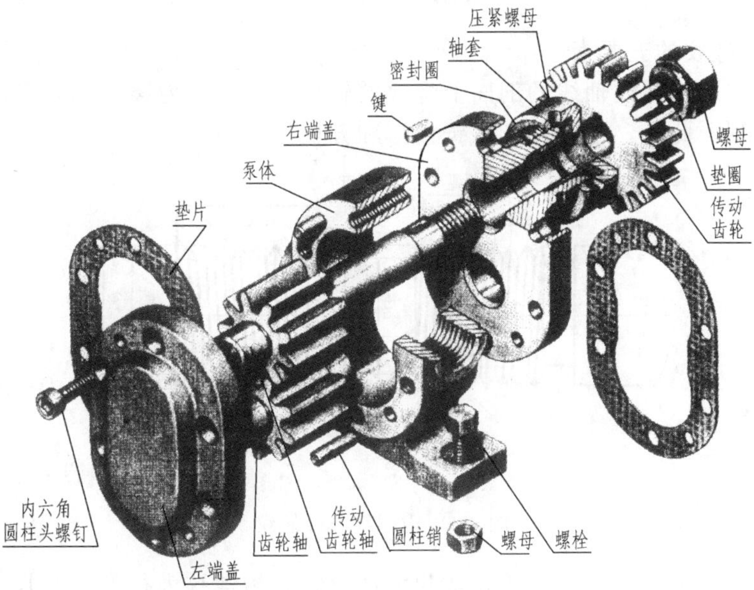

图 6-2　齿轮油泵

本章先介绍常用件、标准件的规定画法，然后介绍零件图的表达方法与尺寸标注，最后介绍装配图的画图与看图。

6.2　常用件和标准件

6.2.1　螺纹和螺纹紧固件

6.2.1.1　螺纹的形成、要素和结构

6.2.1.1.1　螺纹的形成

在圆柱（或圆锥）表面上，沿着螺旋线所形成的、具有相同轴向剖面的连续凸起和沟槽的螺旋体，称螺纹。在圆柱（或圆锥）外表面上所形成的螺纹称外螺纹；在圆柱（或圆锥）内表面上所形成的螺纹称内螺纹，如图 6-3 所示。

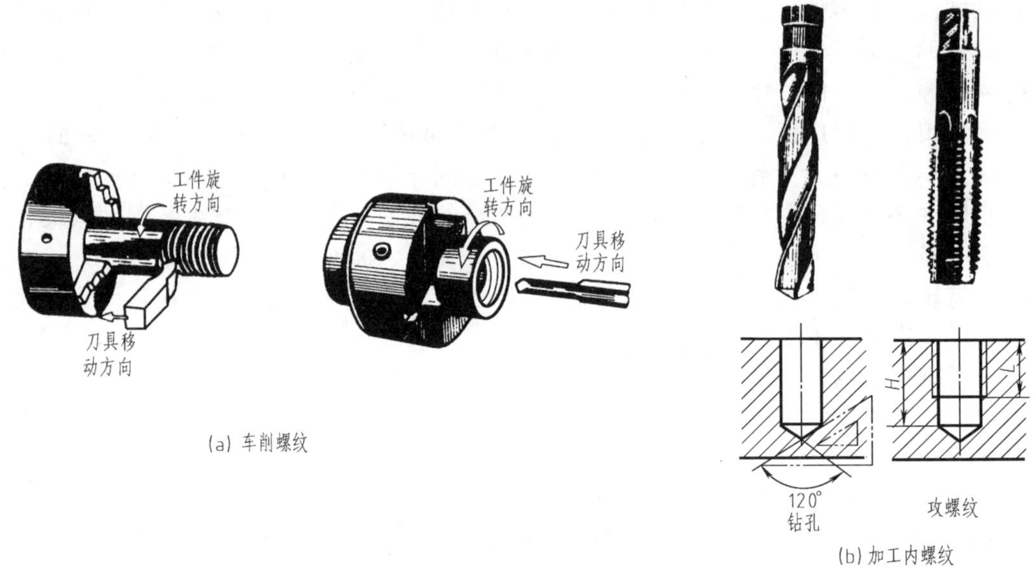

图 6-3　螺纹的形成

6.2.1.1.2　螺纹的五要素

（1）牙型　在通过螺纹轴线的剖面上螺纹的轮廓形状，称为螺纹的牙型。图 6-4 所示的螺纹为三角形牙型。此外，还有梯形、锯齿形和方形等牙型。

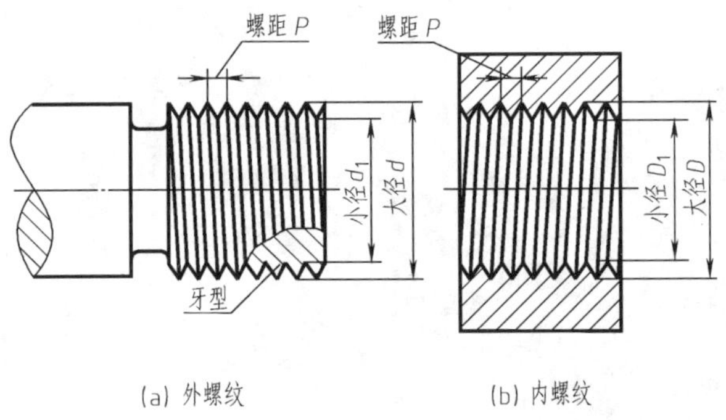

图 6-4　内螺纹与外螺纹

（2）公称直径　公称直径是代表螺纹尺寸的直径，指螺纹大径的基本尺寸。如图 6-4 所示，螺纹大径是与外螺纹牙顶或内螺纹牙底相切的假想圆柱面的直径，外螺纹、内螺纹的大径分别用 d 和 D 表示。螺纹小径是与外螺纹牙底或内螺纹牙顶相切的假想圆柱面的直径，外螺纹、内螺纹的小径分别用 d_1 和 D_1 表示。螺纹中径是假想圆柱面的直径通过牙型上沟槽和凸起宽度相等的地方，内螺纹、外螺纹的中径分别用 D_2 和 d_2 表示。

（3）线数 n　形成螺纹时，螺旋线的条数称为螺纹线数。沿一条螺旋线所形成的螺纹称为单线螺纹；沿轴向等距分布的两条或两条以上的螺旋线形成的螺纹称为多线螺纹，如图 6-5 所示。

（4）螺距 P 和导程 P_h　螺纹相邻两牙在中径线上对应两点间的轴向距离，称为螺距，如图 6-5 所示。同一条螺旋线上的相邻两牙在中径线上对应两点间的轴向距离，称为导程。对单线螺纹 $P_h=P$，对多线螺纹 $P_h=nP$。

(5) 旋向　螺纹分右旋和左旋。顺时针旋入的螺纹称为右旋螺纹，右旋螺纹为常用螺纹；逆时针旋入的螺纹称为左旋螺纹，如图 6-6 所示。

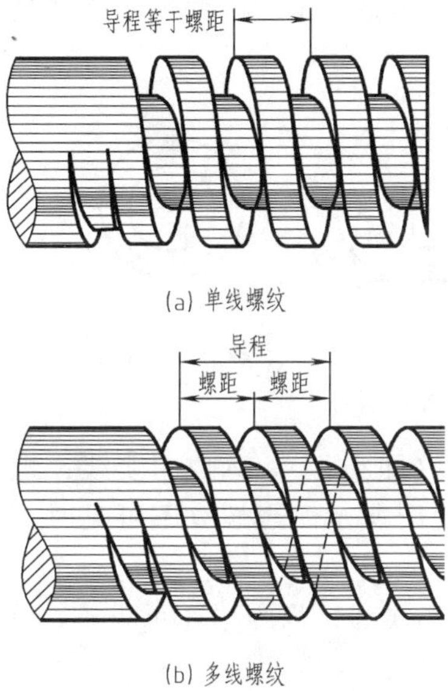

图 6-5　螺纹的线数

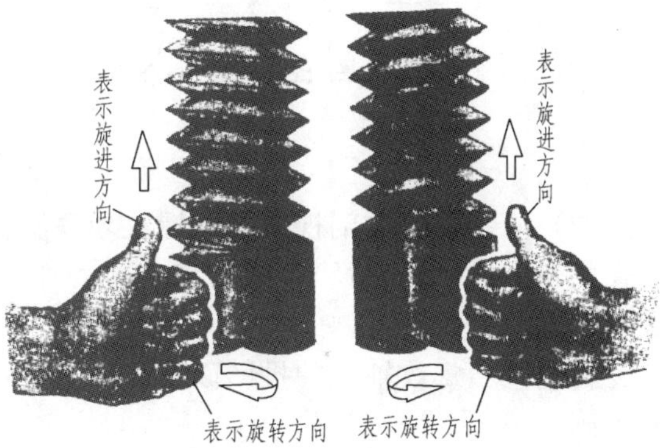

图 6-6　螺纹的旋向

只有当螺纹的五要素相同时，内螺纹、外螺纹才能相互旋合。

牙型、直径和螺距符合国家标准规定的螺纹，称为标准螺纹。而只有牙型符合标准，直径或螺距不符合标准的螺纹，称为特殊螺纹，标注时，应在牙型符号前加注“特”字。牙型不符合标准的螺纹，称为非标准螺纹。

6.2.1.1.3　螺纹的结构

(1) 螺纹的末端　为了便于装配和防止螺纹起止圈损坏，常在螺纹的起始处加工成一定的形式，如倒角、倒圆等，如图 6-7 (a) 所示。

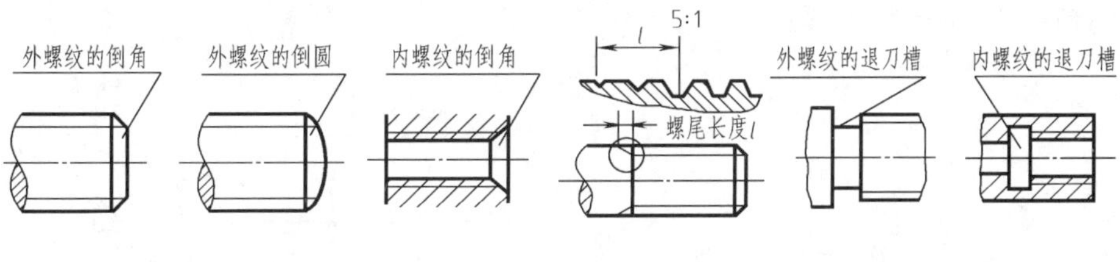

(a) 螺纹的倒角和圆角　(b) 螺纹收尾　(c) 螺纹的退刀槽

图 6-7　螺纹的结构

(2) 螺纹的收尾和退刀槽　车削螺纹时，刀具接近螺纹末尾处要逐渐离开工件，因此，螺纹收尾部分的牙型是不完整的，螺纹的这一段牙型不完整的收尾部分称为螺尾，如图 6-7 (b) 所示。为了避免产生螺尾，可以预先在螺纹末尾处加工出退刀槽，然后再车削螺纹，如图 6-7 (c) 所示。

6.2.1.2　螺纹的规定画法

国家标准《机械制图》GB/T 4459.1—1995 规定了在机械图样中螺纹和螺纹紧固件的

画法。

6.2.1.2.1　内螺纹、外螺纹的规定画法

（1）外螺纹　螺纹牙顶所在的轮廓线（即大径），画成粗实线；螺纹牙底所在的轮廓线（即小径），画成细实线，螺杆的倒角或倒圆部分也应画出。小径通常画成大径的 0.85 倍，如图 6-8 的主视图所示。在垂直于螺纹轴线的投影面视图中，表示牙底的细实线圆只画出约 3/4 圆弧，此时倒角圆省略不画。

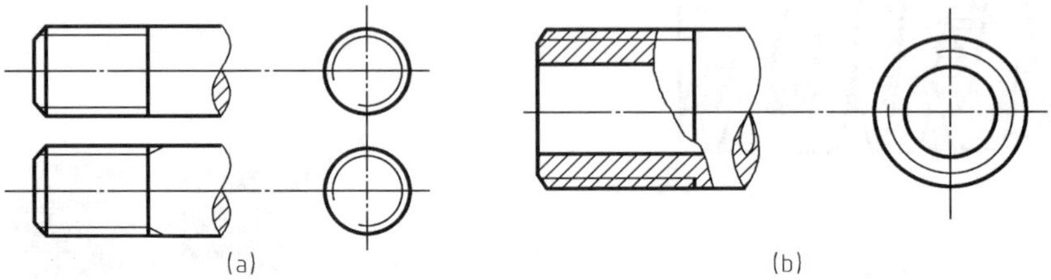

图 6-8　外螺纹的规定画法

（2）内螺纹　在剖视图中，螺纹牙顶所在的轮廓线（即小径），画成粗实线；螺纹牙底所在的轮廓线（即大径），画成细实线，如图 6-9 的主视图所示。当螺纹不可见时，所有图线均按虚线绘制。

在垂直于螺纹轴线的投影面视图中，表示牙底的细实线圆，只画约 3/4 圆弧，倒角圆省略不画。

（3）其他的一些规定画法　完整螺纹的终止界线（简称螺纹终止线）用粗实线表示，外螺纹终止线如图 6-8 所示，内螺纹终止线如图 6-9 所示。

当需要表示螺纹收尾时，螺尾部分的牙底用与轴线成 30°角的细实线绘制，如图 6-8（a）所示。对于不穿通的螺孔（不穿通孔亦称盲孔），钻孔深度应比螺孔深度深 0.2～0.5d。由于钻头的刀刃锥角约等于 120°，因此，钻孔底部的圆锥坑的锥角应画成 120°，不要画成 90°，如图 6-9 所示。

6.2.1.2.2　螺纹连接的规定画法

如图 6-10 所示，以剖视图表示内螺纹、外螺纹连接时，其旋合部分应按外螺纹绘制，其余部分仍按各自的画法表示。应该注意的是：表示大径、小径的粗实线和细实线应分别对齐，而与倒角的大小无关。

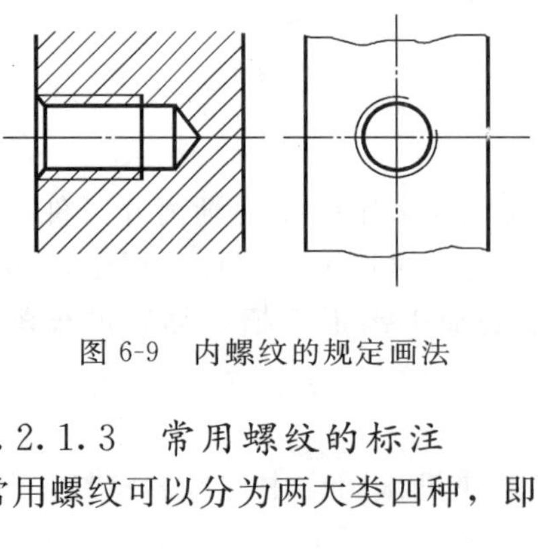

图 6-9　内螺纹的规定画法

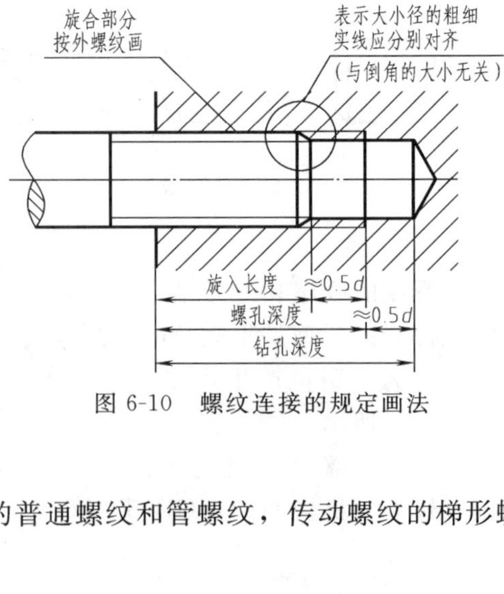

图 6-10　螺纹连接的规定画法

6.2.1.3　常用螺纹的标注

常用螺纹可以分为两大类四种，即连接螺纹的普通螺纹和管螺纹，传动螺纹的梯形螺纹

和锯齿形螺纹。

6.2.1.3.1 普通螺纹

（1）螺纹代号 采用规定画法后，螺纹的种类、牙型、螺距、旋向和线数都无需在图中表示出来，可以通过标注螺纹代号或标记来解决。

普通螺纹的螺纹代号是：

			螺距(单线螺纹)	
特征代号	公称直径	×	或	旋向
			导程/线数(多线螺纹)	

按上述格式注写代号时，应注意以下几点。

① 单线螺纹和右旋螺纹的使用非常广泛，在标注时不必注明线数和旋向。如为左旋，应注明代号 LH。

② 粗牙普通螺纹用得较多，且与大径相对应的螺距只有一种，所以在标注时不必注出螺距。细牙普通螺纹与大径相对应的螺距有好几种，因而标注时必须注明螺距。例如：M24 表示大径为 24mm 的粗牙普通螺纹、单线、右旋；

M24×2 表示大径为 24mm、螺距为 2mm 的细牙普通螺纹、单线、右旋。

（2）螺纹标记 普通螺纹的完整标记由螺纹代号、螺纹公差带代号和螺纹旋合长度代号组成。其中公差带代号（可参阅有关标准）包括中径公差带代号和顶径公差带代号。公差带代号是由表示螺纹公差带等级的阿拉伯数字和表示其偏差的拉丁字母所组成，例如 6H、6g 等。螺纹公差带代号标注在螺纹代号之后，中间用“-”分开。当螺纹的中径公差带和顶径公差带代号不同时要分别注出，例如：M10-5g6g，前者为中径公差带，后者为顶径公差带。如果中径与顶径公差带代号相同只要注一个代号，例如：M10×1-6H。

当内螺纹、外螺纹装配在一起时，其公差带代号可用斜线分开，左边表示内螺纹公差带代号，右边表示外螺纹公差带代号。例如：

M20×2-6H/6g　　　　M20×2LH-6G/5g6g

在一般情况下，不标注螺纹旋合长度，此时螺纹公差带代号按中等旋合长度考虑。普通螺纹的标注详见图 6-11（a）、（e）所示。

6.2.1.3.2 管螺纹

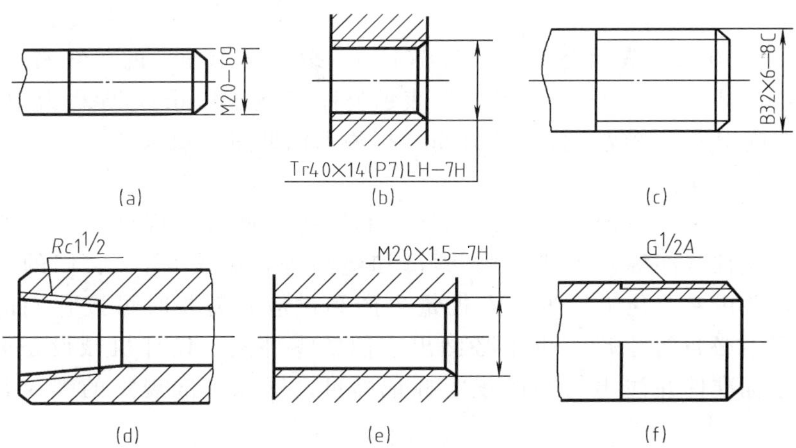

图 6-11 常用螺纹的标注示例

在水管、油管、煤气管的管道连接中常用到管螺纹，它们是英寸制的。分为非螺纹密封的内管螺纹、外管螺纹和用于螺纹密封的圆柱内管螺纹，还有用于螺纹密封的圆锥内管螺纹、外管螺纹。前者特征代号分别为G和Rp；后者特征代号为Rc和R。管螺纹应标注螺纹特征代号和尺寸代号；非螺纹密封的外管螺纹还应标注公差等级；当螺纹为左旋时，应在最后加注"LH"，并用"-"隔开。尺寸代号与带有外螺纹管子的孔径相同，表示管子孔径，而不是管螺纹的大径。非螺纹密封的管螺纹的大径、小径和螺距，可由尺寸代号从国家标准中查出。

例如："G1½-LH"表示非螺纹密封的左旋内螺纹，尺寸代号为1½英寸。标注示例见图6-11（d）、（f）。

6.2.1.3.3　梯形螺纹

梯形螺纹用来传递双向动力，如机床的丝杠。

（1）螺纹代号　梯形螺纹的特征代号为"Tr"。梯形螺纹的代号由特征代号和尺寸规格两个部分组成。当螺纹为左旋时，需在尺寸规格之后加注"LH"。单线螺纹的尺寸规格用"公称直径×螺距"表示；多线螺纹用"公称直径×导程（*P* 螺距）"表示。

例如："Tr40×7"表示公称直径为40mm，螺距为7mm的单线右旋梯形螺纹；"Tr40×14（P7）LH"表示公称直径为40mm，导程为14mm，螺距为7mm的双线左旋梯形螺纹。

（2）螺纹标记　梯形螺纹的标记由梯形螺纹代号、公差代号及旋合长度代号组成。梯形螺纹的公差带代号只标注中径公差带。梯形螺纹按公称直径和螺距的大小将旋合长度分为中等旋合长度（*N*）和长旋合长度（*L*）两组。当旋合长度为*N*组时，不标注旋合长度代号；当旋合长度为*L*组时，应将旋合的组别代号*L*写在公差带代号的后面，并用"-"隔开。

例如："Tr40×7-7H"表示公称直径为40mm，螺距为7mm的单线右旋梯形螺纹，中径公差带代号为7H，中等旋合长度；"Tr40×14（P7）LH-8e-L"表示公称直径为40mm，导程为14mm，螺距为7mm的双线左旋梯形螺纹，中径公差带为8e，长旋合长度。标注示例见图6-11（b）。

6.2.1.3.4　锯齿形螺纹

锯齿形螺纹用来传递单向动力，如千斤顶中的螺杆。

锯齿形螺纹的标记顺序是：特征代号B、公称直径、导程（螺距）或螺距、公差带代号（加"-"与前面隔开）、旋向。如为单线螺纹，则不必注导程，仅注螺距；如为右旋螺纹，则不必注明方向。

例如："B70×10-8c"表示公称直径为70mm，螺距为10mm的单线右旋锯齿形螺纹，公差带代号为8c；"B40×10（P5）LH-8c"表示公称直径为40mm，导程为10mm（螺距为5mm）的双线左旋锯齿形螺纹，公差带为8c。标注示例见图6-11（c）。

6.2.1.4　螺纹紧固件

螺纹紧固件就是用一对内、外螺纹来连接和紧固一些零、部件。常用的螺纹紧固件有螺钉、螺栓、螺柱（亦称双头螺柱）、螺母和垫圈等，见表6-1。它们的结构形式和尺寸都已标准化，并由专业化工厂进行大批量生产和供应，需要时可按它们的规定标记直接向市场采购而不必自行生产，也不必画出它们的零件图。设计机械设备时，只要在装配图上画出这些标准件并注出它们的规定标记即可。国家标准规定的螺纹紧固件标记的一般形式为：

名称　国标代号　规格—性能等级

表 6-1　螺纹紧固件及其标记示例

名称及标准件	图例及标记示例	名称及标准件	图例及标记示例
六角头螺栓  GB 5780—86	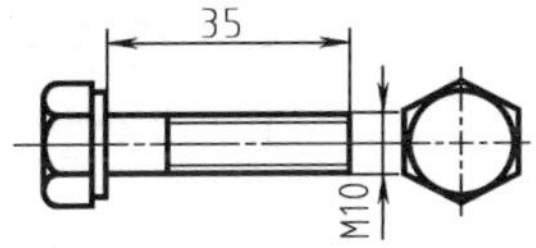 螺栓　GB 5780—86　M10×35	开槽沉头螺钉  GB 68—85	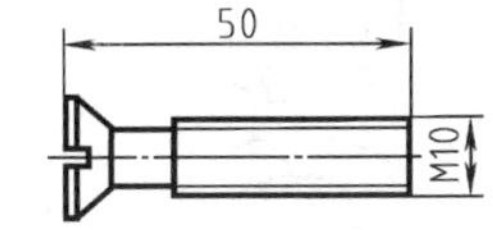 螺钉　GB 68—85　M10×50
螺　柱 A 型 	A 型 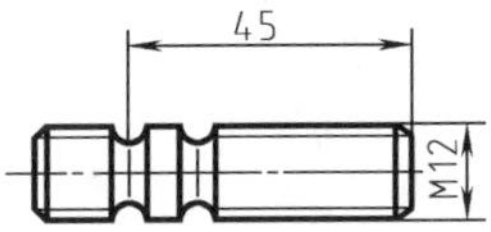 螺柱 GB 897—88　M12×45	开槽锥端紧定螺钉  GB 71—85	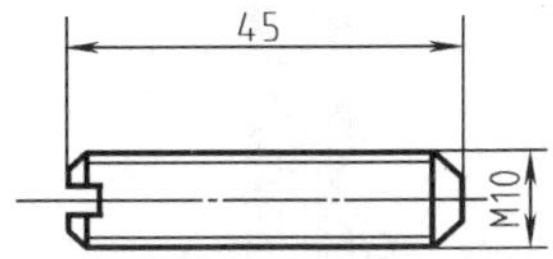 螺钉　GB 71—85　M10×45
B 型 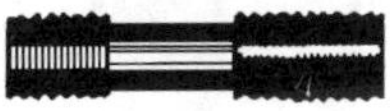 GB 897—88($b_m=1d$) GB 898—88($b_m=1.25d$) GB 899—88($b_m=1.5d$) GB 900—88($b_m=2d$)	B 型 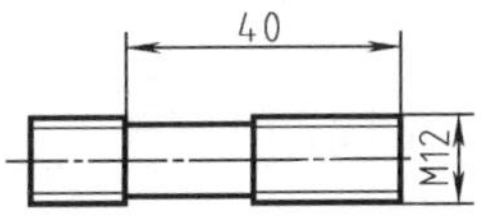 螺柱 GB 898—88　M12×40	1 型六角螺母  GB 6170—86	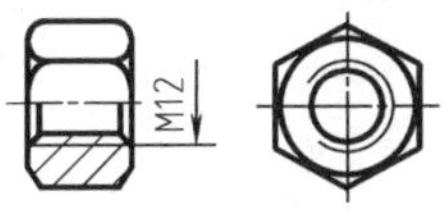 螺母　GB 6170—86　M12
内六角圆柱头螺钉  GB 70—85	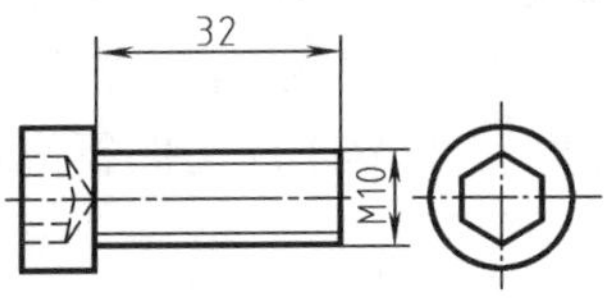 螺钉　GB 70—85　M10×32	平垫圈 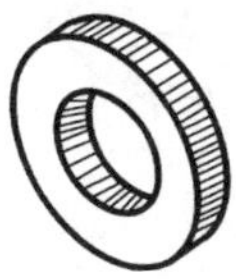 GB 97.1—85	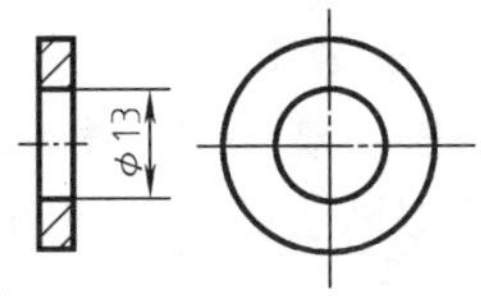 垫圈　GB 97.1—85　12—140HV
开槽圆柱头螺钉  GB 65—85	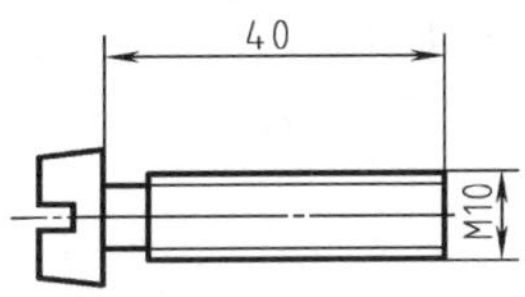 螺钉　GB 65—85　M10×40	弹簧垫圈  GB 93—87	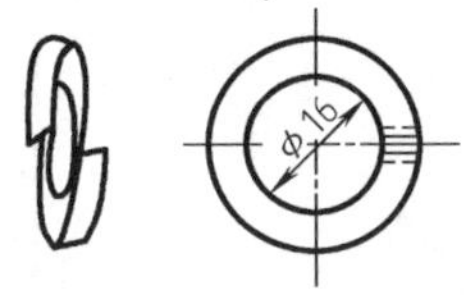 垫圈　GB 93—87　16

6.2.1.4.1　螺栓连接

如图 6-12（a）所示，螺栓连接通常由螺栓 1、垫圈 2 和螺母 3 三种零件构成。这种连接只需在两被连接件上钻出通孔，然后从孔中穿入螺栓，再套上垫圈，拧紧螺母即实现了连接，见图 6-12（b）。这种连接主要用于两零件被连接处厚度不大，而受力较大，且需要经常装拆的场合。

（1）螺纹紧固件装配的规定画法　从图 6-12 可以看出，螺纹紧固件的装配图画法，应遵循下述基本规定。

① 两零件接触表面画一条线，不接触表面画两条线。

② 两零件邻接时，不同零件的剖面线方向应相反，或者方向一致、间隔不等。

③ 对于紧固件和实心零件（如螺钉、螺栓、螺母、垫圈、键、销、球及轴等），若剖切平面通过它们的基本轴线时，则这些零件都按不剖画出，仍画外形，需要时，可采用局部剖视。

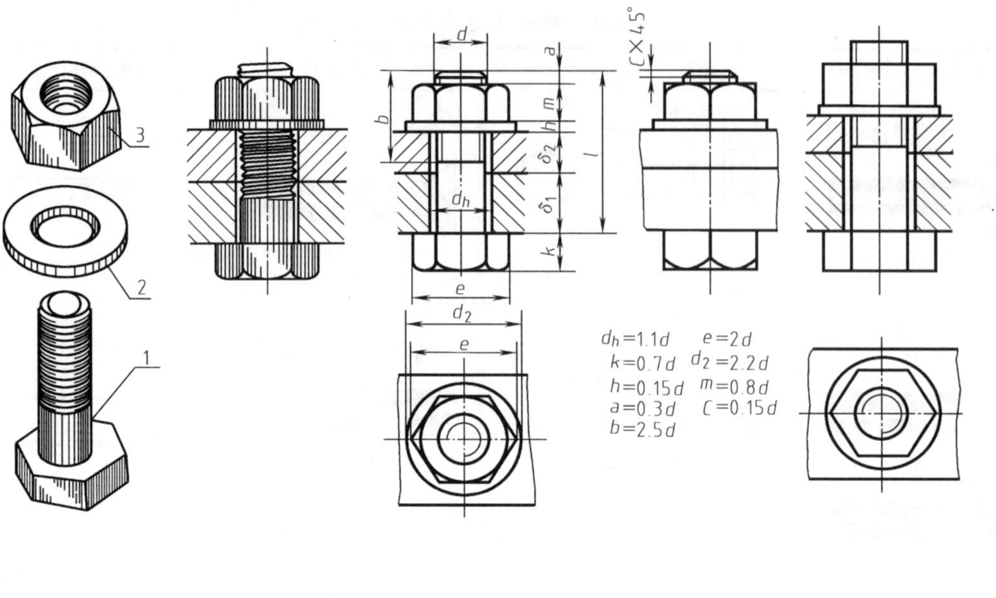

(a) 连接前　　(b) 连接后　　(c) 连接装配图　　(d) 简化画法

图 6-12　螺栓连接

（2）螺栓、螺母和垫圈的近似画法　单个螺纹紧固件的画法，可根据公称直径查附录中表 1-4～表 1-7 或有关标准，得出各部分的尺寸。但在绘制螺栓、螺母和垫圈时，通常按螺栓的螺纹规格 d、螺母的螺纹规格 D、垫圈的公称尺寸 d 进行比例折算，得出各部分尺寸后按近似画法画出，如图 6-13 所示。

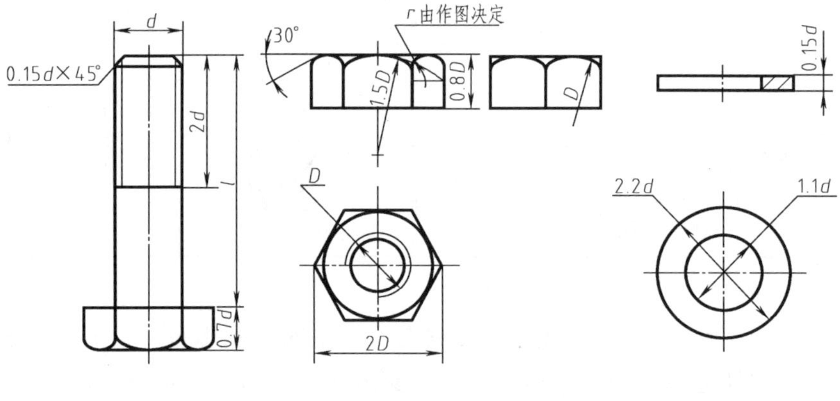

(a) 螺栓　　(b) 螺母　　(c) 垫圈

图 6-13　单个紧固件的近似画法

确定螺栓的公称长度 l 时，应查阅垫圈、螺母的表格得出 h、m_{max}，再加上被连接零件的厚度等，经计算后选定。从图 6-12（c）可知：

$$\text{螺栓长度}\quad l \geqslant \delta_1 + \delta_2 + h + m_{max} + a$$

其中 a 是螺栓伸出螺母的长度，一般可取 $0.3d$ 左右（d 是螺栓的螺纹规格，即公称直径）。上式计算得出数值后，再从相应的螺栓标准所规定的长度系列中，选取合适的 l 值。

图 6-12 中螺栓、螺母和垫圈的规定标记是：

螺栓　　GB 5780—86M$d \times l$

表示螺纹规格为 $d$mm，公称长度为 $l$mm 的六角头螺栓，GB 5780—86 是六角头螺栓的国标代号。

螺母　　GB 6170—86MD

表示螺纹规格为 Dmm 的六角螺母，GB 6170—86 是 1 型六角螺母的国标代号。

垫圈　　GB 97.1—85 d

表示公称尺寸为 $d$mm（即与螺纹规格为 d 的螺栓配用）的平垫圈，GB 97.1—85 是平垫圈的国标代号。

6.2.1.4.2　螺柱连接

当两个被连接的零件中，有一个较厚或不宜用螺栓连接时，常采用双头螺柱连接。图 6-14（a）所示是双头螺柱连接的示意图。

先在被连接的机座上加工出不穿通螺孔（盲孔），另一被连接件上加工出通孔，而螺柱的两头均制有螺纹。连接时，将螺柱的旋入端全部旋入机座零件的螺孔内，再套上另一被连接件，然后放下垫圈，拧紧螺母，即实现了连接，见图 6-14（b）。

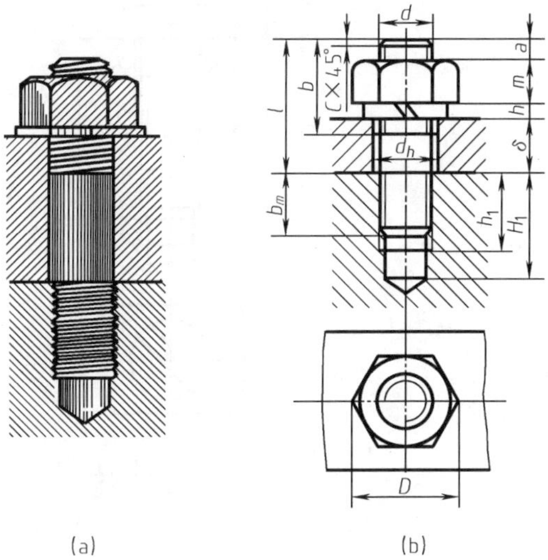

图 6-14　螺柱连接

螺柱的规格：螺纹大径 d 由连接的强度要求或结构要求确定；螺柱的公称长度 l 则由下式计算：

$$l \geqslant \delta + h + m + a$$

式中 δ、h、m、a 分别为带通孔的被连接件的厚度、垫圈厚度、螺母厚度和螺柱头部超出螺母的长度，一般取 $a=(0.2 \sim 0.3)d$，如图 6-14（b）所示。计算所得结果必须取为相近的标准公称长度，见附录表 1-5。旋入端的螺纹长度 b_m 由带螺孔的机座零件的材料决定，有四种不同规格，螺柱相应有四种国标代号：

GB 897—88$b_m=1d$　　　　用于钢和青铜

GB 898—88$b_m=1.25d$　　　　用于铸铁

GB 899—88$b_m=1.5d$　　　　用于铸铁或铝合金

GB 900—88$b_m=2d$　　　　用于铝合金

由此可确定螺柱的规格，根据配套要求，同时也就确定了垫圈和螺母的规格，于是可用比例画法（或查表画法）画出螺柱连接的装配图，见图 6-14（b）。

画螺柱连接时应注意以下事项。

① 螺柱旋入端的螺纹终止线应与两被连接件接触面的投影线平齐。

② 机座零件上的螺孔深度 h_1 应稍大于螺柱的旋入深度 b_m，一般可取 $h_1=b_m+(0.3 \sim 0.5)d$，而钻孔的深度 H_1 又应稍大于螺孔深度 h_1，一般可取 $H_1=h_1+(0.3 \sim 0.5)d$。

③ 螺柱的旋入部分必须按内螺纹、外螺纹的连接画法正确画出；螺母端的画法则与螺栓连接时相应部分的画法完全相同。为了防止连接松动，这里采用了弹簧垫圈。

其他注意事项均与螺栓连接时相同，这里不再赘述。

6.2.1.4.3　螺钉连接

螺钉按用途不同可分为连接螺钉和紧定螺钉两类。前者用于连接零件，后者用于固定零件。

(1) 连接螺钉　主要用于不经常拆卸，并且受力不大的连接场合。连接螺钉由头部和杆身两部分组成，其头部有多种不同的结构形式，相应有不同的国家标准代号，见表 6-1，杆身上制有部分螺纹或全部螺纹（螺钉公称长度较小时）。被连接件之一加工有通孔，另一被连接件上加工有螺孔。连接时，将螺钉穿过通孔，依靠杆身上的螺纹即可旋入到螺孔中，并依靠其头部压紧被连接件而实现两者的连接，见图 6-15。

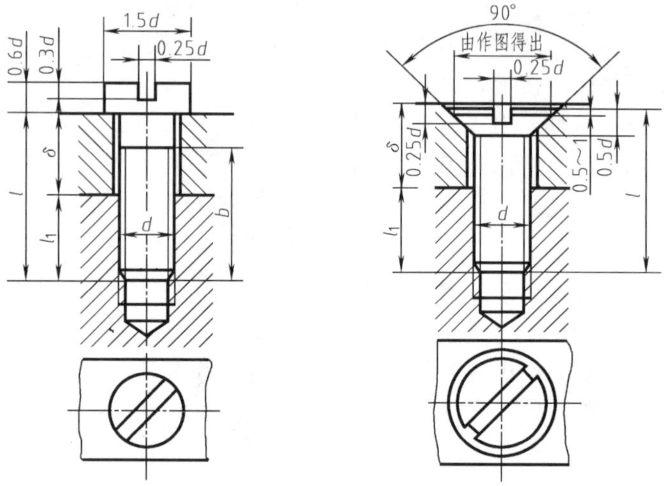

(a) 圆柱头螺钉连接　　(b) 沉头螺钉连接

图 6-15　连接螺钉连接

设计螺钉连接时，通常首先根据使用要求确定螺钉的结构形式（即确定了国标代号），再根据结构要求确定螺钉的公称直径 d，并由下式确定螺钉的公称长度 l：

$$l \geqslant \delta + l_1$$

式中 δ 为带通孔零件的厚度，l_1 为螺钉旋入深度，由带螺孔的被连接件的材料决定，并与确定螺柱旋入端长度 b_m 的方法相同。计算得到结果后，再从相应的螺钉标准长度系列中选取相近的标准值。

根据上面选定的结构形式和具体规格即可按比例画法画出螺钉连接的装配图，见图 6-15 (a)、(b)。

画连接螺钉装配图时应注意：螺钉头部的一字槽在通过螺钉轴线剖切的剖视图上应按垂直于投影面的位置画出，而在垂直于螺钉轴线的投影面上的投影应按 45°画出（见图 6-15）；螺钉杆身上的螺纹长度 b 应大于旋入深度 l_1，因此螺钉的螺纹终止线应高于两被连接零件接触面的投影线，如图 6-15 (a) 所示，或采用全部螺纹，如图 6-15 (b) 所示。

(2) 紧定螺钉　用来固定两个零件的相对位置，使它们不产生相对运动。例如图 6-16 中的轴和齿轮（图中齿轮只画出轮毂部分），用一个开槽锥端紧定螺钉旋入轮毂的螺孔，使螺钉端部的 90°锥顶角与轴上的 90°锥坑压紧，从而固定了轴和齿轮的相对位置。

6.2.2　齿轮

齿轮是广泛用于机器或部件中的传动零件。一组齿轮不仅可以用来传递动力，并且还能改变转速和回转的方向。

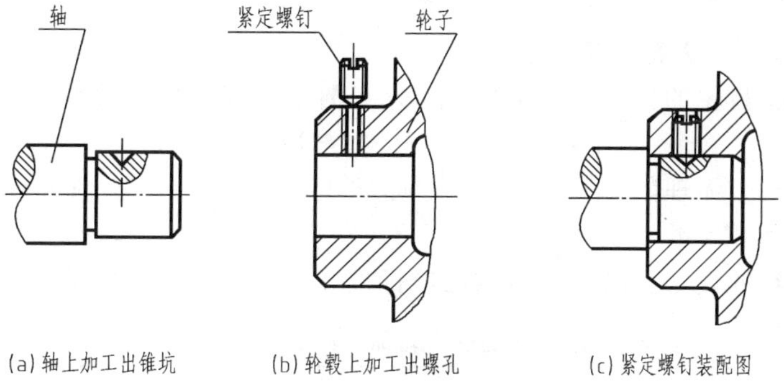

图 6-16　紧定螺钉画法

图 6-17 表示三种常见的齿轮传动形式。圆柱齿轮通常用于平行两轴之间的传动；圆锥齿轮用于相交两轴之间的传动；蜗杆与蜗轮则用于交叉两轴之间的传动。

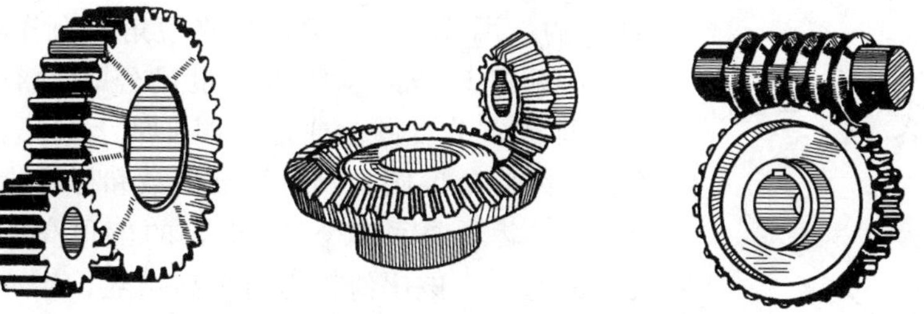

图 6-17　常见的齿轮传动

在此主要介绍直齿圆柱齿轮（圆柱齿轮的轮齿有直齿、斜齿、人字齿等）的基础知识和规定画法。

6.2.2.1　直齿圆柱齿轮的各部分名称及尺寸代号（见图 6-18）

（1）齿顶圆　齿轮齿顶所在的假想圆。其直径（或半径）用 d_a（或 r_a）表示。

（2）齿根圆　齿轮齿槽底所在的假想圆。其直径（或半径）用 d_f（或 r_f）表示。

（3）分度圆　用来分度（分齿）的圆，该圆位于齿厚和槽宽相等的地方。其直径（或半径）用 d（或 r）表示。

（4）齿顶高　齿顶圆与分度圆之间的径向距离，用 h_a 表示。

（5）齿根高　齿根圆与分度圆之间的径向距离，用 h_f 表示。

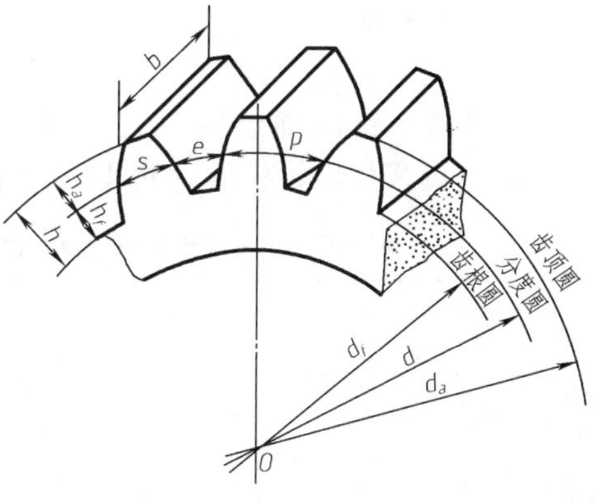

图 6-18　直齿圆柱齿轮各部分名称及尺寸代号

（6）全齿高　齿顶圆与齿根圆之间的径向距离，用 h 表示。显然有：$h=h_a+h_f$。

（7）齿厚　一个齿的两侧齿廓之间的分度圆弧长，用 s 表示。

（8）槽宽　一个齿槽的两侧齿廓之间的分度圆弧长，用 e 表示。

（9）齿距　相邻两齿的同侧齿之间的分度圆弧长，用 p 表示。显然有：$p=s+e$。

（10）齿宽　齿轮轮齿的宽度（沿齿轮轴线方向度量），用 b 表示。

6.2.2.2 直齿圆柱齿轮的基本参数

（1）齿数 z 一个齿轮的轮齿总数。

（2）模数 m 齿轮的齿数 z、齿距 p 和分度圆 d 之间有如下关系：

$$\pi d = zp \qquad 即\ d = zp/\pi$$

由于式中出现了无理数 π，不便计算和标准化，令 $p/\pi = m$，则 $d = mz$。显然，模数 m 是反映轮齿大小和强度的一个参数。

为了便于齿轮的设计和制造，模数已经标准化，中国规定的标准模数值见表 6-2。

表 6-2 渐开线圆柱齿轮标准模数 m（GB 1357—87） /mm

1	1.25	1.5	2	2.5	3	4	5	6	8	10

注：1. 本表只列入 1～10mm 的标准数值（标准模数从 0.1～50mm）。
2. 本表只列入应优先采用的第一系列模数值。
3. 对于斜齿轮是指法向模数 m_n。

（3）齿形角 α 齿廓曲线在分度圆上的一点处的速度方向与曲线在该点处的法线方向（即力的作用线方向）之间所夹锐角称为分度圆齿形角，用 α 表示，见图 6-19。齿形角 α 也已经标准化。中国规定 $\alpha = 20°$，即规定分度圆为通过齿廓曲线上齿形角为 20°的点所作的圆。因此分度圆是具有标准模数和标准齿形角的圆。

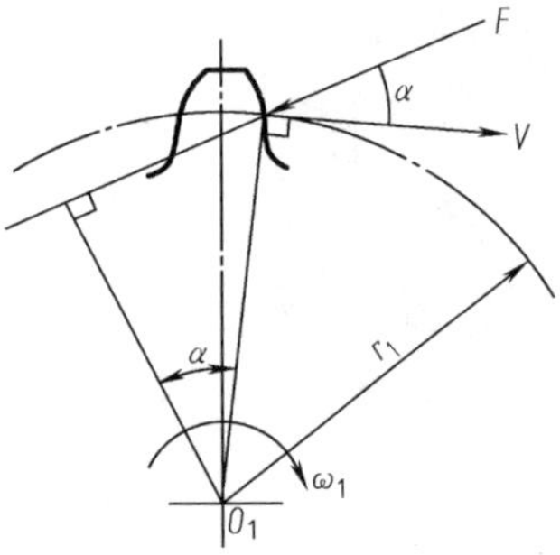

图 6-19 齿轮的齿形角

（4）齿顶高系数 h_a^* 齿轮的齿顶高通常规定为与模数成一定的比，该比值称为齿顶高系数，用 h_a^* 表示，即 $h_a^* = h_a/m$，中国规定正常齿轮的齿顶高系数 $h_a^* = 1$，因此有

$$h_a = h_a^* m = m$$

（5）传动比 i 传动比 i 为主动齿轮的转速 n_1（r/min）与从动齿轮的转速 n_2（r/min）之比，即 n_1/n_2。用于减速的一对啮合齿轮，其传动比＞1。由 $n_1 z_1 = n_2 z_2$ 可得：

$$i = n_1/n_2 = z_2/z_1$$

6.2.2.3 标准直齿圆柱齿轮的几何尺寸计算

标准直齿圆柱齿轮各部分的几何尺寸的具体计算公式见表 6-3。

表 6-3 标准直齿圆柱齿轮的尺寸计算公式（$\alpha = 20°$，$h_a^* = 1$，$c^* = 0.25$）

名　称	代　号	计　算　公　式
模数	m	由计算强度或用类比法确定，并取标准值
齿数	z	由运动设计确定
齿顶高	h_a	$h_a = h_a^* m = m$
齿根高	h_f	$h_f = h_a + c = h_a^* m + c^* m = (h_a^* + c^*)m = 1.25m$
全齿高	h	$h = h_a + h_f = h_a^* m + (h_a^* + c^*)m = (2h_a^* + c^*)m = 2.25m$
分度圆直径	d	$d = mz$
齿顶圆直径	d_a	$d_a = d + 2h_a = mz + 2m = m(z+2)$
齿根圆直径	d_f	$d_f = d - 2h_f = mz - 2 \times 1.25m = m(z-2.5)$
齿距	p	$p = m\pi$
齿厚	s	$s = p/2 = m\pi/2$
槽宽	e	$e = p/2 = m\pi/2$
中心距	a	$a = (d_1 + d_2)/2 = m(z_1 + z_2)/2$

注：c 为齿隙。

6.2.2.4　圆柱齿轮的规定画法

6.2.2.4.1　单个圆柱齿轮

根据GB 4459.2—84规定的齿轮画法，齿顶圆和齿顶线用粗实线绘制，分度圆和分度线用点画线绘制，齿根圆和齿根线用细实线绘制（也可省略不画），如图6-20（a）所示。在剖视图中，当剖切平面通过齿轮的轴线时，轮齿一律按不剖处理，齿根线用粗实线绘制，如图6-20（b）所示。当需要表示斜齿与人字齿的齿线的形状时，可用三条与齿线方向一致的细实线表示，如图6-20（c）、（d）所示。

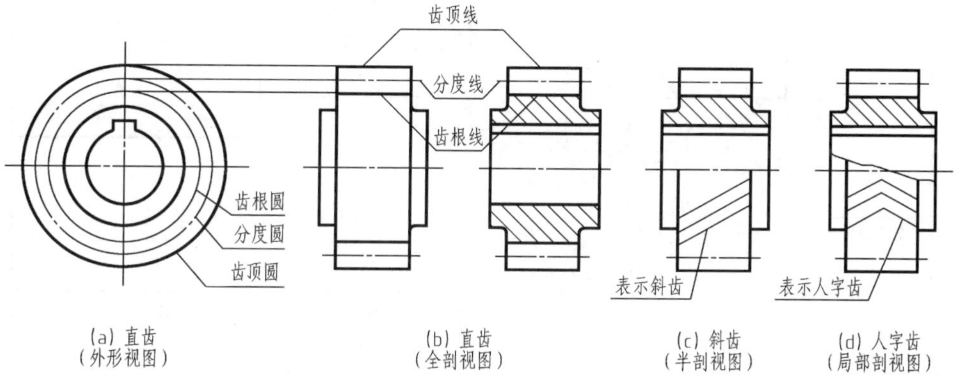

图6-20　圆柱齿轮的规定画法

6.2.2.4.2　一对圆柱齿轮的啮合画法

在投影为非圆的视图上，一般画成剖视图（剖切平面通过两啮合齿轮的轴线）。在啮合区两齿轮的分度线重合为一条线，画成点画线；两齿轮的齿根线均画成粗实线；一个齿轮的齿顶线画成粗实线，另一个齿轮（一般为从动轮）的齿顶线及其轮齿被遮挡的部分的投影均画成虚线［见图6-21（a）］，也可省略不画［见图6-21（b）］。当投影为非圆的视图画成外形视图时，啮合区内只需画出一条分度线，并改用粗实线表示［见图6-21（c）］。

在投影为圆的视图中，与单个齿轮的画法相同，只是表示两个齿轮分度圆的点画线圆应画成相切［见图6-21（d）、(e)］。同时啮合区内齿顶圆的相割部分的弧线也可以省略不画［见图6-21（e)］。

当一对齿轮啮合时，两齿轮的分度圆相切，分度线重合，由于齿根高和齿顶高相差0.25m，所以一齿轮的齿顶线与另一齿轮的齿根线之间有0.25m的间隙，见图6-21。

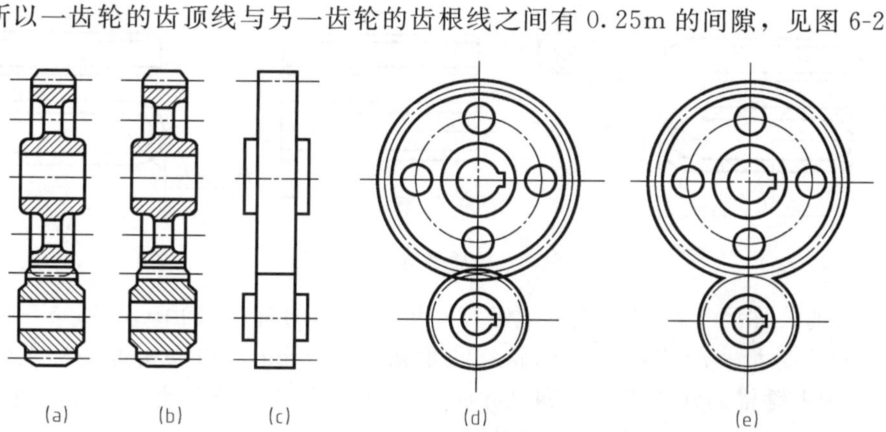

图6-21　齿轮的啮合画法

6.2.2.5　圆柱齿轮的零件图

图 6-22 是一个圆柱齿轮的零件图，供画图时参考。

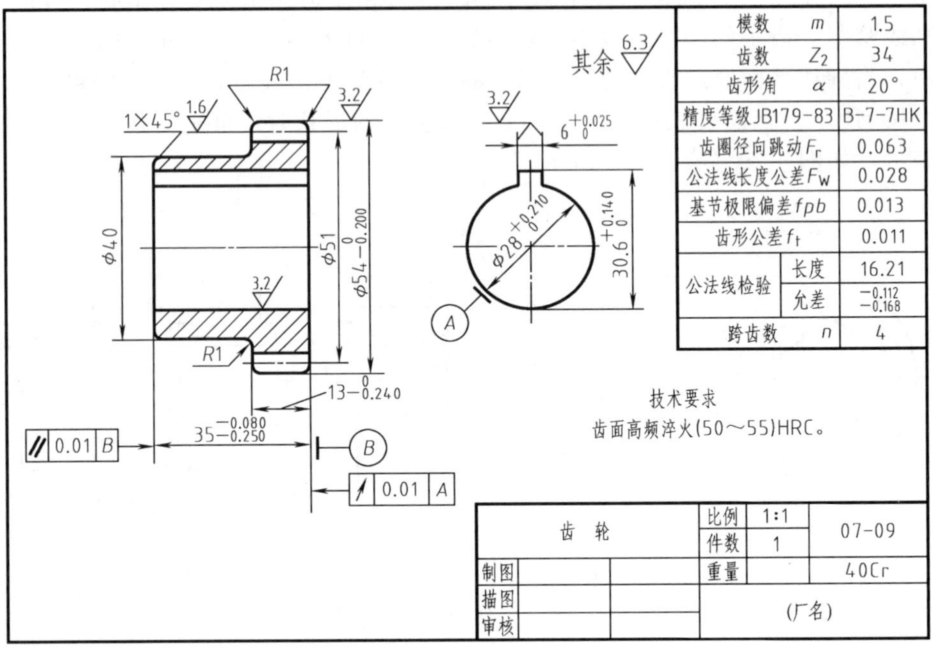

图 6-22　圆柱齿轮零件图示例

6.2.3　键和销

6.2.3.1　键

通常用来连接轴和装在轴上的转动零件（如齿轮、带轮等），起传递转矩的作用。

根据具体的使用要求不同，相应的键有多种类型，如平键、半圆键和楔键等，它们都是标准件。在此，只介绍应用最多的普通平键及其连接。普通平键有三种结构形式：圆头普通平键（A 型）、平头普通平键（B 键）和单圆头普通平键（C 型），见图 6-23。在标记时，A 型平键省略字母 A，而 B 型、C 型应写出字母 B 或 C。

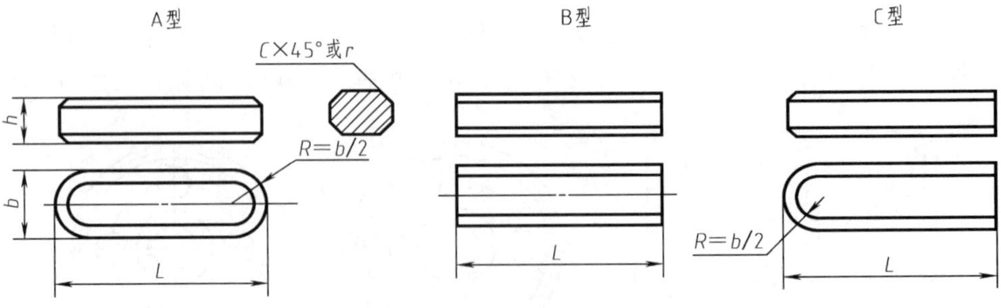

图 6-23　普通平键的结构形式

普通平键的公称尺寸 $b\times h$（键宽×键高）可根据轴的直径 d 由 GB 1096—79 中直接查表得到；键的长度 L 一般应比相应的轮毂长度短 5～10mm，并取相近的标准值。图 6-24(a)、(b) 是轴上键槽的常用表示法和尺寸注法，图 6-25 是轮子上键槽的常用表示法和尺寸注法。两图中 t 和 t_1 可由 GB 1095—79 中查表得到。

普通平键标记示例：　　键 B　18×100　GB 1096—79

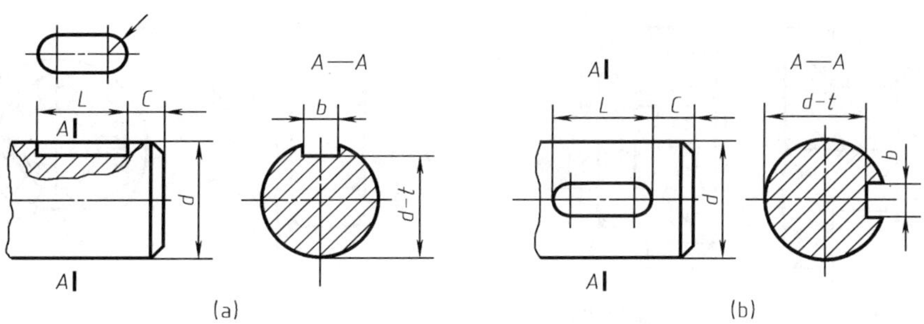

图 6-24 轴上键槽的表示法和尺寸注法

表示键宽 b=18mm，键长 L=100mm，键高 h=11mm 的平头（B 型）普通平键。

图 6-26 是普通平键连接的装配图画法。其中主视图为通过轴的轴线和键的纵向对称平面剖切后画出的，根据国家标准规定，此时轴和键均按不剖绘制。为了表示键在轴上的装配情况，轴采用了局部剖视。左视图为 A—A 全剖视，在图中，键的两侧面和下底面分别与轮子槽两侧面、轴槽两侧面和轴槽底面相接触，应画一条线；而键的上顶面与轮子槽的底面间应留有空隙，故画成两条线。

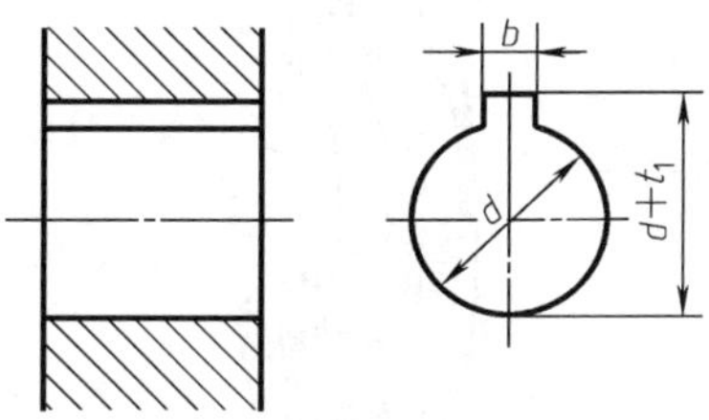

图 6-25 轮子上键槽的表示法和尺寸注法

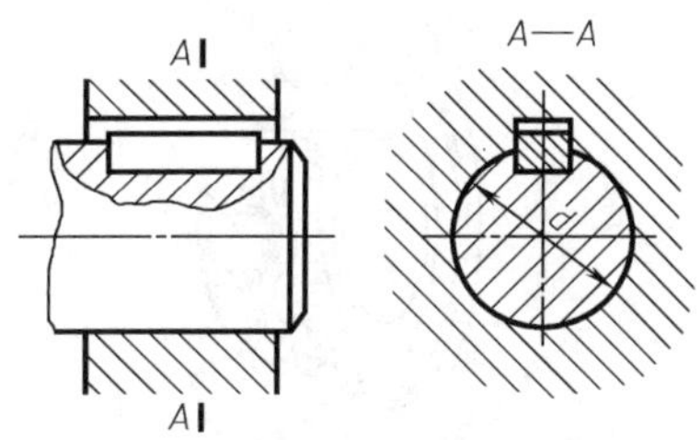

图 6-26 普通平键的连接画法

6.2.3.2 销

销通常用于零件的连接和定位。常用的销有圆柱销、圆锥销和开口销三种，如图 6-27 所示。

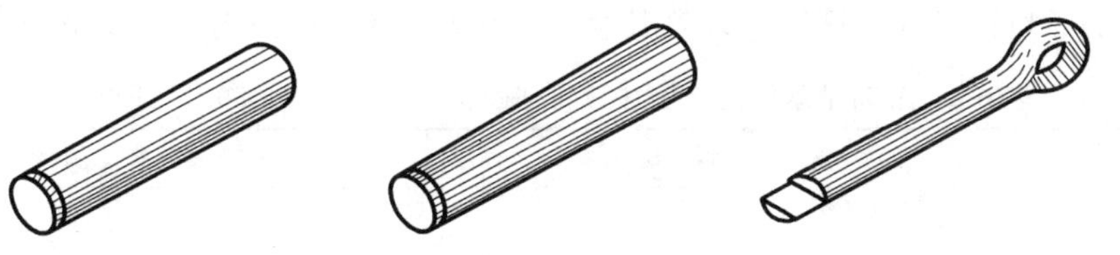

(a) 圆柱销　(b) 圆锥销　(c) 开口销

图 6-27 销

以上三种销的结构形状和尺寸均已标准化，画图时可根据需要从有关标准中（参看附录中表 2-3）查出各项数据。

图 6-28 所示为常用三种销的连接画法，当剖切平面通过销的基本轴线时，销作不剖处理。

6.2.4 滚动轴承

滚动轴承是一种支承旋转轴的组件。它具有摩擦力小、结构紧凑的优点，已被广泛用于机器或部件中，滚动轴承也是标准件。在此介绍三种常用的滚动轴承，其型式与尺寸可查阅附录 4-1～附录 4-3。

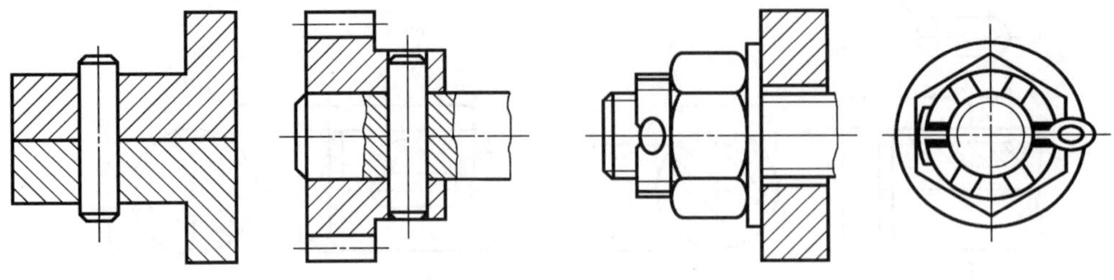

(a) 圆柱销连接　(b) 圆锥销连接　(c) 开口销连接

图 6-28　销连接的画法

6.2.4.1　滚动轴承的结构及其规定画法

滚动轴承种类很多，但其结构大体相同。一般由外圈、内圈、滚动体及保持架组成，见图 6-29。在一般情况下，外圈装在机座的孔内，固定不动；而内圈套在转动的轴上，随轴转动。

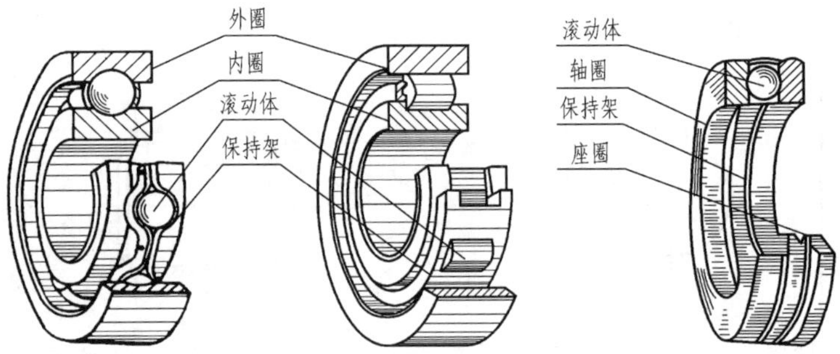

(a) 深沟球轴承　(b) 圆柱滚子轴承　(c) 推力球轴承

图 6-29　滚动轴承的构造

常用的滚动轴承规定画法、特征画法见表 6-4。

表格中的尺寸除 A 可计算得出外，其余尺寸可从附录 4-1～附录 4-3 中查出。

表 6-4　滚动轴承的规定画法、特征画法（摘自 GB 4459.7—1998）

轴承类型	规定画法	特征画法
深沟球轴承	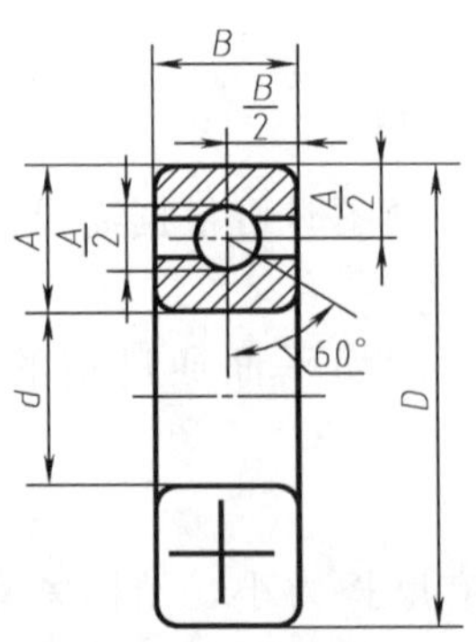	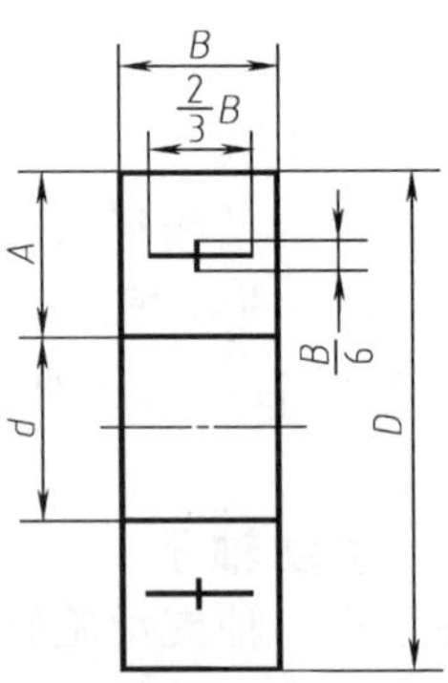

续表

轴承类型	规 定 画 法	特 征 画 法
推力球轴承	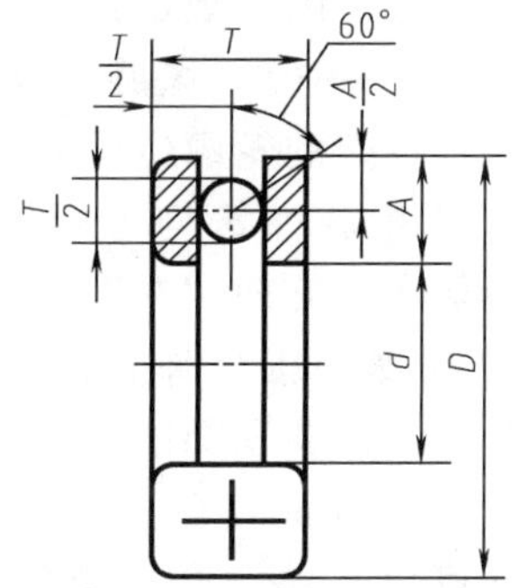	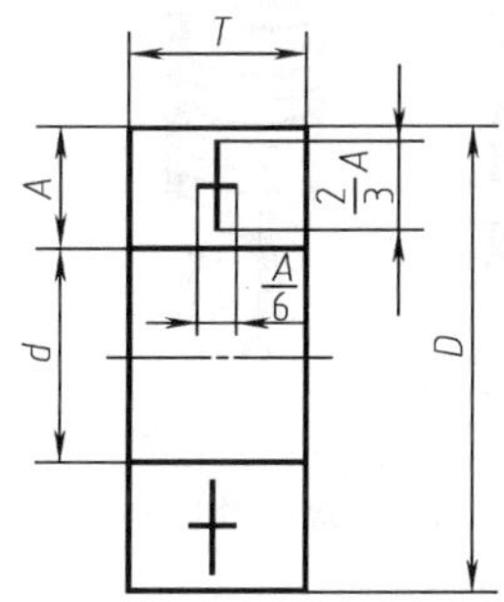
圆锥滚子轴承	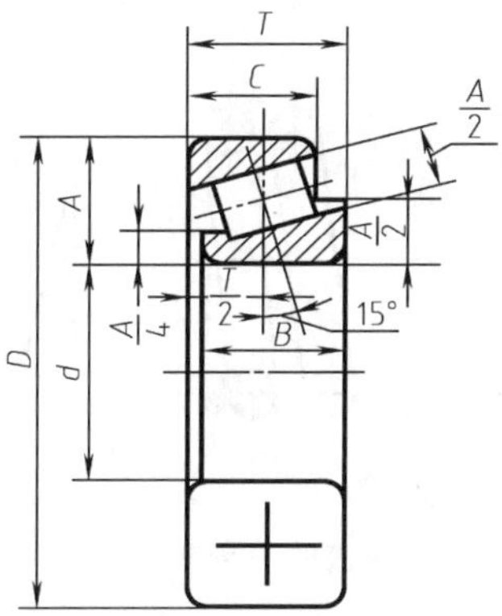	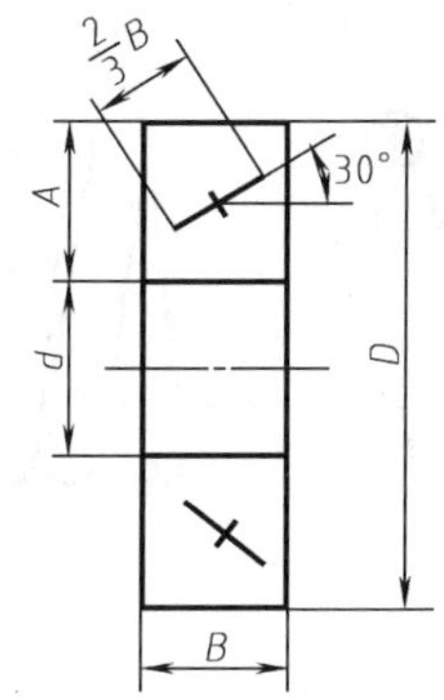

6.2.4.2　滚动轴承的代号

滚动轴承的代号可查阅国家标准 GB/T 272—93，由前置代号和基本代号构成；当轴承零件材料、结构、设计、技术条件改变时，则增加补充代号。前置代号由轴承游隙代号和轴承公差等级代号组成，当游隙为基本组和公差等级为 G 级时，可省略前置代号。基本代号一般用 7 位数字表示，但在标注时，最左面的“0”规定不写。因此，最常见的为 4 位数字。从右边数起，它们的含义是：当 10mm≤d≤495mm 时，第一、二位数表示轴承的内径（代号数字<04 时，即 00、01、02、03 分别表示内径 d=10mm、12mm、15mm、17mm；代号数字≥04 时，代号数字乘以 5，即为轴承内径）；第三位数表示轴承直径系列，即在内径相同时，有各种不同的外径，可查阅有关标准；第四位数表示轴承的类型，例如：“6”表示深沟球轴承，“5”表示推力球轴承，“3”表示圆锥滚子轴承。

例如轴承代号 6208 的含义为：

6——类型代号，表示深沟球轴承；

2——尺寸系列，表示轻窄系列；

08——内径代号，表示轴承内径 40。

6.2.5　弹簧

弹簧的用途很广，属于常用件。它主要用于减振、夹紧、储存能量和测力等方面。弹簧的特点是：去掉外力后，弹簧能立即恢复原状。弹簧的种类很多，其中应用最多的是圆柱螺旋弹簧，它们又可分为压缩弹簧、拉伸弹簧和扭转弹簧等，见图 6-30。

6.2.5.1　圆柱螺旋弹簧的画法

6.2.5.1.1　圆柱螺旋弹簧规定画法

图 6-30 常用的圆柱螺旋弹簧

圆柱螺旋弹簧的真实投影比较复杂，为了画图方便，国家标准“弹簧画法”（GB 4459.4—84）中做了以下规定：

① 在平行于螺旋弹簧轴线的投影面的视图中，其各圈的轮廓应画成直线；

② 螺旋弹簧均可画成右旋，但左旋螺旋弹簧必须注出旋向“左”字；

③ 螺旋压缩弹簧，如要求两端圈并紧且磨平时，不论支承圈的圈数多少和末端贴紧情况如何，均按图 6-31 的形式绘制；

④ 有效圈在四圈以上的螺旋弹簧中间部分可以省略，圆柱螺旋弹簧中间部分省略后，允许适当缩短图形的长度。

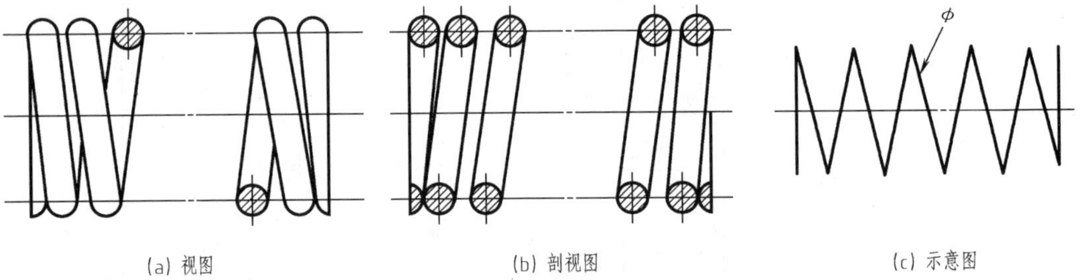

图 6-31 圆柱螺旋（压缩）弹簧的三种表示法

6.2.5.1.2 圆柱螺旋弹簧画法

图 6-31 所示分别为圆柱螺旋压缩弹簧的三种表示法：视图、剖视图和示意图。当需要画出外形视图时，前三步的画法与下述剖视图的画法相同，第四步按右旋方向作相应的外公切线见图 6-31（a）。

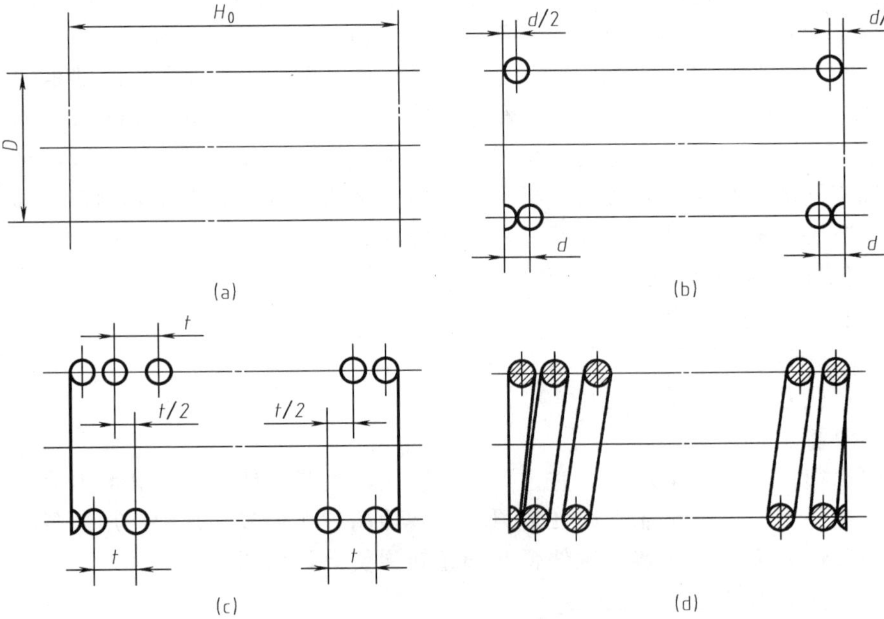

图 6-32 弹簧的画法

圆柱螺旋压缩弹簧剖视图的具体作图方法如图 6-32 所示，具体步骤如下：

① 根据弹簧中径 D 和自由高度 H_0 画出弹簧的中径线和自由高度两端线（有效圈数在 4 圈以上时，H_0 可适当缩短），如图 6-32（a）所示；

② 根据型材直径 d，画出两端支承圈部分的型材断面图（两端均按并紧、磨平、支承圈为 $1\frac{1}{4}$ 圈绘制），如图 6-32（b）所示；

③ 根据节距 t，画有效圈部分的型材断面图，如图 6-32（c）所示；

④ 按图中方向作相应圆的公切线，并画剖面线。整理、加深、完成剖视图，如图 6-32（d）所示。

6.2.5.2 装配图中弹簧的画法

① 被弹簧挡住的结构一般不画出，可见部分从弹簧的外轮廓线或从弹簧钢丝断面的中心线画起，见图 6-33（a）。

② 当弹簧被剖切时，剖面直径（或厚度）在图形上等于或小于 2mm 时，可用涂黑表示。

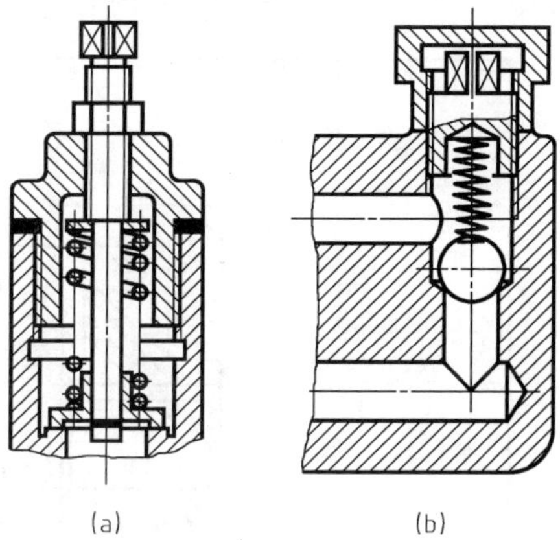

图 6-33 装配图中弹簧的画法

6.3 零件图

零件是组成机械设备的不可再拆分的基本单元。零件与理论上的组合体的最大区别在于两点：其一，零件是按工艺要求加工产生的；其二，零件必然在机械设备或部件中工作。零件必然通过一定的方式加工而成，不可加工的零件或加工成本很高的零件是无法接受的。零件在机械设备或部件中工作产生的功能往往取决于两个方面，一是零件自身的结构特点，二是零件在机械或部件中的安装位置。

不管组成机械设备或部件的零件如何复杂，一般可根据零件的结构形状，大致分为四大类：ⅰ. 轴套类零件；ⅱ. 盘盖类零件；ⅲ. 叉架类零件；ⅳ. 箱体类零件。分类是分析问题、解决问题的一个基本方法，经分类后，零件的视图表达就有了各自的特点。

零件图是生产中指导制造和检验该零件的主要图样，它不仅仅是把零件的内、外结构形状和大小表达清楚，还需要对零件的材料、加工、检验、测量提出必要的技术要求。下面主要介绍零件图的内容、视图选择和尺寸注法。

6.3.1 零件图的内容

零件图不仅要表达出机械设备或部件对零件的结构要求，还需要考虑制造和检验该零件所需的必要信息，因此，一张完整的零件图应具备如下内容。

（1）一组视图　用于正确、完整、清晰和简便地表达出零件内外形状的图形信息，其中包括机件的各种表达方法，如视图、剖视图、断面图、局部放大图和简化画法等。

（2）完整尺寸　零件图中应正确、完整、清晰、合理地注出制造零件所需的全部尺寸信息。

（3）技术要求　零件图中必须用规定的代号、数字、字母和文字注解说明制造和检验零件时在技术指标上应达到的要求。如表面粗糙度、尺寸公差、形位公差、材料和热处理、检验方法以及其他特殊要求等。

（4）标题栏　应配置在图框的右下角。填写的内容主要有零件的名称、材料、数量、比例、图样代号以及设计、审核、批准者的姓名、日期等。标题栏的尺寸和格式已经标准化，可参见图 1-4，本章则采用简化标题栏。

图 6-34 所示是一个凸轮的零件图。凸轮用两个视图表达，主视图为全剖，左视图为视图；一共标注了十个尺寸，包括线性尺寸、直径尺寸、倒角尺寸等；标注了表面粗糙度和尺寸公差；标题栏也填写了主要内容。

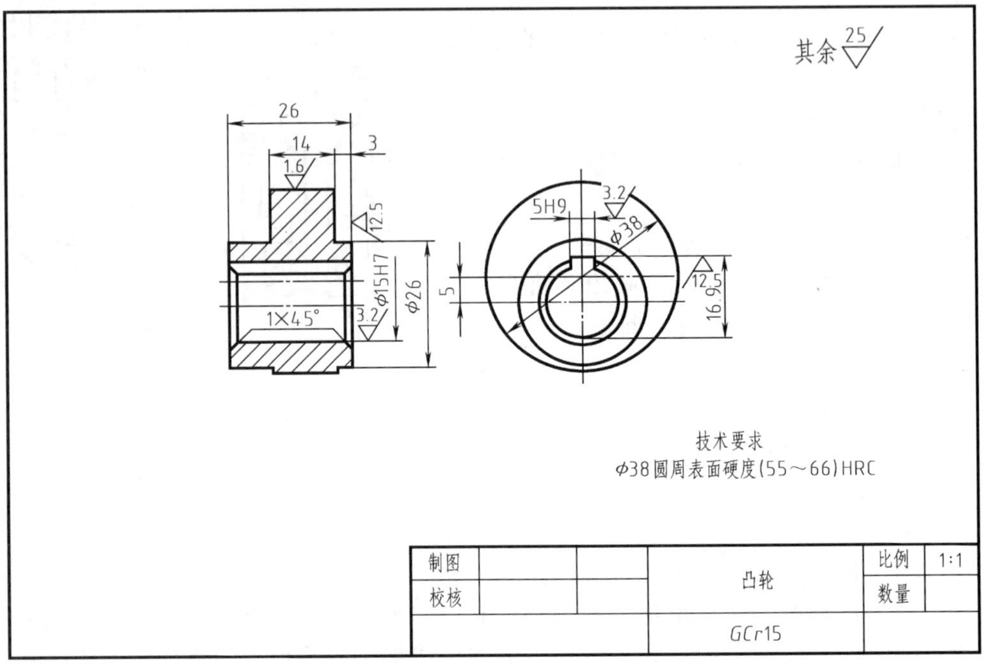

图 6-34 凸轮零件图

凸轮是由 ϕ15H7 轴孔轴线与 ϕ38 圆柱面轴线之间的偏心而产生功能的，偏心距离是 5mm，5mm 是重要尺寸，必须直接标注在视图上；从凸轮转动的动力考虑，设计了键槽结构，即宽为 5H9 的通槽；从装配角度考虑，设计了两个 1×45°倒角；因为 ϕ38 圆柱表面要与其他零件动态接触摩擦，故在技术要求中提出了表面硬度要求（55～66）HRC。

6.3.2 零件图的视图选择和尺寸标注

6.3.2.1 零件图的视图选择

与组合体视图选择总体原则相同，首先选择主视图，同样考虑安放位置和投射方向两个原则。对零件而言，安放位置从零件的加工位置和装配位置中选择，轴套类和盘盖类以加工位置为主要因素，叉架类和箱体类以工作位置为主要因素；投射方向则要使主视图尽可能多地反映形体的形状特征。然后适当选择其他视图以补充主视图表达的不足，从而完整、清晰地表达零件内、外结构。同时兼顾到尺寸标注的需要。

6.3.2.2 零件图的尺寸标注

在零件图上标注尺寸，除了要符合前面所述的正确、完整、清晰的要求外，还要尽量考虑标注的合理性。所谓合理，即标注的尺寸能满足设计和加工工艺的要求，也就是要使零件能在部件（或机器）中很好地工作，又能使零件便于制造、测量和检验。为了做到合理标注尺寸，应该对零件进行必要的形体分析、结构分析和工艺分析，恰当地选择好尺寸的基准，选择合理的标注形式。在标注零件的长、宽、高三个方向的尺寸时，每个方向至少要确定一个尺寸基准，从基准出发先标注定位尺寸，然后再标注定形尺寸。通常可选取的基准有：基准面——底板的安装面、重要的端面、装配结合面、零件的对称面等；基准线——回转体的轴线。

标注尺寸时还需注意：对零件间有配合关系的尺寸，例如孔和轴的配合，应分别注出相同的基本尺寸。

显然，要做到尺寸注得合理，需要较多的机械设计和实际加工经验方面的知识，仅学习本课程是不够的。

6.3.2.3　零件图的视图选择和尺寸标注示例分析

下面就四大类零件的视图选择和尺寸标注做一简单的介绍。

(1) 轴套类零件　轴套类零件一般为同轴的细长回转体。

这类零件一般有轴、衬套等，在视图表达时，只要画出一个基本视图，再加上适当的断面图和尺寸标注，就可以把主要形状特征以及局部结构表达出来了。图 6-35 所示的泵轴零件，它的形状特征是同轴回转体，并且主要在车床上加工。为了便于加工时看图，轴线一般按水平放置进行投射，即轴线为侧垂线的位置。

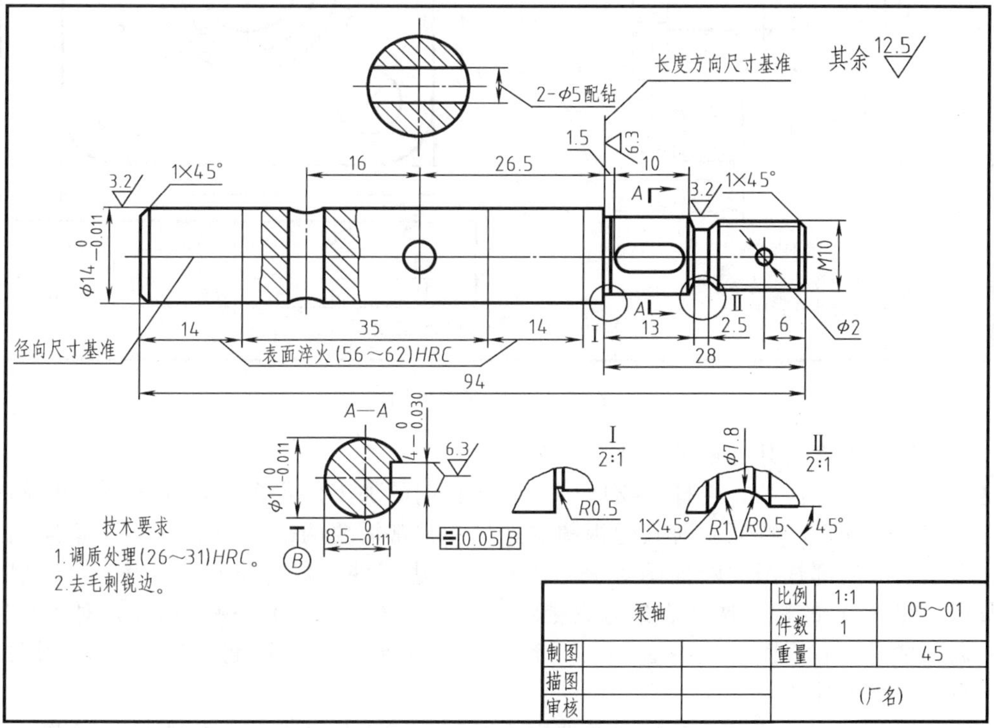

图 6-35　泵轴零件

在标注轴套类零件的尺寸时，径向以它的轴线作为尺寸基准，由此注出图 6-35 中所示的 $\phi 14_{-0.011}^{\ 0}$、$\phi 11_{-0.011}^{\ 0}$（见 A—A 断面）等。这样就把设计上的要求和加工时的工艺基准（轴类零件在车床上加工时，两端用顶针顶住轴的中心孔）统一起来了。而长度方向的基准常选用重要的端面、接触面（轴肩）或加工面等。如图 6-35 中所示的表面粗糙度为 6.3 的右轴肩，被选为长度方向的尺寸基准，由此注出 13、28、1.5 和 26.5 等尺寸；再以右轴端为长度方向的辅助基准，标注出轴的总长 94。

(2) 盘盖类零件　其基本形状是扁平的盘状。

这类零件一般有端盖、阀盖、齿轮等。它们的主要结构大体上是回转体，通常还带有各种形状的凸缘、均布的圆孔和肋等局部结构。在视图选择时，一般选择过对称面或回转轴线的剖视图作主视图，轴线水平放置，同时还需增加适当的其他视图（如左视图、右视图或俯视图），把零件的外形和均布结构表达出来。图 6-36 中就增加了一个左视图，以表达带圆角的方形凸缘和四个均布的通孔。

在标注盘盖类零件的尺寸时，通常选用通过轴孔的轴线作为径向尺寸基准，长度方向的尺寸基准常选用重要的端面，如图 6-36 所示。

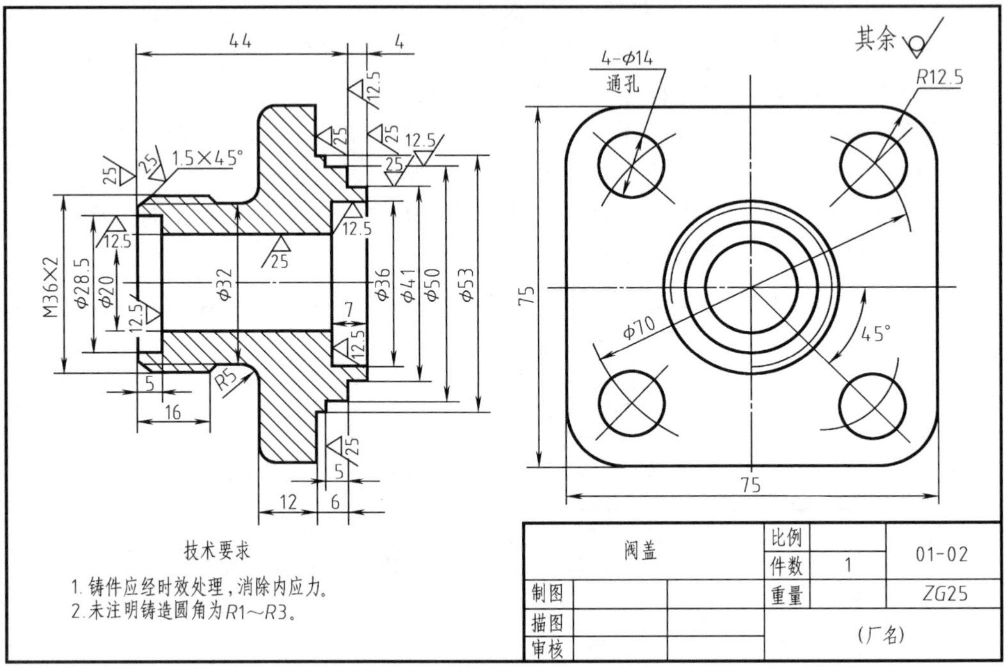

图 6-36　阀盖零件图

（3）叉架类零件　其毛坯形状比较复杂。

这类零件一般有拨叉、连杆、支座等。由于它们的加工位置多变，在选择主视图时，主要考虑工作位置和形状特征。对其他视图的选择，常常需要两个或两个以上的基本视图，并且还要用适当的局部视图、断面图等表达方法来表达零件的局部结构。如图 6-37 踏脚座零件图所示，图（a）的视图选择表达方案精练、清晰；图（b）的三视图选择，对于表达轴承和肋的宽度来说，右视图是没有必要的，而对于 T 字形肋，采用断面比较合适，因此，该视图选择的效果欠佳。

在标注叉架类零件的尺寸时，通常选用安装基面或零件的对称面作为尺寸基准。尺寸标注方法参见图 6-37（a）。

（4）箱体类零件　主要用来支承、包容、保护运动零件或其他零件。

一般来说，这类零件的形状、结构比前面三类零件复杂，而且加工位置的变化更多。这类零件一般有阀体、泵体、减速器箱体等零件。在选择主视图时，主要考虑工作位置和形状特征。选用其他视图时，应根据实际情况采用适当的剖视、断面、局部视图和斜视图等多种辅助视图，以清晰地表达零件的内外结构。在标注尺寸方面，通常选用设计上要求的轴线、重要的安装面、接触面（或加工面）、箱体某些主要结构的对称面等作为尺寸基准。对于箱体上需要切削加工的部分，应尽可能按便于加工和检验的要求来标注尺寸。尺寸标注方法参见图 6-38。

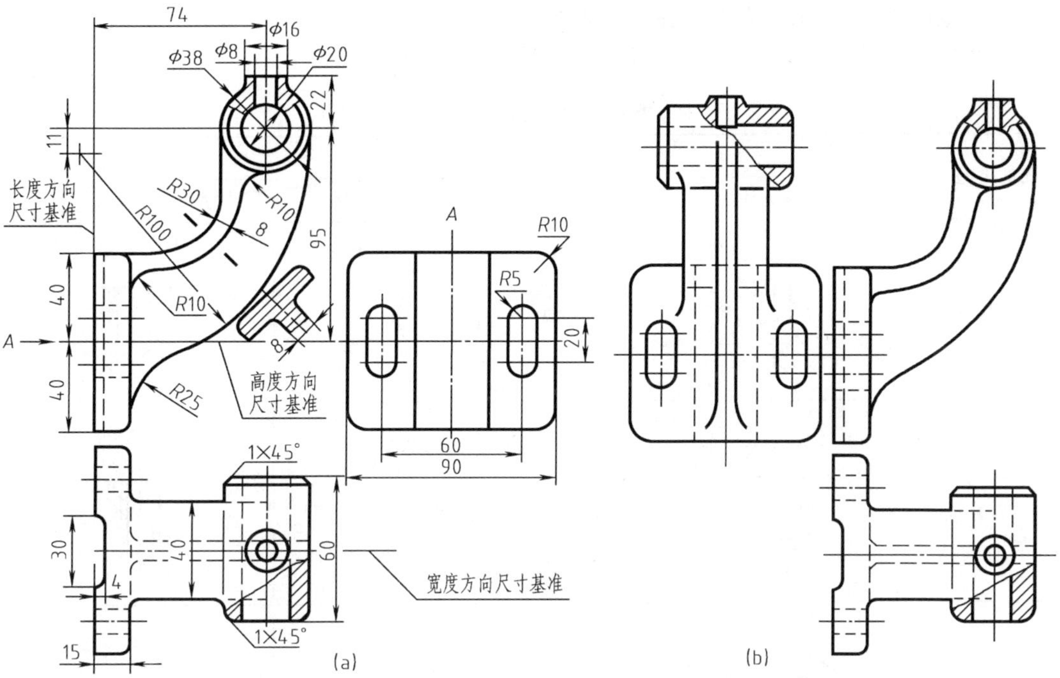

图 6-37 踏脚座零件图

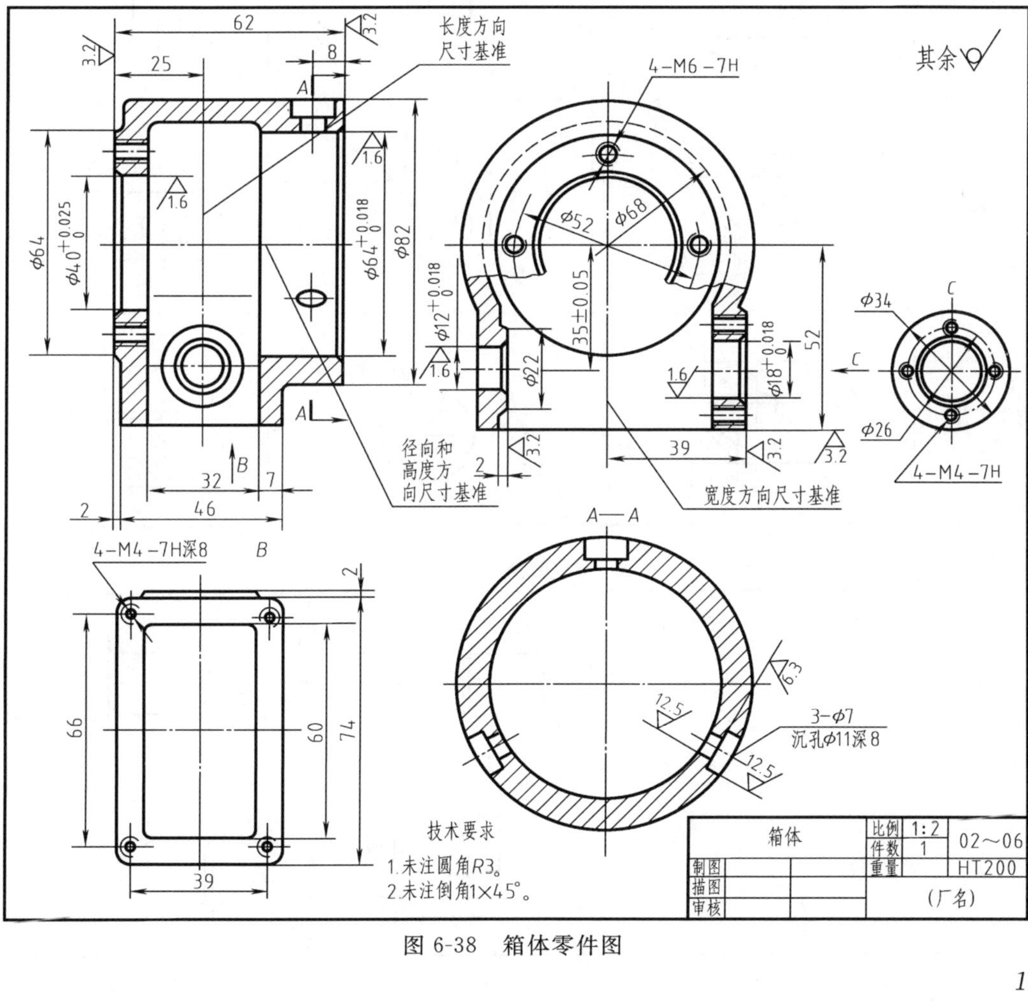

图 6-38 箱体零件图

（5）零件常见结构的尺寸注法　如表 6-5、表 6-6 所示。

常见孔的尺寸注法，见表 6-5；倒角的尺寸注法，见表 6-6。

表 6-5　常见孔的尺寸注法

<table>
<tr><th rowspan="2">孔的类型</th><th colspan="3">标注方法</th></tr>
<tr><th>普通注法</th><th colspan="2">旁注法</th></tr>
<tr><td>光孔</td><td>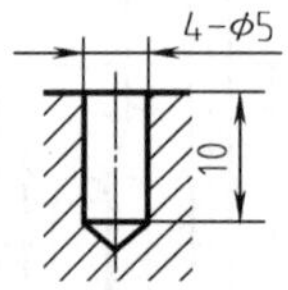</td><td>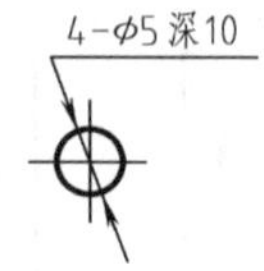</td><td>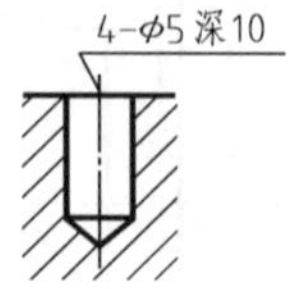</td></tr>
<tr><td>螺孔</td><td>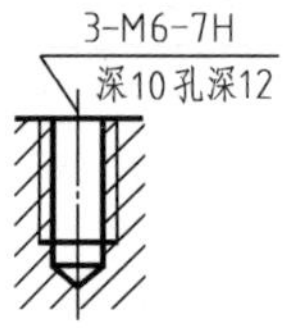</td><td></td><td>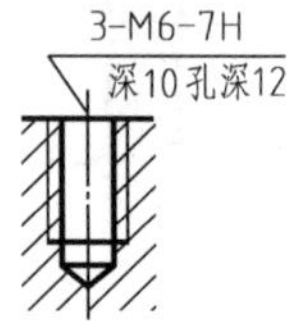</td></tr>
<tr><td>锥形沉孔</td><td>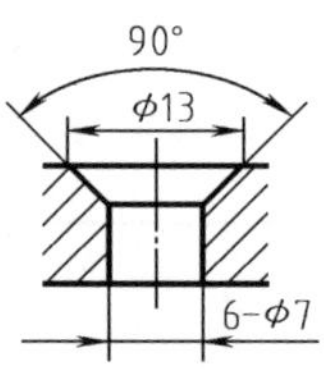</td><td>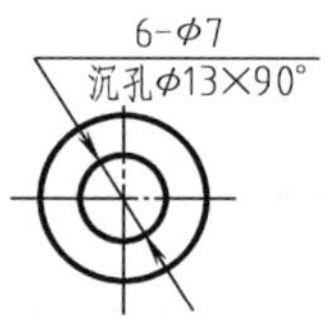</td><td>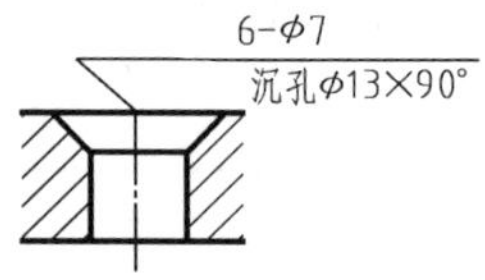</td></tr>
<tr><td>柱形沉孔</td><td>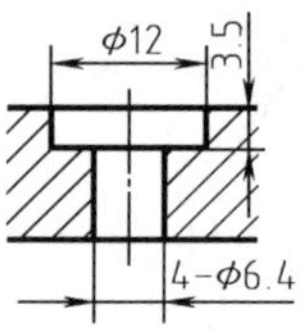</td><td>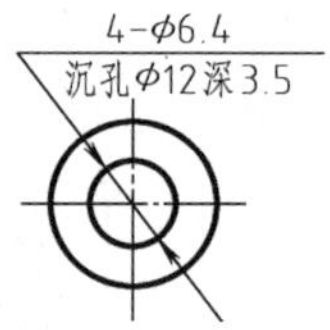</td><td>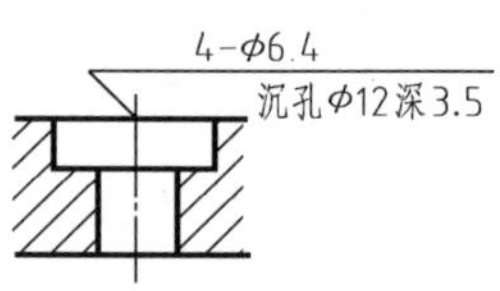</td></tr>
<tr><td>锪平沉孔</td><td>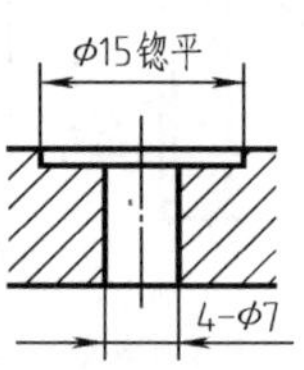</td><td>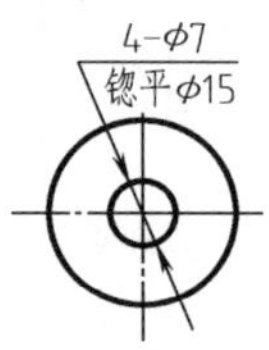</td><td>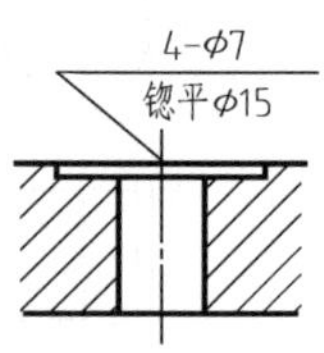</td></tr>
</table>

表 6-6　倒角的尺寸注法

<table>
<tr><td rowspan="2">倒角</td><td>45°倒角注法</td><td>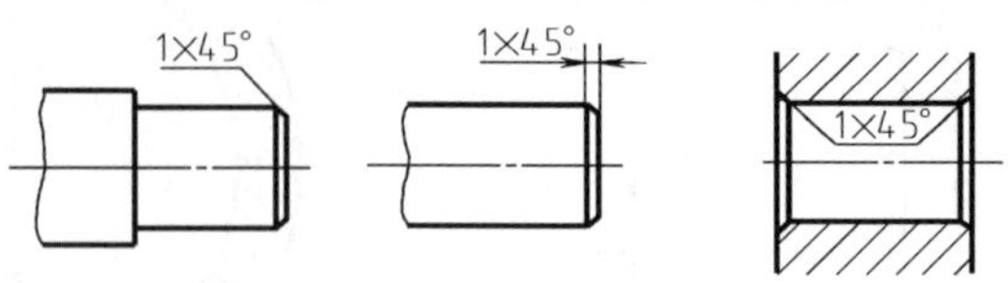</td></tr>
<tr><td>30°倒角注法</td><td>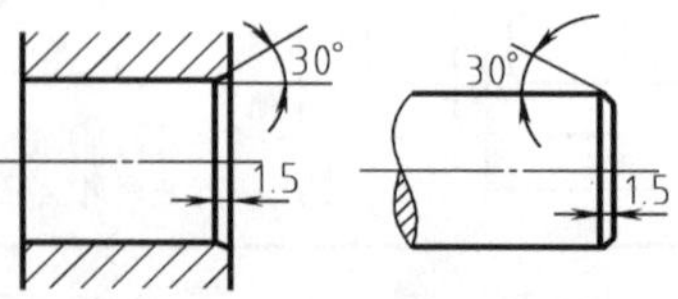</td></tr>
</table>

6.3.3　表面粗糙度

6.3.3.1　表面粗糙度的概念

零件表面上具有较小间距的峰谷所组成的微观几何形状特性，称为表面粗糙度。表面粗糙度是在加工零件时，由于刀具在零件表面上留下的刀痕及切削分裂时表面金属的塑性变形所形成的。零件表面粗糙度是评定零件表面质量的一项技术指标，它对零件的配合性质、工作精度、耐磨性、抗腐蚀性、密封性、外观等都有影响。在保证机器性能的前提下，为获得相应的零件表面粗糙度，应根据零件的作用，选用恰当的加工方法，尽量降低生产成本。一般来说，凡零件上有配合要求或有相对运动的表面，表面粗糙度参数值要小。

6.3.3.2　表面粗糙度的代号、符号及其标注

GB/T 131—93 规定了表面粗糙度代号及其注法。图样上表示零件表面粗糙度的符号见表 6-7。

表 6-7　表面粗糙度的符号

符　号	意　义　及　说　明
	基本符号，表示表面可用任何方法获得。当不加注粗糙度参数值或有关说明（例如表面处理、局部热处理状况等）时，仅适用于简化代号标注
	基本符号加一短画，表示表面是用去除材料的方法获得。如车、铣、钻、磨、剪切、抛光、腐蚀、电火花加工、气割等
	基本符号加一小圆，表示表面是用不去除材料方法获得。如铸、锻、冲压变形、热轧、冷轧，粉末冶金等，或者用于保持原供应状况的表面（包括保持上道工序的状况）

6.3.3.3　表面粗糙度的主要评定参数

零件表面粗糙度的评定参数有：轮廓算术平均偏差（R_a）、轮廓微观不平度十点高度（R_z）、轮廓最大高度（R_y）三项评定参数，使用时优先选用 R_a 参数。

(1) 轮廓算术平均偏差（R_a）　在取样长度内，轮廓偏距绝对值的算术平均值，如图 6-39 所示。用公式表示为：

$$R_a = \frac{1}{l}\int_0^l |y(x)|\,\mathrm{d}x \approx \frac{1}{n}\sum_{i=1}^{n}|y_i|$$

R_a 的数值及取样长度 l 见表 6-8。

表 6-8　R_a 及 l、l_n 的选用值（GB/T 1031—1995）

$R_a/\mu m$	≥0.008～0.02	>0.02～0.1	>0.1～2.0	>2.0～10.0	>10.0～80.0
取样长度 l/mm	0.08	0.25	0.8	2.5	8.0
评定长度 l_n/mm	0.4	1.25	4.0	12.5	40

R_a(系列)/μm								
0.008	0.010	**0.012**	0.016	0.020	**0.025**	**0.032**	0.040	**0.050**
0.063	0.080	**0.100**	0.125	0.160	**0.20**	0.25	0.32	**0.40**
0.50	0.63	**0.80**	1.00	1.25	**1.60**	2.0	2.5	**3.2**
4.0	5.0	**6.3**	8.0	10.0	**12.5**	16.0	20	**25**
32	40	**50**	63	80	**100**			

注：1. R_a 数值中黑体字为第一系列，应优先采用。

2. l_n 是评定轮廓所必需的一段长度，一般为五个取样长度。

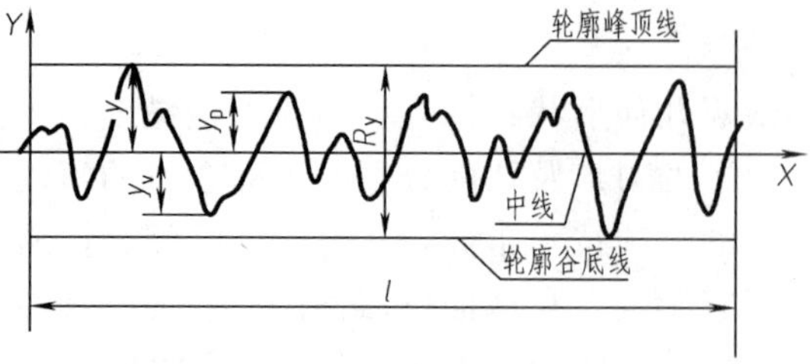

图 6-39　轮廓曲线和表面粗糙度参数

(2) 轮廓微观不平度十点高度（R_z）　在取样长度内，五个最大的轮廓峰高的平均值与五个最大轮廓谷深的平均值之和，如图 6-39 所示。

(3) 轮廓最大高度（R_y）　在取样长度内，轮廓峰顶线与轮廓峰底线的距离，如图 6-39 所示。

6.3.3.4　表面粗糙度的代号标注示例

表面粗糙度高度参数 R_a、R_z、R_y 在代号中用数值标注时，除参数代号 R_a 可省略外，其余在参数值前需标注出相应的参数代号 R_z 或 R_y，标注示例见表 6-9。

表 6-9　表面粗糙度高度参数的标注示例

代　号	意　　义	代　号	意　　义
3.2√	用任何方法获得的表面粗糙度，R_a 的上限为 3.2μm	3.2 1.6 √（去除材料）	用去除材料方法获得的表面粗糙度，R_a 的上限值为 3.2μm，R_a 的下限值为 1.6μm
Ry3.2√	用任何方法获得的表面粗糙度，R_y 的上限为 3.2μm	Rz200√（不去除材料）	用不去除材料方法获得的表面粗糙度，R_z 的上限值为 200μm

6.3.3.5　表面粗糙度代（符号）在图样上的标注方法

① 表面粗糙度代（符）号一般应注在可见轮廓线、尺寸界线或它们的延长线上，符号的尖端必须从材料外指向表面，见图 6-40。

② 表面粗糙度代号中数字及符号的方向必须按图 6-41（a）的规定标注。带有引出线的表面粗糙度符号应按图 6-41（b）的规定标注。

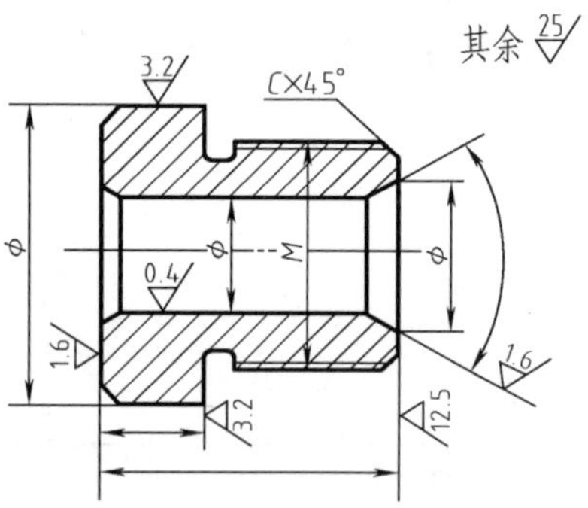

图 6-40　表面粗糙度注法

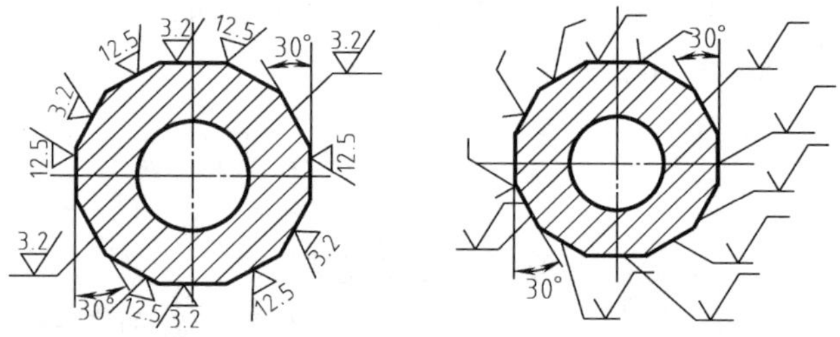

(a) 不带引出线标注　　(b) 带引出线标注

图 6-41　表面粗糙度代号中数字及符号的方向

③ 在同一图样上，每一表面一般只标注一次代（符）号，并尽可能地靠近有关的尺寸线，见图 6-40。当空间狭小或不便标注时可以引出标注，见图 6-42。

④ 当零件所有表面具有相同的表面粗糙度要求时，可统一标注在图样的右上角，见图 6-43。

当零件的大部分表面具有相同的表面粗糙度要求时，对其中使用最多的一种代（符）号可以同时注在图样的右上角，并加注“其余”两字，见图 6-40、图 6-42。

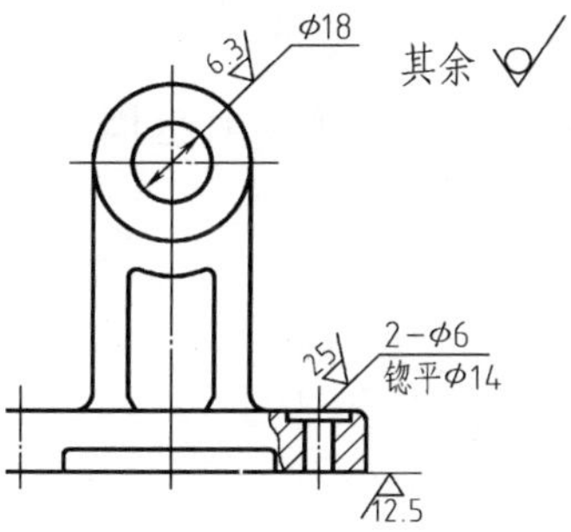

图 6-42 引出标注

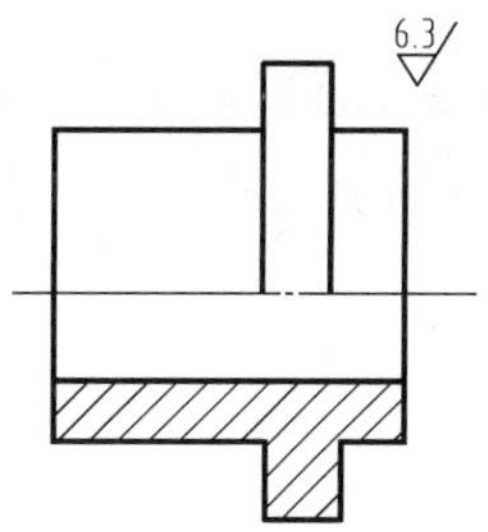

图 6-43 全部表面粗糙度相同时的标注方法

凡统一标注的表面粗糙度代（符）号及说明文字，其高度均应该是图样标注字符高度的 1.4 倍，符号总高为字符高的三倍。

⑤ 零件上连续表面（图 6-44）、重复要素（如孔、齿、槽等）的表面（图 6-44）和用细实线连接不连续的同一表面（图 6-42 中的底面），其表面粗糙度代（符）号只注一次。

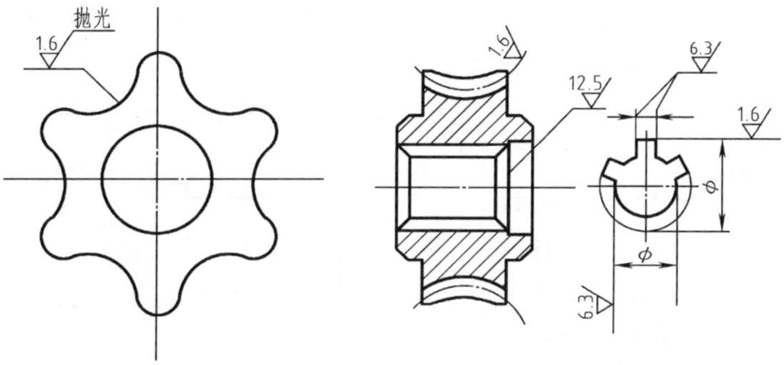

图 6-44 连续表面及重复要素的表面粗糙度注法

⑥ 同一表面上有不同的表面粗糙度要求时，应用细实线画出其分界线，并注出相应的表面粗糙度代号和尺寸，见图 6-45。

⑦ 齿轮、螺纹等工作表面没有画出齿（牙）形时，其表面粗糙度代（符）号注法见图 6-46。

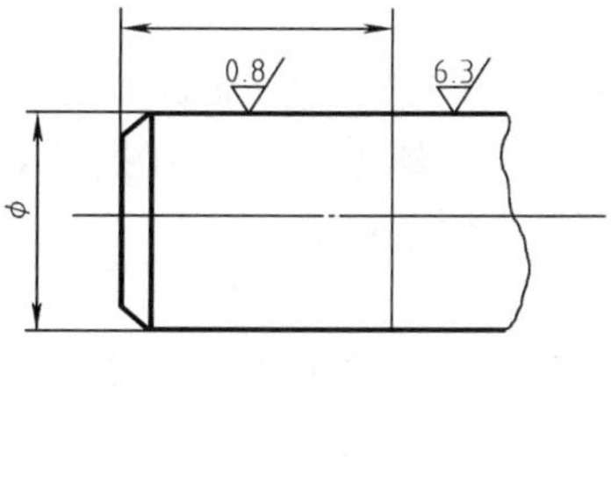

图 6-45 同一表面不同表面粗糙度注法

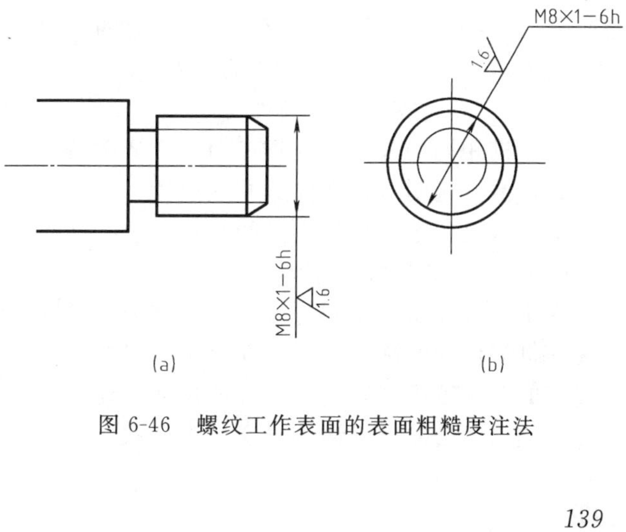

图 6-46 螺纹工作表面的表面粗糙度注法

⑧ 中心孔的工作表面，键槽的工作表面、倒角、圆角的表面粗糙度代号可以简化标注，见图 6-47。

⑨ 需要将零件局部热处理或局部镀（涂）覆时，应用粗点画线画出其范围并标注出相应尺寸，也可将其要求注写在表面粗糙度符号长边的横线上，见图 6-48。

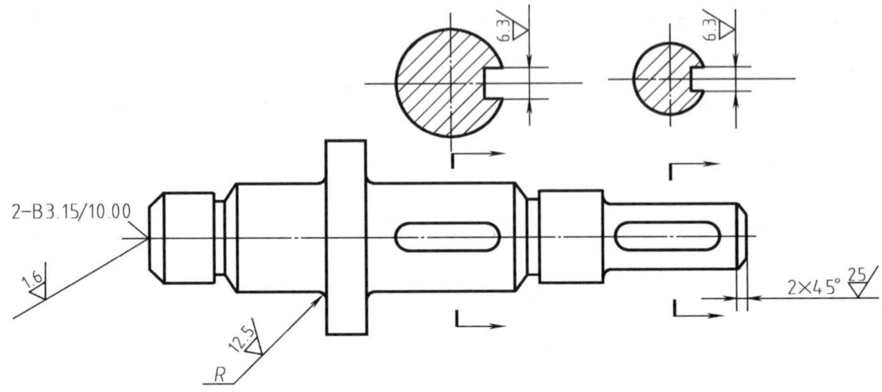

图 6-47　中心孔、键槽、圆角、倒角表面粗糙度注法

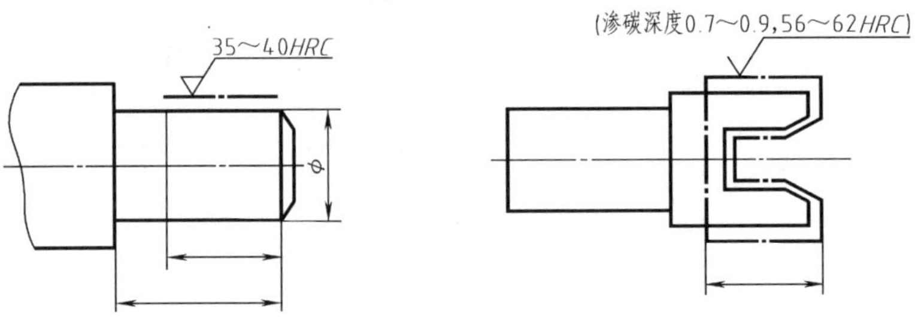

图 6-48　局部处理的方法

6.3.4　极限与配合和形位公差简介

极限与配合和形位公差是工程图样的一项重要的技术要求，也是检验产品质量的重要技术指标。国家标准总局发布了《极限与配合》（GB/T 1800.1～1800.3、GB/T 1804—92）、《形状和位置公差》（GB/T 1182～1184—1996）等标准。它们的应用几乎涉及了国民经济的各个部门，特别是对机械工业更具有重要的作用。

6.3.4.1　极限与配合的基本概念

6.3.4.1.1　零件的互换性

从一批相同的零件中任取一件，不经选配，就能立即装到机器上去，并能保证使用要求，这种情况说明这批零件具有互换性。现代化的机械工业，要求机器零件具有互换性，这样，既能满足各生产部门广泛的协作要求，又能进行高效率的专业化生产。

6.3.4.1.2　尺寸公差

由于零件在实际生产过程中受到机床、刀具、量具、加工、测量等诸多因素的影响，加工完一批零件的实际尺寸总存在一定的误差，为保证零件的互换性，必须将零件的尺寸控制在允许的变动范围内，这个允许的尺寸变动量称为尺寸公差，简称公差。

有关尺寸公差的术语和定义，有关尺寸公差的一些名词，以图 6-49 圆柱尺寸为例做简要说明。

(1) 基本尺寸 D (d) 设计给定的尺寸。如图 6-49 中的 $\phi30$。

(2) 实际尺寸 零件制成后，通过测量所得的尺寸。

(3) 极限尺寸 允许零件实际尺寸变化的两个极限值，其中较大的一个尺寸称为最大极限尺寸，较小的一个称为最小极限尺寸。

(4) 尺寸偏差（简称偏差） 某一尺寸减去基本尺寸所得的代数差。尺寸偏差有上偏差、下偏差和实际偏差。

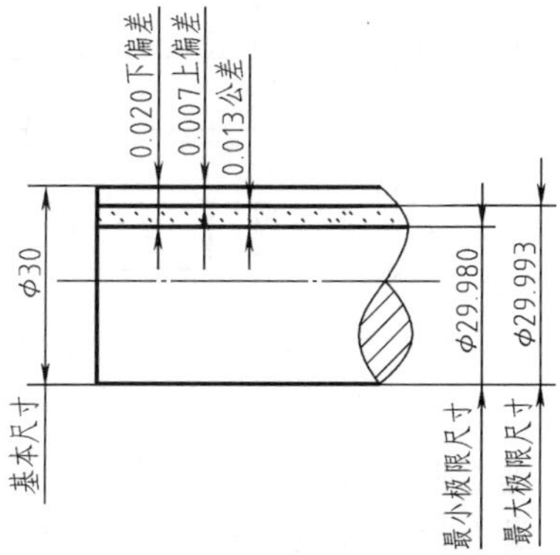

图 6-49 基本尺寸与极限尺寸

上偏差＝最大极限尺寸－基本尺寸

下偏差＝最小极限尺寸－基本尺寸

如图 6-49 所示的轴：上偏差＝29.993－30＝－0.007；下偏差＝29.980－30＝－0.020

国家标准规定用代号 ES 和 es 分别表示孔和轴的上偏差；用 EI 和 ei 分别表示孔和轴的下偏差。实际尺寸减去基本尺寸的代数差称为实际偏差。

(5) 尺寸公差（简称公差） 允许的尺寸变动量。

即　　公差＝最大极限尺寸－最小极限尺寸

或　　公差＝上偏差－下偏差

如图 6-49 所示的轴，公差＝29.993－29.980＝0.013；或：公差＝[－0.007－(－0.020)]＝0.013。

(6) 尺寸公差带（简称公差带） 公差带表示公差范围和相对零线位置的一个区域。

图 6-50 表示了一对互相结合的孔和轴的基本尺寸、极限尺寸、偏差、公差的相互关系。为简化起见，一般只画出孔和轴的上、下偏差围成的方框简图，称为公差带图，见图 6-50 (b)。在公差带图中，零线是表示基本尺寸的一条直线。

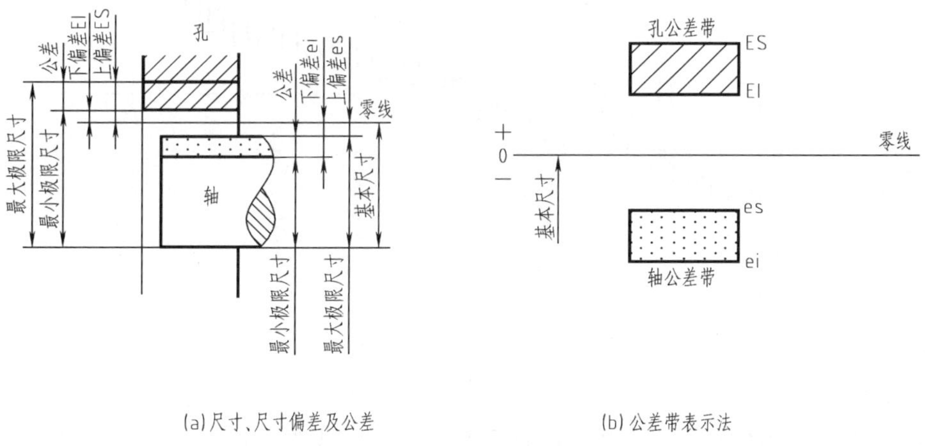

图 6-50 尺寸、尺寸偏差及公差带

6.3.4.2 标准公差和基本偏差

为便于生产，实现零件的互换性及满足不同的使用要求，国家标准《极限与配合》规定了公差带由标准公差和基本偏差两个要素组成。标准公差确定公差带的大小，而基本偏差确定公差带的位置，见图 6-51。

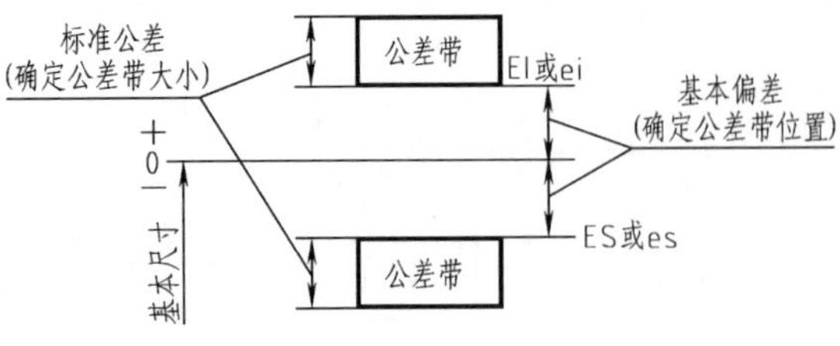

图 6-51　公差带大小及位置

6.3.4.2.1　标准公差（IT）

标准公差的数值由基本尺寸和公差等级来决定。其中公差等级确定尺寸精确程度。标准公差分为 20 级，即 IT01，IT0，IT1，…，IT18。其尺寸精确程度从 IT01 到 IT18 依次降低。标准公差的具体数值见附录 5-1。

6.3.4.2.2　基本偏差

基本偏差是指在标准的极限与配合制中，确定公差带相对零线位置的那个极限偏差。它可以是上偏差或下偏差，一般指靠近零线的那个偏差。当公差带在零线的上方时，基本偏差为下偏差；反之，则为上偏差，如图 6-51 所示。基本偏差的代号用拉丁字母表示，大写的为孔，小写的为轴，各 28 个。基本偏差系列见图 6-52。

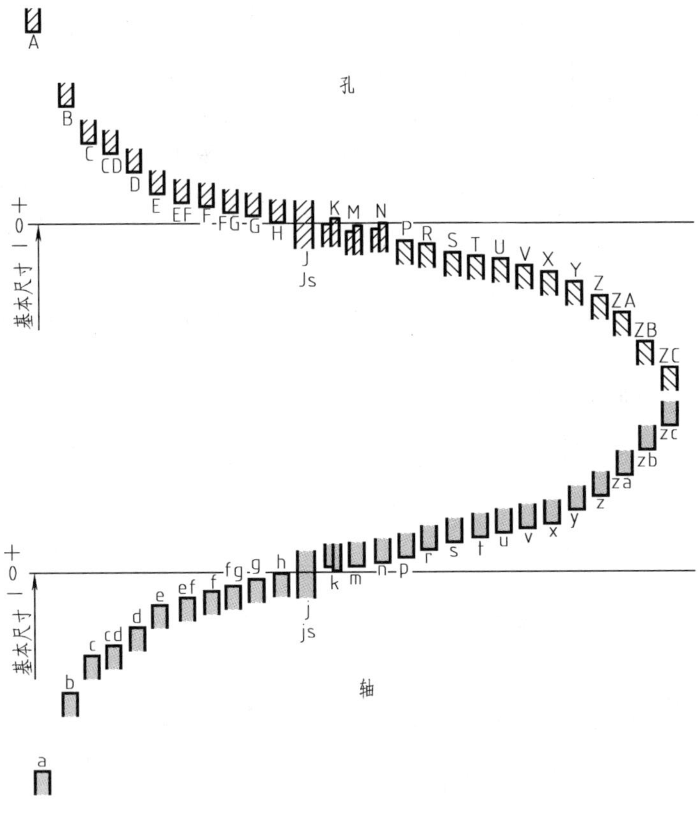

图 6-52　基本偏差系列

从基本偏差系列图中可以看出：孔的基本偏差 A～H 为下偏差，J～ZC 为上偏差；轴的基本偏差 a～h 为上偏差，j～zc 为下偏差；JS 和 js 的公差带对称分布于零线两边，孔和轴的上、下偏差分别都是＋IT/2、－IT/2。基本偏差系列图只表示公差带的位置，不表示公差的大小，因此，公差带一端开口，开口的另一端由标准公差限定。

根据尺寸公差的定义，基本偏差和标准公差有以下的计算式：

$$ES=EI+IT \text{ 或 } EI=ES-IT$$

$$ei = es - IT \text{ 或 } es = ei + IT$$

孔和轴的公差带代号用基本偏差代号与公差等级代号组成。

例如：ϕ50H8

其中：H8——孔的公差带代号

H——孔的基本偏差代号

8——公差等级代号

又例如：ϕ50f7

其中：f7——轴的公差带代号

f——轴的基本偏差代号

7——公差等级代号

6.3.4.3 配合

基本尺寸相同的、相互结合的孔和轴公差带之间的关系，称为配合。根据使用要求的不同，孔和轴之间的配合有松有紧，因而国标规定，配合分三类，即间隙配合、过盈配合、过渡配合（见图 6-53）。

6.3.4.3.1 配合种类

(1) 间隙配合　孔与轴装配时有间隙（包括最小间隙等于零）的配合。如图 6-53（a）所示，孔的公差带在轴的公差带之上。

(2) 过渡配合　孔与轴装配时可能有间隙或过盈的配合。如图 6-53（b）所示，孔的公差带与轴的公差带互相交叠。

(3) 过盈配合　孔与轴装配时有过盈（包括最小过盈等于零）的配合。如图 6-53（c）所示，孔的公差带在轴的公差带之下。

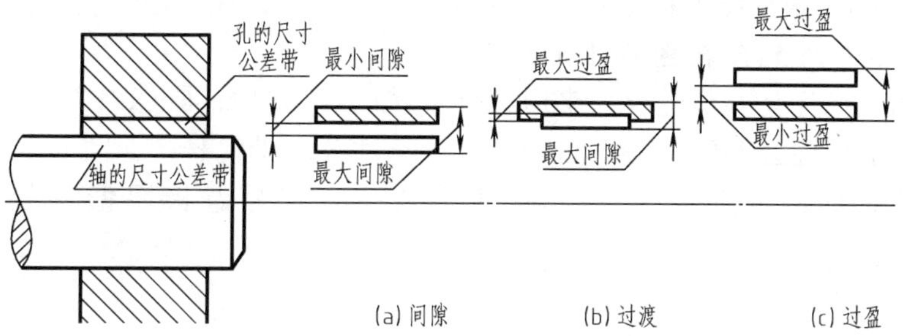

图 6-53　配合的情况

6.3.4.3.2 基准制

在制造配合的零件时，使其中一种零件作为基准件，它的基本偏差固定，通过改变另一种非基准件的基本偏差来获得各种不同性质配合的制度称为基准制。根据生产实际的需要，国家标准规定了两种基准制。

基孔制——是指基本偏差为一定的孔的公差带与不同基本偏差的轴的公差带形成各种配合的一种制度，如图 6-54 所示。基孔制的孔称为基准孔，其基本偏差代号为 H，其下偏差为零。

基轴制——是指基本偏差为一定的轴的公差带与不同基本偏差的孔的公差带形成各种配合的一种制度。如图 6-55 所示。基轴制的轴称为基准轴，其基本偏差代号为 h，其上偏差为零。

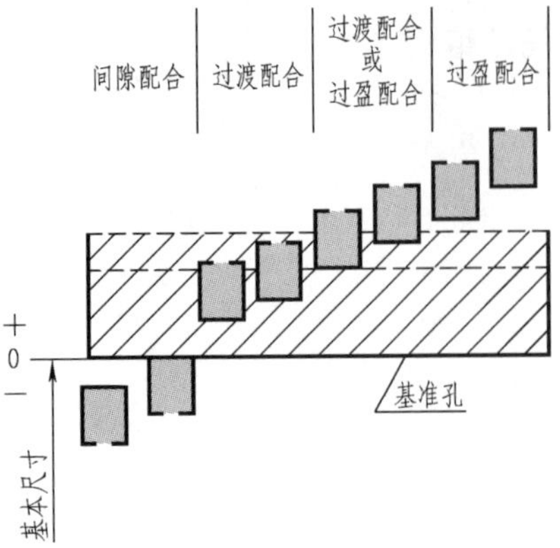

图 6-54　基孔制配合

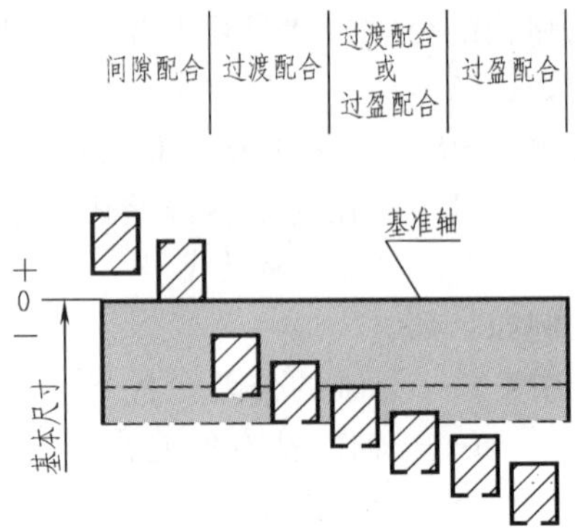

图 6-55　基轴制配合

6.3.4.3.3　配合代号

配合代号由孔和轴的公差带代号组成，写成分数形式，分子为孔的公差带代号，分母为轴的公差带代号。通常分子中含 H 的为基孔制配合，通常分母中含 h 的为基轴制配合。

例如　ϕ25H7/g6 的含义是指该配合的基本尺寸为 ϕ25、基孔制的间隙配合，基准孔的公差带为 H7（基本偏差为 H，公差等级为 7 级），轴的公差带为 g6（基本偏差为 g，公差等级为 6 级）。

例如　ϕ25N7/h6 的含义是指该配合的基本尺寸为 ϕ25、基轴制的过渡配合，基准轴的公差带为 h6（基本偏差为 h，公差等级为 6 级），孔的公差带为 N7（基本偏差为 N，公差等级为 7 级）。

而如 ϕ25H6/h6，根据国家标准优先选用基孔制的原则，应考虑为基孔制配合。

6.3.4.4　公差与配合在图样上的标注

① 在装配图上标注公差与配合，采用组合式注法，如图 6-56（a）所示。

② 在零件图上标注公差的方法有三种形式：只注公差带代号，如图 6-56（b）所示；只注极限偏差数值，如图 6-56（c）所示；注出公差带代号及极限偏差数值，如图 6-56（d）所示。

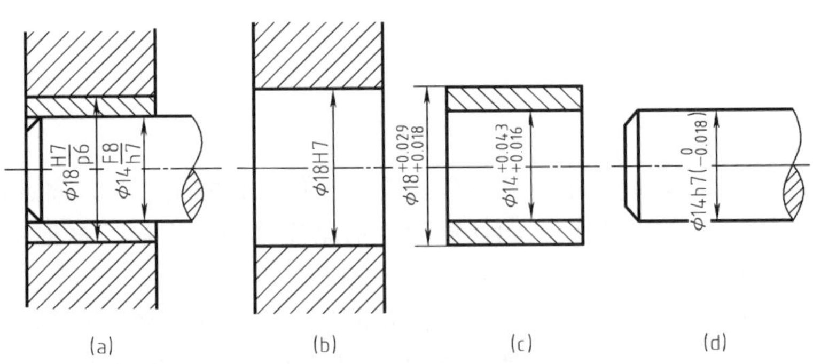

图 6-56　在图样上公差与配合的标注方法

6.3.4.5　形状和位置公差简介

零件加工后，不仅存在尺寸误差，而且会产生几何形状及相互位置的误差。如图 6-57（a）所示的圆柱体，即使在尺寸合格时，也有可能出现一端大，另一端小或中间细两端粗等情况，其截面也有可能不圆，这属于形状方面的误差。再如图 6-57（b）所示的阶梯轴，加工后可能出现各轴段不同轴线的情况，这属于位置方面的误差。所以，形状公差是指实际形状对理想形状的允许变动量，位置公差是指实际位置对理想位置的允许变动量，两者简称形位公差。

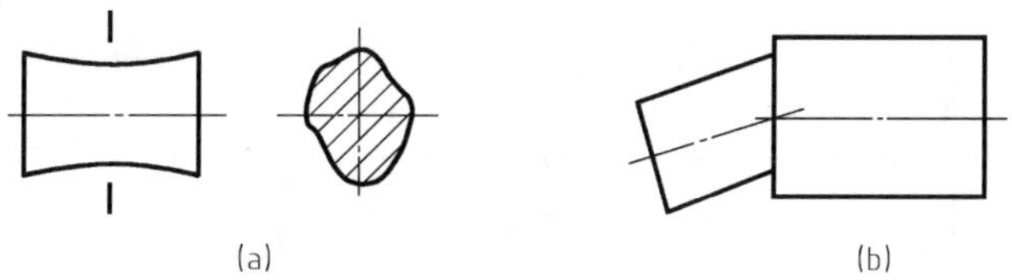

图 6-57　形状和位置误差

6.3.4.5.1　形状和位置公差的代号

国家标准 GB/T 1182—1996 规定用代号来标注形状和位置公差。在实际生产中，当无法用代号标注形位公差时，允许在技术要求中用文字说明。

形位公差代号包括：形位公差各项目的符号（见表 6-10）、形位公差框格及指引线、形位公差数值和其他有关符号，以及基准代号等。这些内容可参阅图 6-58 以及图中的说明。框格内字体的高度 h 与图样中的尺寸数字等高。

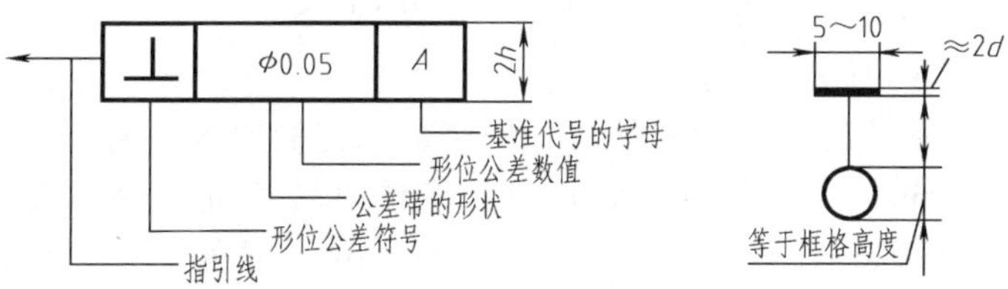

(a) 形位公差代号　　(b) 基准代号

图 6-58　形位公差代号及基准代号

表 6-10　形状公差的各项目符号

分　类	名　称	序　号	分　类		名　称	序　号
形状公差	直线度	—	位置公差	定向	平行度	//
	平面度	⏥			垂直度	⊥
	圆度	○			倾斜度	∠
	圆柱度	⌭		定位	同轴度	◎
	线轮廓度	⌒			对称度	⌯
	面轮廓度	⌓			位置度	⌖
				跳动	圆跳动	↗
					全跳动	⌰

6.3.4.5.2　形位公差标注示例

图 6-59 所示是一根气门阀杆，在图中所标注的形位公差附近添加的文字，只是为了给读者做说明而重复写上的，在实际的图样中不应该重复注写。

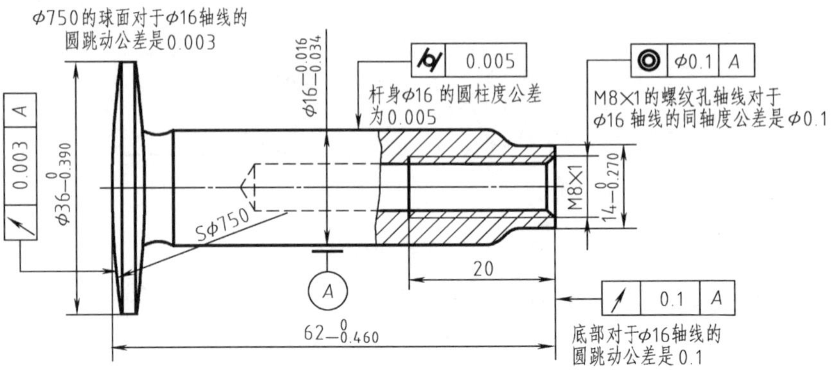

图 6-59　形位公差标注示例

6.3.5　零件结构的工艺性简介

零件的结构形状主要是根据它在机械设备（或部件）中的功能决定的，同时制造工艺对零件的结构也提出了要求。因此，在设计零件时，应该使零件的结构既要满足使用上的要求，还要方便制造。下面介绍零件的一些常见工艺结构。

6.3.5.1　零件上的铸造结构

（1）铸造圆角　当零件的毛坯为铸件时，因铸造工艺的要求，铸件各表面相交的转角处都应做成圆角，见图 6-60。铸造圆角可防止铸件浇铸时转角处的落砂现象及避免金属冷却时产生缩孔和裂纹。铸造圆角的半径一般取 $R=3\sim5$mm，可在技术要求中统一注明。

（2）拔模斜度　用铸造的方法制造零件毛坯时，为了便于在砂型中取出模样，一般沿模样拔模方向做成约 1∶20 的斜度，叫做拔模斜度。因此在铸件上也有相应的拔模斜度，如图 6-61（a）所示，这种斜度在图上可以不予标注，也不一定画出，如图 6-61（b）所示；必要时，可以在技术要求中用文字说明。

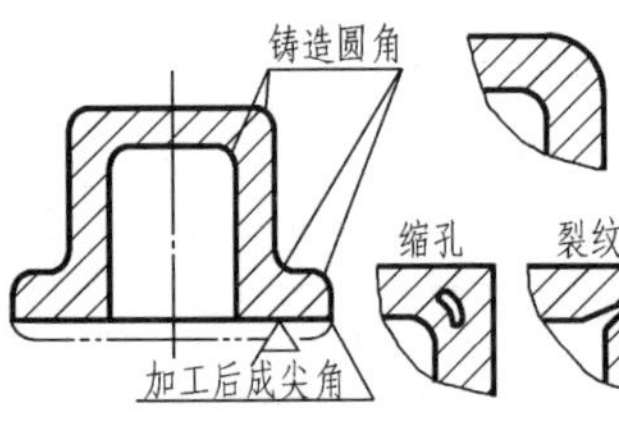

图 6-60　铸造圆角

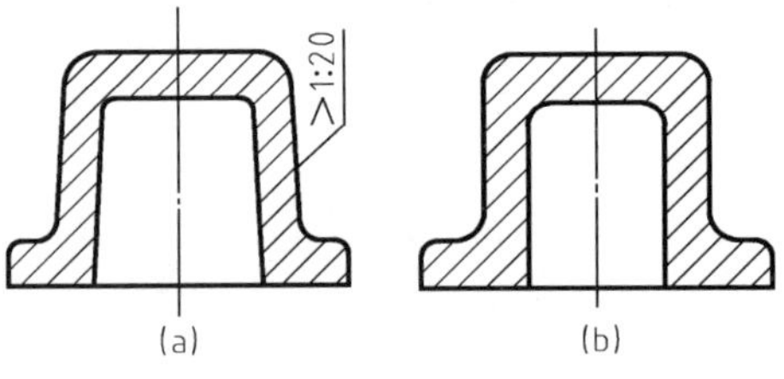

图 6-61　拔模斜度

（3）铸件厚度　当铸件的壁厚不均匀一致时，铸件在浇铸后，因各处金属冷却速度不同，将产生裂纹和缩孔现象。因此，铸件的壁厚应尽量均匀，见图 6-62（a）；当必须采用不同壁厚连接时，应采用逐渐过渡的方式，见图 6-62（b）。

6.3.5.2　零件上的机械加工结构

（1）退刀槽和砂轮越程槽　在零件切削加工时，为了便于退出刀具及保证装配时相关零件的接触面靠紧，在被加工表面台阶处应预先加工出退刀槽或砂轮越程槽。车削外圆时的退刀槽，其尺寸一般可按“槽宽×直径”或“槽宽×槽深”方式标注，见图 6-63。磨削外圆

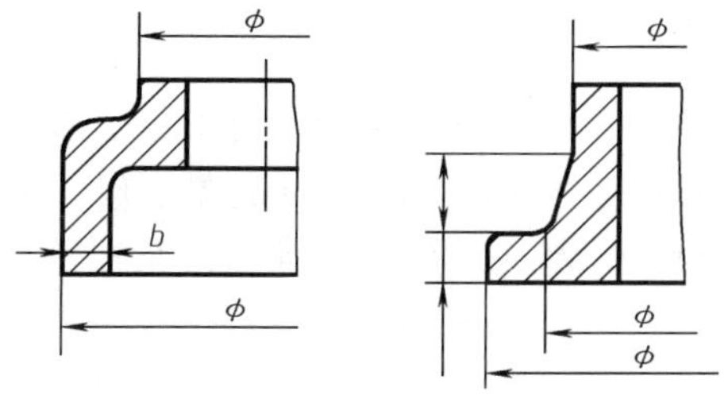

(a) 均匀壁厚　(b) 逐渐过渡

图 6-62　铸件壁厚

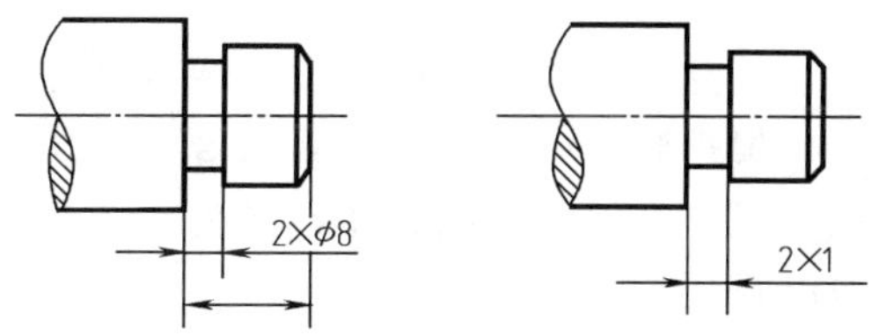

(a) 槽宽×直径　(b) 槽宽×槽深

图 6-63　退刀槽

或磨削外圆和端面时的砂轮越程槽见图 6-64。

(2) 钻孔结构　用钻头钻出的盲孔，在底部有一个 120°的锥角，钻孔深度指的是圆柱部分的深度，不包括锥坑，如图 6-65 (a) 所示。在阶梯形钻孔的过渡处，也存在锥角 120°圆台，其画法及尺寸注法如图 6-65 (b) 所示。

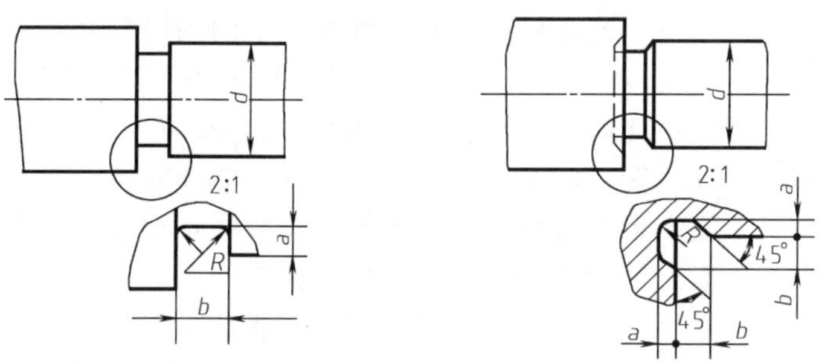

(a) 磨削外圆　(b) 磨削外圆和端面

图 6-64　砂轮越程槽

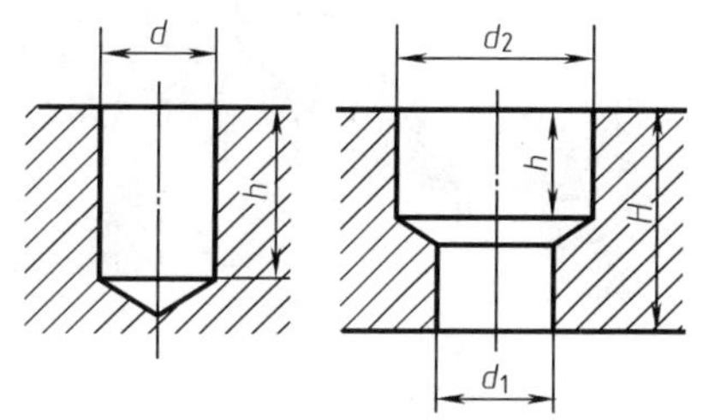

(a) 盲孔　(b) 阶梯孔

图 6-65　钻孔结构

用钻头钻孔时，要求钻头轴线尽量垂直于被钻孔的端面，以保证钻孔准确和避免钻头折断。图 6-66 表示了三种钻孔端面的正确结构。

(3) 凸台和凹坑　零件上与其他零件接触的接触面，一般都要加工。为了减少加工面积，并保证零件表面之间有良好的接触，常常在铸件上设计出凸台、凹坑。图 6-67 (a)、(b) 是螺栓连接的支承面，做成凸台或凹坑的形式；图 6-67 (c) 是为了减少加工面积，而做成凹槽结构。

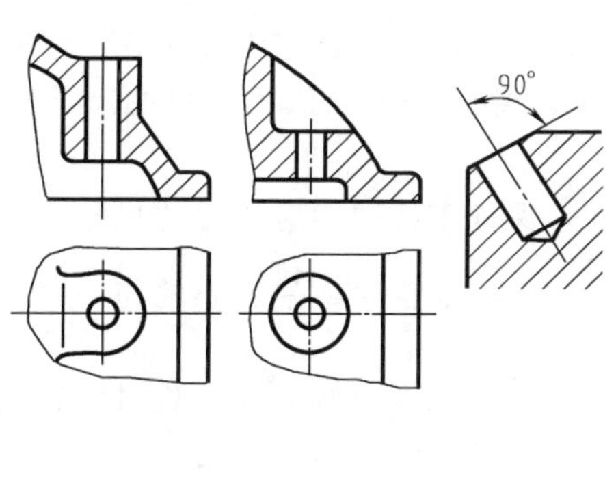

图 6-66　钻孔的端面

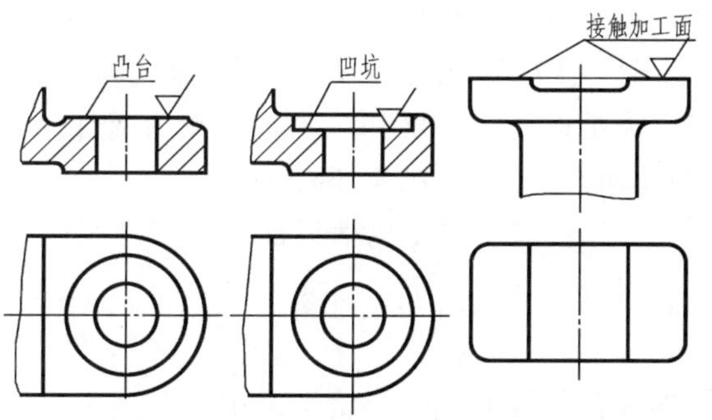

(a) 凸台　(b) 凹坑　(c) 凹槽

图 6-67　凸台、凹坑和凹槽结构

6.4 装配图

装配图用来表明机械设备或部件的结构形状、装配关系、工作原理和技术要求等。装配时，根据装配图把零件装配成部件或机械设备。在使用过程中，又可通过装配图了解、调试、操作和检修机械设备或部件。由此可知，装配图是设计、制造、使用、维修以及技术交流的重要技术文件。

6.4.1 装配图的内容

图 6-68 是一种柱塞泵的结构情况。图 6-69 是它的装配图。当凸轮（在 A 向视图上用双点画线画出，$cm-cf=$升程）旋转时，由于升程的改变，迫使柱塞 02305 上下运动，并引起泵腔容积的变化，压力也随之变化。当凸轮上的 f 点转至图示位置时，弹簧 02306 的弹力使柱塞 02305 升至最高位置。此时泵腔容积增大，压力减小（低于大气压），油池中的油在大气压力作用下，流进管道，将吸油嘴的单向阀门打开（挤开钢珠），进入泵腔。在这段时间内，出油嘴中的单向阀门是关闭的（钢珠 02308 堵住阀口）。在凸轮再转半圈的过程中，柱塞 02305 被往下压直至最低位置，泵腔容积逐步减小，油压逐步升高，高压油挤开排油嘴的单向阀门的钢珠经管道送至使用部位。在此过程中，吸油嘴中的单向阀门是关闭的，以防止油逆流。凸轮如果继续旋转，则柱塞 02305 就不断地做往复运动而将油不断地压出。

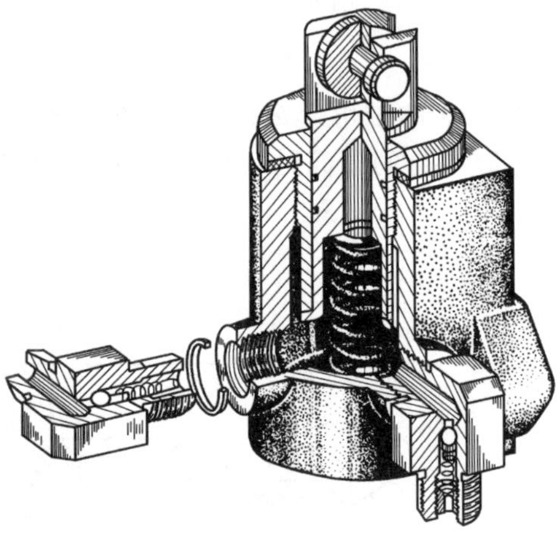

图 6-68 柱塞泵

从装配图的作用，并参照图 6-69 所示的滑动轴承装配图，可以看出一张完整的装配图应有下列内容。

6.4.1.1 一组视图

选用一组恰当的视图表达机械设备或部件的工作原理，各零件间的装配、连接关系和零件的主要结构形状等。

6.4.1.2 几类尺寸

装配图中的尺寸一般只标注机械设备或部件的规格尺寸、装配尺寸、安装尺寸、总体尺寸，以及其他重要尺寸。

（1）性能（规格）尺寸 表示机械设备或部件性能（规格）的尺寸，在设计时就已经确定，也是设计、了解和选用该机械或部件的依据，如图 6-69 中，柱塞泵的出油口的尺寸 $\phi3$（在单向阀 10 内）决定了油的流量。

（2）装配尺寸 包括保证有关零件间配合性质的尺寸，保证零件间相对位置的尺寸、装配时进行加工的有关尺寸等。如图 6-69 中柱塞与柱塞套的配合尺寸 $\phi25\ \frac{H7}{h6}$、小轴与柱塞上孔的配合尺寸 $\phi7\ \frac{H9}{h8}$，俯视图中泵整体和排油单向阀中心与机座（双点画线）的相对位置尺寸 30。

（3）安装尺寸 机械设备或部件安装时所需的尺寸，如图 6-69 中泵体与机座安装用的

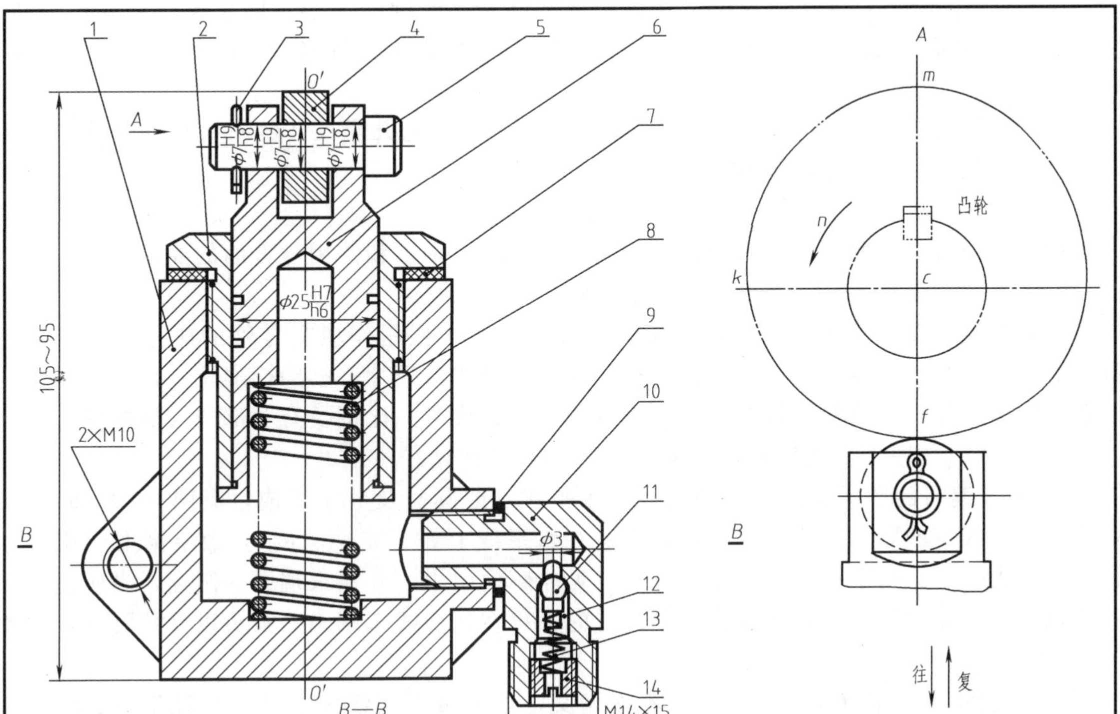

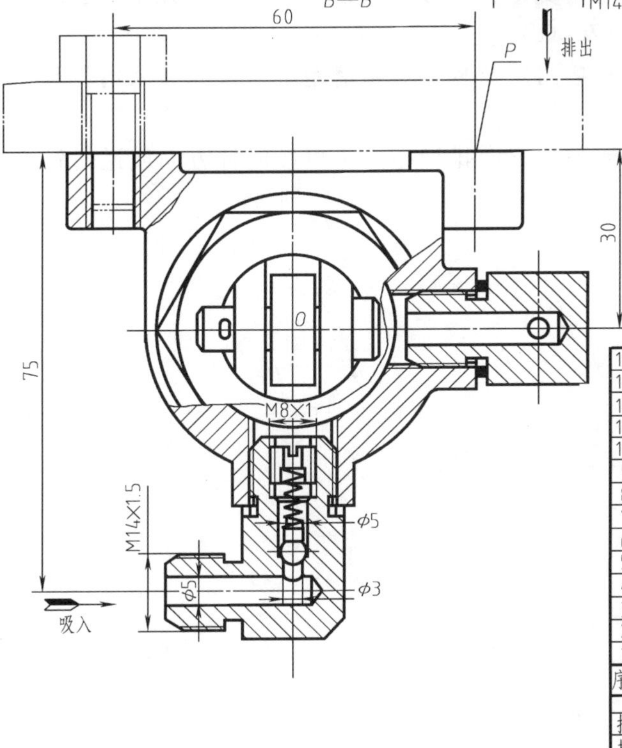

技术要求

1. 柱塞往复运动时,两个单向阀要能一吸一排。如果不能满足要求,则可将弹簧件13调换(使弹力较强或较弱),使珠子11能灵活活动。
2. 将件11(珠子)装入单向阀内前,可先用另外珠子放入φ5孔内用锤子通过圆杆敲击珠子,使φ5孔与φ3孔过渡处有一球痕,便于珠子定位,起到关闭或开启作用。
3. 该部件吸油口、排油口与有关管子、喷油嘴连接后,在5大气压下进行试验,要能喷出雾状油液,方能使用。

序号	代号	名称	数量	材料	热处理	重量	附注
14	02311	螺塞	2	35			
13	02310	弹簧1	2	φ1弹簧钢丝			
12	02309	球托	2	35			
11	02308	钢球φ4.76	2				外购
10	02307	单向阀体	2	35			
9	02401	衬垫	2	Al			
8	02306	弹簧	1	φ2弹簧钢丝			
7	02501	垫片	1	鸡毛纸			
6	02305	柱塞	1	45			
5	02304	小轴	1	45			
4	02303	滚轮	1	45			
3	GB/T91	开口销2×25	1	35			
2	02301	柱塞套	1	45			
1	02101	泵体	1	HT150			

批准			柱塞泵	图号	02000	件数
描图				材料	重量	比例
审图						
制图		机器名称		共 张	第 张	
设计				(厂名)		

图 6-69 柱塞泵装配图

螺孔 2×M10 和孔心距 60 以及吸入和排出接口处安装油管用的螺纹尺寸 M14×15。

(4) 总体（外形）尺寸　表示机械设备或部件外形轮廓的大小，即总长、总宽和总高。它为包装、运输和安装过程所占的空间大小提供了数据。如图 6-69 中柱塞泵的总高 105～95。

(5) 其他重要尺寸　它们是在设计中确定，不属于上述几类尺寸的一些重要尺寸，如运动零件的极限尺寸、主体零件的重要尺寸等。

6.4.1.3　技术要求

用文字或符号说明机械设备或部件的性能、装配、调试和使用等方面的要求。

6.4.1.4　零件序号、明细栏及标题栏

序号将装配图中各组成零件按一定格式编号。明细栏用作填写零件的序号、代号、名称、数量、材料、重量、备注等。标题栏的内容、格式、尺寸等已经标准化，且与零件图的标题栏完全一样，主要填写机械设备或部件的名称、代号、比例及有关部门人员的签名等。

6.4.1.4.1　序号（或代号）的编写规则（GB 4485.2—84）

① 序号编写的形式由圆点、指引线、水平线（或圆）及数字组成，见图 6-70（a）。指引线和水平线（或圆）均为细实线，数字写在水平线上方（或小圆内），数字高度应比尺寸数字高度大一号，指引线应从所指零件的可见轮廓内引出，并在末端画一圆点，当所指部分不宜画圆点（如很薄的零件或涂黑的剖面）时，可在指引线末端画一箭头以代替圆点，见图 6-70（b）。

② 指引线应尽量分布均匀，彼此不能相交，当通过剖面线区域时，须避免与剖面线平行。必要时，指引线可曲折一次，见图 6-70（c）。

③ 对于一组紧固件（如螺栓、螺母和垫圈）及装配关系清楚的组件允许采用公共指引线，其编写形式见图 6-70（d）。

④ 编写图样中的序号时，应按水平或垂直方向排列整齐，可顺时针方向或逆时针方向依次编号，如图 6-69 所示。

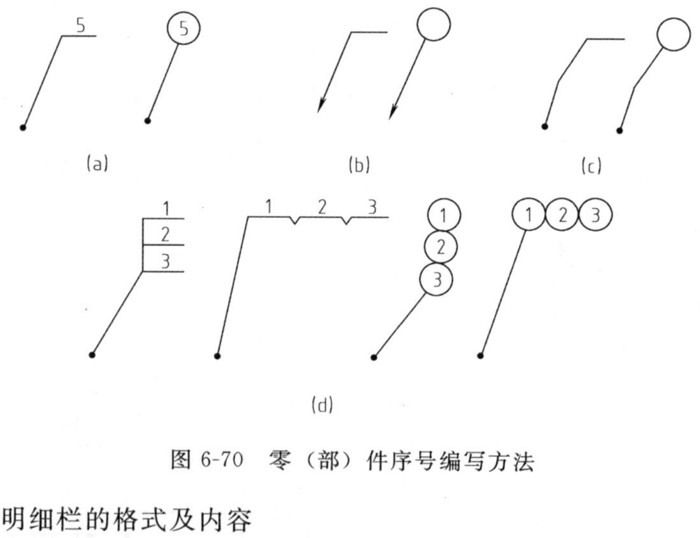

图 6-70　零（部）件序号编写方法

6.4.1.4.2　明细栏的格式及内容

明细栏是机械设备或部件中全部零、部件的详细目录，其内容和格式在国家标准 GB 10609.2—89 中已有规定，如图 6-71 所示。

明细栏应画在标题栏的上方，零、部件序号应自下而上填写。假如位置不够，可将明细

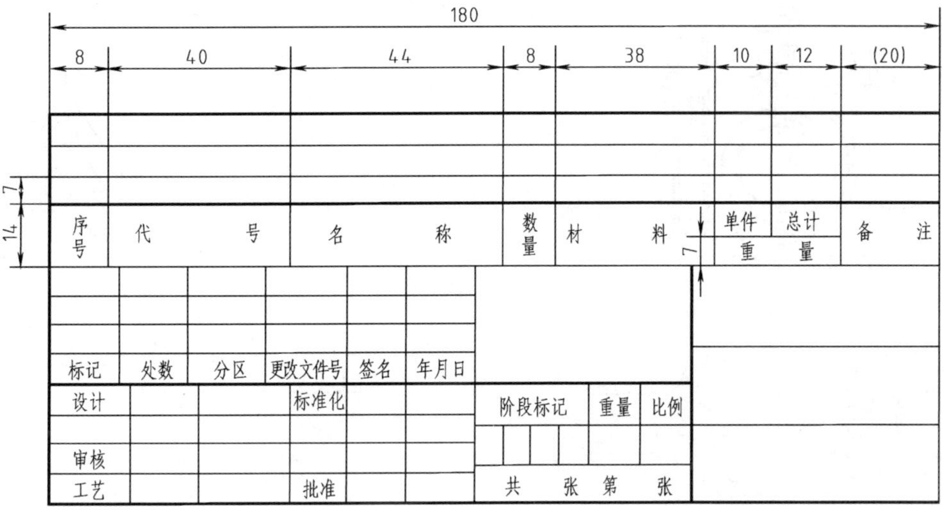

图 6-71　明细栏格式（GB 10609.2—89）

栏分段画在标题栏的左方。在特殊的情况下，装配图中也可以不画明细栏，而单独编写在另一张图纸上，一般称为明细表。

6.4.2　装配图的视图表达方法

前面讨论过的表达零件的各种方法，如视图、剖视图和断面图，以及局部放大图等，在表达部件的装配图中也同样适用。但由于部件是由若干零件组成的，而部件装配图主要用来表达部件的工作原理和装配、连接关系，以及主要零件的结构形状，因此，与零件图比较，装配图还有下述的一些特殊表达方法。

6.4.2.1　规定画法和简化画法

为了表达几个零件及其装配关系，必须遵守装配画法的三条基本规定。具体内容见螺纹紧固件装配画法的三条基本规定。

在装配图中，零件的工艺结构，如圆角、倒角、退刀槽等可省略不画。对于若干相同的零件组，如螺栓连接等，可详细地画出一组或几组，其余只需用点画线表示其装配位置即可。

6.4.2.2　拆卸表示法

在装配图中的某个视图上常有一个（或几个）零件遮住部件的内部构造及其他零件的情况，若需要表达这些被遮挡部分时，可假想将遮挡零件拆卸后再画，或沿结合面剖切表示，当需要说明时，可在视图上方标注“拆去× ×”，如图 6-72 所示。

6.4.2.3　假想画法

在装配图中，若需要表达某些运动零件的极限位置时，可用双点画线画出它们的极限位置的外形图。此外，在装配图中，若需要表达出与本部件相关，但又不属于本部件的零件时，亦可采用假想画法画出相关部分的轮廓，如图 6-73 所示。

6.4.2.4　夸大画法

对薄片零件、细丝弹簧、微小间隙等，若按它们的实际尺寸在装配图中很难画出或难以明显表示时，均可不按比例而采用夸大画法。

6.4.3　装配结构的合理性简介

在设计和绘制装配图的过程中，应考虑到装配结构的合理性，以保证机械设备和部件的

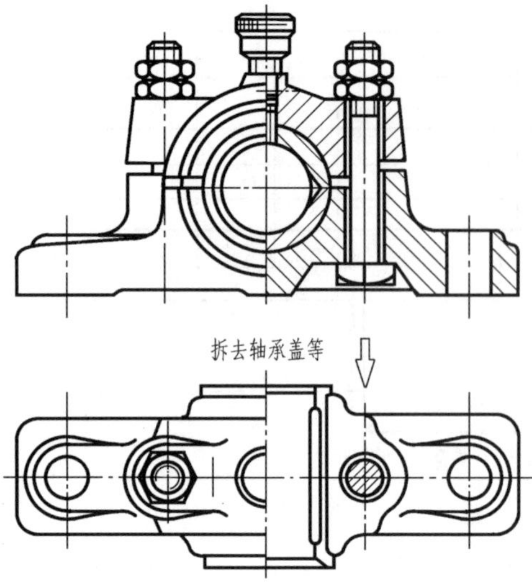

图 6-72　拆卸画法

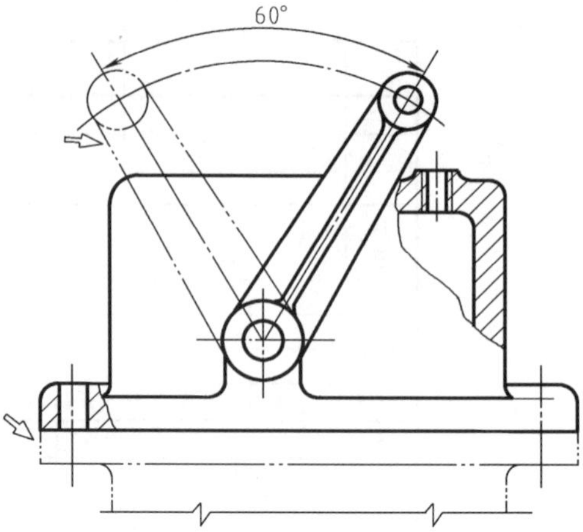

图 6-73　假想画法

性能，并给零件的加工和装拆带来方便。确定合理的装配结构，需具有丰富的实际经验，并做深入细致的分析比较。现举例说明如下，以供画装配图时学习参考。

① 当轴和孔配合，且轴肩与孔的端面相互接触时，应在接触端面制成倒角或在轴肩部切槽，以保证两零件接触良好。图 6-74 所示为轴肩与孔的端面相互接触时的正误对照，图 6-75（a）、（c）为圆柱面接触的正误对照。

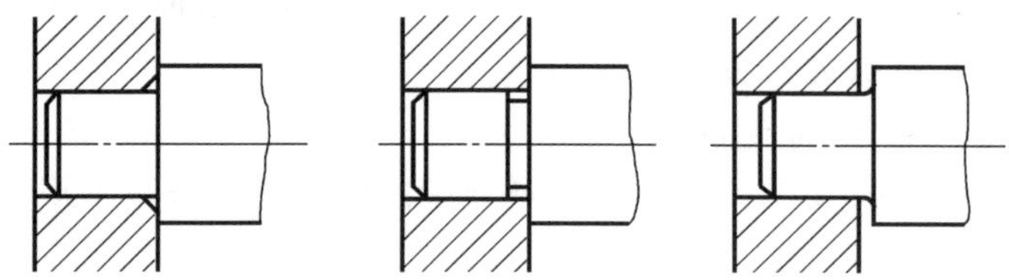

(a) 正确　(b) 正确　(c) 错误

图 6-74　常见的装配结构（一）

② 当两个零件接触时，在同一方向上的接触面，最好只有一个，这样既可满足装配要求，制造也较方便。图 6-75（b）、（d）所示为平面接触的正误对照。

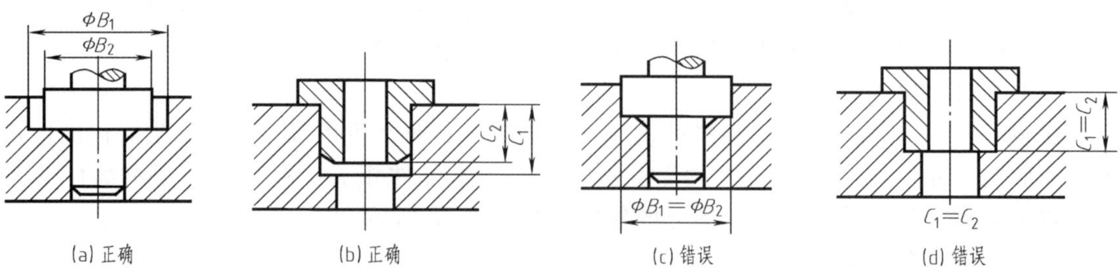

(a) 正确　(b) 正确　(c) 错误　(d) 错误

图 6-75　常见的装配结构（二）

③ 为了保证两零件在装拆前后不至于降低装配精度，通常用圆柱销或圆锥销将两零件定位，如图 6-76 所示。为了加工和装拆的方便，在可能的条件下，最好将销孔做成通孔，

如图 6-76（b）所示。

6.4.4 部件测绘和装配图画法简介

6.4.4.1 部件测绘简介

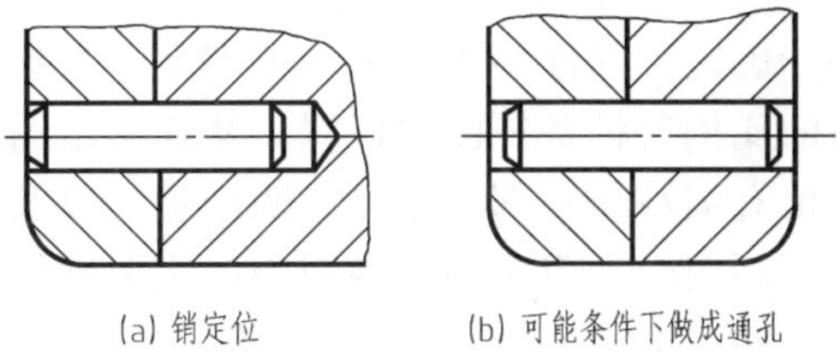

图 6-76 常见的装配结构（三）

当需要对原有机械设备进行维修、技术改造或仿造时，往往要对有关机械设备的一部分或整体进行测绘，这种方法称为部件测绘。测绘的大致过程可分为以下几步：①了解测绘的对象和拆卸零、部件；②画装配示意图；③测绘零件草图；④画部件装配图；⑤画零件工作图。在此仅对①、②两个步骤做简要的说明。

（1）了解测绘对象和拆卸零、部件　通过对实物的观察（如图 6-77 所示球阀轴测图），并阅读说明书及有关技术文件等资料，从而了解部件的用途、性能、工作原理、结构特点和装配关系等。

要特别注意各零件间的配合关系，弄清其配合性质，拆卸各零件时为了避免零件的丢失和产生混乱，一方面要妥善保管零件，另一方面可对各零件进行编号，并分清标准件和非标准件，做出相应的记录。标准件只要求在测量尺寸后查阅标准，核对并写出规定标记，不必画出零件草图和零件工作图。

（2）画装配示意图　装配示意图是通过目测，徒手用简单的线条示意性地画出部件或机械设备的图样。它用来表达部件或机械设备的结构、装配关系、工作原理和传动路线等，作为重新装配部件或机械设备和画装配图时参考。图 6-78 是球阀的装配示意图。画装配示意图时，应采用机械制图国家标准“机构运动简图符号”（GB 4460—84）中所规定的符号。

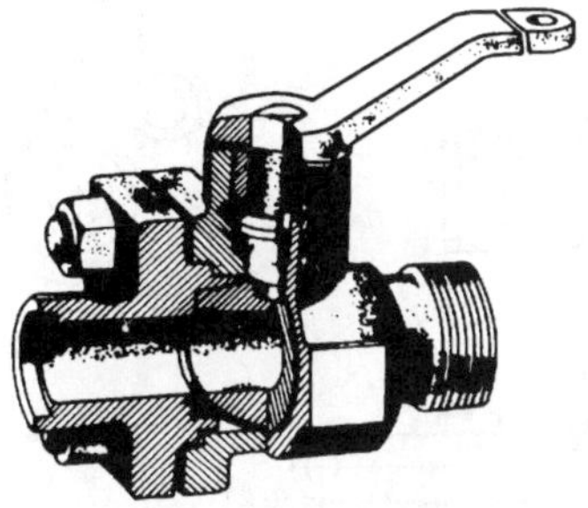
图 6-77 球阀轴测图

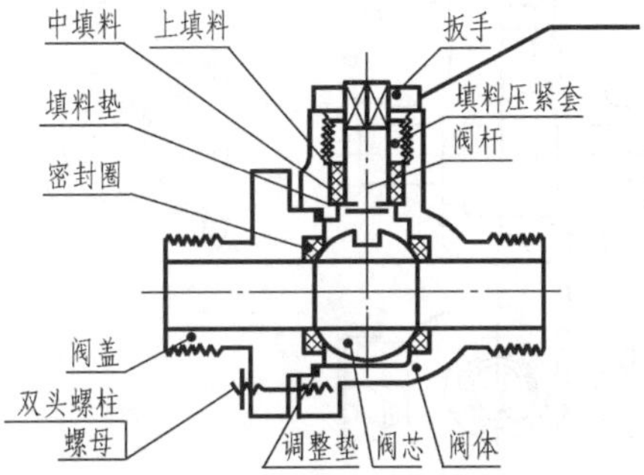

图 6-78 球阀装配示意图

6.4.4.2 装配图的画法简介

部件由若干零件所组成，根据部件相关的零件图，就可以画出部件的装配图。

（1）拟定表达方案　表达方案包括如何选择主视图、确定视图的数量和表达方法，要求较好地反映部件的装配关系、工作原理和主要零件的结构形状。

（2）选择装配图的主视图　一般按部件的工作位置选择，并使主视图能够较多地表达机械设备（或部件）的工作原理、零件间主要装配关系及主要零件的结构形状特征。一般在机械设备（或部件）中，将装配关系密切的一些零件组合，称为装配干线。

（3）其他视图的选择　根据确定的主视图，再选取能反映次要装配关系、外形及局部结构的视图。

6.4.4.3 画装配图

确定了部件的视图表达方案后，根据视图表达方案以及部件的大小及复杂程度，选取适当的比例安排各视图的位置，从而选定图幅，即可着手画图。在安排各视图的位置时，要注意留有编写零、部件序号、明细栏，以及注写尺寸和技术要求的位置。

画图时，应先画出各视图的主要轴线（装配干线）、对称中心线和作图基线（某些零件的基面或端面）。由主视图开始，几个视图配合进行。画剖视图时，以装配干线为准，由内向外逐个画出各个零件，也可由外向里画，视作图方便而定。图 6-79 表示了绘制球阀装配图视图底稿的画图步骤。底稿线完成后，需经校核，再加深，画剖面线，注尺寸。最后，编写零、部件序号，填写明细栏，再经校核、签署姓名。完成后的球阀装配图，如图 6-79 所示。具体作图步骤如下：

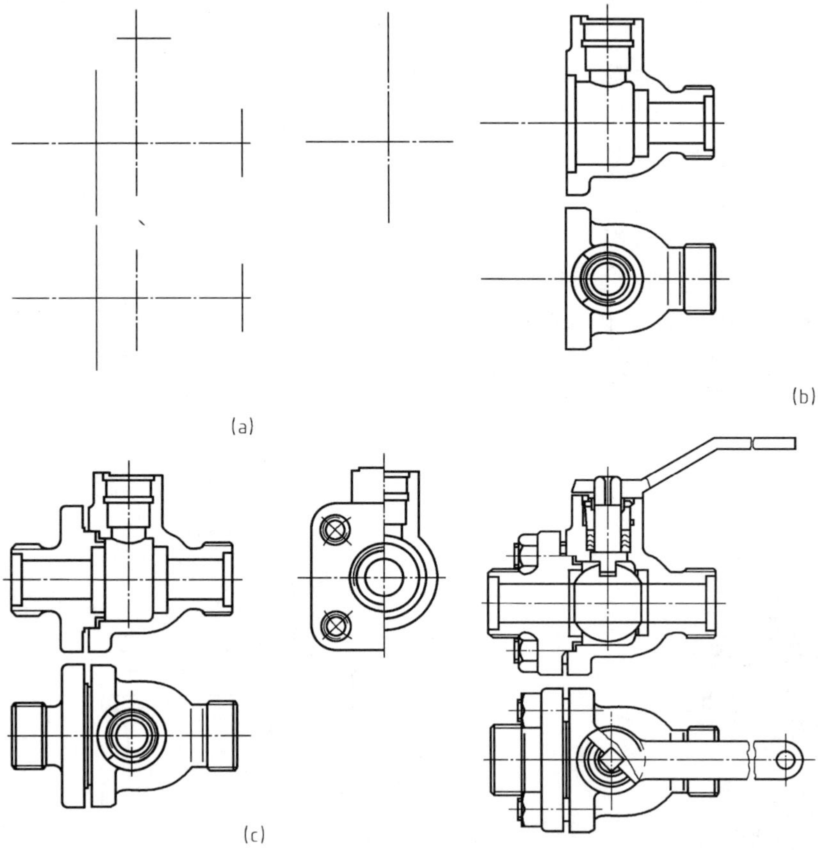
(a) (b) (c) (d)

图 6-79 画装配图视图底稿的步骤

① 画出各视图的主要轴线，对称中心线及作图基线，如图 6-79（a）所示；

② 先画主要零件阀体的轮廓线，三个视图要联系起来画，如图 6-79（b）所示；

③ 根据阀盖和阀体的相对位置画出三视图，如图 6-79（c）所示；

④ 画出其他零件，再画出扳手的极限位置（图中因位置不够未画），如图 6-79（d）所示。

6.4.5 看装配图及由装配图拆画零件图

6.4.5.1 看装配图的方法和步骤

(1) 概括了解　主要了解以下几点。

① 了解部件的名称和用途，可以通过调查研究和查阅明细栏及说明书获知。

② 了解标准零、部件和非标准零、部件的名称与数量；对照零、部件序号，在装配图上查找这些零、部件的位置。

③ 对视图进行分析，根据装配图上视图的表达情况，找出各个视图、剖视、断面等配置的位置及投射方向，从而搞清各视图的表达重点。

通过以上这些内容的初步了解，并参阅有关尺寸，可以对部件的大体轮廓与内容有一个概略的印象。

(2) 了解装配关系和工作原理　对照视图仔细研究部件的装配关系和工作原理，这是读装配图的一个重要环节。在概括了解的基础上，分析各条装配干线，弄清各零件间相互配合的要求，以及零件间的定位、连接方式、密封等问题。再进一步搞清运动零件与非运动零件的相对运动关系。经过这样的观察分析，就可以对部件的工作原理和装配关系有所了解。

(3) 分析零件，读懂零件的结构形状　分析零件，就是弄清每个零件的结构形状及其作用。一般先从主要零件着手，然后是其他零件。当零件在装配图中表达不完整时，可对有关的其他零件仔细观察和分析后，再进行结构分析，从而确定该零件的内外形状。

(4) 由装配图拆画零件图　在设计部件时，需要根据装配图拆画零件图，简称拆图。拆图时，应对所拆零件的功能进行分析，然后分离该零件（即把该零件从与其组装的其他零件中分离出来）。具体方法是在各视图的投影轮廓中划出该零件的范围，结合分析，补齐所缺的轮廓线。有时还需要根据零件图视图表达的要求，重新安排视图。选定和画出视图以后，应按零件图的要求，注写尺寸及技术要求。

6.4.5.2　看装配图举例

[例 6-1]　看球阀装配图（图 6-80）

通过上一小节的介绍，读者已经熟悉球阀的结构形状。下面从读图的角度做一些分析。

(1) 概括了解　在管道系统中，阀是用于启闭和调节流量的部件。球阀是阀的一种，它的阀芯是球形的，图示位置阀门全部开启，管道畅通，当扳手按顺时针方向旋转 90°时（图中采用双点画线假想画法），阀门全部关闭，管道断流。

该装配体用三个视图表达，主视图采用全剖，左视图采用半剖，俯视图采用局部剖，注意同一个零件在所有视图上剖面线方向应该相同。共有 13 种零件，其中标准件两种。标注了若干尺寸。

(2) 了解装配关系和工作原理　该装配体的关键零件是阀芯 4，下面从运动关系、密封关系、包容关系作一分析。

运动关系：扳手 13→阀杆 12→阀芯 4。

密封关系：两个密封圈 3 为第一道防线，调整垫 5 为阀体阀盖之间的密封垫圈，零件 8、9、10、11 防止从转动零件阀杆 12 漏油，为第二道防线。

包容关系：阀体 1 和阀盖 2 是球阀的主体零件，它们之间以四组双头螺柱连接（6、7），阀芯 4 通过两个密封圈 3 定位于阀中，通过填料压紧套 11 与阀体的螺纹旋合将零件 8、9、10 固定于阀体中。

(3) 分析零件拆画零件图　以阀盖 2 为例加以分析。该零件属盘盖类零件，根据前面分析，一般用两个基本视图表达，不应该也没必要将装配图的三个视图抄画，且轴线水平放置。阀盖上必然存在穿过螺柱的四个通孔，阀盖左侧有一外螺纹，阀盖右侧有几个台阶，阀盖中间有流体通孔，如图 6-36 所示。

(4) 看零件图　主视图采用全剖，左视图为视图；可以看到零件图的尺寸是较多的，包

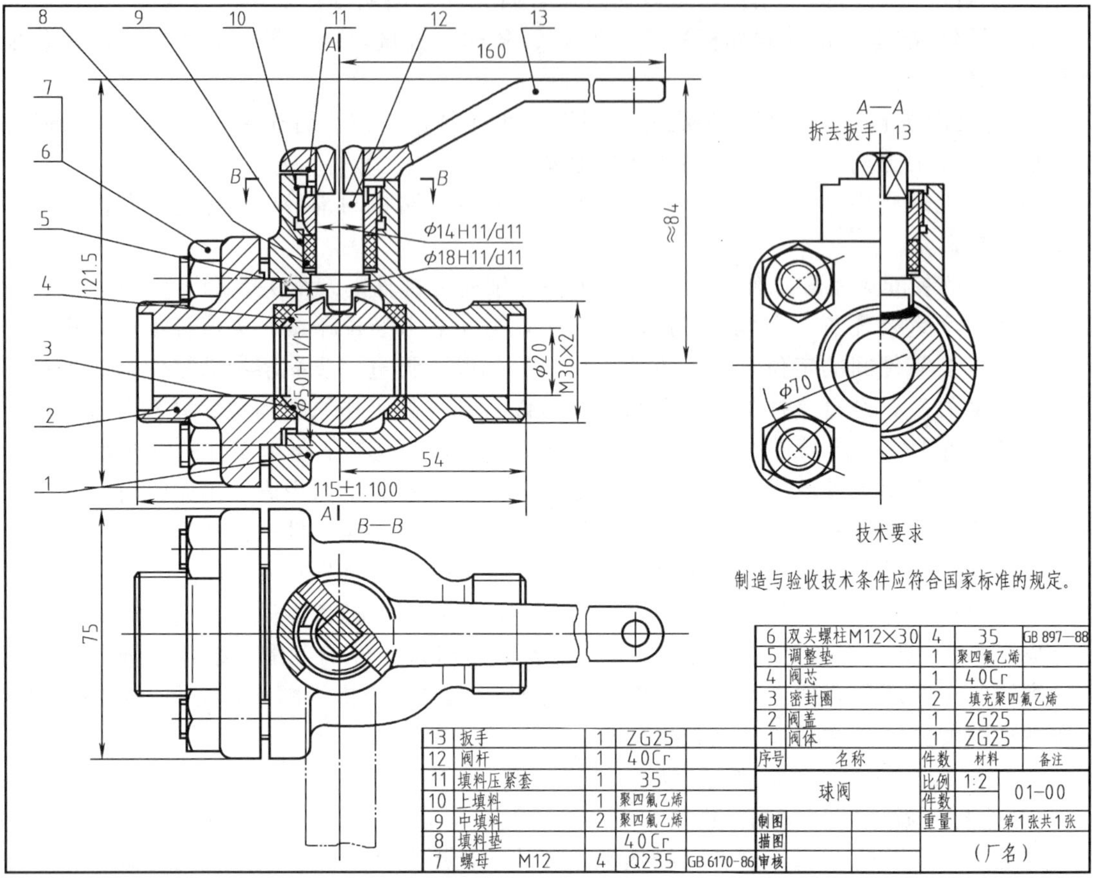

图 6-80　球阀装配图

括若干尺寸公差；标注了十多个表面粗糙度，其中要求最高的表面分别是放置密封圈 3 和调整垫 5 的表面。

由此可以看到，要真正了解零件图，必须联系装配图，两者关系十分密切。

［例 6-2］ 看齿轮油泵装配图

（1）概括了解　图 6-81 所示的齿轮油泵是由泵体，左、右端盖，运动零件（传动齿轮、齿轮轴等），密封零件以及标准件等所组成。对照零件序号及明细栏可以看出：齿轮油泵共由 17 种零件装配而成，采用两个视图表达。全剖视的主视图，反映了组成齿轮油泵各个零件间的装配关系。左视图是采用沿左端盖 1 与泵体 6 结合面剖切后移去了垫片 5 的半剖视图 *B—B*，它清楚地反映：这个油泵的外部形状，齿轮的啮合情况以及吸、压油的工作原理；再以局部剖视反映吸、压油的情况。齿轮油泵的外形尺寸是 118、85、95，由此知道这个齿轮油泵的体积不大。

（2）了解装配关系及工作原理　泵体 6 是齿轮油泵中的主要零件之一，它的内腔容纳一对吸油和压油的齿轮。将齿轮轴 2、传动齿轮轴 3 装入泵体后，两侧有左端盖 1、右端盖 7 支承这一对齿轮轴的旋转运动。由销 4 将左、右端盖与泵体定位后，再用螺钉 15 将左、右端盖与泵体连接成整体。为了防止泵体与端盖结合面处以及传动齿轮轴 3 伸出端漏油，分别用垫片 5 及密封圈 8、轴套 9、压紧螺母 10 密封。

齿轮轴 2、传动齿轮轴 3、传动齿轮 11 是油泵中的运动零件。当传动齿轮 11 按逆时针

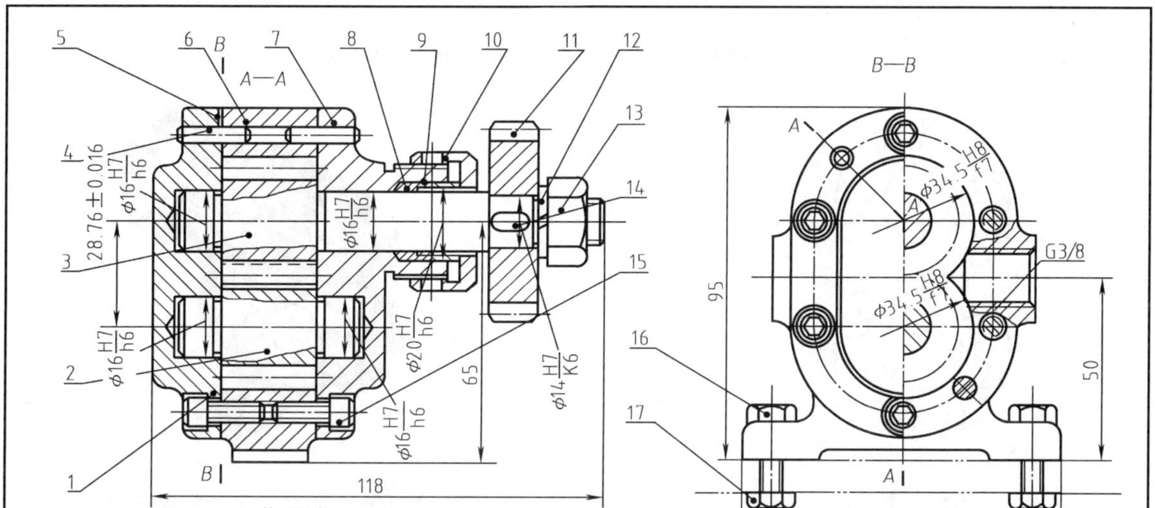

技术要求

1. 齿轮安装后，用手转动传动齿轮时，应灵活旋转。
2. 两齿轮轮齿的啮合面占齿长的3/4以上。

					10	压紧螺母	1	35		2	齿轮轴	1	45	m=3,z=9
17	螺母 M6	2	Q235	GB 6170—86	9	轴套	1	ZCuSn5PbZn5		1	左端盖	1	HT200	
16	螺栓 M6×30	2	Q235	GB 5782—86	8	密封圈	1	橡胶		序号	名称	件数	材料	备注
15	螺钉 M6×16	12	35	GB 70—85	7	右端盖	1	HT200		齿轮油泵		比例		04-00
14	键 5×10	1	45	GB 1096—79	6	泵体	1	HT200				件数		
13	螺母 M12×1.5	1	35	GB 6171—86	5	垫片	2	纸	δ=1	制图		重量		共1张 第1张
12	垫圈 12	1	65Mn	GB 859—87	4	销 A5×18	4	45	GB 119—86	描图		（厂名）		
11	传动齿轮	1	45	m=2.5,z=20	3	传动齿轮轴	1	45	m=3,z=9	审核				

图 6-81 齿轮油泵装配图

方向（从左视图观察）转动时，通过键 14，将转矩传递给传动齿轮轴 3，经过齿轮啮合带动齿轮轴 2，从而使后者做顺时针方向转动。如图 6-82 所示，当一对齿轮在泵体内做啮合传动时，啮合区内右边空间的压力降低而产生局部真空，油池内的油在大气压力作用下进入油泵低压区内的吸油口，随着齿轮的转动，齿槽中的油不断沿箭头方向被带至左边的压油口把油压出，送至机械设备中需要润滑的部分。

(3) 对齿轮油泵中一些配合和尺寸的分析　根据零件在部件中的作用和要求，应注出相应的公差带代号。例如传动齿轮 11 要带动传动齿轮轴 3 一起转动，除了靠键把两者连成一体传递转矩外，还需定出相应的配合。在图中可以看到，它们之间的配合尺寸是 $\phi14H7/k6$，它属于基孔制的过渡配合。由附录 5-1～附录 5-3 查得：

孔的尺寸是 $\phi14^{+0.018}_{0}$；轴的尺寸是 $\phi14^{+0.012}_{+0.001}$；即

$$配合的最大间隙=0.018-0.001=+0.017$$

$$配合的最大过盈=0-0.012=-0.012$$

齿轮与端盖在轴颈处的配合尺寸是 $\phi16H7/h6$；轴套与右端盖的配合尺寸是 $\phi20H7/h6$；齿轮轴的齿顶圆与泵体内腔的配合尺寸是 $\phi34.5H8/f7$。它们各是什么样的配合？请读者自行分析。

尺寸 28.76±0.016 是一对啮合齿轮的中心距，这个尺寸准确与否将会直接影响齿轮的啮合传动。尺寸 65 是传动齿轮轴线离泵体安装面的高度尺寸。28.76±0.016 和 65 分别是设计和安装所要求的尺寸。

吸、压油口的尺寸 G3/8 和两个螺栓 16 之间的尺寸 70，为什么要在装配图中注出，请读者思考。

图 6-83 是齿轮油泵的装配轴测图，供读图分析思考后对照参考。

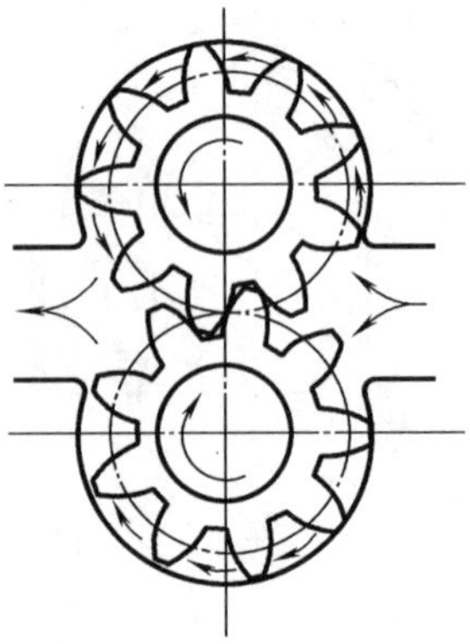

图 6-82　齿轮油泵工作原理图

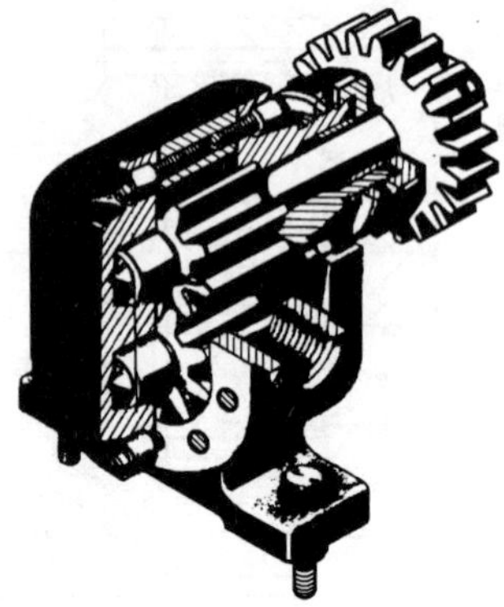

图 6-83　齿轮油泵装配轴测图

(4) 拆画右端盖零件图　现以右端盖 7 为例进行分析。由主视图可见：右端盖上部有传动齿轮轴 3 穿过，下部有齿轮轴 2 轴颈的支承孔，在右部的凸缘的外圆柱面上有外螺纹，用压紧螺母 10 通过轴套 9 将密封圈 8 压紧在轴的四周，由左视图可见：右端盖的外形为长圆形，沿周围分布有六个螺钉沉孔和两个圆柱销孔。

拆画此零件时，先从主视图上区分出右端盖的视图轮廓，由于在装配图的主视图上，右端盖的一部分可见投影被其他零件所遮，因而它是一幅不完整的图形，如图 6-84 (a) 所示。根据此零件的作用及装配关系，可以补全所缺的轮廓线。这样的盘盖类零件一般可用两个视图表达，从装配图的主视图中拆画右端盖的图形，显示了右端盖各部分的结构，仍可作为零件图的主视图，再加俯视图或左视图。若用主、俯视图表达，则应将从装配图中分离出来的主视图转平，而且为了使俯视图能显示较多的可见轮廓，还应将外螺纹凸缘部分向上布置。分离后补全图线并调整位置后的右端盖的全剖主视图，如图 6-84 (b) 所示。

图 6-85 是画出表达外形的俯视图后的右端盖零件图。在图中按零件图的要求注全了尺寸和技术要求。有关的尺寸公差是按装配图中已表达的要求注写的。

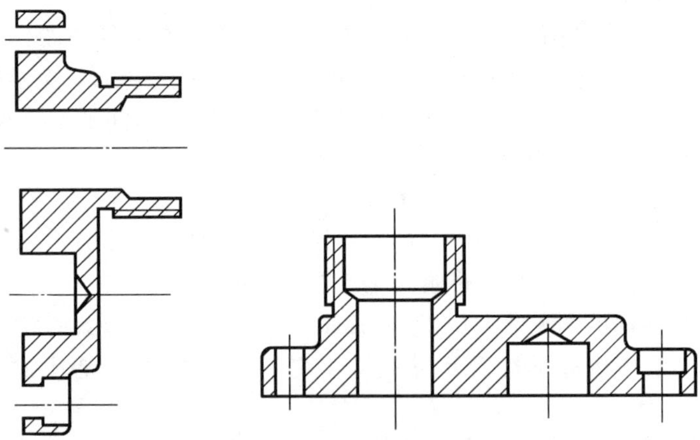

(a) 从装配图中分离出右端盖的主视图

(b) 补全图线并调整位置后的右端盖全剖的主视图

图 6-84　由齿轮油泵装配图拆画右端盖零件图

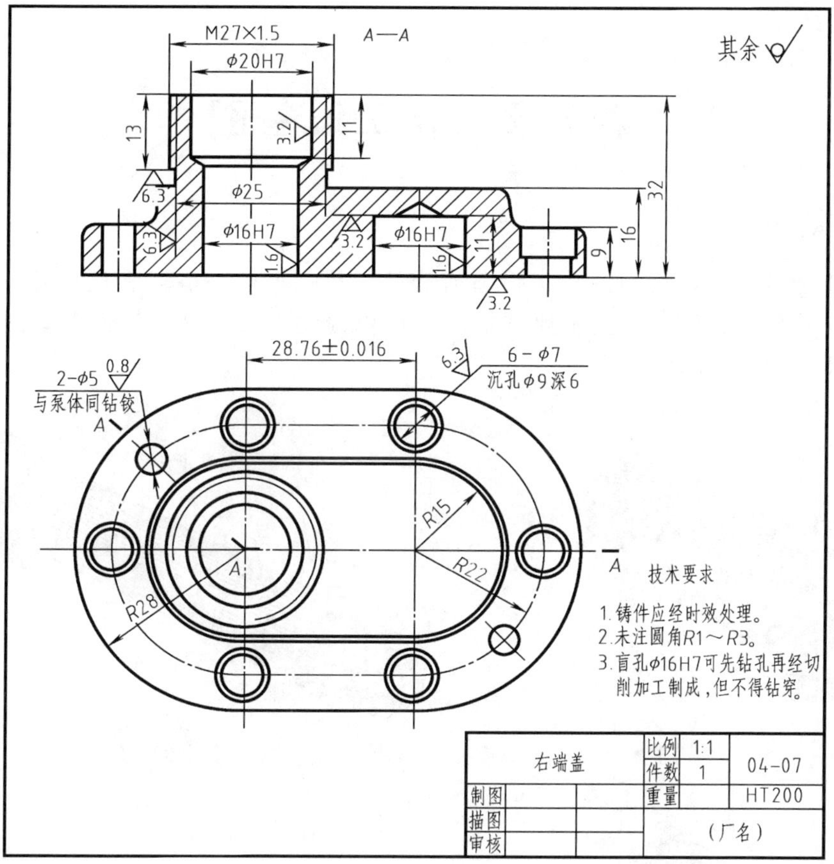
M27×1.5
A—A
φ20H7
其余
φ25
φ16H7
φ16H7
28.76±0.016
2-φ5
与泵体同钻铰
6-φ7
沉孔φ9深6
R15
R22
R28
技术要求
1.铸件应经时效处理。
2.未注圆角R1～R3。
3.盲孔φ16H7可先钻孔再经切削加工制成，但不得钻穿。
右端盖
比例 1:1
件数 1
04-07
重量
HT200
制图
描图
审核
（厂名）

图 6-85 右端盖零件图

第 7 章　化工设备图

7.1　概述

在化学工业生产中，典型的化工设备有容器、热交换器、塔器和反应器，如图 7-1 所示。用来表达化工设备结构、技术要求等的图样称为化工设备图，化工设备图是设计、制造、安装、维修及使用的依据。

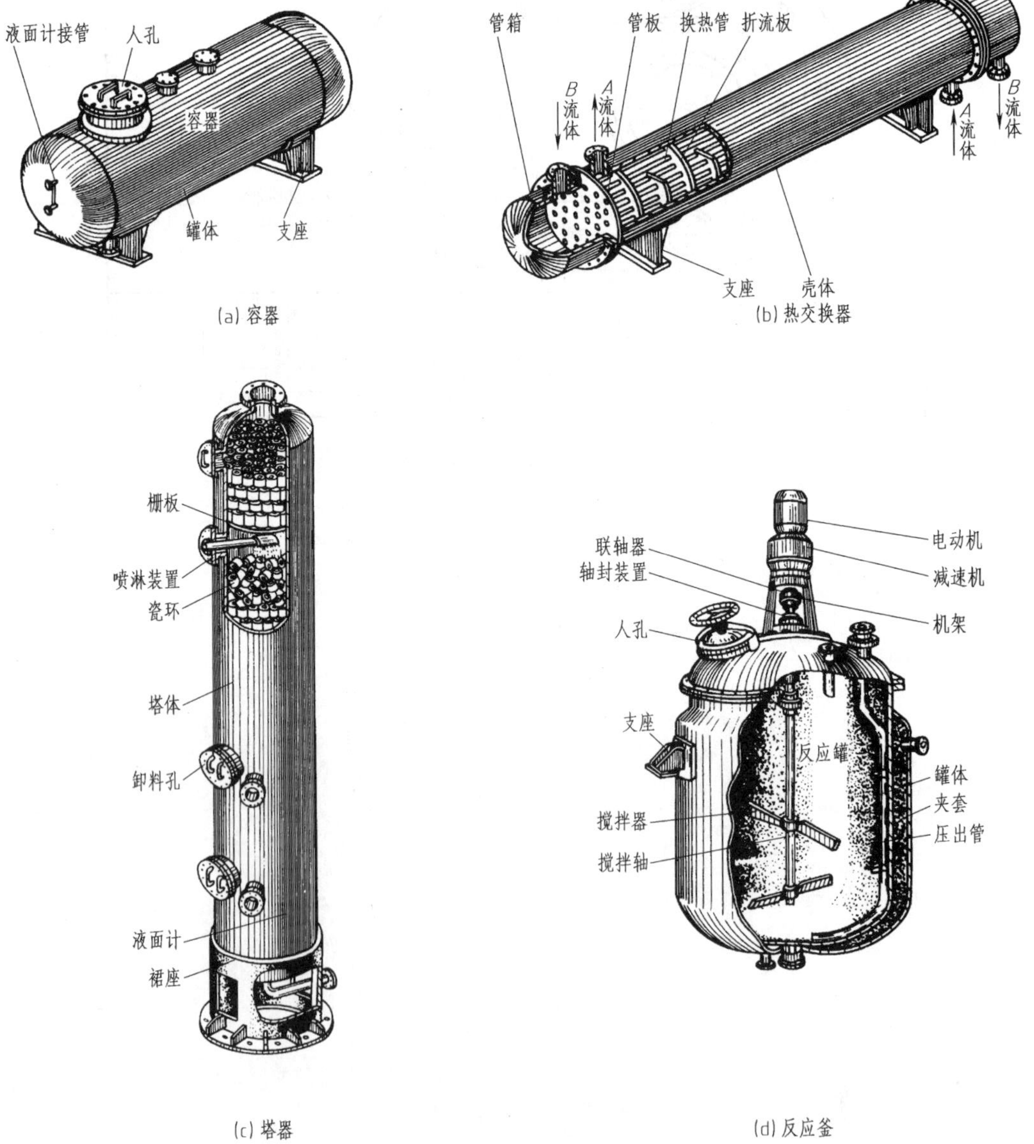

图 7-1　常见的化工设备

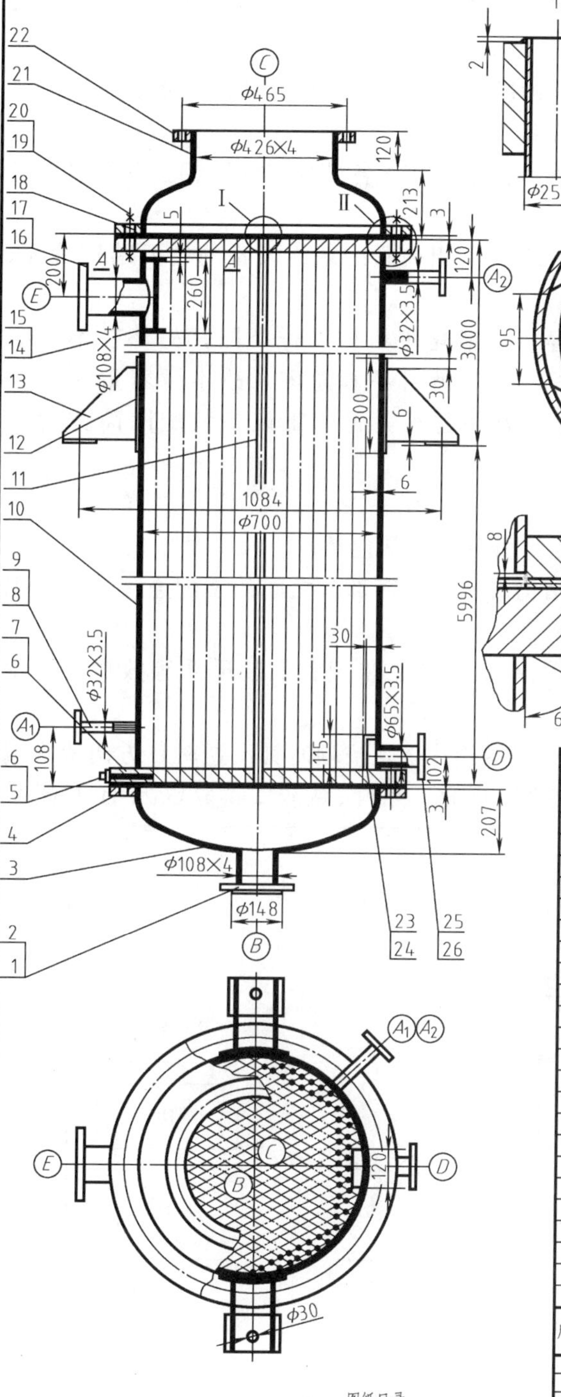

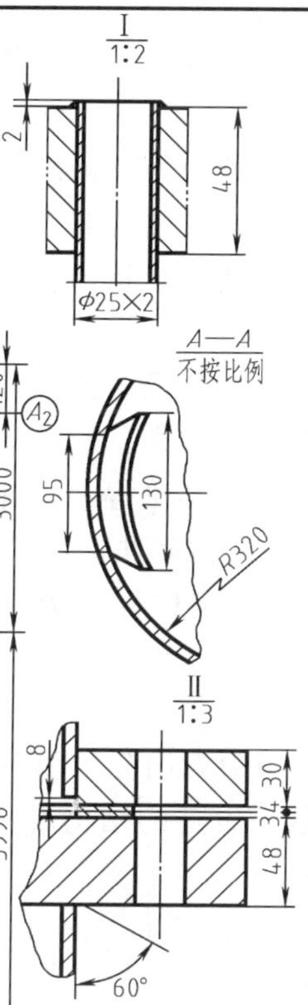

技术要求

1. 本设备按GB 151—2000《钢制管壳式换热器》中Ⅱ级进行制造、检验 验收，并接受劳动部颁发《压力容器安全技术监察规程》的监督。
2. 焊接采用电弧焊，焊条牌号、碳钢之间采用T422；16MnR之间及16MnR与碳钢之间采用T507；不锈钢之间以及不锈钢与碳钢之间采用A132。
3. 焊缝结构除图中注明外，按HGJ 17—89中之规定。
4. 不锈钢材料和焊接接头应按GB4334.1进行晶间腐蚀试验。
5. 容器上A、B类焊缝进行20%射线探伤，并符合GB 2323—89规定中Ⅲ级为合格。
6. 设备制造完毕进行试压检验，管程以0.13MPa、壳程以1.75MPa进行水压试验。
7. 管口方位按管口方位图。

技术特性表

	管程	壳程
工作压力MPa	-600mmHg	1.3
工作温度	140～160℃	190℃
设计压力MPa	0.1	1.4
设计温度	180℃	200℃
物料名称	65%～72%$Mg(NO_3)_2$	蒸汽
换热面积	$176m^2$	
焊缝系数	0.85	
腐蚀裕度	0	2mm
容积类别	一类	

管口表

符号	公称尺寸	连接尺寸与标准	连接面型式	用途或名称
$A_{1,2}$	DN25	PN1.6,DN25,HG20593-97	FF	不凝汽体出口
B	DN100	PN0.25,DN100,HG20593-97	FF	硝镁液进口
C	DN40	PN0.25,DN40,HG20593-97	FF	蒸发蒸汽出口
D	DN100	PN1.6,DN100,HG20593-97	FF	蒸汽入口
E	DN40	PN1.6,DN40,HG20593-97	RF	冷凝水出口

序号	图号或标准号	名称	数量	材料	单重 重量(kg)	总重 重量(kg)	备注
26		接管Φ45×3.5，L=122	1	10		0.44	
25	HGJ 45—91	法兰40-1.6	1	Q235-A		2.00	
24		挡板δ=3	1	Q235-AF		0.10	
23		挡板δ=3	1	Q235-AF		0.15	
22	HGJ 45—91	法兰400-0.25	1	1Cr18Ni9Ti		17.81	
21		接管Φ426×4，L=140	1	1Cr18Ni9Ti		5.05	
20	GB 6170—86	螺母M24	32	Q235-A	0.111	3.55	
19	JB 4707—92	螺栓M24×110-T	32	35	0.495	15.84	
18		垫片Φ775/Φ714 δ=3	2	耐酸石棉板			
17		接管Φ108×4，L=130	1	10		1.30	
16	HGJ 45—91	法兰100-1.6	1	Q235-AF		4.00	
15		挡板	1	Q235-AF		0.30	
14		挡板	2	Q235-AF	0.20	0.40	
13	JB/T 4725—92	支座B2	2	Q235-AF			
12		加强板300×200，δ=6	2	Q235-AF	2.82	5.64	
11		列管Φ25×2，L=6000	379	1Cr18Ni9Ti	6.78	2569	
10		筒体DN700×6，L=5906	1	16MnR		620	
9		接管Φ32×3.5，L=122	2	10	0.31	0.62	
8	HGJ 45—91	法兰25-1.6	2	Q235-A	1.17	2.34	
7	H 24-0037—3	管板δ=48	2	1Cr18Ni9Ti	141	282	
6		垫片	1	石棉橡胶板			
5	H 24-0037—2	丝堵M16×1.5	1	Q235-AF		0.04	
4	JB 4701—92	法兰C-PI 700-1.6	2	组合件	46.1	92.2	
3	JB/T 4739—95	封头DN 700×6	2	1Cr18Ni9Ti	28.3	56.6	
2		接管Φ108×4，L=150	1	1Cr18Ni9Ti		1.50	
1	HGJ 49—91	法兰100-0.25	1	Q235-A		2.66	

标记	处数	分区	更改文件号	签名	年月日				管壳式换热器
设计			审定			阶段标记	重量(kg)	比例	$F=176m^2$
制图			工艺						
校核			标准化						图号
审核			批准			共 张 第 张			

图纸目录

1. 装配图 H24-0037-1 1张
2. 丝堵零件图 H24-0037-2 1张
3. 管板零件图 H24-0037-3 1张

图 7-2　管壳式换热器装配图

7.1.1　化工设备图的图样

一套完整的化工设备图通常包括以下几个方面的图样。

(1) 零件图　表达标准零部件之外的每一零件的结构形状、尺寸大小以及技术要求等，如图 7-2 中的丝堵和管板。

(2) 部件装配图　表达由若干零件组成的非标准部件的结构形状、装配关系、必要的尺寸、加工要求、检验要求等，如设备的密封装置等。

(3) 设备装配图　表达一台设备的结构形状、技术特性、各部件之间的相互关系以及必要的尺寸、制造要求及检验要求等。

(4) 总装配图（总图）　表示一台复杂设备或表示相关联的一组设备的主要结构特征、装配连接关系、尺寸、技术特性等内容的图样。

零件图及部件装配图的内容、表达、画法等与一般化工机械图样类同，另外在不影响装配图的清晰、且装配图能体现总图的内容时，通常就可不画总图，故本章着重讨论设备装配图的表达特点及绘制阅读方法。并且为了方便起见，将化工设备装配图简称为化工设备图。

7.1.2　化工设备图的内容

图 7-2 是一台换热器装配图，从图中看出化工设备图通常包括以下几个基本内容。

(1) 一组视图　用一组视图表示该设备的结构形状、各零部件之间的装配连接关系，视图是图样中主要内容。

(2) 几类尺寸　图中注写表示设备的总体大小、规格、装配和安装尺寸等数据，为制造、装配、安装、检验等提供依据。

(3) 零部件编号及明细表　组成该设备的所有零部件必须按顺时针或逆时针方向依次编号，并在明细栏内填写每一编号零部件的名称、规格、材料、数量、重量以及有关图号

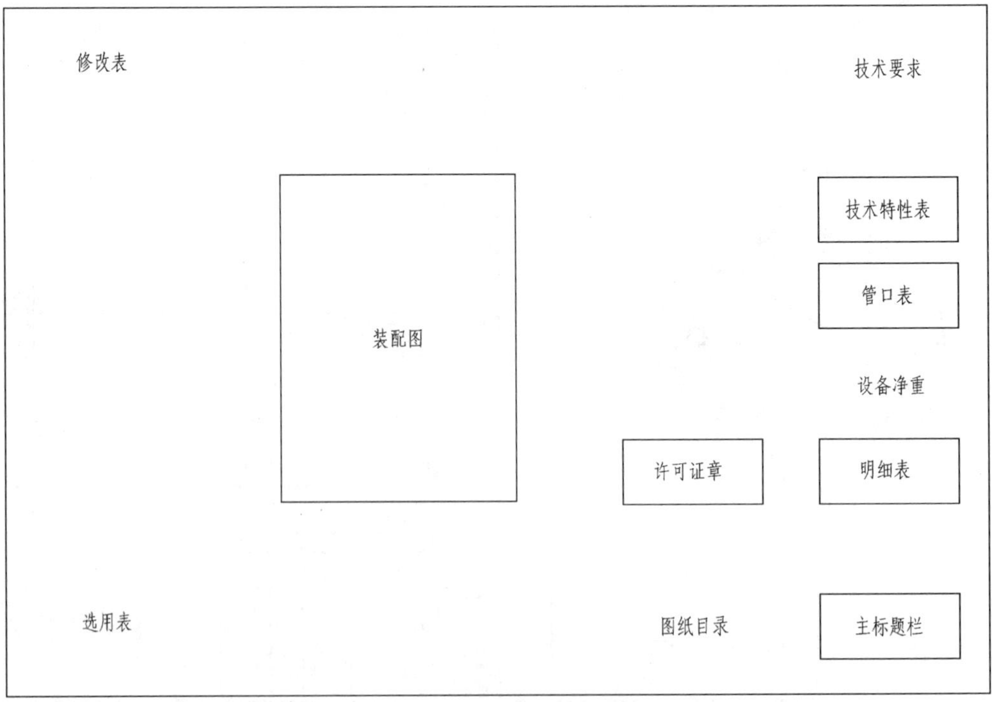

图 7-3　化工设备图的图面安排（一）

内容。

(4) 管口符号及管口表 设备上所有管口均需注出符号，并在接管口表中列出各管口的有关数据和用途等内容。

(5) 技术特性表 表中列出设备的主要工艺特性，如操作压力、操作温度、设计压力、设计温度、物料名称、容器类别、腐蚀裕量、焊缝系数等。

(6) 技术要求 用文字说明设备在制造、检验、安装、运输等方面的特殊要求。

(7) 标题栏 用以填写该设备的名称、主要规格、作图比例、图样编号等项内容。

(8) 其他 如图纸目录、修改表、选用表、设备总量、特殊材料重量、压力容器设计许可证章等。

以上内容在图幅中的位置安排格式通常如图 7-3 所示。近年来，根据贯彻《压力容器安全技术监察规程》和吸收引进国外经验，将图样中的“技术特性表”改为“制造、检验主要数据表”，布置在装配图的右上方并将技术要求的内容也放在数据表格内，当技术要求的内容在数据表内交待不清楚时，才另写技术要求进行详尽说明。采用制造检验主要数据表时，其格式如图 7-4 所示。

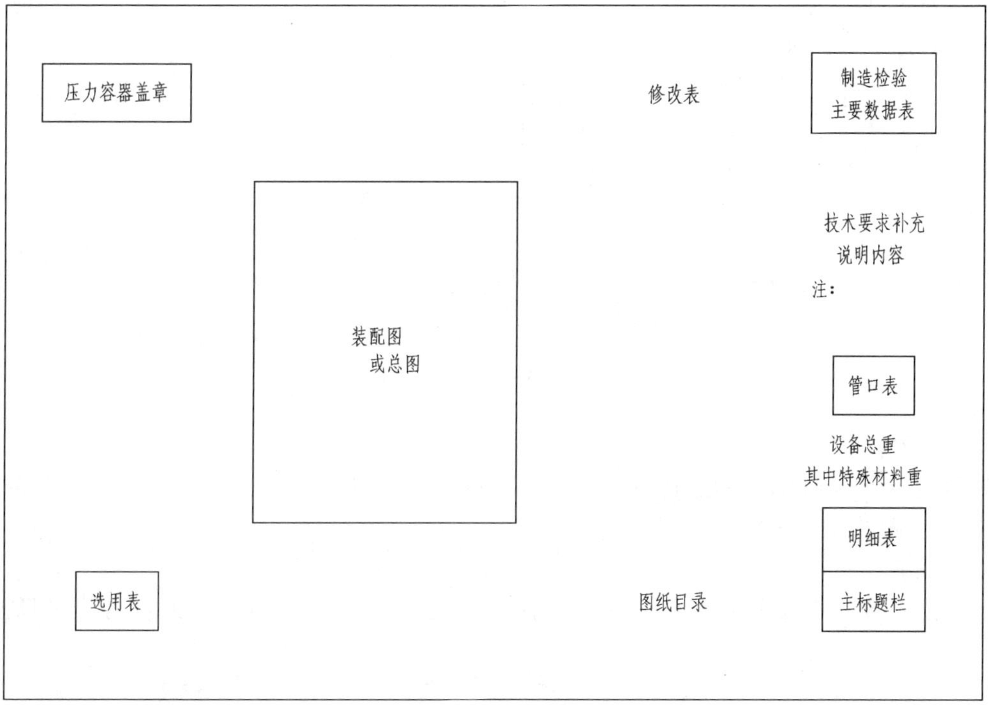

图 7-4 化工设备图的图面安排（二）

鉴于熟悉化工设备常用零部件对于绘制和阅读化工设备图有很大帮助，本章首先介绍常用零部件的基本结构和表示方法，然后介绍化工设备图的图示特点和图中其他内容的表示方法，最后介绍化工设备图的画图与读图。

7.2 化工设备常用零部件简介

化工设备零部件的种类和规格较多，但总体可以分为两类：一类是通用零部件；另一类是各种典型化工设备的常用零部件。

7.2.1 化工设备的通用零部件

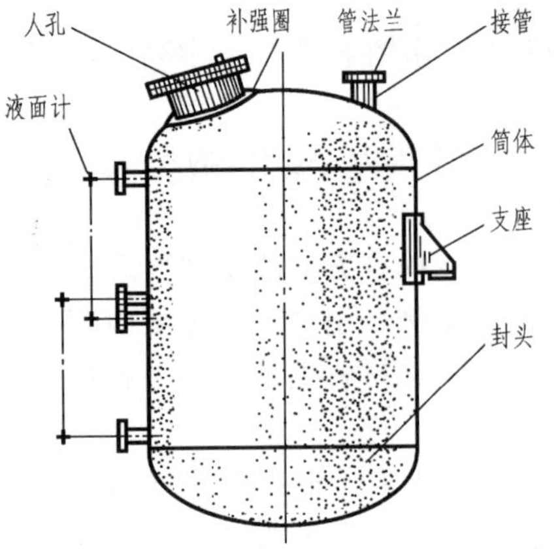

图 7-5　化工设备中常用零部件

在化工设备中常使用的作用和结构相同的零部件称为通用零部件，如图 7-5 所示的筒体、封头、支座、法兰、人（手）孔、视镜、液面计及补强圈等。

7.2.1.1　筒体

筒体是化工设备的主体结构。筒体一般由钢板卷焊成形，当直径小于 500mm 时，可直接使用无缝钢管。筒体较长时，可由多个筒节焊接组成，也可用设备法兰连接组装。筒体的主要尺寸是公称直径（公称直径是指筒体内径，但当采用无缝钢管做筒体时，公称直径是指筒体外径）、高度（或长度）和厚度。厚度由强度计算决定，公称直径和高度（或长度）应考虑满足工艺要求确定，而且公称直径应符合《压力容器公称直径》国家标准中规定的尺寸系列，见附录 7-1。

筒体的标记方法如图 7-6 所示。

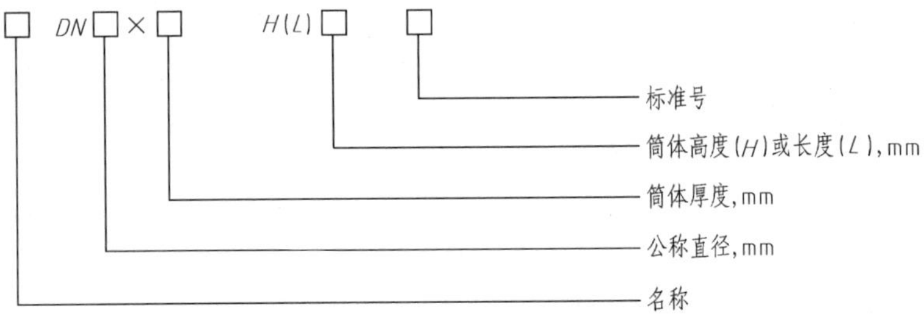

图 7-6　筒体的标记方法

标记示例

公称直径 1000mm、厚度 10mm、高 2000mm 的筒体标记为：“筒体　$DN1000\times10$，$H=2000$　GB 9019—88”。

7.2.1.2　封头

封头是设备的重要组成部分，它与筒体一起构成设备的壳体。封头与筒体可以直接焊

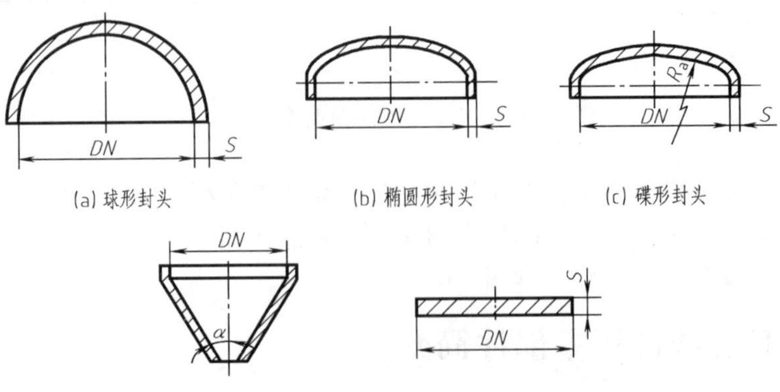

图 7-7　常见封头结构

接，形成不可拆卸的连接；也可以分别焊上法兰，用螺栓、螺母锁紧，构成可拆卸的连接。常见的封头形式有球形、椭圆形、碟形、锥形及平板形等，如图 7-7 所示。这些封头多数已经标准化，椭圆形封头的规格和尺寸系列可参见附录中表 7-2。

封头的标记方法如图 7-8 所示。

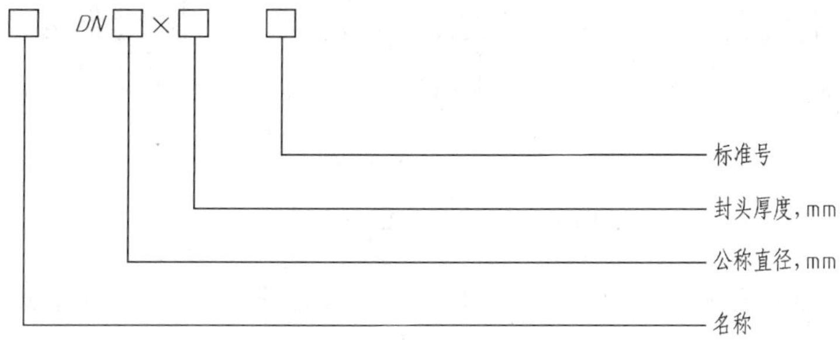

图 7-8　封头的标记方法

标记示例

公称直径 1000mm、厚度 10mm 的椭圆形封头标记为：“椭圆形封头　DN1000×10　JB/T 4737—1995”。

7.2.1.3　**法兰**

法兰是法兰连接中的主要零件。法兰连接是由一对法兰、密封垫片和螺栓、螺母、垫圈等零件组成的一种可拆连接，如图 7-9 所示。

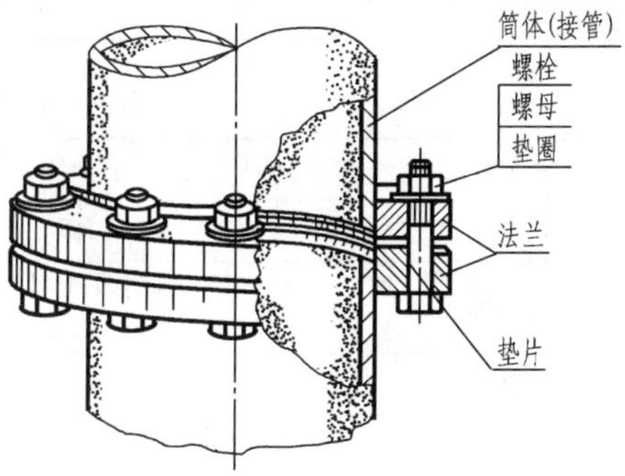

图 7-9　法兰连接示意图

化工设备用的标准法兰有两类：管法兰和压力容器法兰（又称设备法兰）。标准法兰的主要参数是公称直径、公称压力和密封面形式，管法兰的公称直径为所连接管子的外径，压力容器法兰的公称直径为所连接筒体（或封头）的内径。

（1）管法兰　用于管道之间或设备上的接管与管道之间的连接。根据法兰与管子的连接方式管法兰分为七种类型：平焊法兰、对焊法兰、插焊法兰、螺纹法兰、活动法兰、整体法兰和法兰盖等，如图 7-10 所示。法兰的密封型式则分为平面、榫槽面和凹凸面三种，如图 7-11 所示。平焊管法兰的规格和尺寸系列可参见附录 7-3。

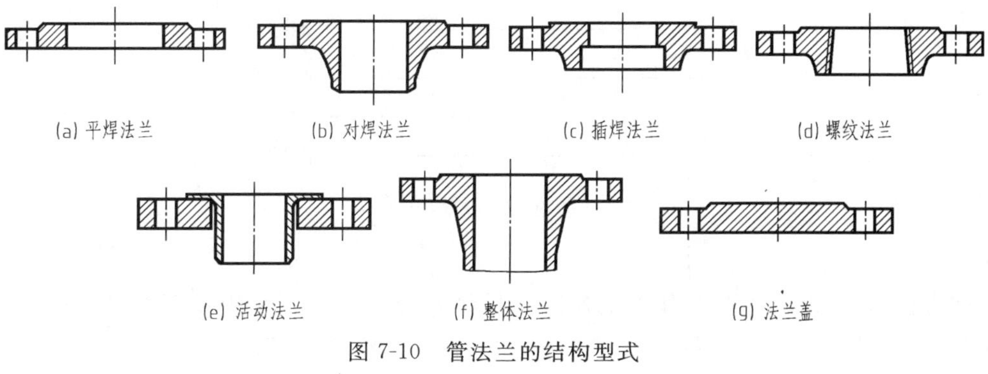

图 7-10　管法兰的结构型式

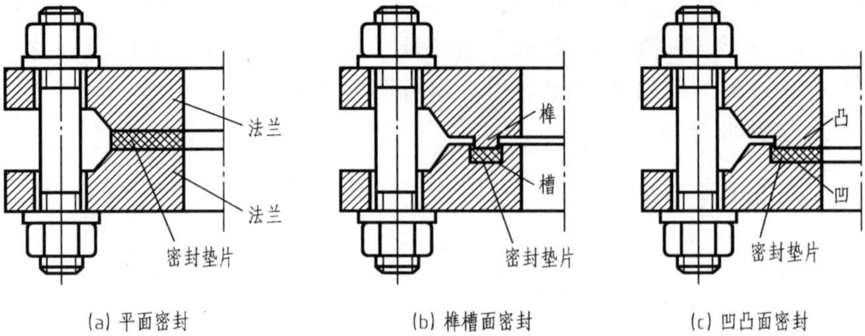

图 7-11 法兰的密封面型式

采用化工部标准的管法兰标记方法如图 7-12 所示。各类法兰的标准均标注 HG 20592，法兰类型代号、密封面形式代号分别见表 7-1 和表 7-2。

表 7-1 法兰类型及类型代号

法兰类型	法兰类型代号	标准号	法兰类型	法兰类型代号	标准号
板式平焊法兰	PL	HG20593	螺纹法兰	Th	HG20598
带颈平焊法兰	SO	HG20594	对焊环松套法兰	PJ/SE	HG20599
带颈平焊法兰	WN	HG20595	平焊环松套法兰	PJ/PR	HG20600
整体法兰	IF	HG20596	法兰盖	BL	HG20601
承插焊法兰	SW	HG20597	衬里法兰盖	BL(S)	HG20602

表 7-2 密封面形式代号

密封面形式	代　号	密封面形式	代　号
突　面	RF	榫槽面密封	榫:T 槽:G
凹凸面密封	凹:FM 凸:M		
全平面	FF	环连接面	RJ

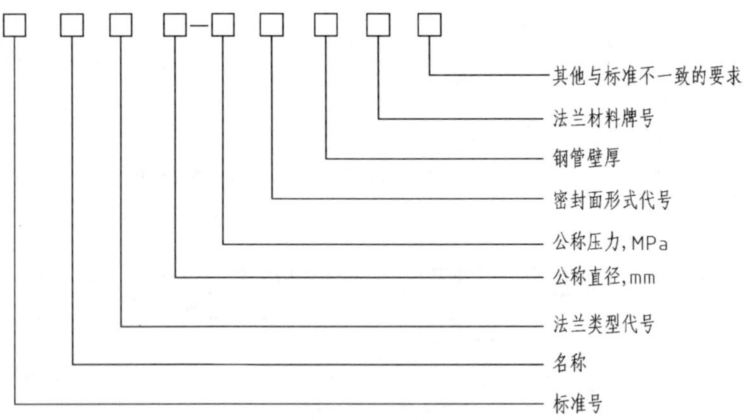

图 7-12 管法兰的标记方法

标记示例

公称直径 100mm、公称压力 0.25MPa、材料为 Q235—A、采用突面密封的板式平焊管法兰标记为："HG20592　法兰　PL100—0.25　RF　Q235—A"。

（2）压力容器法兰　用于设备筒体与封头的连接，分为平焊和对焊两大类，其中平焊法兰又有甲型和乙型两种，如图 7-13 所示。法兰密封面的型式同管法兰也有平面、凹凸面和榫槽面三种。平面密封甲型平焊法兰的规格和尺寸系列可参见附录中表 7-4。

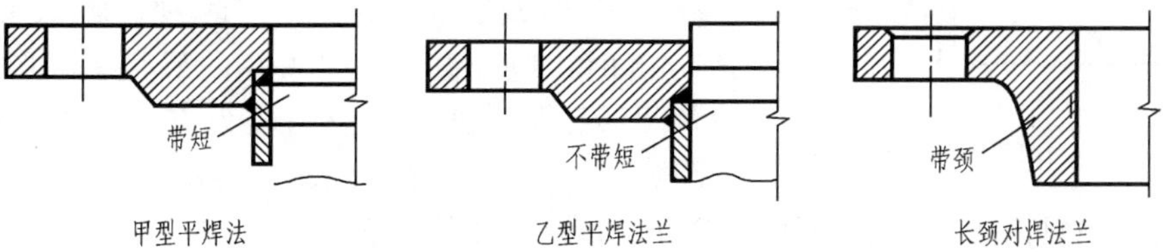

图 7-13　压力容器法兰的结构

容器法兰的标记方法如图 7-14 所示。若法兰的厚度与总高度采用标准值时，这两项可省略不予标注；如果需要修改法兰的厚度与总高度，则均应在法兰的标注中加以标记。

容器法兰类型分为一般法兰和衬环法兰（满足法兰的防腐要求），一般法兰的法兰类型代号为“法兰”，衬环法兰的代号为“法兰 C”。法兰密封面形式代号见表 7-3。

表 7-3　法兰密封面的形式代号

密封面的形式		代号
平密封面	密封面上不开水线	PⅠ
	密封面上开两条同心圆水线	PⅡ
	密封面上开同心圆或螺旋线的密纹水线	PⅢ
凹凸密封面	凹密封面	A
	凸密封面	T
榫槽密封面	榫密封面	S
	槽密封面	C

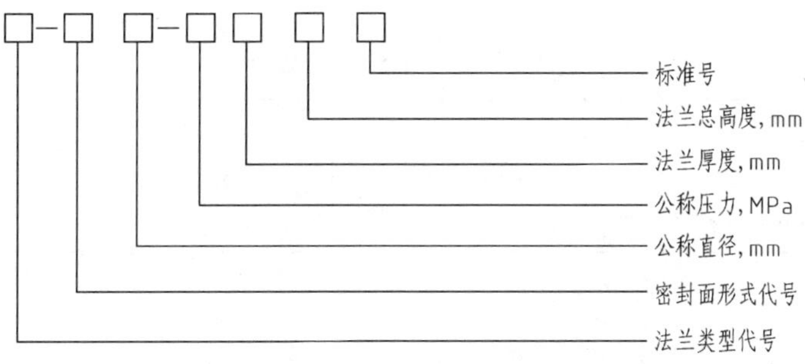

图 7-14　容器法兰的标记方法

标记示例

公称直径 600mm、公称压力 1.6MPa、采用 PⅠ型平面密封的标准甲型平焊法兰标记为：“法兰—PⅠ　600—1.6　JB 4701—92”

公称直径 800mm、公称压力 1.6MPa、采用榫槽密封的标准乙型平焊法兰标记为：“法兰—S　800—1.6　JB 4702—92”

7.2.1.4　手孔与人孔

手孔及人孔的安设是为了安装、拆卸、清洗和检修设备内部装置。手孔与人孔的结构基

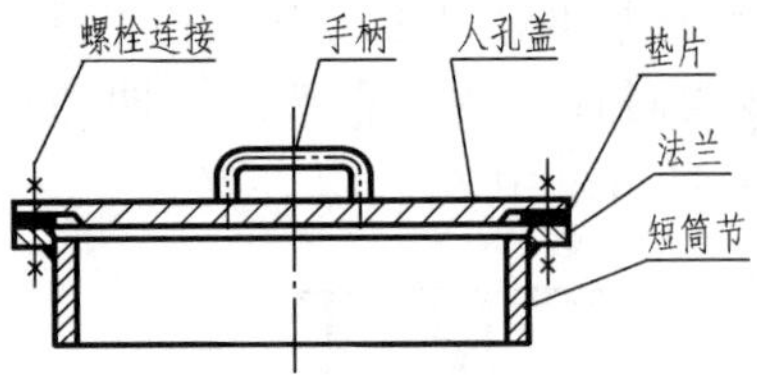

图 7-15　人孔的基本结构

本相同，如图 7-15 所示，在容器上接一短筒节，并盖一盲板构成。手孔直径一般为 150～250mm，应使工人带上手套并握住工具的手能很方便地通过，标准化手孔的公称直径有 *DN*150、*DN*250 两种。当设备直径超过 900mm 时，应开设人孔。人孔的形状有圆形和椭圆形两种，圆形孔制造方便，应用较为广泛；椭圆形人孔制造较困难，但对壳体强度削弱较小。人孔的开孔尺寸尽量要小，以减少密封面和减小对壳体强度的削弱。人孔的开孔位置应以工作人员进出设备方便为原则。人孔和手孔的规格和尺寸系列可参见附录中表 7-5。

人（手）孔的标记方法如图 7-16 所示。若短管高度采用标准值时，可省略不予标注；如果需要修改高度，则应在法兰的标注中加以标记。

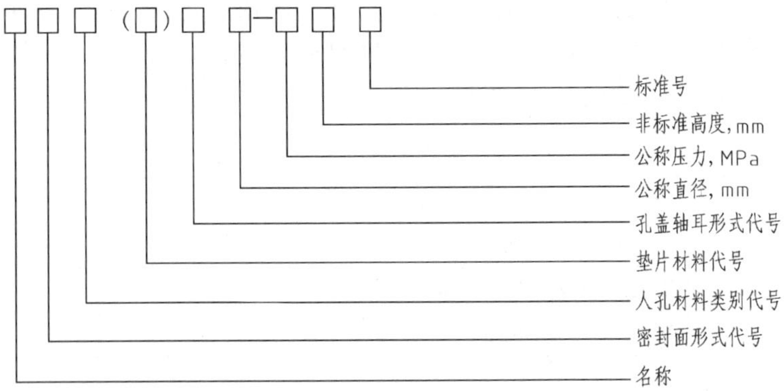

图 7-16　人（手）孔的标记方法

在标注中采用的密封面名称及代号见表 7-2，常用的人孔材料类别代号见表 7-4，常用的垫片材料代号为：A. G——普通石棉橡胶板；A. O——耐油石棉橡胶板；R. A——耐酸、碱橡胶板；T. PMF——聚四氟金属包垫片。

表 7-4　人（手）孔材料代号

标记符号	Ⅰ	Ⅱ	Ⅲ	Ⅳ
材料代号	Q235—AF (≤0.6MPa,0～200℃)	Q235—A (≤0.6MPa,0～200℃)	Q235—A (≤1.0MPa,0～300℃)	20R (≤2.5MPa,－20～300℃)

标记示例

公称直径 450mm、采用 2707 耐酸、碱橡胶垫片的常压人孔标记为：

“人孔（R. A—2707）　450　JB 577—79”

公称直径 300mm、公称压力 1.0MPa、A 型盖轴耳、突面密封、采用Ⅲ型类材料和石棉橡胶板垫片的回转盖板式平焊法兰标准人孔标记为：“人孔 RFⅢ（A. G）A　300—1.0　HG 21516—95”

如果短管采用非标准高度 H_1＝250mm，则标记为：“人孔 RFⅢ（A. G）A　300—1.0　H_1＝250　HG 21516—95”

7.2.1.5　视镜

视镜主要用来观察设备内部的操作工况，其基本结构是供观察用的视镜玻璃被夹在特别设计的接缘和压紧环之间，并用双头螺栓紧固，使之连接在一起构成视镜装置，如图 7-17 所示。常用视镜有不带颈视镜（凸缘视镜）、带颈视镜、衬里视镜、压力容器视镜（分别有不带颈视镜和带颈视镜两种）和带灯视镜。压力容器视镜适用最高压力为 2.5MPa，温度为 0～200℃的场合。视镜玻璃的材质为钢化硼硅玻璃，耐热急变温度为 180℃。视镜的规格和尺寸系列可参见附录 7-9。

不带颈视镜、带颈视镜、衬里视镜、压力容器视镜的标记方法如图 7-18 所示。带颈视镜及衬里视镜应当在名称中注明，如果采用的非标准高度也应加以标记。视镜材料是碳素钢（Q235—A）用代号Ⅰ表示，不锈钢（1Cr18Ni9Ti）用代号Ⅱ表示。

带灯视镜的标注则有些差别，其标记方法如图 7-19 所示。带灯视镜的类型代号和视镜衬里代号分别见表 7-5 和表 7-6。视镜灯的代号有两种：BJd—防爆型，F2—防腐型。

表 7-5　视镜的类型代号

视镜类型	代　号	视镜类型	代　号
带灯视镜	A	有颈带灯视镜	C
有冲洗孔带灯视镜	B	有冲洗孔有颈带灯视镜	D

表 7-6　视镜衬里代号

视镜衬里	代　号	视镜衬里	代　号
碳钢	Ⅰ	碳钢和不锈钢混合材料	Ⅱ
全不锈钢	Ⅲ		

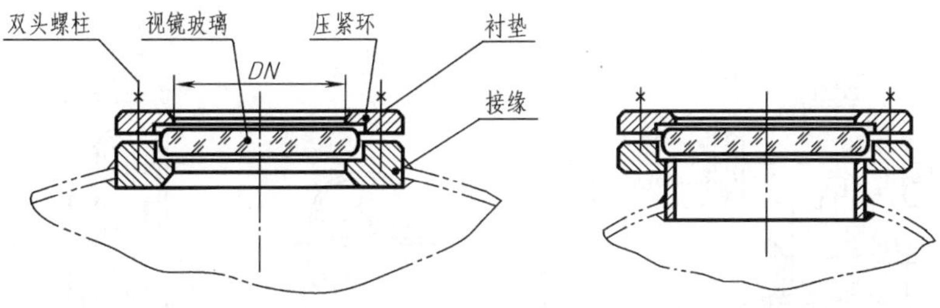

图 7-17　视镜的基本结构

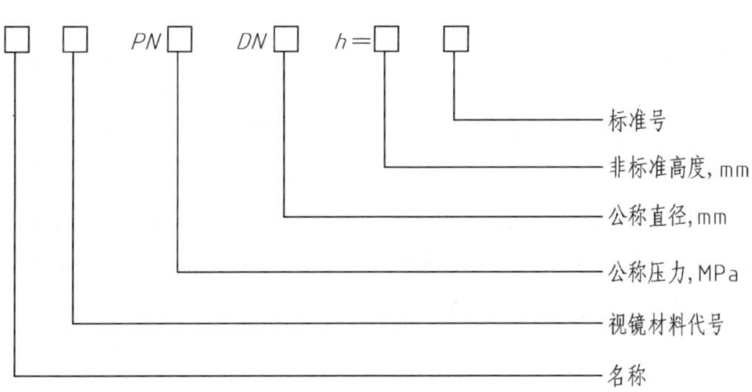

图 7-18　一般视镜的标记方法

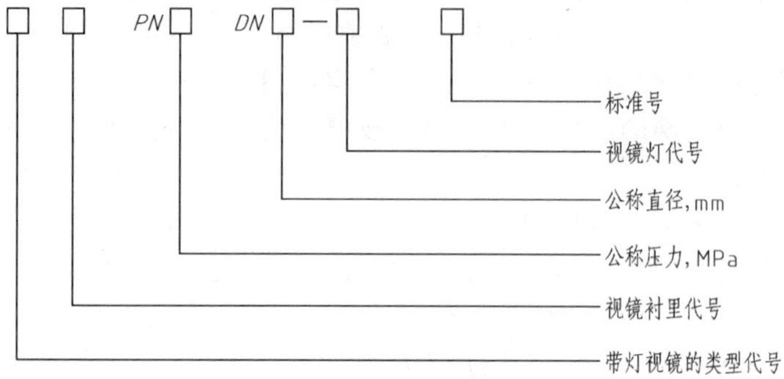

图 7-19　带灯视镜的标记方法

标记示例

公称压力 1.6MPa、公称直径 100mm、材料为不锈钢的标准视镜标记为：“视镜Ⅱ　*PN*1.6，*DN*100　HGJ 501—86—18”。

公称压力 1.6MPa，公称直径 100mm、视镜高度 $h=100$mm、材料为碳素钢的带颈视镜标记为：“带颈视镜Ⅰ　*PN*1.6，*DN*100，$h=100$　HGJ 502—86—8”。

公称压力 1.0MPa，公称直径 150mm、材料为碳素钢、无冲洗孔的带灯防爆视镜标记为：“AⅠ　*PN*1.0，*DN*150—BJd”。

7.2.1.6　**液面计**

液面计是用来观察设备内部液面位置的装置。液面计结构有多种型式，其中部分已经标准化，最常用的是玻璃管液面计、玻璃板液面计，其结构如图 7-20 所示。

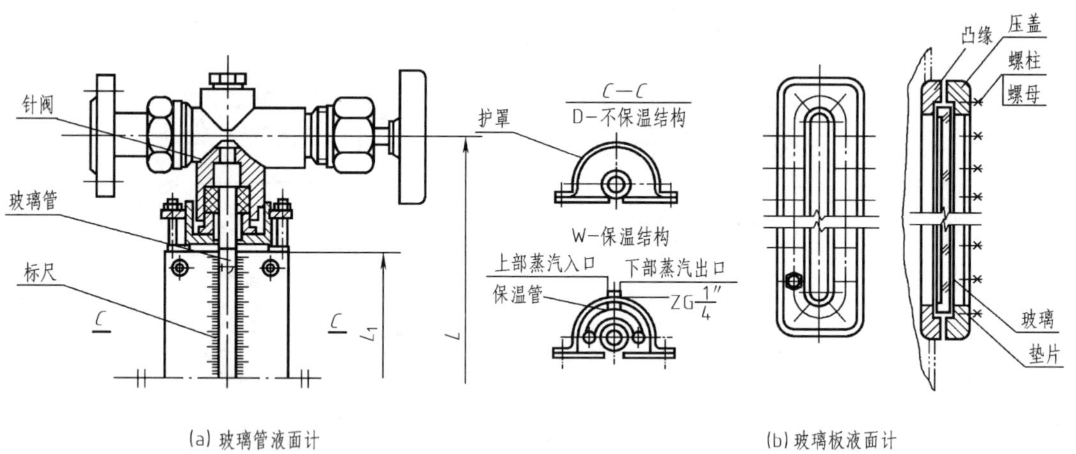

图 7-20　液面计的基本结构

液面计的标记方法如图 7-21 所示。其中，法兰连接处的密封面形式为：A—平面型，B—凹凸型；主体零部件用材料类别：Ⅰ—碳钢，Ⅱ—不锈钢，它决定着液面计的最大工作压力；结构形式：D—不保温型，W—保温型。

标记示例

碳钢制保温型具有凹凸密封面、公称压力 1.6MPa、长度为 1000mm 的玻璃板液面计标记为：“液面计 BⅠW　*PN*2.5，$L=1000$　HG 5—227—80”。

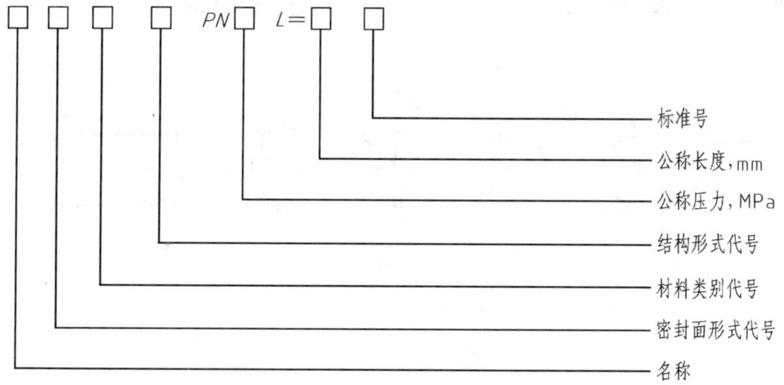

图 7-21 液面计的标记方法

7.2.1.7 补强圈

补强圈用来弥补设备壳体因开孔过大而造成的强度损失。补强圈结构如图 7-22 所示，其形状应与被补强部分相符，使之与设备壳体密切贴合，焊接后能与壳体同时受力。补强圈上有一小螺纹孔，焊后通入压缩空气，以检查焊缝的气密性。补强圈厚度随设备厚度不同而异，由设计者决定，一般要求补强圈的厚度和材料均与设备壳体相同。补强圈的规格和尺寸系列可参见附录表 7-8。

补强圈的标记方法如图 7-23 所示。

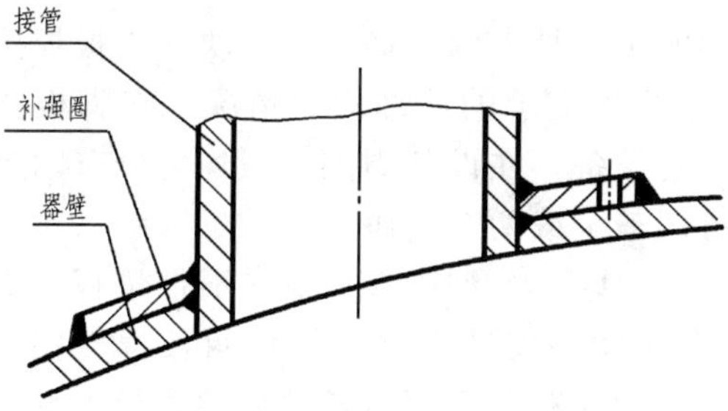

图 7-22 补强圈基本结构

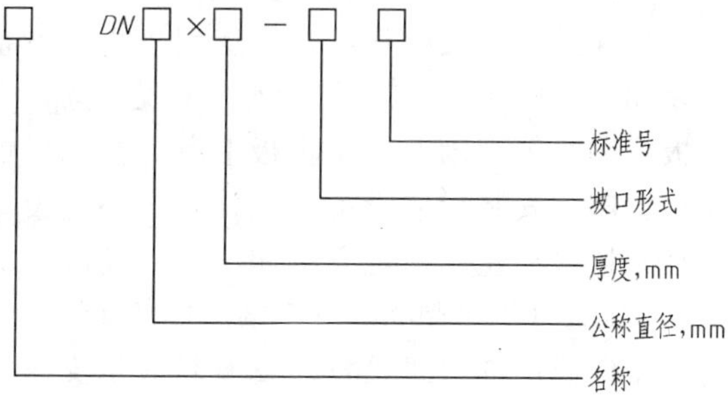

图 7-23 补强圈的标记方法

标记示例

接口公称直径 100mm、厚度 8mm、坡口型式为 B 型的补强圈标记为："补强圈 *DN*100×8—B JB/T 4736—95"。

7.2.1.8 支座

支座用于支承设备的重量和固定设备的位置。支座分为立式设备支座、卧式设备支座和球形容器支座三大类。每类又按支座的结构形状、安放位置、载荷情况而有多种形式，如：立式设备有悬挂式支座、支承式支座和支脚，如图 7-24 所示，其中应用较多的为悬挂式支座；卧式设备有鞍式支座、圈式支座和支脚三种，如图 7-25 所示，其中应用较多的为鞍式支座；球形容器有柱式支座（包括赤道正切型、V 型、三柱型）、裙式支座、半埋式支

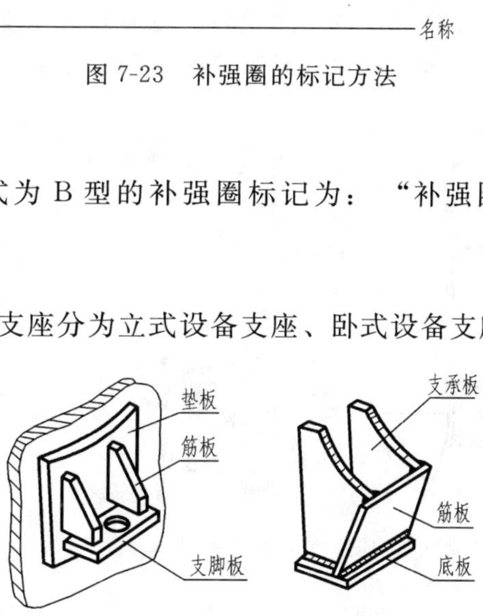

(a) 悬挂式支座 (b) 支承式支座

图 7-24 立式设备支座

座、高架式支座四种，如图 7-26 所示，其中应用较多的为赤道正切柱式支座和裙式支座。

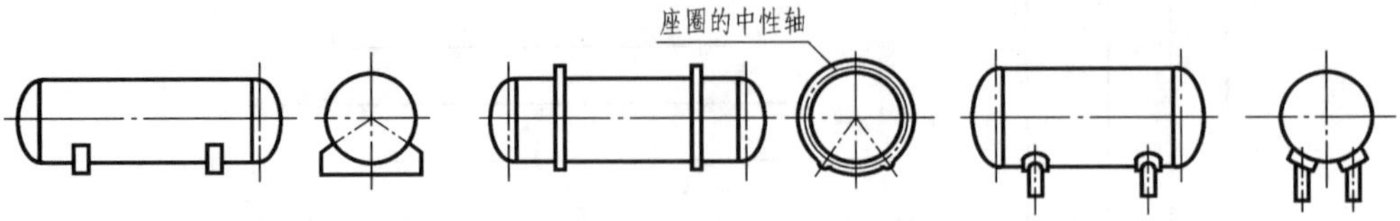

(a) 鞍式支座　(b) 圈式支座　(c) 支脚

图 7-25　卧式设备支座

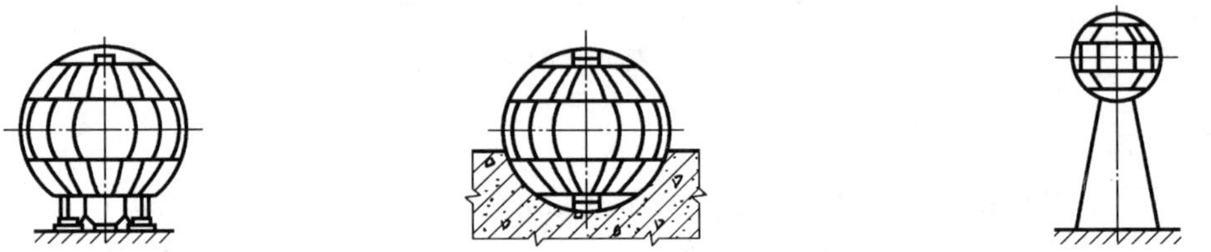
(a) 裙式支座　(b) 半埋式支座　(c) 高架式支座

图 7-26　球形容器支座

下面介绍两种典型的标准化支座，悬挂式支座和鞍式支座。

7.2.1.8.1　悬挂式支座

悬挂式支座又称耳座，广泛用于立式设备。它的结构是由两块筋板、一块支脚板焊接而成，如图 7-27 所示，在筋板与筒体之间加一垫板以改善支承的局部应力情况，支脚板搁在楼板或钢梁等基础上，支脚板上有螺栓孔用螺栓固定设备。在设备周围一般均匀分布四个悬挂式支座，安装后使设备成悬挂状。小型设备也可用三个或两个支座。

悬挂式支座的标记方法如图 7-28 所示。悬挂式支座有 A 型、AN 型（不带垫板）和 B 型、BN 型（不带垫板）四种结构。B 型和 BN 型有较宽的安装尺寸，故又叫长臂支座，适用于带保温层的立式设备。支座号表示支座本体允许的荷载及适用设备的公称直径。悬挂式支座的规格和尺寸系列可参见附录中表 7-6。

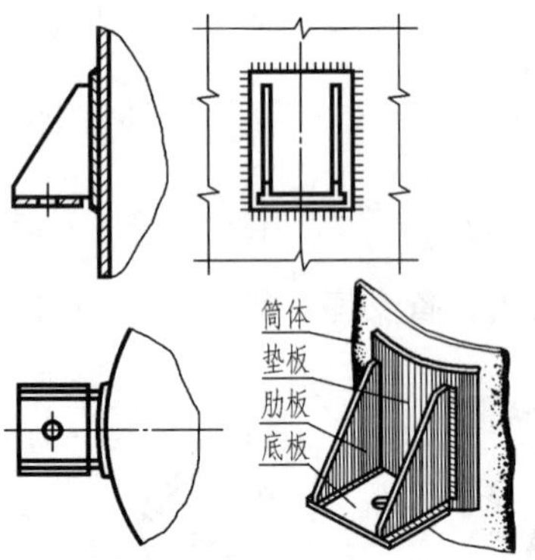

图 7-27　悬挂式支座的基本结构

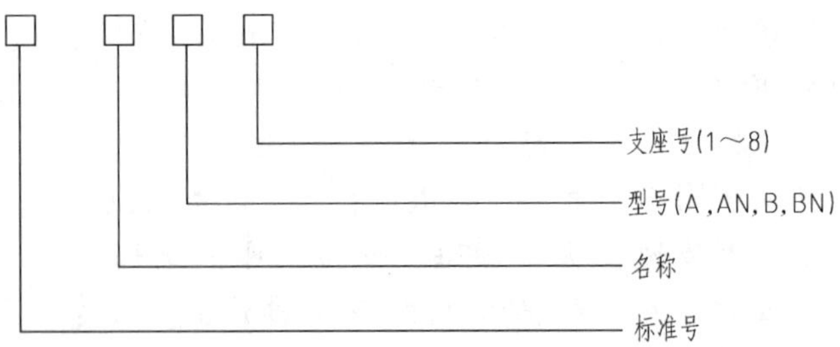

图 7-28　悬挂式支座的标记方法

标记示例

A 型带垫板、3 号悬挂式支座的标记为：“JB/T 4725—92　耳座 A3”。

7.2.1.8.2 鞍式支座

鞍式支座是卧式设备中应用最广的一种支座。其结构如图 7-29 所示，由一块鞍形板、两块支承板、一块底板及一块竖板组成。支承板焊于鞍形板和底板之间，竖板被焊接在它们的一侧，底板搁在地基上，并用地脚螺栓加以固定。卧式设备一般用两个鞍式支座支承，当设备过长，超过两个支座允许的支承范围，应增加支座数目。

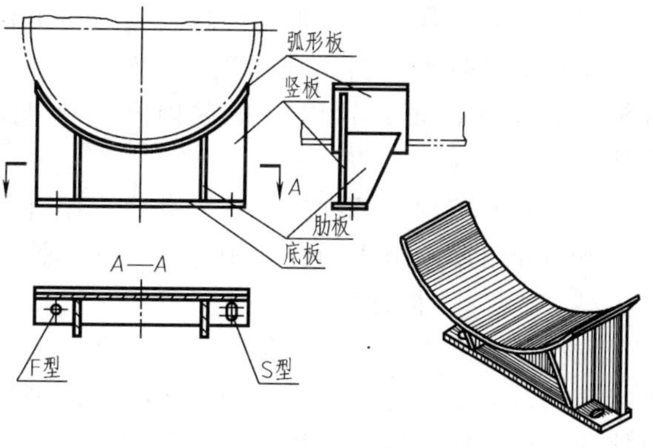

图 7-29 鞍式支座的基本结构

鞍式支座的标记方法如图 7-30 所示。鞍式支座分为 A 型（轻型）和 B 型（重型，按包角、制作方式及附带垫板情况分五种型号，其代号为 BⅠ～BⅤ）两种，每种类型又分为固定式（代号为 F）和活动式（代号为 S）。固定式与活动式的主要区别在底板的螺栓孔，活动式为长圆孔，其目的是在容器因温差膨胀或收缩时，可以滑动调节两支座间距，而不致使容器受附加应力作用，F 型和 S 型常配对使用。鞍式支座的规格和尺寸系列可参见附录中表 7-7。

标记示例

公称直径 1200mm、A 型、活动式鞍式支座的标记为：“JB/T 4712—92 鞍式支座 A1200—S”。

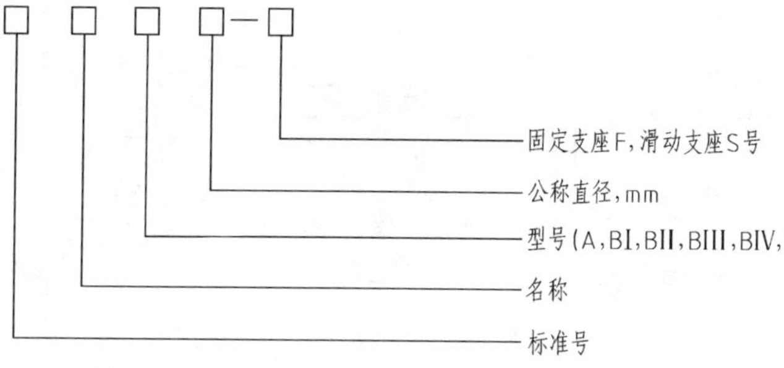

图 7-30 鞍式支座的标记方法

7.2.2 典型化工设备的常用零部件

在化工设备中，除前面介绍的通用零件外，还有一些在反应釜、换热器和塔设备中常用的零部件。

7.2.2.1 反应釜中常用零部件

反应釜是化学工业中典型设备之一，它用来供物料间进行化学反应。如图 7-1（d）所示，搅拌反应釜通常由以下几部分组成。

（1）罐体部分 为物料提供反应空间，由筒体和上下封头组成。

（2）传热装置 用以提供化学反应所需的热量或带走化学反应生成的热量，其结构通常有夹套和蛇管两种。

（3）搅拌装置 为使参与化学反应的各种物料混合均匀，加速反应进行，需要在容器内设置搅拌装置，搅拌装置由搅拌轴和搅拌器组成。

(4) 传动装置　用来带动搅拌装置，由电机和减速器（带联轴器）组成。

(5) 轴封装置　由于搅拌轴是旋转件，而反应釜容器的封头是静止的，在搅拌轴伸出封头处必须进行密封，以阻止罐内介质泄漏，常用的轴密封有填料箱密封和机械密封两种。

(6) 其他结构　各种接管、人孔、支座等附件。

下面介绍反应釜中两种常用零部件——搅拌器和轴封装置。

7.2.2.1.1　搅拌器

搅拌器用于提高传热、传质及增加化学反应速率。常用的有桨式、涡轮式、推进式、框式与锚式、螺带式等搅拌器，其结构如图 7-31 所示。上述几种搅拌器大部分已经标准化，搅拌器主要性能参数有搅拌装置直径（350～2100 共 16 种）和轴径（30、40、50、60、70、80、90、100、110、120、130、140 和 160 等），搅拌器的标记方法如图 7-32 所示。

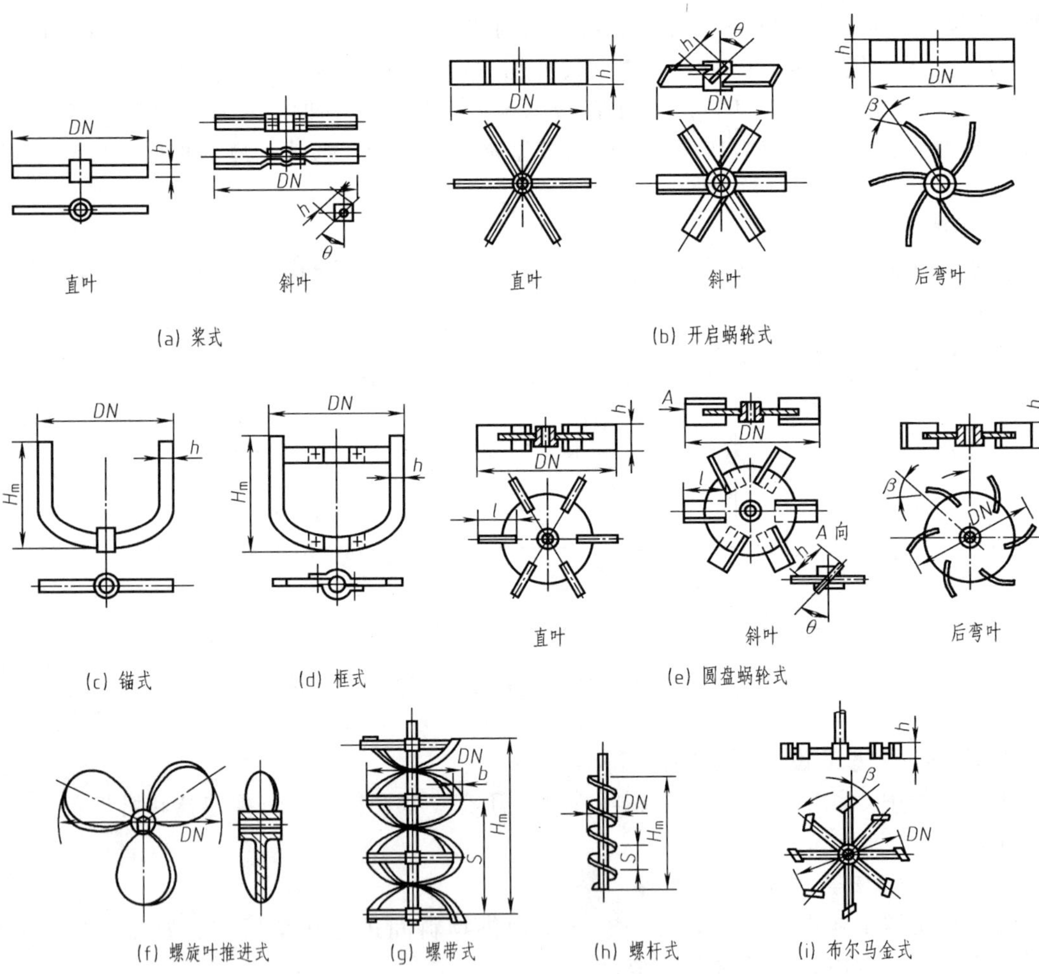

图 7-31　各种搅拌器结构

标记示例

搅拌装置直径 600mm、轴径 40mm 的桨式搅拌器标记为：“搅拌器　600—40，　HG 5—220—65—5”。

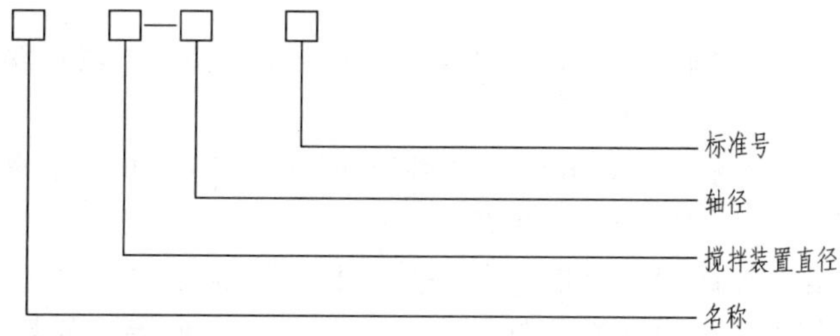

图 7-32　搅拌器的标记方法

7.2.2.1.2　轴封装置

密封装置按密封面间有无相对运动，分为静密封和动密封两大类。搅拌反应釜上法兰面之间是相对静止的，它们之间的密封属于静密封。静止的反应釜顶盖（上封头）和旋转的搅拌轴之间存在相对运动，它们之间的密封属于动密封。为了防止介质从转动轴与封头之间的间隙泄漏而设置的动密封装置，简称为轴封装置。

反应釜中使用的轴封装置主要有填料密封和机械密封两种。

(1) 填料箱密封　其结构简单，制造、安装、检修均较方便，因此应用较为普遍。填料箱密封的种类很多，例如：有带衬套的、带油环的和带冷却水夹套的等多种结构，填料箱密封的典型结构如图 7-33 所示。标准填料箱的主体材料有碳钢和不锈钢两种，填料箱的主要性能参数有压力等级（0.6MPa 和 1.6MPa 两种）和公称轴径（*DN* 系列为 30、40、50、60、70、80、90、100、110、120、130、140 和 160 等），其标记方法如图 7-34 所示。

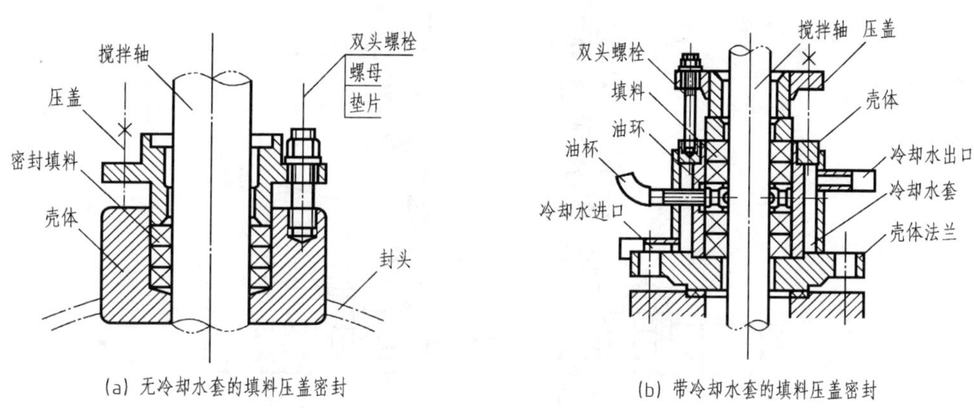

图 7-33　填料密封的典型结构

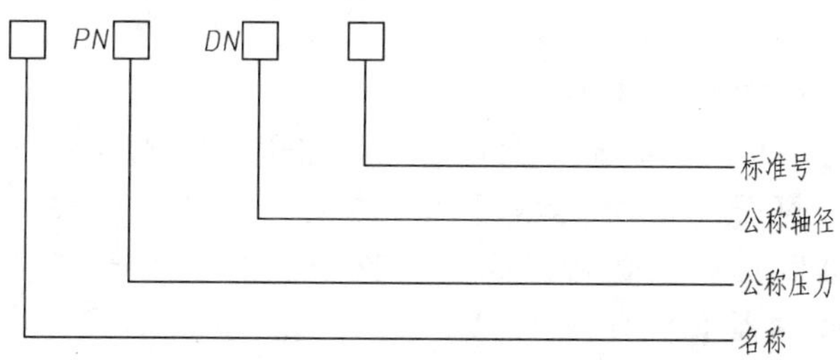

图 7-34　填料箱的标记方法

标记示例

公称压力 1.6MPa、公称轴径 50mm 的碳钢填料箱标记为："填料箱　PN1.6，DN50　HG 21537.7—92"。

公称压力 1.6MPa、公称轴径 80mm、材料为 0Cr18Ni10Ti 的不锈钢填料箱标记为："填料箱　PN1.6，DN80　HG 21537.8—92"。

(2) 机械密封　是一种比较新型的密封结构。因具有泄漏量少、使用寿命长、摩擦功率损耗小、轴或轴套不受磨损、耐振性能好等特点，常用于高低温、易燃易爆及有毒介质的场合。但它的结构复杂，密封环加工精度及安装技术要求高，装拆不方便且成本高。

机械密封的基本结构型式如图 7-35 所示。机械密封一般有四个密封处：A 处是静环座与设备间的密封，属静密封，通常采用凹凸密封面加垫片的方法处理。B 处是静环与静环座间的密封，属静密封，通常采用各种形状的弹性密封圈来防止泄漏。C 处是动环与静环的密封，是机械密封的关键部位，为动密封。动静环接触面靠弹簧给予一合适的压紧力，使这两个磨合端面紧密贴合，达到密封效果。这样可以将原来极易泄漏的轴向密封，改变为不易泄漏的端面密封。D 处是动环与轴（或轴套）的密封，为静密封，常用的密封元件是"O"形环。

为适应不同条件的需要，机械密封有多种结构形式，但其主要元件和工作原理基本相同。机械密封的主要性能参数有压力等级（0.6MPa 和 1.6MPa）、介质情况（一般介质和易燃、易爆、有毒介质）、介质温度（≤80℃和＞80℃）及公称轴径（30、40、50、60、70、80、90、100、110、120、130、140 和 160 等）。

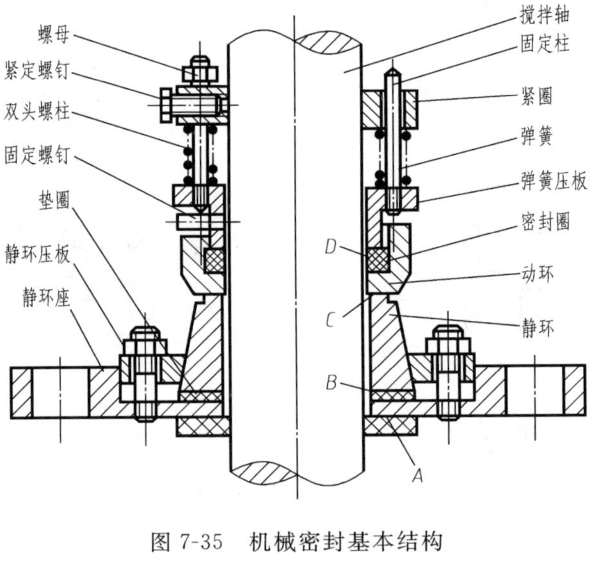

图 7-35　机械密封基本结构

7.2.2.2　换热器中常用零部件

换热器是石油、化工生产中重要的设备之一，它用来完成各种不同的换热过程。按照传热方式不同，换热器可分为混合换热器、蓄热换热器和间壁式换热器三类。间壁式换热器中的管壳式换热器因具有承受高温高压、易于制造、生产成本低和清洗方便等优点被广泛使用。管壳式换热器有固定管板式、浮头式、填料函式、U 形管式等多种形式，它们主要由管箱、壳体、管板、管束、折流板、拉杆和定距管等零件组成，如图 7-1 (b) 所示。

下面对管壳式换热器中的管板、折流板以及膨胀节作一简单介绍。

（1）管板　是管壳式换热器的主要零件，绝大多数管板是圆形平板，如图 7-36（a）所示，板上开很多管孔，每个孔固定连接着换热管，管的周边与壳体的管箱相连。板上管孔的排列形式有正三角形、转角三角形、正方形、转角正方形四种排列形式，如图 7-36（b）所示。换热管与管板的连接，应保证密封性能和足够的紧固强度，常采用胀接、焊接或胀焊结合等方法。管板与壳体的连接有可拆式和不可拆式两类。例如，固定管板式换热器的管板采用的是不可拆的焊接连接，浮头式、填函式、U 形管式换热器的管板采用的是可拆连接。另外，管板上有四个螺纹孔，是拉杆的旋入孔，如图 7-37 所示。

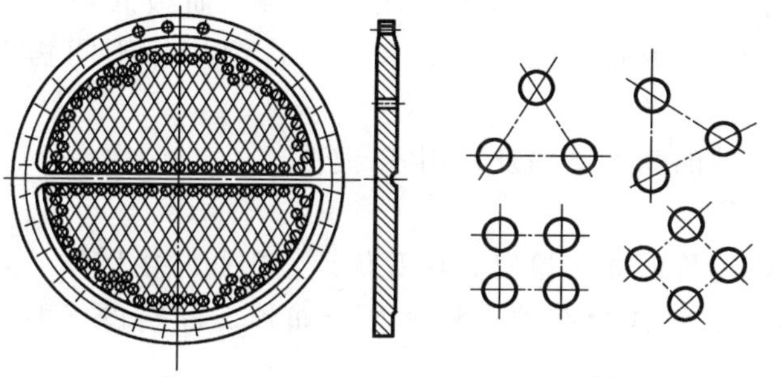

图 7-36　管板结构

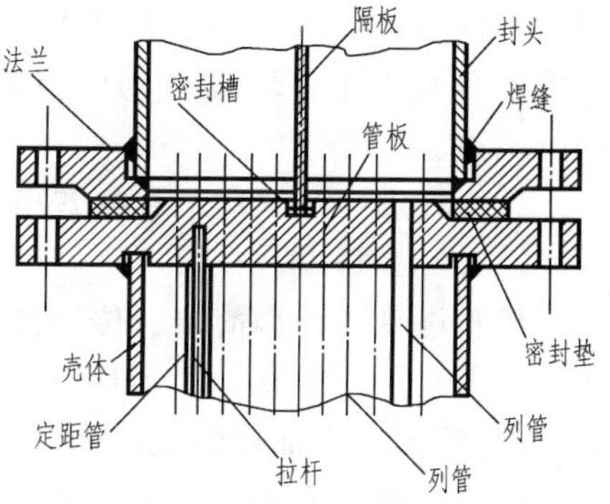

图 7-37　固定管板与壳体、拉杆的连接

（2）折流板　被设置在壳程，它既可以提高传热效果，还起到支承管束的作用。折流板有弓形和圆盘-圆环形两种，其折流情况如图 7-38 所示。

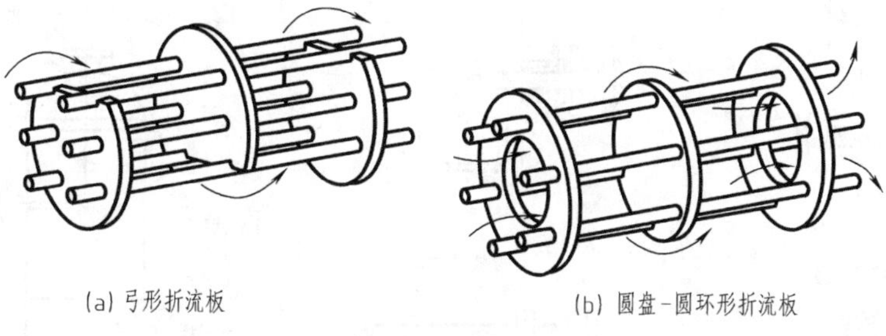

(a) 弓形折流板　　(b) 圆盘-圆环形折流板

图 7-38　折流板的折流情况

（3）膨胀节　是装在固定管板式换热器壳体上的挠性部件，用于补偿温差引起的变形。最常用的为波形膨胀节。波形膨胀节分为立式（L 型）和卧式（W 型）两类，若带内衬套

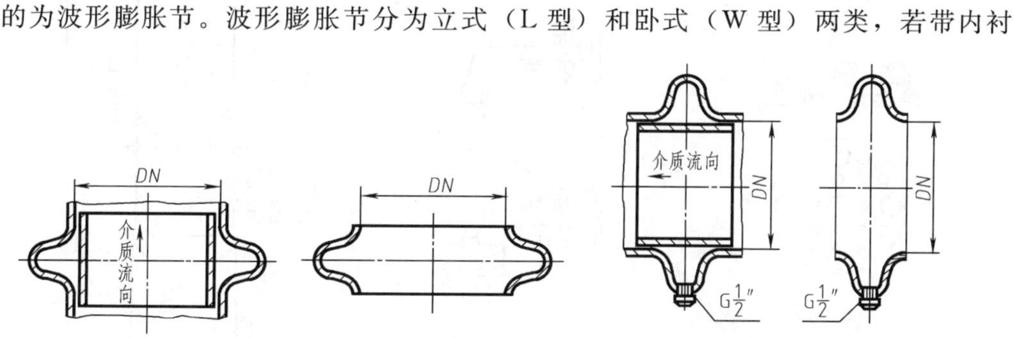

(a) 立式波形膨胀节　　(b) 卧式波形膨胀节

图 7-39　波形膨胀节

又分别有 LⅠ和 WⅠ型。对于卧式波形膨胀节又有带堵丝（A 型）和不带堵丝（B 型）之分，堵丝用于排除残余介质。如图 7-39 所示。波形膨胀节的主要性能参数有公称压力、公称直径和结构型式等。

7.2.2.3　塔设备

化工生产过程中常见的塔设备很多，有用于反应过程的裂解塔、合成塔、硫化塔等，也有用于分离过程的精馏塔、吸收塔、萃取塔和洗涤塔，还有干燥塔、喷淋塔、造粒塔等。其中，干燥塔、喷淋塔、造粒塔、洗涤塔等，塔内基本上没有代表性的通用零部件，其结构类似于立式容器；用于反应过程的塔设备，一般都需要根据工艺要求特殊设计，从而使用于不同物料的反应过程的塔设备会具有不同的结构，属于专用塔设备。而板式塔和填料塔，以及用于萃取过程的转盘塔、脉冲筛板塔则为通用塔设备，可广泛用于不同物系的分离过程。

这里重点介绍填料塔和板式塔具有代表性的基本结构及常用零部件。

7.2.2.3.1　填料塔

填料塔具有结构简单、传质性能良好、造价低廉、检修方便等优点。它通常由塔体、封头、容器法兰、裙座、填料层、填料支承板、液体分布器、液体再分布器、卸料口（即手孔）、除雾器等零部件组成，如图 7-40 所示。

（1）液体分布器（喷淋装置）　进入填料塔的液体，都是通过液体喷淋装置均匀分散在填料层表面的，液体能否均匀分布在填料层表面，对操作起非常重要的作用。常见的液体喷淋装置有管式喷淋器、多孔式喷淋器、莲蓬式喷淋器和盘式喷淋器，如图 7-40 所示。

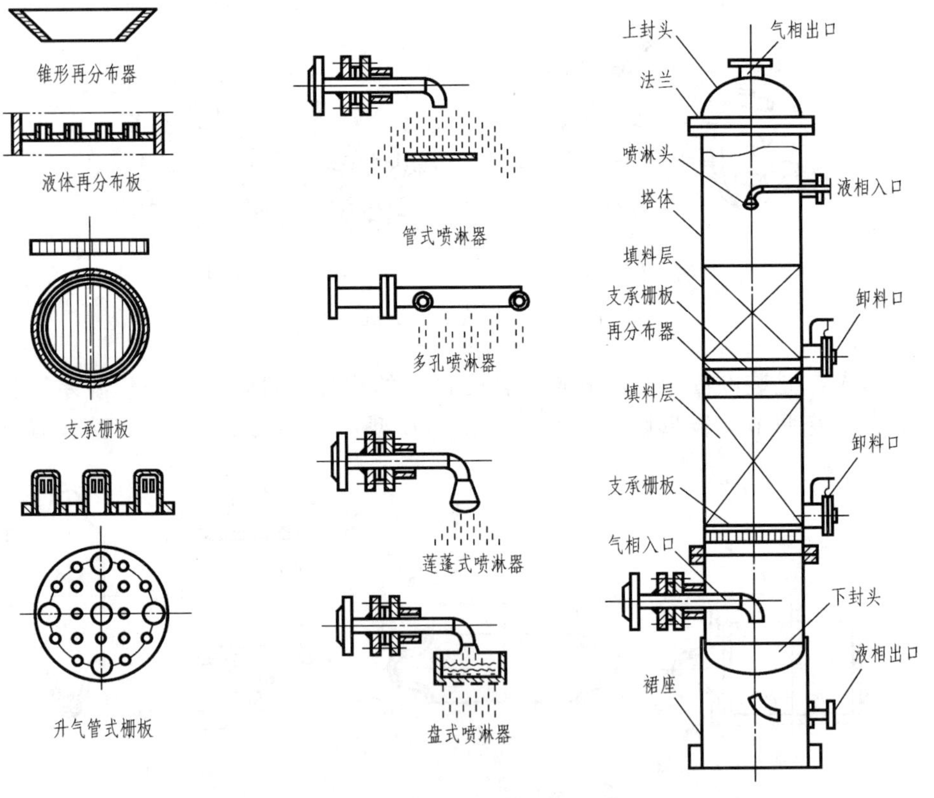

图 7-40　填料塔的结构与零部件

（2）填料支承板　填料塔的支承栅板不仅要满足支承塔内填料重力的要求，同时还兼有改善气体分布、保证气液两相顺利流通的功能。常用的填料支承板有栅板、十字网格板和升气管式支承板等几种。其中以栅板型支承板使用最多，当塔径较大时为强化栅板的支承能力可采用十字网格板，为减少气液相通过栅板的阻力，可采用升气管式支承板。但无论采用何种支承板，都必须保证支承板的平面空隙率大于填料层的平面空隙率（空隙面积与塔截面积之比）。栅板和升气管式支承板如图 7-40 所示。

（3）除雾器　为减少填料塔出口气体中所夹带的液相量，在填料塔气体出口管的下方需要安装除雾器，以捕集出口气体中夹带的微小雾沫，所以除雾器也被称为捕沫器。常见的除雾器有折流板式、填料式和丝网式除雾器三类。折流板式除雾器，也称为机械除雾器。它结构简单、制作容易、阻力小、效力高且不易堵塞，所以使用较广，其结构如图 7-41（a）所示。填料除雾器即在出口气体离开填料塔之前，通过一层规格较小的填料，以捕集出口气体中夹带的雾沫，填料层厚度一般为 200～300mm。填料除雾器的捕集能力比机械式除雾器大，但阻力和占用的空间也大，其结构如图 7-41（b）所示。丝网除雾器分离效率高、阻力小且占用空间小，但易堵塞、成本高。丝网材料一般为不锈钢丝和聚乙烯丝。常见结构如图 7-41（c）所示。

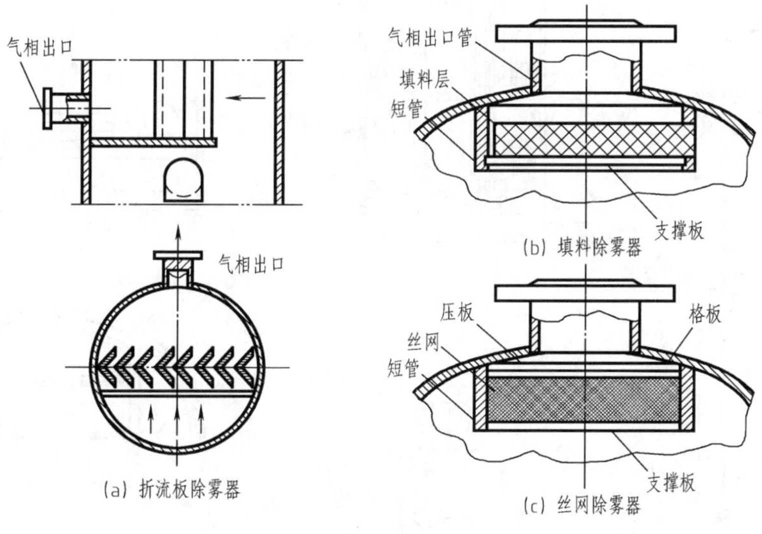

图 7-41　填料塔的除雾器

（4）裙座　裙座是支承塔设备重力，并将塔设备固定在塔基础上的重要部件。常见裙座有圆柱形和圆锥形，因圆柱形裙座制作方便、成本低，在塔设备的支承设计中应用极为广泛。若圆柱形裙座无法满足细高塔地脚螺栓的配置要求时，可采用圆锥形裙座。裙座由裙座筒体、基础环、螺栓座、人孔、引出管通道和排气口、排液孔以及地脚螺栓等组成，如图 7-42 所示。

7.2.2.3.2　板式塔

板式塔具有结构简单、传质性能良好、设备性能稳定可靠、检修方便的优点，在化工生产过程中被广泛采用。板式塔通常由塔体、封头、容器法兰、塔盘、人孔、除雾器、裙座等零部件组成，如图 7-43（a）所示。

（1）塔盘　是板式塔的主要部件之一，它是实现传热、传质的部件。塔盘通常由塔板、降液管、受液盘和溢流堰和支承与密封装置等几部分组成。塔盘一般分为整块式和组装式两

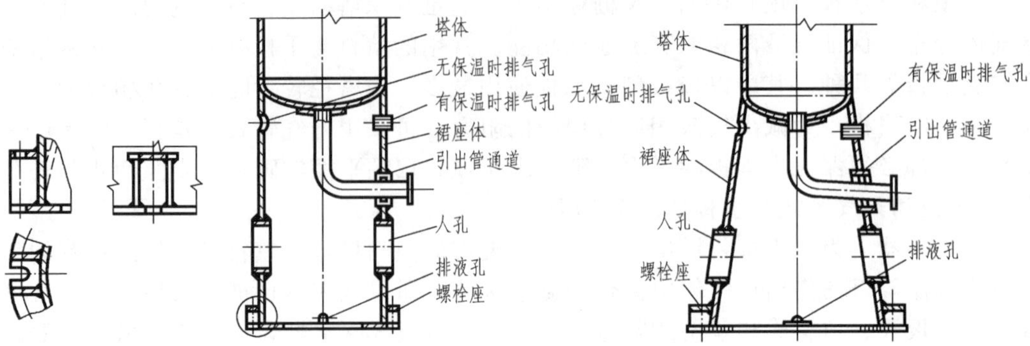

(a) 圆筒形　　(b) 圆锥形

图 7-42　裙式支座

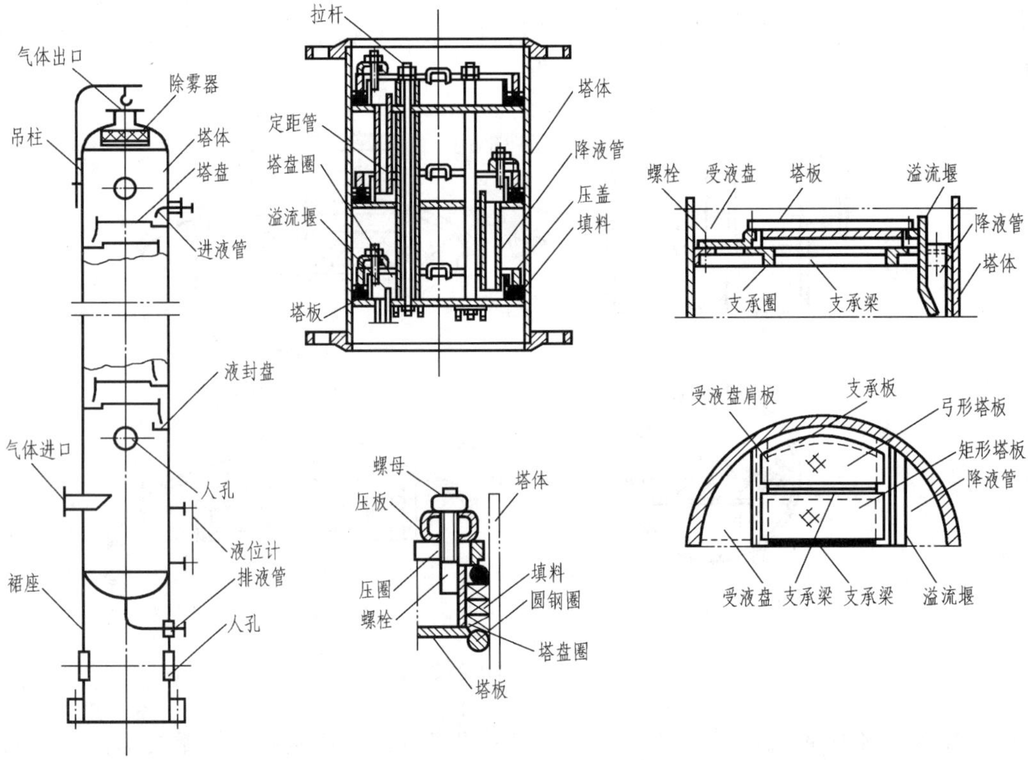

(a) 板式塔结构　　(b) 整块式塔盘结构　　(c) 组装式塔盘结构

图 7-43　板式塔及其塔盘结构

类，塔径 300～800mm 采用整块式塔盘，若干块塔盘组装在一起整体放入预制好的、带法兰的筒体内，再通过法兰连接方式将封头与筒体组装成塔体，如图 7-43（b）所示；塔径≥800mm 则采用组装式塔盘，采用组装塔盘的板式塔的筒体通常采用焊接方式组成塔体，安装好塔体后，再通过人孔进入塔内逐块安装塔盘，如图 7-43（c）所示。

（2）浮阀与泡帽　是浮阀塔和泡帽塔的主要传质零件。

浮阀有圆盘形和条形两种。圆浮阀已标准化，其结构如图 7-44 所示。

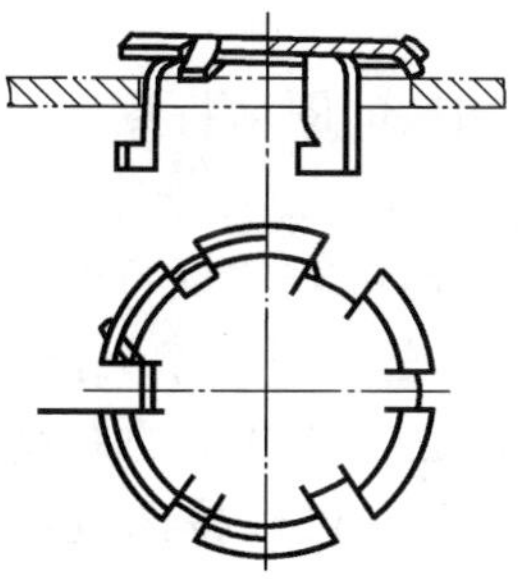

图 7-44　浮阀

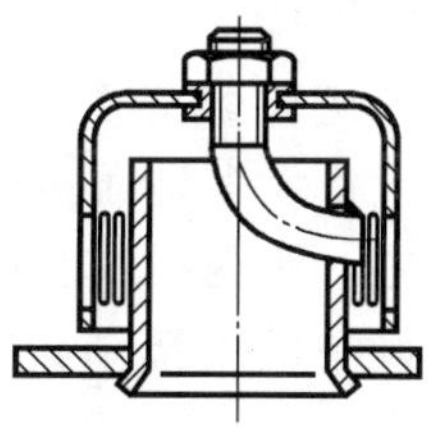

图 7-45　泡帽

泡帽有圆泡帽和条形泡帽两种。圆泡帽已标准化，其结构如图 7-45 所示。

7.3　化工设备图的图示特点

前面章节讨论的机件各种表达方法，如视图、剖视图、断面图和局部放大图等，在表达化工设备图的视图中同样适用。但由于化工设备基本结构有它的特点，因此，化工设备图的视图还有一些相应的图示特点。

7.3.1　化工设备的基本结构特点

常见的几种典型化工设备有容器、热交换器、反应釜和塔器，这些设备虽然结构形状、尺寸大小、以及安装方式各不相同，但构成设备的基本形体，以及所采用的许多通用零部件却有共同的特点。

(1) 基本形体以回转体为主　化工设备多为壳体容器，其主体结构（筒体、封头）以及一些零部件（人孔、手孔、接管）多由圆柱、圆锥、圆球或椭球等回转体构成。

(2) 尺寸相差悬殊　设备的总体尺寸与壳体厚度或其他细部结构尺寸大小相差悬殊。大尺寸大至几十米，小尺寸只有几毫米。如图 7-2 的管壳式换热器，直径 700mm，筒体高 9000mm，壁厚只有 6mm。

(3) 很多设备的高（长）径比大　一些设备根据化工工艺要求，其总高（长）与直径的比值较大。如图 7-2 的管壳式换热器，筒体直径 700mm，高 9000mm，高径比为 12.9。

(4) 有较多的开孔和接管　根据化工工艺的需要，在设备壳体（筒体和封头）上，有较多的开孔和接管，如进（出）料口、放空口、清理口、观察孔、人（手）孔，以及液位、温度、压力、取样等检测口。如图 7-2 的管壳式换热器，就有 5 个管口。

(5) 很多设备对材料有特殊要求　化工设备的材料除考虑强度、刚度外，还应当考虑耐腐蚀、耐高温、耐深冷、耐高压和高真空。因此，不仅使用碳钢、合金钢、有色金属、稀有金属（钛、钽、锆等）和一些非金属材料（陶瓷、玻璃、石墨、塑料）作为结构材料，还经常使用金属或非金属材料作为喷镀、喷涂或衬里材料，以满足各种设备的特殊要求。

(6) 大量采用焊接结构　化工设备中不仅许多零部件采用焊接成型，而且零部件间的连接也广泛使用焊接方法。如筒体、封头、支座等的成型，筒体与封头、壳体与支座、壳体与接管等的连接。

(7) 广泛采用标准化零部件　如上一节所述，化工设备中许多零部件都已经标准化、系列化，如筒体、封头、支座、管法兰、设备法兰、人（手）孔、视镜、液位计、补强圈等。一些典型设备中部分常用零部件也有相应的标准，如填料箱、搅拌器、波形膨胀节、浮阀及泡罩等。

7.3.2 化工设备图的图示特点

由于上述结构特点，在化工设备的表达方法上，形成了相应的图示特点。

7.3.2.1 视图配置灵活

由于化工设备大多是回转体，因此一般采用两个基本视图即可表达设备的主体结构。立式设备通常为主、俯视图（参见图 7-2），卧式设备通常为主、左视图（参见图 7-89），而且主视图为表达设备的内部结构常采用全剖视和局部剖视。但是，当设备的总高（长）较高（长）时，由于图幅有限，俯、左视图难以安排在基本视图位置，可以按向视图的方式进行配置。也允许将俯、左视图画在另一张图纸上，并分别在两张图纸上注明视图关系。

某些结构形状简单，在装配图上易于表达清楚的零件，其零件图可直接画在装配图中适当位置，注明件号××的零件图（参见图 7-89 的件 20 零件图）。

在某些装配图中，还可放置其他一些视图，如支座的底板尺寸图、气柜的配重图、标尺图和某零件的展开图等。

有的化工设备比较简单，仅用一个基本视图和一些辅助视图，就可将基本结构表达清楚，此时省略俯（左）视图，只用管口方位图来表达设备的管口及其他附件分布的情况，管口方位图的画法如图 7-46 所示。

7.3.2.2 细部结构的表达方法

由于化工设备的各部分结构尺寸相差悬殊，按总体尺寸选定的绘图比例，往往无法将细部结构同时表达清楚。因此，化工设备图中较多的采用了局部放大图（亦称“节点详图”）和夸大画法来表达细部结构并标注尺寸。

（1）局部放大图　如果设备部分结构的图形过小时，则采用局部放大图的表达方法。局部放大图可按所放大结构的复杂程度，采用视图、剖视图和断面图等方法进行表达，它与被放大部分的表达方式无关；局部放大图可以用细实线圈出，也可用波浪线、双折线画出界限；可按规定比例画图，也可不按比例画图，但均须注明。参见图 7-2 中的 Ⅰ、Ⅱ 和 $A—A$。

（2）夸大画法　对于化工设备中的壳体厚度、接管厚度和垫片、挡板、折流板等的厚度，在绘图比例缩小较多时，其厚度经常难以画出，对此可采用夸大画法。即不按比例，适当夸大地画出它们的厚度。其余细小结构或较小的零部件，也可采用夸大画法。如图 7-2 中壳体厚度、垫片及管板厚度、丝堵和接管法兰等，均采用了夸大画法。

薄壁部分的剖面符号允许采用涂色的方法，如图 7-2 中壳体及封头就采用了涂色的方法，而管板和管法兰仍采用剖面符号进行表达。

7.3.2.3 断开画法和分段画法

对于高（长）径比大的化工设备，如塔器、换热器等，当沿其轴线方向有相当部分的形状和结构相同，或按一定规律变化时，可采用断开画法。即用双点划线将设备中重复出现的结构或相同结构断开，使图形缩短，简化作图，便于选用较大的作图比例，合理使用图纸幅面。如图 7-2 中列管及壳体就采用了断开画法。

对于较高的塔设备，在不适于采用断开画法时，可采用分段的表达方法。即把整个塔体分成若干段，以利于绘图时的图面布置和比例选择，如图 7-47 所示。

若由于断开画法和分层画法造成设备总体形象表达不完整时，可采用缩小比例、单线条画出设备的整体外形图或剖视图。在整体图上，可标注总高尺寸、各主要零部件的定位尺寸及各管口的标高尺寸，如图 7-48 所示。

7.3.2.4 多次旋转的表达方法

化工设备壳体上分布有众多的管口及其他附件，为了在主视图上能清楚地表达它们的结

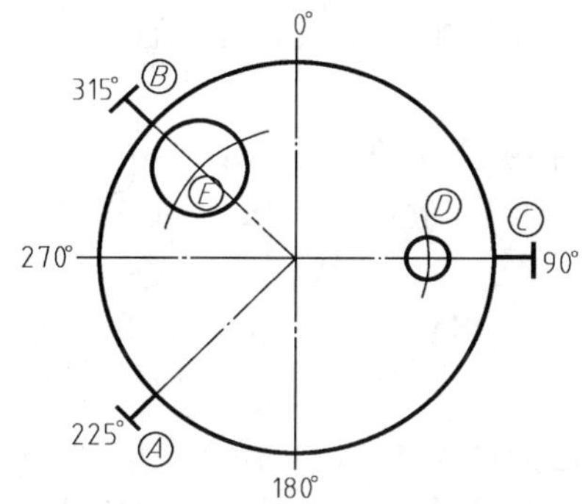

图 7-46　管口方位图

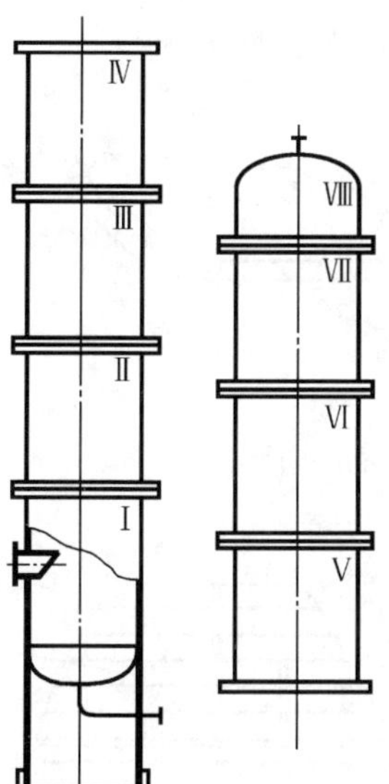

图 7-47　化工设备的分段画法

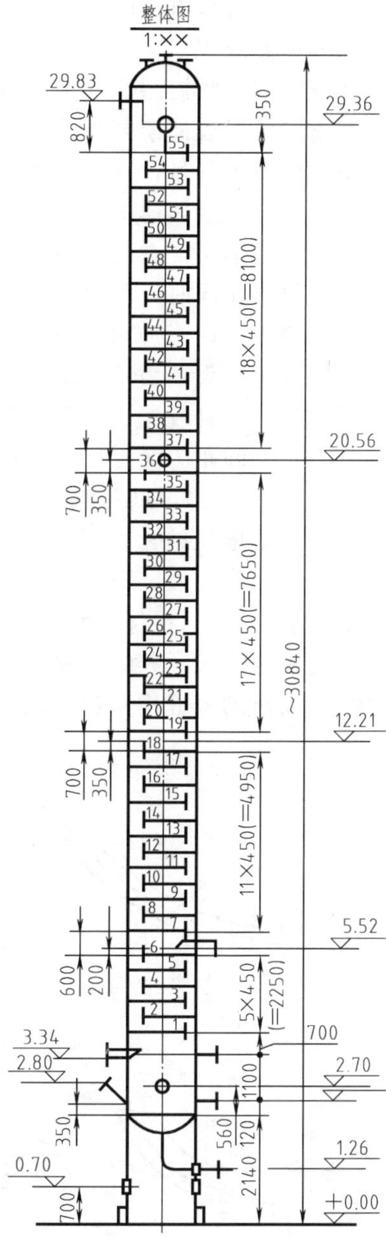

图 7-48　设备整体图

构形状和位置高度，避免各个位置的接管在投影图上产生重叠，允许采用多次旋转的表达方法。即假想将设备周向分布的接管及其他附件，分别旋转到与主视图所在的投影面平行的位置，然后再进行投影，得到反映它们实形的视图或剖视图。如图 7-2 不凝气体出口管 A_1 是按逆时针方向旋转 135°，A_2 是按顺时针方向旋转 45°后画出的。

为了避免混乱，在不同的视图中，同一接管或附件应用相同的拉丁字母编号。对于规格、用途相同的接管或附件可共用同一字母，并用阿拉伯数字做脚标，以示个数，如图 7-2 中不凝气体出口管用 A_1、A_2 表示。

在化工设备图中采用多次旋转的画法时，允许不作任何标注，但这些结构的周向方位要以俯（左）视图或管口方位图为准。

7.3.2.5 镀涂层、衬里剖面的画法

（1）薄镀涂层 喷镀耐腐蚀金属材料或塑料、涂漆、搪瓷等薄涂层的表达如图 7-49（a）所示。仅在需镀涂层表面绘制与其平行、间距约 1～2mm 的粗点画线，并标注镀涂层内容。该镀涂层图样中不编件号，详细要求可写入技术要求。

（2）薄衬里 衬金属薄板、衬橡胶板、衬聚氯乙烯薄膜等的表达如图 7-49（b）所示。无论衬里是一层或多层，在所需衬板表面绘制与其平行的间距约 1～2mm 细实线即可。当衬里是多层且材料相同时，可只编一个件号，并在明细栏的备注栏内注明厚度和层数。当衬里是多层但材料不同时，应分别编号，并在明细栏的备注栏内注明衬里的材料、厚度和层数。必要时用局部放大图表示其层次结构。

（3）厚涂层 各种胶泥、混凝土等的厚涂层的表达如图 7-49（c）所示。在所需涂层表面绘制与其平行、间距为涂层厚度的粗实线，其间填画涂层材料的剖面符号（参见第 4 章表 4-1）。该涂层应编件号，在明细栏中注明材料和涂层厚度。必要时用局部放大图详细表达细部结构和尺寸，如增强结合力所需的铁丝、挂钉等。

（4）厚衬里 塑料板、耐火砖、辉绿岩板之类厚衬里的表达如图 7-49（d）所示。在所需衬板表面绘制与其平行、间距为涂层厚度的粗实线，其间填画涂层材料的剖面符号。一般须用局部放大图详细表示其结构尺寸，如图 7-49（e）所示，放大图中一般灰缝以一条粗实线表示，特殊要求的灰缝用双粗实线表示。规格不同的砖、板应分别编号。

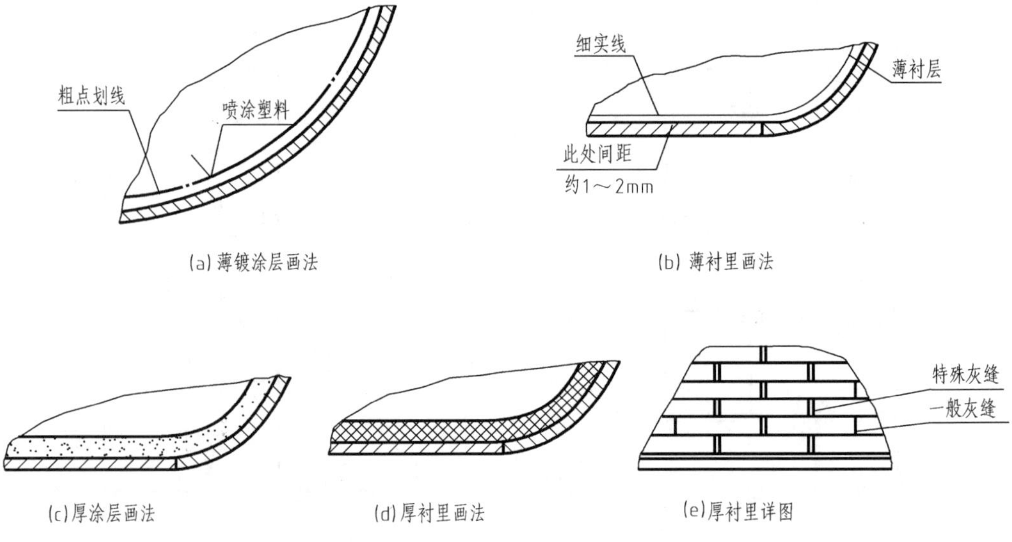

(a) 薄镀涂层画法 (b) 薄衬里画法

(c)厚涂层画法 (d)厚衬里画法 (e)厚衬里详图

图 7-49 化工设备的涂层和衬层画法

7.3.2.6 焊缝的表达方法

7.3.2.6.1 焊缝符号及表示法

焊缝是生产实际中常见的工艺结构，应用广泛。在技术图样中设计焊缝时，通常应表明焊缝坡口的型式及组装焊接要求、采用的焊接方法、焊缝的质量要求及无损检验方法等。要将这些要求在图样中完整明确地表达出来，通常应按 GB 324—88《焊缝符号表示法》中规定的焊缝符号表示焊缝，也可按照 GB 4458.1—89《机械制图 图样画法》和 GB 12212—90《技术制图 焊缝符号的尺寸、比例和简化表示法》中规定的制图方法表示焊缝。

（1）图示法　常见的焊接接头型式有对接接头、搭接接头、角接接头和 T 形接头，如图 7-50 所示。

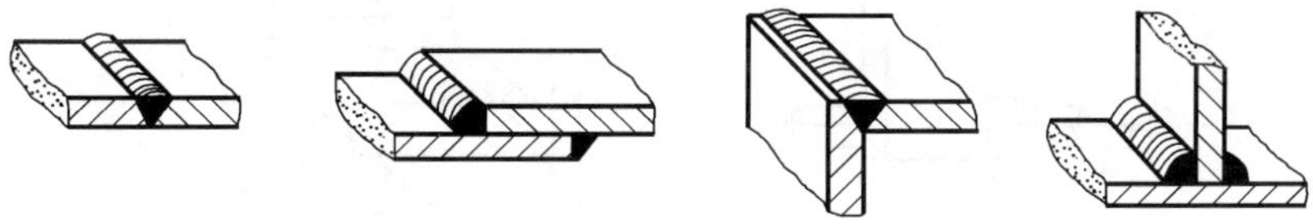

(a) 对接接头　　(b) 搭接接头　　(c) 角接接头　　(d) T 形接头

图 7-50　焊接的接头形式

① 视图、剖视图或断面图：在视图、剖视图或断面图中画焊接图时，焊缝可见面用细波纹线表示（允许徒手绘制），不可见面用粗实线表示，焊缝的断面应涂黑表示，图 7-51 所示为四种常见焊接接头的画法。

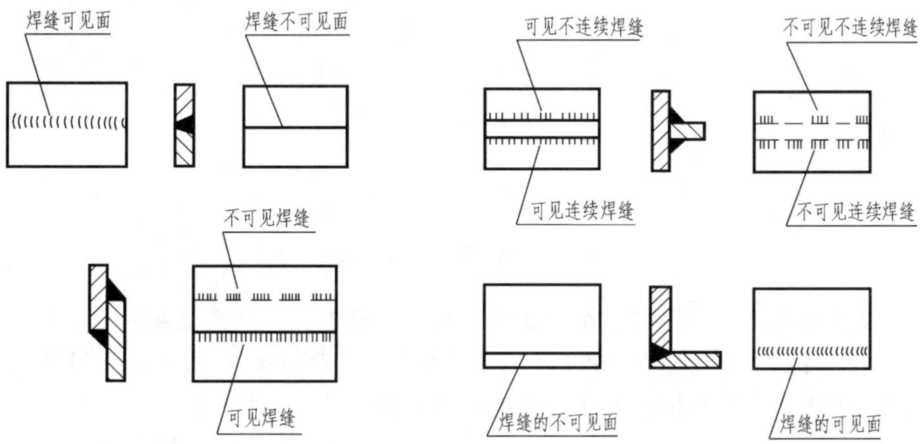

图 7-51　四种常见焊接接头的规定画法

当焊接件上的焊缝比较简单时，可以简化掉细波纹线，可见焊缝用粗实线表示，不可见焊缝用虚线表示，如图 7-52（a）所示；当焊缝比较小时，允许不画出断面形状，而是在焊缝处标注焊缝代号加以说明，如图 7-52（b）所示。

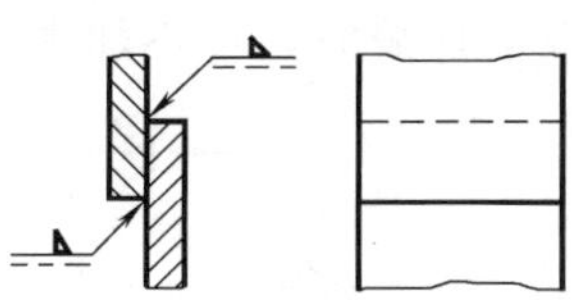

(a)　　(b)

图 7-52　焊缝的简化画法

② 局部放大图：需详细表示焊缝的结构形状和尺寸时，要绘制局部放大图，如图 7-53 所示。

（2）符号法　焊缝符号一般由指引线和基本符号组成。必要时，可以加上辅助符号、补充符号、焊接方法的数字代号和焊缝的尺寸符号。

① 焊缝的指引线：由箭头线和两条基准线构成。箭头线用细实线绘制；两条基准线，

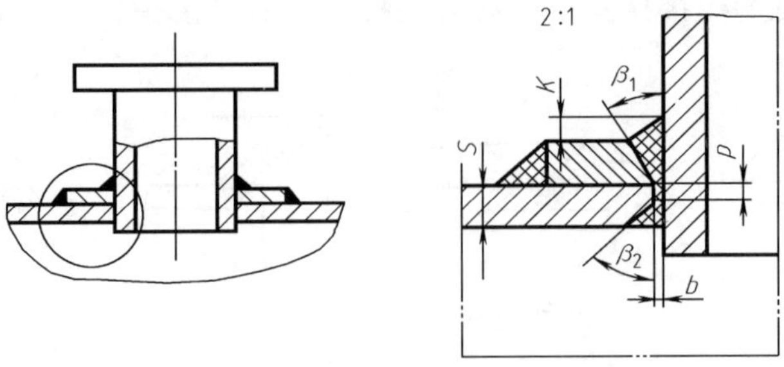

图 7-53　焊缝的局部放大图

一条为实线，另一条为虚线，基准线应与主标题栏平行；实基准线的一端与箭头线相接，如图 7-54（a）所示。必要时，实基准线的另一端画出尾部，以注明其他附加内容，如图 7-54（b）所示。当位置受限时，允许将箭头线折弯一次，如图 7-54（c）所示。

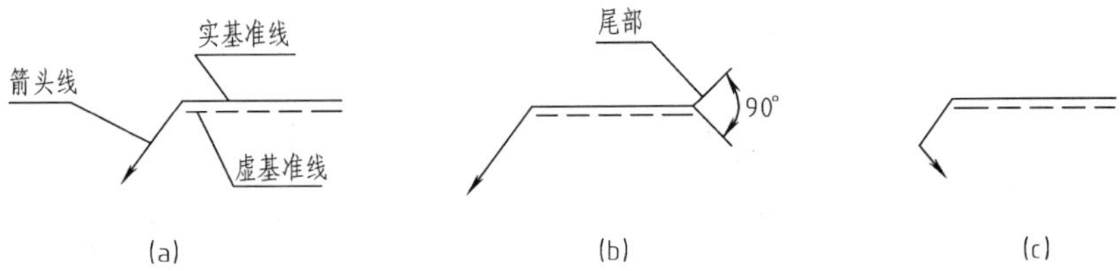

图 7-54　焊缝的指引线画法

标注非对称焊缝时，虚线可加在实基准线的上方或下方，其意义相同。如果箭头指在焊缝的可见侧，则将基本符号标在基准线的实线侧，如图 7-55（a）所示；如果箭头指在焊缝的不可见侧，则将基本符号标在基准线的虚线侧，如图 7-55（b）所示。

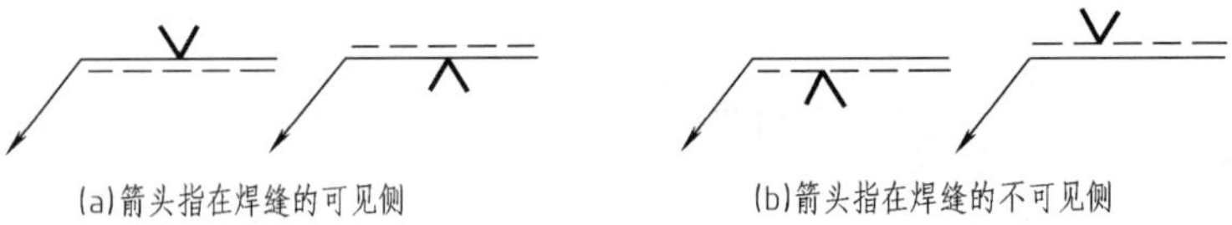

图 7-55　非对称焊缝基本符号的注写位置

标注对称焊缝及双面焊缝时，可不加虚线，在实基准线的上、下方同时标注基本符号，如图 7-56 所示。

图 7-56　对称焊缝及双面焊缝基本符号的注写位置

② 焊缝的基本符号：是表示焊缝横断面形状的符号。它采用近似于焊缝横断面形状的符号表示，基本符号用粗实线绘制。焊缝基本符号的画法及应用示例见表 7-7。

③ 焊缝的辅助符号和补充符号：焊缝的辅助符号是表示焊缝表面形状特征的符号，用粗实线绘制，当不需要确切地说明焊缝表面形状时，可以不加注此符号，其画法及应用示例见表 7-8；焊缝的补充符号是为了补充说明焊缝的某些特征而采用的符号，其画法及应用示例见表 7-8。

④ 焊接方法的数字代号及标注。随着焊接技术的发展及焊接设备的提高，焊接方法已有几十种之多，常见的有：电弧焊、接触焊、电渣焊和钎焊等，其中以电弧焊应用最为广

表 7-7 焊缝基本符号及表示法（摘自 GB 324—88）

类别	名称	图形符号	示意图	图示法	焊缝符号表示法	说明
基本符号	I 形焊缝	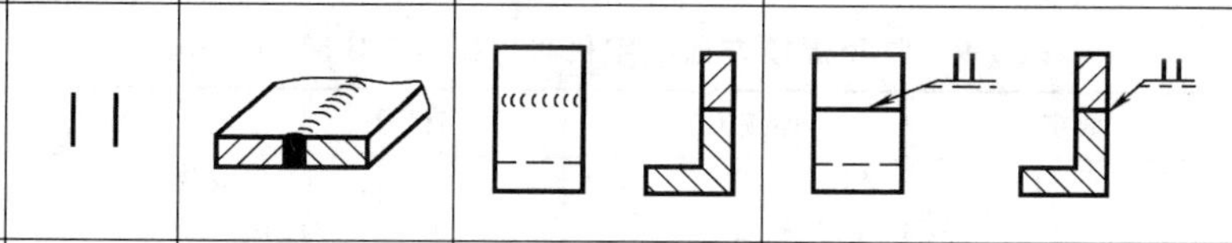				焊缝在接头的箭头侧，基本符号标在基准线的实线一侧
	带钝边 U 形焊缝	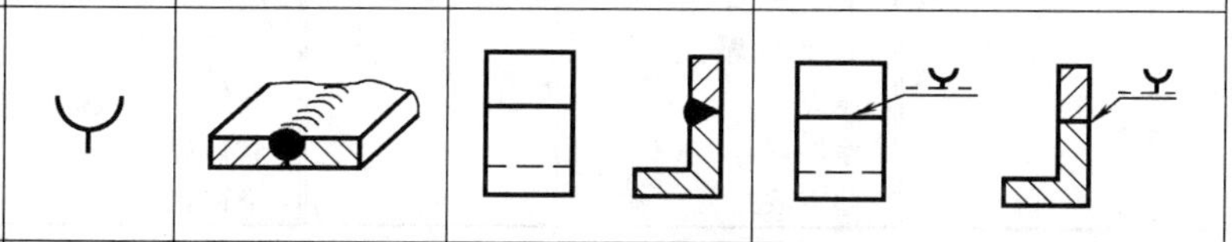				
	V 形焊缝	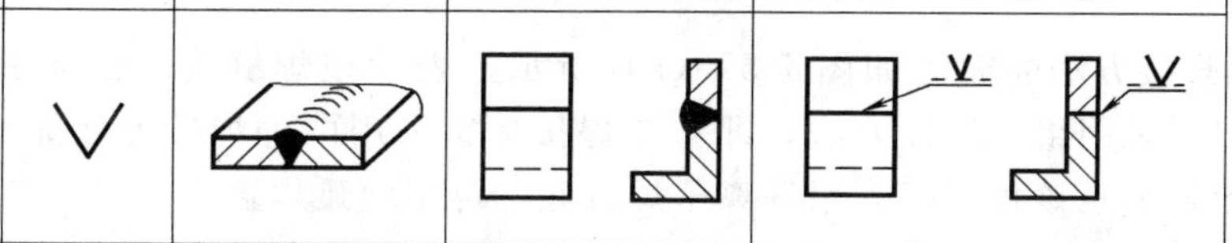				焊缝在接头的非箭头侧，基本符号标在基准线的虚线一侧
	带钝边 V 形焊缝	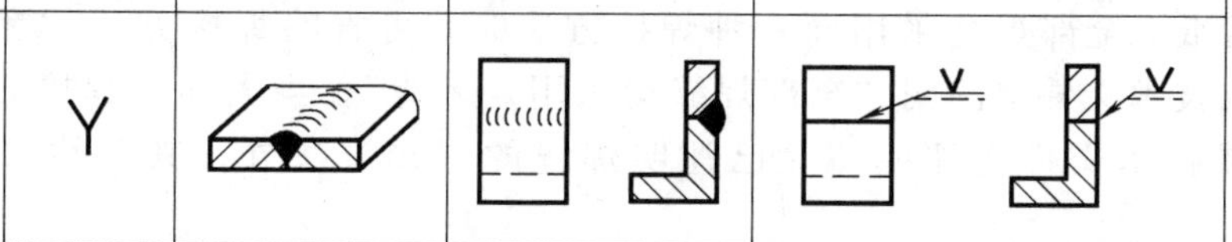				
	角焊缝	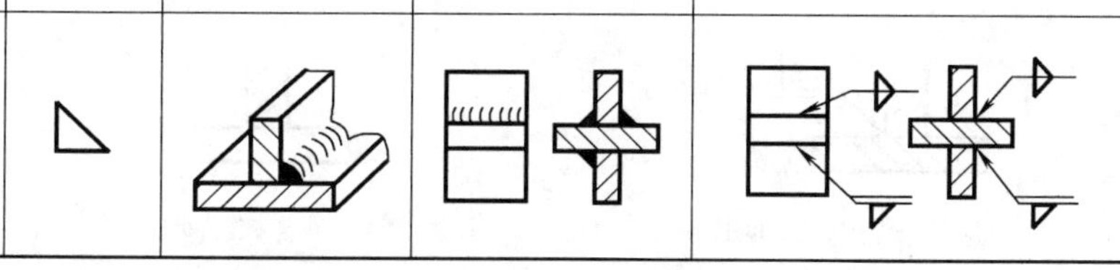				标注对称焊缝及双面焊缝时，可不画虚线

表 7-8 焊缝辅助符号和补充符号及表示法（摘自 GB 324—88）

类别	名称	图形符号	示意图	图示法	焊缝符号表示法	说明
辅助符号	平面符号	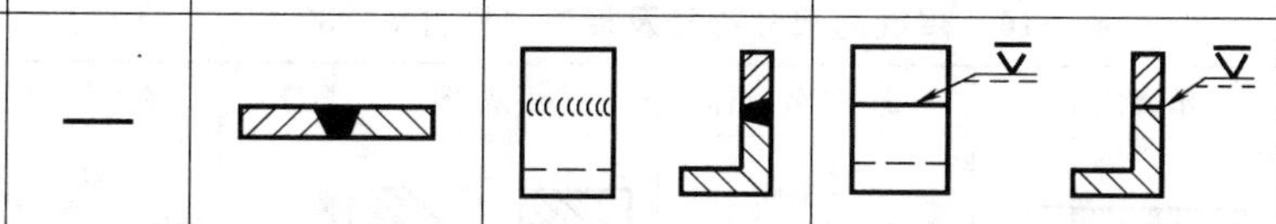				焊缝表面平齐（一般通过加工）
	凹面符号	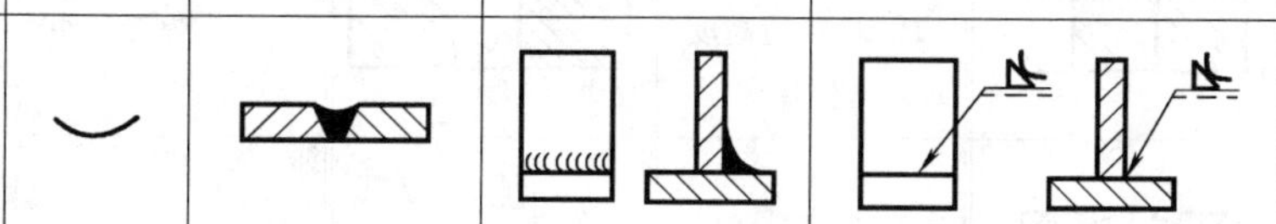				焊缝表面凹陷
	凸面符号	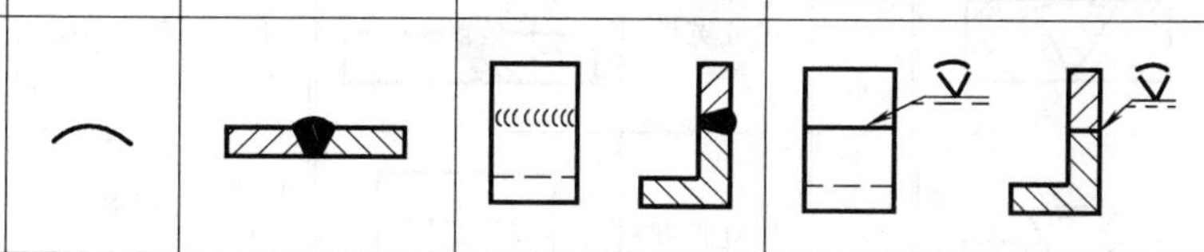				焊缝表面凸起
补充符号	三面焊缝符号	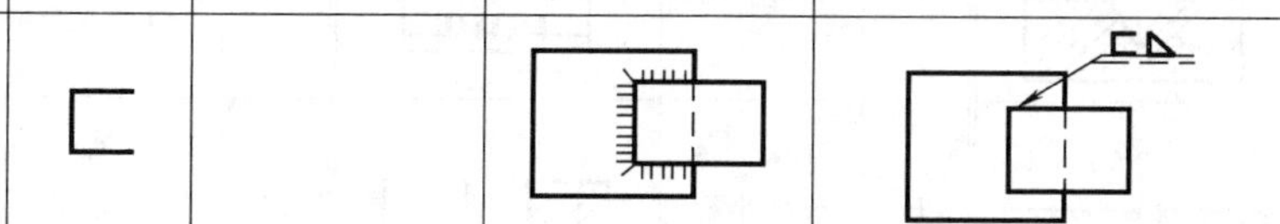				工件三面带有焊缝
	周围焊缝符号	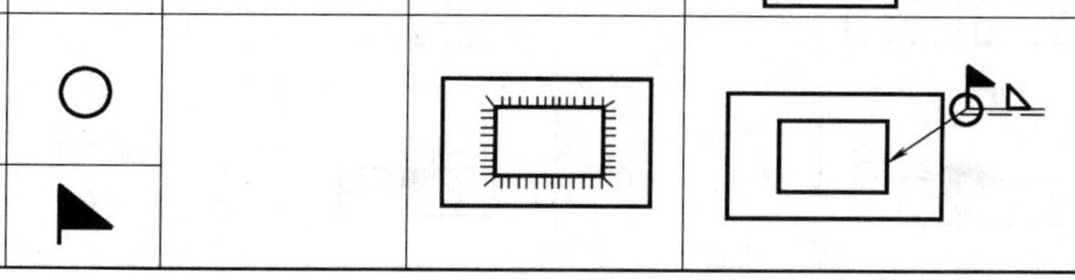				表示在现场或工地沿工件周围施焊
	现场符号					

泛。国家标准规定各种焊接方法在图样上均用数字代号表示（参见表 7-9），并将其标注在指引线尾部。

表 7-9　常用焊接方法数字代号（摘自 GB 5185—85）

焊接方法	数字代号	焊接方法	数字代号	焊接方法	数字代号
电弧焊	1	气焊	3	电渣焊	71
手工电弧焊	111	氧-乙炔焊	311	激光焊	751
埋弧焊	12	氧-丙烷焊	312	电子束焊	76
等离子弧焊	15	压焊	4	硬钎焊	91
电阻焊	2	摩擦焊	42	软钎焊	92
点焊	21	超声波焊	41	烙铁软钎焊	952

采用单一焊接方法的标注如图 7-57（a）所示，表示该焊缝为手工电弧焊，焊角高为 6mm 的角焊缝。采用组合焊接方法，即一个焊接接头采用两种焊接方法完成时，标注如图 7-57（b）所示，表示该角焊缝先用等离子焊打底，再用埋弧焊盖面。

当一张图纸上全部焊缝采用同一种焊接方法时，可省略焊接方法数字符号，但必须在技术条件或技术文件上注明“全部焊缝均采用××焊”。当大部分焊接方法相同时，可在技术条件或技术文件上注明“除已注明焊缝的焊接方法外，其余均采用××焊”等字样。

(a) 单一焊接方法的标注　　(b) 组合焊接方法的标注

图 7-57　焊接方法的标注

表 7-10　焊缝的尺寸符号及标注（摘自 GB 324—88）

符号	名　称	示 意 图	符号	名　称	示 意 图	符号	名　称	示 意 图
δ	工件厚度	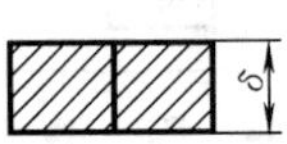	P	钝边高度	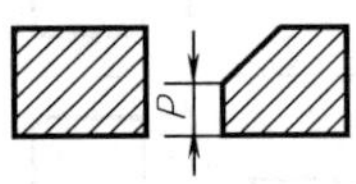	e	焊缝间距	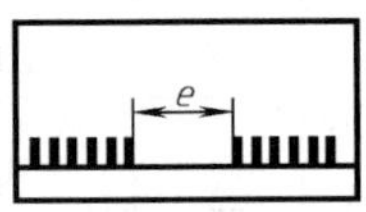
α	坡口角度	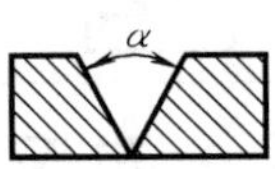	C	焊缝宽度	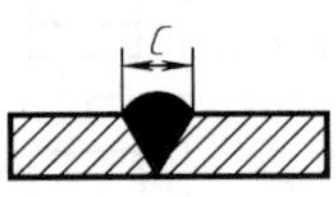	K	焊角高度	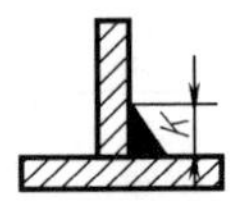
β	坡口面角度	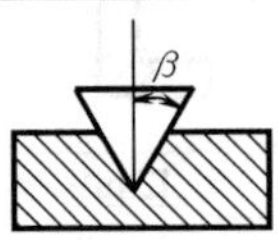	l	焊缝长度	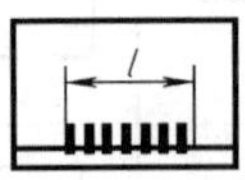	S	焊缝有效厚度	
b	根部间隙	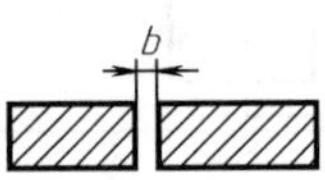	R	根部半径	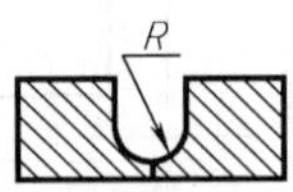	H	坡口深度	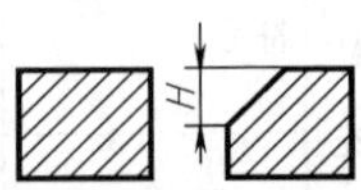
h	余高	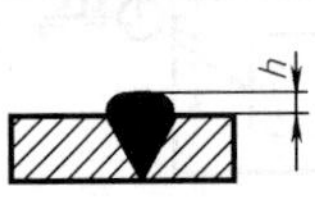	d	熔核直径	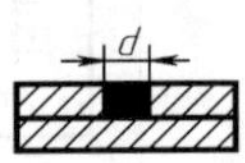	N	相同焊缝数量符号	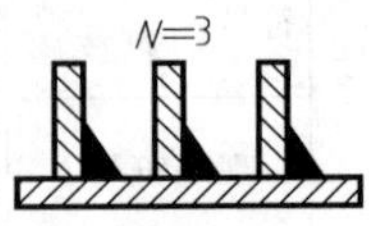

⑤ 焊缝的尺寸符号及其标注：焊缝的尺寸符号是用字母表示焊缝的尺寸要求，当需要注明焊缝尺寸时才标注。焊缝尺寸符号的含义见表 7-10。

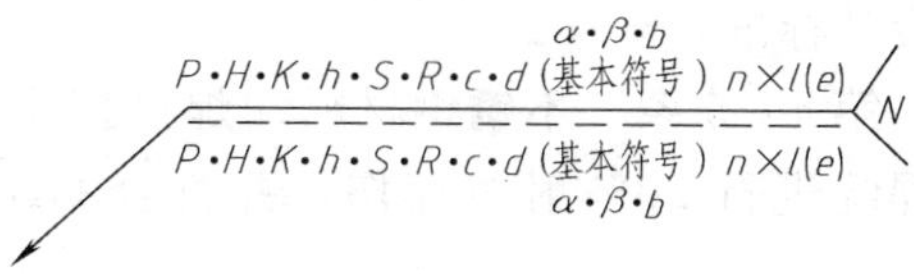

图 7-58　焊缝尺寸的标注格式（n 表示焊缝段数）

焊缝尺寸的标注格式如图 7-58 所示，其基本原则为：焊缝横截面上的尺寸（P、H、K、h、S、R、C、d）应标注在基本符号的左侧；焊缝长度方向上的尺寸（n、l、e）应标注在基本符号的右侧；坡口角度、坡口面角度、根部间隙等尺寸（α、β、b）应标注在基本符号的上侧或下侧；说明焊缝数量的符号，应标注在尾部；当需要标注的尺寸数据较多又不易分辨时，可在数据前面增加相应的尺寸符号。

在基本符号右侧无任何标注又无其他说明时，意味着焊缝在工件的整个长度上是连续的。在基本符号左侧无任何标注又无其他说明时，表示对接焊缝要完全焊透。

焊缝位置的尺寸不在焊缝符号中给出，而是标注在图样上。

（3）焊缝的标注示例　焊缝的标注示例如图 7-59 所示。

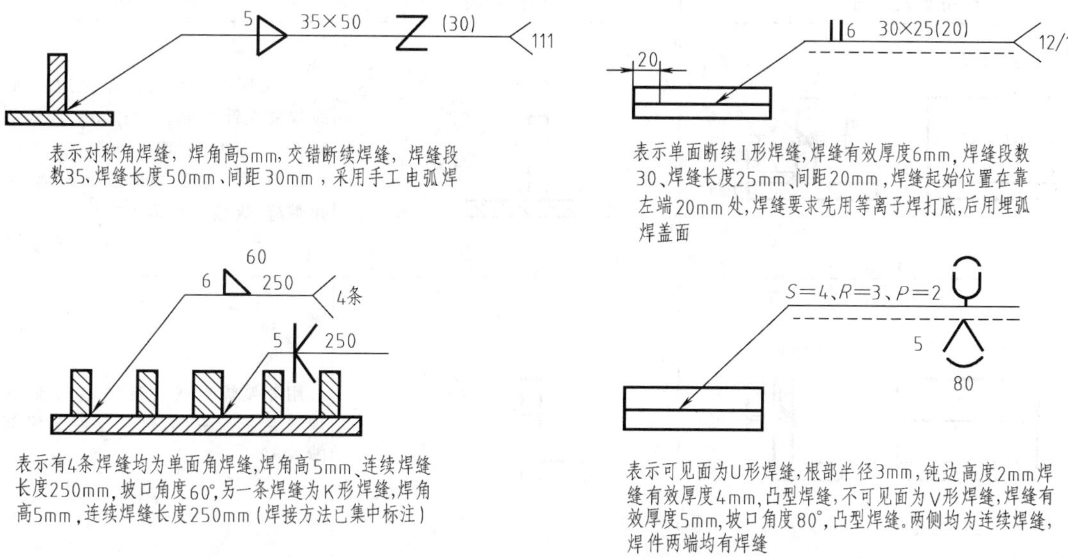

图 7-59　焊缝的标注示例

7.3.2.6.2　化工设备焊缝的表示方法

化工设备中焊缝的表示方法按其重要的程度一般有两种。第一类压力容器及其他常、低压设备和第二、三类压力容器及其他中、高压设备。

（1）第一类压力容器及其他常、低压设备　对于这类设备，一般可直接在视图中按焊缝规定画法绘制，图中可不标注，但需在技术要求中，对焊接接头的设计标准、焊接方法及焊条型号、焊缝检验要求等做出说明。焊接接头的设计标准参见附表 8-1。

如图 7-2 管壳式换热器设备图的技术要求中：

第 2 条　焊接采用电弧焊，焊条牌号、碳钢之间采用 T422，16MnR 之间及 16MnR 与碳钢之间采用 T507；不锈钢之间以及不锈钢与碳钢之间采用 A132——说明焊接方法和焊条牌号；

第 3 条　焊缝结构除图中注明外，按 HGJ 17—89 中之规定——说明焊接接头结构形式的设计标准；

第 4、5 条 不锈钢材料和焊接接头应按 GB 4334.1 进行晶间腐蚀试验；容器上 A、B 类焊缝进行 20% 射线探伤，并符合 GB 2323—89 规定中Ⅲ级为合格——说明焊缝的检验要求。

（2）第二、三类压力容器及其他中、高压设备 对于第二、三类压力容器及其他中、高压设备上重要的或非标准型式的焊缝，需用局部放大的剖视图（又称节点放大图）表达筒体与封头、补强圈与筒体或封头、厚壁筒补强、筒体与管板、筒体与裙座等焊缝的结构形状和尺寸，如图 7-53 所示。视图上的焊缝仍按规定画法绘制。

对于其他焊接要求，如设计标准，焊接方法及焊条型号，施焊条件，焊缝的检验要求及方法等，可以采用文字说明的方法在技术要求中加以说明。

（3）化工设备中常见的几种焊缝标注示例 化工设备中常见的几种焊缝标注示例如表 7-11 所示。

表 7-11 常见焊缝标注示例

焊缝型式及图示法	标注示例	说　明
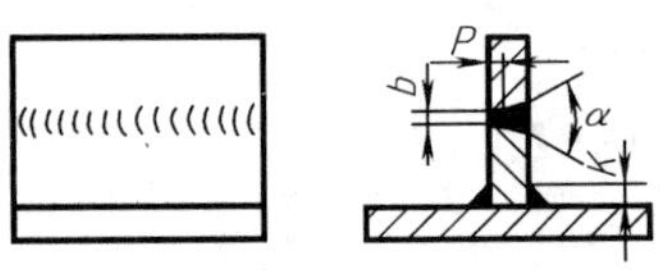	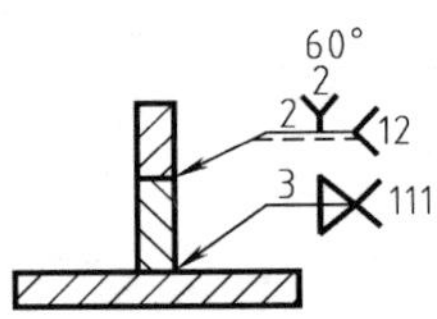	1. 用埋弧焊形成的带钝边 V 形连续焊缝在箭头侧。钝边 $p=2$，根部间隙 $b=2$，坡口角度 $\alpha=60°$ 2. 用手工电弧焊形成的连续、对称角焊缝，焊角尺寸 $K=3$
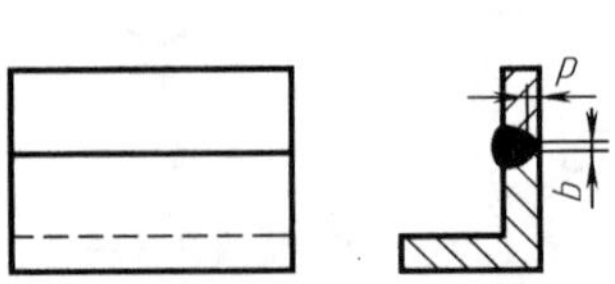	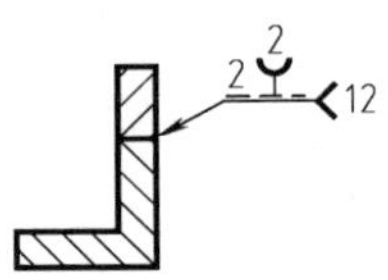	用埋弧焊形成的带钝边 U 形连续焊缝在非箭头侧，钝边 $p=2$，根部间隙 $b=2$
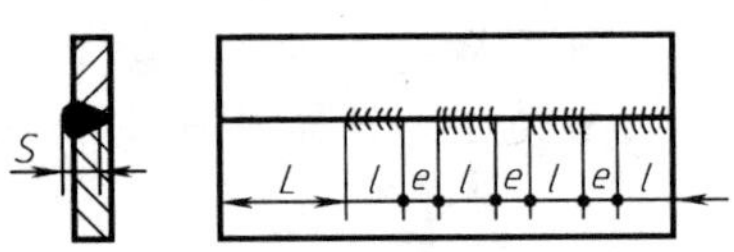	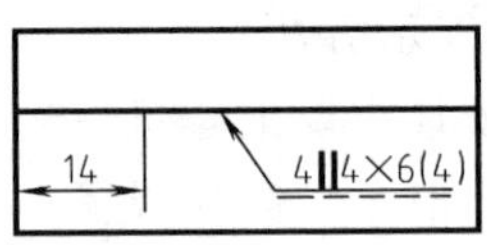	表示 I 形断续焊缝在箭头侧。焊缝段数 $n=4$，每段焊缝长度 $l=6$，焊缝间距 $e=4$，焊缝有效厚度 $S=4$

图 7-60 是化工设备常用支座的焊接图。从图中可以看出，支座的主要材料是钢板，采用焊接方法制造。

7.3.2.7 化工设备图中的简化画法

根据化工设备的特点，化工设备图中除采用机械制图国家标准所规定的简化画法外，还可采用以下几种简化画法。

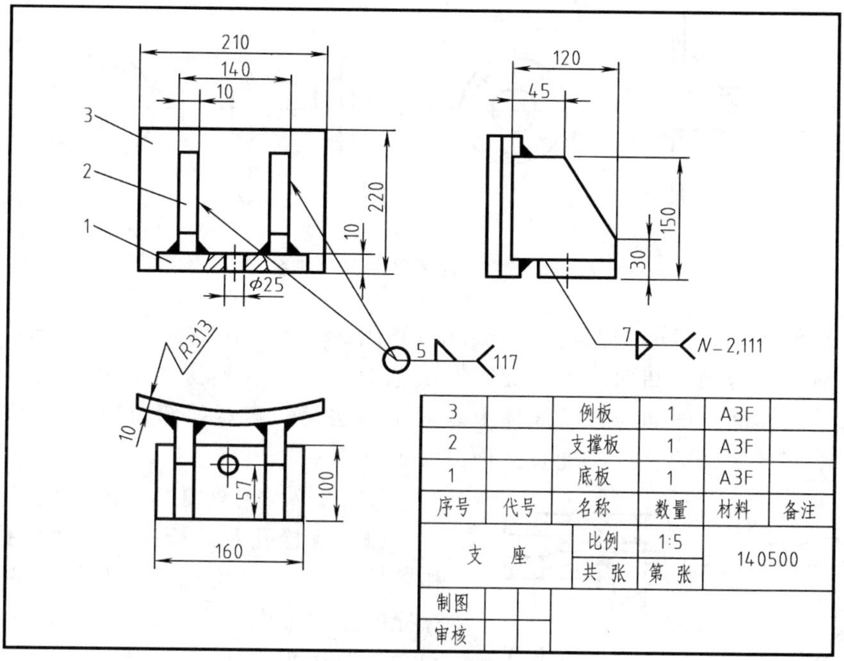

图 7-60　支座焊接图

7.3.2.7.1　标准件、外购件及有复用图的简化画法

人手孔、填料箱、减速机及电动机等标准件、外购件，在化工设备图中只需按比例画出这些零部件的外形，如图 7-61 所示，但应在明细表中写明其名称，规格以及标准号等，外购件还应注写“外购”字样。

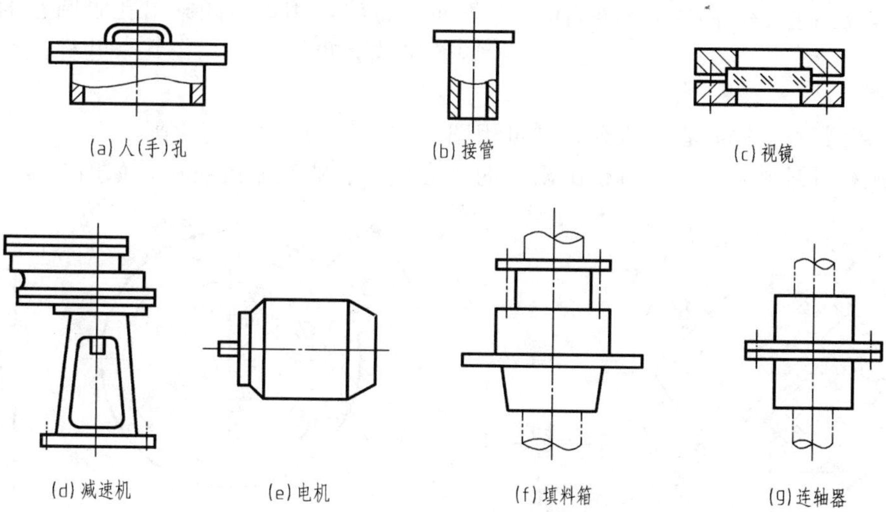

图 7-61　标准件、外购件的简化画法

7.3.2.7.2　法兰的简化画法

法兰有容器法兰和管法兰两大类，法兰连接面型式也多种多样，但不论何种法兰和何种连接面型式，在装配图中均可用图 7-62 所示的那种简化画法。法兰的特性可在明细栏及管口表中表示。

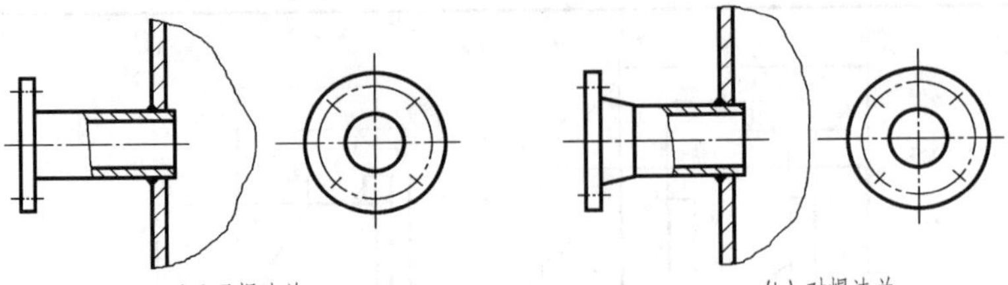

图 7-62　管法兰的简化画法

设备上对外连接管口的法兰，均不必配对画出。需要指出的是，为安放垫片的方便，增加密封的可靠性，采用凹凸面或榫槽面容器法兰时，立式容器法兰的槽面或凹面必须向上；卧式容器法兰的槽面或凹面应位于筒体上。对于管法兰，容器顶部和侧面的管口应配置凹面或槽面法兰，容器底部的管口应配置凸面或榫面法兰。

7.3.2.7.3　重复结构的简化画法

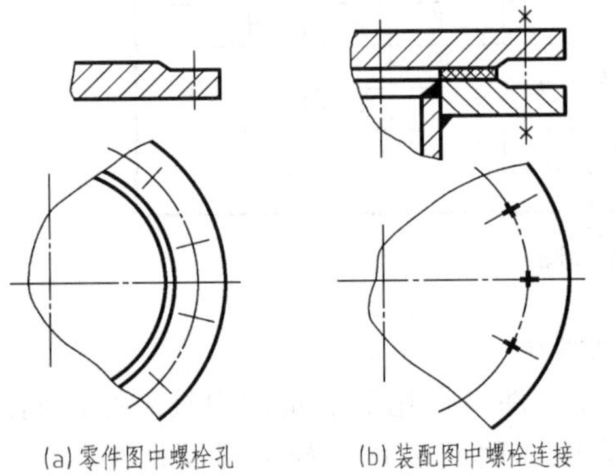

图 7-63　螺栓孔及螺栓连接的简化画法

(1) 螺栓孔及螺栓连接　螺栓孔可用中心线和轴线表示，省略圆孔，如图 7-63 (a) 所示。螺栓的连接如图 8-63 (b) 所示，其中符号“×”和“+”用粗实线表示。

(2) 管束　按一定规律排列的管束，可只画一根，其余的用点画线表示其安装位置，如图 7-2中列管的简化画法。

(3) 按规则排列的孔板　换热器管板上的孔通常按正三角形排列，此时可使用图 7-64 (a) 所示的方法，用细实线画出孔眼圆心的连线及孔眼范围线，也可画出几个孔，并标注孔径、孔数和孔间距。

如果孔板上的孔按同心圆排列，则可用图 7-64 (b) 所示的简化画法。

多孔板采用剖视表达时，可仅画出孔的中心线，省略孔眼的投影，如图 7-64 (c) 所示。

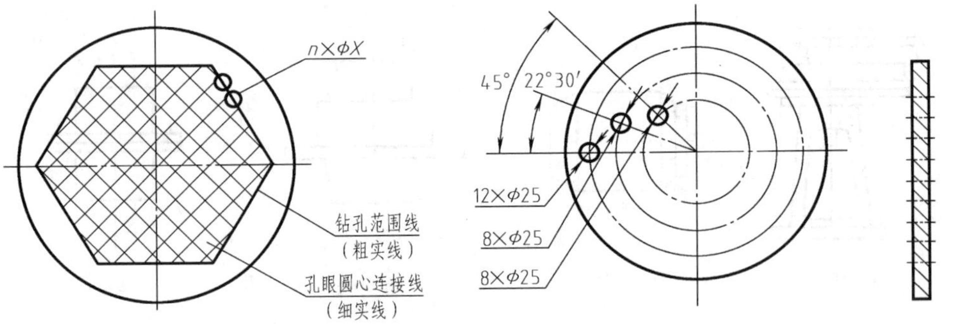

图 7-64　多孔板的简化画法

(4) 填充物　当设备中装有同一规格、材料和同一堆放方式的填充物时（如填料、卵石、木格条等），在设备图的剖视中，可用交叉的细实线及有关尺寸和文字简化表达，如图

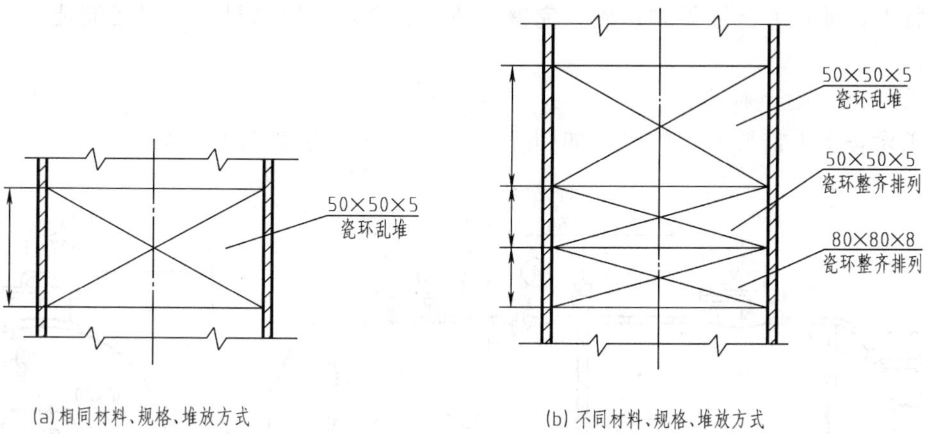

图 7-65　填充物的简化画法

7-65（a）所示，其中 50×50×5 分别表示瓷环的外径、高度和厚度。

若装有不同规格或规格相同但堆放方式不同的填充物，此时则必须分层表示，分别注明规格和堆放方式，如图 7-65（b）所示。

7.3.2.7.4　单线表示法

当化工设备上某些结构已有零件图，或者另用剖视、剖面、局部放大图等方法表达清楚时，则设备装配图中允许用单线表示。如图 7-66 中封头、筒体、折流板、拉杆、定距管、法兰和补强圈等都是用单线条示意表达的。

7.3.2.7.5　液面计的简化画法

设备图中的液面计（如玻璃管式或玻璃板式等），其投影可简化如图 7-67 所示的画法，其中符号“＋”用粗实线表示。

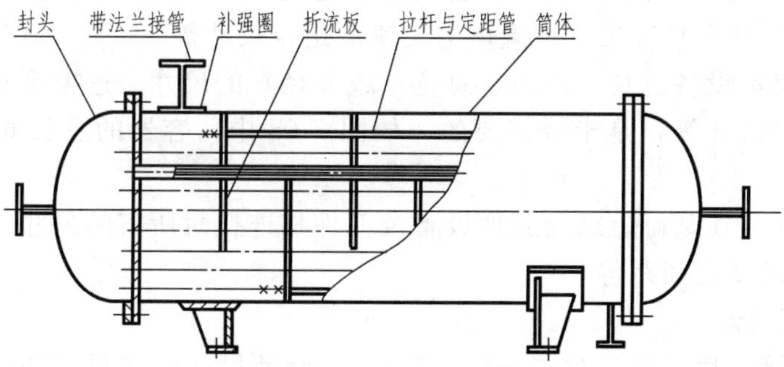

图 7-66　单线画法

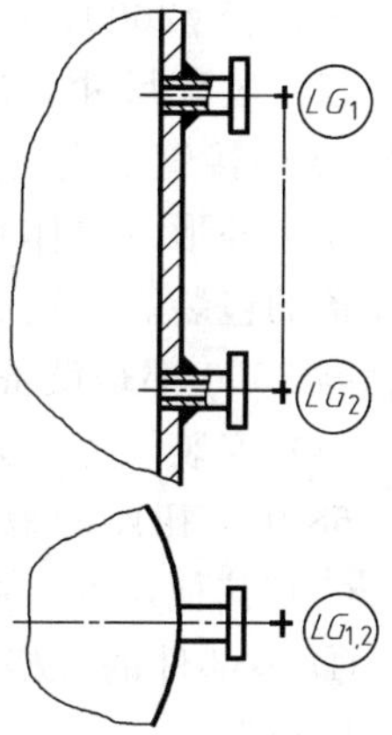

图 7-67　液位计画法

7.4　化工设备图的尺寸标注及其他内容

7.4.1　尺寸标注

化工设备图的尺寸标注，与一般机械装配图基本相同。但是两者相比较，化工设备图的尺寸数量稍多，而且有的尺寸数字较大，尺寸精度要求较低，允许注成封闭尺寸链（加近似符号～）。在尺寸标注中，除遵守《机械制图》GB 4458.4—84 中的规定外，还要结合化工设备的特点，使尺寸标注做到正确、完整、清晰、合理，以满足化工设备制造、检验、安装的需要。

7.4.1.1　尺寸种类

化工设备图上需要标注的尺寸如图 7-68 所示，一般包括以下几类。

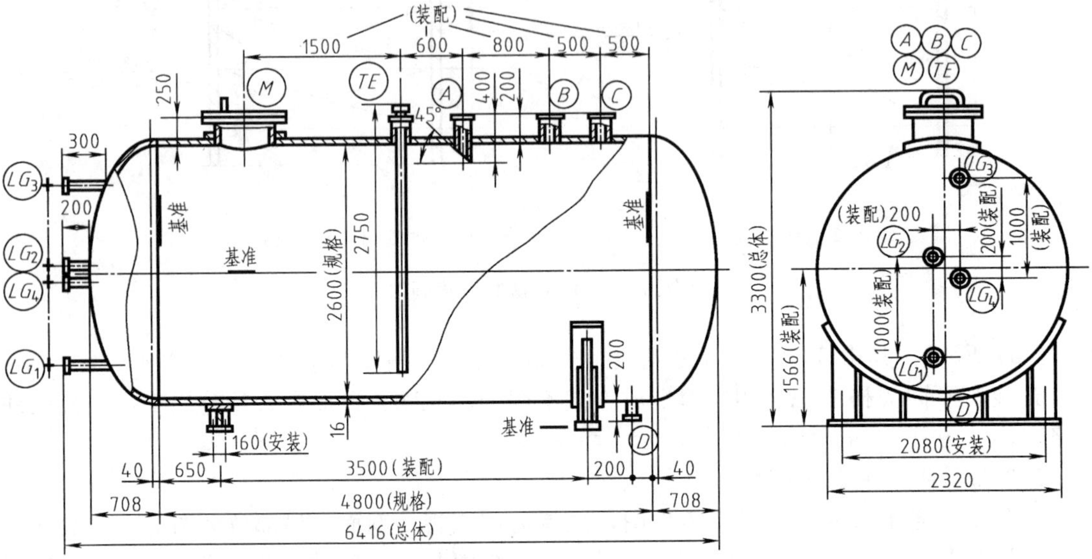

图 7-68　化工设备图的尺寸标注

(1) 规格性能尺寸　是反映化工设备的规格、性能、特征及生产能力的尺寸。这些尺寸是设备设计时确定的，是了解设备工作能力的重要依据。如图 7-68 中，化工容器的容积尺寸——内径 ϕ2600、筒体长度 4800。

(2) 装配尺寸　是反映零部件间的相对位置尺寸。它们是制造化工设备的重要依据。如图 8-68 中接管的定位尺寸，接管的伸出长度尺寸，罐体与支座的定位尺寸等。

(3) 外形（总体）尺寸　是表示设备总长、总高、总宽（或外径）的尺寸。这类尺寸对于设备的包装、运输、安装及厂房设计等，是十分必要的。如图 7-68 中，容器的总长 6416 和总高 3300 都是设备的总体尺寸。

(4) 安装尺寸　是化工设备安装在基础上或与其他设备及部件相连接时所需的尺寸。如图 7-68 中，裙座的地脚螺栓的孔径及孔间距等。

(5) 其他尺寸　主要有以下几个。

① 零部件的规格尺寸，如：接管尺寸应注写“外径×壁厚”，瓷环尺寸应注写“外径×高×壁厚”。

② 不另行绘制图样的零部件的结构尺寸或某些重要尺寸。

③ 设计计算确定的尺寸，如主体厚度、搅拌轴直径等。

④ 焊缝的结构型式尺寸，一些重要焊缝在其局部放大图中，应标注横截面的形状尺寸。

7.4.1.2　尺寸基准

化工设备图中的尺寸标注，既要保证设备在制造安装时达到设计要求，又要便于测量和检验，因此应正确选择尺寸基准。如图 7-69 所示，化工设备图的尺寸基一般为：

① 设备筒体和封头的轴线；

② 设备筒体与封头的环焊缝；

③ 设备法兰的连接面；

④ 设备支座、裙座的底面；

⑤ 接管轴线与设备表面交点。

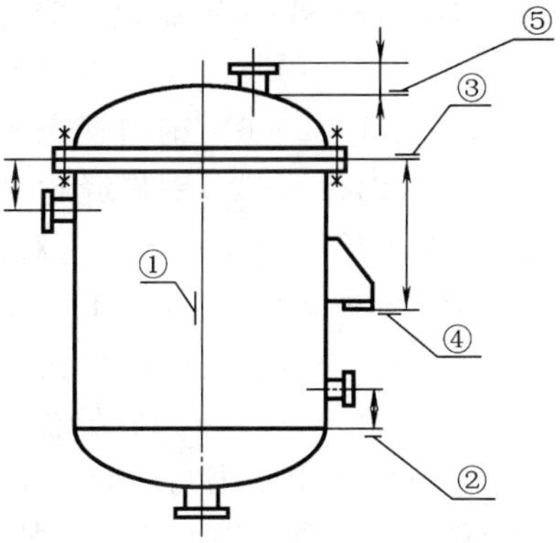

图 7-69 化工设备的尺寸基准

7.4.1.3 典型结构的尺寸标注

(1) 筒体的尺寸标注 对于钢板卷焊成的筒体，一般标注内径、厚度和高（长）度；而对于使用无缝钢管的筒体，一般标注外径、厚度和高（长）度。

(2) 封头的尺寸标注 椭圆形封头，应标注内直径 DN、厚度 δ、总高 H、直边高度 h，如图 7-70（a）所示；碟形封头，应标注内直径 DN、厚度 δ、总高 H、直边高度 h，如图 7-70（b）所示；大端折边锥形封头，应标注锥壳大端直径 DN、厚度 δ、总高 H、直边高度 h、锥壳小端直径 D_{is}，如图 7-70（c）所示；半球形封头，应标注内直径 DN、厚度 δ，如图 7-70（d）所示。

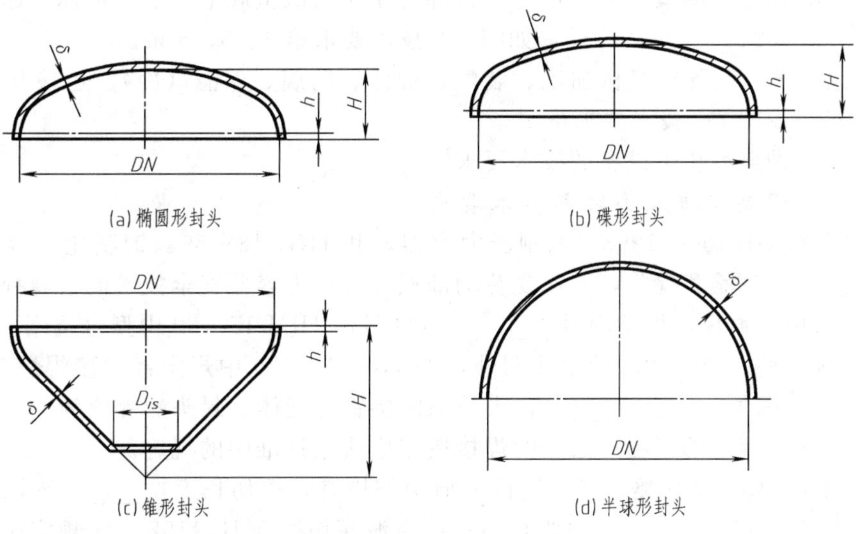

图 7-70 封头的尺寸标注

(3) 接管 接管的尺寸，一般标注外径×壁厚。

(4) 填料 化工设备中的填料，一般只注出总体尺寸，并注明堆放方法和填料规格尺寸。如图 7-65 所示，“50×50×5”表示瓷环的“直径×高度×壁厚”尺寸。

7.4.2 技术要求

技术要求是用文字说明在图中不能（或没有）表达出来的内容，包括设备在制造、试验和验收时须遵循的标准、规范或规定，对于材料、表面处理及涂饰、润滑、包装、运输等方面的特殊要求，以便作为设备制造、装配、验收等方面的技术依据。技术要求通常包括以下几方面的内容。

(1) 通用技术条件规范 通用技术条件是同类化工设备在加工、制造、焊接、装配、检验、包装、防腐、运输等方面较详尽的技术规范，已形成标准，在技术要求中直接引用。常用的有以下几种：

HGJ 5—89《钢制化工容器材料选用规定》

HGJ 18—89《钢制化工容器制造技术要求》

GB 150—1998《钢制压力容器》

GB 151—2000《钢制管壳式换热器技术条件》

GB 11345—89《钢焊缝超声波探伤方法和探伤结果分析》

GB 3329—89《钢熔化焊对接接头射线照相和质量分级》

GB 895—89《气焊手工电弧焊焊接坡口的基本形式和尺寸》

GB 896—81《埋弧焊焊接接头的基本型式和尺寸》

JB 2536—80《压力容器油漆、包装、运输》

在技术要求中书写时，只需注写“本设备按××××（具体写标准名称及代号）制造、试验和验收”即可，如图 7-2 技术要求第 1 条。

(2) 焊接要求　焊接工艺在化工设备制造中应用广泛。在技术要求中，一般要对焊接接头型式、焊接方法、焊条（焊丝）、焊剂等提出要求。通常需遵守 HGJ 15—89、HGJ 17—89、GB 895—89、GB 896—81、GB 324—88 等规范，如图 7-2 技术要求第 2、3 条。

(3) 设备的检验　一般对主体设备要进行水压和气密性试验，对焊缝要进行射线探伤、超声波探伤、磁粉探伤的检验等，这些项目都有相应的试验规范和技术指标。通常遵守的标准是 GB 11345—89、GB 3329—89，如图 7-2 技术要求第 4、5、6 条。

(4) 其他要求　设备在机械加工、装配、油漆、防腐、保温（冷）、运输和安装等方面的规定和要求，如图 7-2 技术要求第 7 条。

下面介绍几种典型化工设备的技术要求。

7.4.2.1　钢制焊接压力容器技术要求

① 本设备按 GB 150—1998《钢制压力容器》和 HGJ 18—89《钢制化工容器制造技术要求》进行制造、试验和验收，并接受劳动部颁发《压力容器安全技术监察规程》的监督。

② 焊接采用电弧焊，焊条牌号________（牌号按 HGJ 15—89 中型号选用）。

③ 焊接接头型式及尺寸除图中注明外，按 HGJ 17—89 中规定：对接焊缝为________，接管与壳体、封头的焊缝为________，带补强的接管与壳体、封头的焊缝为________，角焊缝的焊接尺寸按较薄板的厚度；法兰的焊接按相应法兰标准中的规定。

④ 容器上的 A 类和 B 类焊缝应进行无损探伤检查，探伤长度________%，射线探伤符合 GB 3323—89 规定中________级为合格；超声波探伤符合 JB 1152—81 规定中________级为合格。

⑤ 压力试验和气密性试验通常有如下几种形式。

ⅰ. 设备制造完毕后，以________ MPa 进行压力试验，合格后再以________ MPa 的压缩空气进行气密性试验。

ⅱ. 对带蛇管设备的压力试验和气密性试验：设备与蛇管分别按各自试验压力进行压力试验和气密性试验。

ⅲ. 对带夹套设备的压力试验和气密性试验：如果设备内为常压，夹套内为正压时，先将设备内盛水试漏或进行煤油渗透性试验，合格后焊夹套并做内压力和气密性试验；如果设备内为真空，夹套内为正压力时，先做设备内的压力和气密性试验，合格后再焊套并做夹套内的压力和气密性试验；如果设备内压力大于或等于夹套的压力时，则设备与夹套分别按各自的试验压力进行压力试验和气密性试验，设备内试压合格后，再焊接夹套并做夹套的试压检验。

⑥ 管口及支座方位根据实际情况在以下两条中选一条：

ⅰ. 如果管口及支座方位和俯（左）视图不一致时，管口及支座方位见管口方位图；

ⅱ. 如果管口及支座方位和俯（左）视图一致时，管口及支座方位见本图。

7.4.2.2　钢制焊接常压容器技术要求（参见图 7-84）

① 本设备按 JB 2880—81《钢制焊接常压容器技术条件》进行制造、试验和验收。

② 参照 7.4.2.1 节中②、③条填写。

③ 对接焊缝须作无损探伤，其长度不少于焊缝长度的________%，射线探伤标准符合 GB 3323—89 中Ⅲ级为合格；或超声波探伤符合 JB 1152—81 中Ⅱ级为合格。

④ 根据设备要求，设备的试漏在以下三条中选一条：

ⅰ. 设备制造完毕后，盛水试漏；

ⅱ. 设备制造完毕后，进行煤油渗漏试验（不便进行盛水试漏的常压设备）；

ⅲ. 设备制造完毕后以________ MPa 进行压力试验，合格后再以________ MPa 的压缩空气进行气密性试验。

⑤ 管口及支座方位，参照 7.4.2.1 节中⑥条填写。

7.4.2.3　列管式换热器技术要求（参见图 7-2）

① 本设备按 GB 151—89《钢制管壳式换热器》中的________级进行制造、试验和验收，并接受劳动部颁发《压力容器安全技术监察规程》的监督。

② 换热管的标准为________，其外径偏差为________ mm，壁厚偏差为________%（标准按 GB 151—89 中表 3-4 填写，偏差可在 HGJ 15—89 表 2 中选取）。

③ 焊接及探伤参照 7.4.2.1 节中③、④条填写。

④ 管板密封面与壳体轴线垂直，其公差为 1mm。

⑤ 列管和管板的连接采用________（可根据需要选择胀接、焊接、先胀后焊等，若有节点详图，可不写此条）。

⑥ 设备制造完毕后，进行压力试验：壳程以________ MPa，管程以________ MPa 进行压力试验。合格后壳程再以________ MPa，管程再以________的压缩空气进行气密性试验。

⑦ 管口及支座方位参照 7.4.2.1 节中⑥条填写。

7.4.2.4　搅拌设备技术要求（参见图 7-88）

壳体部分按相应类别的容器，参照 7.4.2.1 节、7.4.2.2 节中各条填写外，并增加下列要求。

① 设备上减速机支座凸缘和轴封凸缘应在组焊后一起加工。

② 设备组装后，在搅拌轴上端密封处测定轴的径向跳动量不得大于________ mm；搅拌轴轴向串动量不得大于________ mm，搅拌轴下端径向跳动量不大于________ mm（具体数值可查阅《化工设备技术图样要求》1991 年版）。

③ 设备组装完毕后，以水代料，进行试运转，时间不少于 4h，在试运转过程中不得有不正常的噪声［小于或等于 85dB（A）］和振动等不良现象。

④ 搅拌装置不得空转或反转。

7.4.2.5　板式塔设备技术要求（参见图 7-90）

壳体部分按相应类别的容器，参照 7.4.2.1 节和 7.4.2.2 节中各条填写外，并增加下列要求。

① 塔体轴线直线度允差为________ mm，塔体安装垂直度允差为________ mm（两项允差一般为 1/1000 塔高，且不得超过 30mm）。

② 裙座（或支座）螺栓孔中心圆直径允差以及相邻两孔弦长允差均为 2mm。

③ 塔盘的制造、安装按 JB 1205—80《塔盘技术条件》进行。

④ 对于直径小于 800mm 的塔，塔盘制成整体后再装入塔内时，对塔体有如下要求：塔体同一断面（$D_{max}-D_{min}$）$<0.5\%D_i$，且应<25mm；筒体内表面焊缝应修平，各管口与筒体焊接时，不得伸入筒体内；塔节与两端法兰焊接后仪器加工，其法兰密封面与筒体轴线垂直度允差为 1mm。

⑤ 壳体与裙座连接焊缝应做磁粉探伤或渗透探伤检验，不允许有任何裂纹和分层现象存在。

7.4.2.6　填料塔设备技术要求

壳体部分按相应类别的容器，参照 7.4.2.1 节和 7.4.2.2 节中各条填写外，并增加下列要求。

① 按 7.4.2.5 节中①、②、③、⑤各项填写。

② 栅板应平整，安装后的平面度允差 2mm。

③ 喷淋装置安装时平面度允差 3mm，标高允差±3mm，其中心线与塔体中心线同轴度允差 3mm。

7.4.3　技术特性表

技术特性表是表明设备的重要技术特性和设计依据的一览表，一般安排在管口表的上方。其格式有两种，如图 7-71 所示，其中图 7-71（a）用于一般化工设备，图 7-71（b）用于带换热管的设备，如果是夹套换热设备，则管程和壳程分别改为设备内和夹套内。

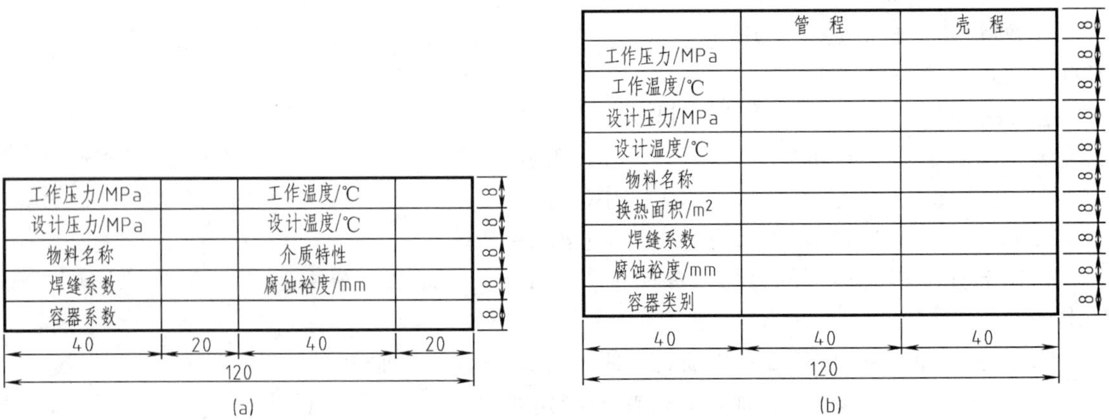

图 7-71　技术特性表的格式和尺寸

技术特性表还要了解以下几点。

① 技术特性表的线型为边框粗实线，其余细实线。

② 技术特性表中的设计压力、工作压力为表压，如果是绝对压力应标注“绝对”字样。

③ 在技术特性表中需填写的内容，因设备类型的不同会有不同的要求。

ⅰ. 对容器类设备，应增加全容积（m^3）和操作容积（参见图 7-83）。

ⅱ. 对热交换器，应增加换热面积（m^2），而且换热面积以换热管外径为基准计算（参见图 8-89）。

ⅲ. 对塔器，应填写设计的地震烈度（级）、设计风压（N/m^2）等（参见图 7-90）。对填料塔还需填写填料体积（m^3）、填料比表面积（m^2/m^3）、处理气量（Nm^3/h）和喷淋量

(m^3/h) 等内容。

ⅳ. 对带夹套（蛇管）和搅拌的反应釜，应按釜内、夹套（蛇管）内分栏填写，同时还需填写全容积、操作容积、搅拌转速（r/min）、电动机功率（kW）、换热面积等内容（参见图 7-88）。

ⅴ. 其他专用设备，可根据设备的结构与操作特性，填写图示设备需特别说明的技术特性内容。

7.4.4 管口符号及管口表

化工设备上的管口数量较多，为了清晰地表达各管口的位置、规格、连接尺寸和用途等，图中应编写管口符号，并在明细栏上方画出管口表。管口表的格式及尺寸如图 7-72 所示，管口表的线型为边框粗实线，其余为细实线。

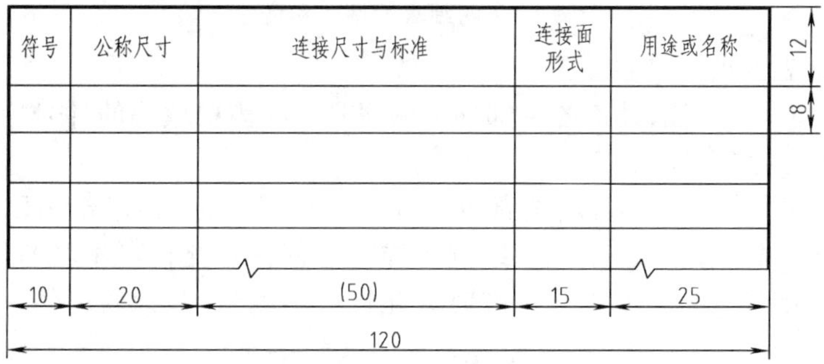

图 7-72 管口表的格式和尺寸

下面介绍管口符号的编写方法以及管口表内一些项目填写的注意点（参见图 7-2）。

7.4.4.1 管口符号的编写

① 编写管口符号时，一般应从主视图的左下方或左上方开始，按顺时针（或逆时针）方向依次用大写或小写拉丁字母“A、B、C”、“*a*、*b*、*c*”编号。

② 对规格、用途、连接面型式完全相同的管口，应编写一个管口符号，但必须在管口符号的右下角加注阿拉伯数字的注脚，以示区别，如 A_1、A_2 等。

7.4.4.2 管口表内一些项目的填写

① 管口表中的“符号”应与视图中各管口的符号一致，依 *A*、*B*、*C* 顺序，从上至下填写。当管口规格、连接标准、用途均相同时，可合并为一项填写，如 $A_{1\sim2}$。

②“公称尺寸”栏中应填写管口公称直径，公称直径单位为 mm。

对于带衬里的管口，公称直径按实际内径填写；对于带薄衬里的钢接管，按钢管的公称直径填写；对于无公称直径的管口，按实形尺寸填写，例如：矩形孔填写“长×宽”、椭圆孔填写“长轴×短轴”。

③“连接尺寸与标准”栏中应填写对外连接管口的有关尺寸和标准，如果是螺纹连接管口应填写“M24”、“G1”等螺纹代号。

④“连接面型式”栏填写法兰的密封面形式，如：“平面”、“凹面”、“槽面”或“FF”、“RF”等；螺纹连接填写“内螺纹”；不对外连接的管口，例如：人（手）孔、检查孔等，不填写此项，用从左下至右上的细斜线表示。

⑤“用途或名称”栏应填写标准名称、习惯用名称或简明的用途术语，如：“进料口”、“液面计口”、“人孔”等。对于标准图或通用图中的对外连接管口，此栏中用从左下至右上的细实线表示。

7.4.5 明细表和零、部件序号的编排

7.4.5.1 明细表

明细表用于装配图或部件图中，说明设备上所有零部件的名称、材料、数量、重量等内容，它是工程技术人员看图及图样管理的重要依据。明细栏的格式及尺寸，如图 7-73 所示，线型为左、右、下边框粗实线，其余细实线。明细表位于标题栏的上方。

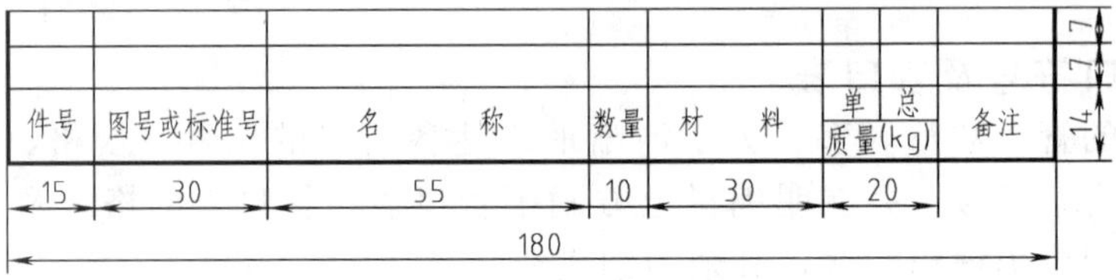

图 7-73　明细表的格式和尺寸

下面介绍明细表的填写（参见图 7-2）。

（1）件号　本栏填写图示设备各零部件的顺序号。在表中填写的件号应与图中件号完全一致，且应由下而上按序填写。

（2）图号或标准号　本栏填写各零部件相应的“图号或标准号”。凡已绘制了零部件图的零部件都必须填写相应的图号（没有绘制图样的零部件，此栏可不填）；若为标准件，则必须填写相应的标准号（材料不同于标准时，此栏可不填），若为通用件，则必须填写相应的通用图图号。

（3）名称栏　本栏填写零部件的名称与规格。填写时零部件的名称应尽可能采用公认的称谓，并力求简单、明确。同时，还应附上该零部件的主要规格。如果是标准件，则必须按规定的标注方法填写，如“法兰 C—PⅠ　700—1.6”；如果是外购件，则需按商品的规格型号填写，如“减速机 BLC 125—5　Ⅰ”；如果是不另绘图的零件，在名称之后应给出相关尺寸数据，如“接管 $\phi108\times4$，$L=150$”（L 也可在备注栏内说明）、“角钢∠$50\times50\times5$，$L=500$”、“筒体 $DN700\times6$，$H=5906$” 等。

（4）数量栏　本栏填写图示设备上归属同一件号的零部件的全部件数。对于大量使用的填料、木材、耐火材料等可采用 m^3 计，而大面积的衬里、防腐、金属丝网等，则可采用 m^2 计，其采用的单位，在备注栏内可加以说明。

（5）材料栏　本栏填写各零部件所采用的材料名称或代号。材料名称或代号必须按国家标准或部颁标准所规定的名称或代号填写；无标准规定的材料，则应按工程习惯注写相应的名称；由国外企业或国内企业生产的有系列标准的定型材料，应同时注写材料名称和相应的材料代号，并在备注栏内做附加说明。如果该件号的部件由不同材料的零件构成，本栏可填写组合件，如果该件号的零部件为外购件，本栏可不填，或在本栏画一短细斜线表示。

（6）质量栏　本栏填写零部件的真实质量，以 kg 为单位。一般零部件准确到小数点后两位，贵重金属可适当增加小数点后的位数。非贵重金属，且质量小、数量少的零件也可不填，或在本栏画一短细斜线表示。

（7）备注栏　本栏仅对需要说明的零部件附加简单的说明，如：对外购件可填写“外购”字样；采用了特殊的数量单位，可填写“单位 m^3”；对接管可填写接管长度“$L=120$”；对采用企业标准的零部件可填写“××企业标准”等字样。一般情况下，不予填写。

7.4.5.2 零、部件序号的编排

组成设备的所有零件、部件和外购件，无论有图或无图均需编独立的件号，不可省略。序号的编写规则如下（参见图 7-2）。

① 序号编写的形式由圆点、指引线、水平线（或圆）及数字组成，见图 7-74（a）。指引线和水平线（或圆）均为细实线，数字写在水平线上方（或小圆内），数字高度应比尺寸数字高度大一号，指引线应从所指零件的可见轮廓内引出，并在末端画一圆点，当所指部分不宜画圆点（如很薄的零件或涂黑的剖面）时，可在指引线末端画一箭头以代替圆点，见图 7-74（b）。

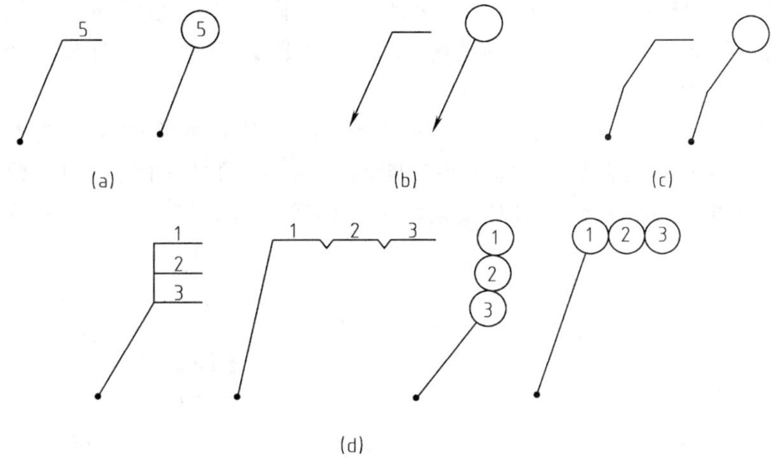

图 7-74　零（部）件序号编写方法（一）

② 指引线应尽量分布均匀，彼此不能相交，当通过剖面线区域时，须避免与剖面线平行。必要时，指引线可曲折一次，见图 7-74（c）。

③ 对于一组装配关系清楚的组件（如螺栓、螺母），允许采用公共指引线，其编写形式见图 7-74（d）。

④ 件号应尽量编排在主视图上，并由左下方或左上方开始，按件号顺序顺时针整齐地沿垂直和水平方向依次编号，可布满四周，但应尽量编排在图形的左方和上方，并安排在外形尺寸的内侧。若有遗漏或增添的件号应在外圈编排补足，如图 7-75 所示。

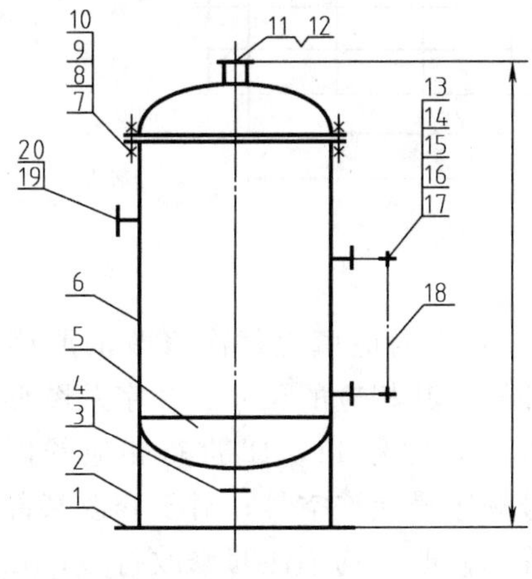

图 7-75　零（部）件序号编写方法（二）

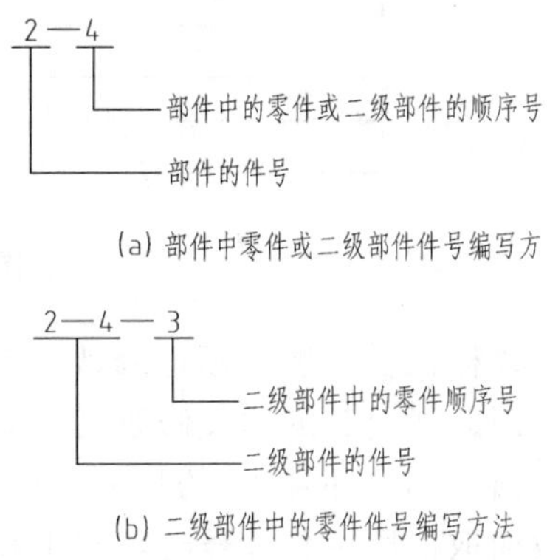

图 7-76　零（部）件序号编写方法（三）

⑤ 在装配图中，将直接组成设备的部件、直属零件和外购件以 1、2、3、……顺序表示。在部件图中，组成该部件的零件或二级部件的件号由两部分组成，如图 7-76（a）所示；组成二级部件的零件的件号由二级部件的件号及零件顺序号组成，如图 7-76（b）所示。

7.4.6 修改表、图纸目录、设备的净重

7.4.6.1 修改表

化工设备图的图样修改，要求是非常严格的。不仅要求对图纸中所做的每一次修改在修改表中留下详细记录，而且规定了图中的修改及标示方法。

7.4.6.1.1 修改及标示方法

① 对图纸中需要修改的尺寸数字、文字或图线，修改时应先用细实线划掉（必须保证被划掉的部分仍可清晰地看出修改前的情况），然后在附近空白处重新标注修改后的尺寸数字、文字或者图线，如图 7-77 所示。

② 在图纸中已进行修改的地方，必须标记修改的符号，在修改符号之外应加画一直径为 5mm 的细实线小圆圈以醒目，还要从小圆圈画一细实线的指引线指向被修改处。修改符号用小写的英文字母 *a*、*b*、*c* 等表示对该处所进行的第一次、第二次、第三次修改，如图 7-77 所示。

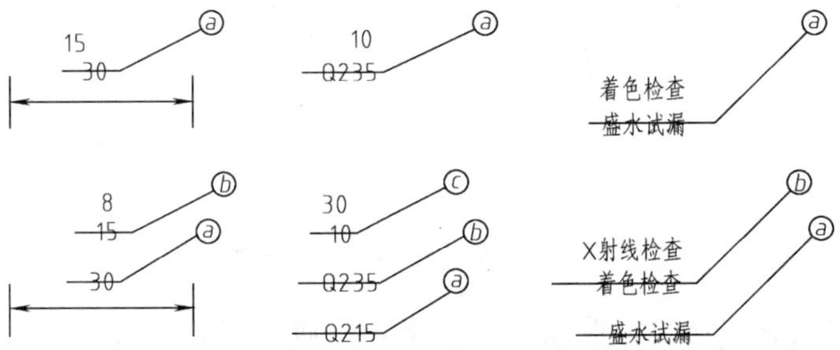

图 7-77　图纸的修改符号和标示

7.4.6.1.2 修改表及其填写

常见的修改表格式如图 7-78 所示。

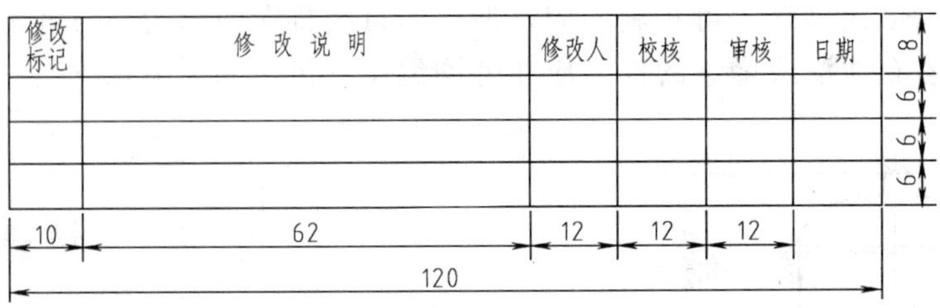

图 7-78　修改表格式

在修改标记栏需填写标记修改次数的符号；修改说明栏内应填写每次修改的原因和内容，对于因此而引起的相关修改则只需列出被修改的件号，其相应的尺寸、文字及图形的修改不必列出，如“件号 10 的尺寸 1000mm 修改为 950mm，件号 11、12 进行相应的修改”；由于修改而取消图中某件号时，图中和明细表中的件号顺序号允许空号；对于修改某部位引起其他部位的修改，及引起明细表和单标题栏中质量等的修改，均不注写修改符号；在日期栏应填写图纸修改的相应日期。

7.4.6.2 图纸目录

图纸目录主要是供生产管理和施工、制造时使用，它是每种设备向外发送的设计文件清单。图纸目录的编写原则如下。

① 当图纸目录序号少于10项时，图纸目录可列入图样，其位置在主标题栏的左方（参见图7-2）。如果左边有明细栏（续），则注在明细栏（续）的上方。若图纸目录序号大于10，应单独编写图纸目录，形成独立的技术文件。

② 图纸目录按图号的顺序号编写，包括管口方位图、焊接图等。

③ 国家标准、部颁标准的零、部件及外购件图样不列入图纸目录。

④ 通用图应列入图纸目录。

⑤ 技术文件以一个技术文件组成为单位列入图纸目录。其排列顺序为技术条件（单独编写时）、说明书、计算书等。

⑥ 工程中统一发送的"通用技术条件"或通用图，应注明"统一发送"字样。

例如，一氧化碳变换炉（DN 3000，H＝17420）图样中的图纸目录如下：

ⅰ. 装配图　55—0041—1　1张

ⅱ. 衬里部件图　55—0041—2　1张

ⅲ. 零部件图　55—0041—3　1张

ⅳ. 零件图　55—0041—4—1　3张

ⅴ. 卸料孔 PN25，DN500　04—091　1套　统一发送

ⅵ. 轻质耐热隔热混凝土衬里技术条件　01—0037　1套　统一发送

ⅶ. 管口方位图　图号见选用表

7.4.6.3　设备的净重

设备的净重注写在明细表的上方（参见图7-83）。一般情况设备净重取整数，且100kg以上的设备的末位数采用1～4进到5；6～9进到10的方法注写。对于贵重金属如实注写。对于标准零、部件的重量准确到小数点后2位数。

若设备中还有特殊或贵重金属材料，如：不锈钢、填料等，则需分项依次列出。如：

设备净重：××kg

其中：不锈钢××kg

　　　瓷环××kg

7.4.7　制造检验主要数据表

对于不同类型的设备，其制造检验主要数据表的内容有所不同，这里只给出压力容器制造检验主要数据表的格式，如图7-79所示。

7.4.8　标题栏

在化工设备图中常用的标题栏一般有两种：主标题栏和简单标题栏，前者主要用于A0、A1和A2幅面的装配图，后者则用于零部件图纸。

7.4.8.1　主标题栏

主标题栏通常都放在图纸的右下角，紧接图框线，用于说明设备的名称及设计等内容。在化工设备图中采用的主标题栏格式可以是图1-4所示的标题栏格式（GB/T 10609.1—1989），但是根据化工项目的特点，现在多采用图7-80所示的标题栏尺寸和格式。主标题栏线型为边框粗实线，其余细实线。

主标题栏的填写要求如下。

(1) A栏　填写设计单位名称，推荐采用7号字。

(2) B栏　填写图样名称，推荐采用5号字。该栏一般分三行填写，第一行为设备名称，第二行为设备的主要规格尺寸，第三行为图样或技术文件的名称，如图7-81所示。

化工设备的名称，通常均以化工单元设备的名称作为基本名称，如图7-81中的冷凝器、

制造检验主要数据表					
制造所遵循的规范及检验数据				设计参数	
1.《钢制压力容器》GB 150 和《钢制化工容器制造技术要求》HGJ 718，并接受劳动部《压力容器安全技术监察规程》的监督。				容器类别	
				工作压力/MPa 或(真空度/kPa)	
				设计压力/MPa 或(真空度/kPa)	
				工作温度/℃	
				设计温度/℃	
				物料名称	
				腐蚀裕度/mm	
				焊缝系数　筒体/封头	
				主要受压元件材料	
压力试验	液压试验压力/MPa			全容积/m^3	
致密性试验	致密性试验压力/MPa			充装系数	
焊缝探伤要求	A、B类	探伤标准		安全阀启跳压力/MPa	
		探伤长度		保温层材料	
		合格级别		保温层厚度/mm	
	C、D类	探伤标准		吊装质量/kg	
热处理要求				充满水后总质量/kg	

图 7-79　压力容器制造检验主要数据表的格式

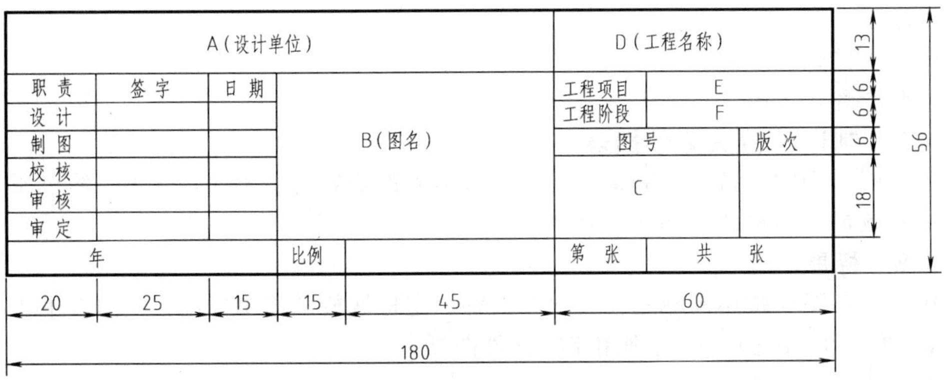

图 7-80　主标题栏格式

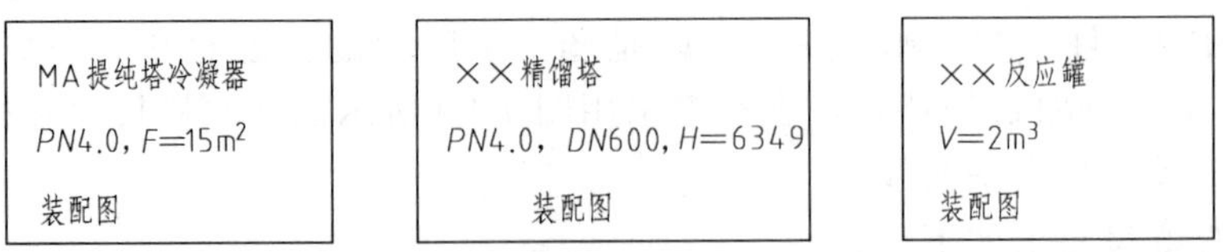

图 7-81　设备名称与规格数据的填写

精馏塔、反应罐等。为使设备名称能如实地表达图示设备，常常在基本名称前面冠以必要的设备特性或用途，如“MA 提纯塔冷凝器”、“氯乙烯精馏塔”、“氯乙烯聚合反应釜”、“盐酸贮槽”等。化工设备的规格数据，对贮槽、反应釜，一般注写设备的公称容积“$V=2m^3$”；

对热交换器、蒸发器，一般注写设备的公称压力和换热面积“$PN4.0$，$F=15m^2$”；塔设备则应标注公称压力、公称直径和塔高“$PN4.0$，$DN600$，$H=6349$”。另外，如果是电解槽、电除尘器等设备，还应标注电流大小“$I=××A$”。

(3) C栏 填写图样代号（图号），推荐采用5号字。图号编写的格式是“× ×—× × × ×—× ×”。

第一部分“× ×”是设备的分类代号，原石油化工部化工设计院编制的设备设计文件中，将化工设备及其他机械设备和专用设备分为0～9共10大类，常见的有3大类，每大类中又分为0～9种不同的规格，均有不同的代号，见表7-12～表7-14。

表7-12 1类——容器（包括贮槽、高位槽、计量槽、气瓶、液氨瓶）

代号	规格	代号	规格
10	压力<0.1MPa，$VN \leqslant 50m^3$	15	不锈钢(复合钢板)制作的容器
11	压力<0.1MPa，$VN>50m^3$	16	有色金属(铜、铝、钛等)制作的容器
12	压力为0.1～1.6MPa	17	带衬里的容器
13	1.6MPa<压力<10MPa	18	非金属容器
14	铸铁铸钢容器及加热浓缩锅	19	其他特殊容器(如水封)

表7-13 2类——热交换器

代号	规格	代号	规格
20	列管式换热器、U形管热交换器	25	不锈钢(复合钢板)制作的热交换器
21	套管式、淋洒式、蛇管式、浸流式热交换器	26	有色金属(铜、铝、钛等)制作的热交换器
22	螺旋式、板式、翅片式或其他热交换器	27	带衬里的热交换器
23	废热锅炉或载热体锅炉	28	非金属热交换器
24	蒸发器(包括蒸汽缓冲器和蒸馏器)	29	其他(如大气冷凝器、电加热器等)

表7-14 3类——塔设备

代号	规格	代号	规格
30	泡罩塔、浮阀塔	35	不锈钢(复合钢板)制作的塔
31	填充塔、乳化塔	36	有色金属(铜、铝、钛等)制作的塔
32	筛板、泡沫和膜式塔	37	带衬里的塔
33	空塔	38	非金属塔
34	铸铁塔	39	其他(如排气筒等)

第二部分“× × × ×”是设计文件的顺序号，即本单位同类设备文件的顺序号。

第三部分“× ×”是图纸的顺序号，可按“设备总图、装配图、部件图、零件图”的顺序编排，如：设备总图01、装配图02、部件图03、零件图04、…。如果只有一张图纸时，则不加尾号，只保留设计文件的顺序号即可。

示例：某不锈钢贮罐，所在单位的顺序号为16（即该设备本单位已经设计15台，图示设备为第16台），本装配图为全套贮罐图纸中的第一张，则图号为“15—0016—01”。

(4) D栏 一般情况可不填写，在绘制初步设计总图时应填写图示项目的工程名称。

(5) E栏 一般情况可不填写，在绘制初步设计总图时应填写图示项目所在的车间名称或代号。

(6) F栏　填写完成该图纸所处的设计阶段，一般填写“初步设计图”或“施工图”。

(7) G栏　一般填写图纸的修改标记，即填写修改次数的符号：第一次修改填 a，第二次修改时可划去另填 b，依此类推。

7.4.8.2　简单标题栏

简单标题栏主要用于部件图或零件图中，说明图样的名称、比例、图号等内容。简单标题栏的的格式及尺寸如图 7-82 所示，其线型为边框粗实线，其余细实线。

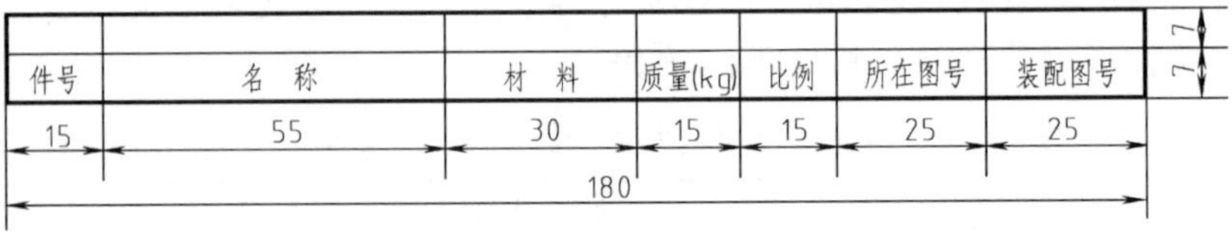

图 7-82　简单标题栏格式

简单标题栏一些项目的填写，应注意以下两点。

①“件号”、“名称”、“材料”、“质量”各栏的填写均应与装配图的明细栏中相应零件或部件内容一致。如果直属零件和部件中的零件，或不同的部件中都用同一个零件图时，在标题栏的件号栏内应分别填写各零件的件号。

②“比例”栏中填写绘图比例。当不按比例绘制零件图时，在比例栏中画细斜线表示。

7.5　化工设备图的绘制和阅读

7.5.1　化工设备图的绘制

化工设备图的绘制有两种方法：一是对已有设备进行测绘，这种方法主要用于对已有设备的仿制或对现有设备进行革新改造；二是依据化工工艺人员提供的“设备设计条件单”进行设计和绘图。前一种方法与化工机械图基本相同（参见 6.4.4 节），下面介绍用第二种方法绘制化工设备图的步骤及有关要求。

完成化工设备图的绘制，一般包括三个方面的工作：ⅰ. 依据“设备设计条件单”进行设备的设计；ⅱ. 着手绘制化工设备图前，进行视图的选择；ⅲ. 进行化工设备图的绘制。下面以图 7-83 丙酮贮罐装配图为例分别介绍有关内容。

7.5.1.1　设备设计

设备设计人员首先要根据“设备设计条件单”进行强度计算和零部件选型等工作，为绘制设备图做好准备。

“设备设计条件单”是进行化工设备设计的主要依据，应包括以下内容。

(1) 设备简图　单线条绘成的简图，用来表示工艺设计所要求的设备结构型式、尺寸、管口及其初步方位等。

(2) 技术特性指标　列表给出介质的性质，工作压力和温度，设备的容积、传热面积和搅拌器形式、功率、转速，推荐使用的材质，设备的安装和检修等工艺要求。

(3) 管口表　列表注明各管口符号、用途、公称尺寸和连接面型式等。

“设备设计条件单”目前尚无统一规定的格式，不同种类的设备有不同的条件单，图 8-84 为一张丙酮贮罐的“设备设计条件单”，供参考。

7.5.1.2　化工设备图的视图选择

在着手绘制化工设备图之前，首先应确定视图的表达方案，包括选择主视图，确定视图数量和表达方法。选择设备图的视图方案时，应充分考虑到化工设备的结构特点和图示特点。

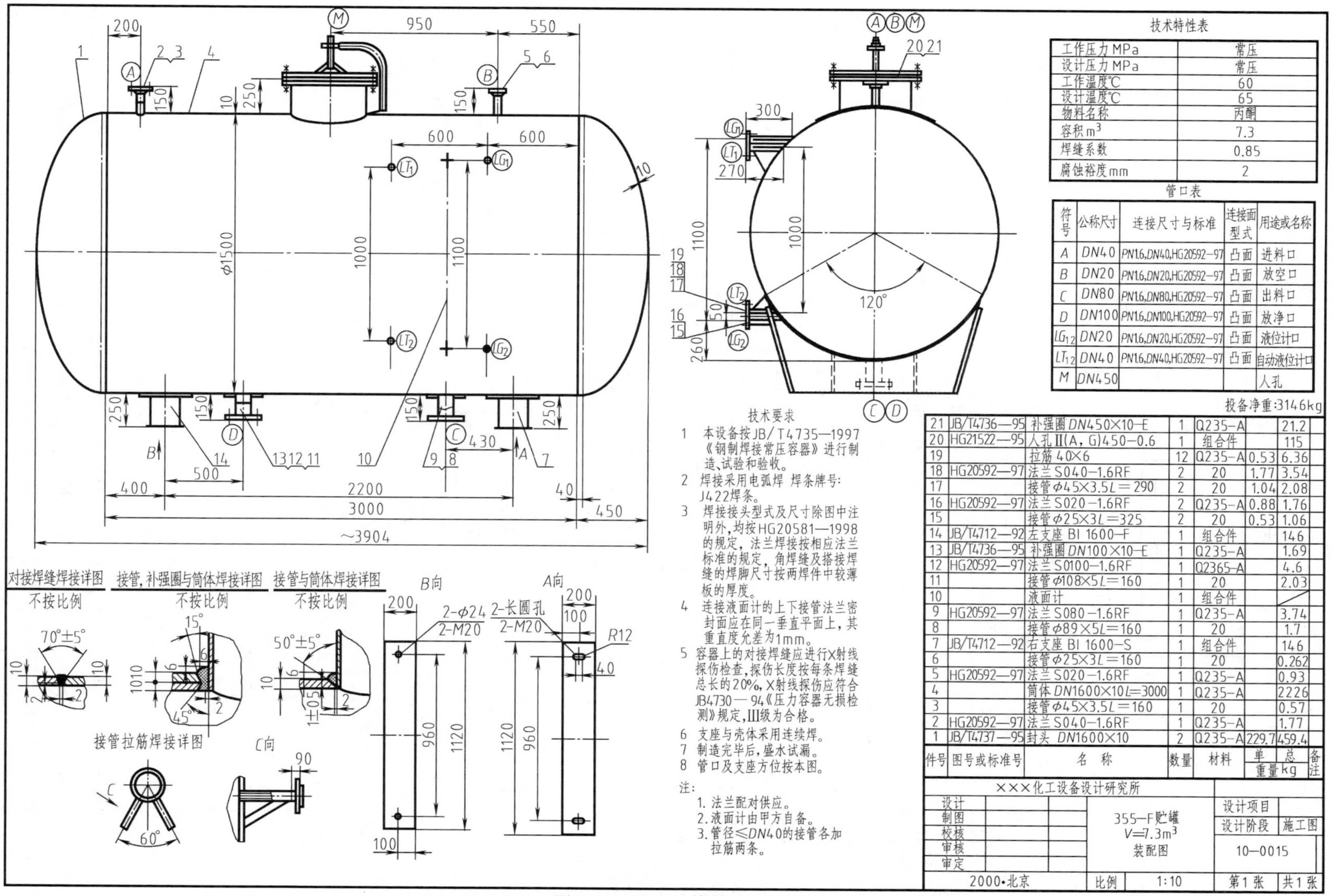

技术特性表

工作压力 MPa	常压
设计压力 MPa	常压
工作温度℃	60
设计温度℃	65
物料名称	丙酮
容积 m^3	7.3
焊缝系数	0.85
腐蚀裕度 mm	2

管口表

符号	公称尺寸	连接尺寸与标准	连接面型式	用途或名称
A	DN40	PN1.6,DN40,HG20592—97	凸面	进料口
B	DN20	PN1.6,DN20,HG20592—97	凸面	放空口
C	DN80	PN1.6,DN80,HG20592—97	凸面	出料口
D	DN100	PN1.6,DN100,HG20592—97	凸面	放净口
$LG_{1,2}$	DN20	PN1.6,DN20,HG20592—97	凸面	液位计口
$LT_{1,2}$	DN40	PN1.6,DN40,HG20592—97	凸面	自动液位计口
M	DN450			人孔

技术要求

1 本设备按JB/T4735—1997《钢制焊接常压容器》进行制造、试验和验收。

2 焊接采用电弧焊 焊条牌号:J422焊条。

3 焊接接头型式及尺寸除图中注明外,均按HG20581—1998的规定,法兰焊接按相应法兰标准的规定,角焊缝及搭接焊缝的焊脚尺寸按两焊件中较薄板的厚度。

4 连接液面计的上下接管法兰密封面应在同一垂直平面上,其垂直度允差为1mm。

5 容器上的对接焊缝应进行X射线探伤检查,探伤长度按每条焊缝总长的20%,X射线探伤应符合JB4730—94《压力容器无损检测》规定,Ⅲ级为合格。

6 支座与壳体采用连续焊。

7 制造完毕后,盛水试漏。

8 管口及支座方位按本图。

注:

1. 法兰配对供应。
2. 液面计由甲方自备。
3. 管径≤DN40的接管各加拉筋两条。

设备净重:3146kg

件号	图号或标准号	名　称	数量	材料	单重 kg	总重 kg	备注
21	JB/T4736—95	补强圈 DN450×10—E	1	Q235-A		21.2	
20	HG21522—95	人孔Ⅱ(A, G)450—0.6	1	组合件		115	
19		拉筋 40×6	12	Q235-A	0.53	6.36	
18	HG20592—97	法兰 S040—1.6RF	2	20	1.77	3.54	
17		接管 φ45×3.5 L=290	2	20	1.04	2.08	
16	HG20592—97	法兰 S020—1.6RF	2	Q235-A	0.88	1.76	
15		接管 φ25×3 L=325	2	20	0.53	1.06	
14	JB/T4712—92	左支座 BI 1600—F	1	组合件		146	
13	JB/T4736—95	补强圈 DN100×10—E	1	Q235-A		1.69	
12	HG20592—97	法兰 S0100—1.6RF	1	Q2365-A		4.6	
11		接管 φ108×5 L=160	1	20		2.03	
10		液面计	1	组合件		/	
9	HG20592—97	法兰 S080—1.6RF	1	Q235-A		3.74	
8		接管 φ89×5 L=160	1	20		1.7	
7	JB/T4712—92	右支座 BI 1600—S	1	组合件		146	
6		接管 φ25×3 L=160	1	20		0.262	
5	HG20592—97	法兰 S020—1.6RF	1	Q235-A		0.93	
4		筒体 DN1600×10 L=3000	1	Q235-A		2226	
3		接管 φ45×3.5 L=160	1	20		0.57	
2	HG20592—97	法兰 S040—1.6RF	1	Q235-A		1.77	
1	JB/T4737—95	封头 DN1600×10	2	Q235-A	229.7	459.4	

×××化工设备设计研究所			
设计 / 制图 / 校核 / 审核 / 审定	355—F贮罐 $V=7.3m^3$ 装配图	设计项目	
		设计阶段	施工图
		10—0015	
2000•北京	比例 1:10	第1张	共1张

图 7-83　丙酮贮罐装配图

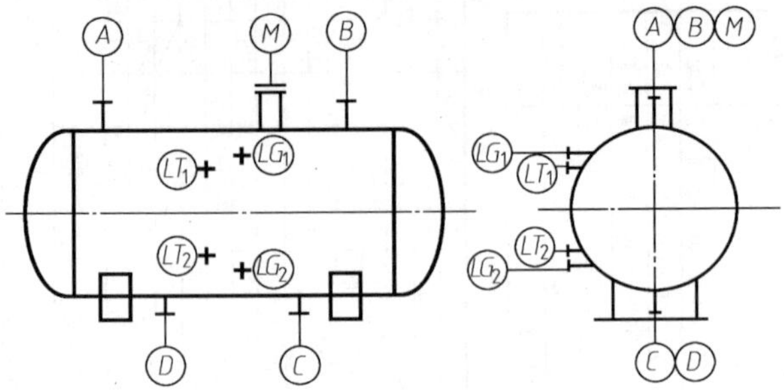

设计参数及要求						
		容器内			容器内	
操作物料	名称	丙酮		壁温/℃		
	组分			操作容积/m³	6	
	密度			全容积/m³		
	特性			设计寿命/年	10	
	黏度			壳体推荐材料	Q235—A	
工作压力/MPa		常压		内件推荐材料		
设计压力/MPa		常压		衬里防腐材料		
安全阀	位置/型式			安全检修要求	人孔	
	规格/数量			场地类	Ⅰ类	
	开启(爆破)压力/MPa			密封要求		
工作温度/℃		60		操作方式及要求		
设计温度/℃		65		静电接地	支座处	
环境温度/℃				其他要求		

管口表									
符号	公称尺寸	公称压力	连接面型式	用途	符号	公称尺寸	公称压力	连接面型式	用途
A	40	1.6	凸面	进料口	$LG_{1\sim2}$	20		凸面	液位计口
B	20	1.6	凸面	放空口	$LT_{1\sim2}$	40	1.6	凸面	自动液位计口
C	80	1.6	凸面	出料口	M	450	1.6	凸面	人孔
D	100	1.6	凸面	放净口					

	设计	校核	审核	日期	图名	工程名称	
工艺						设计项目	
管道						设计阶段	
电控					图号		

图 7-84　某化工厂丙酮贮罐设备设计条件单

（1）选择主视图　拟定表达方案，首先应确定主视图。一般情况主视图应按设备的工作位置选择，并使其充分表达设备的工作原理、主要装配关系及主要零部件的形状结构。主视图一般采用全剖视图，以表达设备上各零部件的装配关系。

如图 7-83 中贮罐的主视图依化工设备的图示特点，选择设备主体轴线水平放置，采用全剖视将筒体与封头、设备主体与各接管的内在装配关系及设备厚度等情况表达清楚。

(2) 确定其他基本视图　主视图确定后，应根据设备的结构特点，选定其他基本视图，以补充表达设备的主要装配关系、形状、结构。

如图 7-83 中贮罐设备图除主视图外，选用了左视图，以表达设备上各接管的方位、支座的安装及支座的左视外部形状结构，补充了主视图上对这些部分表达的不足。

(3) 选择辅助视图和其他表达方法　根据化工设备的结构特点，多采用局部放大图、局部视图、剖视及剖面等表达方法来补充基本视图表达的不足，将设备各部分的形状结构表达清楚。

如图 7-83 中贮罐，采用三个局部放大图来表达几种焊缝结构，用一个局部放大图和一个向视图（*C* 向）表达接管拉筋结构，支座安装孔的形状、位置则采用两个向视图（*A* 向和 *B* 向）表达清楚。

7.5.1.3　化工设备图的绘制方法及步骤

视图表达方案确定后，可按下述步骤着手绘图。

7.5.1.3.1　确定绘图比例、选择图幅和布置图面

(1) 绘图比例　按照设备的总体尺寸并遵循国家标准《技术制图　比例》（GB/T 14690—93）的规定确定绘图比例，但是要注意优先选用该标准中的“优先选用比例”。

标注比例时要注意，比例除了在标题栏标注外，当图样中的某些视图，如：局部放大图、斜视图、剖视图、剖面图，其比例与主视图不同时，应在该图上方进行比例标注，如图 7-85 所示，其中间横线为细实线。

I	*A*向	*A—A*	*B—B*
1:5	1:5	1:5	不按比例

图 7-85　图样中比例标注

(2) 图幅　化工设备图样的图纸幅面按国家标准《技术制图　图纸幅面和格式》（GB/T 14689—93）的规定选用，依化工设备的特点，必要时可选用加长幅面。

绘制化工设备图时，A1、A2、A3 为常用幅面，A1 加长幅面尽量不用，A3 幅面不允许单独竖放，A4 幅面不允许横放。

化工设备图允许在一张图上绘制多个图样，每一个图样的幅面尺寸应按 GB/T 14689—93 的规定分割，如图 7-86 (a) 所示。图纸幅面框用细实线绘制，图框用粗实线绘制。还可以以内边框为准，用细实线划分图纸幅面为接近标准幅面尺寸的图样幅面，如图 7-85 (b) 所示。

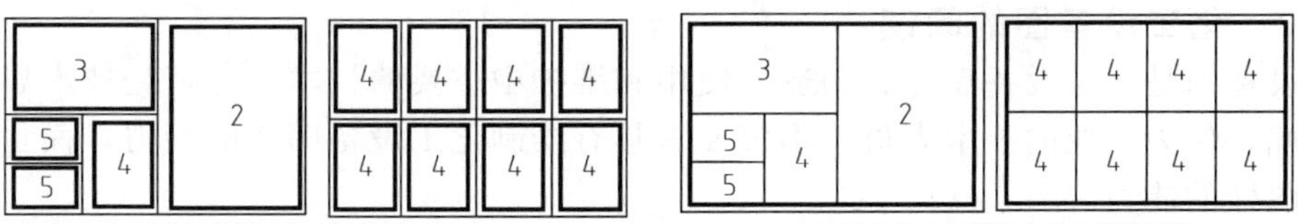

(a) 按标准幅面尺寸划分图纸幅面　　(b) 按非标准幅面尺寸划分图纸幅面

图 7-86　图纸幅图的划分

(3) 图面布置　化工设备装配图的图面布置除中部留有视图位置外，一般是从右下角主标题栏开始，依次为明细栏、管口表、技术特性表和技术要求。但是，卧式设备的图幅多采用横放，布图可参考图 7-87。

7.5.1.3.2　画图

依据选定的视图表达方案，先画出主要基准线。例如，图 7-83 中要先画出主视图中筒体与封头的中心线及左视图的中心线。

绘视图应先从主视图画起，左（俯）视图配合一起画。一般是沿着装配干线，先定位，

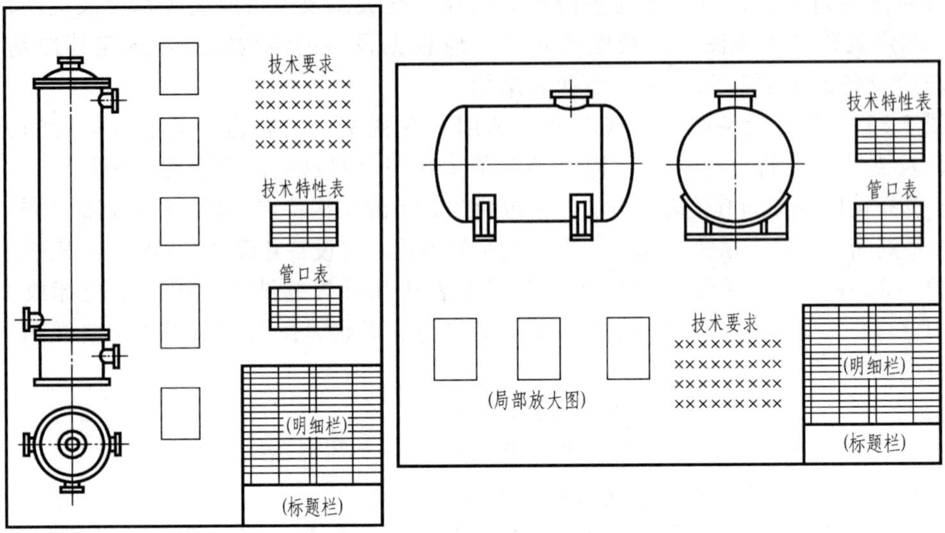

(a) 立式化工设备图的图面布置　　(b) 卧式化工设备图的图面布置

图 7-87　化工设备图的图面布置

后画形状；先画主体零件，后画其他零部件；先画外件，后画内件。

基本视图完成后，再画局部放大图等辅助视图。

例如，图 7-83 的贮罐就是先画筒体（件 4），接着按椭圆形封头（件 1），支座（件 7、件 14），人孔，各接管的顺序将各零部件在两基本视图上画好；然后，绘制四个局部放大图和三个向视图；再在有关视图上画好剖面符号，焊缝符号等。

各视图画好后，应按照“设备设计条件单”认真校核。

7.5.1.3.3　标注尺寸和焊缝代号

标注方法参见 7.4.1 和 7.3.2.6。

7.5.1.3.4　编零部件及管口序号，注写明细表和管口表

标注方法参见 7.4.4 和 7.4.5。

7.5.1.3.5　编写技术特性表、技术要求或制造检验主要数据表和标题栏等内容

标注方法参见 7.4.2、7.4.3、7.4.7 和 7.4.8。

7.5.2　化工设备图的阅读

化工设备图是化工设备设计、制造、使用和维护中重要的技术文件，是技术思想交流的工具。因此，作为专业的技术人员，不仅要求具有绘制化工设备图样的能力，而且应该具有阅读设备图样的能力。

7.5.2.1　阅读化工设备图的基本要求

通过对化工设备图的阅读，应达到以下基本要求：

① 了解设备的用途、工作原理、结构特点和技术特性；

② 了解设备上各零部件之间的装配关系和有关尺寸；

③ 了解设备零部件的结构、形状、规格、材料及作用；

④ 了解设备上的管口数量及方位；

⑤ 了解设备在制造、检验和安装等方面的标准和技术要求。

7.5.2.2　阅读化工设备图的方法和步骤

阅读化工设备图的方法和步骤，一般可按概括了解、详细分析、归纳总结等步骤进行。

7.5.2.2.1　概括了解

① 通过阅读图样的主标题栏，了解设备的名称、规格、绘图比例等内容。

② 了解图面上各部分内容的布置情况，如图形、明细栏、表格及技术要求等在幅面上的位置。

③ 概括了解图上采用的视图数量和表达方法，如判断采用了哪些基本视图、辅助视图、剖视、剖面图等，以及它们的配置情况。

④ 概括了解该设备的零部件件号数目，判断哪些是非标零部件图纸，哪些是标准件或外购件等。

⑤ 概括了解设备的管口表、技术特性表以及有关设备的制造、安装、检验和运输要求等的基本情况。

7.5.2.2.2　详细分析

(1) 视图分析　通过视图分析，可以看出设备图上共有多少个视图，哪些是基本视图，还有其他什么视图？各视图采用了哪些表达方法？并分析采用各种表达方法的目的。

(2) 装配连接关系分析　以主视图为主，结合其他视图分析各部件之间的相对位置及装配连接关系。

(3) 零部件结构分析　以主视图为主，结合其他视图，对照明细栏中的序号，将零部件逐一从视图中分离出来，分析其结构、形状、尺寸及其与主体或其他零件的装配关系。对标准化零部件，应查阅有关标准，弄清楚其结构。

有图样的零部件，则应查阅相关的零部件图，弄清楚其结构。

(4) 了解技术要求　通过技术要求的阅读，了解设备在制造、检验、安装等方面所依据的技术规定和要求，以及焊接方法、装配要求、质量检验等的具体要求。

7.5.2.2.3　归纳总结

通过详细分析后，将各部分内容加以综合归纳，从而得出设备完整的结构形象，进一步了解设备的结构特点、工作特性、物料的流向和操作原理等。

阅读化工设备图的方法步骤，常因读图者的工作性质、实践经验和习惯的不同而各有差异。一般地说，如能在阅读化工设备图的时候，适当地了解该设备的相关设计资料，了解设备在工艺过程中的作用和地位，则将有助于对设备设计结构的理解。此外，如能熟悉各类化工单元设备典型结构的有关知识，熟悉化工设备常用零部件的结构和有关标准，熟悉化工设备的表达方法和图示特点，必将有助于提高读图的速度和深广度。因此，对初学者来说，应该有意识地学习和熟悉上述各项内容，逐步提高阅读化工设备图的能力和效率。

7.5.2.3　化工设备图样的阅读示例

[例 7-1]　带搅拌的反应罐。

图 7-88 是一张在化工生产中常用的带搅拌水解反应罐装配图，现应用上述的读图方法和步骤，逐一看懂该图样所表示的全部内容。

(1) 概括了解

① 从主标题栏知道该图为水解反应罐（反应罐的一种具体名称）的装配图，设备容积为 $1m^3$，绘图比例为 1∶20。

② 由于是立式设备，所以采用了主、俯两个基本视图，另外有 4 个局部剖视图“*A—A*”、“*B—B*”、“*C—C*”和“*D—D*”。

图纸在标题栏的上方有明细栏、技术特性表、管口表和技术要求等项内容。

③ 该设备共编了 31 个零部件件号。从明细栏的图号或标准号项内，可知该设备除装配

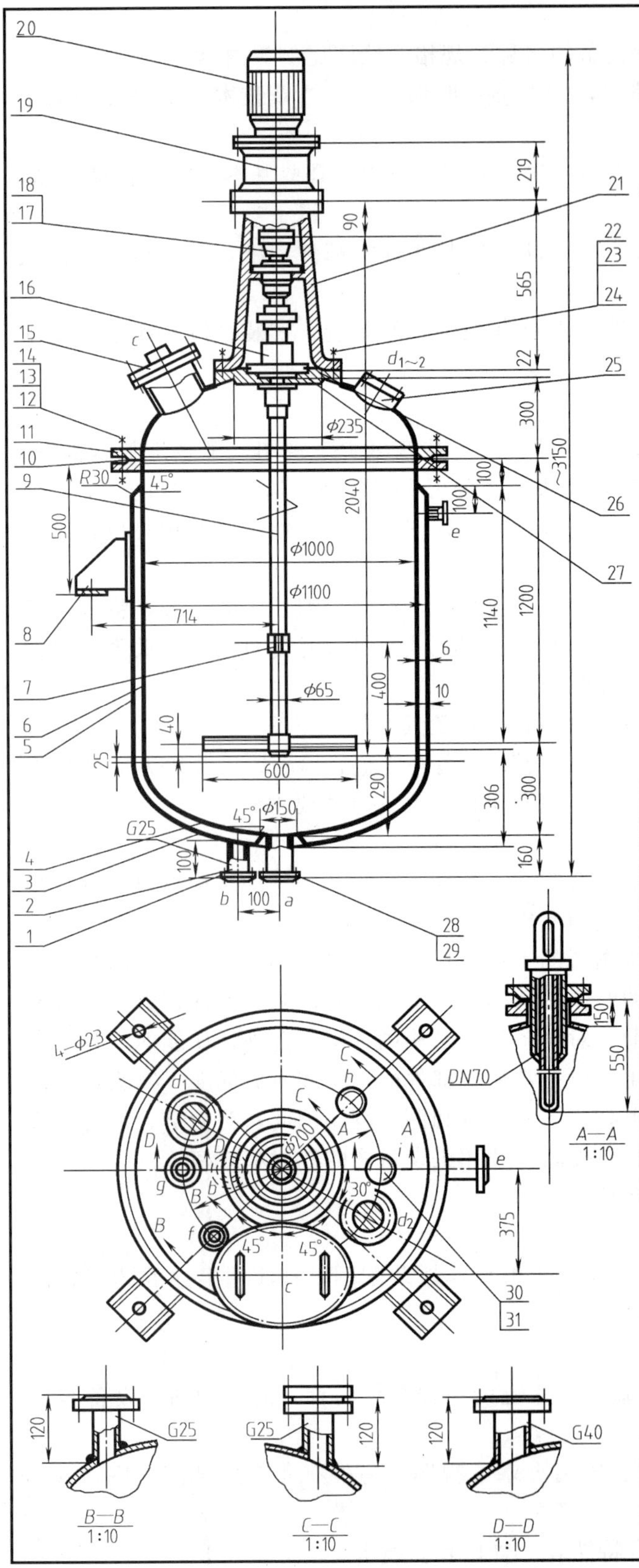

技术要求

(1) 本设备按GB 150—1998《钢制压力容器》和HGJ 18—89《钢制压力容器制造技术要求》进行制造、试验和验收,并接受国家质量技术监督局颁发《压力容器安全技术监察规程》的监督。

(2) 焊接采用电弧焊,焊条牌号 T422(E4303),焊接接头形式及尺寸除图中注明外,按HGJ 17—89《钢制压力容器结构设计规定》,角焊缝的焊角尺寸按较薄板的厚度;法兰的焊接按相应法兰标准中的规定。

(3) 容器上的A类和B类焊缝应进行无损探伤检查,探伤长度大于20%,且不小于250mm,射线探伤或超声波探伤应符合JB 4730—94《压力容器无损检测》规定中的Ⅲ级为合格。

(4) 设备制造完毕后,以0.425MPa进行液压试验,合格后再以0.413MPa的压缩气体进行致密性试验。

(5) 设备上减速机支架凸缘应在组焊后一起加工,设备管口及支座方位见本图。

(6) 设备组装后,在搅拌轴上端密封处测定轴的径向摆动量不得大于0.5mm;搅拌轴轴向窜动量不得大于±0.2mm;搅拌轴下端摆动量不大于1.0mm,组装完毕后,以水代料进行试运转,严禁空运转,并使设备内达到工作压力;时间不少于4h,在试转过程中,不得有不正常的噪声[≤85 dB(A)]和振动等不良现象。

(7) 搅拌轴旋转方向应和图示相符,不得反转。

技术特性表

	罐内	夹套内
设计压力	真空度 86.6kPa	0.3MPa
设计温度	80℃	10℃
物料名称	料液	冷却水
罐体容积	$0.8m^3$	
加热面积	$4.8m^2$	
设计转速	63r/min	
电动机功率	4kW	

管口表

代号	公称尺寸	连接尺寸标准	连接面形式	用途或名称
a	40	PN0.6, DN40, HGJ 49—91	RF	出料口
b	25	PN0.6, DN25, HGJ 49—91	FF	冷却水进口
c	椭 400×300	–	TG	人孔
d_{1-2}	125	–	–	视镜
e	25	PN0.6, DN25, HGJ 49—91	FF	冷却水出口
f	25	PN0.6, DN25, HGJ 49—91	RF	备用口
g	40	PN0.6, DN40, HGJ 49—91	RF	进料口
h	25	PN0.6, DN25, HGJ 49—91	RF	备用口
i	25	PN0.6, DN25, HGJ 49—91	RF	温度计插口

序号	图号和标准号	名称	数量	材料	单件	总计	备注
31	JB/T 4701—2000	法兰-R, DN80	2				
30	50-012-05	温度计插管	1				
29		垫片	1	石棉橡胶板			
28	HG 20592—1997	法兰-RF, 40-0.6	2	Q235-A			
27		垫片	1	石棉橡胶板			
26	HG 5-1413-81	填料函座	1				组合件
25	HGJ 501-86-19	视镜 J, PN0.6, DN125	2	Q235-A			
24	GB/T 95—1985	垫圈 16-100HV	16	35			
23	GB/T 41—2000	螺母 M16	16	35			
22	GB/T 5782—2000	六角螺栓 M16×50	16	35			
21	HG 5-743-78	机座 J-B-65	1	HT200			组合件
20		电动机 J 02 41-4	1				
19		减速器 BLD4-3-17	1				组合件
18	50-012-04	平键 18×68	1	45			
17	HG 21570—95	联轴器 C65-35	1	35			
16	HG 5-1413-81	填料函	1				组合件
15	HG 21515—95	人孔(R.A-2707)400×300	1	Q235-A·F			
14	GB/T 95—1985	垫圈 20-100HV	72	35			
13	GB/T 41—2000	螺母 M20	36	35			
12	GB/T 5782—2000	六角头螺栓 M20×60	36	35			
11	JB/T 4701—2000	法兰 TG 100-0.6	2	Q235-A			
10	JB/T 4700—2000	垫片 1004×1044	1	石棉橡胶板			
9	50—012—03	搅拌轴	1	45			
8	JB/T 4725—92	耳座, BN2	4	Q235-A·F			
7	50-012-02	桨式搅拌器, 600-50	2				组合件
6		筒体 DN1000	1	Q235-A			
5		筒体 DN1100	1	Q235-A·F			
4	JB/T 4737—95	封头 DN1000×10	2	16MnR			
3	JB/T 4737—95	封头 DN1100×6	1	16MnR			
2		接管 DN25×120	1	10			
1	HG 20592—1997	法兰 RF DN25-0.6	5	10			

(设计单位名称)				(工程名称)	
项目	签名	日期	水解反应罐 $V=1m^3$ 装配图	项目名称	聚合工段
设计				设计阶段	施工图
制图				50-012-01	
审核					
校核			比例 1:20	第 张	共 张

图 7-88 水解反应罐装配图

图外尚有4张非标零部件图（图号为50—012—02～50—012—05）。

④ 从管口表知道该设备有 a、b、…、i 共10个管口符号，俯视图上表示了这些管口的真实方位。

从技术特性表可了解该设备的操作压力、操作温度、操作物料、电动机功率、搅拌转速等技术特性数据。

(2) 详细分析

① 图中主视图基本上采用了全剖视（电动机及传动部分未剖，管口采用了多次旋转剖视的画法），以表达水解反应罐的主要结构及各管口和零部件在轴线方向的位置和装配情况。

俯视图表示了各管口及支座的方位（从技术要求第五条）。

另外还有四个局部放大剖视图，"A—A"剖视表示了测温管的详细结构；"B—B"、"C—C"和"D—D"剖视表示了备用管和出料管 f、h、g 的伸出长度和结构形状。

② 筒体（件号6）和顶、底两个椭圆形封头（件号4），组成了设备的整个罐体。上封头与筒体采用容器法兰的可拆连接方式，以便于搅拌器的安装与检修，下封头与筒体采用焊接连接；在筒体外焊有夹套用于换热，水作为冷却介质，水由管 b 加入，管 e 引出；在周围焊有支座（件号8）四只，支承设备及物料的所有重量；在上封头连接有搅拌器的传动装置，采用填料密封形式。

③ 搅拌轴（件号9）直径为65 mm，材料为45钢，用4kW的电动机（件号20），经涡轮减速器（件号19）带动搅拌轴运转，其转速为63r/min。搅拌轴与减速器输出轴之间用联轴器连接。传动装置安装在机座（件号21）上，机座用双头螺栓和螺母等固定在顶封头和填料箱底座（件号26）上。搅拌轴下端装有两组桨式搅拌器（件号7），每组间距为400mm。桨叶为斜桨，长600mm。

搅拌轴与筒体之间采用填料箱（件号16）密封，其具体结构参阅7.2.2.1.2填料箱密封的零部件图，在总图上只提供了它的外形。

该设备的人孔（件号15）采用椭圆形回转盖式，它的主要结构形状从主视图和俯视图上可以看出，其管口方位应以俯视图为准。

设备上4个支座的螺栓孔中心距为"714"，这是安装该设备需要预埋地脚螺栓所必需的安装尺寸。

④ 从管口表知道，该设备共有 a、b、…、i 等10个管口，它们的规格、连接的形式、用途等均由接管表中可知。各管口与筒体、封头的连接结构，a、b、c、d_1、d_2、e 等6个管口情况，可在主视图看懂，而 f、g、h、i 等另外4个管口，则需要分别在"A—A"、"B—B"、"C—C"、"D—D"等剖视图中才能看清楚。

⑤ 技术特性表提供了该设备的技术特性数据，例如，设备的设计压力和设计温度分别为：设备内86.6kPa，80℃；夹套内为0.3MPa、10℃。操作物料：设备内为反应物料，夹套内为冷却水等。

⑥ 从图上所注的技术要求中可以了解到以下内容。

ⅰ. 该设备制造、试验、验收的技术依据是GB 150—1998《钢制压力容器》和HGJ 18—89《钢制压力容器制造技术要求》和国家质量技术监督局颁发《压力容器安全技术监察规程》。

ⅱ. 焊接方法为电弧焊，焊条型号为T422（E4303）。焊接结构形式，按HGJ 17—89《钢制压力容器结构设计规定》，角焊缝的焊角尺寸按较薄板的厚度；法兰的焊接按相应法兰标准中的规定。焊缝总长的20%以上要进行无损探伤检查。如果采用射线探伤或超声波探

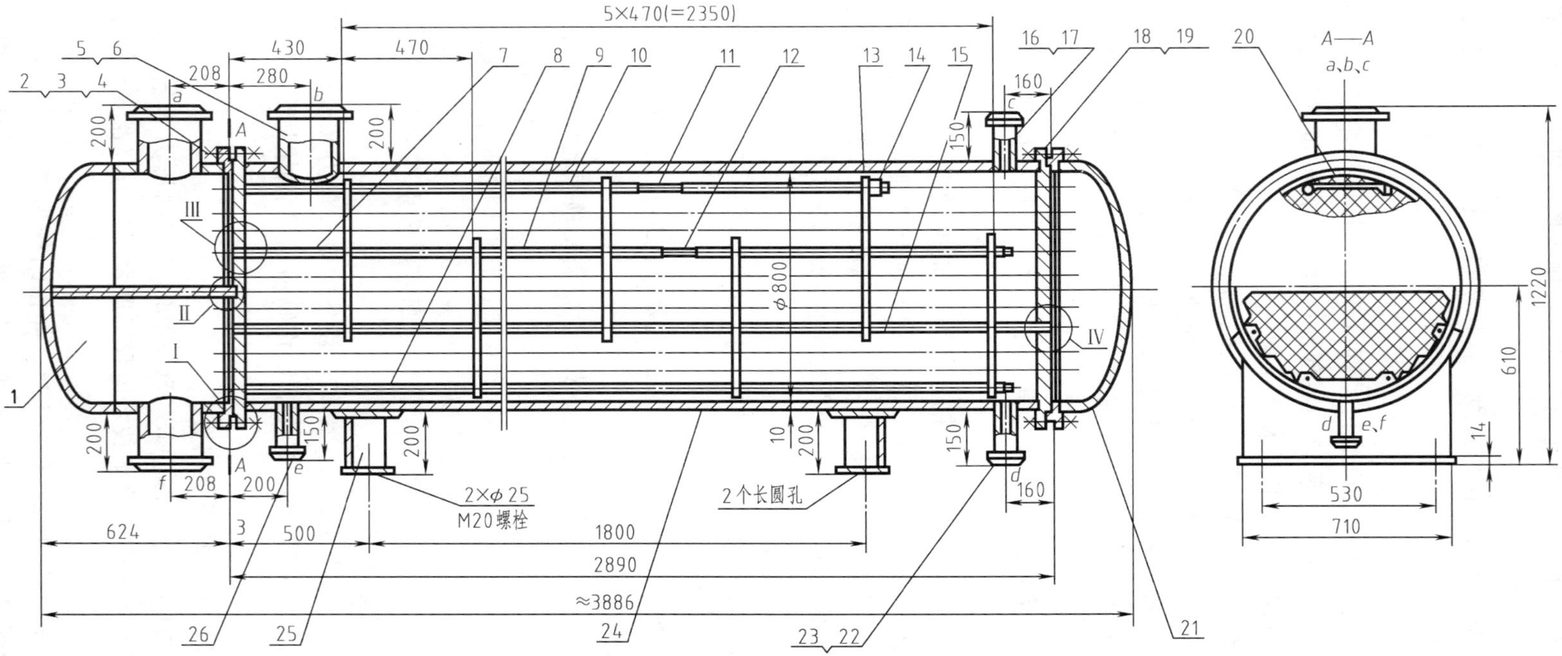

IV
1:1

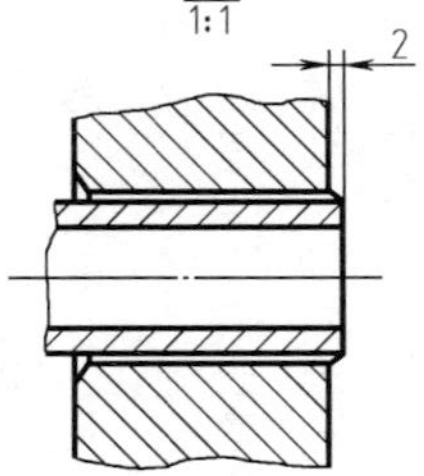

III
1:1

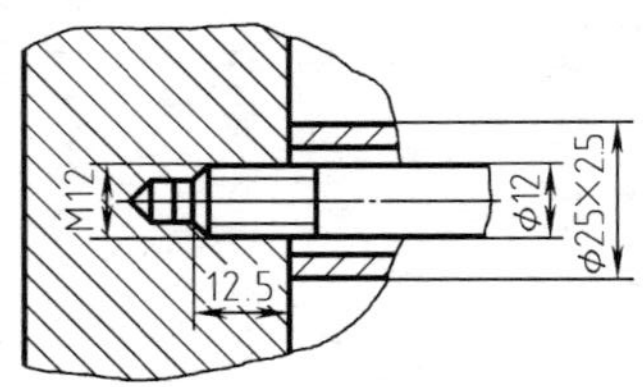

件20零件图
1:4

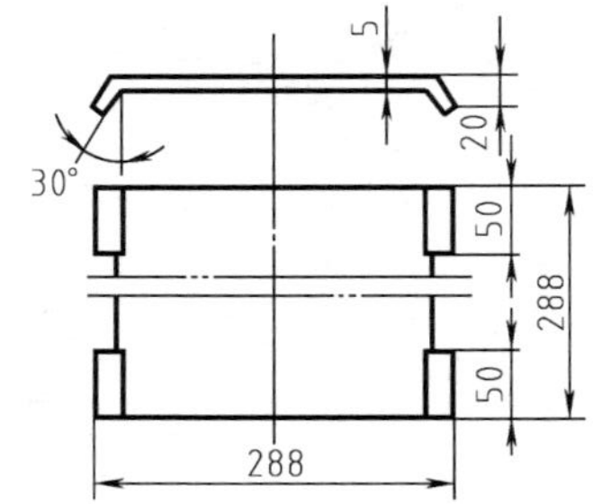

技术要求

1. 本设备按《压力容器安全监察规程》、《钢制管壳式换热器设计规定》、《钢制管壳式换热器技术条件》进行设计、制造、试验和验收。

2. 焊接采用电焊，焊条型号为T422，焊接接头型式及尺寸，除图中注明外，均采用GB/T 985—1988中规定。法兰焊接按相应法兰标准中的规定。

3. 壳体焊缝应进行无损探伤检查。

4. 设备制造完毕后，壳程及管程分别以1MPa进行水压试验。

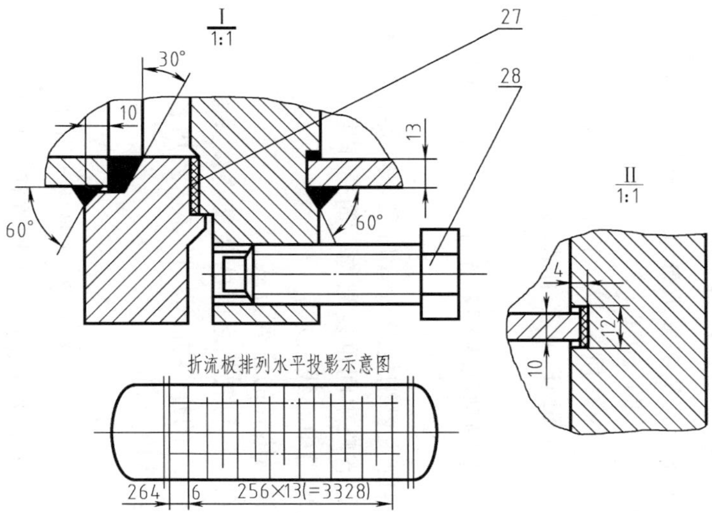

技术特性表

名称	管程	壳程
设计压力/MPa	0.6	0.6
工作压力/MPa	0.45	0.5
设计温度/℃	100	100
操作温度/℃	40	67
物料名称	循环水	甲醇
程数	Ⅱ	Ⅰ
腐蚀裕度/mm	1.5	2
焊缝系数φ	0.85	0.85
容器类别	Ⅰ	
换热面积/m²	107.5	

管口表

符号	公称尺寸	连接尺寸,标准	连接面形式	用途或名称
a	200	PN1 DN200JB/T 81	平面	冷却水出口
b	200	PN1 DN200JB/T 81	凹面	甲醇蒸气入口
c	20	PN1 DN20JB/T 81	凹面	放气口
d	70	PN1 DN70JB/T 81	凸面	甲醇物料出口
e	20	PN1 DN20JB/T 81	凸面	排净口
f	200	PN1 DN200JB/T 81	平面	冷却水入口

设备总质量:3540kg

序号	图号或标准号	名称	数量	材料	备注
28	S20—056—3	顶丝 M20	8	Q235-A	
27	JB/T4704	垫片 800—0.6	1	耐油橡胶石棉板	
26	JB/T81	法兰 20—10	1	Q235-A	
25	JB/T4712	鞍座BI800—F•S	2	Q235-A•F	
24		筒体 φ800	1	16MnR	l=2908
23	JB/T81	法兰 70—10	1	Q235-A	
22		接管 φ76×4	1	10	l=157
21	JB/T4737	椭圆封头 DN800×10	1	Q235-A	
20	S20—056—1	防冲板	1	Q235-A	
19	JB/T4704	垫片 800—0.6	1	耐油橡胶石棉板	
18	S20—056—2	后管板	1	16MnR	
17	JB/T81	法兰 20—10	1	Q235-A	

序号	图号或标准号	名称	数量	材料	备注
16		接管 φ25×3	2	10	l=155
15		换热管 φ25×2.5	472	10	l=3000
14	GB/T41	螺母 M12	16		
13	S20—056—3	折流板	14	Q235-A	t=10
12	S20—056—3	拉杆 φ12	6	10	l=2800
11	S20—056—3	拉杆 φ12	2	10	l=2320
10		定距管 φ25×2.5	8	10	l=930
9		定距管 φ25×2.5	20	10	i=460
8		定距管 φ25×2.5	2	10	l=856
7		定距管 φ25×2.5	6	10	l=386
6	JB/T81	法兰 200-10	1	Q235-A	
5		接管 φ219×6	1	10	l=217

序号	图号或标准号	名称	数量	材料	备注
4	S20—056—2	前管板	1	16MnR	
3	GB/T41	螺母 M20	48		
2	GB/T5780	螺栓 M20×40	48		
1	S20—056—2	管箱	1		

(设计单位)				(工程名称)	
职责	签字	日期	甲醇换热器 φ800×3000 F=107.5m²	工程项目	
设计				工程阶段	
制图				图号	版次
校核				S20—056—1	
审核					
审定					
年			比例 1:10	第1张	共3张

图 7-89 甲醇换热器装配图

伤，应符合 JB 4730—94《压力容器无损检测》规定中的Ⅲ级才为合格。

ⅲ. 设备除需以 0.425MPa 进行液压试验外，设备尚需再以 0.413MPa 的压缩空气进行致密性试验。

ⅳ. 在技术要求中还对设备电动机和搅拌轴的安装与调试提出了严格要求。

（3）归纳总结

① 该设备应用于物料的反应过程，且过程在真空条件下进行，并需用冷却水降温至 80℃条件下搅拌反应。

夹套内的冷却水温度仅为 10℃，压力为 0.3MPa，冷却水由管口 *b* 进入，管口 *e* 引出。

② 从这个图例的阅读，结合教材的有关内容可以看出，带搅拌反应罐的表达方案，一般是以主、俯两个基本视图为主，主视图一般采用全剖视以表达反应罐的主要结构，俯视图主要表示各接管口的周向方位，然后，采用若干局部剖视，以表示各管口和内件的不同结构。

③ 结合上述情况也可归纳出，对于一般的带搅拌反应罐，除了罐体形状（类同于容器的要求）及所附的通用零部件外，主要抓住传热装置、搅拌器形式、传动装置及密封装置四个方面，就能掌握一般反应罐的主要结构特点了。

［例 7-2］ 换热器。

现以甲醇换热器为例进行阅读讨论，如图 7-89 所示。

（1）概括了解

① 从标题栏可知，该设备的名称是甲醇换热器，用途是使两种不同温度的物料进行热量交换，其规格为 ϕ800×3000，换热面积 $F=107.5\text{m}^2$，绘图比例 1∶10。

② 从明细栏知道该设备共有 28 个零部件编号。从图号或标准号一栏中可知，除总装配图外，另附 2 张零部件图（图号为 S20—056—2～S20—056—3）。

③ 从技术特性表和管口表知道换热器管程内的介质是水，工作压力为 0.45MPa，工作温度为 40℃；壳程内介质是甲醇，工作压力为 0.5MPa，工作温度为 67℃，换热器共有 6 个接管，其用途、尺寸见管口表。

④ 该设备采用了主、左 2 个基本视图、5 个局部放大图和 1 个示意图。

（2）详细分析

① 图中主视图采用全剖视以表达换热器的主要结构及各管口和零部件在轴线方向的位置和装配情况；主视图还采用了断开画法，以省略中间重复结构，简化作图；换热器内部的管束也采用了简化画法，仅画出几根，其余均用中心线表示。

A—*A* 剖视图表示了各管口的周向方位和换热管的排列方式。

有五个局部放大图，其中Ⅰ表达管板（件 4）与管箱之间的装配连接关系；Ⅱ表示隔板槽的结构；Ⅲ表达拉杆（件 12）与管板（件 4）的连接方式；Ⅳ表达换热管（件 15）与管板（件 18）的连接方式；零件 20 放大表示其结构形式。

有一个示意图用以表达折流板在设备轴向方向的排列情况。

② 该设备筒体（件 24）和管板（件 4）、封头（件 21）和容器法兰（件 18）的连接都采用焊接，具体结构见局部放大图Ⅰ；各接管与壳体的连接均采用焊接；封头与管板采用法兰连接；法兰与管板之间放有垫片（件 27）形成密封，防止泄漏；换热管（件 15）与管板的连接采用焊接，见局部放大图Ⅳ。

拉杆（件 12）左端螺纹旋入管板，拉杆上套入定距管用以固定折流板之间的距离，见局部放大图Ⅲ；折流板间距等装配位置的尺寸见折流板排列示意图；管口轴向位置与周向方位可由主视图和 *A*—*A* 剖视图读出。

③ 设备主体由筒体（件 24）、封头（件 21）组成。筒体内径为 800mm，壁厚为 10mm，材料为 16MnR，筒体两端与管板焊接成一体。通过螺栓和法兰与管箱（件 1）和封头（件 21）连接。

换热管（件 15）共有 472 根，固定在左、右管板上。筒体内部有弓形折流板（件 13）14 块，折流板间距由定距管（件 10）控制。所有折流板用拉杆（件 12）连接，左端固定在管板上（见放大图Ⅲ），右端用螺母锁紧。折流板的结构形状需阅读折流板零件图。

鞍式支座和接管法兰均为标准件，其结构、尺寸需查阅有关标准确定。

其他零部件的结构形状读者自行分析。

④ 从图中的技术要求可知：该设备按《钢制压力容器》（GB 150—1998）进行制造、试验和验收，采用电弧焊，制造完成后，进行水压试验。

（3）归纳总结　通过上述分析可知：换热器的主体结构由圆柱形筒体和椭圆形封头构成，其内部有 472 根换热管和 14 块折流板。

设备工作时，冷却水自接管 f 进入换热管，流经管箱下半部分进入换热管到右端封头内，通过上部的换热管进入管箱上部，经由接管 a 流出；温度高的物料从接管 b 经防冲板（件 20，其作用是防止工艺物料入口速度过高，而对换热管产生剧烈冲击）进入壳体，经折流板迂回流动，与管程内的冷却水进行热量交换后，由接管 d 流出。

［例 7-3］ 塔设备。

现以脱丁烷浮阀精馏塔为例，进行阅读讨论，如图 7-90 所示。

（1）概括了解

① 从标题栏知道该图为脱丁烷塔的装配图，公称直径为 DN1800mm、总高为 25952mm、壁厚 10mm，绘图比例为 1∶20。

② 从明细栏知道该设备共有 45 个零部件编号。从图号或标准号一栏中可查知，除总装配图外，另附 14 张零部件图（图号为 311—02—01～311—02—02、311—04—01～311—04—03、311—05—01～311—05—09）。

③ 用主视图表达了整个塔体主要内外结构形状。俯视图主要表示设备各管口的方位。另外采用了一个局部放大图Ⅰ和 A、B、C、H、E 共 5 个向视图，以及 D—D、F—F、G—G、K—K 共 4 个剖视图。

④ 图幅右方有技术特性表、管口表、技术要求等，标题栏左旁有图纸目录。从管口表中知道，从 a、b_1、…、m，共有 25 个管口符号。

（2）详细分析　对图样中的一般内容，可按前述的阅读方法步骤，由读者自行参照阅读，仅对下列几个内容做一些说明。

① 塔体由筒体（件号 11）及顶、底两个椭圆形封头（件号 7）所组成，公称直径 ϕ1800mm，塔高 25952mm，全塔共 30 块浮阀塔盘，板间距 800mm 的 4 块，500mm 的 26 块。塔体上还有 6 个人孔。

② 塔盘为分块式组装浮阀塔盘，另有附图（图号为 311—02—01、311—02—02）。

③ 从图 7-89 中还可看出降液管为弓形结构。降液管的详细形状，应察看塔盘装配图（图号为 311—02—01、311—02—02）。在塔下部的最底下一块塔板降液管的下方有一受液盘，其结构可察看剖视图“D—D”和剖视图“F—F”。

④ 在塔底部的排液管上方有一破涡器，其结构可从 E 向视图和剖视图“G—G”得知。

⑤ 在回流管出口处的正前方有一挡板，其结构可从 A 向视图和 K—K 剖视图了解。

⑥ 从图 7-89 的主视图左下角开始，按顺时针方向，可逐一找得各管口的符号和位置，

并对照管口表获知有关内容，管口的方位以俯视图为准（见技术要求第 12 条）。

⑦ 裙座是浮阀精馏塔的支撑部件，该部件除件号 5、39 和 45 的零件绘制零件图外，其余不再绘制零部件图，因此在装配图上不仅提供了装配尺寸，还注出了有关定形尺寸，以便在现场施工安装。

由图可看出，裙座主要由裙座体、基础环板、螺栓座及基础螺栓等结构组成。裙座的上端与塔体的底封头焊接，下端与基础环、筋板焊接，距地面一定高度处开有人孔、出料孔等通道，基础环上筋板之间还组成螺栓座结构，裙座的上方还开有排气孔。

⑧ 注意该塔的塔体及内件材料，均为 Q235—A。

⑨ 注意技术要求内，除一般通用要求外，还增加了塔体的施工要求，如为了保证塔体直线度和垂直度允差小于 17mm 和 19.7mm 等。

⑩ 塔体要求保温，保温材料要求采用酚醛玻璃棉，共需 1500kg。

(3) 归纳和总结　仅进行以下几点说明。

① 该塔为工程中的一个设备用作脱丁烷，塔板结构为浮阀。

② 该塔的工作情况是：浓度较低的含丁烷的液态烃原料，自管口 f 进入塔内，经塔板浮阀上升，与由管口 c 回流入塔的液态烃，在一定温度下，逐层塔板进行充分接触，以达到提纯（精馏）的目的，使气相提纯至 99.5%的纯度，由塔顶管口 a 去冷凝器冷凝成成品。一部分冷凝液回流至塔内。

③ 塔底部留有一定空间，以容纳已增浓的液态丁烷，一部分丁烷送至再沸器，另一部分作为产品送入贮罐。塔釜内液面高度由自控液面计自动控制，若自控液面计失灵，则由两组玻璃管液面计直接观察，手动控制。在塔釜出料管的入口处上方安装有一破涡器，防止液相的高速旋转产生静电导致液态烃的安全事故。

④ 在裙座内设计了裙座平台（件号 45），以供工人安装出料管用；在裙座的上方设计有排气孔，以排除在裙座内进行焊接施工时的大量烟雾。

⑤ 设备安装固定后，外用酚醛玻璃棉保温。

第8章　化工流程图

化工流程图是表示化工生产工艺流程的示意图样，也是工程项目设计的一个指导性文件。在设计过程中，化工流程图可按其设计阶段的要求、作用及内容详细程度的不同分为管道仪表流程图（PI或PID图）、带控制点工艺流程图和工艺流程图（PF或PFD图）。由于化工流程图是借助统一规定的图形符号和文字代号，用图示的方法把建立化工工艺装置所需的全部设备、仪表、管道、阀门及主要管件，按其各自功能，为满足工艺要求和安全、经济目的而组合起来，以起到描述工艺装置的结构和功能的作用，所以本章将首先介绍流程图所遵循的规定，然后分别介绍管道仪表流程图、带控制点工艺流程图和工艺流程图。

8.1　绘制化工流程图应遵循的规定

化工流程图的设计要遵循HG 20559—93（国际通用设计体制和方法）《管道仪表流程图设计规定》。具体到化工流程图的绘制应遵循下列规定。

（1）图纸规格　一般采用0号（A0）标准尺寸图纸，也可用1号（A1）标准尺寸图纸，对同一装置只能使用一种规格的图纸，不允许加长、缩短（特殊情况除外）。

（2）文字和字母的高度　汉字高度不宜小于2.5mm（2.5号字），0号（A0）和1号（A1）标准尺寸图纸的汉字高度应大于5mm。指数、分数、注脚尺寸的数字一般采用小一号字体。分数数字最小高度为3mm，且和分数线之间至少应有1.5mm的空隙，推荐的字体适用对象如下：

① 7号和5号字体用于设备名称、备注栏、详图的题首字；

② 5号和3.5号字体用于其他具体设计内容的文字标注、说明、注释等；

③ 文字、字母、数字的大小在同类标注中大小应相同。

（3）图线宽度规定　所有线条要清晰、光洁、均匀，线与线间要有充分的间隔，平行线之间的最小间隔不小于最宽线条宽度的两倍，且不得小于1.5mm，最好为10mm。在同一张图上，同一类的线条宽度应一致，一根线条的宽度在任何情况下，都不应小于0.25mm。

推荐在管道仪表流程图上的线条宽度，见附表8-1。

（4）管道仪表流程图设备图形符号（HG 20559.2—93）见附表8-2。

（5）管道仪表流程图管道、阀门和管件图形符号（HG 20559.3—93）见附表8-3。

（6）管道仪表流程图上的物料代号（HG 20559.5—93）见附表8-4。

（7）管道仪表流程图上的缩写词（HG 20559.5—93）见附表8-5。

（8）管道等级代号（HG 20519.38—92）见附表8-6。

（9）管道仪表流程图隔热、保温防火和隔声代号（HG 20559.6—93）见附表8-7。

8.2　管道仪表流程图

8.2.1　管道仪表流程图的作用、内容和分类

8.2.1.1　作用和内容

管道仪表流程图是借助统一规定的图形符号和文字代号，用图示的方法把建立化工工艺装置所需的全部设备、仪表、管道、阀门及主要管件，按其各自功能，为满足工艺要求和安

全、经济目的而组合起来，以起到描述工艺装置的结构和功能的作用。它不仅是设计、施工的依据，而且也是企业管理、试运转、操作、维修和开停车等各方面所需的完整技术资料的一部分。管道仪表流程图有助于简化承担该工艺装置的开发、工程设计、施工、操作和维修等任务的各部门之间的资料交流。

图 8-1 为某工段管道仪表流程图。从图中可看出，它一般包括以下几方面内容。

① 图形。用规定的图形符号和文字代号表示设计装置的各工序中工艺过程的全部设备、机械和驱动机，全部管道、阀门、主要管件（包括临时管道、阀门和管件）、公用工程站和隔热，全部工艺分析取样点和检测、指示、控制功能仪表，供货（成套、配套）和设计单位分工（如果有）的范围。

② 标注。对上述图形内容进行编号和标注；对安全生产、试车、开停车和事故处理在图上需要说明事项的标注；对设备、机械、驱动机等的技术特性数据的标注（如果需要）；设计要求的标注。

③ 备注栏、详图和表格。

④ 标题栏及修改栏。

8.2.1.2　分类

管道仪表流程图按管道中物料类别划分，通常分为两类：工艺管道仪表流程图（简称工艺 PI 图）和辅助物料、公用物料管道仪表流程图（简称公用物料系统流程图）。

一个工厂是由若干个工艺装置和公用系统装置组成。为了使图纸表达更清楚和完整，以物料类别来分类的管道仪表流程图，再可以分为装置内和装置间的管道仪表流程图，如下所示。

- 管道仪表流程图（统称 PI 图）
  - 工艺管道仪表流程图（简称工艺 PI 图）
    - 装置内工艺管道仪表流程图
    - 装置间工艺管道仪表流程图
  - 辅助物料、公用物料管道仪表流程图（简称公用物料系统流程图）
    - 装置内辅助物料、公用物料管道仪表流程图（简称装置内公用物料发生图）
    - 装置内辅助物料、公用物料管道仪表分配图（简称装置内公用物料分配图）
    - 装置间辅助物料、公用物料管道仪表流程图（简称装置间公用物料系统流程图）

8.2.2　装置内工艺管道仪表流程图

下面参见图 8-1，介绍装置内工艺管道仪表流程图的图示和标注方法。

8.2.2.1　图示方法

8.2.2.1.1　一般规定

(1) 几个相同系统与不相同系统的表示方法　如图 8-2 所示，当某个流程是由几个完全相同系统（指各系统的设备、仪表、管道、阀门和管件完全相同）或几个不相同系统组成时，需要绘制一张总流程图，表示该流程各个系统间的关系，在总流程图上，每个系统用中线条长方框表示。

另外还要对单独的一个系统画出详细的 PI 图。总流程图及一个系统的详细 PI 图，可以表示在一张图上，也可以表示在几张图上。

(2) 待定及需要说明内容的表示方法　暂时定不下来的或没有落实的（包括订货）设备、机械、仪表、控制方案等和必须在图上说明的内容、注解、详图，如果需要表示出“待定”、“注”、“详图”、“说明”等的范围，可用细—×—线（—×—×—）圈出范围。

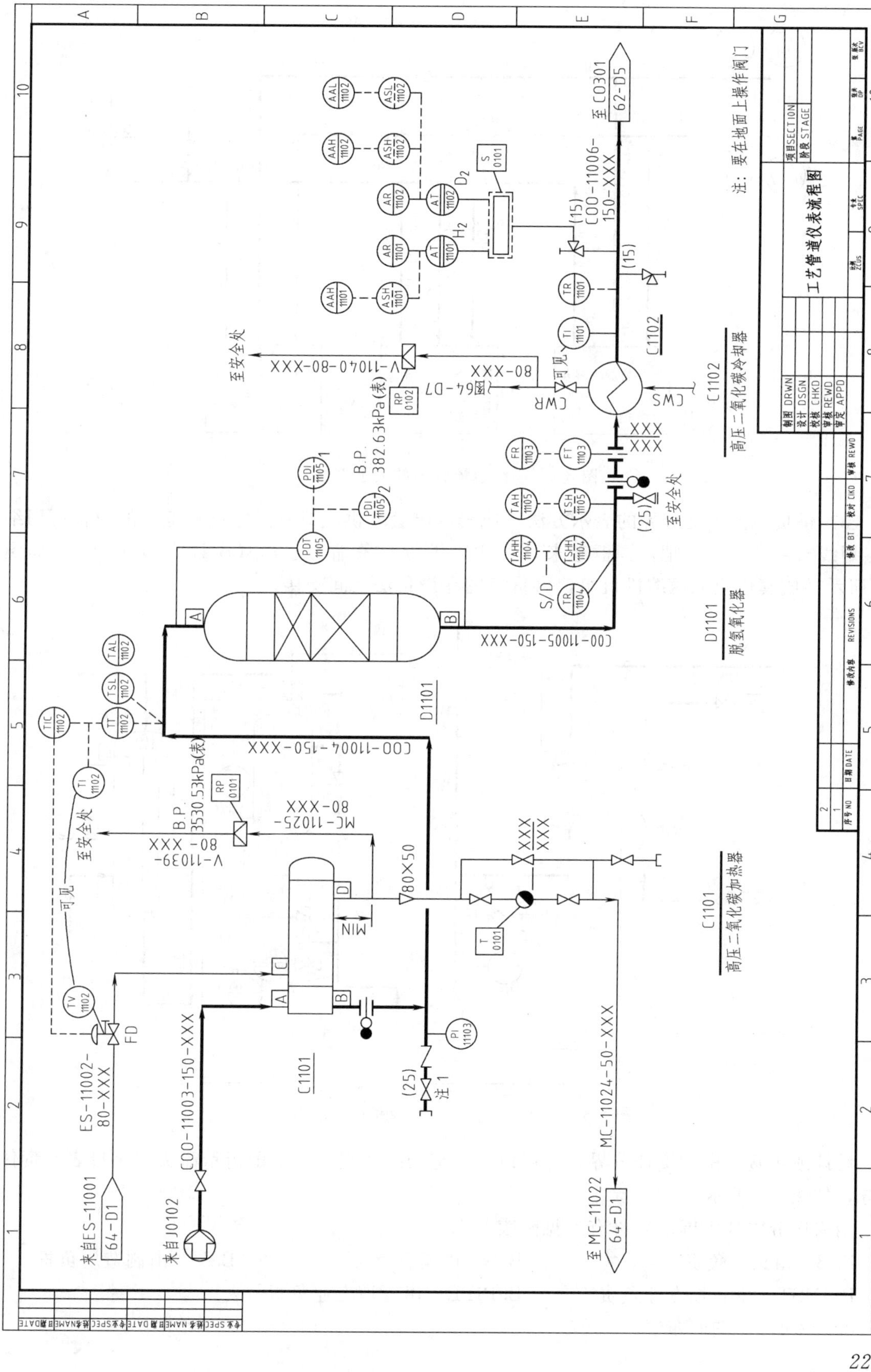
来自ES-11001
64-D1
ES-11002-
80-XXX
FD
来自J0102
COO-11003-150-XXX
C1101
注1
至 MC-11022
64-D1
MC-11024-50-XXX
V-11039-
80 - XXX
至安全处
B.P.
3530.53kPa(表)
MC-11025-
80-XXX
80×50
COO-11004-150-XXX
D1101
COO-11005-150-XXX
S/D
至安全处
B.P.
382.63kPa(表)
V-11040-80-XXX
至安全处
CWR
可见
CWS
C1102
H₂
D₂
COO-11006-
150-XXX
至 CO301
62-D5
高压二氧化碳加热器
C1101
脱氢氧化器
D1101
高压二氧化碳冷却器
C1102
注：要在地面上操作阀门
工艺管道仪表流程图

图 8-1 管道仪表流程图

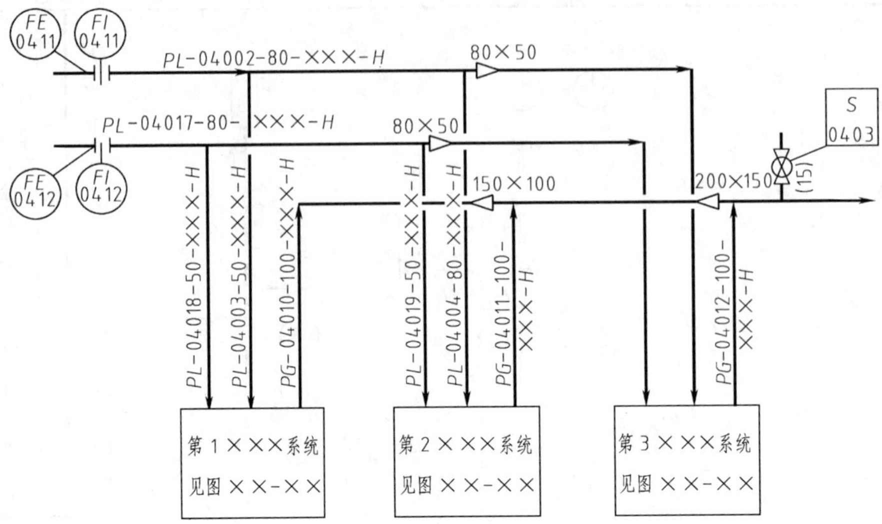

图 8-2　系统总流程图的表示方法

（3）供货范围责任分界的表示方法　成套（配套）供应或有限定供货范围的设备可用细双点划线（–··–··–）把范围框起来，并注以供货对象缩写字母（B. B 或 B. V 等）。如图 8-3 所示，成套供应的压缩机机组，供货范围在设备法兰间交接。

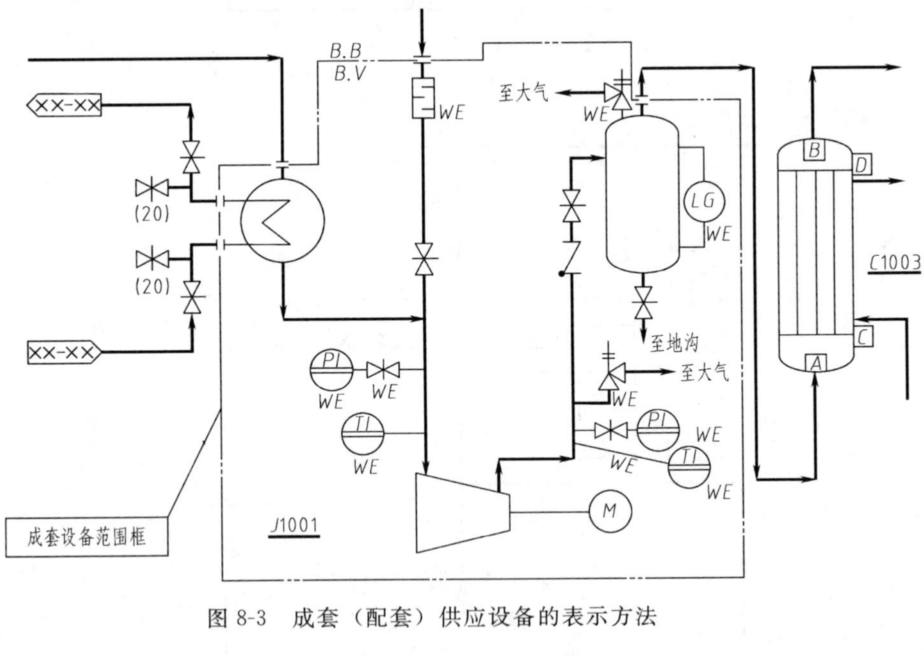

图 8-3　成套（配套）供应设备的表示方法

设计或供货范围的责任分界，亦可以不用范围线框起来。采用指示箭头和字母表示责任区分，如图 8-4 所示。

用来区分责任范围的字母有（见附表 8-5）：

B. B　由买方负责　　B. S　由卖方负责　　B. V　由制造厂负责

B. INST　由自控专业负责　　B. PIPE　由管道专业负责

8. 2. 2. 1. 2　图面布置

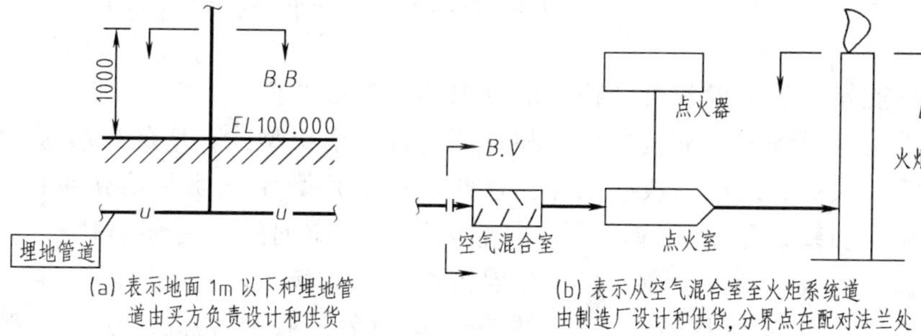

图 8-4 责任分界的一种表示方法

管道仪表流程图的图面布置要考虑以下几点。

① 设备在图面上的布置，一般是顺流程从左到右，但同时也应顺管道的连接。

② 塔、反应器、贮罐、换热器、加热炉一般从图面水平中线往上布置。

③ 泵、压缩机、鼓风机、振动机械、离心机、运输设备、称量设备，布置在图面 1/4 线以下。

④ 中线以下 1/4 高度供走管道使用。

⑤ 其他设备布置在流程要求的位置。例如：高位冷凝器要布置在回流罐上面，再沸器要靠塔放置，吊车放在起吊对象的附近等。

⑥ 对于没有安装高度（或位差）要求的设备，在图面上的位置要符合流程流向，以便于管道的连接。对于有安装高度（或位差）要求的设备及关键的操作台，要在图面上适宜位置表示出这个设备（或平台）与地面或其他设备（平台）的相对位置，注以尺寸（或标高），但不需要按实际比例画图。

⑦ 管道仪表流程图总图面的安排不宜太挤，四周要留有一定空隙，推荐与边框线的最小距离和一般图面安排如图 8-5 所示。

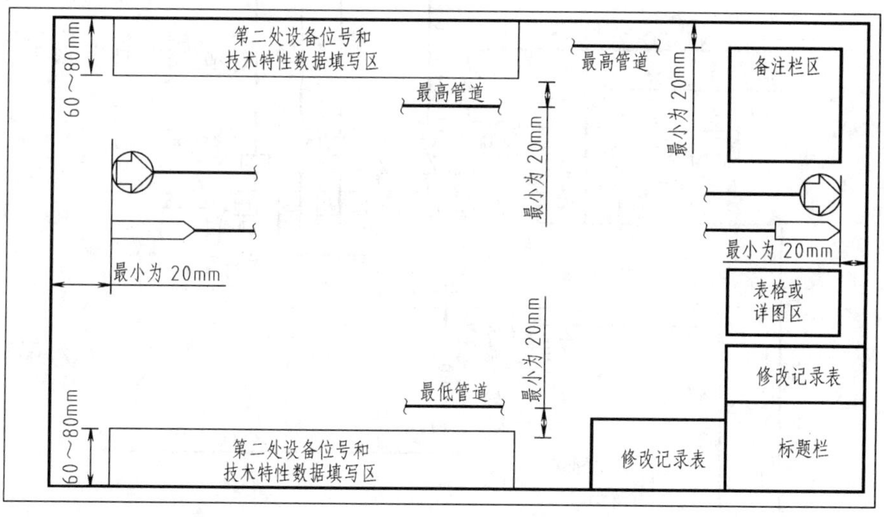

图 8-5 管道仪表流程图的一般图面布置

8.2.2.1.3 设备的图示方法

（1）主体设备的表示　用中线条绘出全部和工艺生产有关的设备、机械和驱动机（包括新设备、原有设备以及需要就位的备用设备）。

设备、机械的外形尺寸可不按比例绘制，但功能特征要表示恰当，参见图 8-1 设备的绘制。

设备的功能特征包括设备类别特征以及内部、外部构件。

内部构件是指设备的内部基本形式和特征构件：塔板型式、塔的进料板、回流液板、侧线出料板、第一块板和最后一块板（并在这些塔板上用数字标明是第几块板）、内部分布板（器）、捕沫器、切线进料管、降液管、内部床层、反应列管、内部换热器（管）、插入管、防冲板、刮板、隔板、套管、搅拌器、防涡流板、过滤板（网）、升气管、喷淋管等。

外部构件如：外部加热器（板）、夹套、伴热管、搅拌电机、视镜（观察孔）、大气腿等。

如遇到规定图形符号以外的设备和机械，应根据实物的类型特征和主要部件特点，简略表示出该设备、机械图形。

设备上的支承、裙座、吊柱等在图上不表示，但称重点要表示。

设备、机械及设备内外部构件的图形符号见附表 8-2《管道仪表流程图设备图形符号》（HG 20559.2—93）的规定。值得注意的是图例中表示了网格和格栅点的基本模数，可用于图形的定位和比例。

（2）设备管口的表示　图中设备管口用一位英文大写字母或英文大写字母加数字（或数字加英文），外加正方形细线框表示，如图 8-6 中，设备 F0310 上表示的 *A*、*B*、*C*、*D*、*E*、*F*、*G*1、*G*2、*H*、*J*、*K*、*L*1、*L*2 管口。

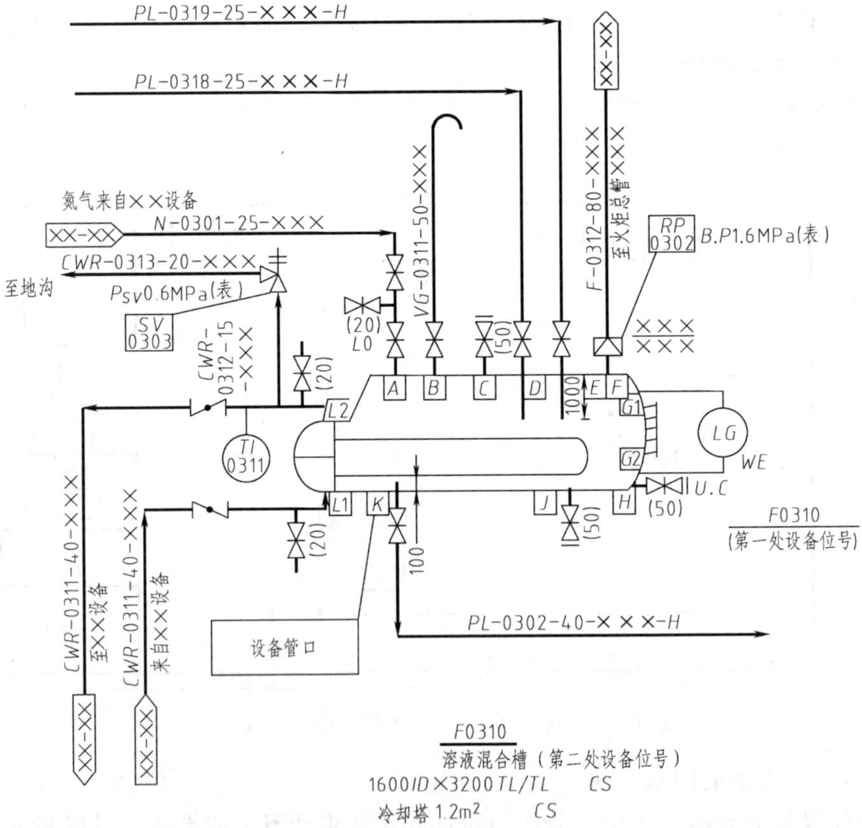

图 8-6　设备管口表示方法

对于非标设备，要与设备图管口编号一致。设备的接管法兰一般不绘出。

（3）原有或续建设备的表示　原有设备需要表示时，用细点划线绘制。管道仪表流程图上，通常不表示以后续建的设备和管道，如果要表示时，可用细虚线绘制。

（4）隔热设备的表示　对于需隔热的设备，在图中相应部位画出一段隔热层图例，如图8-7所示。

（5）地下或半地下设备的表示　地下或半地下设备应表示地面线图例（EL100.000）和本体地下深度（EL 99.300），如图8-8所示。

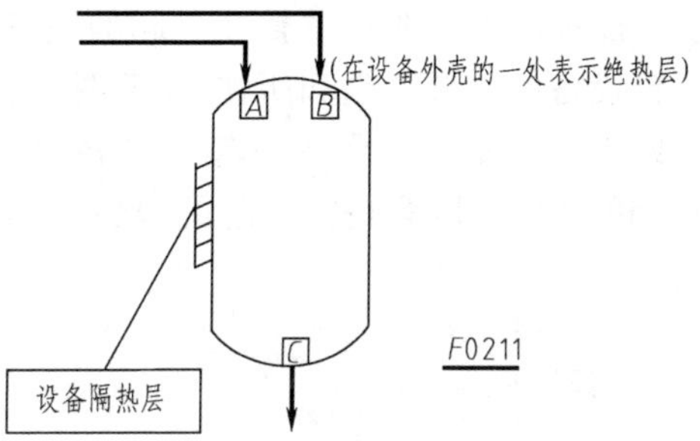

图 8-7　设备隔热层表示方法

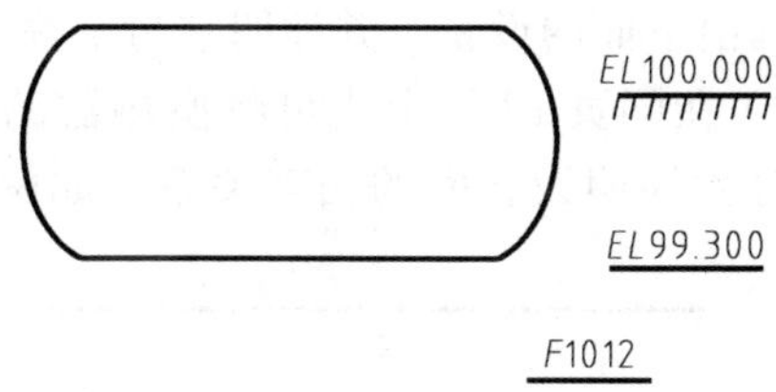

图 8-8　地下或半地下设备表示方法

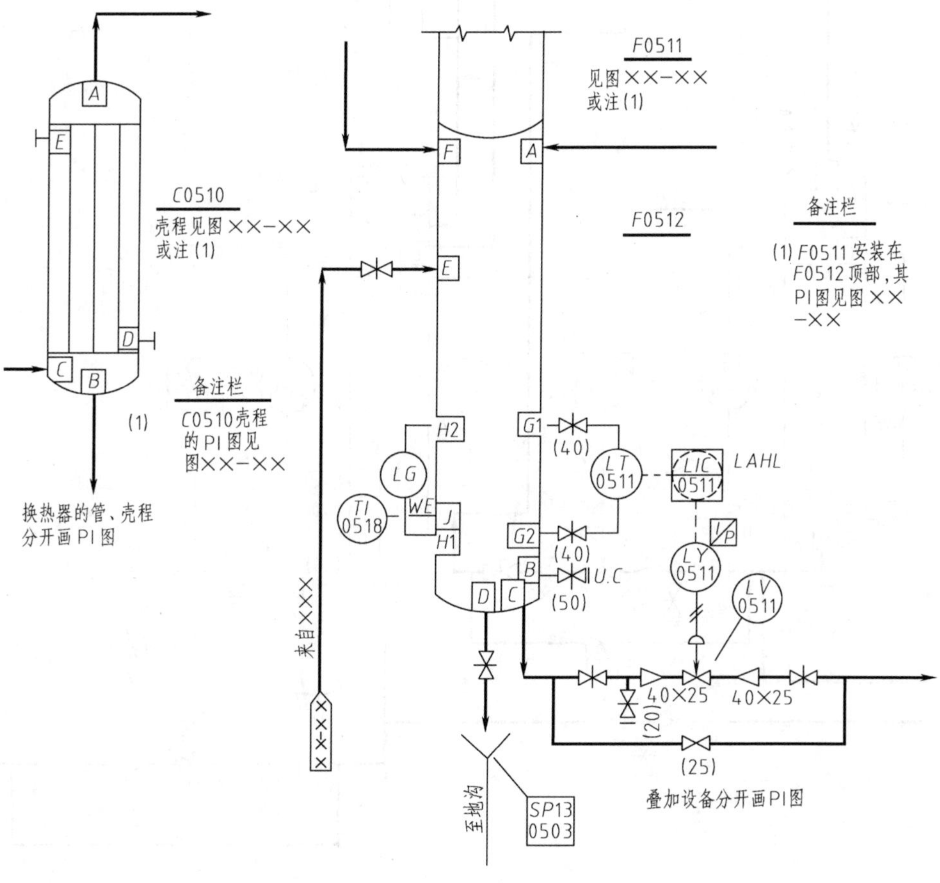

图 8-9　分开画设备的 PI 图表示方法（一）

(6) 复杂系统设备的表示　有以下几点。

① 当一个系统比较复杂，为了分类把各类介质管道、仪表、阀门、管件等表示清楚，允许在相应 PI 图上多次重复表示某一台设备。通常在每一张图上，只出现这台设备一次，并表示出某一类（或几类）工艺介质管道及相应的仪表、阀门、管件等。

② 某些设备，例如换热器的管程、壳程或二台、多台重叠在一起的设备，根据需要可以分开在不同的 PI 图上表示。同时需要在这台画出一部分的设备旁，写清另一半设备出现的 PI 图图号，并标注各设备位号。也可以用注解在同页 PI 图的备注栏中说明。

如图 8-9，左图 C0510 换热器只表示设备的管程和它所连接的管道，同时注明壳程见图××-××，或者在备注栏中说明壳程所在的 PI 图图号。右图是一个两台重叠在一起的设备，图中只画出下面的设备，并注明它与重叠在一起的另一台设备的位置关系和所在 PI 图图号。

③ 在同页 PI 图上也可将换热器的管程、壳程或二台、多台重叠在一起的设备分开画，但应分别注明设备间的相互关系，如图 8-10，F0307 和 F0308 是重叠在一起的设备，但是图

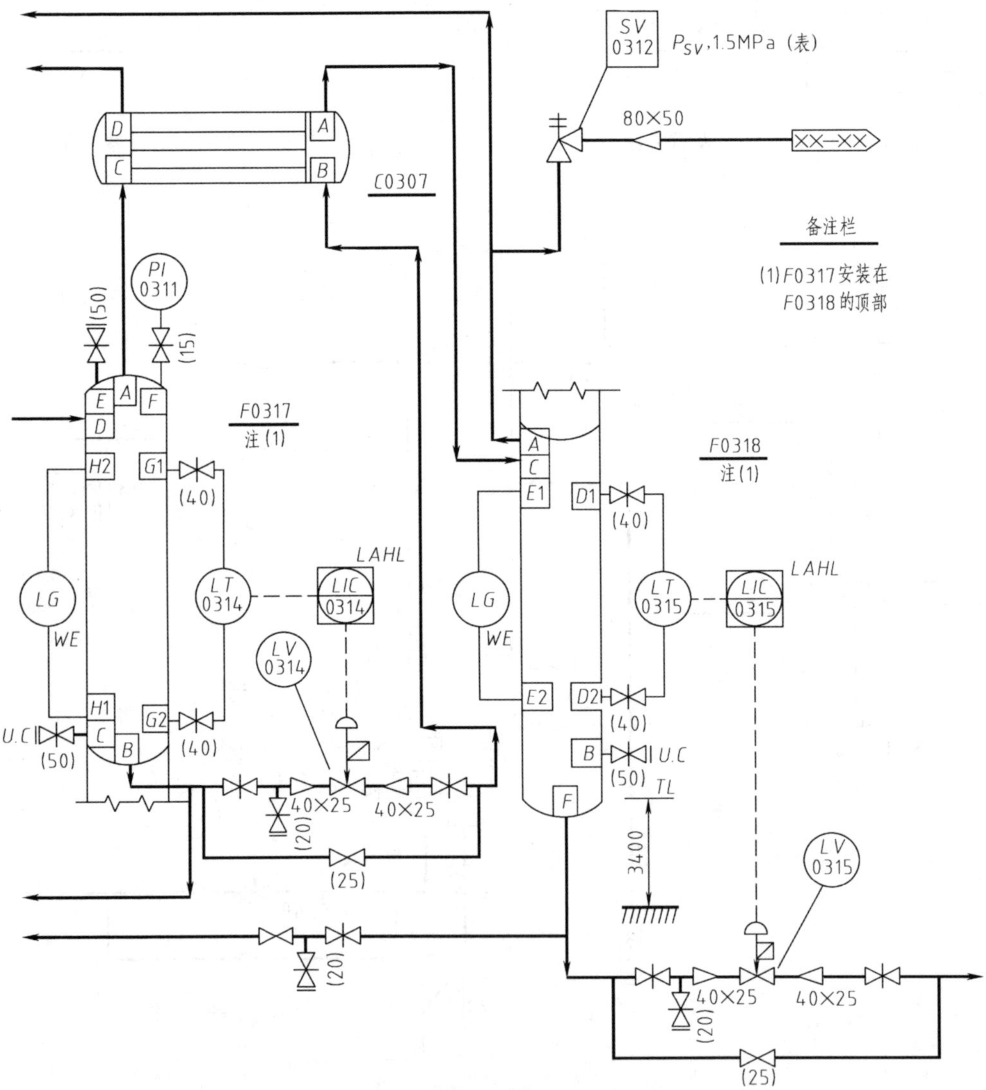

图 8-10　分开画设备的 PI 图表示方法（二）

上将两台设备分开表示。

8.2.2.1.4 管道的图示方法

(1) 主体管道的表示 在工艺管道仪表流程图上要表示出全部工艺管道；与设备、机械、工艺管道相连接的全部辅助物料和公用物料的连接管道（这些辅助物料和公用物料连接管只绘出与设备、机械或工艺管道相连接的一小段，在这一小段管道上要包括对工艺参数起调节、控制、指示作用的阀门、仪表和相应管件，并用管道接续标志表明与该管道接续的公用物料分配图图号）；生产、开停车、催化剂再生、气体置换、吹扫等用的管道（指明来去向和技术要求）；间断加料和出料的管道（或不用管道加料、出料，如用桶、袋加料、人工出料等表示加入或排出的示意箭头和物料名称）；放空和放净的管道。

工艺物料管道一般采用左进右出的方式。在工艺管道仪表流程图上的辅助物料、公用物料连接管不受左进右出的限制，而以就近、整齐安排为宜。放空或去泄压系统的管道，在图纸上（下）方或左（右）方离开本图。

在每根管道的适当位置上标绘物料流向箭头，箭头一般标绘在管道改变走向、分支和进入设备接管处。所有靠重力流动的管道应标明流向箭头，并注明“重力流”字样。

在管道仪表流程图上的管道尽可能画成水平或垂直。

管道所用的图形符号见《管道仪表流程图管道和管件图形符号》(HG 20559.3—93) 的规定，即主物料管道用粗线条，其他管道用中线条。

(2) 管道交叉和连接的表示 管道交叉（不相连）和连接有两种表示方法，在一套 PI 图上只能有一种表示方法，不能兼用两种方法。

第一种表示方法，如图 8-11 (a) 所示。

第二种表示方法，如图 8-11 (b) 所示。

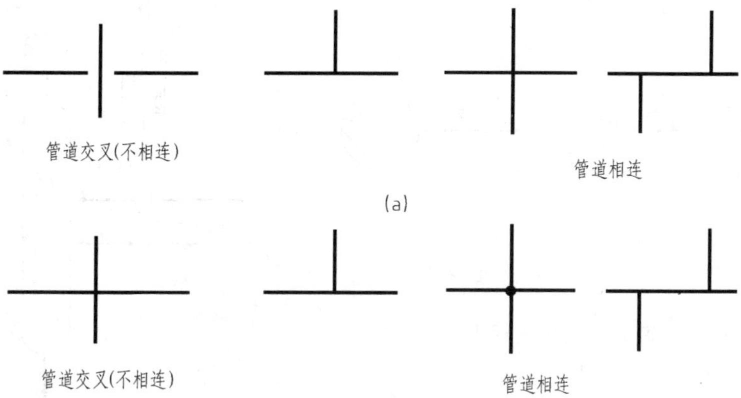

图 8-11 管道交叉（不相连）和连接的表示方法

(3) 图纸续接管道的表示 装置内各管道仪表流程图之间相衔接的管道，用图纸接续标志来标明，接续标志用中线条表示。

图纸接续标志内注明与该管道接续图号，接续标志旁的连接管线上（下）方，注明所来自（或去）的设备位号或管道号（管道号只标注基本管道号）。如图 8-12 所示，左图在接续标志内注出管道接续图号 0320-4，接续标志旁的连接管线上表示来自管道的基本管道号为 PL-0315，而右图接续标志旁的连接管线上表示来自设备位号 E0316。

(4) 进出界区管道的表示 进出界区（装置）的管道要用管道的界区标志来标明，该标

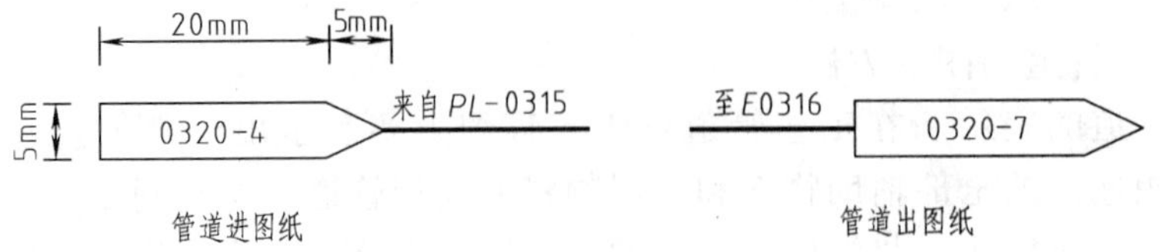

图 8-12　管道的图纸接续标志

志用中线条表示。

在管道的界区标志旁的连接管线上（下）方标明来自（或去）的装置名称（或外管、桶、槽车等）和接续界区的管道号。如图 8-13 所示，左图在接续标志旁的连接管线上方注出来自槽车，上方注出管道接续界区的图号，而右图接续标志旁的连接管线上方表示至某装置。

（5）隔热和伴热管道的表示　隔热和伴热管道按规定用文字代号在管道号的第五个单元中表示（见 8.2.2.2.2 管道的标注），因此一般情况下图上不表示图形。只有当管道的局部位置有隔热层、加热（冷）伴管、夹套管要求时，才采用规定图形符号（HG 20559.3—93）画一小段来表示，并注明要求，如图 8-14 所示。

如有规定图形符号以外的特殊隔热、保温形式时，按工程要求增补图形符号或文字代号，并表示在 PI 图首页上。

（6）地下管道的表示　地下管道（包括埋地管道和地下管沟中的管道）按规定图形符号表示，如图 8-4 左图所示。如果设计有要求时，应注明埋地深度、坡度、埋地点等要求。

（7）液封及排气管的表示　管道上液封及排气管均应全部按特征画出，如图 8-15 所示。

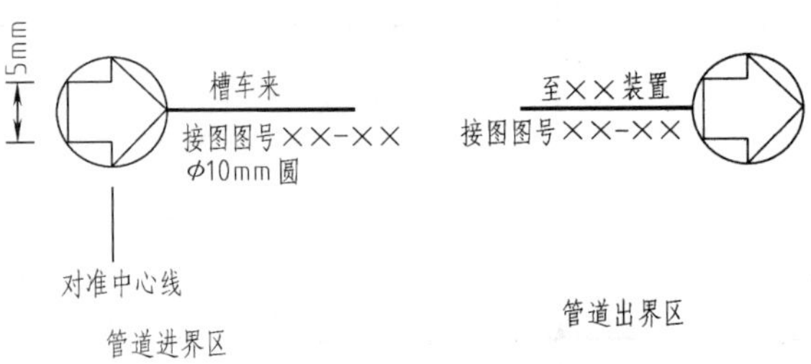

图 8-13　管道的界区接续标志

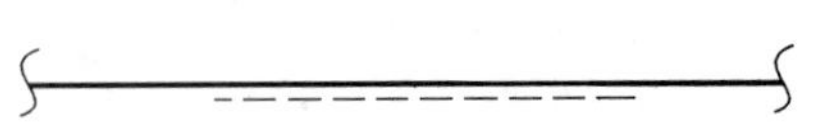

图 8-14　隔热和伴热管道的表示（蒸汽伴热管）

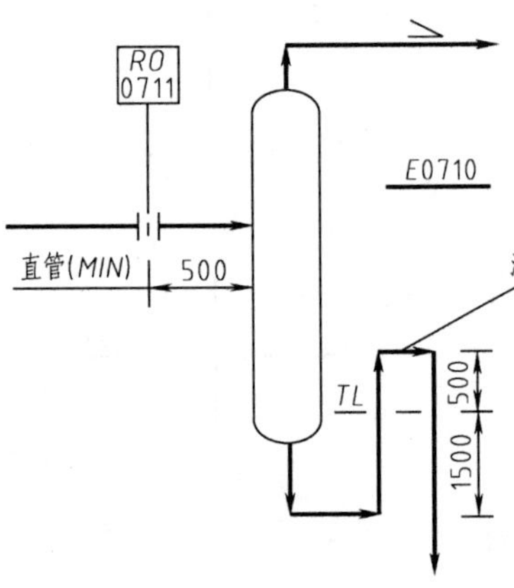

图 8-15　管道上液封及排气管的表示

（8）有供货划分的管道　有供货划分的管道，如果需要表示出各承担单位的供货范围，可用不同类别的线条在图上注明来区别表示。如 A 方供货的管道用实线，B 方供货的管道用双点划线表示等。

8.2.2.1.5　阀门和管件的图示方法

（1）阀门　用细线条按附表 8-3 HG 20559.3—93 规定的图形符号绘出管道上所有的阀门，如图 8-1 按图例绘出了截止阀、疏水阀、止回阀和安全阀。

（2）管件　用细线条按附表 8-3 HG 20559.3—93 规定的图形符号绘出为工艺需要必须

设置在管道上的连接法兰、活接头和管接头等。对于管道之间的一般连接，如：标准弯头、三通以及焊接点、螺纹形式不需要表示。

用细线条按本章附表 8-3 HG 20559.3—93 规定的图形符号绘出主要管件，包括特殊管件、不计入设备的管道元件，如：各类管道过滤器、脉冲衰减器、消声器、静态混合器、管道混合器、引射器、阻火器、视镜、漏斗、检流器、蒸汽排放头、安全洗眼器、安全喷淋器、管道上的油水分离器、泡沫发生器等。

如图 8-1 所示按图例绘出了正拱形爆破片、8 字盲板、异径管、接头。

8.2.2.1.6　仪表的表示方法

管道仪表流程图上要以规定的图形符号和文字代号表示出在设备（机械）和管道上的全部仪表。表示内容如下：

① 由仪表功能标志和仪表回路编号两部分组成的仪表位号；

② 表示仪表型式、安装位置的图形符号；

③ 过程设备或管道引至检测元件或就地仪表的测量点和连接线的图形符号；

④ 就地仪表与控制室仪表的连接线、控制室仪表之间的连接线、DCS 内部系统连接线（也称信号线）的图形符号；

⑤ 由执行机构与控制阀组成的执行器的图形符号，如图 8-16 所示。

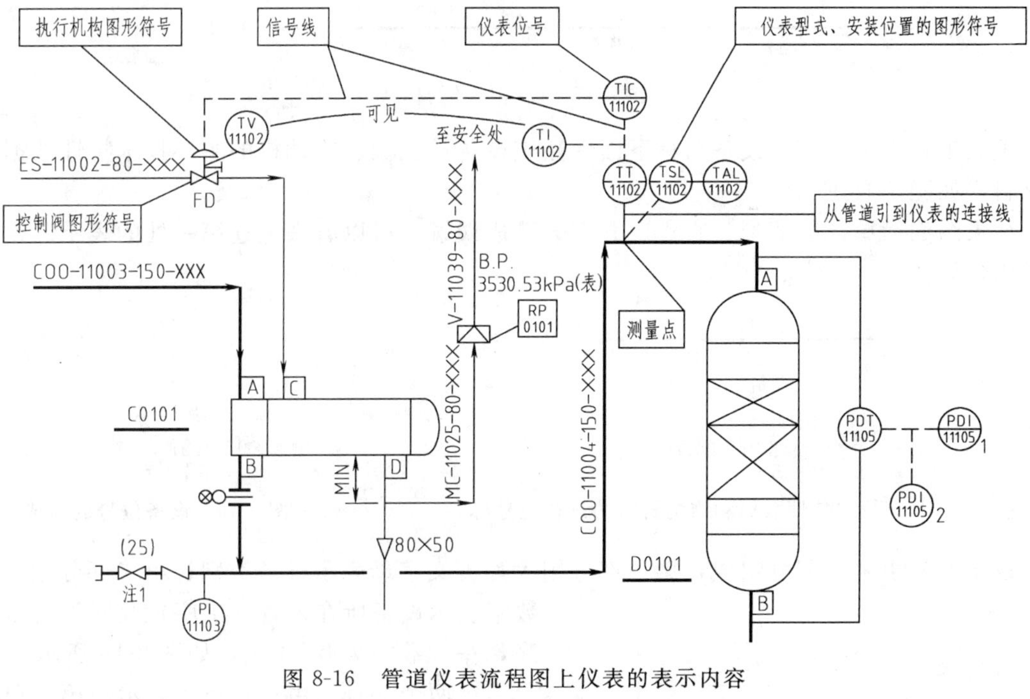

图 8-16　管道仪表流程图上仪表的表示内容

仪表图形符号、文字代号由自控专业提供。但读图需要了解仪表的表示方法，请参见《过程测量和控制仪表的功能标志及图形符号》（HG/T 20505—2000）。

8.2.2.1.7　工艺分析取样点的表示方法

绘制全部工艺分析取样点，按规定进行标注和编号。标注方法如下。

编号框为 10mm×10mm 正方形，细线条。

取 

带冷却器的取样点，要表示两个编号框，前面的框表示冷却器。

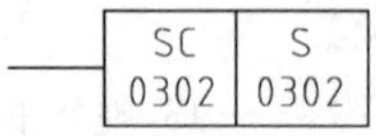

框内标注两部分。第一部分：类别代号，S——分析，A——自动分析。第二部分：编号，编号由两个单元组成。第一单元为工序（主项）编号，可用一位数字表示，若工序超过9时，则使用两位数字，如上面取样点框内的03。第二单元为顺序号，一般用两位数字，顺序号按每一个工序（主项）从01起流水顺序编号，如上面取样点框内的02。

8.2.2.2　标注方法

8.2.2.2.1　设备的标注

8.2.2.2.1.1　设备（机械）位号和技术特性数据的标注方法

PI图上所有设备和机械要标注位号和名称，通常标注两处，第一处在设备旁，由设备位号和设备位号线组成。注意：不用引线引出位号线，也不允许将设备位号写在设备内。第二处在设备相对应位置的图纸上方或下方，由设备位号、设备位号线和设备名称组成。在图8-1中设备位号的标注如图8-17所示。

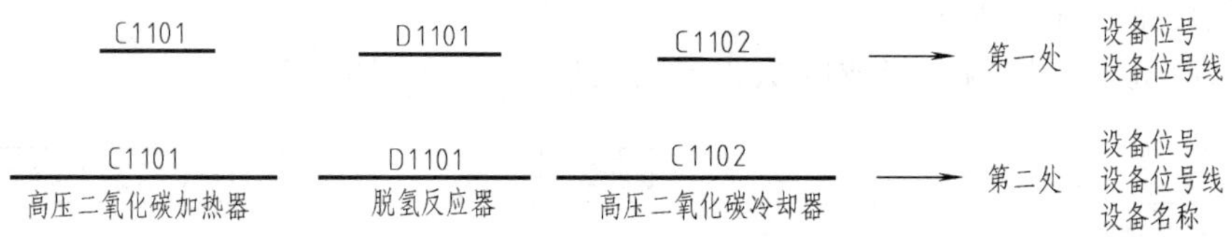

图8-17　设备位号的标注

根据工程需要，可在设备名称下面标注该设备、机械、驱动机的主要技术特性数据和结构材料，如图8-18所示。

如果图面简单，能清晰、直观，并不会造成误解，可以省去上述第一处的表示。设备位号线用粗线条。

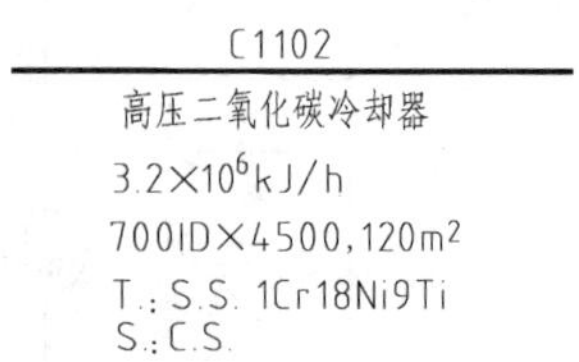

图8-18　具有技术特性数据和结构材料的设备位号标注

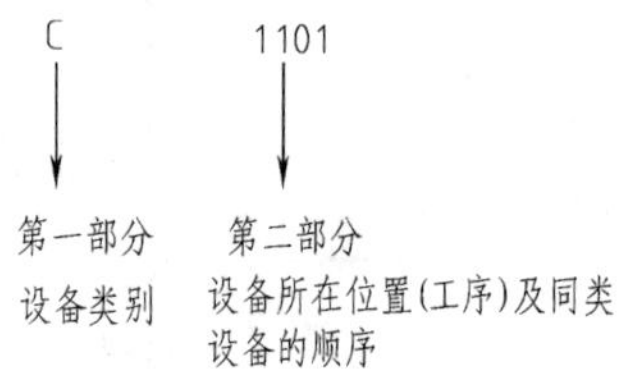

图8-19　设备位号的组成

设备位号由两个部分组成，第一部分用大写英文字母表示设备类别；第二部分用阿拉伯数字表示设备所在位置（工序）及同类设备的顺序，一般数字为3～4位，如图8-19所示。

图8-20　设备位号的单元组成

这两个部分又由三个单元表示。第一单元为设备类别代号，第二单元为工序（或主项）代号，第三单元为在工序中同类设备的顺序号，如图8-20所示。

（1）设备类别代号　由英文代号表示，见表8-1。

附属于装置内的公用物料设施，如化学水处理、开工锅炉、循环水等，其设备可用两个大写英文字母表示设备类别，即前一字母为U，表示属于装置内的公用物料设施，后接规定中的设备类别符号。如UL、UJ、UF、UP……。

表 8-1　设备类别代号（HG 20559.7—93）

设　备　类　别	英文代号	设　备　类　别	英文代号
混凝土和砖石结构设备	A	特殊设备。如电解槽、过滤机、干燥器、离心机、破碎机	L
工业炉、预热炉、反应炉等及其附件，如烧嘴、烟囱等	B	电气设备	N
换热器、再沸器、蒸发器、冷凝器等	C	小型成套设备或移动式设备	P
转化器、反应器、再生器等	D	公用物料设备	U
塔类。如精馏塔、汽提塔、萃取塔、吸收塔、解吸塔等	E	机运设备	V
		催化剂和化学品	W
立式或卧式贮槽、贮罐、球形贮罐、气柜等	F	其他辅助设备	Y
泵、压缩机、真空泵、鼓风机、排风机、驱动机等	J	消防和安全设备	Z

(2) 工序（或主项）工程代号　可用 1 位或 2 位数字顺序表示。即可为 1～9 或 01～99。该代号由设计经理在开工报告中规定。

注：在一个联合工厂设计中，如果要识别装置，设备位号的第二单元可以由 3～4 位数字表示。前 1 位或 2 位数字顺序表示装置识别号，即可为 1～9 或 01～99；后 2 位数字顺序表示工序（或主项）工程代号，即可为 01～99，如图 8-21 所示。

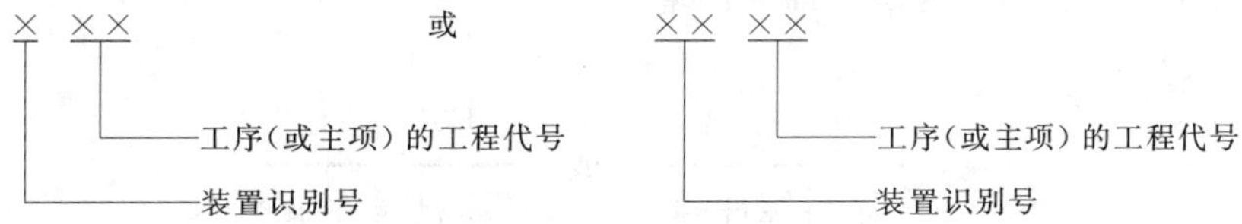

图 8-21　识别装置号的工序（或主项）工程代号的表示方法

(3) 同类设备顺序号　设备在工序同类设备中的顺序号，由 2 位数字顺序表示，若设备顺序号不为 2 位时，前面用“0”占号，以构成 2 位数。

同一位号的设备不止 1 台时，可用在设备位号后加英文大写字母的方法加以区别；如同一位号的设备数量超过 26 台时，可用阿拉伯数字序号代替大写英文字母。

(4) 装置内小型成套设备或移动式设备位号的两种表示方法　第一种表示方法，表示到设备的套为止，如图 8-22 所示。

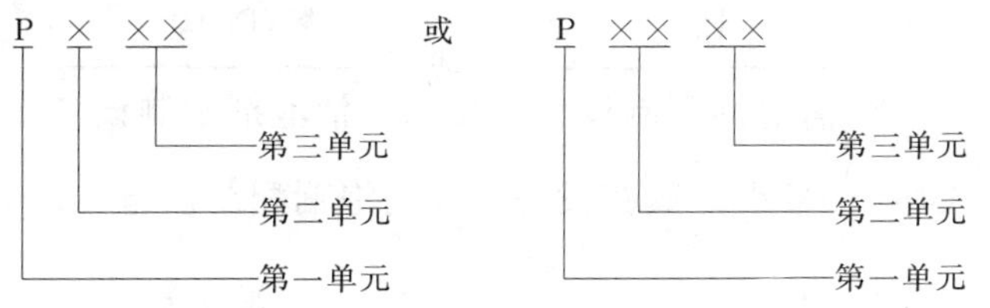

图 8-22　小型成套设备或移动式设备位号的表示方法（一）

其中，第一单元　设备类别，此处为小型成套设备，故用 P。

第二单元　工序（或主项）的工程代号，由 1～2 位阿拉伯数字表示。

第三单元　在工序内小型成套设备顺序号，由 2 位阿拉伯数字组成。

第二种表示方法，表示到成套设备中的每一个设备，如图 8-23 所示。

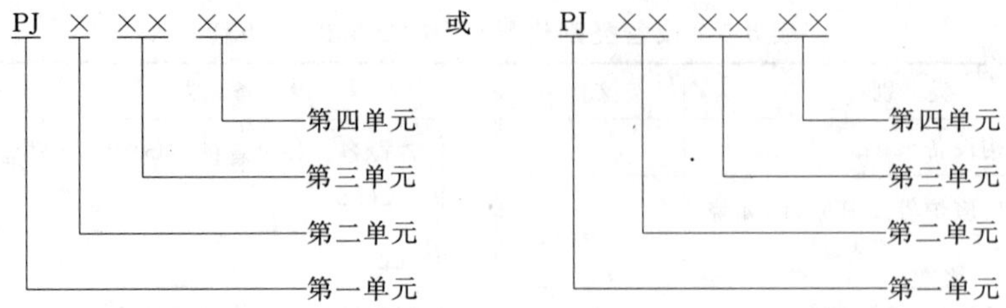

图 8-23 小型成套设备或移动式设备位号的表示方法（二）

其中，第一单元 小型成套设备中设备类别。如机泵类为 PJ，容器类为 PF。

第二单元 工序（或主项）的工程代号，由 1～2 位阿拉伯数字表示。

第三单元 在工序内小型成套设备顺序号，由 2 位阿拉伯数字组成。

第四单元 工序内小型设备中设备的顺序号，由 2 位阿拉伯数字组成。

第二种表示方法中，小型成套设备或移动式设备内的各类设备与装置内其他设备一起顺序编号。

（5）设备位号标注示例 举例说明如下。

［例 8-1］

E101 / 油冷塔 或 E0101 / 油冷塔

表示 1（或 01）工序 01 号塔，即油冷塔。

［例 8-2］

F101AB / 原料缓冲罐 或 F0101AB / 原料缓冲罐

表示 1（或 01）工序 01 号罐，即原料缓冲罐且有两台。

［例 8-3］

L201—1—40 / 电解槽 或 L0201—1—40 / 电解槽

表示 2（或 02）工序 01 号特殊设备，即电解槽且有同样 40 台，若是指第几台，位号后就改为相应数字即可，如 L0201—30。

［例 8-4］

P101 / 消泡剂配制设备 或 P0101 / 消泡剂配制设备

表示 1（或 01）工序 01 号小型成套设备，即消泡剂配制设备。

［例 8-5］

PJ101 / 消泡剂配制泵 或 PJ101 / 消泡剂配制泵

表示 1（或 01）工序 01 号小型成套设备中的 01 号泵，即消泡剂配制泵。

（6）技术特性数据的标注方法 各种设备、机械、驱动机所要标注的主要技术特性数据见表 8-2。

表 8-2　设备、机械、驱动机所要标注的主要技术特性数据

设　　备	主要技术特性数据	
容器、塔、反应器、蒸发器等立式、卧式罐等	第一类数据	注内径和封头切线间距离 用于原料、产品、副产品、中间产品储存的贮槽要加注容积大小
	第二类数据	结构材料
	第三类数据 （根据工程需要标注）	流体名称、工作和设计数据（如：温度、压力值）
球型罐	第一类数据	注内径和容积
	第二类数据	结构材料
	第三类数据 （根据工程需要标注）	流体名称、工作和设计数据（如：温度、压力值）
换热器	第一类数据	注热负荷（计算值）、传热面积（实际选用值）和传热管直管长度、换热器的内径
	第二类数据	结构材料
	第三类数据 （根据工程需要标注）	流体名称、工作和设计数据（如：温度、压力值）
工业炉	第一类数据	注热负荷（计算值）
	第二类数据	结构材料
	第三类数据 （根据工程需要标注）	流体名称、工作和设计数据（如：温度、压力值）
泵、压缩机、鼓风机	第一类数据	注选定机械的额定流量、扬程（或吸入压力和进出口压差） 驱动机要注明驱动类别（电动或其他）、选用的额定功率
	第二类数据	结构材料
	第三类数据 （根据工程需要标注）	流体名称、工作和设计数据（如：温度、压力值）

标注示例如下。

［例 8-6］ 机泵类

J0331A

进料泵

$1.2m^2/h$，0.08/0.15MPa

1.2kW

陶瓷材料

［例 8-7］ 换热器、工业炉类

C0102

进料冷却器

$3.2\times10^6 kJ/h$

$700ID\times4500$，$120m^2$

T.：S.S.1Cr18Ni9Ti

S.：C.S.

B0301

热油加热炉

$1.6\times10^6 kJ/h$

T.：S.S.304

［例 8-8］ 塔、反应器、槽罐类

E0314	D0301	F0301
精馏塔	反应器	混合气球罐
1000ID×23500TL/TL	800ID×3000TL/TL	12410ID，400m^3
S.：C. S.	T.：C. S.	C. S.
	S.：C. S.	

如果需要在第二处设备位号处列出设备技术特性数据，可在图上列表，形式如表 8-3 所示。

表 8-3 技术特性数据表格形式

设备位号	J0331A	C0102	B0301	E0314	D0301	F0301
设备名称	进料泵	进料冷却器	热油加热炉	精馏塔	反应器	混合气球罐
技术数据	1.2m^3/h	120m^2				
	0.08/0.15MPa	700ID×4500		1000ID×23500TL/TL	800ID×3000TL/TL	12410ID
	1.2kW	3.2×10^6kJ/h	1.6×10^6kJ/h			400m^3
	陶瓷材料	T.：S. S. 1Cr18Ni9Ti S.：C. S.	T.：S. S. 304	S.：C. S	T.：C. S. S.：C. S.	C. S.

8.2.2.2.1.2 设备的关键的限位尺寸标注方法

设备的关键的限位尺寸，一般有四种情况需要标注。其一，设备内插入管深度尺寸的标注，如图 8-6 中，D 管插入设备深度 1000mm；其二，设备间相对位差的标注和有位差要求的自流管道尺寸标注，如图 8-24 所示，F1035 底与 E1012 回流管进口之间的最小距离为 2000mm；其三，设备安装有高度要求的，要注到地面的尺寸或标高，如图 8-25 所示；其四，特殊要求的操作台需要表示，方法与设备标高（或位差）标注相同。

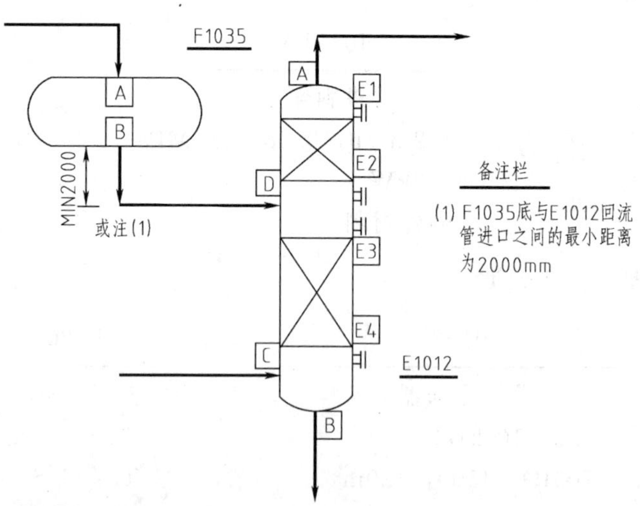

图 8-24 设备或管道间有相对位差要求的尺寸标注

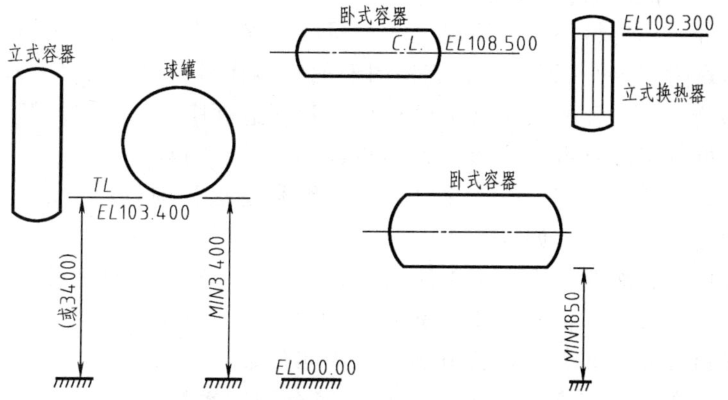

图 8-25　设备安装有高度要求的尺寸标注

可以在图上标注尺寸，也可以注解在同页 PI 图的备注栏说明，如图 8-24 中的备注。

上述尺寸、高度、距离的表示均不按实际比例。

8.2.2.2.2　管道的标注

PI 图上的每根管道要标注管道号。水平管道的标注应写在管道上方，垂直管道应平行地写在左面，对个别由于管道太短写不下的情况，可以用引线引出来写（最好平行于管道线）。

如图 8-26 所示，管道号由五部分组成，在每个部分之间用一短横线隔开。

第一部分：物料代号。

第二部分：该管道所在工序（主项）的工程工序（主项）编号和管道顺序号。第二部分又简称为管道编号。第一部分和第二部分合并组成统称为“基本管道号”。

第三部分：管道的公称通径。

第四部分：管道等级。

第五部分：隔热、保温、防火和隔声代号。

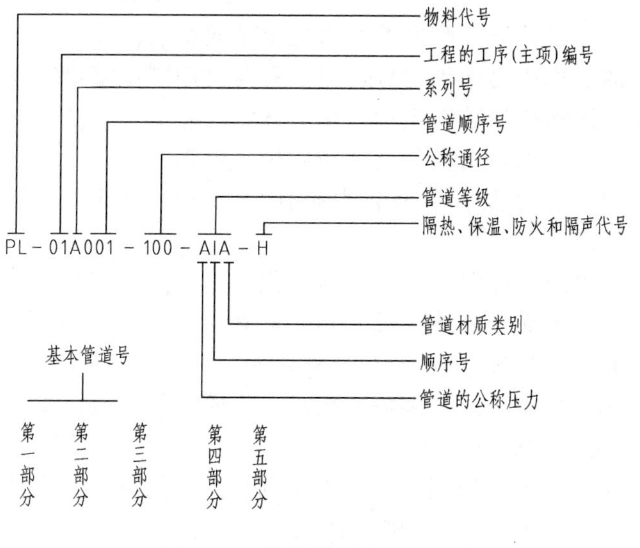

图 8-26　管道编号典型图示

8.2.2.2.2.1　管道号各部分说明

(1) 第一部分——物料代号　用规定的大写英文缩写字母表示管内流动的物料介质，物料字母代号见本章附表 8-4《管道仪表流程图上的物料代号》(HG 20559.5—93)。

(2) 第二部分——工程的工序（主项）编号和管道顺序号　由二个或三个单元组成，一般用数字或带字母（字母要占一位数，大小与数字相同）的数字组成。

工程的工序编号单元：工程的工序（主项）编号是工程项目给定的每一个工序（主项）的识别号，用两位数字表示，如 01、10 等。

管道顺序号单元：顺序号为一个工序（主项）内对一种物料介质按顺序排列的一个特定号码。每一个工序对每一种物料介质，都从 01（或 001）起编号，管道顺序号用二（或三）位数字表示，管道号多于 999 时，管道顺序号用四位数字表示。

系列号单元：在一个工序（主项）中存在完全相同系统（指各系统的设备、仪表、管道、阀门和管件完全相同）时，这些相同的、重复的管道号，除了系列号单元以外，管道号的其他各部分、各单元都完全相同。系列号采用一位大写英文印刷体字母表示，通常不采用英文字母 O 和 I。

注意：在一个联合工厂设计中，如果要识别装置，管道号的第二部分可以由三个（或四个）单元组成，第一单元为装置识别号，用二位（或三位）数字表示，如 01。第二单元为工程的工序编号，用二位数字表示，如 01。第三单元为系列号，用大写英文印刷体字母表示，如“A”。第四单元为管道顺序号，用二位（或三位）数字表示，如 001。如图 8-27 所示。

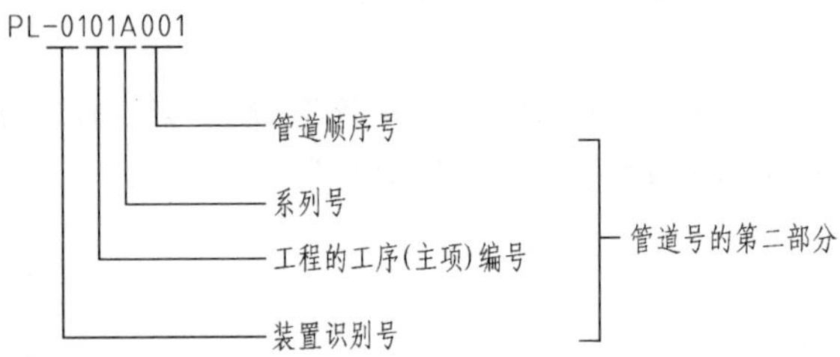

图 8-27　识别装置的管道号第二部分组成

(3) 第三部分——公称通径　管道尺寸用管道的公称通径表示。

对公制尺寸管道，如 *DN*100、*DN*150 只表示为 100、150，公制尺寸的单位“mm”省略。

对英制尺寸管道，如焊接钢管，亦用公称通径表示，如 2″表示为 50，单位“mm”省略。

(4) 第四部分——管道等级　管道等级由三个单元组成。

第一单元：管道的公称压力等级代号，用大写英文印刷体字母表示。

第二单元：顺序号用阿拉伯数字表示，从 1 开始。

第三单元：管道材料类别，用大写英文印刷体字母表示。

管道的公称压力等级代号及管道材料类别代号含义，参见本章附表 8-6《管道等级代号》(HG 20519.38—92)。

(5) 第五部分——隔热、保温、防火和隔声代号　隔热、保温、防火和隔声代号，用规定的一位（或二位）大写英文印刷体字母表示，其代号字母见本章附表 8-7《管道仪表流程图隔热、保温、防火和隔声代号》(HG 20559.6—93)。

如果管道没有隔热、保温、防火和隔声要求，则管道号中省略本部分。

8.2.2.2.2.2　管道号的典型示例

(1) 无装置识别号　无装置识别号分为无系列号单元的管道号标注及有系列号单元的管道号标注两种，其编号示例见例 8-9、例 8-10。

[例 8-9]　无系列号单元

<table>
<tr><th rowspan="2">序号</th><th rowspan="2">介质代号</th><th colspan="2">管道编号</th><th rowspan="2">公称通径</th><th rowspan="2">管道等级</th><th rowspan="2">隔热代号</th></tr>
<tr><th>工程的工序编号</th><th>顺序号</th></tr>
<tr><td rowspan="2">1</td><td>PG</td><td>04</td><td>07</td><td>100</td><td>B2E</td><td>TO</td></tr>
<tr><td colspan="6">写成　PG—0407—100—B2E—TO</td></tr>
<tr><td rowspan="2">2</td><td>HO</td><td>31</td><td>102</td><td>50</td><td>A2B</td><td>H</td></tr>
<tr><td colspan="6">写成　HO—31102—50—A2B—H</td></tr>
<tr><td rowspan="2">3</td><td>CWS</td><td>10</td><td>1003</td><td>300</td><td>A1A</td><td></td></tr>
<tr><td colspan="6">写成　CWS—101003—300—A1A</td></tr>
</table>

［例 8-10］ 有系列号单元

<table>
<tr><th rowspan="2">序号</th><th rowspan="2">介质代号</th><th colspan="3">管道编号</th><th rowspan="2">公称通径</th><th rowspan="2">管道等级</th><th rowspan="2">隔热代号</th></tr>
<tr><th>工程的工序编号</th><th>系列号</th><th>顺序号</th></tr>
<tr><td rowspan="2">1</td><td>PG</td><td>04</td><td>A</td><td>07</td><td>100</td><td>B2E</td><td>TO</td></tr>
<tr><td colspan="7">写成　PG—04A07—100—B2E—TO</td></tr>
<tr><td rowspan="2">2</td><td>HO</td><td>31</td><td>B</td><td>102</td><td>50</td><td>A2B</td><td>H</td></tr>
<tr><td colspan="7">写成　HO—31B102—50—A2B—H</td></tr>
<tr><td rowspan="2">3</td><td>CWS</td><td>10</td><td>A</td><td>1003</td><td>300</td><td>A1A</td><td></td></tr>
<tr><td colspan="7">写成　CWS—10A1003—300—A1A</td></tr>
</table>

（2）有装置识别号　有装置识别号也分为无系列号单元的管道号标注及有系列号单元的管道号标注两种，其编号示例见例 8-11、例 8-12。

［例 8-11］ 无系列号单元

<table>
<tr><th rowspan="2">序号</th><th rowspan="2">介质代号</th><th colspan="3">管道编号</th><th rowspan="2">公称通径</th><th rowspan="2">管道等级</th><th rowspan="2">隔热代号</th></tr>
<tr><th>装置识别号</th><th>工程的工序编号</th><th>顺序号</th></tr>
<tr><td rowspan="2">1</td><td>PG</td><td>02</td><td>04</td><td>07</td><td>100</td><td>B2E</td><td>TO</td></tr>
<tr><td colspan="7">写成　PG—020407—100—B2E—TO</td></tr>
<tr><td rowspan="2">2</td><td>HO</td><td>03</td><td>31</td><td>102</td><td>50</td><td>A2B</td><td>H</td></tr>
<tr><td colspan="7">写成　HO—0331102—50—A2B—H</td></tr>
<tr><td rowspan="2">3</td><td>CWS</td><td>10</td><td>10</td><td>1003</td><td>300</td><td>A1A</td><td></td></tr>
<tr><td colspan="7">写成　CWS—10101003—300—A1A</td></tr>
</table>

［例 8-12］ 有系列号单元

<table>
<tr><th rowspan="2">序号</th><th rowspan="2">介质代号</th><th colspan="4">管道编号</th><th rowspan="2">公称通径</th><th rowspan="2">管道等级</th><th rowspan="2">隔热代号</th></tr>
<tr><th>装置识别号</th><th>工程的工序编号</th><th>系列号</th><th>顺序号</th></tr>
<tr><td rowspan="2">1</td><td>PG</td><td>02</td><td>04</td><td>A</td><td>07</td><td>100</td><td>B2E</td><td>TO</td></tr>
<tr><td colspan="8">写成　PG—0204A07—100—B2E—TO</td></tr>
<tr><td rowspan="2">2</td><td>HO</td><td>03</td><td>31</td><td>B</td><td>102</td><td>50</td><td>A2B</td><td>H</td></tr>
<tr><td colspan="8">写成　HO—0331B102—50—A2B—H</td></tr>
<tr><td rowspan="2">3</td><td>CWS</td><td>10</td><td>10</td><td>A</td><td>1003</td><td>300</td><td>A1A</td><td></td></tr>
<tr><td colspan="8">写成　CWS—1010A1003—300—A1A</td></tr>
</table>

8.2.2.2.2.3　管道的编号和标注基本规则

① 工序内管道的编号顺序，通常是从管道仪表流程图第一张图起，按图序和流程顺序对每一种物料介质管道逐根进行编号。

每张流程图上，随流程图所示的从设备到设备向前流动的进程编号。如图 8-1 工艺管道仪表流程图上，工艺物料管线编号顺序是从高压二氧化碳加热器，到脱氢反应器，到高压二氧化碳冷却器，即 COO-11003→COO-11004→COO-11005→COO-11006。

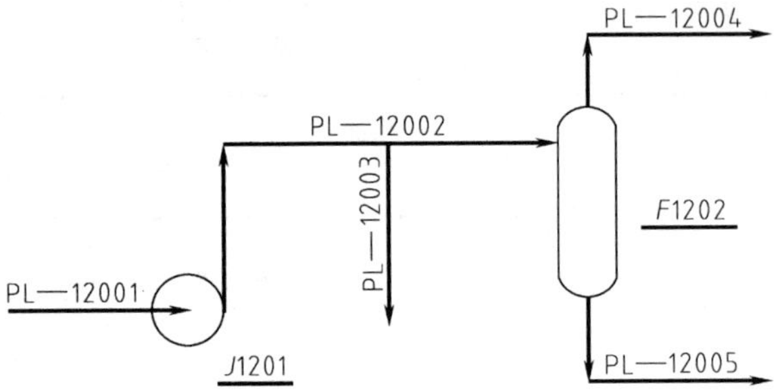

图 8-28　管道的编号和标注（一）

② 两设备之间的管道，不管规格或尺寸改变与否，只编一个管道号，若中间有分支到其他设备或管道的管道，则另编管道号。如图 8-28 所示，PL—12002、PL—12003（作为举例，以下各图管道号均只表示基本管道号）。

③ 管道顺序号应保留到一台设备或在另一条管道的连接点终止。如图 8-29 所示，PG—03002。

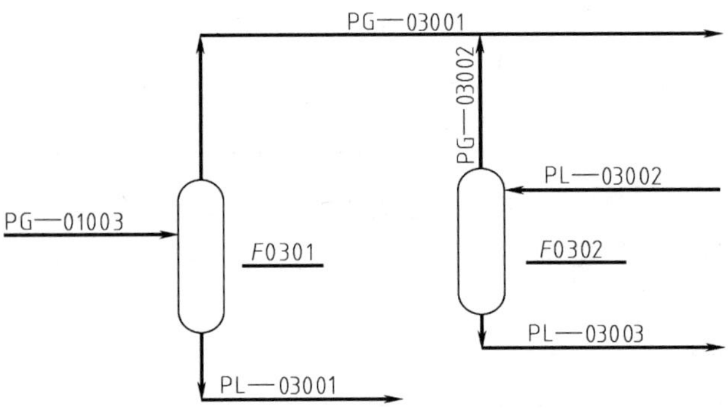

图 8-29　管道的编号和标注（二）

④ 由设备或管道到同一位号加下标区分（非系列）的多个设备的连接管道以及多个同位号设备到另外设备或汇集管道的各分管道要编管道号。

有总管（即管端有封头）时，总管编一管道号，到每台设备的分管道，则另编号。如图 8-30 所示，总管 PL—1008，每台设备的分管道 PL—1005、PL—1006、PL—1007；总管 PL—1001，每台设备的分管道 PL—1002、PL—1003、PL—1004。

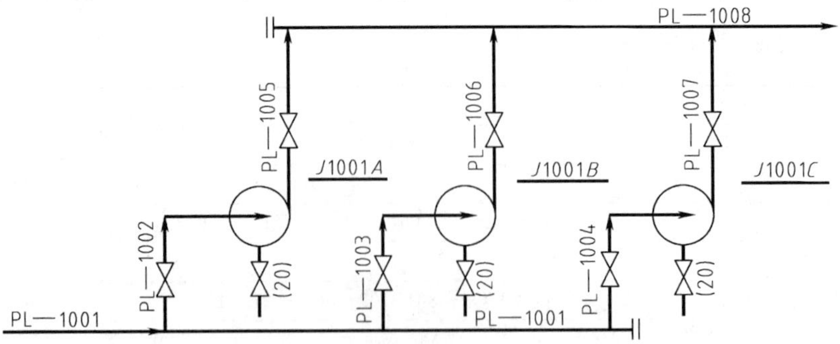

图 8-30　管道的编号和标注（三）

无总管时，以到同一位号最远的一台设备的管道编一个管道号，其余的则另编管道号。如图 8-31 所示，最远的一台设备的管道编号是 PL—1206，其余编号为 PL—1204 和 PL—1205。

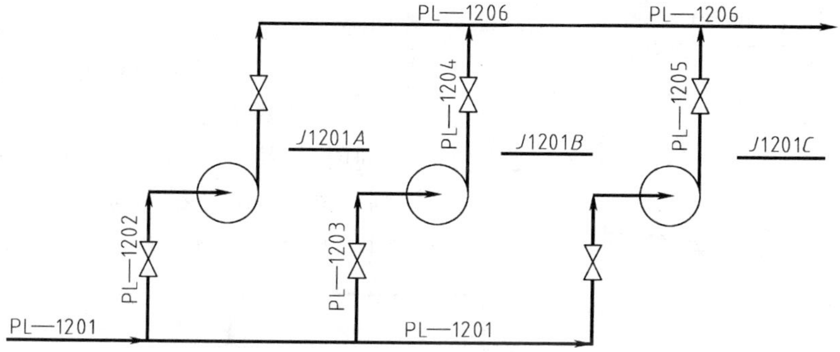

图 8-31　管道的编号和标注（四）

⑤ 由一台设备（或管道）到另一设备的管道，有以下几种情况。

一台设备的不同管口到另一台设备的不同管口（或一根管道），每根管都要编管道号。如图 8-32 所示，PG—0304，PG—0305。

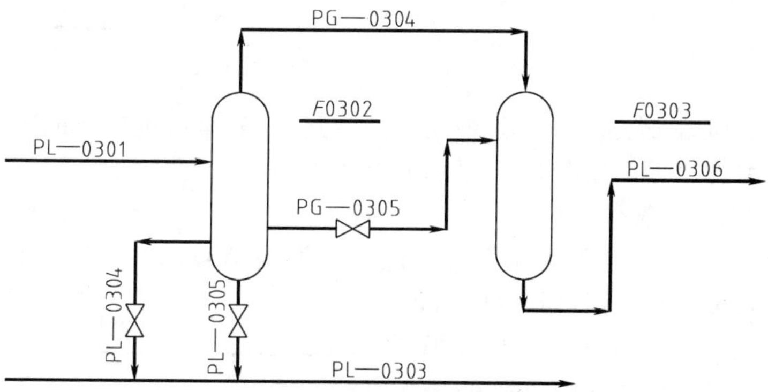

图 8-32　管道的编号和标注（五）

一台设备的不同管口（或一根管道）到另一台设备的相同管口，每根管都要编管道号。如图 8-33 所示，PG—0304，PG—0305。

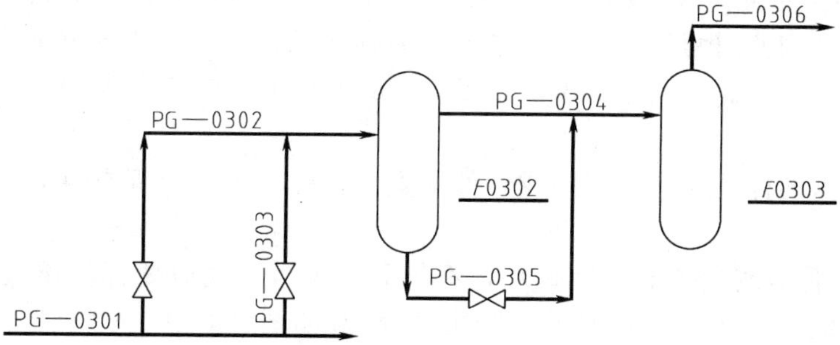

图 8-33　管道的编号和标注（六）

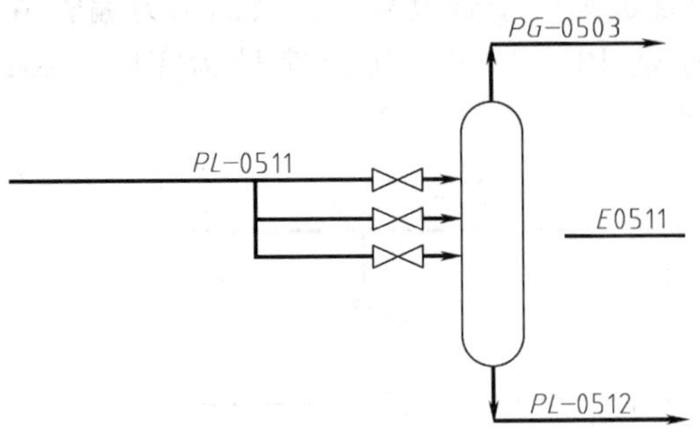

图 8-34　管道的编号和标注（七）

一台设备（或管道）的一个管口到另一台设备上的多个管口，分下述两种情况：其一，接受设备的多个接管口用途是相同的，正常时只用一个管口，其余管口为备用口、切换口，只编一个管道号，如塔的进料口 PL—0511，见图 8-34 所示。

接受设备上有相同用途的多个接受管口（同时使用）和有不同用途的多个接管口，则每根管道要编管道号。如图 8-35 中的 PL—0408 和 PL—0409。

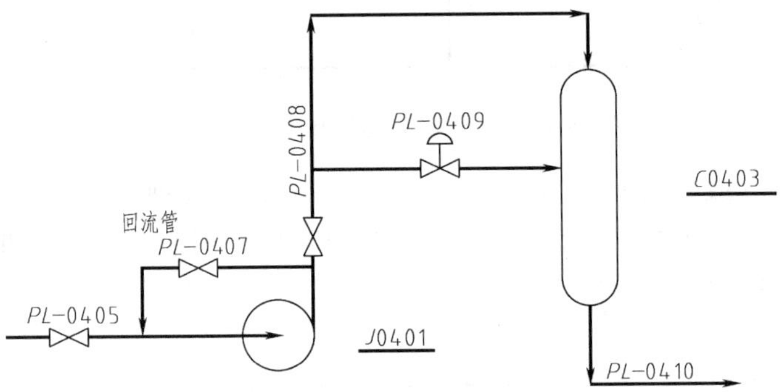

图 8-35　管道的编号和标注（八）

⑥ 连通两根管道的旁路管（不是控制阀的旁路）、安全阀进出口的旁路管以及设备、管道的回流管均要编管道号，如图 8-35 泵的回流管 PL—0407。

8.2.2.2.3　阀门和管件的标注

PI 图上需要对一些阀门和管件进行标注。一类是编号标注，一类是安全要求的标注。这些阀门和管件要标注在该图形符号的附近。

（1）编号标注　需要标注的阀门和管件用引出线引至编号框，框内标注类别和编号，如图 8-36 所示。引出线和编号框用细线条，编号框尺寸为 10mm×10mm。

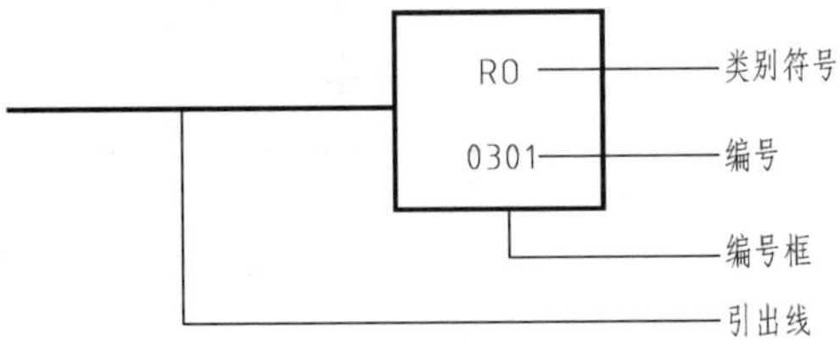

图 8-36　编号标注形式

① 类别符号：阀门和管件的类别符号见表 8-4。

② 编号由两个单元组成。第一单元为工程的工序（主项）编号，可用一位数字表示，若工序超过 9 时，则使用两位数字。第二单元为顺序号，一般用两位数字。顺序号按每一个工序（主项）从 01 起流水顺序编号。如图 8-36 表示 03 工序、第 01 个特殊管件为限流孔板。

（2）安全要求的标注　有些阀门或管件对安全操作、事故处理有重大影响，应加注规定的文字代号。

① 爆破片。管道或设备上的爆破片，不仅需要编号，同时要标注爆破压力。英文字母 B. P 并填写压力值，爆破压力为表压，加注（表）。如图 8-1 中，MC-11025-80-×××管道上的爆破片，不仅编号 [RP 0101]，而且加注爆破压力 B. P. 3530. 53kPa（表压）。

表 8-4 阀门和管件的类别符号

名称		类别符号	名称		类别符号
限流孔板		RO	特殊管阀件	脉冲衰减器	SP09
爆破片		RP		视镜、视钟	SP10
减压阀		RV		安全喷淋洗眼器(安全喷淋器、安全洗眼器)	SP11
安全阀		SV		鹤管	SP12
疏水阀		T		漏斗	SP13
特殊管阀件	锥形过滤器	SP01		蒸汽排放头	SP14
	Y 形过滤器	SP02		管道的弹性连接件(膨胀节、伸缩节等)	SP15
	T 形过滤器	SP03		引射器、喷射器、文氏管	SP16
	罐(篮)式过滤器	SP04		管道上的水封、小型油水(汽水)分离器(罐)	SP17
	其他管道过滤器	SP05		防空帽、防雨帽	SP18
	消声器	SP06		检流器	SP19
	管道混合器、静态混合器	SP07		泡沫发生器	SP20
	阻火器	SP08		特殊连接件	SP21
	脉冲衰减器	SP09		特殊阀门	SP22

② 安全阀。管道或设备上的安全阀，不仅需要编号，同时在线框外注出英文字母 P_{SV} 并填写压力值表示整定压力，还要表示排出口去向、排出位置要求和接续图图号。对安全阀入口管道有限制压降要求时，应在管道近旁标注管段尺寸、长度及弯头数量，以及进出口管道号，如图 8-37 所示。

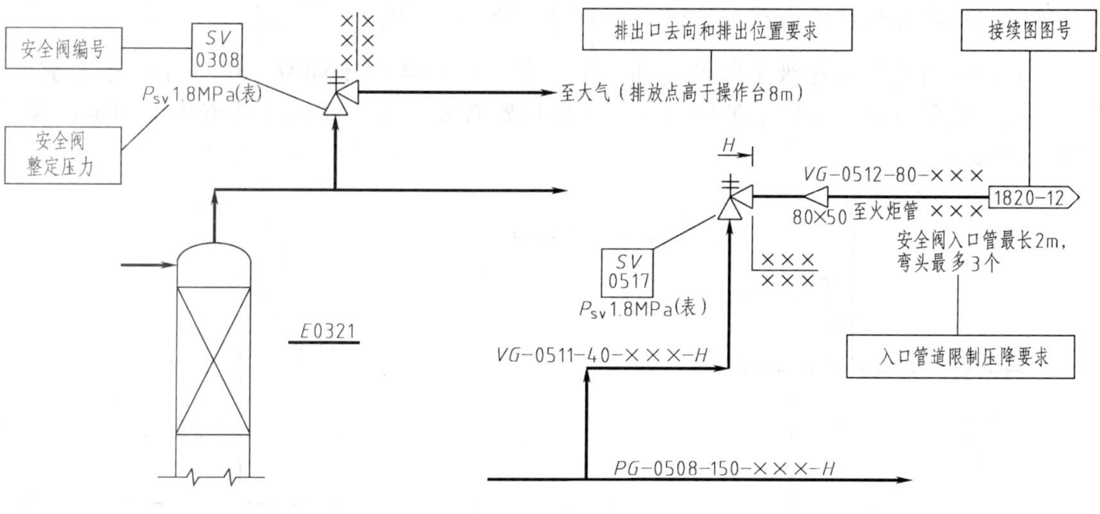

图 8-37 安全阀的标注

③ 阀门的开、关对安全操作、事故处理有重大影响并需要操作管理人员监督，应采用规定的文字代号标注。

例如：用于事故处理（正常工作时，该阀不用）：CSO 表示阀门在开启状态下铅封，CSC 表示阀门在关闭状态下铅封。

用于开工、停工、定期检修的阀门：LO 表示阀门在开启状态下加锁，LC 表示在关闭状态下加锁。

8.2.2.2.4　设计要求的标注

在设计中设备（机械）、管道、阀和管件相互之间或本身可能有一定设计要求，这些要求应在图中相应部位予以表示。

（1）异径管和管道号分界的标注　异径管标注大端公称通径×小端公称通径，如图 8-38（a）所示。若异径管两端管道的直径在异径管附近已表示清楚，则异径管可不标注，如图 8-38（b），PG—01001—50 与 PG—01005—150 加上中间的 $DN100$，已表示清楚，异径管不标注。同一管道号只是直径不同时，可以只标注管径，如图 8-38（b）的 $DN100$。

异径管位置有要求时，应标注定位尺寸，如图 8-38（b）的 500。

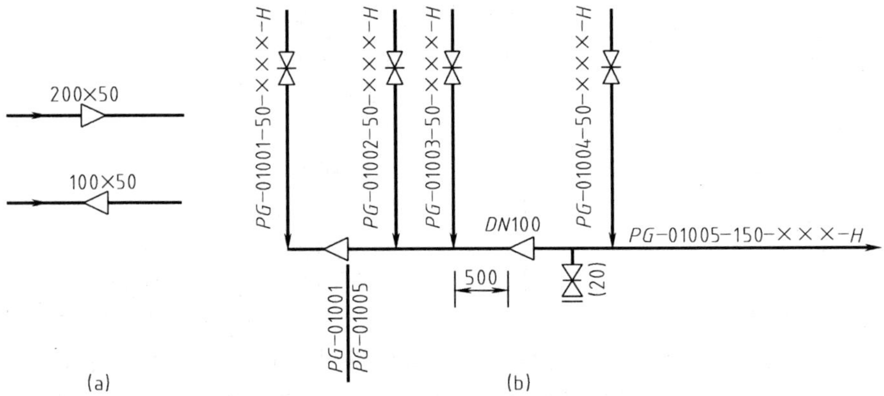

图 8-38　管道上异径管和管道号分界的标注

相连接管道有不同管道号时，如果在 PI 图上分界不清楚，则应标注管道号分界符号，在分界符号线两侧标注管道基本管道号，如图 8-38（b）的$\frac{\mathrm{PG}-01001}{\mathrm{PG}-01005}$。

（2）同一管道号而等级不同的标注　同一管道号而等级不同时，用分界符号表示出分界。支管与总管连接，支管上的管道等级分界位置有要求时，要标注管道等级和定位尺寸，如图 8-39 所示。

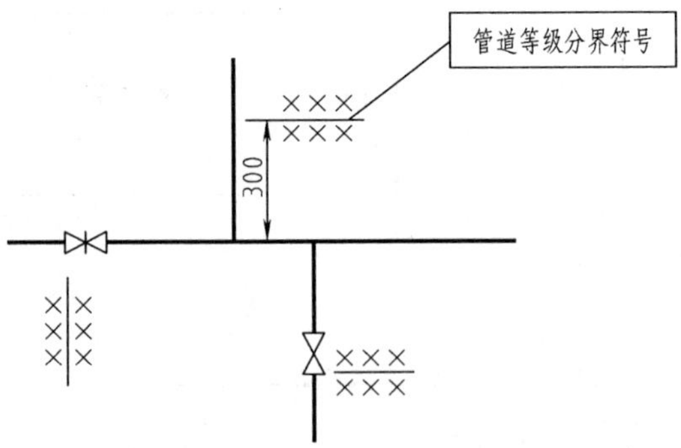

图 8-39　管道等级变化的标注

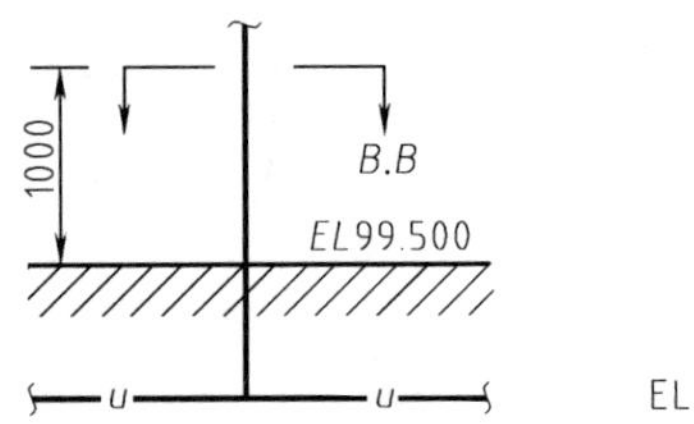

图 8-40　地下管道的标注

（3）地下管道的标注　地下管道如果设计有要求时，应注明埋地深度、坡度、埋地点等要求，如图 8-40 所示。

（4）阀门、管件、仪表的安装要求和尺寸的标注　特殊的管道坡度、液封高度、配管对称要求及阀门、管件、仪表的特殊位置和管道标高有要求时，应在相应部件的适当地方标明或注解，如图 8-41 所示。

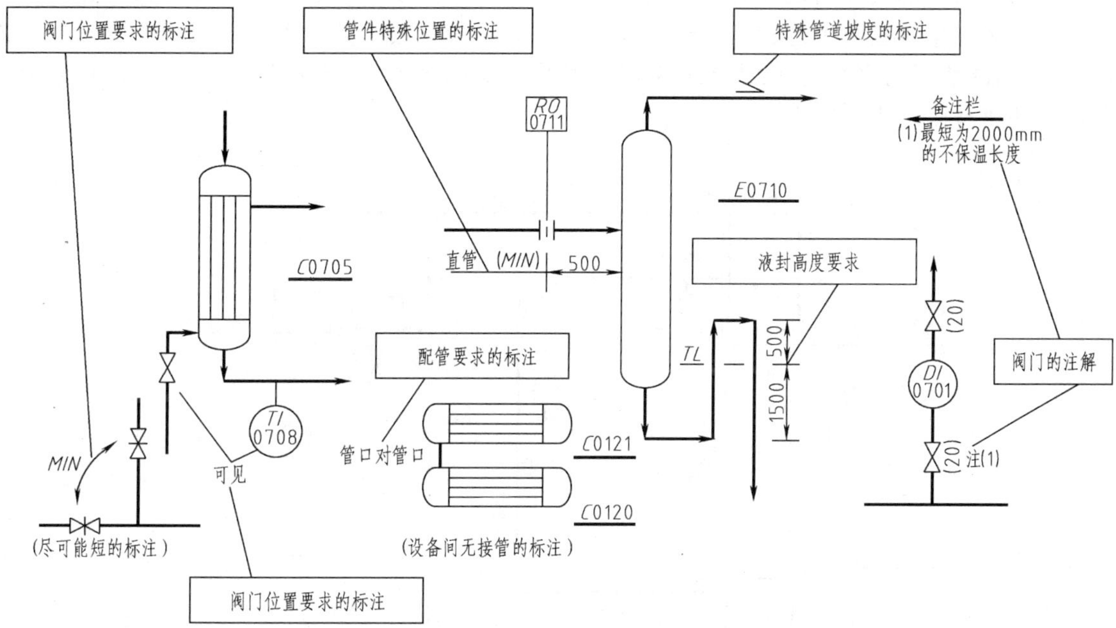

图 8-41　阀门、管件、仪表的安装要求和尺寸的标注

（5）管道上的下述情况要加以标注　不同于管道尺寸阀门的公称通径；不编号短管上阀门、放空阀、放尽阀等的公称通径；各类接头、堵头的公称通径；不同的连接尺寸和标准。如图 8-1 中几个括号内标注的是上述情况标注的公称通径。

8.2.2.3　备注栏、详图和表格

PI 图右侧通常为本页图上的备注栏、详图、表格的区域。

（1）备注栏　其作用是用文字来对某些事项进一步说明，以使 PI 图设计意图更为明确和完全。备注的编号应与图上要说明的部位编号相一致，备注栏的主要内容为以下所述。

① 设计者在图纸上要说明的设计要求、共性问题、待定事项、某些局部尺寸和安装部位，需要在深化设计和其他有关专业设计中的注意事项。例如：某个安全阀的阻力降要求，允许弯头数目、液封尺寸、安装高度和位置，不是工艺要求的管线安装中排液、排气、防冻要求，管线中某一段要求伴热，某一段要有绝热层或不设绝热层，不允许有袋型的管线，自流管、短接管、管道设计时的对称要求，某些防噪声、防振、防静电等措施或要求，以及一些部件（如各类取样器）标准图号等。

② 图上要表达的订货、安装、生产中应注意的事项。例如：试车、开车要准备的内容，临时管道的设置，说明哪些管道只适用于催化剂再生时拆换用，以及必须说明的某些设计、工作条件和数据，成套（配套）设备供货范围等。

③ 其他问题，例如：修改版的增加或取消的简单说明，不同设计单位的设计范围。

（2）详图　需要详细表示的某些局部。例如：某些节点图、仪表、管道带尺寸的详图、吹气、置换系统、加热炉烧嘴的详细管道和仪表控制图等。

（3）表格　可以用表格列出多个相同系统的各类仪表、特殊阀（管）件的编号一览表。如果需要，设备和机械、驱动机的技术特性数据可以列表表示。

8.2.3 装置间工艺管道仪表流程图

从上一节知道，装置内工艺管道仪表流程图是借助于统一规定的图形符号和文字代号，用图示的方法表示装置内设备与设备间工艺管道的连接关系，而装置间工艺管道仪表流程图则是表示装置与装置间工艺管道的连接关系。因此，装置间工艺管道仪表流程图原则上是装置内 PI 图的绘制内容和深度要求来绘制。但是，如图 8-42 装置间工艺管道仪表流程图所示，它还有自己的表达特点。

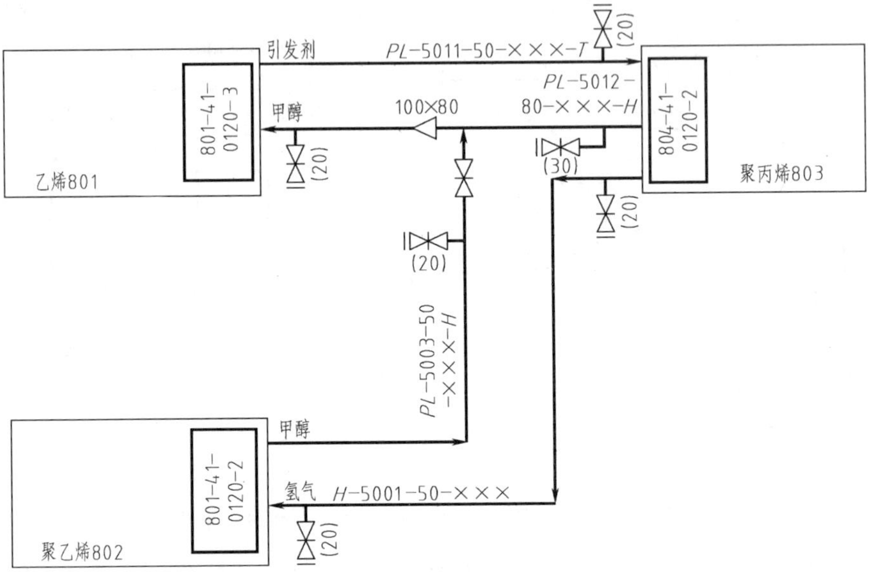

图 8-42 装置间工艺管道仪表流程图的表示

特点一：装置代替设备。根据装置类似外形（或以长方块形），以细线条不按比例绘出各装置，并在各装置线框内标注装置的名称和装置的编号（或工程的装置编号）。如图中乙烯 801、聚乙烯 802 和聚丙烯 803。

但是应根据工厂总平面图对各个装置和外管廊的竖向布置图，进行装置间工艺管道仪表流程图中装置的布图。

特点二：与装置内工艺管道仪表流程图相同，逐根画出各装置之间的全部工艺（包括化学品）连接管道，以及管道上的所有阀门、仪表和主要管件，并标注管道号（五个单元）和特殊管（阀）件编号。但是，装置外的管道号应在每根管上加注物料（化学品）名称，如图中引发剂 PL—5011—50—×××—T 等。

特点三：外管道与装置相连接处，在装置界区框内，注以与外管道连接的装置内 PI 图首页图号，并在图号外加上中线条长方框。对首页图上不表示界区交接点的，则图号为有界区跨接管道的 PI 图图号。

8.2.4 辅助物料、公用物料管道仪表流程图

辅助物料、公用物料管道是指以下类别的物料管道。

（1）辅助物料　燃料气、燃料油、润滑系统（水、油等）、密封系统（水、油等）、液压系统（水、油等）、冲洗系统（水、油等）、稀释油、顶料用油、淬冷系统（水、油等）、化学污水、系统放空、尾气排放系统、火炬系统等。

（2）公用物料　非工艺用压缩空气、工厂空气、仪表空气、非工艺用氮气（如用于置换、吹扫、密封等）、导热油（用于加热、冷却）、蒸汽、冷凝液、生活用水、冷却水、低温

水、冷冻盐水、制冷系统、保温用热水、软水、锅炉水、除盐水等。

8.2.4.1　装置内辅助物料、公用物料管道仪表流程图

一个装置的组成通常除了有工艺生产工序以外，还有为工艺生产工序服务的辅助物料工序和公用物料工序，将这些辅助物料、公用物料工序（或系统）单独绘制管道仪表流程图，称为装置内辅助物料、公用物料管道仪表流程图。

装置内辅助物料、公用物料管道仪表流程图分为两类：辅助物料、公用物料管道仪表流程图（简称公用物料发生图）和辅助物料、公用物料管道仪表流程分配图（简称公用物料分配图）。

(1) 公用物料发生图的表示方法和内容　公用物料发生是指产生工艺生产所需要的公用物料（或辅助物料）所需的工序或工艺生产工序中的一个系统。它包括一整套（一组）产生公用物料（或辅助物料）的设备、管道和仪表。例如：空气站、氮气站、除盐水站（脱氧器系统等）、导热油系统（包括加热炉、泵、贮槽等）、不同等级的蒸汽和冷凝液系统、燃料气分配、贮存系统等。通常在工艺管道仪表流程图图上不表示这类公用物料发生系统，所以需要单独绘制公用物料发生系统的管道仪表流程图（公用物料发生图）。

公用物料发生图的表示方法和表示内容及深度，与装置内工艺管道仪表流程图完全相同。只是在表示某类辅助物料或公用物料的管道时，以此类介质管道为主物料管道，用粗线条表示。图上需要表示的与设备或此类介质管道相连接的其他种类辅助物料或公用物料短管，以中线条表示，并且亦只要表示出相连的一小段管道和对工艺参数起调节、控制、指示作用的仪表、阀门（包括控制阀）和相应管件。

如果公用物料（或辅助物料）发生系统是属于工艺生产工序中的一个隶属系统（岗位），又比较简单，只要能把图表示清楚，允许把公用物料发生系统和工艺系统合并画在工艺管道仪表流程图上。

如图 8-43 和图 8-44 所示，聚氯乙烯工程聚合装置所需公用物料脱盐水系统的除氧、加热部分管道仪表流程图。从图中可看出它的表示方法与装置内工艺管道仪表流程图完全相同，只是主要介质管道——脱盐水，在装置内工艺管道仪表流程图上为中线条，且表示出相连的一小段管道和对工艺参数起调节、控制、指示作用的仪表、阀门（包括控制阀）和相应管件，但是在公用物料发生图上就作为主要发生物料，用粗线条表示，且表示出发生此物料过程所有的设备与管道和对工艺参数起调节、控制、指示作用的仪表、阀门（包括控制阀）和相应管件。

(2) 公用物料分配图的表示方法和内容　装置内工艺管道仪表流程图和装置内辅助物料、公用物料仪表流程图（公用物料发生图）上，只画了一小段辅助物料、公用物料连接管道，因此需要绘制辅助物料、公用物料管道仪表分配图（公用物料分配图）表示整个装置辅助物料管道和公用物料管道在界区内本介质系统间主管走向，分管连接的关系，以及该类介质管道（主、分管）上阀门、仪表、主要管件的配置、顺序和编号及标注说明。

如图 8-45 所示的公用物料分配图，表示内容和方法如下。

① 表示出与该类别介质系统有关的全部设备。设备的表示方法是，设备、机械用中线条的长方框来表示，每个长方框代表一台设备，备用的设备（需就位）也用另一长方形框表示出来。在长方框内标注设备位号和该设备所在的工艺管道仪表流程图或公用物料发生图图号，图号只填到工程的工序（主项）编号。

② 表示出连接管道及管道上的阀门、仪表和主要管件，并进行标注。各项内容的表示、标注和编号方法与工艺管道仪表流程图相同。

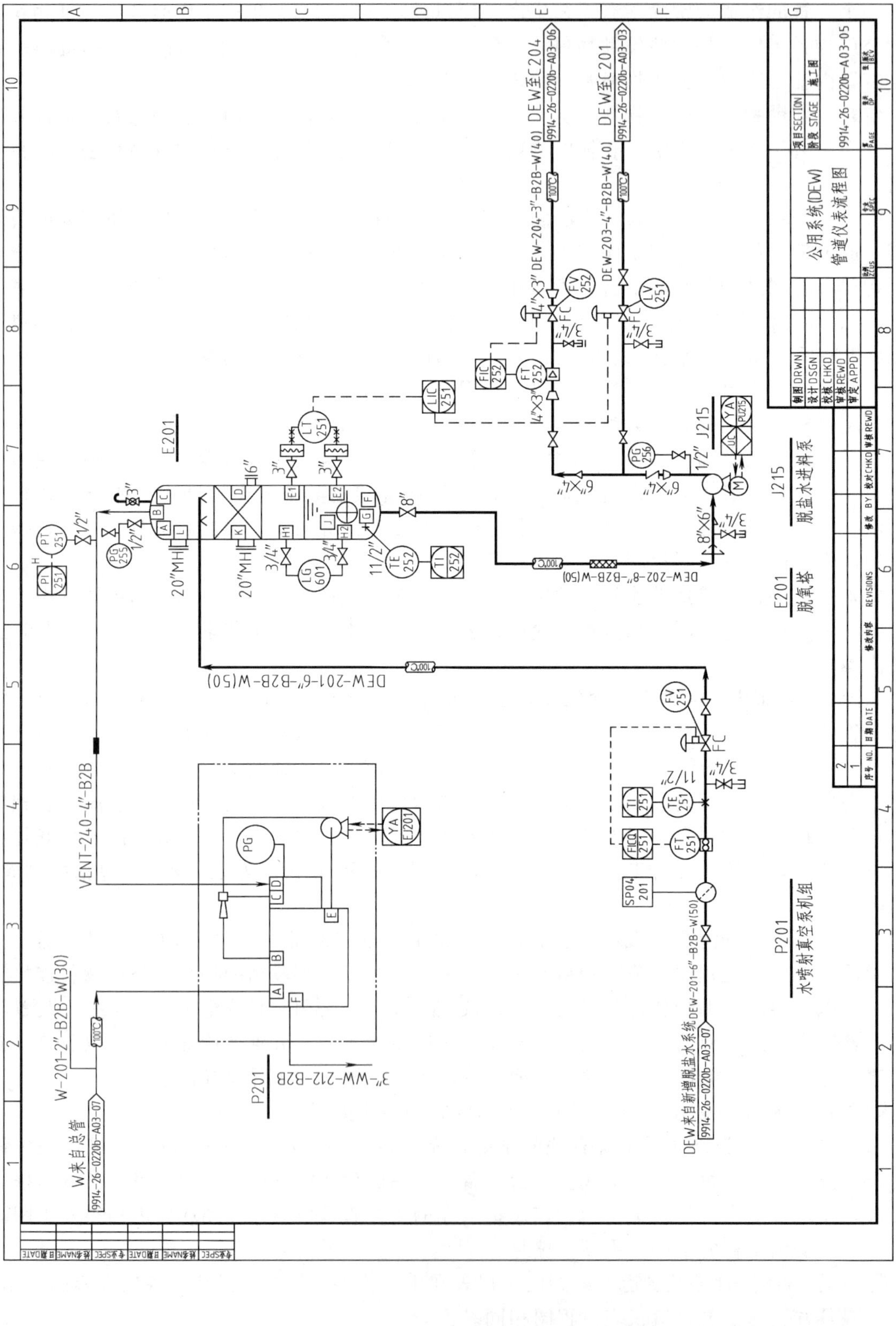

图 8-43 公用系统管道仪表流程图（一）

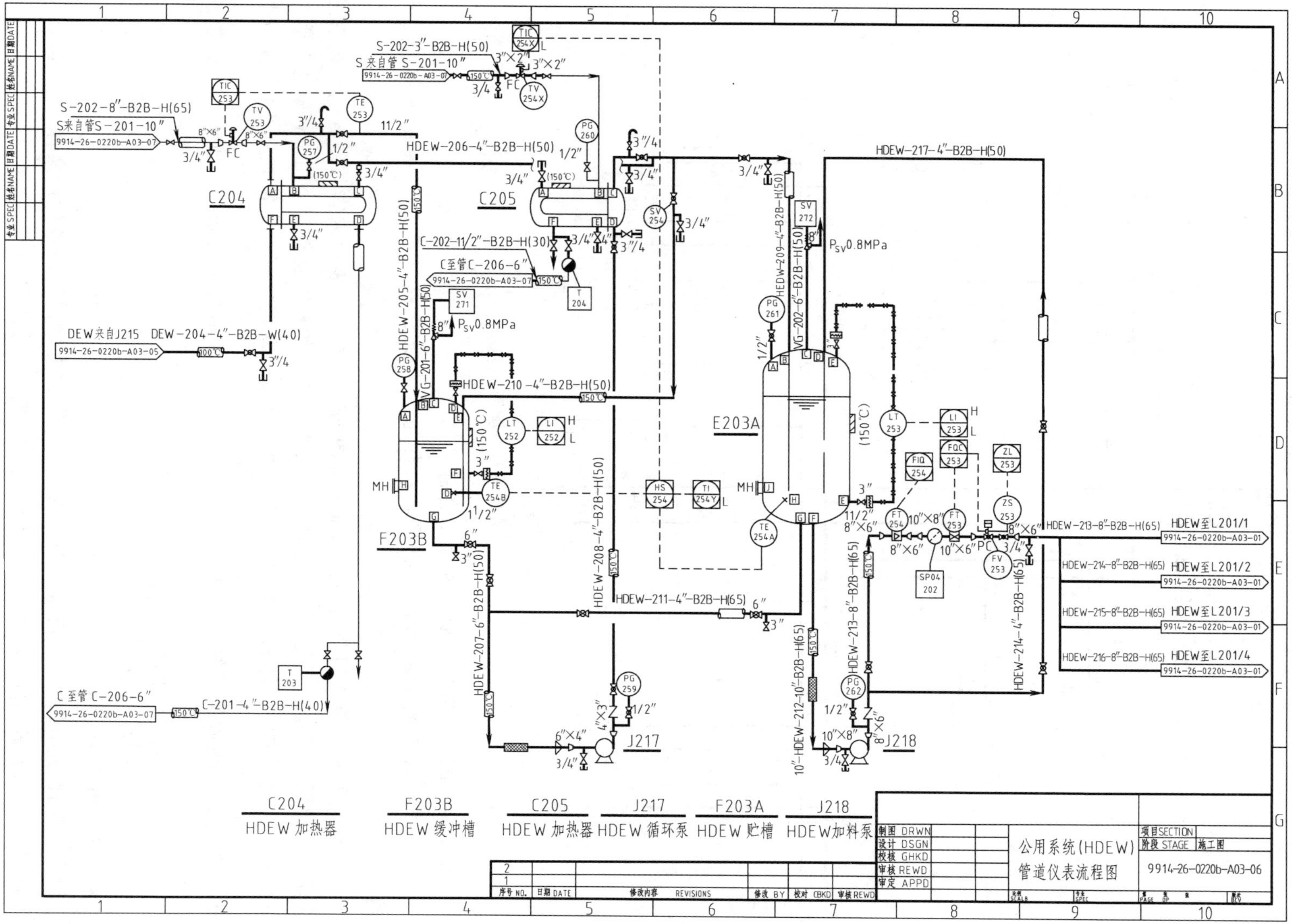

图 8-44 公用系统管道仪表流程图（二）

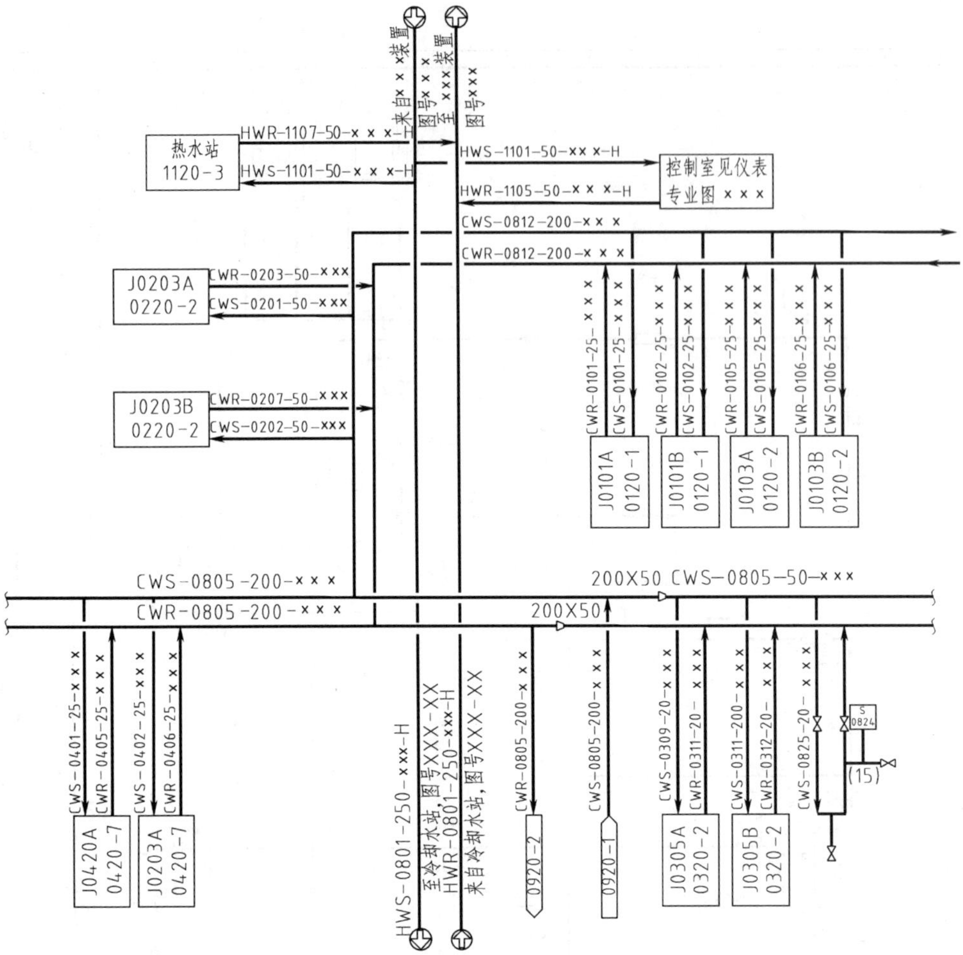

图 8-45　公用物料分配图的表示

公用物料分配图一般按介质系统分类绘制。

8.2.4.2　装置间辅助物料、公用物料管道仪表流程图（装置间公用物料系统流程图）

如图 8-46 所示，装置间公用物料系统流程图的表示方法、表示内容与装置间工艺管道仪表流程图相同，但是应当注意，除了表示各装置间连接的辅助物料、公用物料管道及管道上的仪表、阀门、主要管件和设备（如果有）外，还应表示出外管上的各类公用工程站（蒸汽分配管 DH 50-1-01 液收集管等），并标注公用工程站的编号和与总管相连的支管、各管道的编号，如图中 DH 50-2-01 DH 50-3-01 分别表示三个蒸汽分配管。

8.2.5　首页图

以整个装置为基准编制一份首页图，以便于识图和更好地使用各设计文件。如图 8-47、图 8-48 所示，是聚氯乙烯工程聚合装置的首页图，它应包括如下内容。

① 装置中所采用的全部工艺物料、辅助物料和公用物料的物料代号、缩写字母。

② 装置中所采用的全部管道、阀门、主要管件、取样器、特殊管（阀）件等的图形、

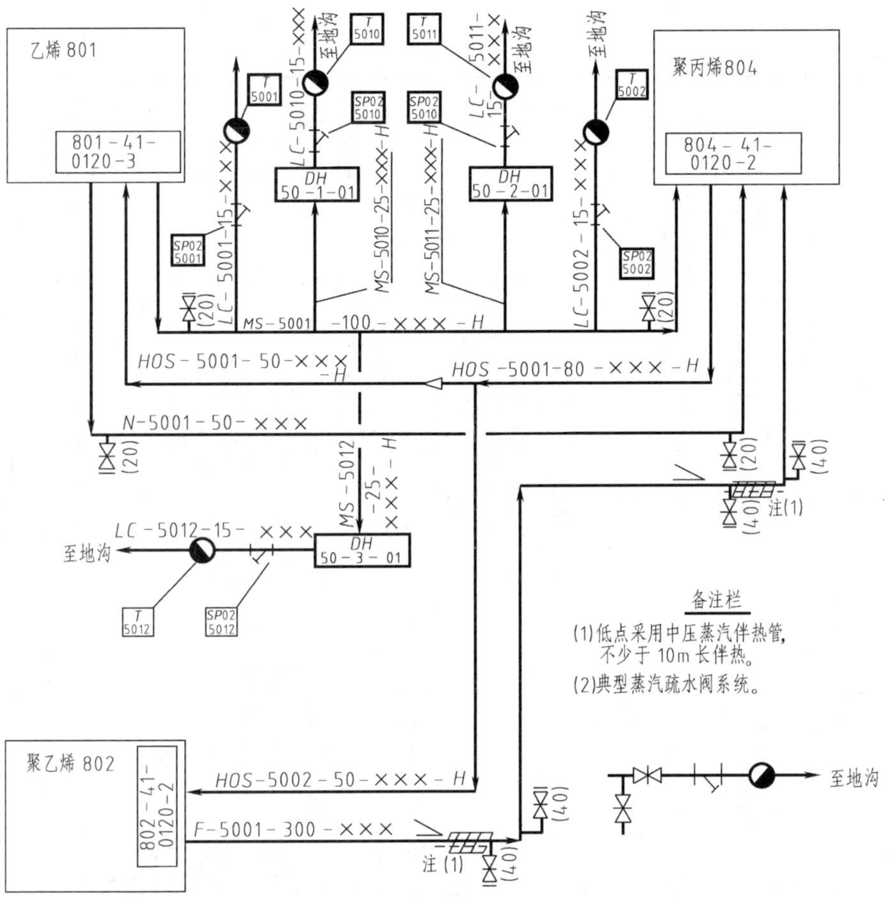

图 8-46　装置间公用物料系统流程图的表示

类别符号和标注说明。

③ 管道编号说明。举一个实例表示管道号五个单元（管道物料代号-工程的工序编号、管道顺序号-公称通径-管道等级-隔热、隔声代号），以及各个单元的含义。

④ 设备编号说明。举一个实例表示设备编号的各个单元和各个单元的含义。

⑤ 公用工程站（蒸汽分配管、凝液收集管等）的编号说明。举一个实例表示编号中各个单元和各个单元的含义。

⑥ 装置中所采用的全部仪表（包括自控专业阀门、控制阀）图形符号和文字代号。

⑦ 在装置的界区处，所有工艺物料和辅助物料、公用物料管道的交接点图，在表格上列出各管道的流体介质名称、来去装置名称、在交接点内外的管道编号和接续图图号，并表示流向和交接点处界区内一段总管上的所有阀门、仪表、主要管件（界区外的阀门、仪表、管件不绘出），按规定方法进行编号，根据设计要求表示必要的尺寸和注解。

⑧ 备注栏内容。对装置内管道仪表流程图的共性问题，首页图上内容的说明，度量衡（公制、英制、各单位）、基准标高、设计统一规定的表示方法、待定问题等的说明。有些标准的典型示图（如疏水阀阀组、某类取样器等）用简图表示。

⑨ 装置内各工艺工序和辅助物料、公用物料发生工序，以及与各类物料介质管道有关

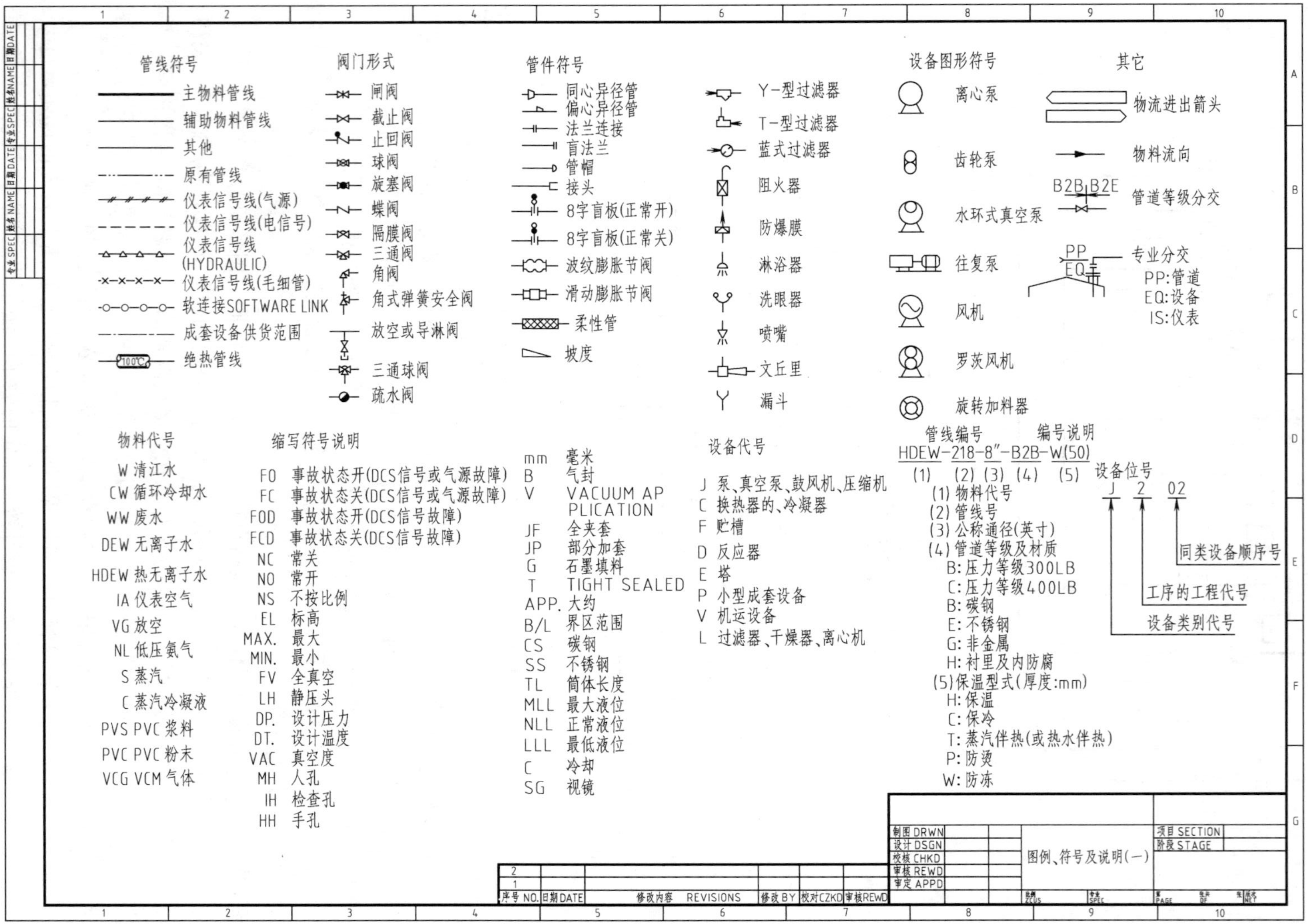
管线符号
主物料管线
辅助物料管线
其他
原有管线
仪表信号线(气源)
仪表信号线(电信号)
仪表信号线
(HYDRAULIC)
仪表信号线(毛细管)
软连接SOFTWARE LINK
成套设备供货范围
绝热管线
100℃
阀门形式
闸阀
截止阀
止回阀
球阀
旋塞阀
蝶阀
隔膜阀
三通阀
角阀
角式弹簧安全阀
放空或导淋阀
三通球阀
疏水阀
管件符号
同心异径管
偏心异径管
法兰连接
盲法兰
管帽
接头
8字盲板(正常开)
8字盲板(正常关)
波纹膨胀节阀
滑动膨胀节阀
柔性管
坡度
Y-型过滤器
T-型过滤器
蓝式过滤器
阻火器
防爆膜
淋浴器
洗眼器
喷嘴
文丘里
漏斗
设备图形符号
离心泵
齿轮泵
水环式真空泵
往复泵
风机
罗茨风机
旋转加料器
其它
物流进出箭头
物料流向
B2B B2E
管道等级分交
PP
EQ
专业分交
PP:管道
EQ:设备
IS:仪表
物料代号
W 清江水
CW 循环冷却水
WW 废水
DEW 无离子水
HDEW 热无离子水
IA 仪表空气
VG 放空
NL 低压氮气
S 蒸汽
C 蒸汽冷凝液
PVS PVC 浆料
PVC PVC 粉末
VCG VCM 气体
缩写符号说明
FO 事故状态开(DCS信号或气源故障)
FC 事故状态关(DCS信号或气源故障)
FOD 事故状态开(DCS信号故障)
FCD 事故状态关(DCS信号故障)
NC 常关
NO 常开
NS 不按比例
EL 标高
MAX. 最大
MIN. 最小
FV 全真空
LH 静压头
DP. 设计压力
DT. 设计温度
VAC 真空度
MH 人孔
IH 检查孔
HH 手孔
mm 毫米
B 气封
V VACUUM AP PLICATION
JF 全夹套
JP 部分加套
G 石墨填料
T TIGHT SEALED
APP. 大约
B/L 界区范围
CS 碳钢
SS 不锈钢
TL 筒体长度
MLL 最大液位
NLL 正常液位
LLL 最低液位
C 冷却
SG 视镜
设备代号
J 泵、真空泵、鼓风机、压缩机
C 换热器的、冷凝器
F 贮槽
D 反应器
E 塔
P 小型成套设备
V 机运设备
L 过滤器、干燥器、离心机
管线编号
编号说明
HDEW-218-8"-B2B-W(50)
(1) (2) (3) (4) (5)
(1) 物料代号
(2) 管线号
(3) 公称通径(英寸)
(4) 管道等级及材质
B:压力等级300LB
C:压力等级400LB
B:碳钢
E:不锈钢
G:非金属
H:衬里及内防腐
(5)保温型式(厚度:mm)
H:保温
C:保冷
T:蒸汽伴热(或热水伴热)
P:防烫
W:防冻
设备位号
J 2 02
同类设备顺序号
工序的工程代号
设备类别代号
制图 DRWN
设计 DSGN
校核 CHKD
审核 REWD
审定 APPD
图例、符号及说明(一)
项目 SECTION
阶段 STAGE
序号 NO.
日期 DATE
修改内容 REVISIONS
修改 BY
校对 CZKD
审核 REWD

图 8-47　首页图（一）

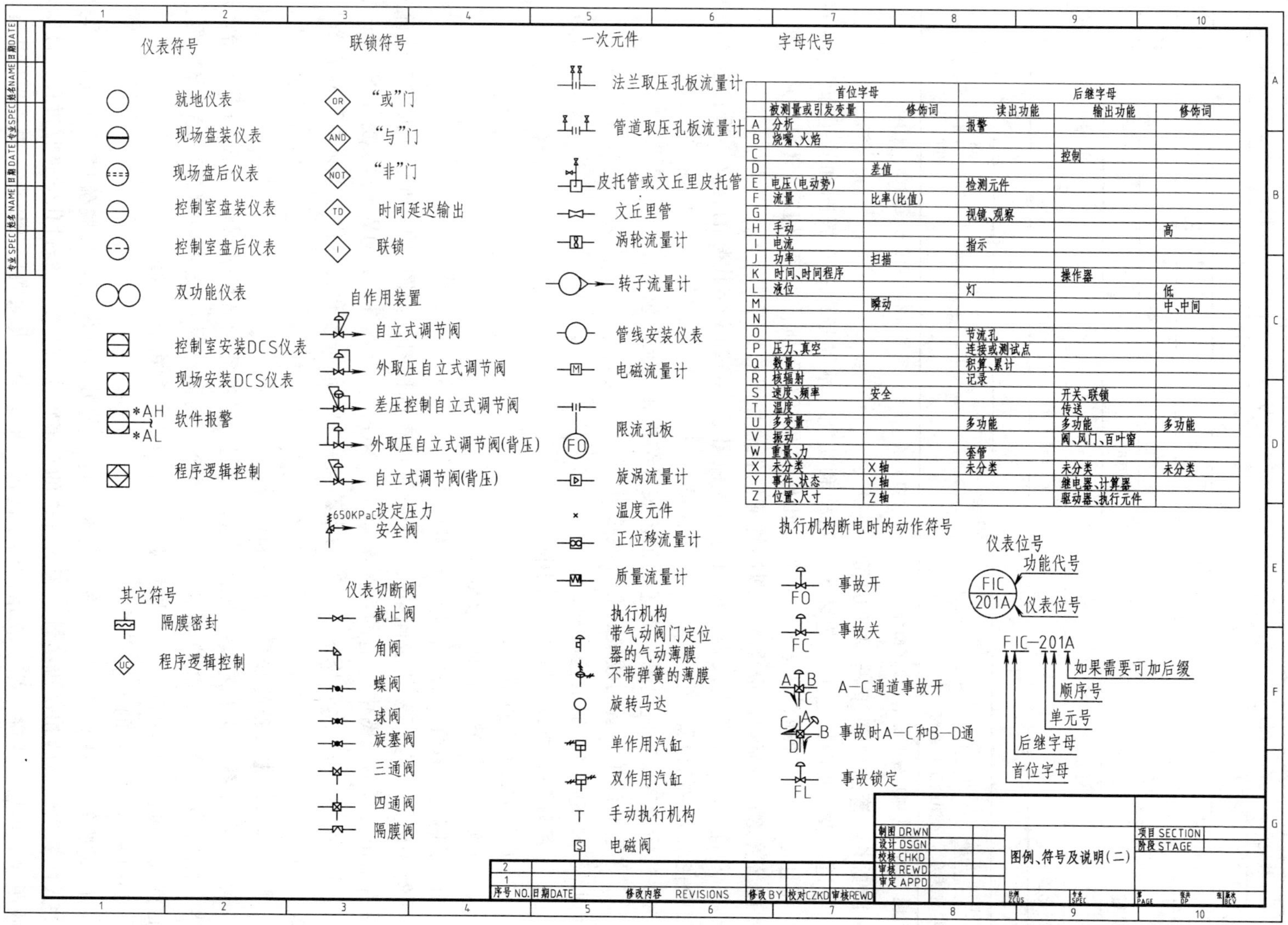

	首位字母		后继字母		
	被测量或引发变量	修饰词	读出功能	输出功能	修饰词
A	分析		报警		
B	烧嘴、火焰				
C				控制	
D		差值			
E	电压(电动势)		检测元件		
F	流量	比率(比值)			
G			视镜、观察		
H	手动				高
I	电流		指示		
J	功率	扫描			
K	时间、时间程序			操作器	
L	液位		灯		低
M		瞬动			中、中间
N					
O			节流孔		
P	压力、真空		连接或测试点		
Q	数量		积算、累计		
R	核辐射		记录		
S	速度、频率	安全		开关、联锁	
T	温度			传送	
U	多变量		多功能	多功能	多功能
V	振动			阀、风门、百叶窗	
W	重量、力		套管		
X	未分类	X轴	未分类	未分类	未分类
Y	事件、状态	Y轴		继电器、计算器	
Z	位置、尺寸	Z轴		驱动器、执行元件	

图 8-48　首页图（二）

工序的工程（主项）编号一览表。格式见表 8-5。

表 8-5　主项编号一览表

装置内各工序(主项)名称	工序(主项)号	工程的工序(主项)编号
原料	100	01
反应	200	02
精制	300	03
成品罐区	162	04
压缩空气站	282	05
分析化验室	151	06
氮气站	280	07
总(主)管系统		08
以装置为单位的图纸工程编号		09

注：工序（主项）号由设计单位存档统一给定，工程的工序（主项）编号由本工程作规定给出。

8.2.6　管道仪表流程图的阅读

管道仪表流程图描述了工艺装置的结构和功能，不仅是设备布置图和管道布置图的依据，而且也是企业管理、试运转、操作、维修和开停车等所需的完整技术资料的重要部分。因此读懂管道仪表流程图很重要。阅读管道仪表流程图的步骤如下。

① 看首页图弄清管道仪表流程图中的各种图形符号和文字代号的含义，看标题栏了解本张图在系统中的位置。

② 读懂管道仪表流程图所描述的工艺装置结构和功能。包括：

ⅰ. 了解系统中设备的数量、名称及位号；

ⅱ. 了解主要物料的工艺流程；

ⅲ. 了解辅助介质在流程中的作用；

ⅳ. 了解仪表控制点情况；

ⅴ. 了解阀门种类、作用、数量等；

ⅵ. 了解主要管件种类、作用、数量等。

[例 8-13]　阅读天然气脱硫系统工艺管道仪表流程图，如图 8-49 所示（天然气脱硫系统没有给出首页图，图中管道的代号分别为：NG——天然气，AMW——氨水，SG——合成气，RAW——一次水，IS——生产污水。其余的图形符号和文字代号参见本章附表 8-1～附表 8-7）。

① 了解系统中设备的数量、名称和位号。

天然气脱硫系统的工艺设备共有 9 台。相同型号的罗茨鼓风机（J0701A、B）两台，脱硫塔（E0701）一个，氨水贮罐（F0701）一个，相同型号的氨水泵（J0702A、B）两台，一台空气鼓风机（J0703），一个再生塔（E0703），一个除尘塔（E0702）。

② 了解主要物料的工艺流程。

ⅰ. 天然气。由配气站来的天然气原料，经罗茨鼓风机增压，从脱硫塔底部进入，与塔顶进入的氨水气液两相逆流接触，天然气中的有害物质硫化氢，经过化学吸收过程，被氨水吸收脱除。然后进入除尘塔，在塔中经水洗进一步除尘和去除微量杂质后，由塔顶出去至后续工段。

ⅱ. 氨水。由碳化工段来的稀氨水进入氨水贮罐，经氨水泵加压，从脱硫塔上部进入。

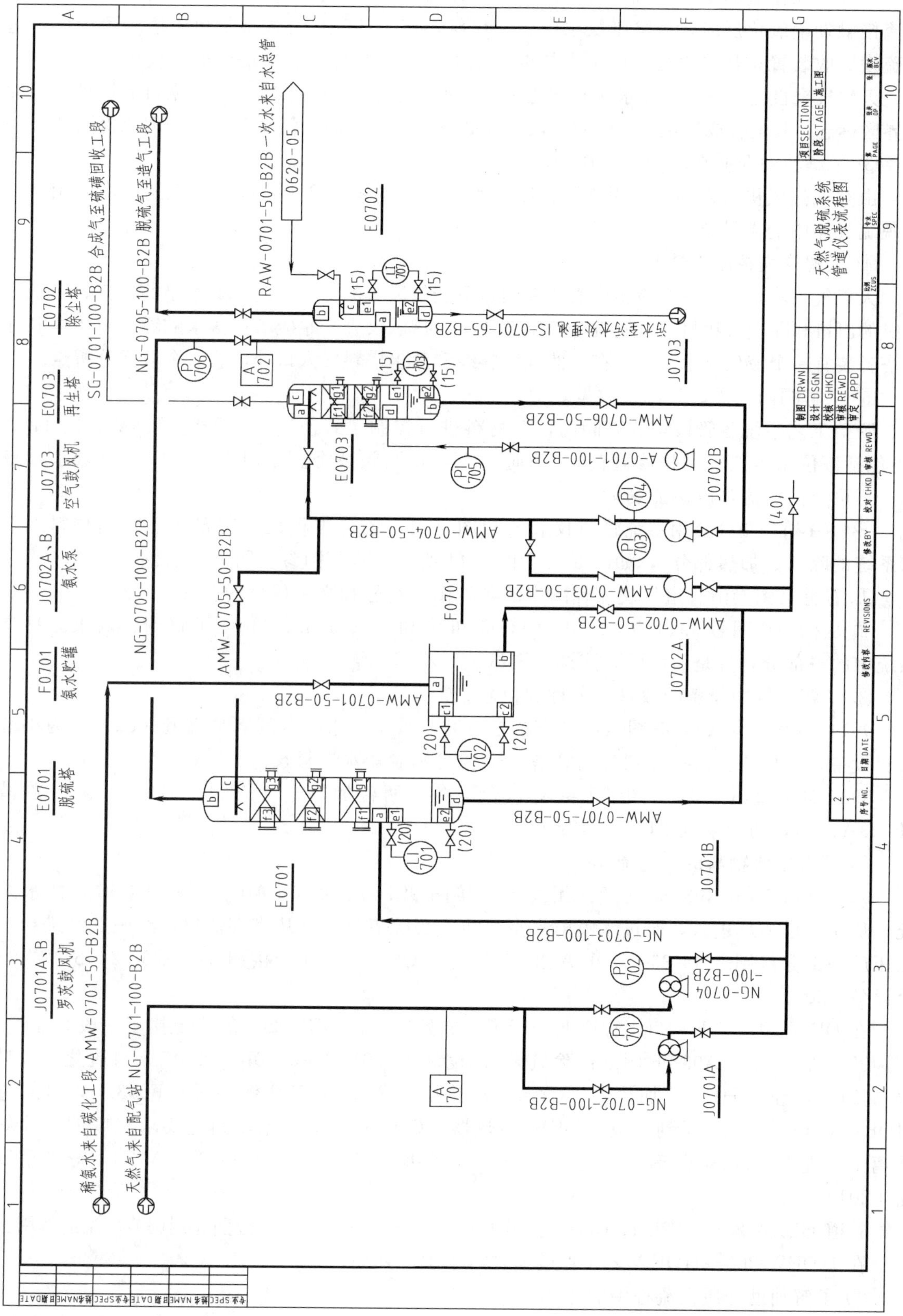

图 8-49 天然气脱硫系统管道仪表流程图

吸收了硫化氢的氨水从脱硫塔底部流出，经氨水泵加压打入再生塔，在塔中与新鲜空气逆流接触发生氧化反应，脱除废氨水中的硫化氢，产生的酸性合成气从再生塔塔顶出去被送到硫磺回收装置；从再生塔底部出来的再生氨水由氨水泵打入脱硫塔后循环使用。

天然气来自配气站，稀氨水来自碳化工段，不属于来自脱硫装置，也即来自界区外，因此用界区标志。其他合成气至硫磺回收工段、脱硫气至造气工段、污水至污水处理池也同理。

③ 了解辅助介质在流程中的作用。

由空气鼓风机鼓入的空气用来除去废氨水中的硫化氢；除尘塔塔顶进入的一次水用来除去脱硫气体中的微量杂质。

④ 了解仪表控制点情况。

天然气脱硫系统中只有检测仪表。在两台罗茨鼓风机的出口、两台氨水泵的出口、空气鼓风机的出口和除尘塔物料入口处就地安装 6 个压力指示仪表。脱硫塔、氨水贮罐、再生塔和除尘塔各装有一个液位指示仪表。在天然气原料线和除尘塔料气入口处，装二个取样分析点。

⑤ 了解阀门种类、作用、数量。

脱硫工艺系统各管段均装有阀门，对物料进行控制。共使用了三种阀门：截止阀 11 个（不包括液位指示仪表的检修阀门），闸阀 6 个，止回阀 2 个。止回方向，即可由氨水泵打出，不可逆向回流，以保证安全生产。

[例 8-14] 阅读公用系统管道仪表流程图（聚氯乙烯工程聚合装置所需公用物料脱盐水系统的除氧、加热部分），如图 8-43、图 8-44 所示。首页图参见图 8-47、图 8-48。

① 看首页图弄清管道仪表流程图中的各种图形符号和文字代号的含义。

② 从标题栏图号 9914-26-0220b-A03-05 和 9914-26-0220b-A03-06 了解到这两张图只是系统中的一部分，且是前后两张连续的图纸。

③ 了解系统中设备的数量、名称和位号。

9914-26-0220b-A03-05 图纸上共有三台（套）设备。水喷射真空泵机组（P201）为小型成套设备，另外两台设备分别为脱氧塔（E201）和脱盐水进料泵（J215）。

9914-26-0220b-A03-06 图纸上共有六台设备。两台加热器（C204、C205），两台贮槽（F203A、B），两台泵（J217、J218）。

④ 了解主要物料的工艺流程。

9914-26-0220b-A03-05 图纸：无离子水接图 9914-26-0220b-A03-07 来自新增脱盐水系统，从脱氧塔上部进入，通过水喷射真空泵机组脱除氧气后，从塔底流出，经脱盐水进料泵加压后一部分接图 9914-26-0220b-A03-06 至设备 C204，一部分接图 9914-26-0220b-A03-03 至设备 C201。

在 DEW-201～DEW-204 管道上进行了防冻处理，在 DEW-202 管道上接了一段柔性管。

9914-26-0220b-A03-06 图纸：除氧无离子水接图 9914-26-0220b-A03-05 来自脱盐水进料泵（J215），经过 HDEW 加热器（C204）加热后，进入 HDEW 缓冲罐（F203B），再通过 HDEW 循环泵加压，送到二级 HDEW 加热器（C205）继续升温，到达要求温度的热除氧无离子水进入 HDEW 贮罐，通过 HDEW 循环泵加压接图 9914-26-0220b-A03-01 分别至设备 L201/1～4。

管道 HDEW-206-4″-B2B-H（50）与 HDEW-211-4″-B2B-H（50），分别起到调节水温的作用。

在 HDEW-205～HDEW-216 管道上进行了保温处理。

⑤ 了解辅助介质在流程中的作用。

9914-26-0220b-A03-05 图纸：在水喷射真空泵机组，进入一定压力的清江水至水贮罐，再由泵加压打入水喷射泵造成负压，将进入脱氧塔无离子水中的氧气解吸出来。清江水通过贮罐和泵打循环。

9914-26-0220b-A03-06 图纸：蒸汽分别进入一级与二级 HDEW 加热器，加热除氧无离子水，冷凝水接图 9914-26-0220b-A03-07 至 C-206-6″总管。

⑥ 了解仪表控制点情况。

由于图上内容较多，只对 DEW-201-6″-B2B-W（50）管道上的控制点进行分析，其余请同学根据《过程测量与控制仪表的功能标志及图形符号》自行分析阅读。

在 DEW-201-6″-B2B-W（50）管道上装有温度集中显示仪表一个（TE-251、TI-251），表示 TE-251 温度检测元件将检测到的温度转变为信号送到控制室 TI-251 集中指示。

在 DEW-201-6″-B2B-W（50）管道上还装有流量集中指示、控制、累积仪表一套（FT-251、FICQ-251、FV-251），它是控制室安装的 DCS 控制仪表，通过带气动阀门定位器的气动薄膜调节阀的调节，达到控制流量的目的。气动薄膜调节阀为出现事故，信号中断，阀门关闭。自动控制信号的连接为电信号。

⑦ 了解阀门种类、作用、数量。

由于图上内容较多，只对 DEW-201-6″-B2B-W（50）管道上的阀门种类、作用、数量等进行分析，其余请同学自己阅读。

在 DEW-201-6″-B2B-W（50）管道上，流量控制系统的前后各安装了一个截止阀，以保证自动控制系统出现故障后，前后阀门关闭，检修自动控制系统的作用。

另外在该管道上还装有一个导淋阀，起到管路导淋的作用。

⑧ 了解主要管件种类、作用、数量。

由于图上内容较多，只对 DEW-201-6″-B2B-W（50）管道上管件的种类、作用、数量进行，其余请同学自己阅读。

在 DEW-201-6″-B2B-W（50）管道上，装有一个蓝式过滤器。

8.2.7 管道仪表流程图的绘制

下面以天然气脱硫系统管道仪表流程图为例介绍绘图方法与步骤。

① 按照流程从左至右用中线条画出设备（机器）的规定图例，各设备（机器）横向间留有一定的间距，以便布置管道流程线，并注意前面讲到的图面布置七要素。如图 8-50 所示。

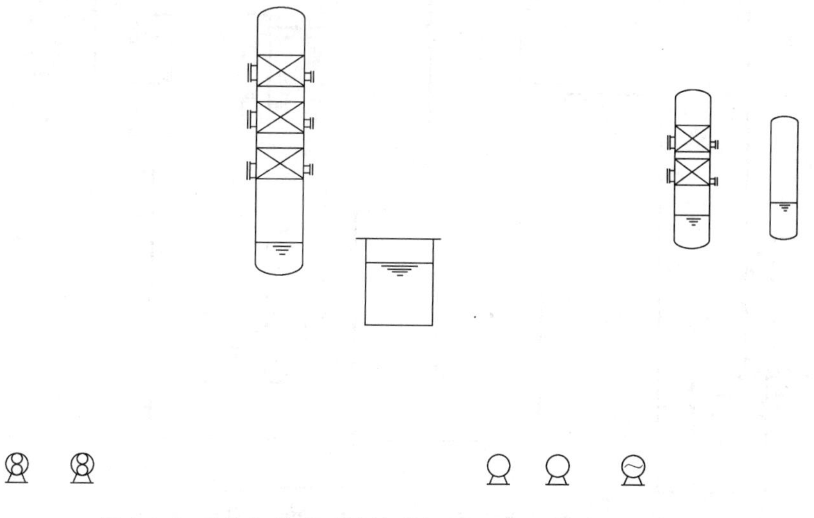

图 8-50 天然气脱硫系统管道仪表流程图绘图步骤（一）

② 用粗实线画出主要物料管道流程线，并配以表示流向的箭头。用中实线画出辅助物料、公用物料管道流程线，同样配以表示流向的箭头。如图 8-51 所示。

③ 用细实线画出管道流程线上的阀、管件以及与工艺有关的检测仪表，调节控制系统，分析取样点的符号和代号。如图 8-52 所示。

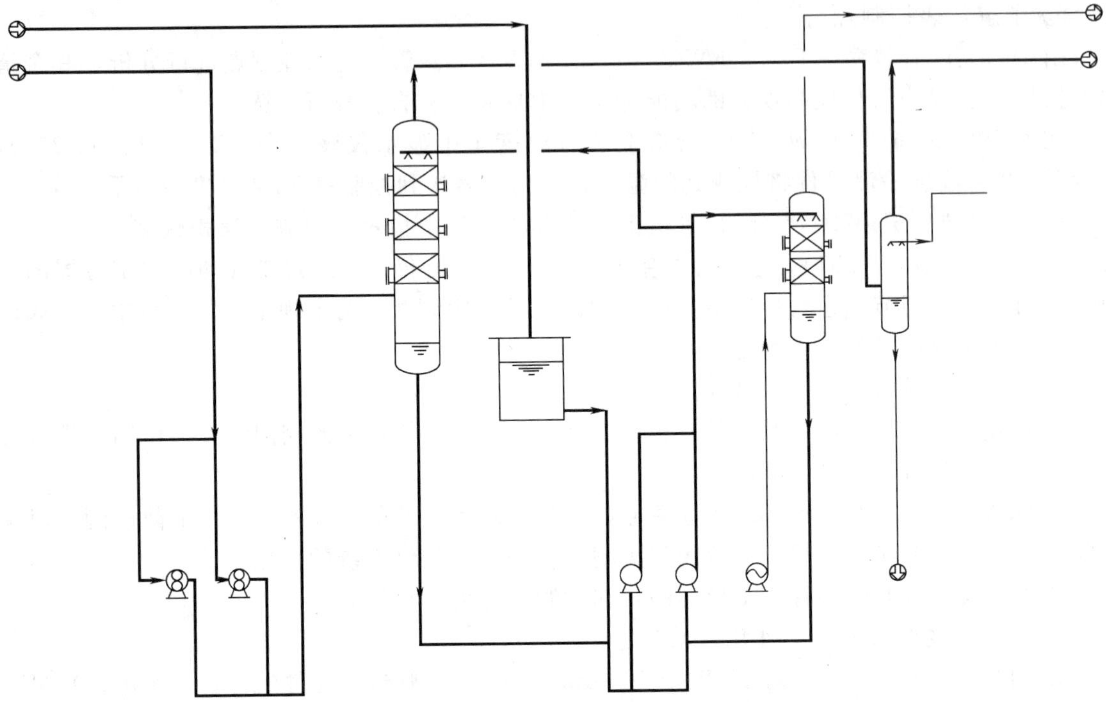

图 8-51 天然气脱硫系统管道仪表流程图绘图步骤（二）

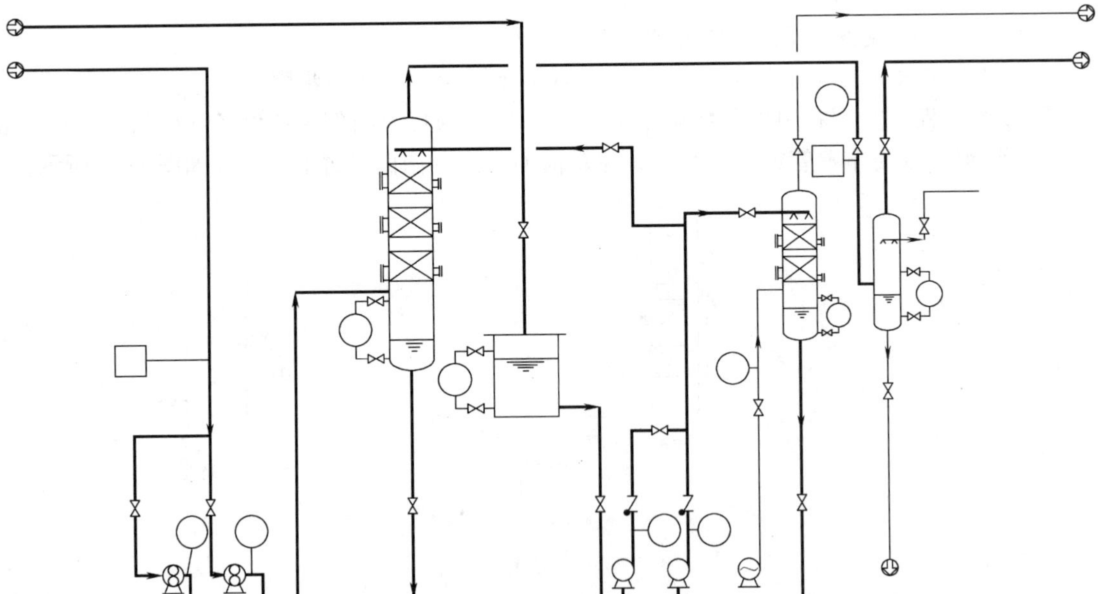

图 8-52 天然气脱硫系统管道仪表流程图绘图步骤（三）

④ 分别对设备（机器），管道等进行标注；填写备注栏、详图和表格；填写标题栏及修改栏。如图 8-53 所示。

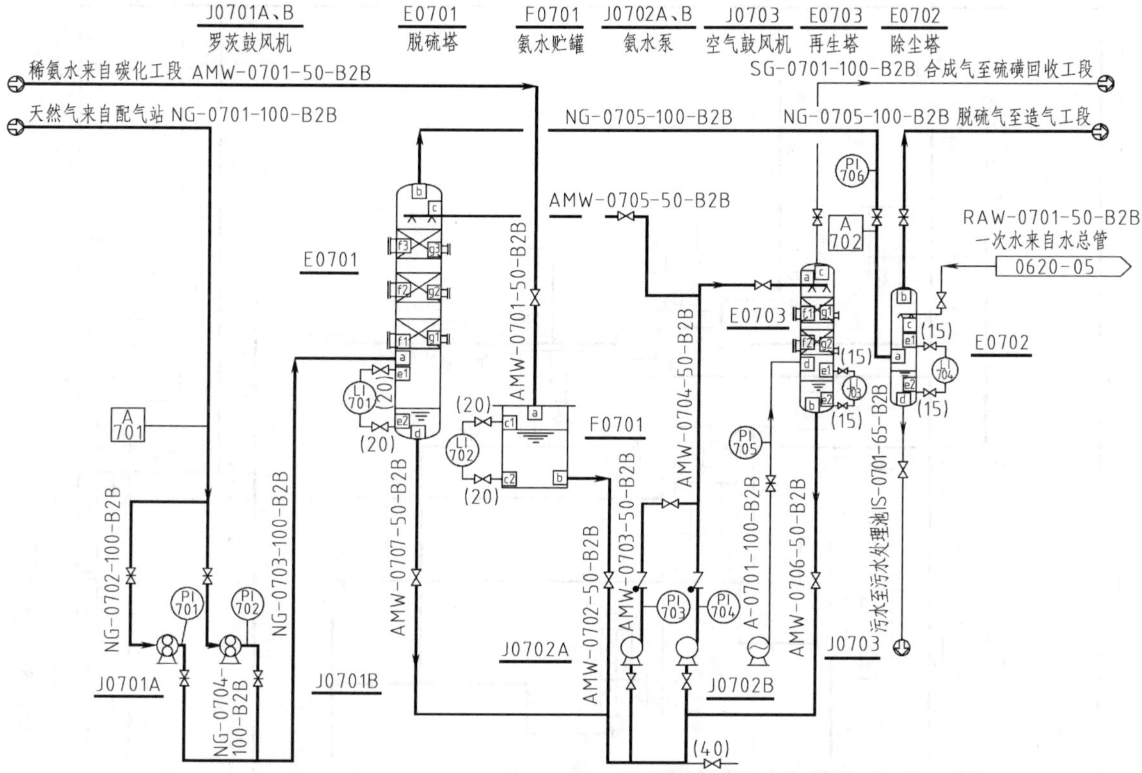

图 8-53　天然气脱硫系统管道仪表流程图绘图步骤（四）

8.3 工艺流程图（带主要控制点工艺流程图）

8.3.1 工艺流程图作用与内容

工艺流程图用于表达物料从原料到成品或半成品的工艺过程，它是工程项目设计的一个指导性文件，也是各有关专业开展工作的依据之一。

图 8-54 为天然气脱硫系统的工艺流程图。从图中可知，工艺流程图主要包括四个方面的内容：

① 设备——表示生产过程所使用的设备（机械）；用文字、字母、数字注写设备的名称和位号；

② 物流管线——用物流管线及文字表达物料从原料到成品或半成品的工艺过程；

③ 工艺数据——注明必需表示的工艺数据；

④ 标题栏。

8.3.2 工艺流程图的画法

参见图 8-54，介绍工艺流程图的图示和标注方法。

8.3.2.1 设备的画法

用中线条绘出全部和工艺生产有关的设备和机械。设备及机械的图形符号见本章附表 8-2《管道仪表流程图设备图形符号》（HG 20559.2—93）的规定。工艺流程图一般用通用符号表示即可。

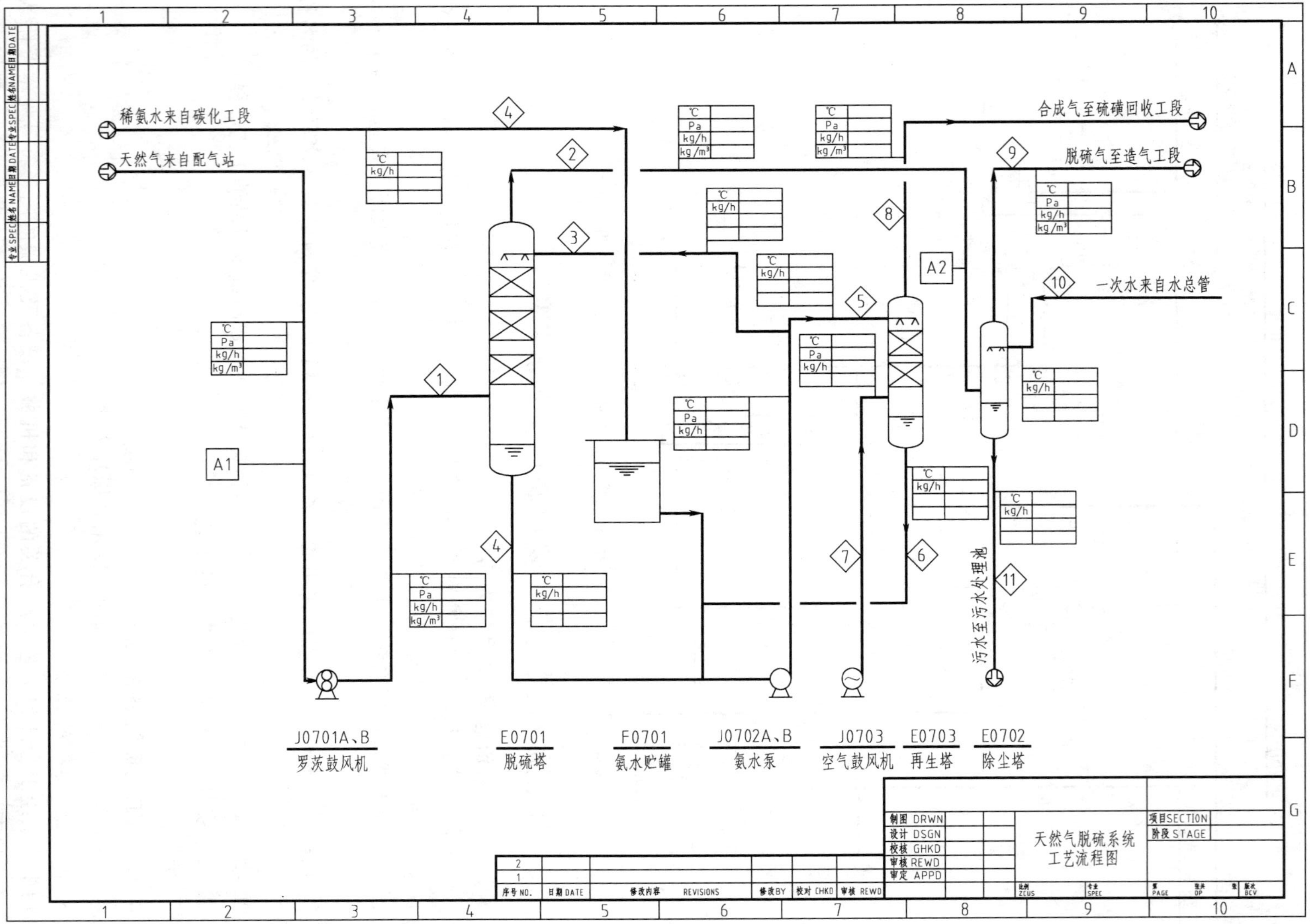

图 8-54 天然气脱硫系统工艺流程图

图面布置同装置内管道仪表流程图。

同样设备可只画一台，备用设备省略不画。

8.3.2.2　设备名称与设备位号的表示

在工艺流程图上，设备名称与设备位号的表示方法与装置内管道仪表流程图基本相同。标注位置：在图纸的上方或下方，靠近设备外形处，按设备重叠情况由上到下分层标注，标注一处即可。

8.3.2.3　物流管线

(1) 设备间物流管线的表示　用带箭头的粗线条表示物流管线，箭头尽可能标注在设备进出口或拐弯处。

(2) 管道交叉和连接的表示　同管道仪表流程图。

(3) 进出界区管道的表示　同管道仪表流程图。

(4) 图纸续接管道的表示　在装置界区内部，每张图纸进出的物流管线的始端或终端，连接 32mm×45mm 或 20mm×30mm 的长方框，框内依次注明介质的名称，来自何处或去向何处的设备位号，衔接的图号。如图 8-55 所示。

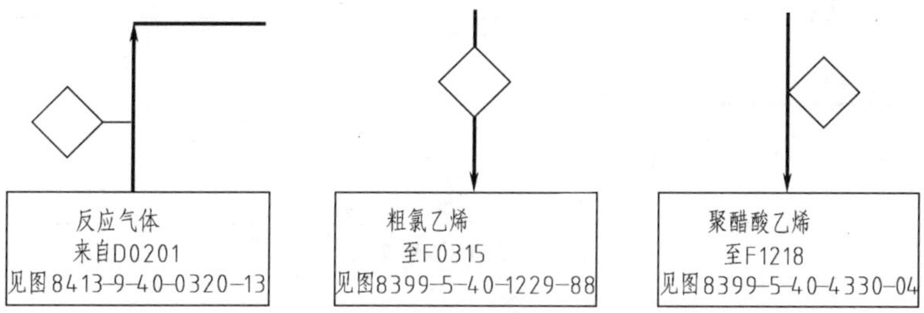

图 8-55　图纸续接管道的表示

长方框以细线条绘制，放在流程图下端且设备位号上方，注意排列整齐或成一横行。长方框不允许放在图纸的左端或右端。

(5) 物流点的表示　在图上要标出各物流点的编号。用细线条绘制适当尺寸的菱形框，框内按顺序填写阿拉伯数字，数字位数不限，但同一车间物流点编号不得相同。菱形可在物流线的正中，也可紧靠物流线，也可用细线条引出，分别见图 8-56 (a)、(b)、(c)。

(6) 辅助物料和公用物料管线的表示　辅助物料和公用物料连接管只绘出与设备相连接的一小段管，以箭头表示进出流向，并注明物料名称或用介质代号表示。介质代号同管道仪表流程图。

8.3.2.4　工艺数据的表示

根据需要有必要进行表示的工艺数据，指温度、压力、流量、换热量和物料平衡表所对应的物流点，除物流点用菱形框表示外，工艺数据均以细线条绘制的内有竖格隔开的长方框表示。如图 8-54 所示。

8.3.2.5　图纸规格

工艺流程图的图纸规格采用 A1 图纸。

8.3.3　带主要控制点工艺流程图

带主要控制点工艺流程图与工艺流程图表示方法基本相同。但是带主要控制点工艺流程图必须标示出工艺设备、工艺物流线上的主要控制点及调节阀等。

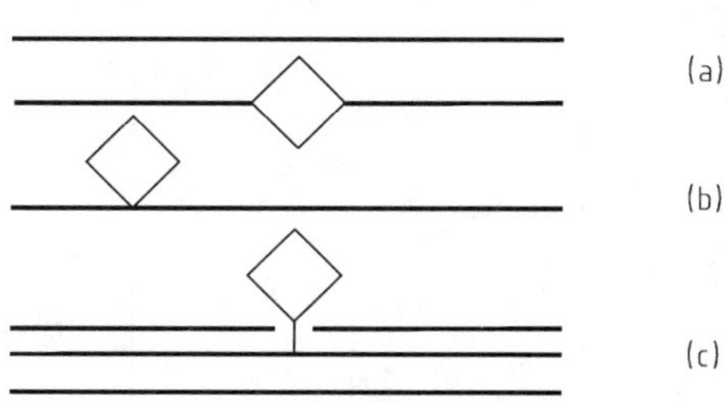

图 8-56　物流点在管道上的表示

附表 8-1　管道仪表流程图上的线条宽度（HG 20559.1—93 摘录）

线宽类别/mm	粗线条 1.0	中线条 0.5	细线条 0.25
工艺管道仪表流程图	主要工艺物料管道，主产品管道和设备位号线	次要物料、产品管道和其他辅助物料管道，设备、机械图形符号，代表设备、公用工程站等的长方框，管道的图纸接续标志，管道的界区标志	其他图形和线条。如：阀门、管件等图形符号和仪表图形符号线、仪表管线、区域线、尺寸线、各种标志线、范围线、引出线、参考线、表格线、分界线、保温、绝热层线、伴管、夹套管线、特殊件编号框以及其他辅助线条
辅助物料、公用物料管道仪表流程图	该类别的主辅助物料、主公用物料管道和设备位号线		

附表 8-2　管道仪表流程图设备图形符号（HG 20559.2—93）

设备类别（代号）	通用符号	专用符号	应用实例
1　混凝土、砖石设备和地坑(沟)轮廓线			
混凝土、砖石设备和地坑(沟)轮廓线（A）	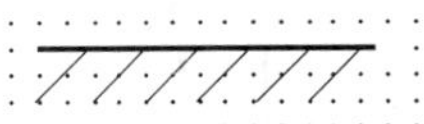		
2　工业炉、锅炉			
工业炉（B）	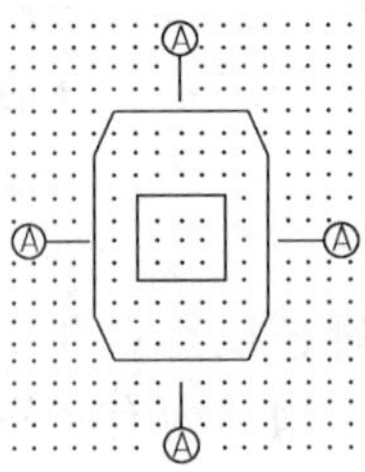	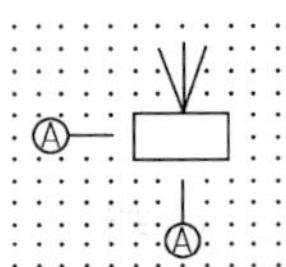 火焰系统(烧嘴) 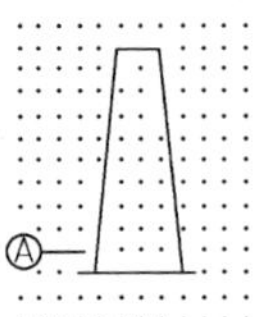 烟筒 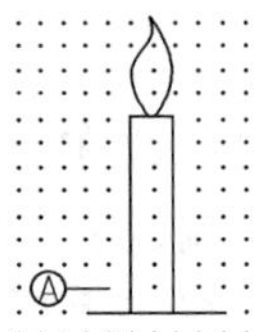 气体火炬 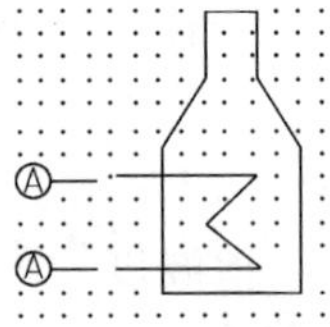 圆筒炉(一) 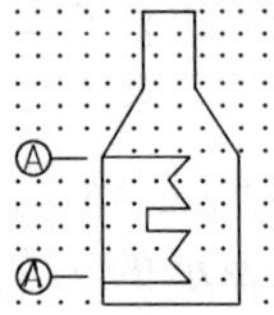 圆筒炉(二) 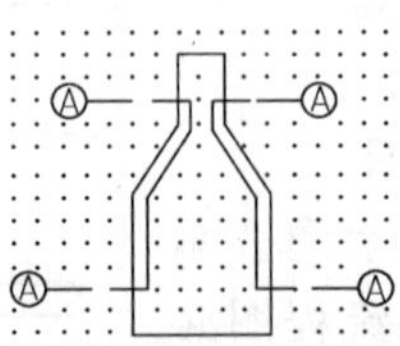 圆筒炉(三) 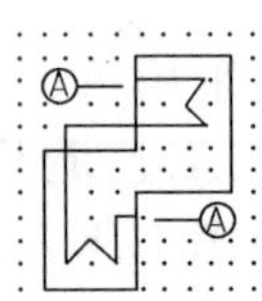 箱式炉	

续表

设备类别（代号）	通用符号	专用符号	应用实例
锅炉 （B）	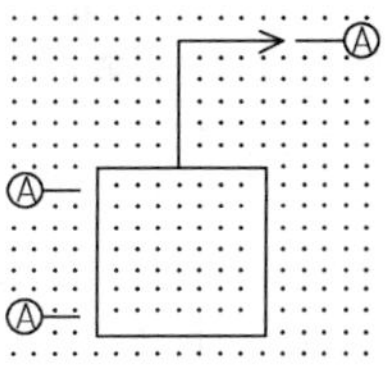 锅炉	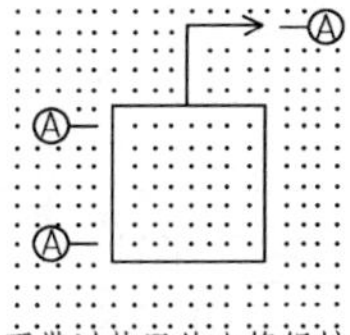 不带过热器的水管锅炉 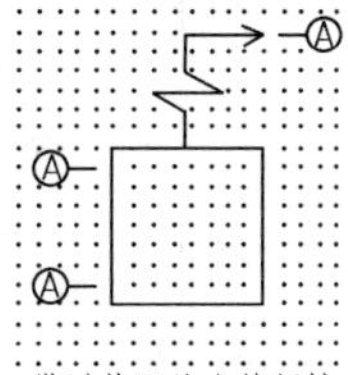 带过热器的水管锅炉 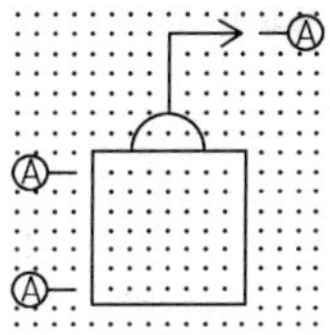 火管锅炉	
3　换热器、冷却器、蒸发器			
换热器 冷却器 蒸发器 （C）	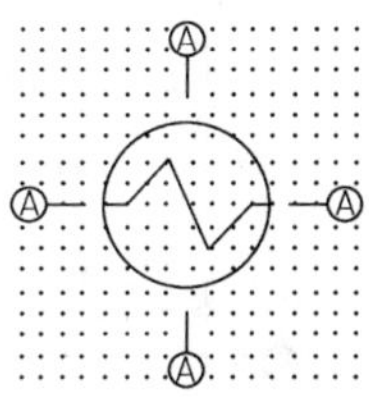 有贯穿（错流）管流的换热器 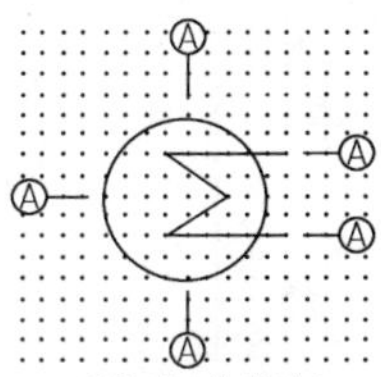 无贯穿（非错流）管流的换热器 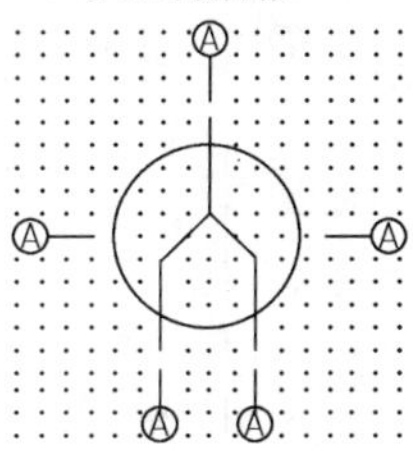 上述换热器的通用符号用于表示成套设备内的一个换热器，以及PF图和工艺管道仪表流程图中的公用工程系统换热器	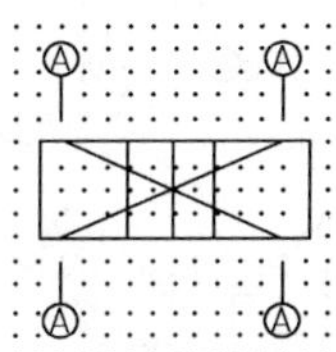 板式换热器 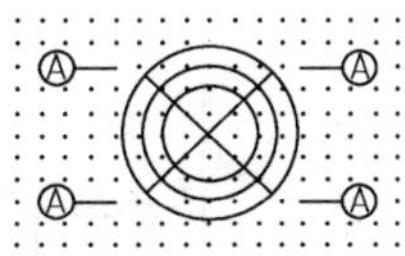 螺旋式换热器 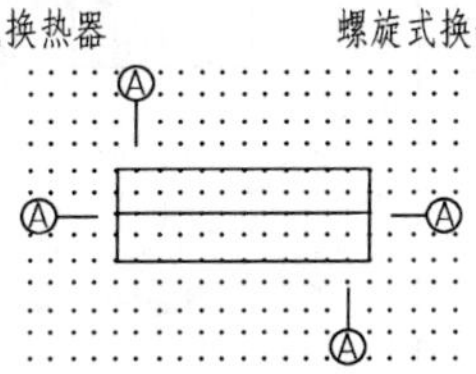 套管式换热器 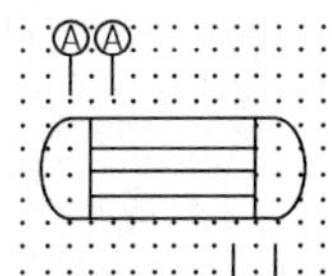 固定管板式、列管式换热器 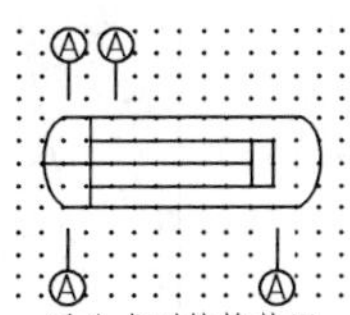 浮头式列管换热器 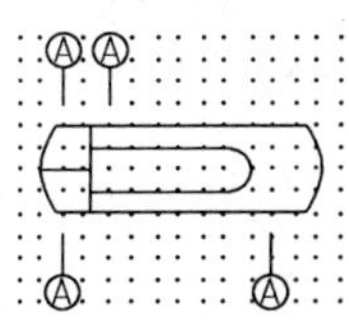 U形管式换热器 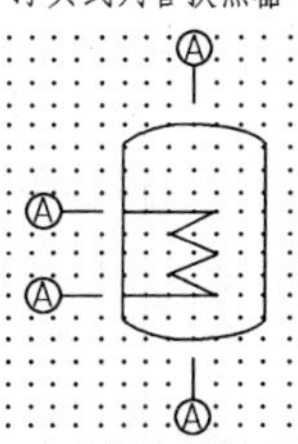 内蛇管式（盘管式）换热器	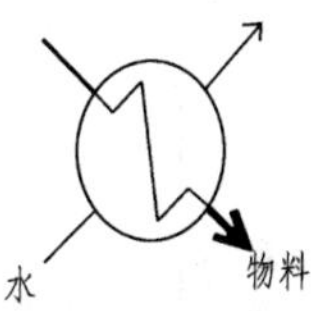 表示经换热器后，冷却介质（水）温提高的换热器 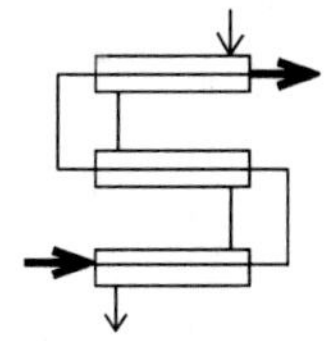 套管式换热器

设备类别（代号）	通用符号	专用符号	应用实例
换热器 冷却器 蒸发器 （C）		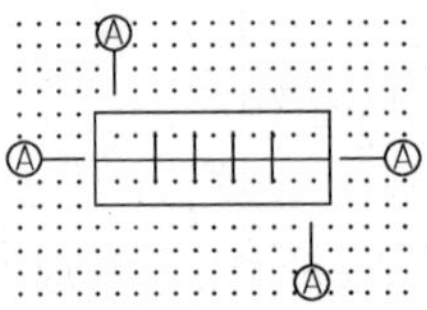 翅片管换热器 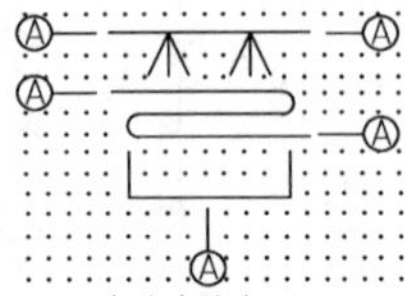 喷淋式冷却器 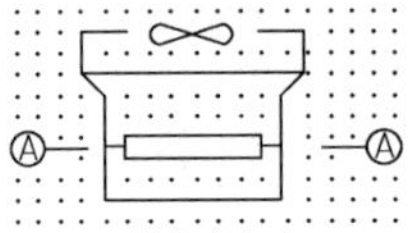 抽风式空冷器 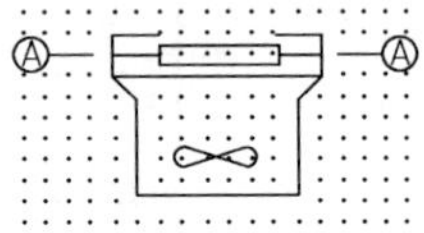 送风式空冷器 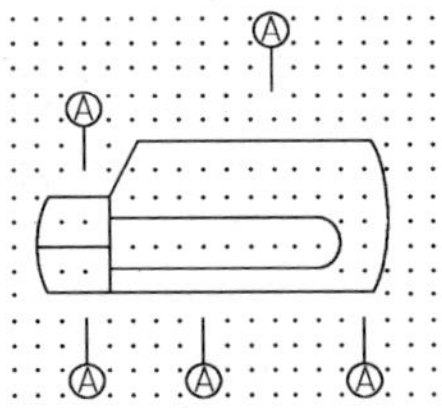 釜式换热器 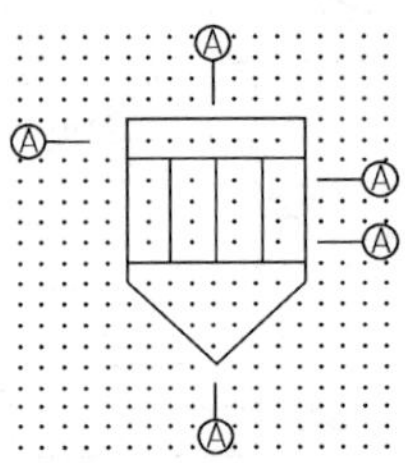 列管式(薄膜)蒸发器 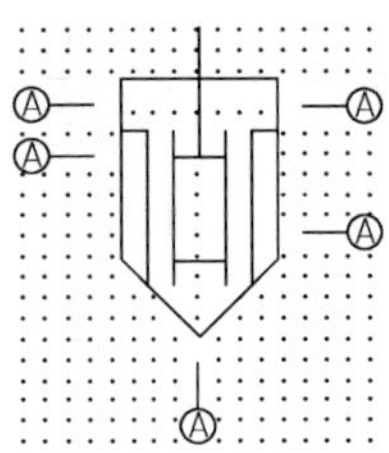 刮板式(薄膜)蒸发器	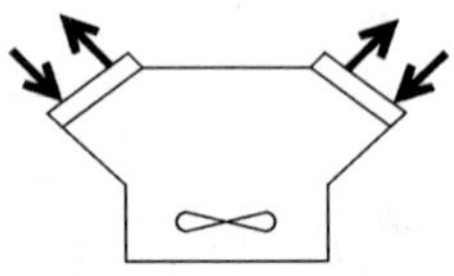 斜顶送风式空冷器 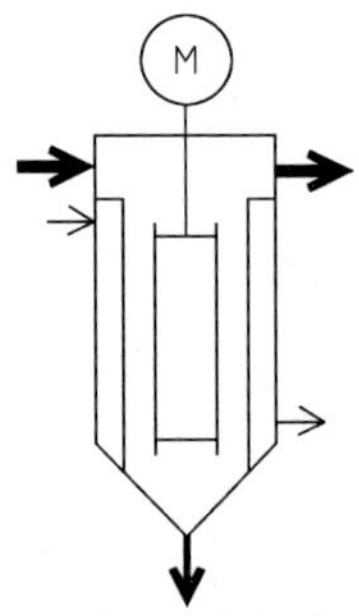 电机驱动的刮板式（薄膜）蒸发器
	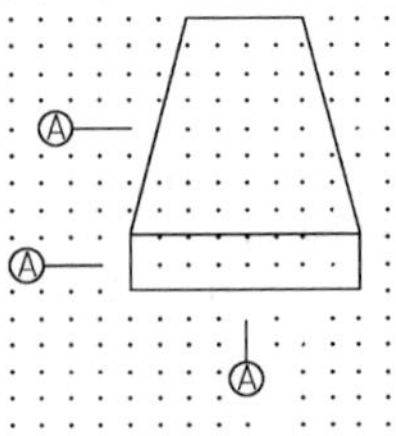 冷却塔	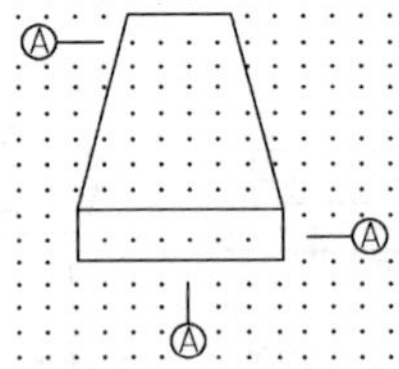 自然通风冷却塔 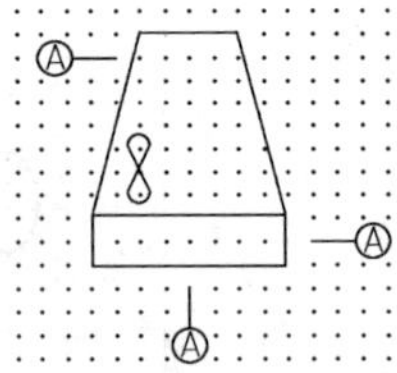 鼓风式机械通风冷却塔 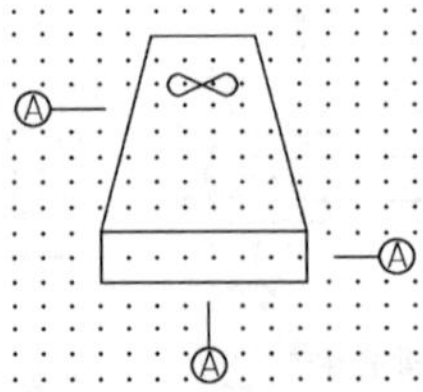 机械抽风冷却塔	

设备类别 （代号）	通用符号	专用符号	应用实例
换热器 冷却器 蒸发器 （C）		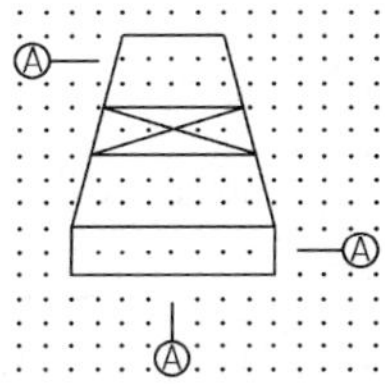 逆流冷却塔 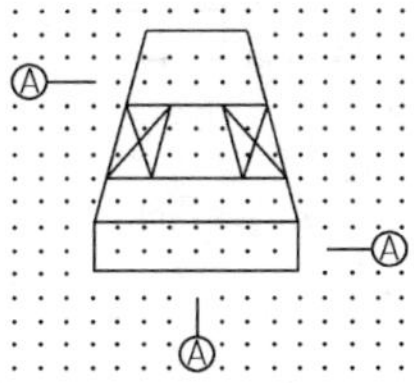 横流冷却塔	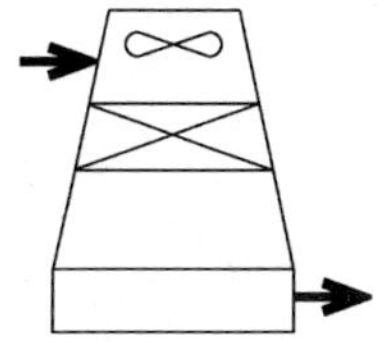 机械抽风逆流冷却塔 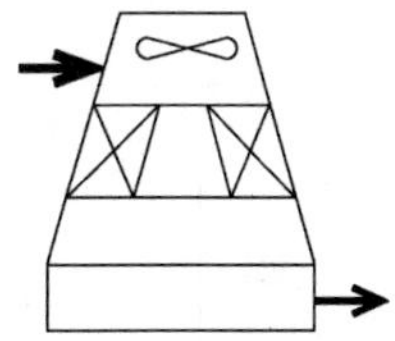 机械抽风横流冷却塔
4　反应器			
反应器 （D）		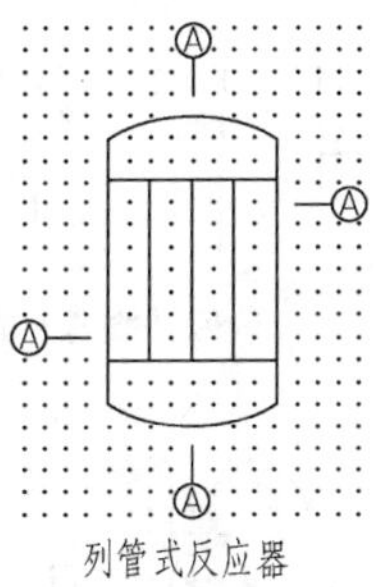 列管式反应器 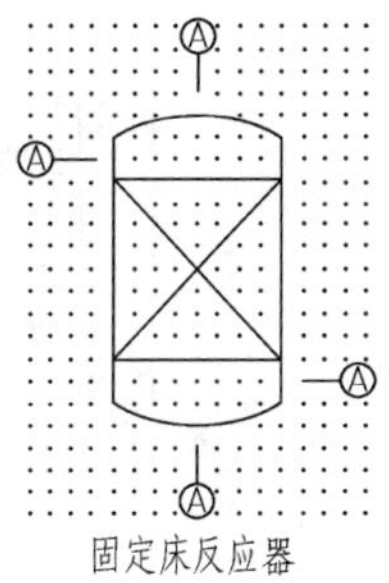 固定床反应器 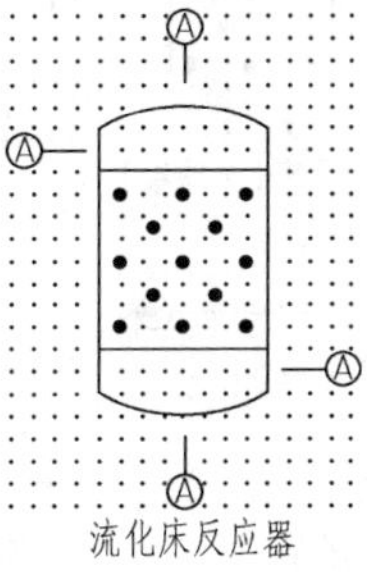 流化床反应器	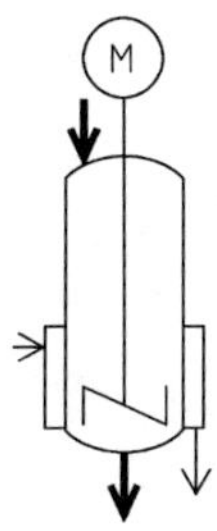 电动机驱动搅拌的带夹套的反应器（聚合釜） 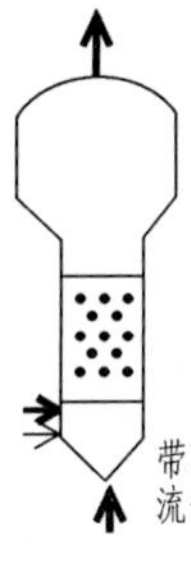 带顶部扩大头锥底的流化床反应器

续表

设备类别（代号）	通用符号	专用符号	应用实例
5 塔、塔内件			
塔（E）		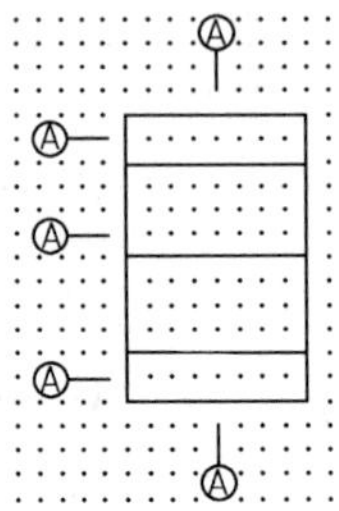 板式塔 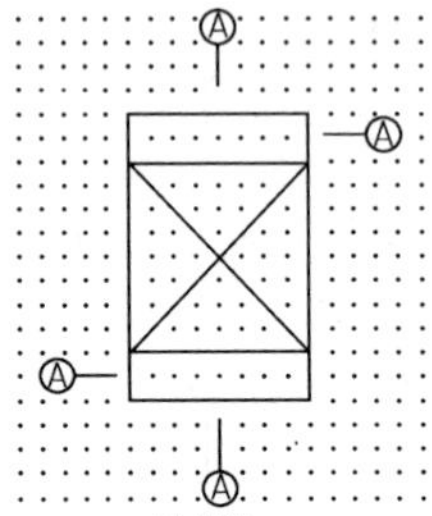 填料塔	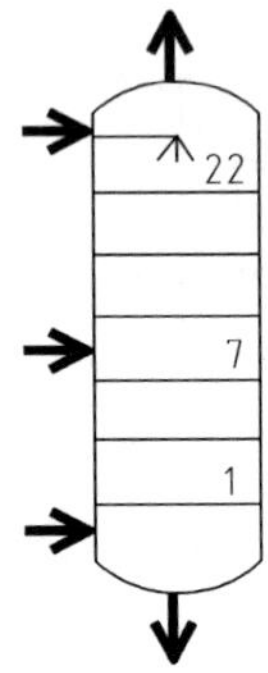 指明功能塔板数目的板式塔
塔内件		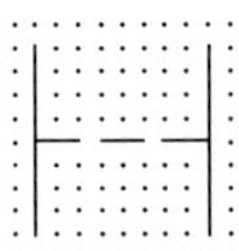 筛板塔塔板 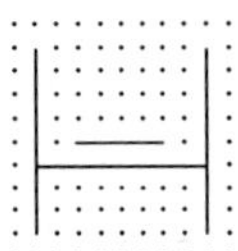 浮阀塔塔板 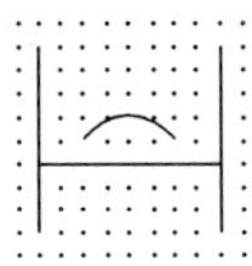 泡罩塔塔板 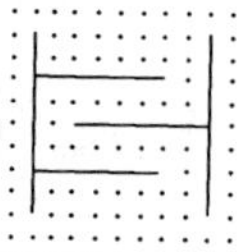 格栅板 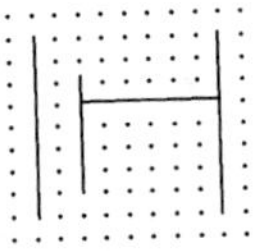 塔板的侧边降液管 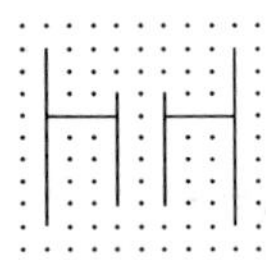 塔板的中间降液管 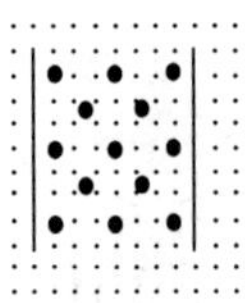 流化床（湍球塔） 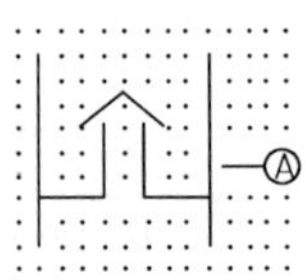 升气管塔板 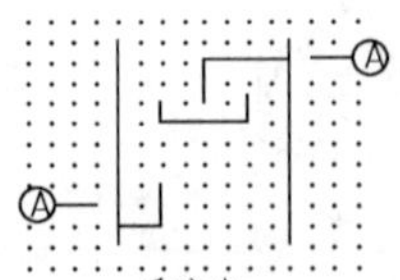 受液盘 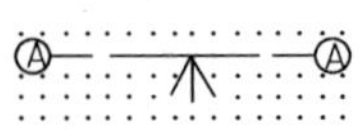 液体的分配（分布）器、喷淋器、喷嘴	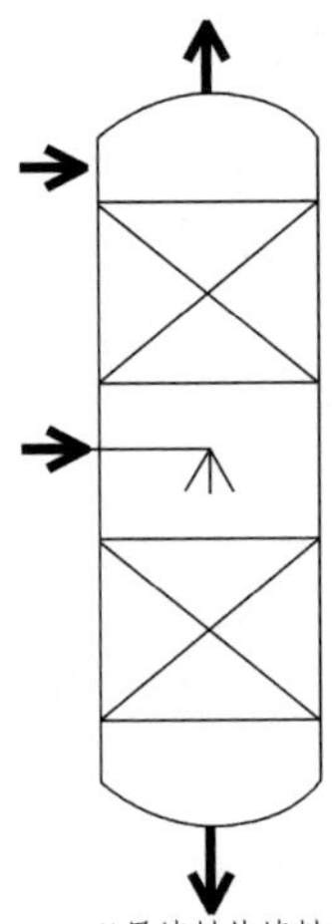 双层填料的填料塔

设备类别（代号）	通用符号	专用符号	应用实例
6 容器、容器内件			
容器（F）	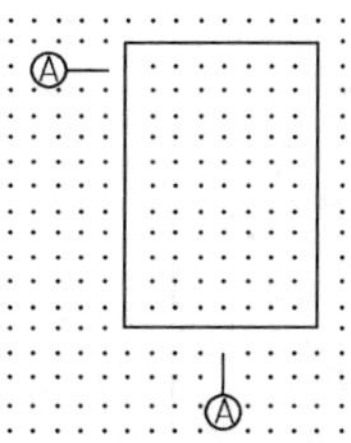 容器 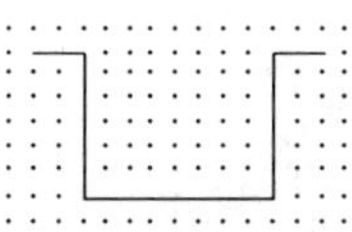 池、槽、坑	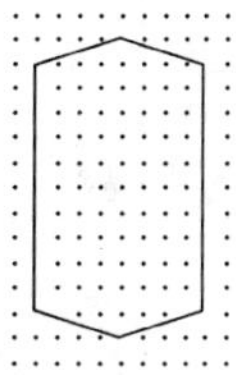 锥形容器 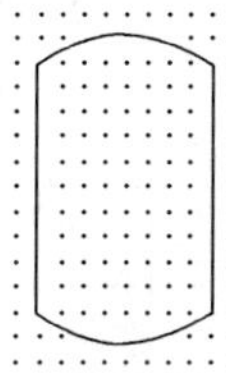 凸形封头容器 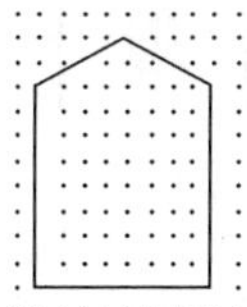 锥顶罐 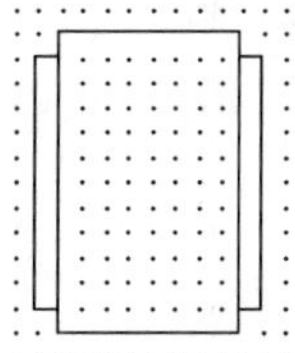 夹套容器 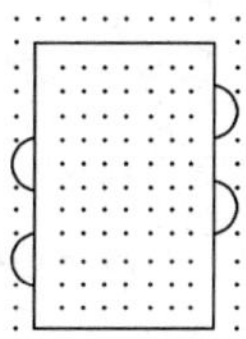 半盘管容器 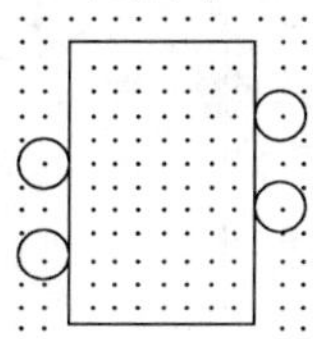 全盘管容器 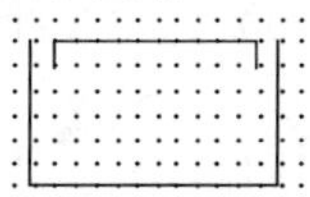 浮顶罐 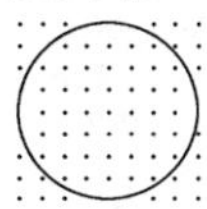 球罐 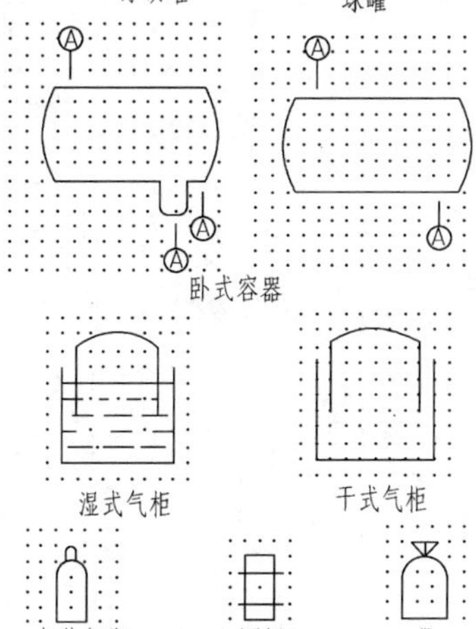 卧式容器  湿式气柜  干式气柜 气体钢瓶 圆桶 袋	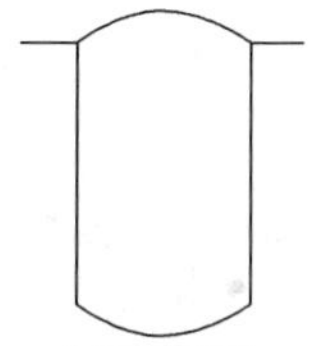 凸形圆盖容器 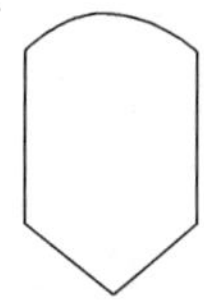 圆顶锥底容器 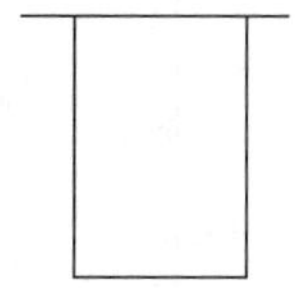 平底平盖容器 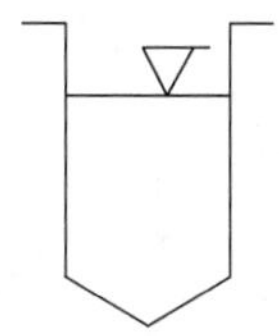 敞口容器（有液面指示） 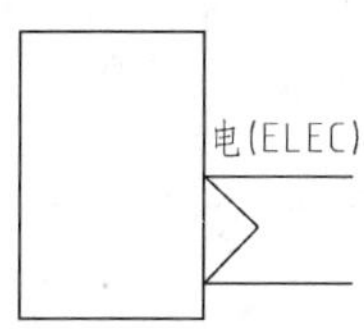 外部电加热容器

续表

设备类别(代号)	通用符号	专用符号	应用实例
容器内件	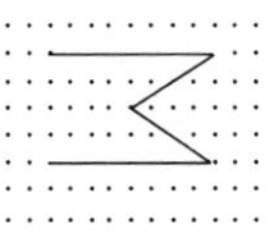 加热或冷却部件 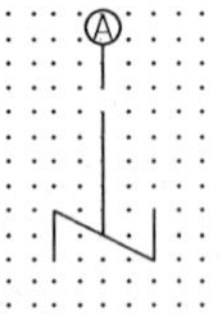 搅拌器(搅拌桨)	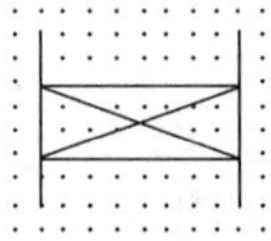 填料分离(除沫)层 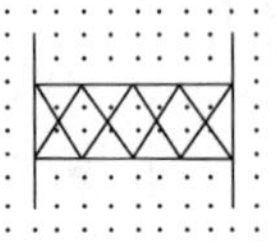 丝网分离(除沫)层 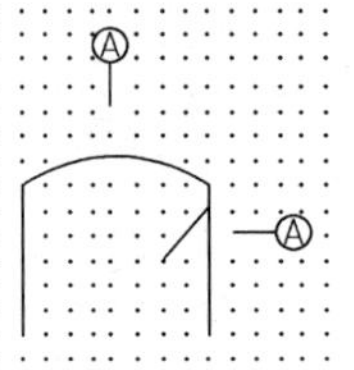 折流板(防冲板) 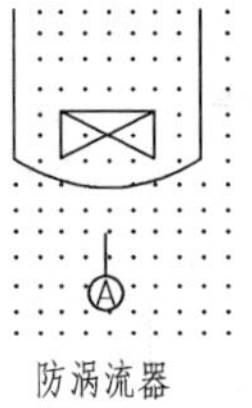 防涡流器 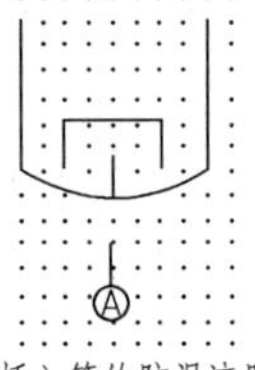 有插入管的防涡流器 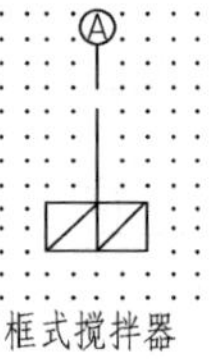 门框式搅拌器 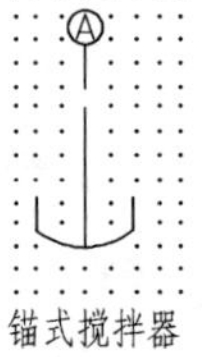 锚式搅拌器 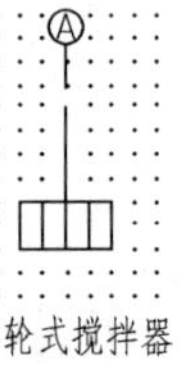 涡轮式搅拌器 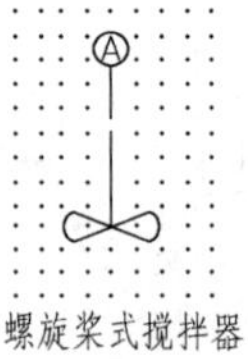 螺旋桨式搅拌器 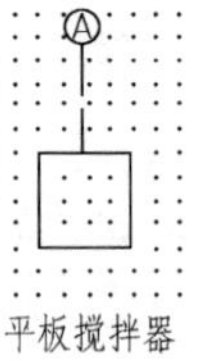 平板搅拌器 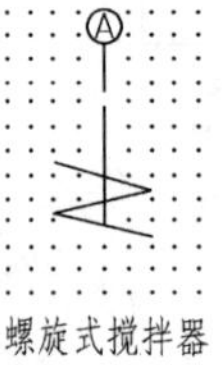 螺旋式搅拌器 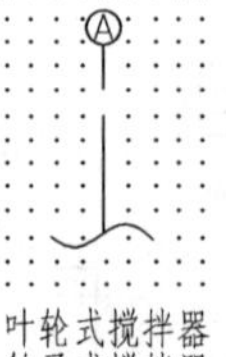 叶轮式搅拌器 转子式搅拌器 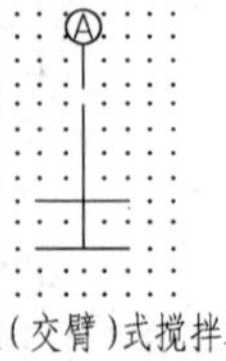 横梁(交臂)式搅拌器 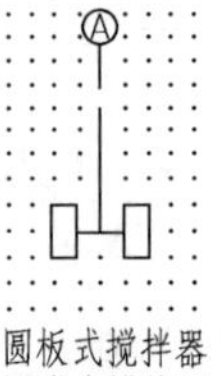 圆板式搅拌器 圆盘式搅拌器	

续表

设备类别（代号）	通用符号	专用符号	应用实例
7 压缩机、真空泵、鼓风机、泵			
压缩机 (J)	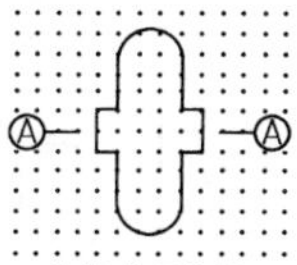 旋转式压缩机 旋转式真空泵 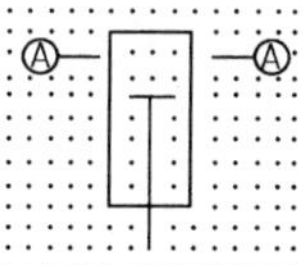 往复式压缩机 往复式真空泵	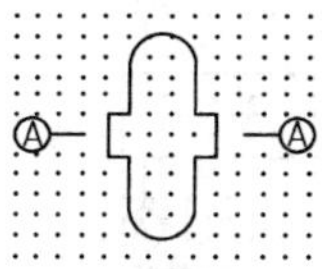 旋转式压缩机 旋转式真空泵 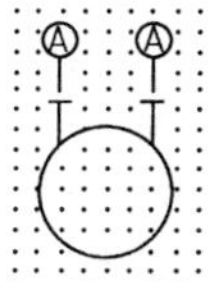 液环式压缩机 液环式真空泵 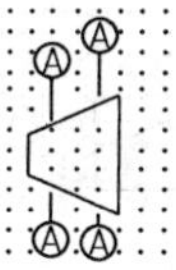 离心式压缩机	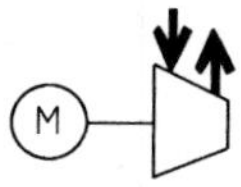 电动机驱动的离心式压缩机 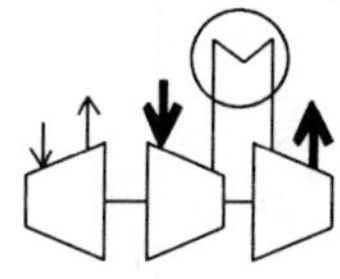 蒸汽轮机驱动并带内部冷却器的多级离心式压缩机 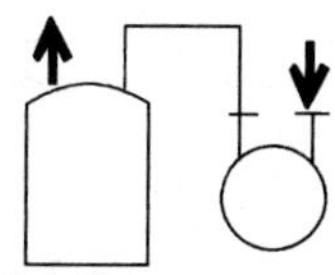 带“水箱”的水环式压缩机
鼓风机 (J)	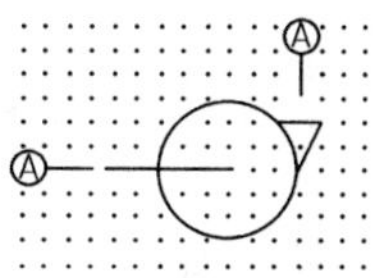 鼓风机		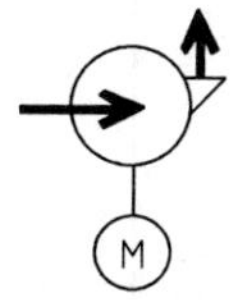 电动机驱动的鼓风机
泵 (J)	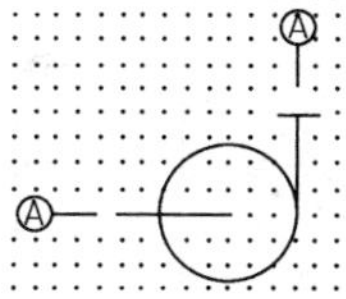 非容积式泵(速度型泵)	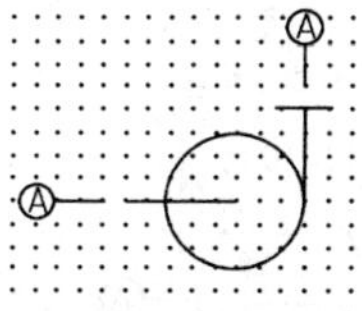 离心泵 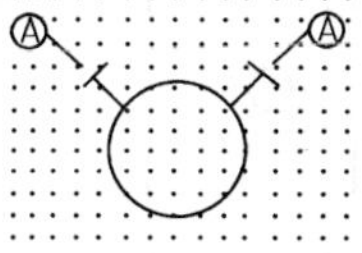 旋涡泵 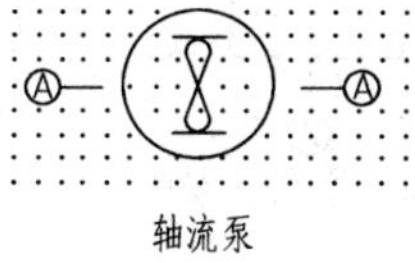 轴流泵 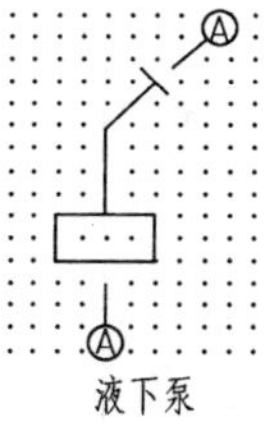 液下泵	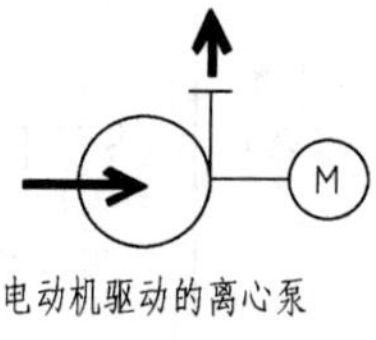 电动机驱动的离心泵 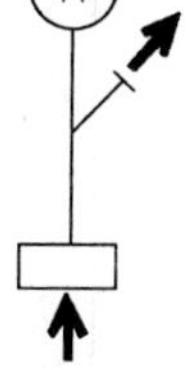 电动机驱动的液下泵

设备类别（代号）	通用符号	专用符号	应用实例
泵（J）	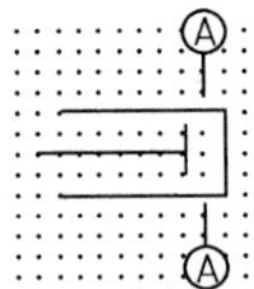 容积式泵（非速度型泵） 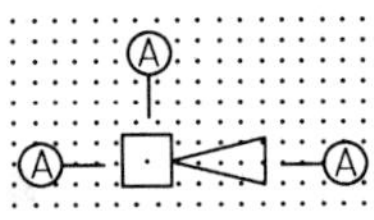 喷射泵	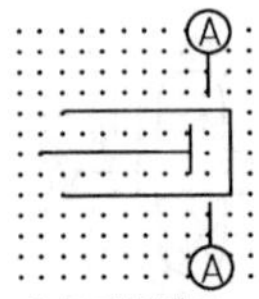 往复泵隔膜泵 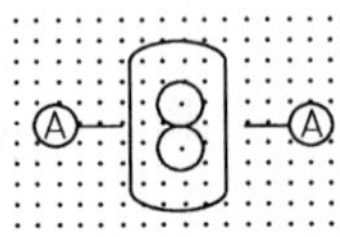 转子泵 齿轮泵 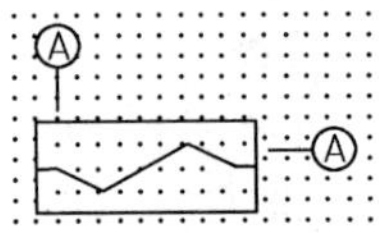 螺杆泵 蜗杆泵	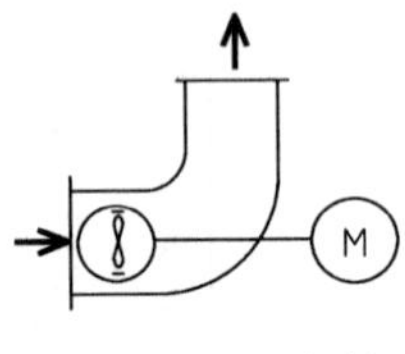 装在管道中心的、电动机驱动的轴流泵 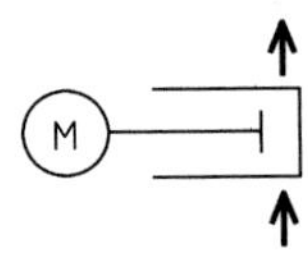 电动机驱动的往复泵
8 特殊设备			
特殊设备（干燥器）（L）	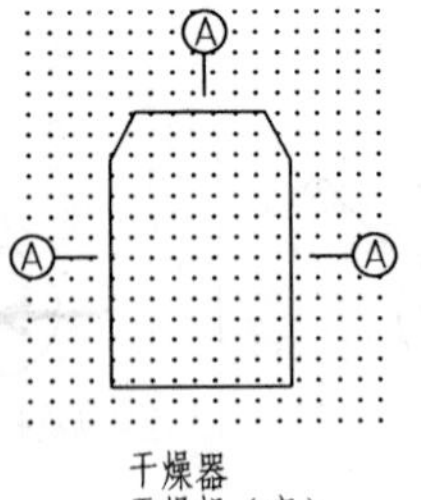 干燥器 干燥机（窑）	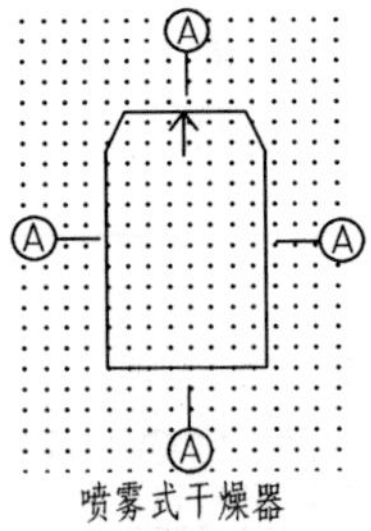 喷雾式干燥器 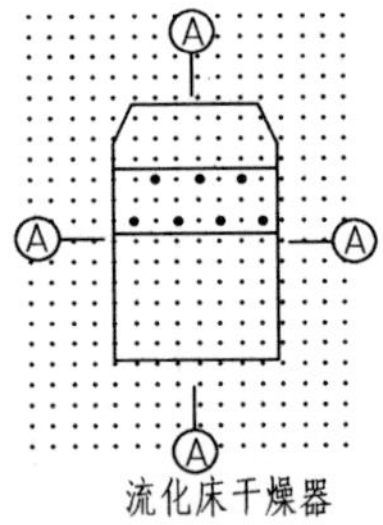 流化床干燥器 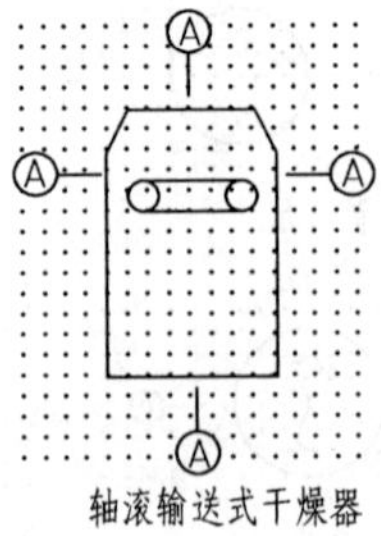 轴滚输送式干燥器 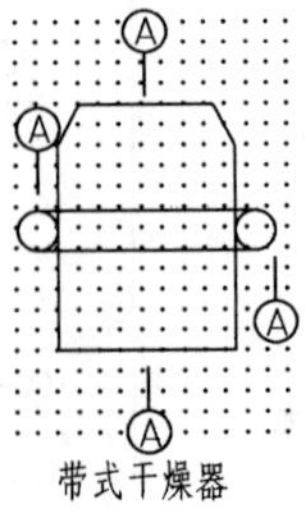 带式干燥器	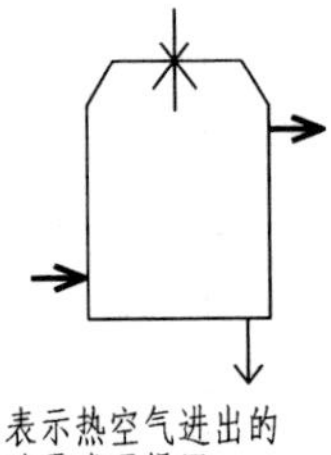 表示热空气进出的喷雾式干燥器 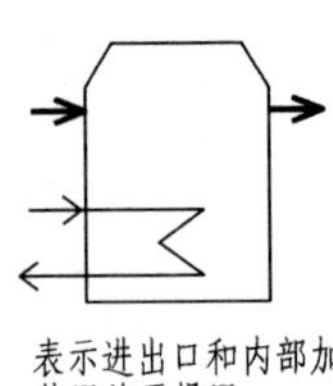 表示进出口和内部加热器的干燥器

设备类别（代号）	通 用 符 号	专 用 符 号	应 用 实 例
特殊设备（干燥器）（L）		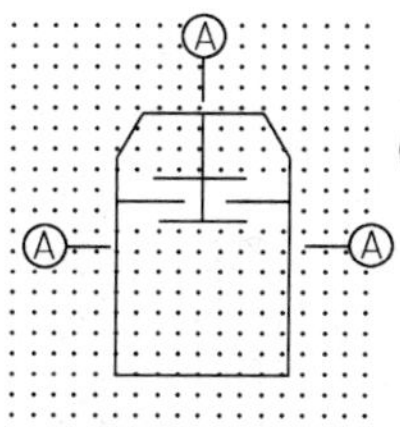 圆盘式干燥器 移动格板式干燥器 涡轮式干燥器 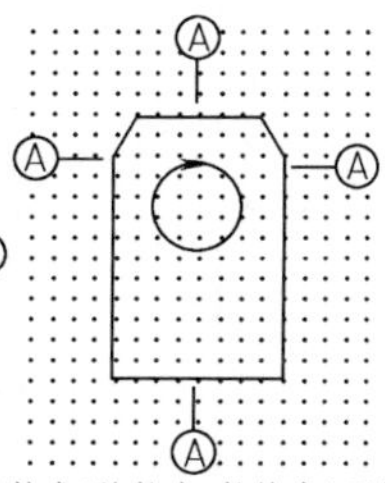 转鼓式(旋转式、转筒式)干燥器 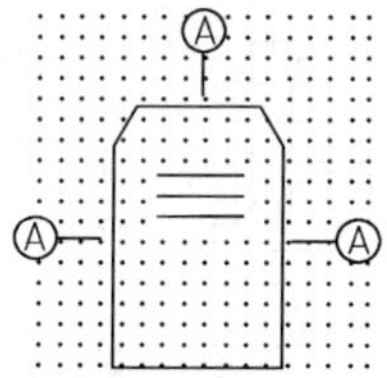 箱式干燥器(机、窑)	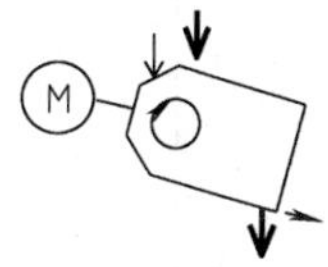 电动机驱动的转鼓式干燥器（倾斜设置）
特殊设备（分离器）（L）	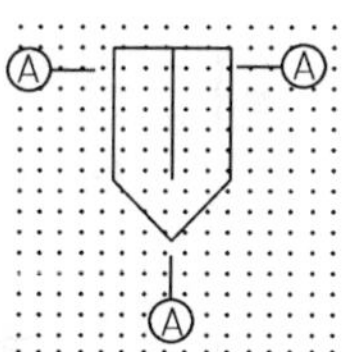 分离器	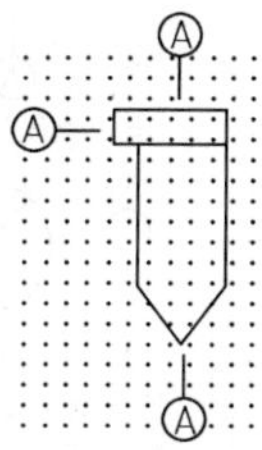 旋风分离器 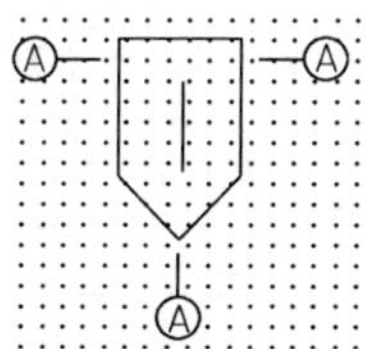 碰撞式分离器 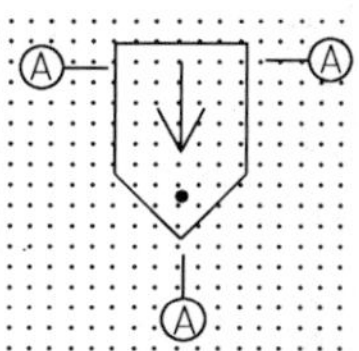 重力式分离器 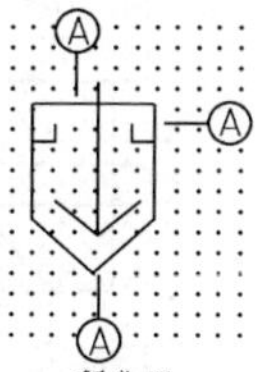 稠化器 沉降器 增浓器 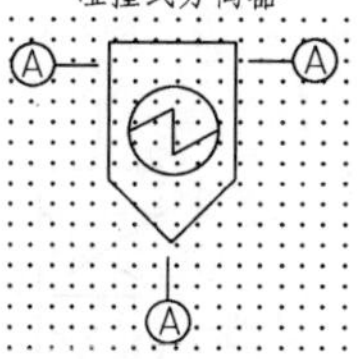 电力式分离器 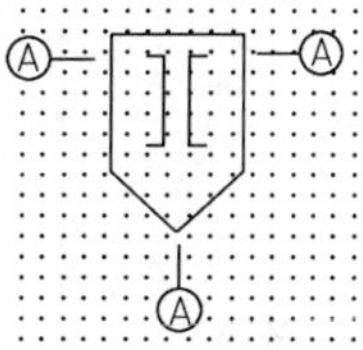 电磁式分离器 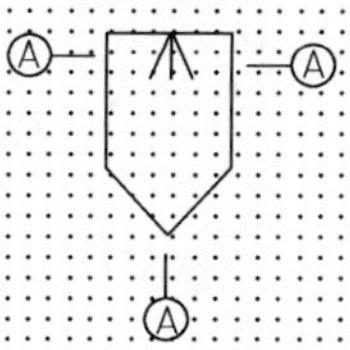 湿式(洗涤式)分离器 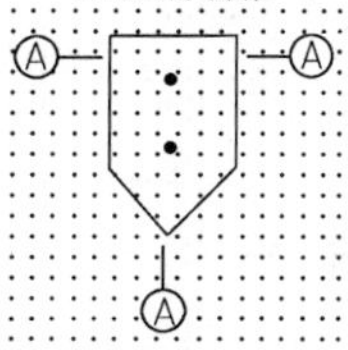 干式分离器 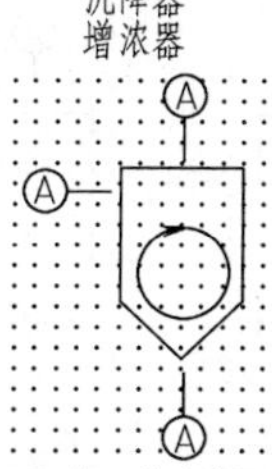 离心式分离器 旋转式分离器	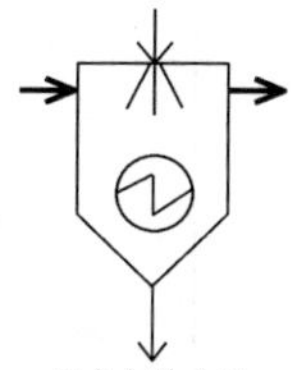 湿式电除尘器 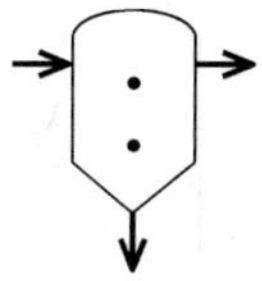 凸形封头(圆顶) 干式分离器

设备类别（代号）	通用符号	专用符号	应用实例
特殊设备 （过滤器） （L）	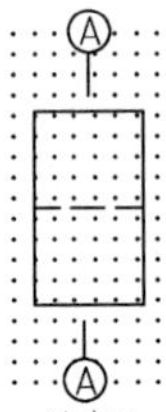 过滤器 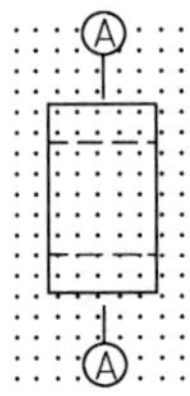 液体过滤器 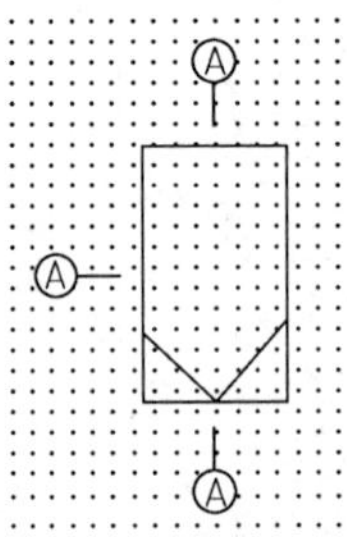 气体(空气)过滤器	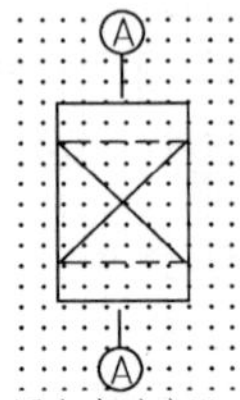 固定床过滤器 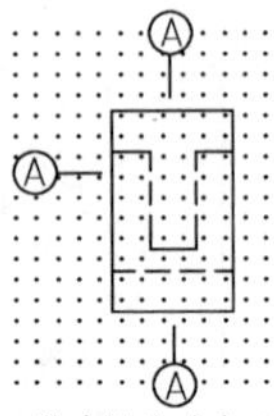 带滤槽的过滤器 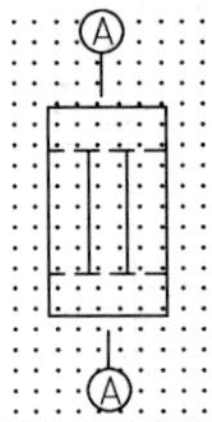 活性炭过滤器 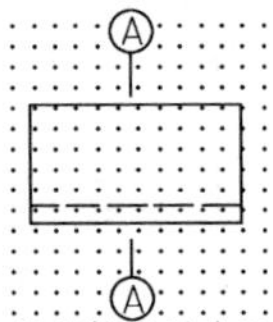 吸液(抽气)过滤器 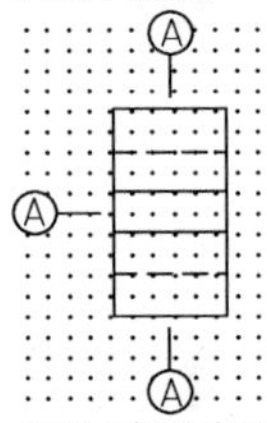 离子交换过滤器 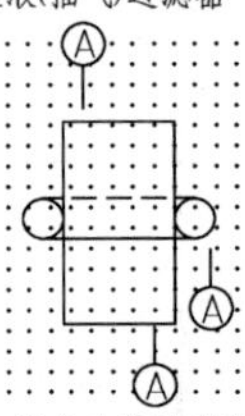 带式液体过滤器 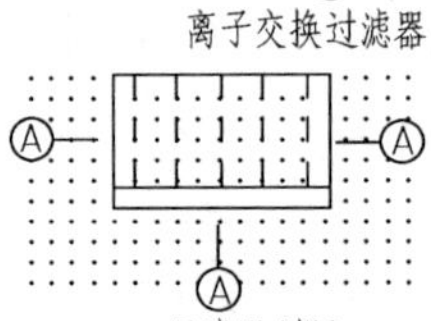 压滤器(机) 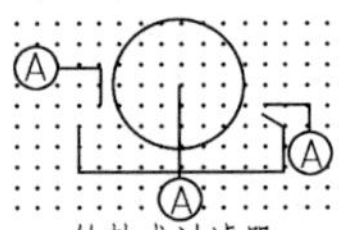 转鼓式过滤器 转盘式过滤器 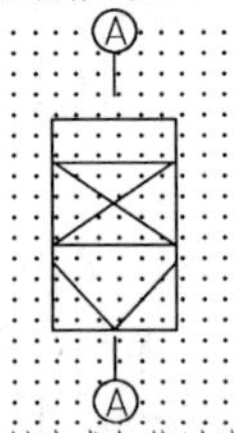 填料床式气体过滤器 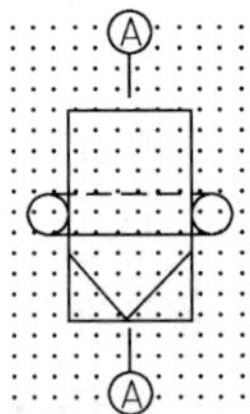 带式气体过滤器 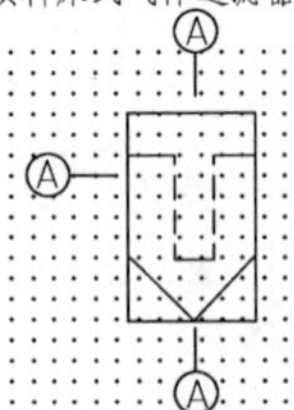 袋式气体过滤器 带滤筒的气体过滤器 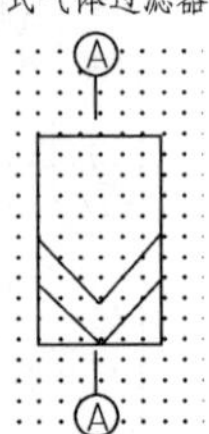 高效超细颗粒气体过滤器	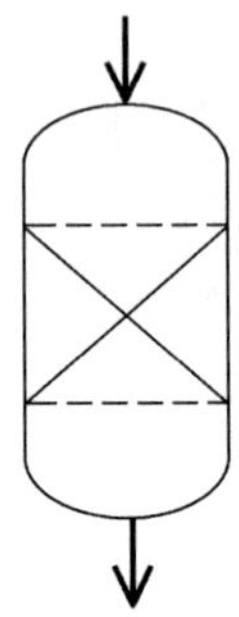 凸形封头(圆顶) 固定床过滤器 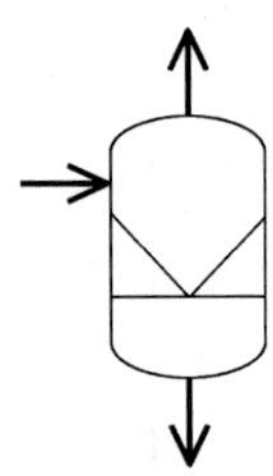 凸形封头（圆顶） 气体（空气）过滤器

续表

设备类别 （代号）	通 用 符 号	专 用 符 号	应 用 实 例
特殊设备 （离心机） （L）	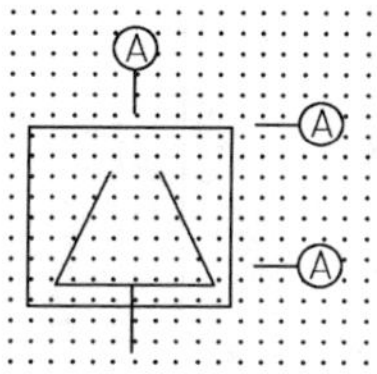 离心机	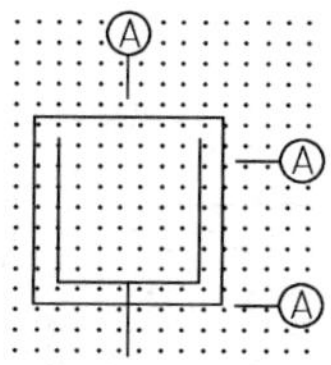 无孔壳体离心机 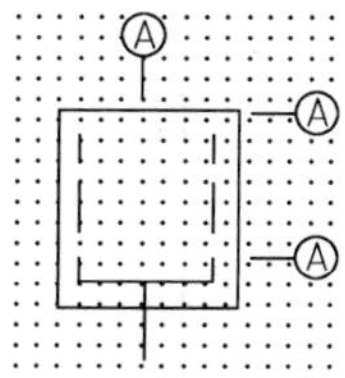 有孔壳体离心机 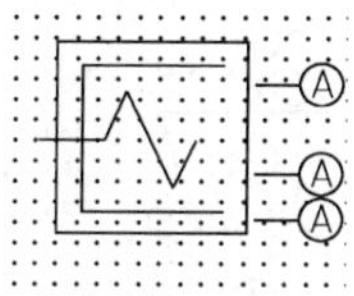 无孔壳体 螺杆式离心机 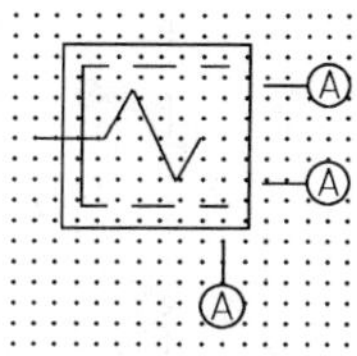 有孔壳体螺杆式离心机 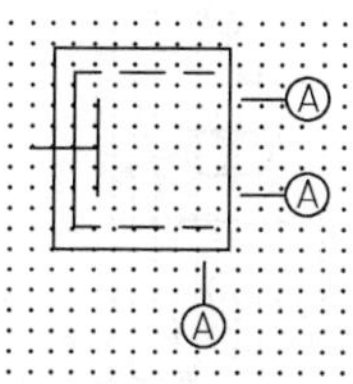 推进板式离心机 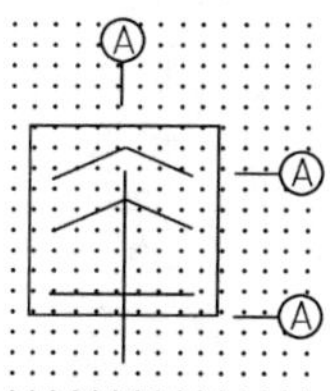 圆板式离心机	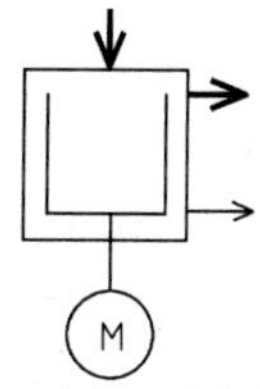 电动机驱动的无孔壳体离心机
特殊设备 （L）	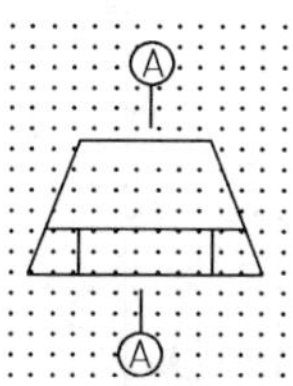 成型机 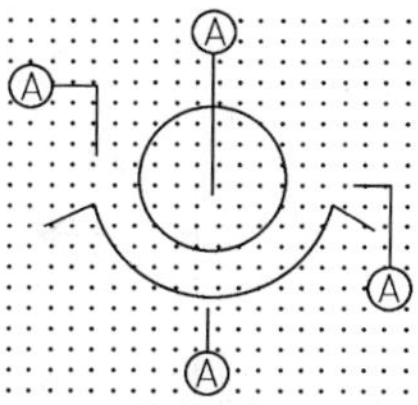 转鼓式结片机	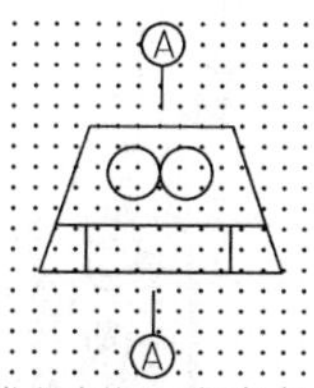 轧辊式挤压(成型)机 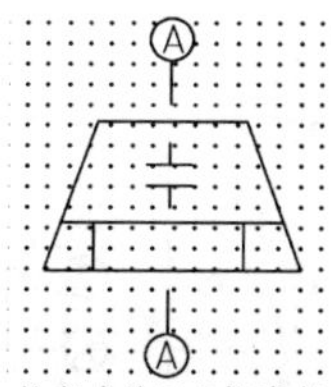 柱塞式挤压(成型)机 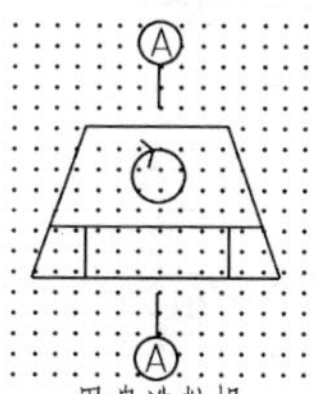 甩盘造粒机 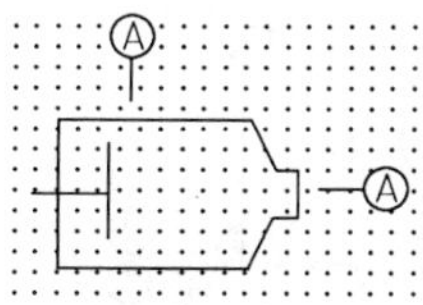 挤压(模压)机 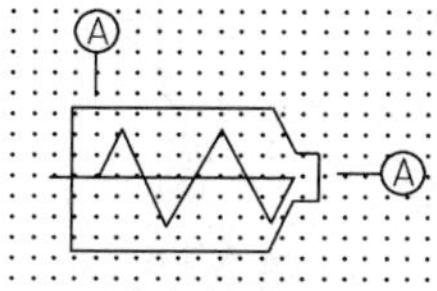 螺杆式挤压机	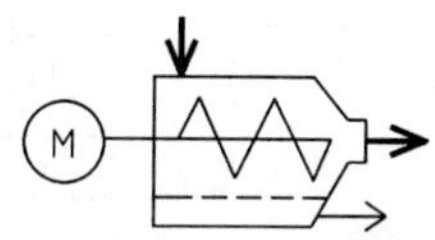 电动机驱动的带过滤器的螺杆式挤压机 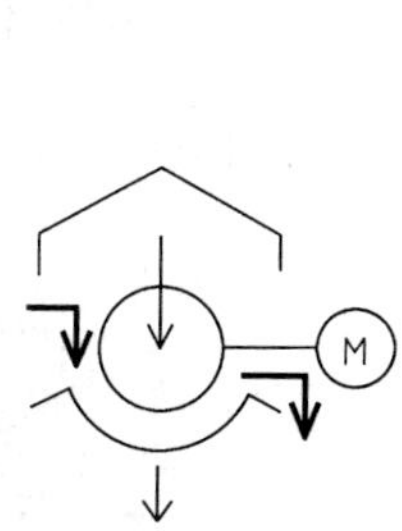 电动机驱动的密闭型转鼓式结片机

设备类别（代号）	通用符号	专用符号	应用实例
特殊设备（L）	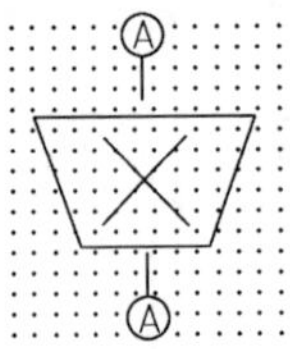 磨机 研磨机 磨碾机 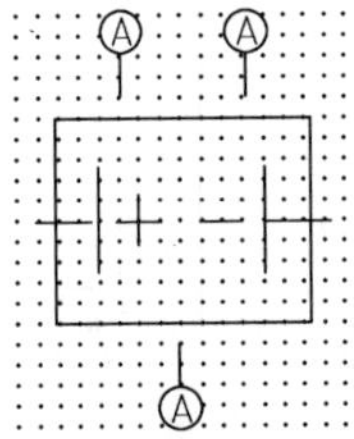 电解槽 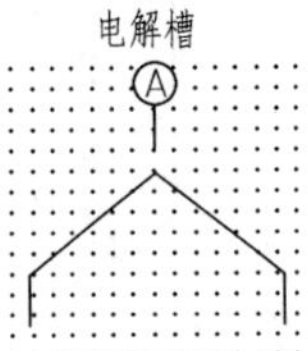 外壳、帽、盖、蓬罩、通风罩 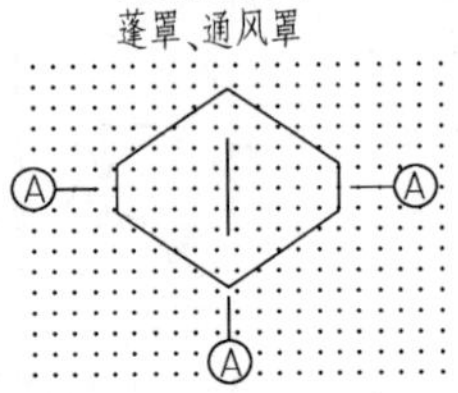 筛子	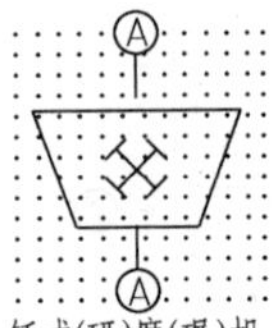 锤式(研)磨(碾)机 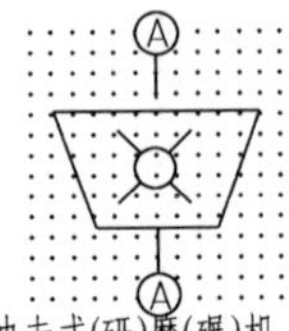 冲击式(研)磨(碾)机 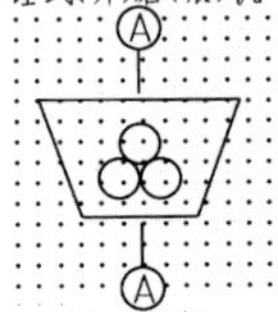 球(研)磨机 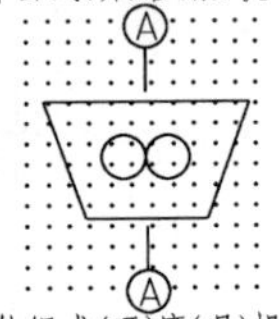 轧辊式(研)磨(碾)机 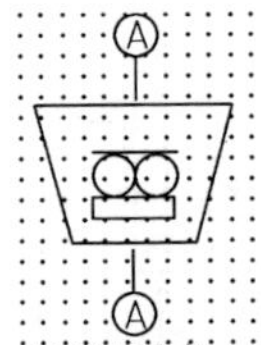 研(碾)压磨机 滚球(研)磨机 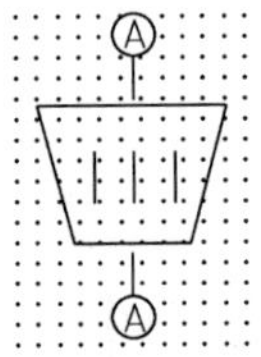 棒(棍)式(辗)磨机 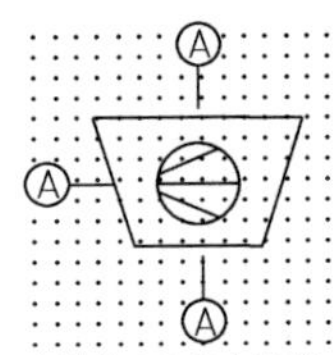 喷射式(研)磨(碾)机 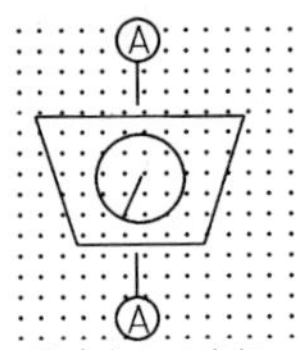 震动式(研)磨机 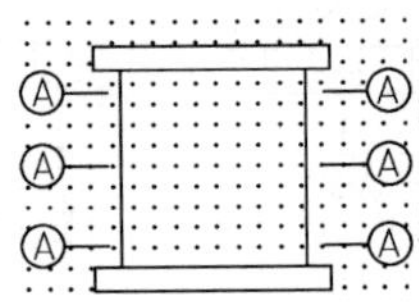 电渗析器 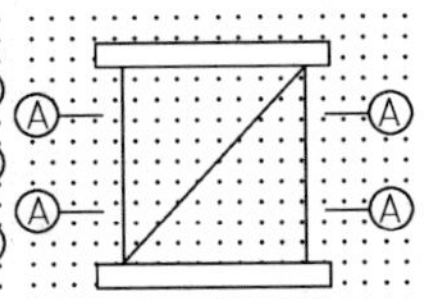 反渗透器 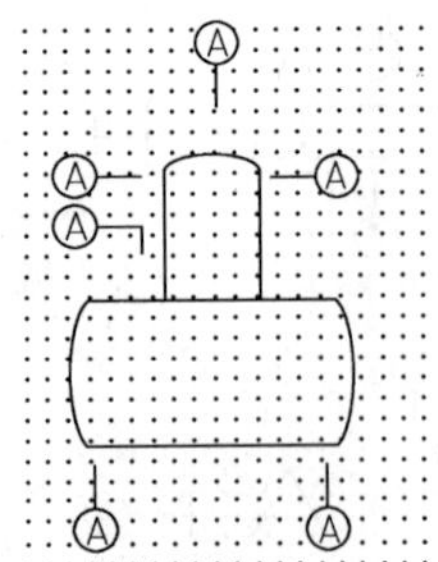 除氧器（带水箱）	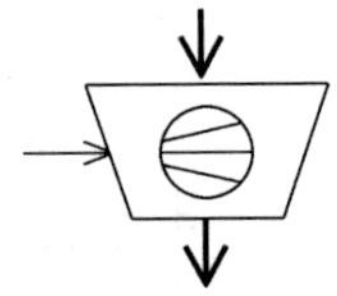 表示固体和气体连接管的喷射式(研)磨机 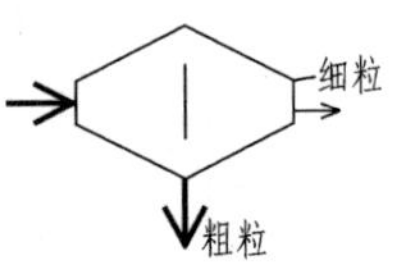 筛子

续表

设备类别（代号）	通用符号	专用符号	应用实例
特殊设备（L）	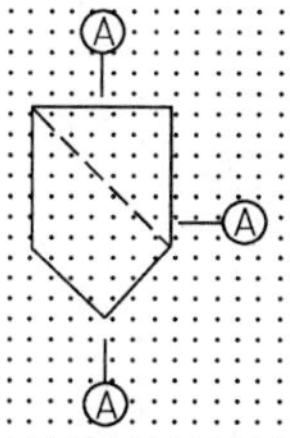 筛分器 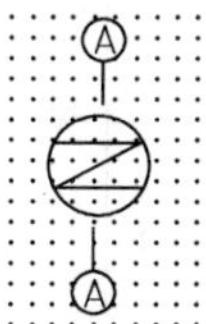 固体配料机 固体均分机 固体调合机	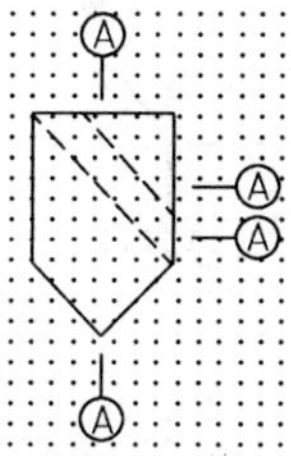 双层筛网筛分器 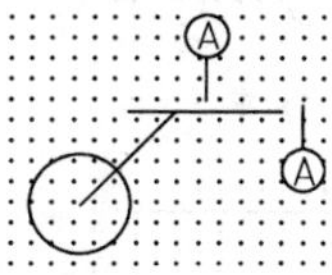 固体往复给料机 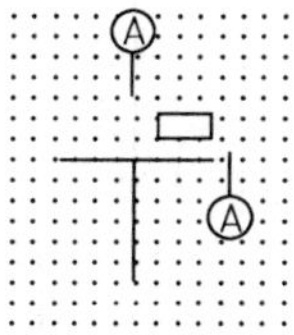 固体圆盘给料机 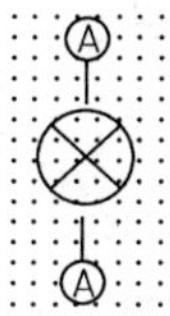 旋转给料机	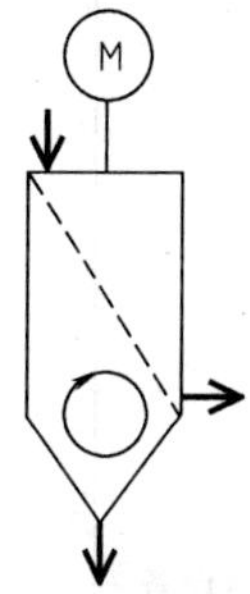 电动机驱动的旋回筛分器 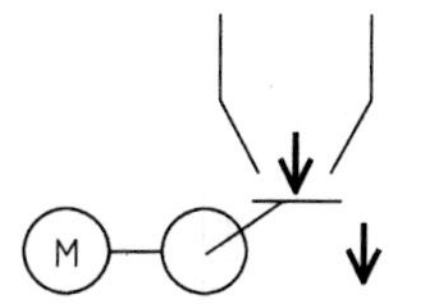 固体物料从容器底部下料由电动机驱动的往复式给料机

9　机运设备

设备类别（代号）	通用符号	专用符号	应用实例
机运设备（V）	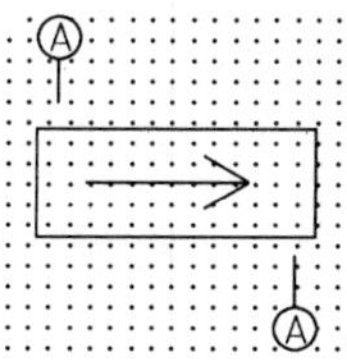 连续输送机	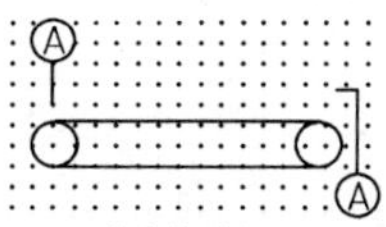 带式输送机 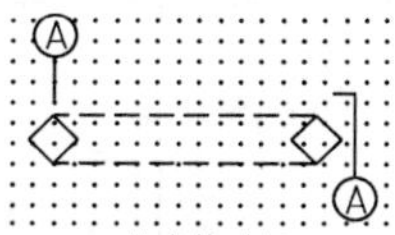 链式输送机 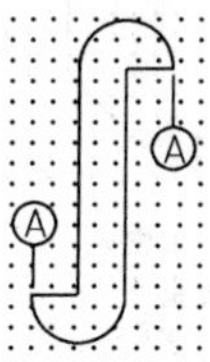 斗式提升机 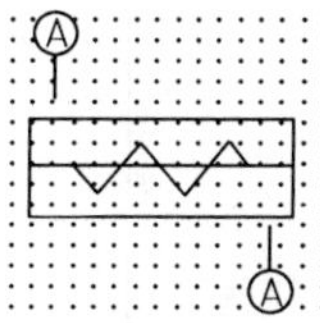 螺旋式输送机 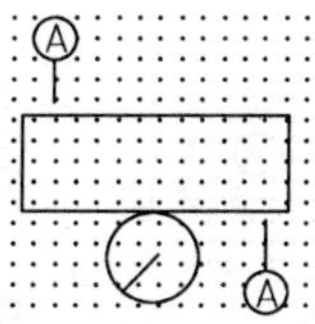 振动式输送机 管式振动输送机 开启式振动输送机	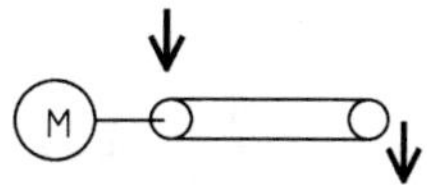 表示进料和出料的电动机驱动的带式输送机 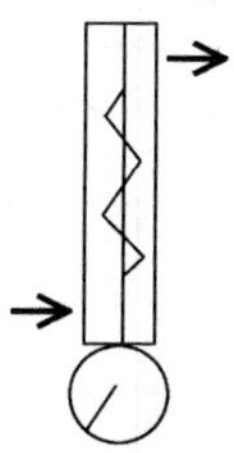 螺旋式振动提升机

续表

设备类别（代号）	通 用 符 号	专 用 符 号	应 用 实 例
机运设备（V）	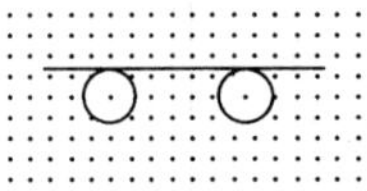 工业运输车	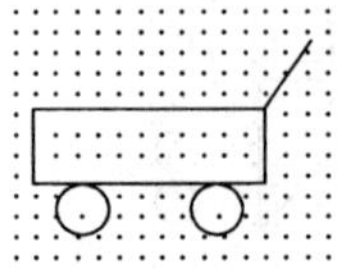 手推车 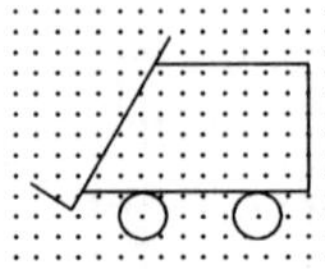 叉车 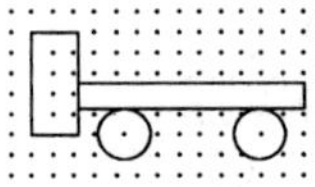 电瓶车 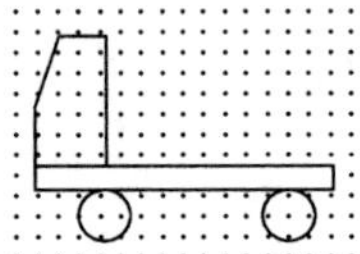 载重汽车 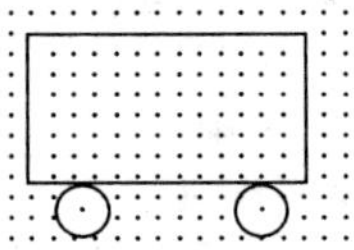 铁路车 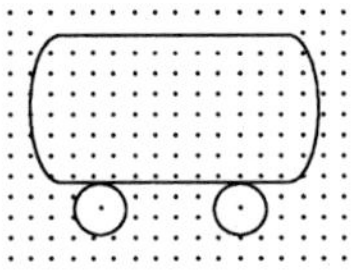 槽车 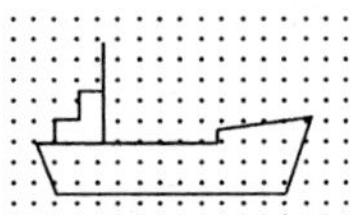 船	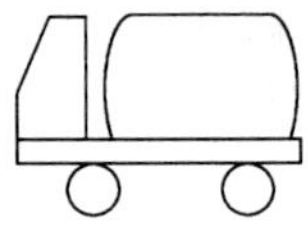 汽车槽车 散装汽车
10 其他设备			
其他设备（Y）	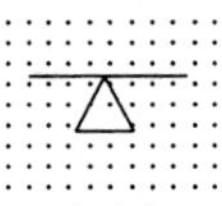 秤重点 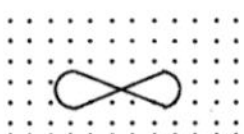 风扇	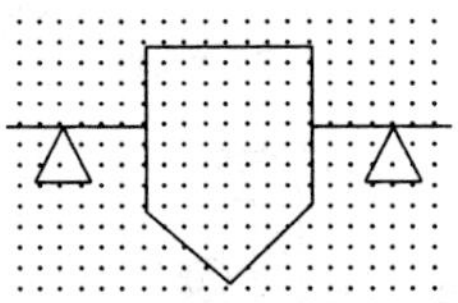 秤重容器 秤重斗 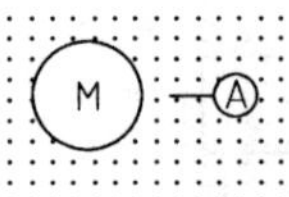 电动机 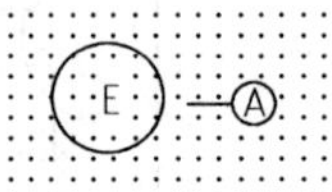 燃气机、内燃机	

续表

设备类别（代号）	通用符号	专用符号	应用实例
其他设备（Y）	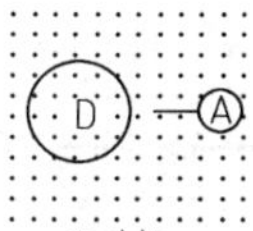 驱动机 发动机	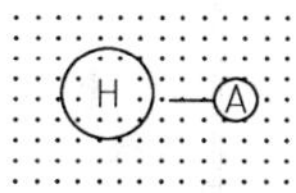 液力驱动机 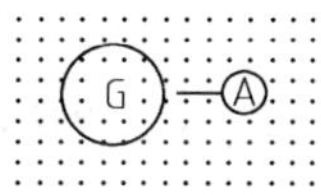 发电机(动力发生机) 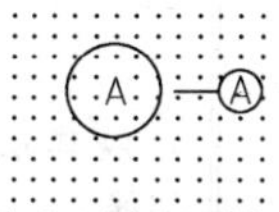 气力(空气)驱动机 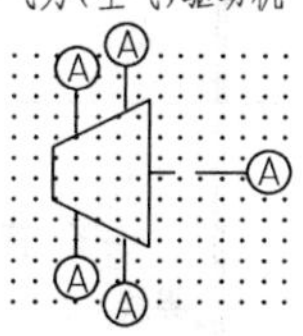 离心式膨胀机 透平式膨胀机 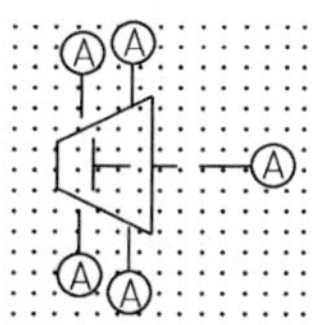 活塞式膨胀机	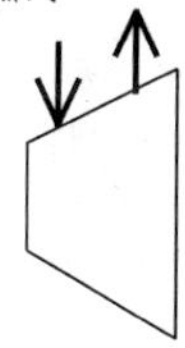 蒸汽汽轮机

说明：1. 图形符号下部表示了网格（格栅点的基本模数 $M=2.5$mm），推荐用于图形符号的定位和比例尺寸。与图形符号的连接为◯，它不是图形符号的组成部分。箭头所示方向表示物流进出方向。

2. 对于没有定位尺寸要求的图形符号，图形符号可以转向，或变为其镜像图形符号可以变形，以调整到符合实际对象。

3. 采用组合的方式来表示功能相关的图形符号，由一通用符号与附加符号组成反映几种功能的图形符号。

4. 对本标准中没有列出的图形符号，可采用下述的办法之一表示：

（1）以实际对象的形状、特征和尺寸来形象化、简化表示。

（2）以一个长方块（或方块）来表示，并注明名称。

（3）新增图形符号。

5. 图形符号根据功能作用或类型特征分为通用符号和专用符号二组。通用符号优先用于工艺流程图（PF 图）和管道仪表流程图（PI 图）的 A 版（初版）。随工程设计的进展，逐步深化图形。管道仪表流程图的 C 版（用户审查版）和 G 版（施工版）要尽量采用专用符号。

6. 标准中的应用举例是用来说明图形符号的表示、应用和组合。

附表 8-3 管道仪表流程图管道、阀门和管件图形符号（HG 20559.3—93）

1 管道和线条图形符号

名 称	符 号	备 注	名 称	符 号	备 注
主物料管道	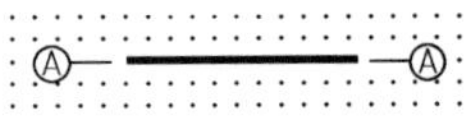	粗线条	隔热层管道	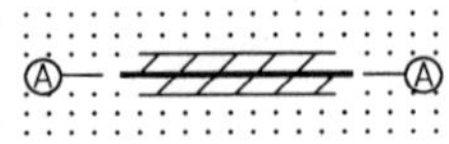	隔热层只表示一段 C=0.8
次要物料管道、辅助物料管道和设备轮廓线	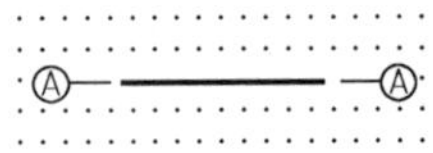	中线条	伴管分界线	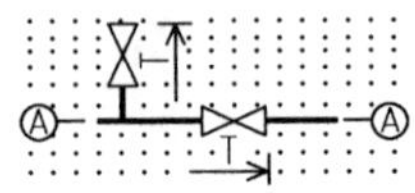	伴管分界线的标识字母“T”与伴管的功能类型代号相同
引线、尺寸标注线、管件、阀门、仪表图形符号和仪表管线等	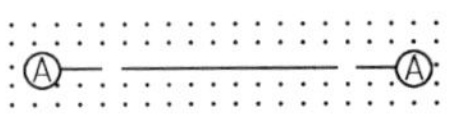	细线条	隔热层分界线	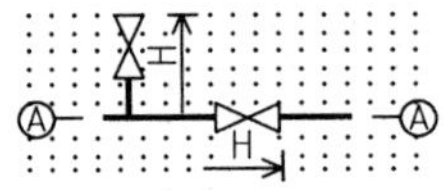	隔热层分界线的标识字母“H”与隔热层的功能类型代号相同
原有管道（原有设备轮廓线）	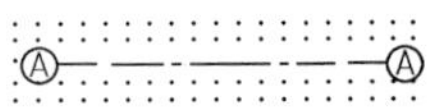		夹套管分界线	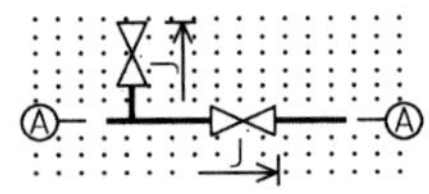	夹套管分界线的标识字母“J”与夹套管的功能类型代号相同
地下管道（埋地和地下管沟）	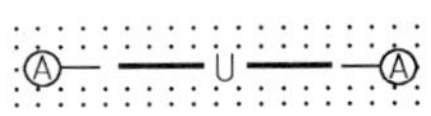		翅片管	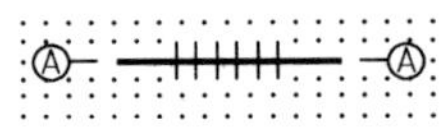	定距，每段表示六个翅片，翅片线为细线条
蒸汽伴热管道	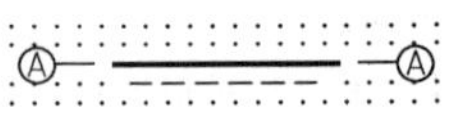	伴热管只表示一段 C=0.8	软管	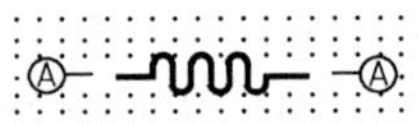	
电伴热管道	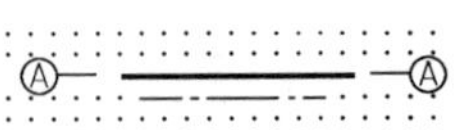	电伴热管只表示一段 C=0.8	地上和地下管道分界	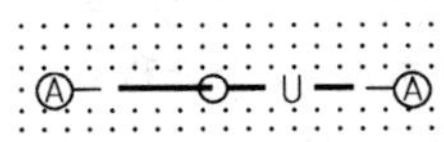	圆直径3mm，圆为细线条
伴冷管道	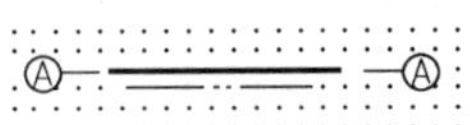	伴冷管只表示一段 C=0.8	不属于本设计范围的和属于今后续建的设备、管道表示线	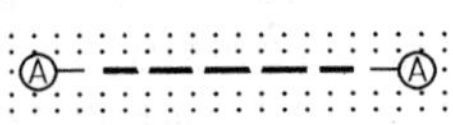	
特殊伴热管道	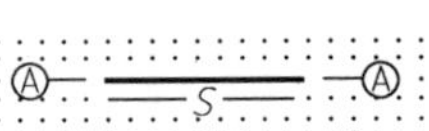	特殊伴热管只表示一段 C=0.8	管道交叉（不相连）和管道相连	第一种表示方法 管道交叉(不相连) 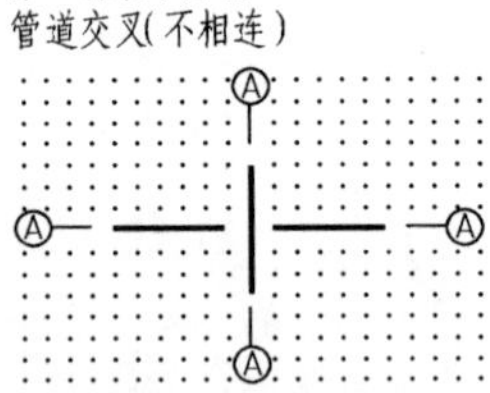	
夹套管道（套管）	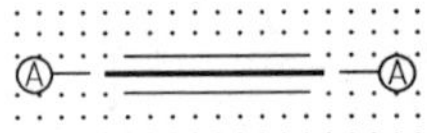	夹套管只表示一段 C=0.8			

续表

名 称	符 号	备 注
管道交叉(不相连)和管道相连	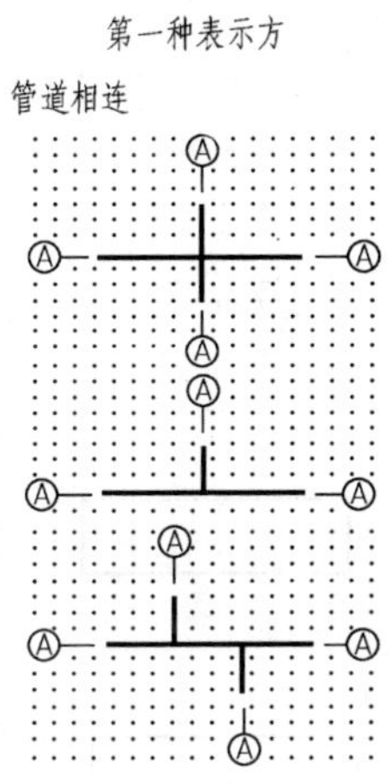	
管道交叉(不相连)和管道相连	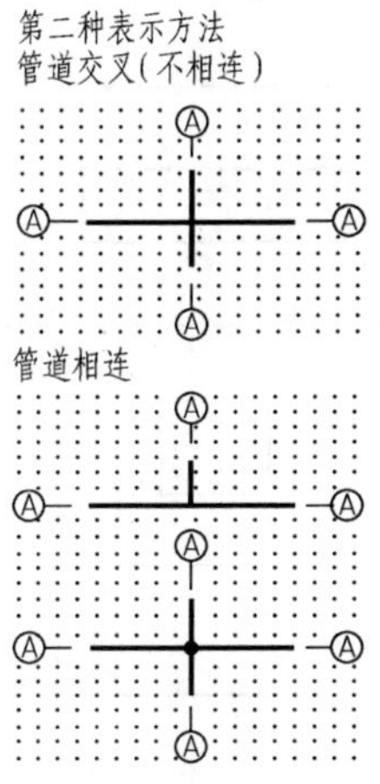	在一套图中只能采用一种表示方法,不能兼用两种表示方法 黑圆点直径 2mm
虹吸管(液封管)	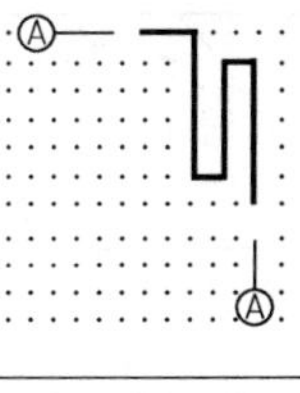	
界区线	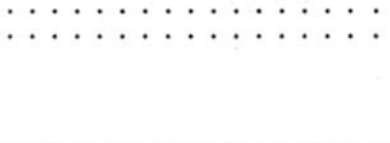	中线条

名 称	符 号	备 注
不同设计单位分工范围线	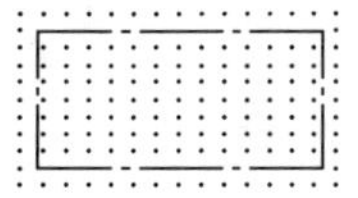	细线条
成套设备范围线	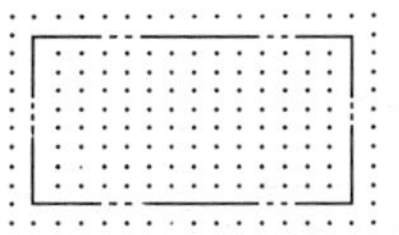	细线条
责任范围表示法	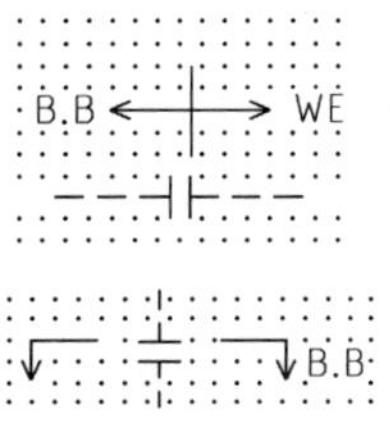	细线条 WE:随设备成套供应 B. B:买方负责
责任范围表示法	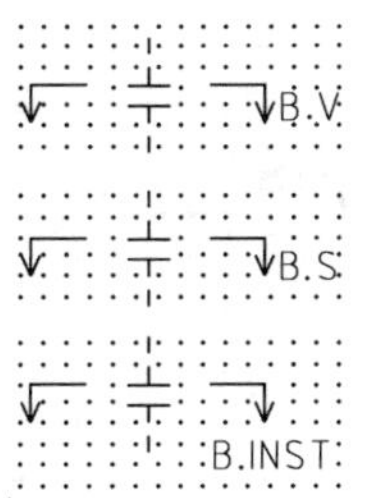	B. V:由制造厂负责 B. S:由卖方负责 B. INST:由仪表负责
专有说明和注解范围线	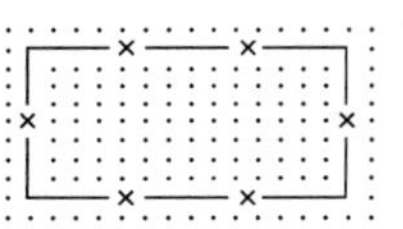	细线条
修改范围线		细线条

续表

名　称	符　号	备　注
流向和指示箭头	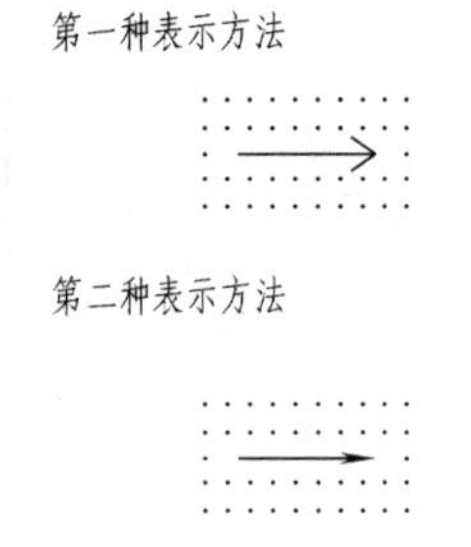	箭头头部角度45°～60° 在一套图中只能采用一种表示方法
管道(仪表信号线)的图纸接续标志	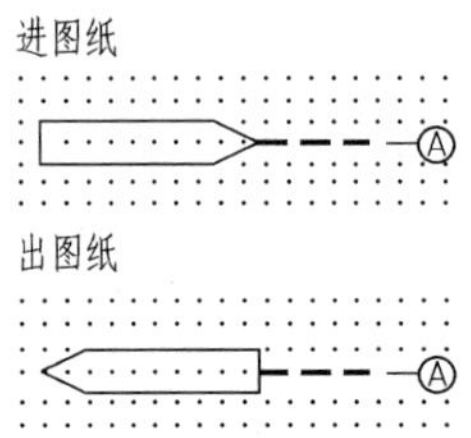	中线条
管道的界区接续标志	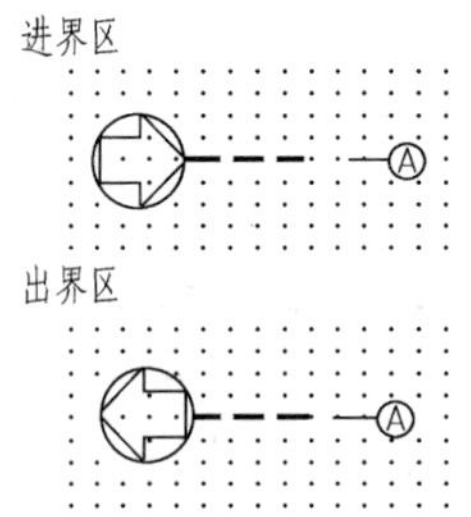	中线条
设计条件填写框	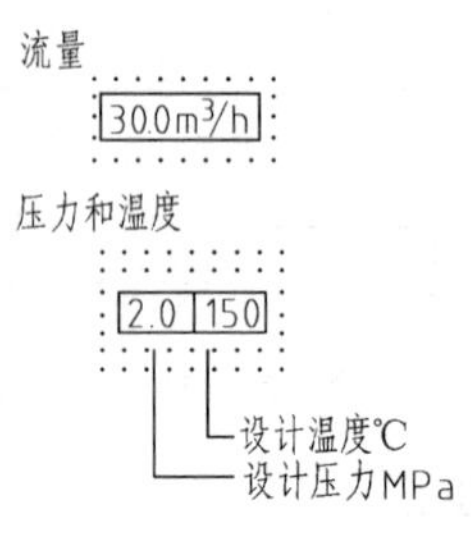	计量单位按需要在框内标注。压力值为绝对压力,如果表示表压则标注(表) 填写框线为细线条
坡度	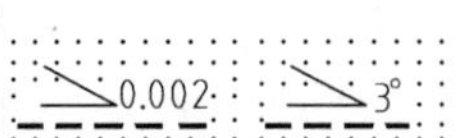	头部角度30° 细线条

名　称	符　号	备　注
相界面符号		细线条 $C=0.8$
管道等级(材料),管道号的分界符号		细线条
公用工程站		长方形不规定尺寸 中线条
蒸汽分配管		长方形不规定尺寸 中线条
冷凝液收集管		长方形不规定尺寸 中线条
表示单元操作,工艺设备的长方框		长方形不规定尺寸 中线条
取样,特殊管(阀)件的编号框	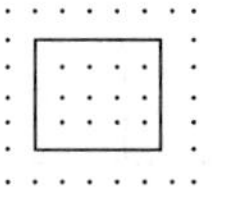	正方形 细线条
钢制平台,操作台	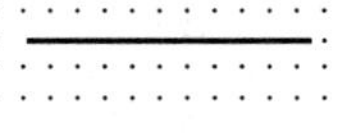	粗线条
砖砌、混凝土、耐火砖、土壤和地平线	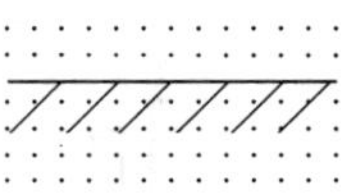	细线条 $C=0.8$ (通用符号)
设备上管口符号	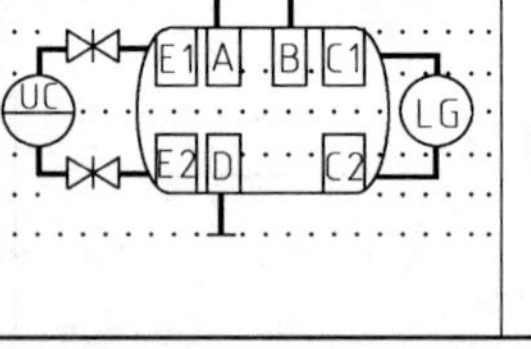	编号框为细线条

续表

名称	符号	备注	名称	符号	备注
设备切断(分割)线	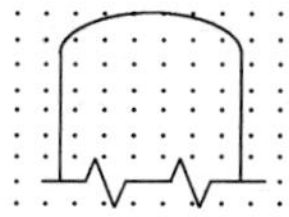	分割线为细线条	玻璃管(板)液位计	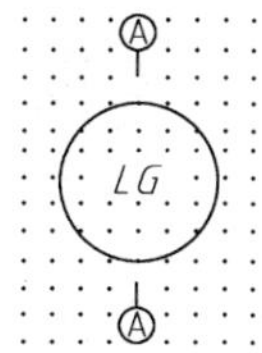	细线条 C=0.8
设备隔热层	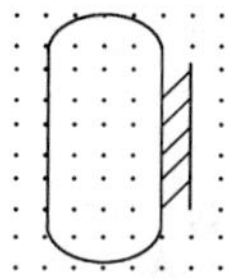	隔热层线条为细线条 C=0.8	修改标记符号		三角形内的"1"表示第一次修改 细线条

2 阀门和管件图形符号（均为细线）

名称	符号	备注	名称	符号	备注
闸阀	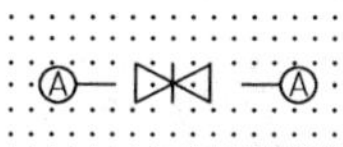	C=0.8	三通阀	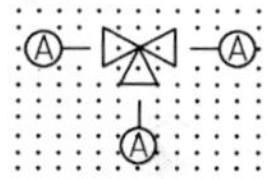	C=0.8 (通用符号)
截止阀	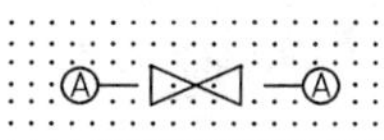	C=0.8	四通阀	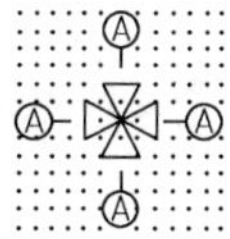	C=0.8 (通用符号)
旋塞阀	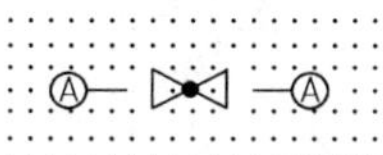	黑圆点直径2mm C=0.8	手动控制截止阀(用于带阀位信号)	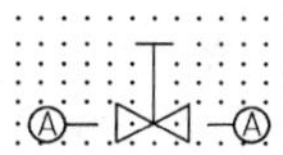	C=0.8
球阀	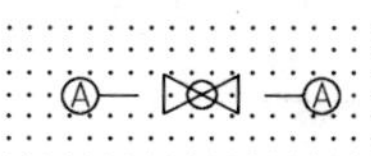	圆直径4mm C=0.8	手动控制旋塞阀(用于带阀位信号)	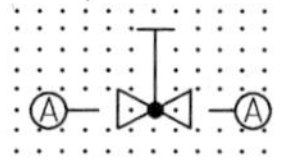	黑圆点直径2mm C=0.8
角阀	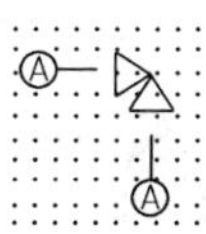	C=0.8 (通用符号)	手动控制球形阀(用于带阀位信号)	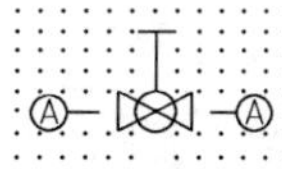	圆直径4mm C=0.8

续表

名称	符号	备注	名称	符号	备注
隔膜阀	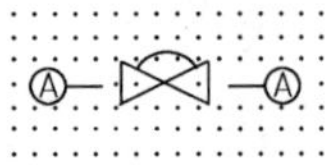	$C=0.8$	插板阀	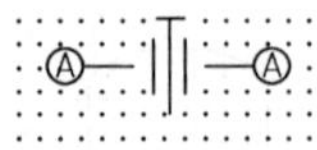	$C=0.8$
减压阀	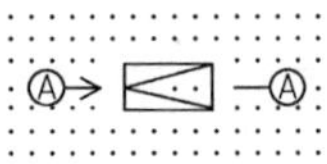	$C=0.8$	顶底阀	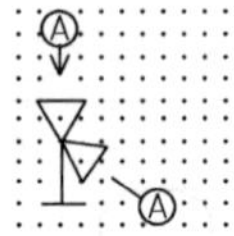	$C=0.8$ （通用符号）
柱塞阀	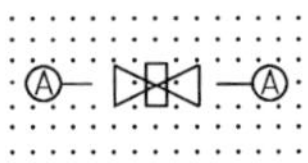	$C=0.8$	顶底球阀	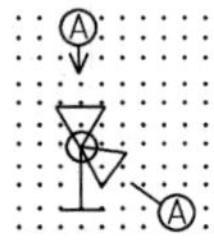	圆直径 4mm $C=0.8$
底阀	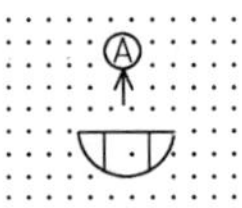	$C=0.8$	角式弹簧安全阀	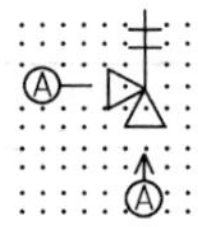	$C=0.8$
疏水阀	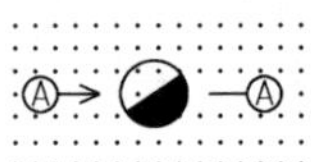	$C=0.8$	角式重锤安全阀	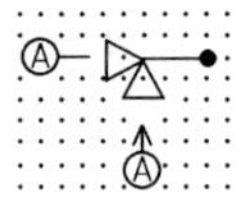	黑圆点直径 2mm $C=0.8$
止回阀	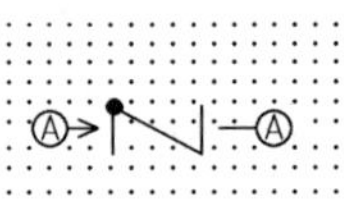	黑圆点直径 2mm $C=0.8$ （通用符号）	带旁通的阀	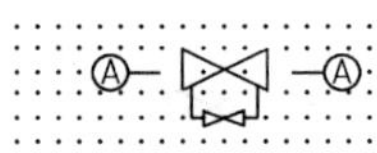	$C=0.8$
角式止回阀	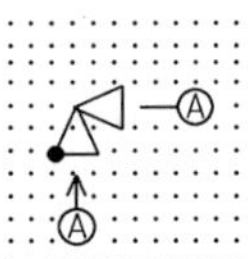	黑圆点直径 2mm $C=0.8$	阀门带有排净或吹扫接头	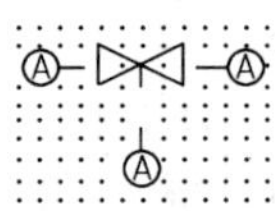	$C=0.8$
蝶阀	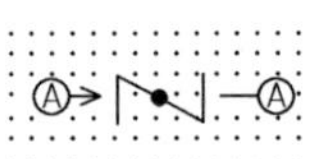	黑圆点直径 2mm $C=0.8$	圆形盲板	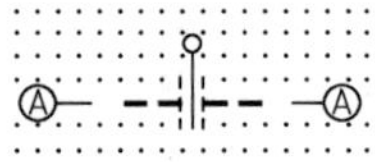	圆直径 2mm $C=0.8$ （通用符号）
呼吸阀	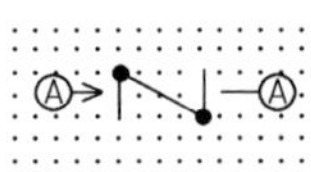	黑圆点直径 2mm $C=0.8$	8 字盲板	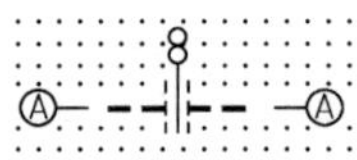	圆直径 2mm $C=0.8$ （通用符号）
针形阀	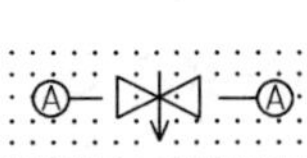	$C=0.8$	8 字盲板（正常开启）	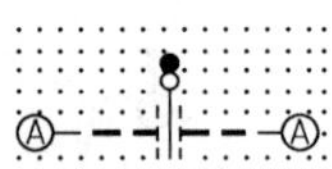	圆直径 2mm $C=0.8$

名　称	符　号	备　注	名　称	符　号	备　注
8字盲板（正常关闭）	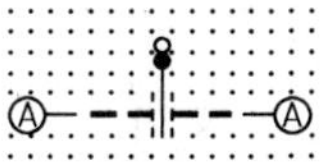	圆直径2mm C=0.8	罐（蓝）式过滤器	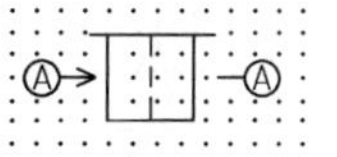	C=0.8
装在法兰间的限流孔板	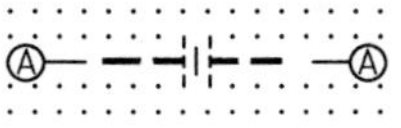	C=0.8	文氏管	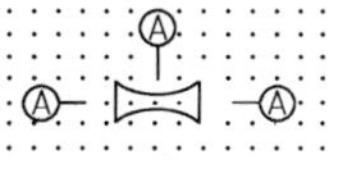	
焊接在管道内的限流孔板	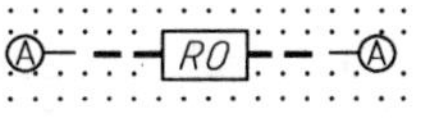	C=0.8	喷射器 引射器	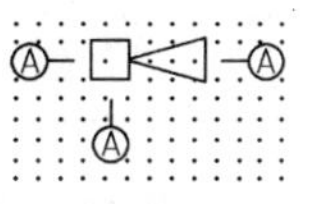	（通用符号）
正拱形爆破片	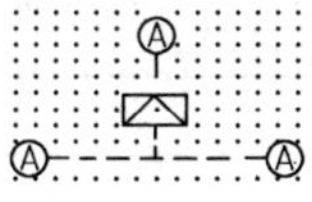	C=0.8	管道混合器	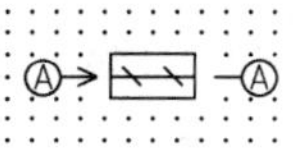	C=0.8 （通用符号）
反拱形爆破片	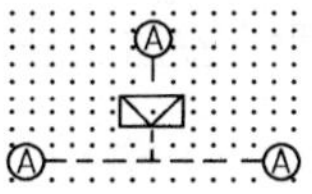	C=0.8	静态混合器	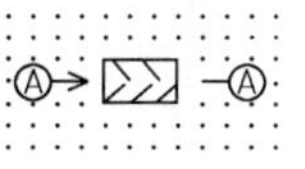	C=0.8
消声器	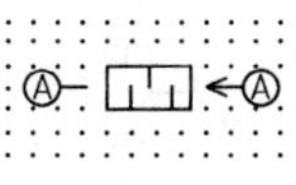	C=0.8	管道上的小水封 油水分离器	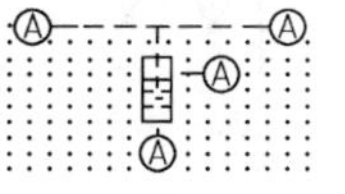	C=0.8
管道过滤器	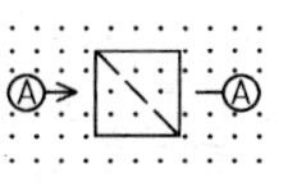	C=0.8 （通用符号）	喷淋器	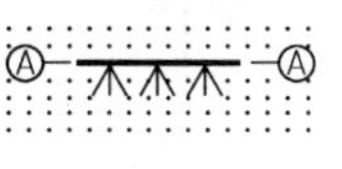	C=0.8
锥形过滤器	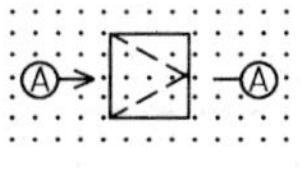	C=0.8	安全喷淋器	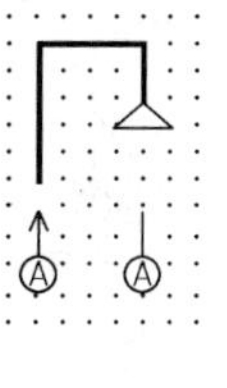	C=0.8
Y形过滤器	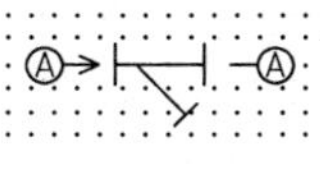	C=0.8			
T形过滤器	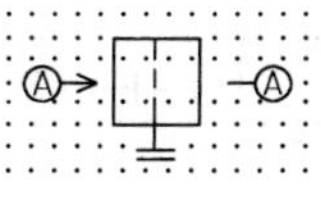	C=0.8	安全洗眼器	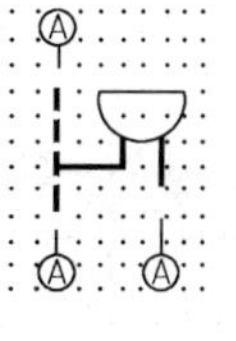	C=0.8

续表

名　称	符　号	备　注	名　称	符　号	备　注
安全喷淋洗眼器	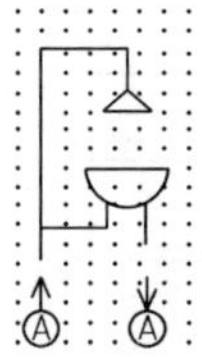	C=0.8	阻火器	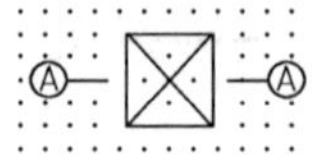	C=0.8 （通用符号）
敞口漏斗	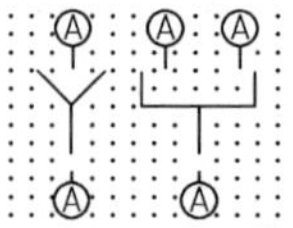	C=0.8	视镜、视钟	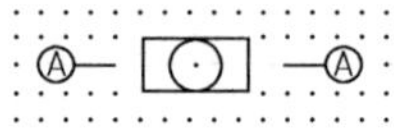	C=0.8 （通用符号）
封闭漏斗	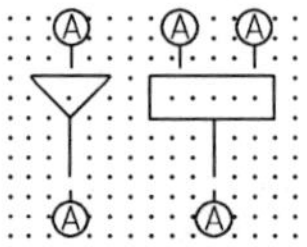	C=0.8	脉冲衰减器	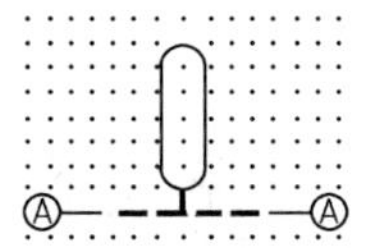	C=0.8
放空管	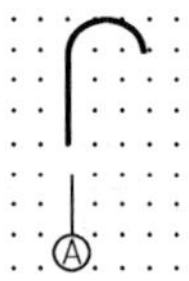	C=0.8	检流器	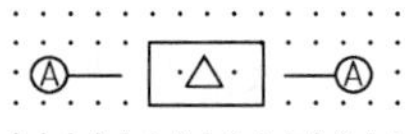	C=0.8
鹤管	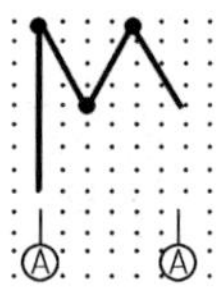	圆直径2mm C=0.8	补偿器 弹性连接件	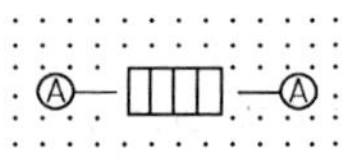	C=0.8 （通用符号）
防雨帽（放空帽）	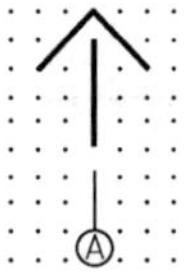	C=0.8	特殊管件 特殊阀门	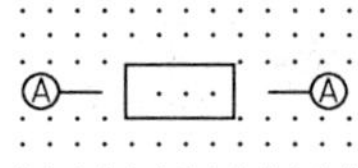	框内和框外注明名称和型式 C=0.8 （通用符号）
蒸汽排放头	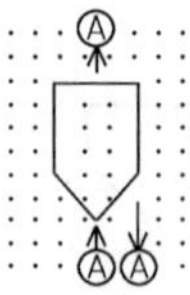	C=0.8	法兰连接	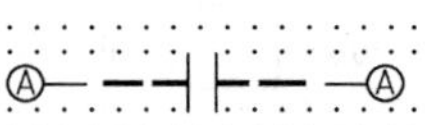	C=0.8
异径管	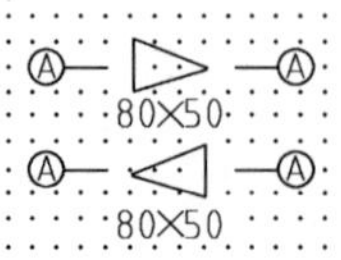	C=0.8	异径法兰连接	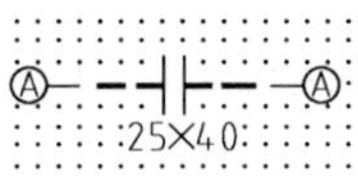	C=0.8
偏心异径管	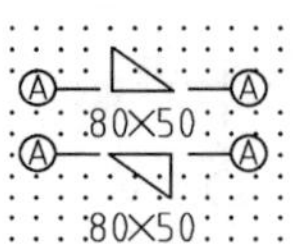	C=0.8	可卸短管		C=0.8

续表

名称	符号	备注	名称	符号	备注
接头	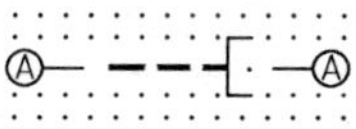	$C=0.8$（通用符号）	阀端法兰盖	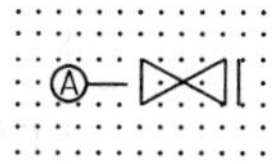	$C=0.8$
活接头连接	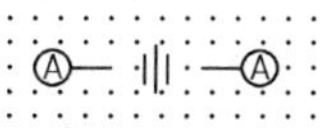	$C=0.8$	阀端丝堵	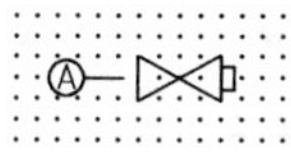	$C=0.8$
快速管接头	 阴扣　阳扣	$C=0.8$	管端丝堵		$C=0.8$
管帽	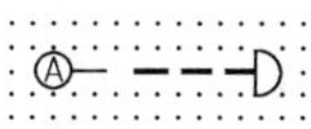	$C=0.8$	螺纹管帽	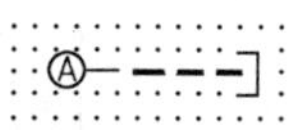	$C=0.8$
管端法兰盖	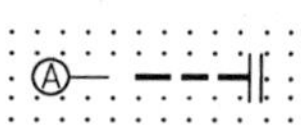	$C=0.8$	管端盲板（管端焊接平板封头）	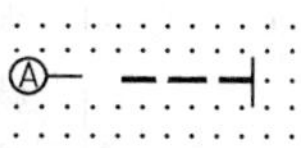	$C=0.8$

说明：1. 图形符号下部表示了网格（格栅点的基本模数 $M=2.5$mm），推荐用于图形符号的定位和比例尺寸。

与图形符号的连接为○，它不是图形符号的组成部分。图形符号中的虚线部分是表示该管（阀）件与之连接的部件，不是图形符号的组成部分。

箭头所示方向表示物流进出方向。而责任范围表示法中的箭头方向表示责任对象。

2. 对于没有定位尺寸要求的图形符号，图形符号可以转向，或变为其镜像，某些图形符号可以变形，以调整到符合实际对象。

3. 图中除备注通用符号外，其余均为专用符号。

图形符号根据功能作用或类型特征分为通用符号和专用符号二组。通用符号优先用于工艺流程图（PF 图）和管道仪表流程图（PI 图）的 A 版（初版）。随工程设计的进展，逐步深化图形。管道仪表流程图的 C 版（用户审查版）和 G 版（施工版）要尽量采用专用符号。

4. 采用组合的方式表示功能相关的图形符号，由一通用符号与附加符号来组成反映几种功能的图形符号。

5. 对本标准中没有列出的图形符号，可采用下述的办法之一表示：

（1）以实际对象的形状、特征和尺寸来形象化、简化表示。

（2）以一个长方块（或方块）来表示，并注明名称。

6. 标准中 $C=0.8$，即是比例系数为 0.8，表示在管道仪表流程图上的图形符号的绘制尺寸，推荐取本规定图形尺寸的 0.8 倍。

附表 8-4　管道仪表流程图上的物料代号（HG 20559.5—93）

1　工艺物料代号

缩写代号	英　文	中文词义	缩写代号	英　文	中文词义
P	Process strean	工艺物料(通用代号)	PL	Process liquid	工艺液体
PG	Process gas	工艺气体	PS	Process solid	工艺固体

2　化学品、辅助物料和公用物料代号

缩写代号	英　文	中文词义	缩写代号	英　文	中文词义
A	Air	空气	DAW	Dealkalized water	脱碱水(用于除盐水系统)
AC	Acid	酸、酸液			
ACG	Acidily gas	酸性气体	DEW	Demineralized water	除盐水(脱盐水)
ACL	Acidily liquid	酸性液体	DR	Drain	排水、排液
ACS	Acidily sewage	酸性污水	DW	Domestic water	生活用水、饮用水
AD	Additive	添加剂			
AM	Ammonia	氨	EA	Exhaust air	排出空气
AMG	Gaseous ammonia	氨气(作制冷剂)	ER	Ethane(or ethylene) refrigerant	乙烷(或乙烯)冷冻剂
AML	Liquid ammonia	液氨(作制冷剂)	ES	Exhaust steam	排出蒸汽
AMW	Ammonia water	氨水			
			F	Flare exhaust steam	火炬排放气
BD	Blow down	排污	FG	Fuel gas	燃料气
BR	Brine	盐卤水	FLG	Flue gas	烟道气
BW	Boiler feed water	锅炉给水	FLW	Filtrated water	过滤水
			FO	Fuel oil	燃料油
C	Steamy condensate	水蒸气凝液	FOS	Foaming solution	泡沫液
CA	Caustic	碱、碱液	FR	Freon refrigerant	氟里昂冷冻剂
CAG	Caustic gas	碱性气体	FT	Fused salt	熔盐
CAL	Caustic liquid	碱性液体	FW	Fire water	消防水
CAS	Caustic sewage	碱性污水			
CAT	Catalyst	催化剂	GO	Gland oil	填料油
CHW	Chilled water	冷冻冷水(指0℃以上)	GW	Gased water	加气水、溶气水
CL	Chlorine	氯			
CM	Chemicals	化学品	H	Hydrogen	氢气
CNS	Clean sewage	清净下水	HA	Hydrochloric acid	盐酸
CO	Cooling oil	冷油(冷却油)	HC	High pressure condensate	高压蒸汽凝液
COO	Carbon dioxide	二氧化碳	HO	Heating oil	热油、加热油、热载油
CRS	Contaminated rain and sewage	污染下水(指污染的雨水、冲洗水、放净水、排水)	HS	High pressure steam	高压蒸汽
			HTM	Heat transfer material	热载体
CSW	Chilled salt water	冷冻盐水(指0℃以下)	HW	Hot water	热水
CTM	Cooling transfer material	冷载体	HWR	Hot water return	热水回水(用于采暖、加热、空调等)
CW	Cooling water	冷却水			
CWR	Cooling water return	冷却水回水	HWS	Hot water supply	热水给水(用于采暖、加热、空调等)
CWS	Cooling water supply	冷却水供水			

续表

缩写代号	英　文	中文词义	缩写代号	英　文	中文词义
HYL	Hydraulic liquid	液压液体	R	Refrigerant	冷冻剂、冷媒、制冷剂
HYO	Hydraulic oil	液压油	RAW	Raw water	原水
HYW	Hydraulic water	液压水	RCS	Rain water and clean sewage	雨水及清净下水（指清净的雨水、冲洗水、放净水、排水）
IA	Instrument air	仪表空气			
ICW	Intermadiate cooling water	冷却水二次用水	RW	Raw water	雨水
IDW	Industrial and domestic water	生产和生活用水			
IG	Inert gas	惰性气体	S	Steam	蒸汽
IS	Industrial sewage	生产污水（泛指工艺过程产生的污水）	SA	Sulphuric acid	硫酸
			SEW	Sea water	海水
IW	Industrial water	生产用水	SFW	Soft water	软水（软化水）
			SL	Sealing liquid	密封液
LC	Low pressure condensate	低压蒸汽凝液	SO	Sealing oil	密封油
LD	Liquid drain	排液（泛指工艺排液）	SS	Sanitary sewage	生活污水
LO	Lubricating oil	润滑油	SU	Sludge,slurry	污泥、泥浆
LS	Low pressure steam	低压蒸汽	SW	Sealing water	密封水
MC	Medium pressure condensate	中压蒸汽凝液	TW	Treated waste water	处理后的废（污）水
MR	Methane refrigerant	甲烷冷冻剂			
MS	Medium pressure steam	中压蒸汽	VE	Vacuun exhaust	真空排放气
			VG	Vent gas	放（排）空气体
N	Nitrogen	氮气			
NG	Natural gas	天然气	W	Water	水
			WAC	Waste acid	废酸
OL	Oil	油（泛指除原料外的油）	WCA	Waste caustic	废碱
OS	Oily sewage	含油污水	WG	Waste gas	废气
OX	Oxygen	氧气	WL	Waste liquid	废液
			WO	Waste oil	废油
PA	Plant air	工厂空气	WS	Waste solid	废渣
PR	Propane(or propylene) refrigerant	丙烷（或丙烯）冷冻剂	WW	Waste water	废水（各种污水统称）
PW	Polished water	精制水			

说明：1. 在规定中列入的物料代号是最基本的。当工程设计中需要补充本规定所列以外的物料代号时，不要与本规定相矛盾。

2. 当必须指明物料代号是供给或返回时，可在物料代号后加 S（Supply）表示供给，加 R（Return）表示返回。如本文中冷却水供水为 CWS，冷却水回水为 CWR。

3. 要指明气相或液相等相特性时，可在物料代号后加 G（Gas）表示气相，加 L（Liquid）表示液相，如氨作为冷冻剂 AMG 为气氨，AML 为液氨。

附表 8-5 管道仪表流程图上的缩写（HG 20559.5—93）

缩写词	中文词义	缩写词	中文词义	缩写词	中文词义
A	气力(空气)驱动	BTF. V	蝶阀	CPLG	联轴器、管箍、管接头
A	分析	BUR	燃烧器、烧嘴	CPVC	氯化聚氯乙烯
ABS	绝对的	B. V	由制造厂(卖主)负责	C. S	碳钢
ABS	丙烯腈-丁二烯-苯乙烯	C	管帽	CSC	关闭状态下铅封(未经
ABS. EL	绝对标高	CAB	醋酸丁酸纤维素		允许不得开启)
ACF	先期确认图纸资料	CAT	催化剂	CSO	开启状态下铅封(未经
ADPT	连接头	C. B	雨水井(池)、集水井(池)、		允许不得关闭)
AFC	批准用于施工		滤污器	C. STL.	铸钢
AFD	批准用于设计	C/C(C-C)	中心到中心	CSTG	铸造、铸件、浇注
AFP	批准用于规划设计	CCN	用户变更通知	CTR	中心
AGL	角度	C. D	密闭排放	C. V	止回阀、单向阀
AGL. V	角阀(角式截止阀)	C/E(C-E)	中心到端头(面)	CYL	钢瓶、汽缸、圆柱体
ALT	高度、海拔	CEMLND	衬水泥的	D	密度
ALUM.	铝	CENT	离心式、离心力、离心机	D	驱动机、发动机
ALY. STL.	合金钢	CERA.	陶瓷	DAMP	调节挡板
AMT	总量、总数	C/F(C-F)	中心到面	DA. P	缓冲筒(器)
APPROX	近似的	CF	最终确认图纸资料	DBL	双、复式的
ASB.	石棉	CG	重心	DC.	设计条件
ASPH.	沥青	CH	冷凝液收集管	DDI	详细设计版
A. S. S.	奥氏体不锈钢	CHA. OPER	链条操纵的	DEG	度、等级
ATM	大气、大气压	C. I.	铸铁	DF.	设计流量
AUTO	自动的	CIRC	循环	D. F	喷嘴式饮水龙头
AVG	平均的、平均值	CIRC.	圆周	DH	分配管(蒸汽分配管)
B	买方、买主	C. L(ϕ)	中心线	DIA	直径、通径
BAR	气压计、气压表	CL	等级	DIM	尺寸、因次
BA. V	球阀	CLNC	间距、容积、间隙	DISCH	排料、出口、排出
B/B(B-B)	背至背	CND	水管、导道、管道	DISTR	分配
B. B	买方负责	CNDS	冷凝液	DIV	部分、分割、隔板
BBL(bbl)	桶、桶装	C. O	清扫(口)、清除(口)	DN	公称(名义)通径
B. C	二者中心之间(中心距)	COD	接续图	DN	下
BD. V	泄料阀、排污阀	COEF	系数	DP.	设计压力
BF	盲法兰	COL	塔、柱、列	D. PT	露点
B. INST	由仪表(专业)负责	COMB	组合、联合	DP. V	隔膜阀
BL	界区线范围、装置边界	COMBU	燃烧	DR.	驱动、传动
BLD	挡板、盲板	COMPR	压缩机	DRN	排放、排水、排液
BLC. V	切断阀	CONC	同心的	DSGN	设计
B. M	基准点、水准	CONC.	混凝土	DSSS	设计规定汇总表
BOM	材料表、材料单	CONC. RED	同心异径管	DT.	设计温度
BOP	管底	CONDEN	冷凝器	DV. V	换向阀
BOT	底	COND.	条件、情况	DWG	图纸、制图
BP	背压	CONN	连接、管接头	DWG NO	图号
B. P	爆破压力	CONT	控制	E	东
B. PT	沸点	CONTD	连接、续	E	内燃机
BRS.	黄铜	CONT. V	控制阀	E	燃气机
BR. V	呼吸阀	COP.	铜、紫铜	ECC	偏心的、偏心器(轮、盘、
BRZ.	青铜	CPE	氯化聚醚		装置)
B. S	由卖主负责	CPMSS	综合管道材料表	ECC RED	偏心异径管

续表

缩写词	中文词义	缩写词	中文词义	缩写词	中文词义
E. F	电炉	FTG	管件	INS	隔热、绝缘、隔离
EL	标高、立面	FT. V	底阀	INST	仪表、仪器
ELEC	电、电的	F. W.	现场焊接	INSTL	装置、安装
EMER	事故、紧急	G(GENR)	发电机、动力发生机、发生器	INST. V	仪表阀
ENCL	外壳、罩、围墙	GALV	电镀、镀锌	INTMT	间歇的、断续的
EP	防爆	G. CI	灰铸铁	IS. B. L	装置边界内侧
EPDM	乙烯丙烯二烃单体	GEN	一般的、通用的、总的	JOB NO	项目号
EPR	乙丙橡胶	GL	玻璃	KR	转向半径
EQ	公式、方程式	G. L	地面标高	L	长度、段、节、距离
E. S. S	紧急关闭系统	GL. V	截止阀	L	低
EST	估计	G. OPER	齿轮操作器	LN. BLD	管道盲板
etc	等等	GOV	调速器	LNB. V	管道盲板阀
ETL	有效管长	GR	等级、度	LC	关闭状态下加锁(锁闭)
EXH	排气、抽空、取尽	GRD	地面	L. C. S.	低碳钢
EXIST	现有的、原有的	GRP	组、类、群	LC. V	升降式止回阀
EXP	膨胀	GR. WT	总(毛)重	LEP	大端为平的
EXP. JT	伸缩器、膨胀节、补偿器	GS	气体源	LET	大端带螺纹
FBT. V	罐底排污阀	GSKT	垫片、密封垫	LG	玻璃管(板)液位计
FC	故障(能源中断)时阀关闭	G. V	闸阀	LIQ	液体
FD	法兰式的和碟形的(圆板	H	高	LJF	松套法兰
	形的)	HA. P	手摇泵	LL	最低(较低)
F. D	地面排水口、地漏法兰端部	HAZ	热影响区	LLL	低液位
FE	面到面	H. C.	手工操作(控制)	LND	衬里
F/F(F-F)	平面(全平面、满平面)	HC.	软管连接、软管接头	LO	开启状态下加锁(锁开)
FF	消防水龙带	H. C. S	高碳钢	L. P	低压
F. H	平盖	HCV	手动控制阀	LPT	低点
FH	故障(能源中断)时阀处任	HDR	总管、主管、集合管	L. R	载荷比
	意位置	HH	手孔	LR	长半径
FI	图	HH	最高(较高)	LTR	符号、字母、信
FIG.	故障(能源中断)时阀保持	HLL	高液位	LUB	润滑油、润滑剂
	原位	HOR	水平的、卧式的	M	电动机、马达、电动机执
FL	(最终位置)	H. P	高压		行机构
FL	楼板、楼面	HPT	高点	MACH	机器
FLG	法兰	HS	软管站(公用工程站、公用	MATL	材料、物质
FLGD	法兰式的		物料站)	MAX	最大的
FL. PT	闪点	HS	液压源	M. C. S.	中碳钢
FMF	凹面	HS. C. I	高硅铸铁	MDL(M)	中间的、中等的、正中、当中
FO	故障(能源中断)时阀开启	HS. V	软管阀	MF	凸面
FOB	底平	HT	高温	M&F	阳的与阴的(凸面和凹面)
FOT	顶平	HTR	加热器(炉)	MH	人孔
FPC. V	翻板止回阀	HYR	液压操纵器	M. I.	可锻铸铁
FPRF	防火	ID	内径	MIN	最小的
F. PT	冰点	i. e	即、也就是	M. L	接续线
FS	冲洗源	IGR	点火器	MOL WT	分子量
F. STL.	锻钢	INL. PMP	管道泵	MOV	电动阀
FS. V	冲洗阀	IN	进口、入口	M. P.	中压
FTF	管件直连	IN	输入	M. S. S.	马氏体不锈钢

续表

缩写词	中文词义	缩写词	中文词义	缩写词	中文词义
MTD	平均温差	PAP	管道布置平面	QO. V	快开阀
MTO	材料统计	PAR	平行的、并联的	QTY	数量
MW	最小壁厚	PARA	段、节、款	R	半径
M. W	矿渣棉	PB	聚丁烯	RAD	辐射器、散热器
N	北	PB	按钮	R. C	棒桶口(孔)
NB	公称孔径	PB STA	控制(按钮)站	RECP	储罐、容器、仓库
NC	美国标准粗牙螺纹	PC	聚碳酸酯	RED	异径管、减压器、还原器
N. C	正常状态下关闭	PE	平端	REGEN	再生器
N. C. I.	球墨铸铁	PE	聚乙烯	REV	修改
NF	美国标准细牙螺纹	P. F	永久过滤器	RF	突面
NIL	正常界面	PF	平台、操作台	RFS	光滑突面
NIP	管接头、螺纹管接头	PFD	工艺流程图	R. H.	相对湿度
NLL	正常液位	PG	塞子、丝堵、栓	RJ	环形接头(环接)
N. O	正常状态下开启	PI	交叉点	RL. V	泄压阀
NOM	名义上的、公称的、额定的	P&ID	管道仪表流程图	RO	限流孔板
NO. PKT	不允许出现袋形	P. IR.	生铁	RP	爆破片
NOR	正常的、正规的、标准的	PL	板、盘	RS	升杆式(明杆)
NOZ	喷嘴、接管嘴	PLS	塑料	RSP	可拆卸短管(件)
NPS	国标管径	PMMA	聚甲基丙烯酸甲酯	RUB LND	衬橡胶
NPS	美国标准直管螺纹	PN	公称压力	RV	减压阀
NPSHA	净(正)吸入压头有效值	PNEU	气动的、气体的	S	取样口、取样点
NPSHR	净(正)吸入压头必需值	PN. V	夹套式胶管阀(用于泥浆粉尘等)	S	卖方、卖主
NPT	美国标准锥管螺纹	PO	聚烯烃	S.	壳体、壳程、壳层
NS	氮源	POS	支承点	S	南
NUM	号码、数目	PP	聚丙烯	S	特殊(伴管)
N. V .	针形阀	P. PROT	人员保护	SA. V	取样阀
OC.	操作条件、工作条件	PRESS(P)	压力	SC	取样冷却器
OD	外径	PS	聚苯乙烯	SCH. NO	壁厚系列号
OET	一端制成螺纹(一端带螺纹)	P. SPT	管架	SCRD	螺纹、螺旋
OF.	操作流量、工作流量	PSR	项目进展情况报告	SECT	剖面图、部分、章、段、节
O/O(O-O)	总尺寸、外廓尺寸	PSSS	订货单、采购说明汇总表	SEP	小端为平的
OOC	坐标原点	PT	点	SET	小端带螺纹
OP.	操作压力、工作压力	PTFE	聚四氟乙烯	S. EW	安全洗眼器
OPER	操作的、控制的、工作的	PT. V	柱塞阀	S. EW. S	安全喷淋洗眼器
OPP	相对的、相反的	P. V	旋塞阀	SG	视镜
OR	外半径	PVC	聚氯乙烯	SH. ABR	减震器、振动吸收器
ORF	孔板、小孔	PVC LND	聚氯乙烯衬里	SK	草图、示意图
OS. B. L	装置边界外侧	PVDF	聚偏二氟乙烯	SLR	消音器
OT.	操作温度、工作温度	Q CPLG	快速接头	SL. V	滑阀
PA	聚酰胺	QC. V	快闭阀	SN.	锻制螺纹短管

续表

缩写词	中文词义	缩写词	中文词义	缩写词	中文词义
SNR	缓冲器、锚链制止器、掏槽眼、减震器)	T	T型、三通	VAC	真空
		T	蒸汽疏水阀	VARN	清漆
SO.	蒸汽吹出(清除)	T.	管子、管程、管层	VBK	破真空(阀)
SP	特殊件	T&B	顶和底	VCM	厂商协调会
SP.	静压	T/B(T-B)	顶到底	VEL	速度
S. P.	设定点	TE	螺纹端	VERT	垂直的、立式、垂线
S. P	设定压力、整定压力	TEMP(T)	温度	VISC	黏度
SPEC	说明、规格特性、明细表	THD	螺纹的	VIT	玻璃状的、透明的
SP GR	比重	THK	厚度	VOL	体积、容量、卷、册
SP HT	比热	TIT.	钛	VT	放空
SR	苯乙烯橡胶	TL	切线	V. T	缸瓦质、陶瓷质
S. S	安全喷淋器	TL/TL	切线到切线	VTH	放气孔、通气孔
S. S.	不锈钢	(TL-TL)		VT. V	放空阀
SS	蒸汽源	TOP	顶、管顶	W	西
ST	蒸汽伴热	TOS	架顶面、钢结构顶面	WD	宽度、幅度、阔度
ST.	蒸汽(透平)	TR. V	节流阀	WE	随设备(配套)供货
STD	标准	T. S	临时过滤器	W. I	熟(锻)铁
S. TE	T型结构	TURB	透平机、涡轮机、汽轮机	W. LD	工作荷载、操作荷载
STL.	钢	U. C	公用工程连接口(公用物料连接口)	WNF	对焊法兰
STM	蒸汽			WP	全天候、防风雨的
STR	过滤器	UFD	公用工程流程图(公用物料流程图)	W. P.	工作点、操作的
SUCT	吸入、入口			WS	水源
SV	安全阀	UG(U)	地、地下	WT	壁厚
SW	承插焊的	UH	单元加热器、供热机组	WT.	重量
SW	开关	UN	活接头、联合、结合	XR	X射线
SYM	对称的	V	阀		
SYMB	符号、信号	V	制造商、卖主		

附表 8-6　管道等级代号（HG 20519.38—92）

管道公称压力等级代号			
压力 用于 ANSI 标准 (美国国家标准协会)	A——150LB B——300LB C——400LB D——600LB E——900LB F——1500LB G——2500LB	压力 用于国内	L——1.0MPa M——1.6MPa N——2.5MPa P——4.0MPa Q——6.4MPa R——10.0MPa S——16.0MPa T——20.0MPa U——22.0MPa V——25.0MPa W——32.0MPa

管道材质类别代号			
材料名称	代　　号	材料名称	代　　号
铸铁	A	不锈钢	E
碳钢	B	有色金属	F
普通低合金钢	C	非金属	G
合金钢	D	衬里及内防腐	H

附表 8-7 管道仪表流程图隔热、保温、防火和隔声代号（HG 20559.6—93）

（1）定义和范围

① 隔热（绝热）是指借助隔热材料将热（冷）源与环境隔离，它分为热隔离（绝热）和冷隔离（隔冷）。

② 保温（冷）是借助热（冷）介质的热（冷）量传递使物料保持一定的温度，根据热（冷）介质在物料（管）外的存在情况分为伴管、夹套管、电加热等。

③ 防火是指对管道、钢支架、钢结构、设备的支腿、裙座等钢材料做防火处理。

④ 隔声是指对发出声音的声源采用隔绝或减少声音传出的措施。

（2）代号使用说明

① 隔热、保温、防火和隔声代号采用一个或两个大写英文印刷体字母表示，两个英文字母大小要相同。

② 代号分为两类：通用代号和专用代号。

③ 通用代号是泛指隔热、保温特性，不特定指明具体类别，优先用于工艺流程图（PF 图）和管道仪表流程图（PI 图）的 A 版。

④ 专用代号是指特定的类别。随工程设计的进展和深化，在管道仪表流程图（PI 图）的 B 版（内审版）及以后各版图中要采用专用代号。

⑤ 功能类别代号见下表。

类别		功能类型代号		备注
		通用代号	专用代号	
隔热	隔热	I 注①	H	采用隔热材料
	隔冷		C	采用隔冷材料
	人身保护(防烫)		P	采用隔热材料
	防冻		W	采用隔热材料
	防表面结露		D	采用隔热材料
保温	蒸汽伴热管	T 注②	T	伴管和采用隔热材料
	热(冷)水伴管		TW	伴管和采用隔热材料
	热(冷)油伴管		TO	伴管和采用隔热材料
	特殊介质伴热(冷)管		TS	伴管和采用隔热材料
	电伴热(电热带)		TE	电热带和采用隔热材料
	蒸汽夹套	J	J	夹套管和采用隔热材料
	热(冷)水夹套		JW	夹套管和采用隔热材料
	热(冷)油夹套		JO	夹套管和采用隔热材料
	特殊介质夹套		JS	夹套管和采用隔热材料
防火隔声		F	F	采用耐火材料、涂料
		N 注③	N	采用隔声材料

① 对于既要热隔离（绝热），又要冷隔离（隔冷）的复合类型，采用通用代号“I”标注。

② 采用导热胶泥敷设伴热管和加热板时，功能类别代号按伴管类标注，但需要在有关资料和图纸上标明导热胶泥的规格和型号。

③ 既要隔热，又要隔声的复合情况，采用主要功能作用的类型代号标注。

第 9 章　化工设备布置图

工艺流程设计所确定的全部设备，必须根据生产工艺的要求与场地的地形地貌，以及不同设备的具体情况，在厂房建筑物的内外进行合理的布置，并安装固定，才能确保生产的顺利进行。用以表达厂房建筑物内外设备安装位置的图样称为设备布置图。根据 HG 20546—92《化工装置设备布置设计规定》（国际通用设计体制和方法）的要求，化工装置设备布置设计通常需提供下列图样：设备布置图、分区索引图和设备安装图。由于设备的布置同厂房建筑有着必然的联系，所以本章将首先介绍厂房建筑图，然后分别介绍设备布置图、分区索引图和设备安装图。

9.1　厂房建筑图简介

厂房建筑图与机械图一样，也是按正投影原理绘制的，但由于建筑物的形状、大小、结构等与一般机械零件区别较大，所以在表达方法上就有所不同。

9.1.1　厂房的结构

厂房属于工业建筑，与民用建筑的功能不同，但其组成部分是相似的。民用建筑的“进深”和“开间”，在厂房建筑中，称为“跨度”和“柱距”。厂房的结构如图 9-1 所示，主要分为以下几种。

① 支承荷载作用的承重结构，如基础、柱、墙、梁、楼板等。

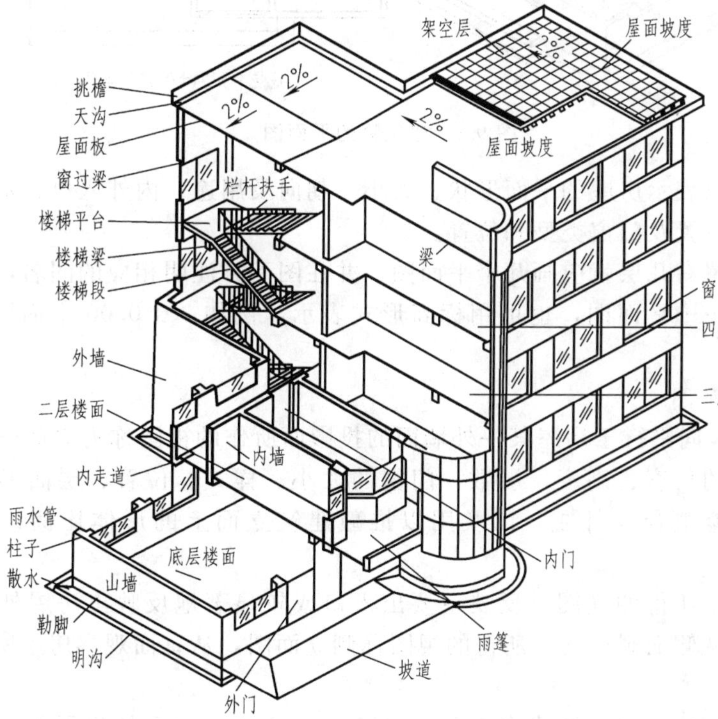

图 9-1　房屋建筑的组成

② 防止外界自然的侵蚀或干扰的围墙结构，如屋面、外墙、雨篷等。

③ 沟通房屋内外与上下的交通结构，如门、走廊、楼梯、台阶、坡道等。

④ 起保护墙身作用的排水结构，如挑檐、天沟、雨水管、勒脚、散水、明沟等。

⑤ 起通风、采光、隔热作用的窗户、天井、隔热层等。

⑥ 起安全和装饰作用的扶手、栏杆、女儿墙等。

9.1.2 建筑图的视图

按《建筑制图标准》规定，建筑图包括平面图、立面图、剖面图和建筑详图等几种，这里仅介绍与设备布置图有关的几种视图。

9.1.2.1 平面图

如图 9-2 所示。假想用一水平面沿门、窗、洞位置将房屋切开，移去上部，从上向下投影而得的水平剖视图称为平面图。屋顶平面图是屋面的俯视图，不需要剖切。

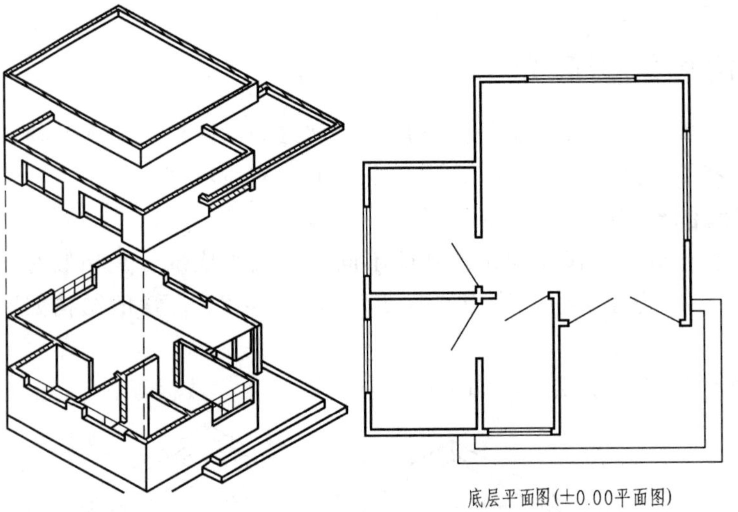

图 9-2 建筑物的平面图

平面图主要用以表示房屋的平面形状、大小、朝向及用途；内外入口、走道、楼梯等交通联系；墙、柱的位置及门窗类型和位置。

一般来说，房屋有几层就应画几个平面图，并在图下方注明相应的图名，例如：底层平面图、二层、三层……平面图，也可用标高形式表示，例如：±0.00 平面图，+10.00 平面图。

9.1.2.2 立面图

如图 9-3 所示，向平行于房屋某一外墙面的投影面所作的视图称为立面图。立面图主要用于表示房屋外形的长度、高度、层数；门窗的大小、样式、位置、层面形式；台阶、雨篷、阳台、外墙装修组合等外貌，以及用以推敲建筑立面上的形体比例、装饰、艺术处理等。

从正面观察房屋所得的视图（反映主要出入口或较显著地反映出房屋外貌特征的那一面）称正立面图，从侧面观察房屋所得的视图称侧立面图，从背面观察房屋所得的视图称背立面图。

除此之外立面图可用定位轴线来命名，如①-③立面图；也可按房屋的朝向来命名，分别称南立面图、北立面图、东立面图、西立面图。

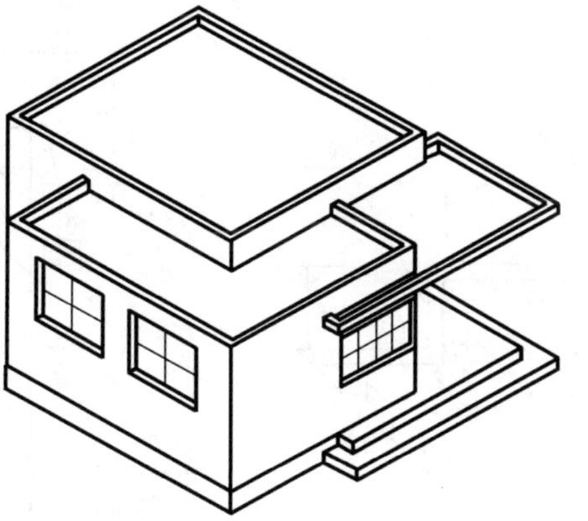

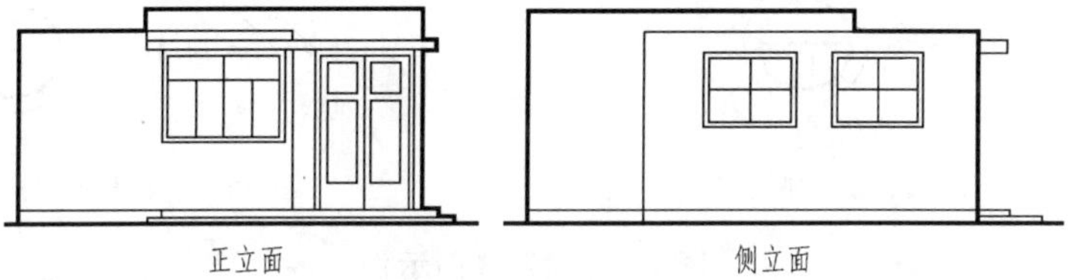

图 9-3　建筑物的立面图

9.1.2.3　剖面图

如图 9-4 所示，假想用正平面或侧平面沿铅垂方向把房屋剖开，将处于观察者和剖切平面之间的部分移去，而将其余部分向投影面投影所得的图形，称为剖面图。剖面图用以表达房屋沿高度方向的结构形式、分层情况和主要承重构件的相互关系，及各层梁板的位置与墙柱的联系、材料及高度等，其剖切位置一般选择在能显露出房屋内部的、构造复杂的地方。通常选择通过门、窗、洞位置，若为多层房屋，应选择在楼梯间处。

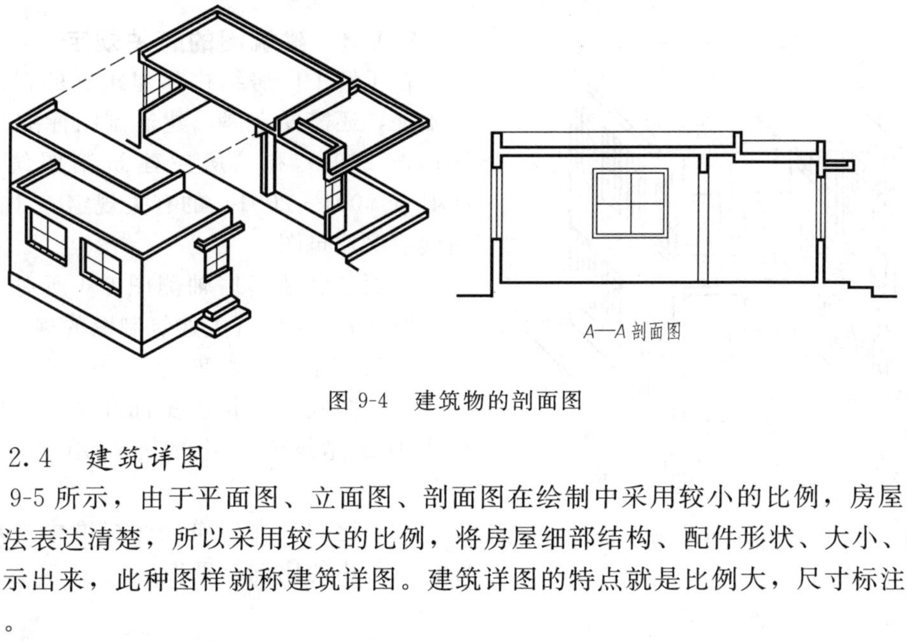

图 9-4　建筑物的剖面图

9.1.2.4　建筑详图

如图 9-5 所示，由于平面图、立面图、剖面图在绘制中采用较小的比例，房屋中许多细部构造无法表达清楚，所以采用较大的比例，将房屋细部结构、配件形状、大小、材料、做法详细表示出来，此种图样就称建筑详图。建筑详图的特点就是比例大，尺寸标注全，文字说明清楚。

9.1.2.5　建筑图与机械图的图名对照

建筑图与机械图的图名对照见表 9-1。

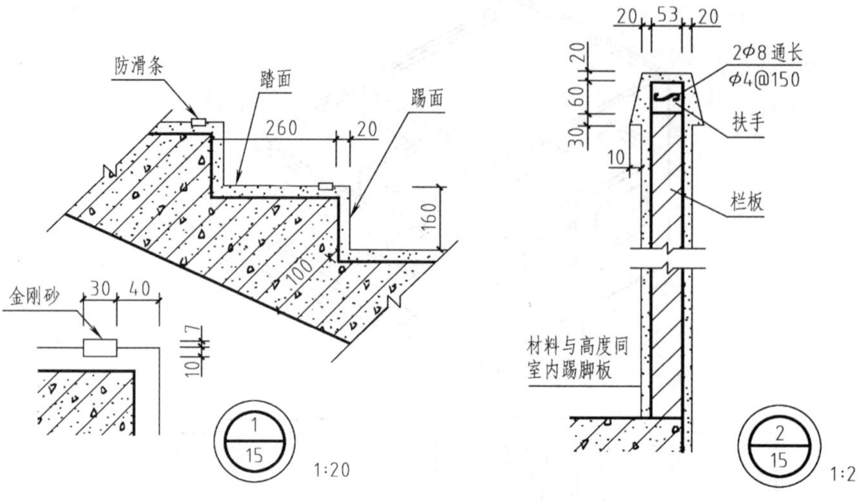

(a) 楼梯踏步详图　　(b) 扶手、栏板详图

图 9-5　建筑详图示例

表 9-1　视图名称对照表

<table>
<tr><th colspan="3">建　筑　图</th><th>机 械 图</th><th colspan="2">建　筑　图</th><th>机 械 图</th></tr>
<tr><td rowspan="5">建筑立面图</td><td colspan="2">正立面图</td><td>主视图</td><td rowspan="3">建筑平面图</td><td>各层平面图</td><td>水平剖视图</td></tr>
<tr><td rowspan="2">侧立面图</td><td>左侧立面图</td><td>左视图</td><td>屋顶平面图</td><td>俯视图</td></tr>
<tr><td>右侧立面图</td><td>右视图</td><td></td><td></td></tr>
<tr><td colspan="2">背立面图</td><td>后视图</td><td colspan="2">剖面图</td><td>垂直剖视图</td></tr>
<tr><td colspan="2">朝某向立面图</td><td>向视图</td><td colspan="2">建筑详图</td><td>局部放大图</td></tr>
</table>

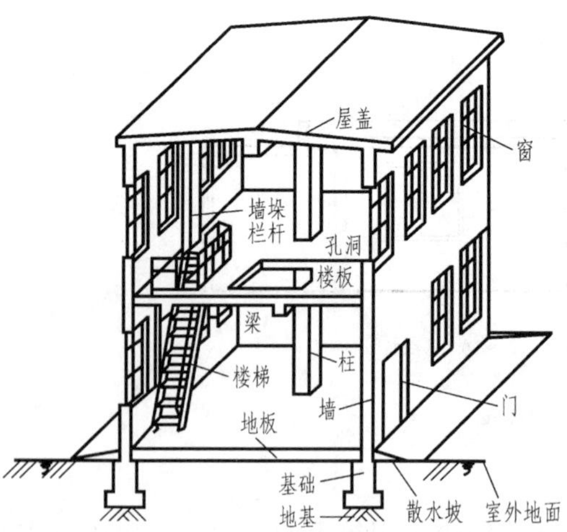

图 9-6　某厂房构造

9.1.3　建筑图的有关规定

在了解了厂房结构和建筑图的视图形成的基础上，还需要掌握《建筑制图标准》（GB/T 50104—2001）和《房屋建筑制图统一标准》（GB/T 5001—2001）的有关规定，才能绘制和阅读厂房建筑图。

下面参照某厂房轴测图 9-6 所对应的厂房建筑图 9-7，介绍有关建筑制图的规定。

9.1.3.1　一般规定

（1）图线　建筑制图标准中，主要规定各种线型在建筑专业中的专门用途，如表 9-2 所示。

（2）比例　在建筑制图标准中规定了各种图样所采用的比例，见表 9-3。

9.1.3.2　建筑图的图例

由于建筑图采用缩小的比例，图中对有些结构、内容不可能按实际情况画出，因此采用国家标准规定的有关图例来表达各种建筑配件和构造、建筑材料等。

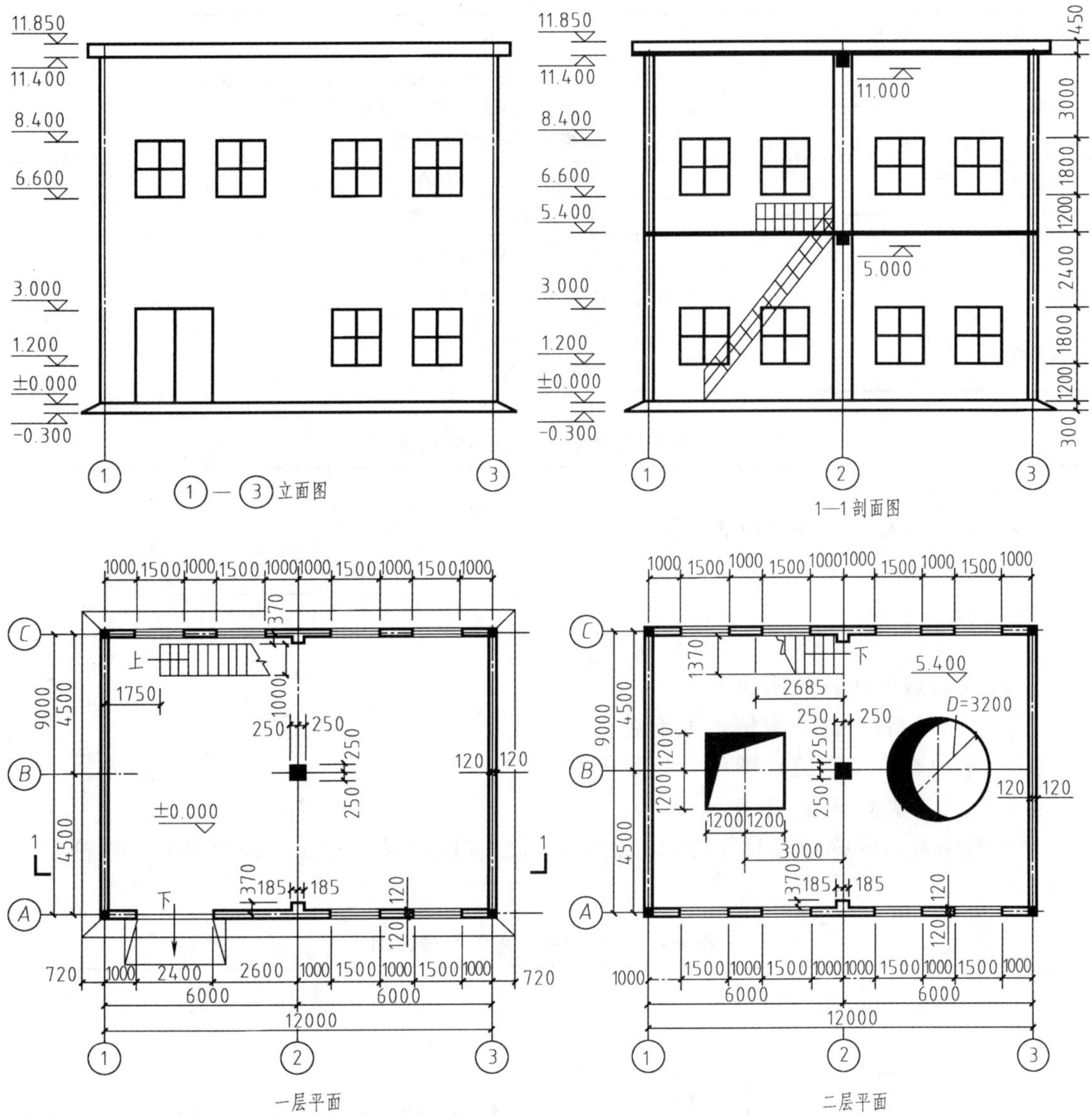

图 9-7　某厂房建筑图

表 9-2　建筑制图的图线形式及应用

名　称	线　　型	线宽	用　　途
粗实线	————————	b	1. 平、剖面图中被削切的主要建筑构造(包括构配件)的轮廓线 2. 建筑立面图的外轮廓线 3. 建筑构造详图中被剖切的主要部分的轮廓线 4. 建筑构配件详图中的构配件的外轮廓线
中实线	————————	$0.5b$	1. 平、剖面图中被剖切的次要建筑构造(包括构配件)的轮廓线 2. 建筑平、立、剖面图中建筑构配件的轮廓线 3. 建筑构造详图及建筑构配件详图中一般轮廓线
细实线	————————	$0.35b$	小于 $0.5b$ 的图形线、尺寸线、尺寸界线、图例线、索引符号、标高符号等

续表

名 称	线 型	线宽	用 途
中虚线		0.5b	1. 建筑构造及建筑构配件不可见的轮廓线 2. 平面图中的起重机(吊车)轮廓线 3. 拟扩建的建筑物轮廓线
细虚线	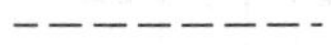	0.35b	图例线,小于 0.5b 的不可见轮廓线
粗点画线		b	起重机(吊车)轨道线
细点画线		0.35b	中心线,对称线、定位轴线
折断线		0.35b	不需画全的断开界线
波浪线		0.35b	不需画全的断开界线 构造层次的断开界线

表 9-3 建筑制图采用的比例

图 名	比 例
建筑物或构筑物的平面图、立面图、剖面图	1∶50,1∶100,1∶200
建筑物或构筑物的局部放大图	1∶10,1∶20,1∶50
配件及构造详图	1∶1,1∶2,1∶5,1∶10,1∶20,1∶50

① 建筑材料图例,见附表 9-1。

② 建筑配件和构件的图例,见附表 9-2。

③ 水平及垂直运输装置图例,见附表 9-3。

9.1.3.3 建筑图的符号

建筑图中常用的符号有对称符号、索引符号、详图符号、指北方向符号和剖切符号,见表 9-4 所示。

表 9-4 建筑图中常用的符号图例

名称	画 法	说 明
对称符号	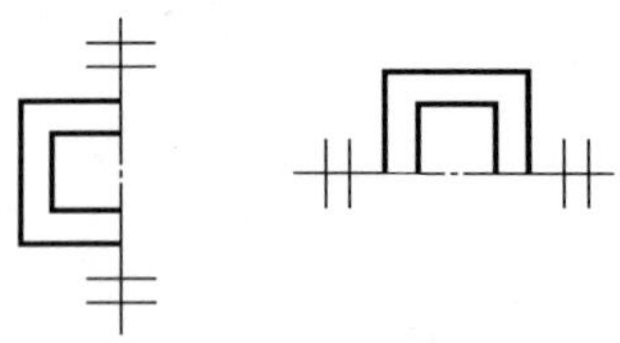	对称符号用细实线绘制,平行线长度宜为 6~10mm,平行线间距宜为 2~3mm,平行线在对称线的两侧的长度应相等
直接索引	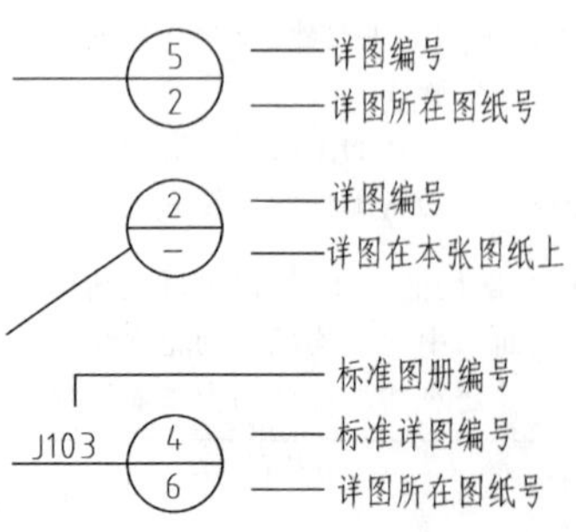	图样中的某一局部或构件如需另见详图,应以索引符号表示。如下面的图中,楼梯上的防滑条,原图上比例小画不清楚,要另画其详图,这时需要在原图上标注索引符号。 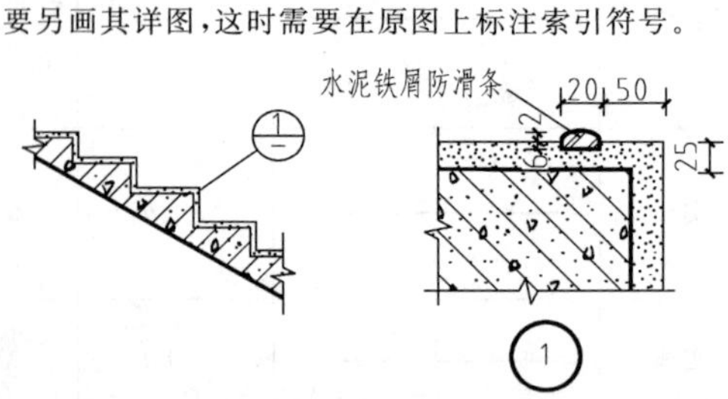

续表

名称	画法	说明
索引剖视	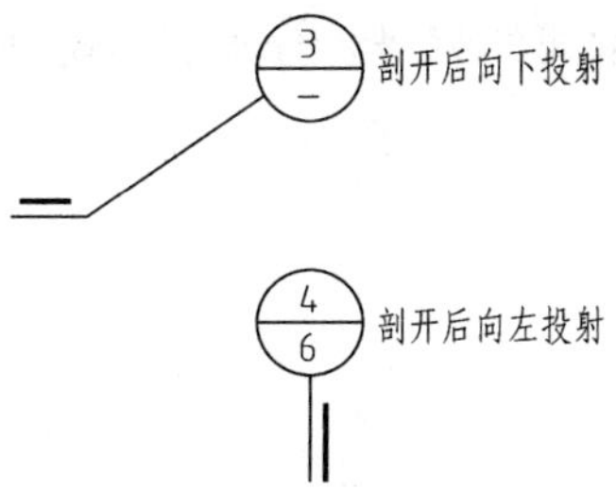	1. 索引符号应以细实线绘制，圆的直径为 10mm 2. 上半圆用阿拉伯数字注明详图编号，下半圆用阿拉伯数字注明详图所在的图纸编号（若详图与被索引的图样同在一张图纸内，则画一段细实线） 3. 引出线宜采用水平方向的直线，与水平方向成 30°、45°、60°、90°的细实线，或经上述角度再折为水平方向的折线，引出线应对准索引符号的圆心 4. 索引剖视详图时，应在被剖切的部位绘剖切位置线，引出线所在一侧为剖视方向
详图符号	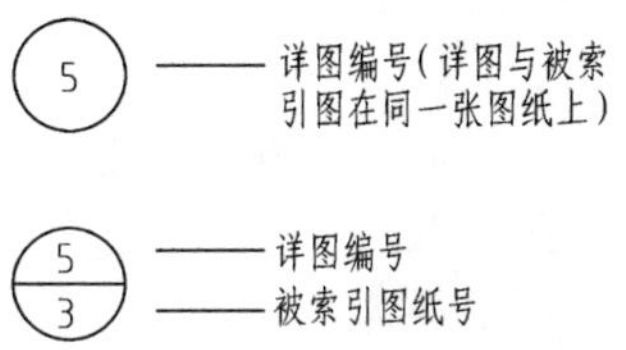	1. 详图符号表示详图的位置与编号，以直径为 14mm 的粗实线圆绘制一侧为剖视方向 2. 上半圆注明详图编号，下半圆中注明被索引图纸的图纸号（若详图与被索引的图样同在一张图纸内时，只注详图编号）
指北针和风玫瑰图	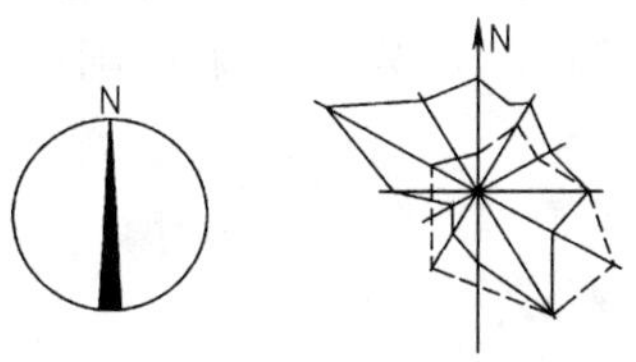	用细实线绘制，圆的直径为 24mm，指针尾部的宽度宜为 3mm，针尖方向为北向
	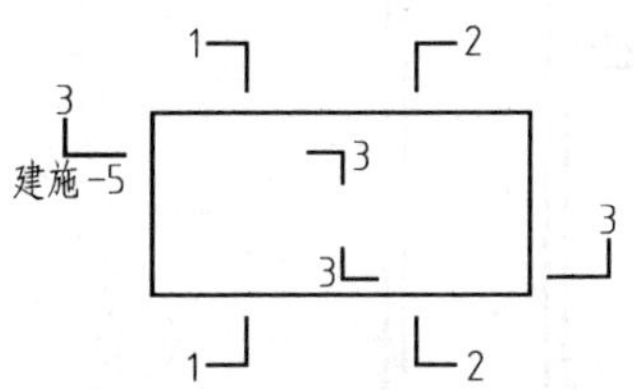	1. 剖视的剖切符号应由剖切位置线及投射方向线组成，均应以粗实线绘制。剖切位置线的长度宜为 6～10mm；投射方向线应垂直于剖切位置线，长度应短于剖切位置线，宜为 4～6mm。绘制时，剖视的剖切符号不应与其他图线相接触 2. 剖视剖切符号的编号宜采用阿拉伯数字，按顺序由左至右、由下至上连续编排，并应注写在剖视方向线的端部 3. 需要转折的剖切位置线，应在转角的外侧加注与该符号相同的编号 4. 建(构)筑物剖面图的剖切符号宜注在±0.00 标高的平面

9.1.3.4　定位轴线

把房屋的墙、柱等承重构件的轴线，用细点画线画出，并进行编号称为定位轴线。定位轴线主要用来确定房屋主要承重构件位置及作为标注尺寸的基线。

定位轴线的编号应注写在轴线端部的圆内。圆应用细实线绘制，直径为 8mm，详图可增至 10mm。定位轴线圆的圆心，应在定位轴线的延长线上或延长线的折线上。定位轴线的编号方法如下。

（1）一般平面图中定位轴线的编号　平面图上定位轴线的编号，宜标注在图样的下方与左侧。横向编号应用阿拉伯数字，从左至右顺序编写，竖向编号应用大写拉丁字母，从下至上顺序编写。如图 9-7 所示，横向定位轴线编号①、②、③，竖向定位轴线编号Ⓐ、Ⓑ、Ⓒ。拉丁字母的 I、O、Z 不得用做轴线编号。如字母数量不够使用，可增用双字母或单字母加数字注脚，如 A_A、B_A、…、Y_A 或 A_1、B_1、…、Y_1。

（2）附加定位轴线的编号　两个轴线之间如需附加定位轴线时，可用分数表示，并应按下列规定编写。

① 两根轴线间的附加轴线，应以分母表示前一轴线的编号，分子表示附加轴线的编号，编号宜用阿拉伯数字顺序编写，如：

表示 2 号轴线之后附加的第一根轴

表示 C 号轴线之后附加的第三根轴

② 1 号轴线或 A 号轴线之前的附加轴线的分母应以 01 或 0A 表示，如：

表示 1 号轴线之前附加的第一根轴

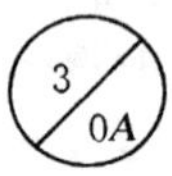

表示 A 号轴线之前附加的第三根轴

（3）组合较复杂的平面图中定位轴线的编号　组合较复杂的平面图中定位轴线也可采用分区编号，编号的注写形式应为“分区号——该分区编号”，分区号采用阿拉伯数字或大写拉丁字母表示，如图 9-8 所示。

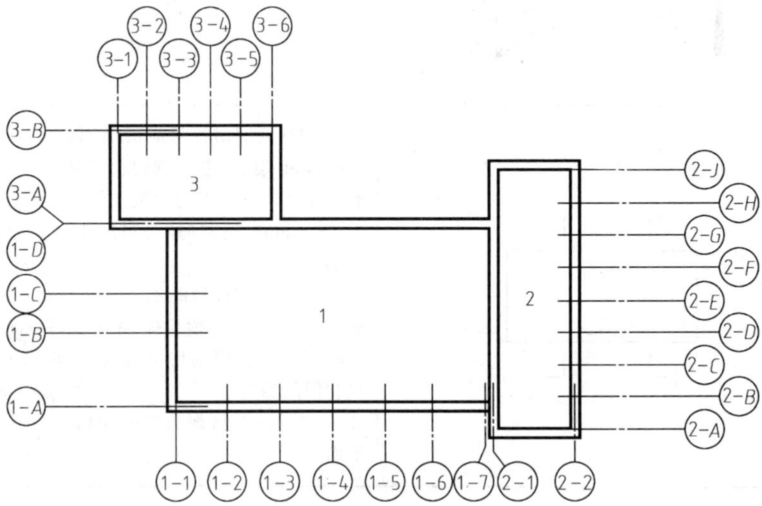

图 9-8　定位轴线的分区编号

9.1.3.5　尺寸标注

9.1.3.5.1　尺寸标注形式

① 如图 9-7 所示，尺寸线上的起止点不画箭头，应画与尺寸线成 45°方向的短线，其短线倾斜方向与尺寸界限成顺时针。此种尺寸标注形式，单位为 mm。

② 高度位置以标高来标注，具体画法如图 9-9 所示。标高符号的尖端应指至被注高度的位置，此种尺寸标注形式，单位为 m。

9.1.3.5.2　建筑平面图的尺寸标注

① 在建筑平面图上，通常沿长、宽二个方向分别标注三道尺寸，如图 9-7 所示。

第一道尺寸为总尺寸或称为外包尺寸，表示房屋的总长和总宽，如图 9-7 中 12000 为总

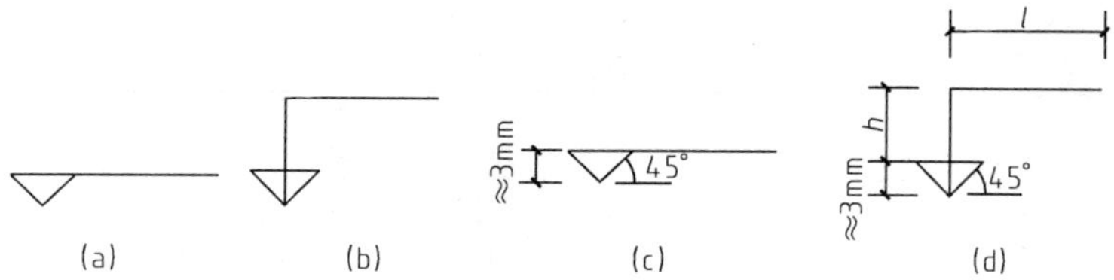

图 9-9　标高符号

l—取适当长度注写标高数字；h—根据需要取适当

长尺寸，9000 为总宽尺寸。

第二道尺寸为轴线尺寸，表示各定位轴线之间的距离，如图 9-7 中的 6000 和 4500。

第三道尺寸为洞口尺寸，表示外墙上的洞口大小及其定位尺寸，定位尺寸要以各定位轴线为基准。如图 9-7 中，①—②轴线间门的宽度尺寸 2400，定位尺寸分别为 1000、2600。

建筑图中由于总体尺寸数值大，精度要求不高，所以尺寸允许注成封闭链形。

② 平面图内部一般要注写墙厚、柱宽及室内门洞尺寸，如图 9-7 中墙厚 240，柱宽 500×500，方洞 2400×2400。

③ 平面图中若房间的地面（或楼面）高低不同，应分别注写各楼、地面的标高。

9.1.3.5.3　建筑立面图的尺寸标注

建筑立面图上应标注房屋各主要部位的标高，如室内外地坪、勒脚线、室外平台、各层窗台、窗顶、门洞顶、檐口、屋脊等部位的标高，标高必须整齐地排列在一条竖直线上，必要时也可注写各部位的间距尺寸。如图 9-7 所示，室外地坪标高－0.300m，室内地坪标高±0.000m，窗底标高 1.200m 和 6.600m，窗顶标高 3.000m 和 8.400m，檐口标高 11.400m，屋顶标高 11.850m。

9.1.3.5.4　建筑剖面图的尺寸标注

剖面图上要标注主要部位的尺寸和标高，例如楼、地面和地下层地面的标高，楼梯平台的标高，各门、窗洞口的标高，各种梁底和屋架底面的标高，室内和室外地面标高，以及檐口、屋顶、阳台、雨篷台阶等处的标高。

剖面图上应标注的尺寸有门、窗洞口尺寸、层高尺寸和总高尺寸等，如图 9-7 所示。

9.2　设备布置图

9.2.1　设备布置图的作用和内容

设备布置图是在简化了的厂房建筑图上增加了设备布置的内容，用来表示设备与建筑物、设备与设备之间的相对位置，并能直接指导设备的安装。设备布置图是化工设计、施工、设备安装、绘制管道布置图的重要技术文件。

图 9-10 为某装置设备布置图。从中可以看出，设备布置图一般包括以下几方面内容。

① 一组视图。视图按正投影法绘制，包括平面图和剖视图，用以表示装置的界区范围、装置界区内建、构筑物的型式和结构、设备在厂房内外的布置情况以及辅助设施在装置界区内的位置。

② 尺寸和标注，包括设备的位号、定位尺寸和其他必要的相关标注及说明等。

③ 安装方位标。

④ 图上的附注（图比较简单、图示清楚的情况下，可以省略）。

⑤ 标题栏及修改栏。

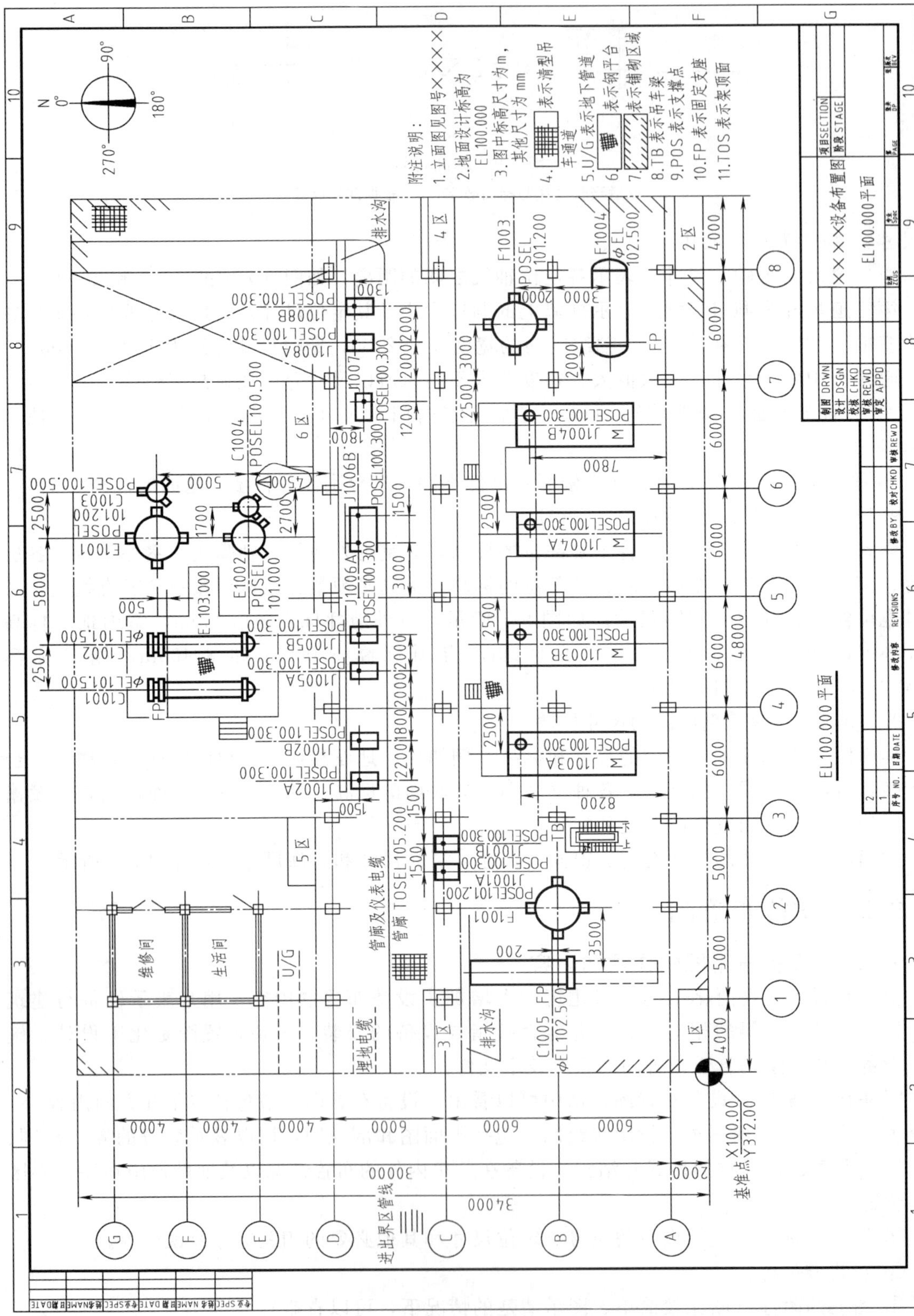
附注说明：
1.立面图见图号××××
2.地面设计标高为EL100.000
3.图中标高尺寸为m，其他尺寸为mm
4. 表示清型吊车通道
5.U/G 表示地下管道
6. 表示钢平台
7. 表示铺砌区域
8.TB 表示吊车梁
9.POS 表示支撑点
10.FP 表示固定支座
11.TOS 表示架顶面
EL100.000 平面
××××设备布置图
EL100.000平面

图 9-10 设备布置图

9.2.2　绘制设备布置图应遵循的规定

设备布置图的设计要遵循 HG 20546—92（国际通用设计体制和方法）《化工装置设备布置设计规定》。具体到设备布置图的绘制应遵循下列规定。

（1）图线宽度（HG 20549.1—1998）　见表 9-5。

表 9-5　设备布置图的图线宽度规定（HG 20549.1—1998 摘录）

粗线 0.9～1.2mm	中粗线 0.5～0.7mm	细线 0.15～0.3mm	备　　注
设备轮廓	设备支架、设备基础	其他	动设备(机泵等)如只绘出设备基础图线，宽度用 0.9mm

（2）设备布置图图例及简化画法（HG 20546.1—92 第 6 章）　见附表 9-4。

（3）设备布置图常用的缩写词（HG 20546.1—92 第 7 章）　见附表 9-5。

9.2.3　设备布置图的视图

9.2.3.1　图幅与比例

（1）图幅　一般采用一号图，不加长加宽。特殊情况也可采用其他图幅。

图纸内框的长边和短边的外侧，以 3mm 长的粗线划分等分，在长边等分的中点自标题栏侧起依次写 *A*、*B*、*C*、*D*、…，在短边等分的中点自标题栏侧起依次写 1、2、3、4、…。一号图长边分 8 等分，短边分 6 等分，二号图长边分 6 等分，短边分 4 等分，如图 9-11 所示。

（2）比例　常用 1∶100，也可用 1∶200 或 1∶50，视装置的设备布置疏密情况而定。

9.2.3.2　图面安排及视图要求

① 设备布置图一般只绘平面图。对于较复杂的装置或有多层建、构筑物的装置，当平面图表示不清楚时，可绘制剖视图。

② 一般情况下，每一层只画一个平面图，当有局部操作台时，在该平面图上可以只画操作台下的设备，局部操作台及其上面的设备另画局部平面图。如不影响图面清晰，也可用一个平面图表示，操作台下的设备画虚线。

③ 多层建筑物或构筑物，应依次分层绘制各层的设备布置平面图。如在同一张图纸上绘几层平面时，应从最底层平面开始，在图中由下至上或由左至右按层次顺序排列，并在图形下方注明“EL ×××.×××平面”等。

④ 一台设备穿越多层建、构筑物时，在每层平面上均需画出设备的平面位置，并标注设备位号。各层平面图是以上一层的楼板底面水平剖切的俯视图。

⑤ 设备布置图一般以联合布置的装置或独立的主项为单元绘制，界区以粗双点画线表示，在界区外侧标注坐标，以界区左下角为基准点（以确定本装置与其他装置的相对位置，基准点的画法见本章附表 9-4 设备布置图图例及简化画法），基准点坐标为 *N*、*E*（或 *N*、*W*），如图 9-12 所示，同时注出其相当于在总图上的坐标 *X*、*Y* 数值。

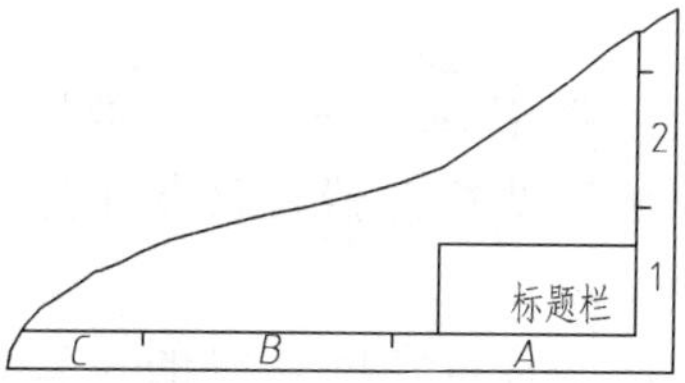

图 9-11　图幅的规定

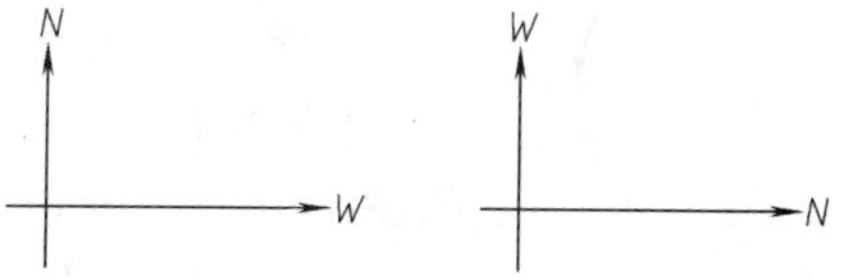

图 9-12　基准点坐标

⑥ 对于设备较多、分区较多的主项，此主项的设备布置图，应在标题栏的正上方列一设备表，便于识图，如图 9-13 所示。

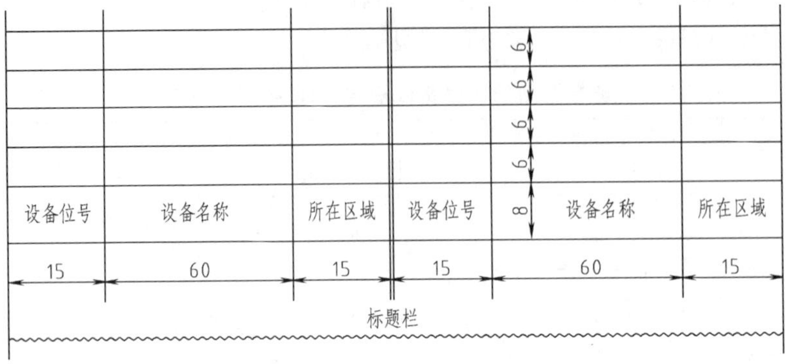

图 9-13　设备表的格式

9.2.3.3　图示方法

设备布置图采用正投影法绘制。设备布置图中视图的表达内容主要是两部分，一是建筑物及其构件，二是设备，下面分别讨论。

（1）建筑物及其构件　如图 9-10 所示，厂房建筑物及其构件的画法为：用细实线、细点画线，按建筑图纸所示，并采用规定的比例和图例（本章附表 9-4，设备布置图图例及简化画法），画出厂房建筑的平面图或剖视图。画图时要注意以下几点。

① 用细点画线画出承重墙、柱等结构的建筑定位轴线，其他用细实线画出。

② 设备布置图图例及简化画法是根据《建筑制图》标准的有关规定并结合化工特点简化而成，所以与设备布置有关的建筑物及其构件，如门、窗、墙、柱、楼梯、楼板和梁、操作及检修平台、栏杆、管廊、安装孔洞、地坑、地沟、管沟、散水坡、吊轨及吊车等，均应按本章附表 9-4 简化画出。

③ 与设备安装定位关系不大的门、窗等构件，一般只在平面图上画出它们的位置及门的开启方向等，在剖视图上则不予表示。

④ 设备布置图中，对于生活室和专业用房间如配电室、控制室、维修间等均应画出，但只以文字标注房间名称。

（2）设备　设备布置是图中主要表达的内容，因此图中的设备及其附件（设备的金属支架、电机传动装置等）都应以粗实线画出。被遮盖的设备轮廓一般不画，如必须表示，则用粗虚线画出。设备的中心线用细点画线画出。设备轮廓在设备布置图中的画法如下。

① 非定型设备可适当简化画出设备的外形，包括附属的操作台、梯子和支架（注出支架代号）。如图 9-10 中立式贮罐 F1001、F1002、F1003（有设备支架）所示。

对于卧式设备不仅要简化画出设备的外形，还应画出其特征管口或标注固定侧支座。如图 9-10 中卧式贮罐 F1004，不仅画出外形，而且用 FP 标注固定侧支座位置。

设备的外形轮廓大小和形状应根据设备总装图的有关数据画出。

［例 9-1］　图 9-14 为图 7-2 所示管壳式换热器在设备布置平面图中的图形（假设管口方位如装配图所示）。

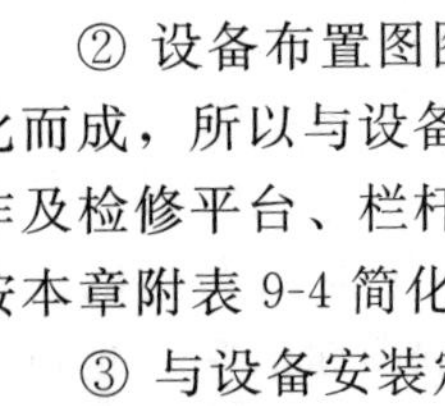

图 9-14　例 9-1 附图

② 动设备只画基础，并表示出特征管口和驱动机的位置，驱动机的画法采用本章附表 9-4 的简化画法。如图 9-10 中泵 J1001、J1002 和

J1005～1008，压缩机 J1003～1004 所示。

③ 位于室外而又与厂房不连接的设备及其支架等，一般只在底层平面图上予以表示。穿过楼层的设备、每层平面图上均需画出设备的平面位置，并可按图 9-15 所示的剖视形式表示。

④ 用虚线表示预留的检修场所，如图 9-16 所示。在图 9-10 中 C1005 也同样如此。

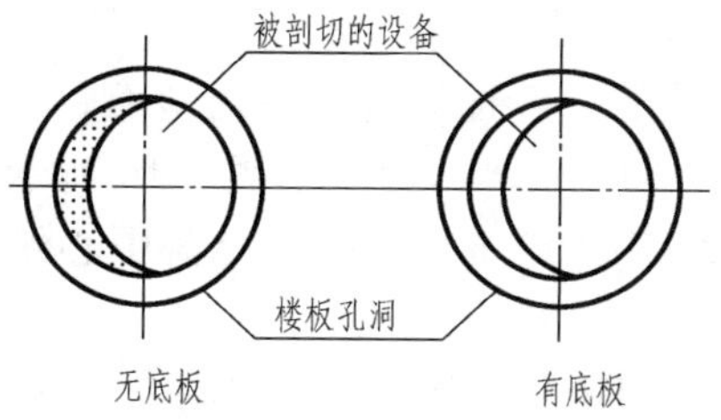

图 9-15　穿过楼层设备剖视的表示形式

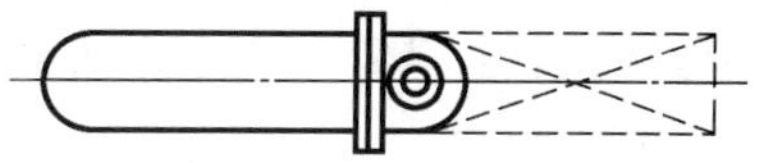

图 9-16　用虚线表示换热器预留的检修场地

(3) 其他　在设备布置图中还需要表示出埋地管道、埋地电缆和进出界区管线等，如图 9-10 所示。

9.2.4　设备布置图的尺寸及必要标注

设备布置图中标注的标高、坐标以米为单位，小数以下应取三位数至毫米为止。其余的尺寸一律以毫米为单位，只注数字，不注单位。采用其他单位标注尺寸时，应注明单位。

9.2.4.1　厂房建筑、构件的尺寸标注

① 标注厂房建筑和构件的定位轴线编号。

② 标注厂房建筑及其构件的尺寸，包括如下几点。

ⅰ. 厂房建筑物的长度、宽度总尺寸，如图 9-10 所示，厂房建筑物的总长度和总宽度分别为 48000、34000。

ⅱ. 厂房建筑、构件的定位轴线间距尺寸，如图 9-10 所示，定位轴线编号为 1、2 的间距为 5000，定位轴线编号为 *A*、*B* 的间距为 6000。

ⅲ. 为设备安装预留的孔洞以及沟、坑等定位尺寸。

ⅳ. 地面、楼板、平台、屋面的主要高度尺寸及其他与设备安装定位有关的建筑结构件的高度尺寸。

9.2.4.2　设备的尺寸标注

图中一般不注出设备定形尺寸而只注定位尺寸。

(1) 设备平面定位尺寸　设备在平面图上的定位尺寸一般应以建、构筑物的轴线或管架、管廊的柱中心线为基准线进行标注，也可采用坐标系进行标注定位尺寸，但是要尽量避免以区的分界线为基准线标注定位尺寸。

① 卧式的容器和换热器以中心线和靠近柱轴线一端的支座为基准。如图 9-10 所示，容器 F1004 以定位轴线编号为 7、*B* 的轴线作为基准线，以容器中心线为基准的定位尺寸是 3000，靠近柱轴线一端容器支座为基准的定位尺寸是 2000。

② 立式反应器、塔、槽、罐和换热器以中心线为基准。如图 9-10 所示，塔 E1001 以定位轴线编号为 6、*D* 的轴线作为基准线，塔 E1001 以中心线为基准的定位尺寸分别是 2700、4500＋5000。

③ 离心式泵、压缩机、鼓风机、蒸汽透平以中心线和出口管中心线为基准。如图 9-10 所示，离心式压缩机 J1003A 以定位轴线编号为 4、*A* 的轴线作为基准线，以离心式压缩机 J1003A 中心线和出口管中心线为基准的定位尺寸分别是 2500、8200。

④ 往复式泵、活塞式压缩机以缸中心线和曲轴（或电动机轴）中心线为基准。

⑤ 板式换热器以中心线和某一出口法兰端面为基准。

⑥ 当某一设备已采用建筑定位轴线为基准线标注定位尺寸后，邻近设备可依次用已标出定位尺寸的设备的中心线为基准来标注定位尺寸，如图 9-10 中换热器 C1002 的定位尺寸 5800、500 就是以 E1001 中心线为基准标注的定位尺寸。

（2）设备高度方向定位尺寸　以标高表示，标高基准一般选择首层室内地面。

① 卧式换热器、槽、罐一般以中心线标高表示（ϕEL××××），如图 9-10 所示，容器 F1004 以室内地面 EL100.000 作为基准，标高表示为 ϕEL102.500，说明容器中心线到室内地面的距离是 2.5m。

② 立式、板式换热器一般以支承点标高表示（POSEL××××），如图 9-10 所示，立式换热器 C1003 以室内地面 EL100.000 作为基准，标高表示为 POSEL100.500，说明换热器支座的支承点与地面的距离是 0.5m。

③ 反应器、塔和立式槽罐一般以支承点标高表示（POSEL××××），如图 9-10 所示，塔 E1001 以室内地面 EL100.000 作为基准，标高表示为 POSEL101.200，说明塔支座的支承点与地面的距离是 1.2m。

④ 泵、压缩机以主轴中心线标高（ϕEL××××）或表示底盘底面标高（即基础顶面标高 POSEL××××）表示。如图 9-10 所示，离心式压缩机 J1003A 以室内地面 EL100.000 作为基准，标高表示为 POSEL100.300，说明压缩机基础顶面到室内地面的距离是 0.3m。

9.2.4.3　设备的位号标注

如图 9-10 所示，在设备图形中心线上方标注出设备位号，该位号与管道仪表流程图的一致，下方标注支承点（如 POSEL×××.×××）或中心线（如 ϕEL×××.×××）或支架架顶（如 TOSEL×××.×××）的标高。

9.2.4.4　其他标注

① 管廊、管架应注出架顶的标高（TOSEL××××），如图 9-10 所示，管廊 TOSEL105.200。

② 辅助间和生活间应写出各自的名称，如图 9-10 所示，维修间和生活间。

③ 对于管廊、进出界区管线、埋地电缆、地下管道、排水沟的图示处标注出来。

9.2.5　典型设备的画法及标注

典型设备在布置图上的画法与标注如图 9-17 所示。

9.2.6　其他

9.2.6.1　安装方位标

安装方位标是确定设备安装方位的基准，一般画在图纸的右上方。具体画法见本章附表 9-4。

9.2.6.2　图上的附注

（1）通用附注　在任何一张设备布置图上要附注以下几点。

① 立面图见图号××××。

② 地面设计标高为 EL××××。

③ 图例及简化画法见 HG 20546.1—92 第六章。

（2）其他附注　如图 9-10 所示，对设备布置图上一些不在“设备布置图图例及简化画法”中表示的图形加以说明；对设备布置图上的缩写词加以说明。

9.2.6.3　标题栏和修改栏

标题栏中要注写图名、图号、比例、设计者等内容。图名一般分成两行，上行写“××××设备布置图”，下行写“EL×××.×××平面”或“×—×剖视”等。

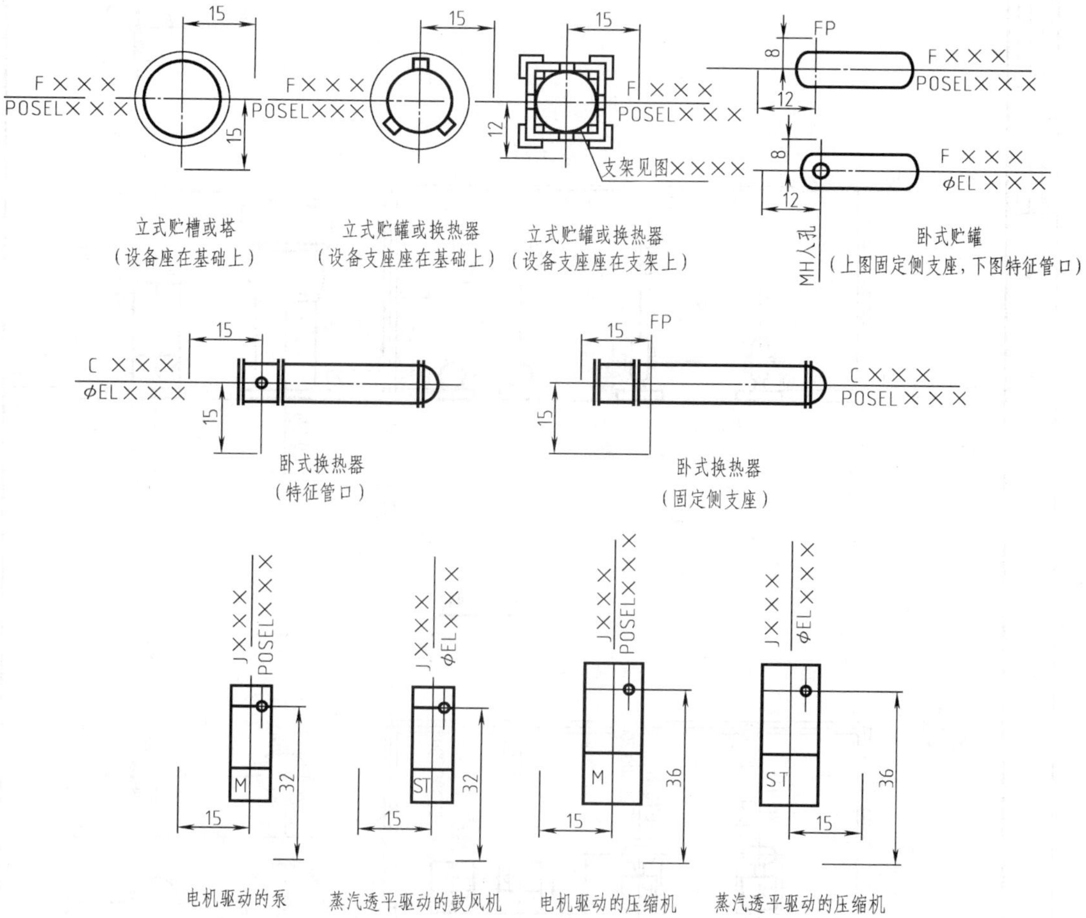

图 9-17　典型设备在布置图上的画法与标注

9.2.7　设备布置图的阅读

阅读设备布置图的目的，是为了了解设备在工段（装置）的具体布置情况，指导设备的安装施工以及开工后的操作、维修或改造，并为管道布置建立基础。阅读设备布置图的步骤如下。

① 了解概况。根据管道仪表流程图、设备一览表了解基本工艺过程及设备的种类、名称、位号和数量；通过分区索引图了解设备分区情况，以及设备占用建筑物和相关建筑的情况；通过设备布置图上的标题栏了解每张图表达的重点。

② 看懂建筑结构。阅读设备布置图中的建筑结构主要是以平面图、剖视图分析建筑物的层次，了解各层厂房建筑的标高，每层中的楼板、墙、柱、梁、楼梯、门、窗及操作平台、坑、沟等结构情况，以及它们之间的相对位置。由厂房的定位轴线间距可得厂房大小。

③ 掌握设备布置情况。

［**例 9-2**］　阅读天然气脱硫系统设备布置图，见图 9-18。

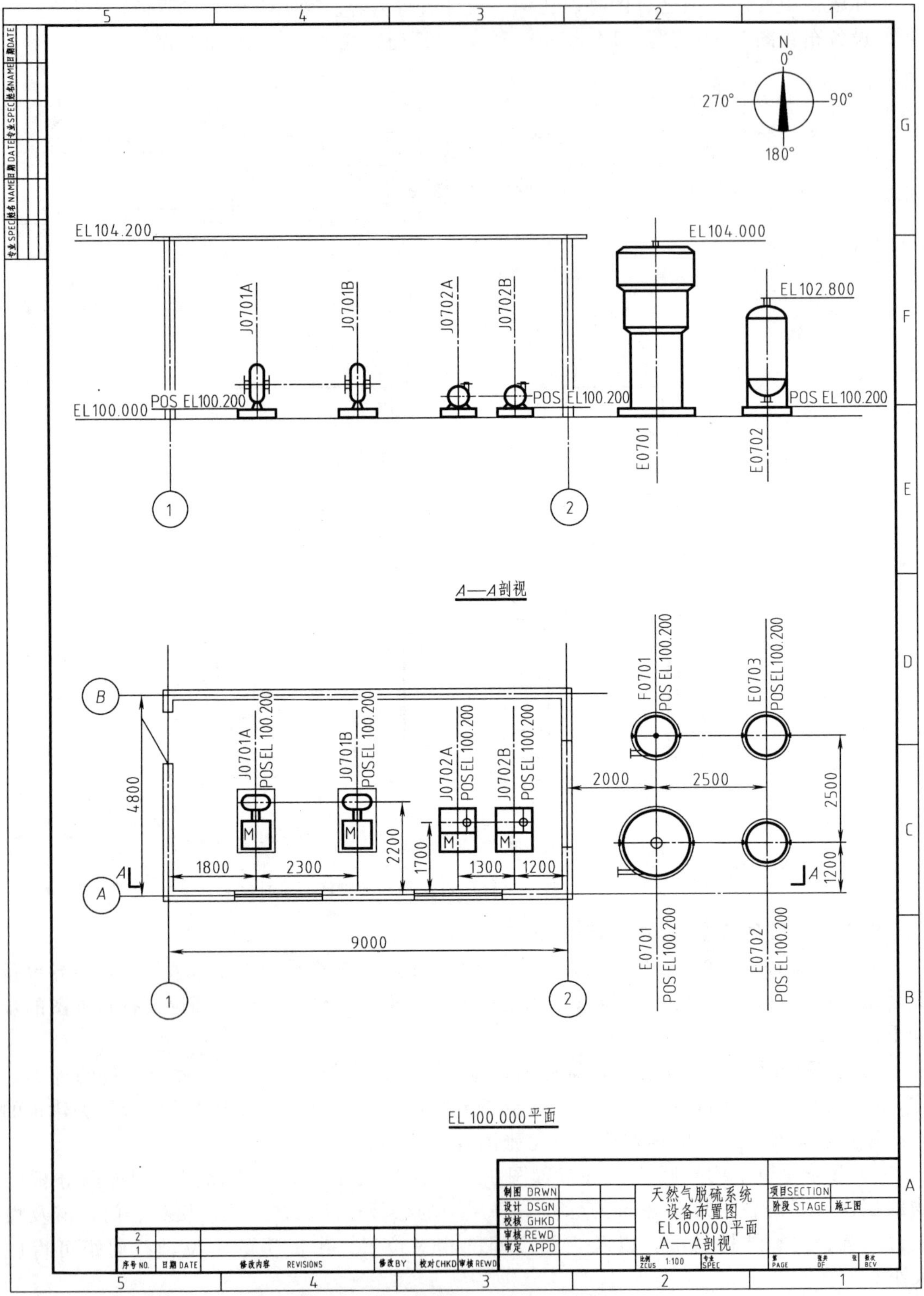

图 9-18　天然气脱硫系统设备布置图

（1）了解概况

在第 8 章通过例 8-13 天然气脱硫系统管道仪表流程图的阅读，了解基本工艺过程及设备的种类、名称、位号和数量。由该图标题栏可知，设备布置图有两个视图，一个为“EL100.000 平面图”，另一个为“*A*—*A* 剖面”图。图中共绘制了八台设备，分别布置在厂房内外，泵区在室内，塔区在室外。

（2）看懂建筑基本结构

天然气脱硫系统的泵区是一个单层建筑物，西面有一个门供操作工人的内外活动，南面有两个窗供采光。厂房建筑的定位轴线编号分别为 1、2 和 *A*、*B*，横向定位轴线间距为 9.0m，纵向定位轴线间距为 4.8m，室内外地面标高 EL100.000m，房顶标高 EL104.200m。

（3）掌握设备布置情况

图中右上角的安装方位标（设计北向标志），指明了有关厂房和设备的安装方位基准。

① 罗茨鼓风机（J0701A、B）。罗茨鼓风机的标高为 POSEL100.200m，横向定位尺寸 1.8m（以 1 轴为基准线，该设备的中心线为基准），竖向定位尺寸 2.2m（以 *A* 轴为基准线，该设备进出口中心线为基准），相同设备中心线间距为 2.3m。

罗茨鼓风机靠南墙部分是驱动电机，北面作为操作空间。

② 氨水泵（J0702A、B）。氨水泵的标高为 POSEL100.200m，横向定位尺寸 1.2m（以 2 轴为基准线，该设备的中心线为基准），竖向定位尺寸 1.7m（以 *A* 轴为基准线，该泵出口中心线为基准），相同设备中心线间距为 1.3m。

氨水泵靠南墙部分是驱动电机，北面作为操作空间。

③ 脱硫塔（E0701），其横向定位尺寸 2.0m、纵向定位尺寸 1.2m（以 2、*A* 轴为基准线，该设备中心线为基准），支承点标高是 POSEL100.200m，塔顶标高是 EL104.000m。

④ 氨水贮罐（F0701），其支承点标高是 POSEL100.200m，横向定位尺寸 2.0m、纵向定位尺寸 3.7m（以 2、*A* 轴为基准线，该设备中心线为基准）。

氨水贮罐在脱硫塔的正北面，前后相距 2.5m。

⑤ 除尘塔（E0702），其横向定位尺寸 4.5m、纵向定位尺寸 1.2m（以 2、*A* 轴为基准线，该设备中心线为基准），支承点标高是 POSEL100.200m，塔顶标高是 EL102.800m。

除尘塔在脱硫塔的正东面，左右相距 2.5m。

⑥ 再生塔（E0703），其横向定位尺寸为 4.5m、纵向定位尺寸为 3.7m（以 2、*A* 轴为基准线，该设备中心线为基准），支承点标高是 POSEL100.200m。

再生塔在氨水贮罐的正东面，左右相距 2.5m，在除尘塔的正北面，前后相距 2.5m。

［例 9-3］ 阅读聚氯乙烯工程聚合工段 HDEW 公用系统管道仪表流程图（图 8-43、图 8-44）所对应的贮罐区域设备布置图，如图 9-19 所示。为了便于阅读，图 9-20 给出此装置的设备一览表。

（1）了解概况

在第 8 章已经通过管道仪表流程图的阅读，了解基本工艺过程及设备的种类、名称、位号和数量。从图上标题栏可知，该图是某工程施工图的 HDEW 贮罐区域设备布置图，作图比例 1∶100，图号为 9914—26—0220b—A04—01。HDEW 贮罐区域的设备布置采用了六个视图，其中一个为贮罐区域平面图，四个脱氧塔的局部平面图，还有一个 *A*—*A* 剖视图，整个贮罐区域的设备全部在露天布置，并且用双点画线框出区域范围为 10300×23000。

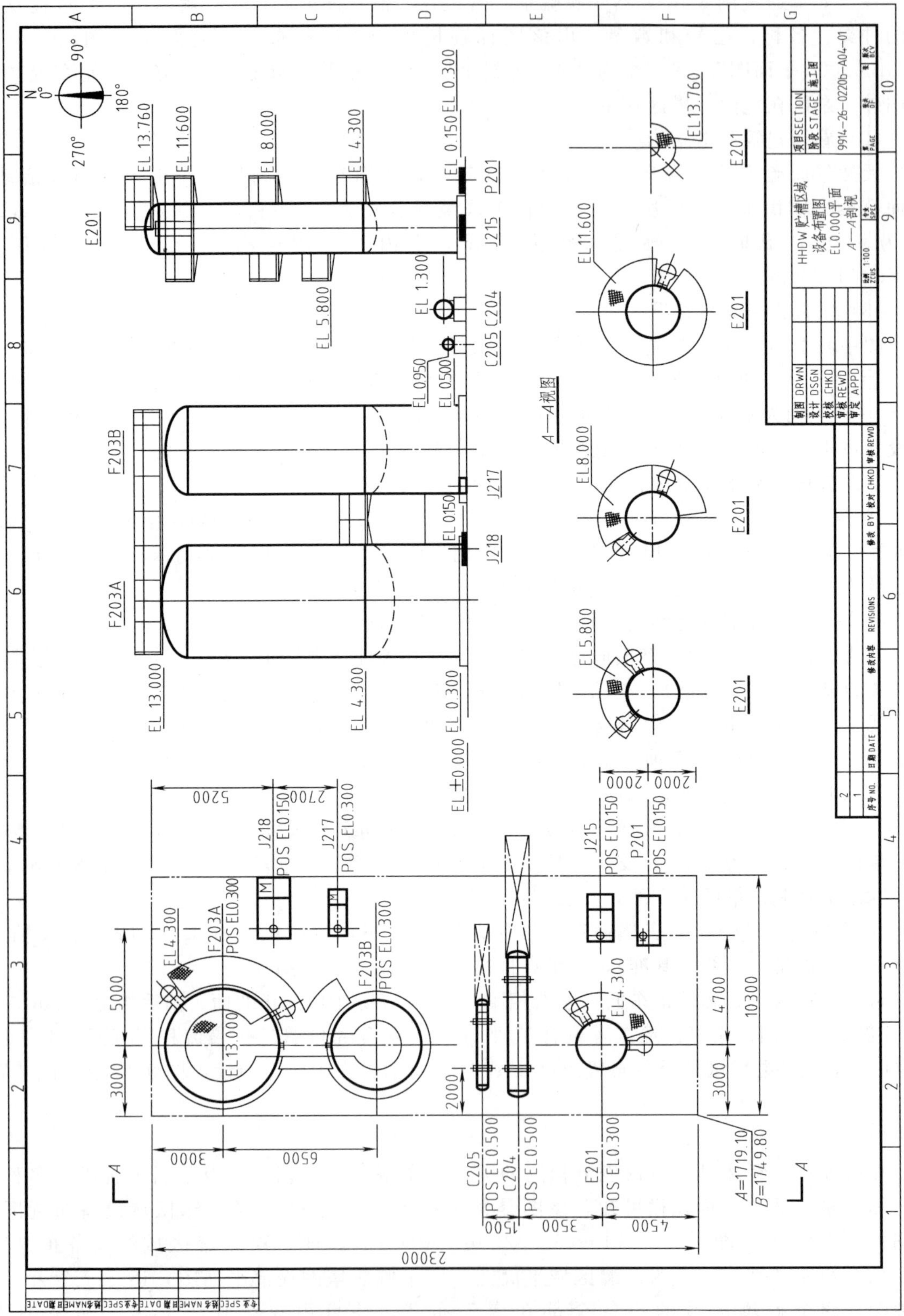

图 9-19 HDBW贮罐区域设备布置图

工程名称		编制			项目	
设 备 一 览 表		校核			图号	
		审核			阶段	施工图
		审定			第 张共 张	版次 0

序号	位号	名称	规格	图号或标准号	材料	数量	重量 单	重量 总	备注
1	E201	脱氧塔	立式,圆筒 外型尺寸ϕ2100×13420TL 容积: V=165m^3		304SS	1	22500	22500	
2	P201	水喷射真空泵机组	真空度:23mmHg(A),最大排气量110m^3/h 其中:离心泵型号:3BL-9 N=7.5kW 喷射泵型号: ZSB 水箱尺寸:1400×915×1300	ZSWJ-110	CS	1	759	759	
3	J215	脱盐水进料泵	型式:离心式 流量:130m^3/h 扬程:75m		304SS	1	850	850	
4	C204	HDEW加热器	列管式 外型尺寸:ϕ750×6300TL 换热面积:120m^2		304SS,CS	1	4500	4500	
5	C205	HDEW加热器	列管式 外型尺寸:ϕ400×3956TL 换热面积:18m^2		304SS,CS	1	1050	1050	
6	F203A	HDEW贮槽	立式,圆筒 外型尺寸:ϕ4800×12820TL 容积: V=165m^3		304SS	1	31000	31000	
7	F203B	HDEW缓冲槽	立式,圆筒 外型尺寸:ϕ3800×12570TL 容积: V=99m^3		304SS	1	31000	31000	
8	J217	HDEW循环泵	型式:离心式 流量: 80m^3/h 扬程: 30m		304SS	1	280	280	
9	J218	HDEW加料泵	型式:离心式 流量: 276m^3/h 扬程: 150m		304SS	1	950	950	

图 9-20 HDBW贮罐区域设备一览表

(2) 看懂建筑基本结构

整个贮罐区域露天布置，该部分没有整体建筑物。设备检修和操作有钢平台，钢平台材料为花纹钢板。两个贮罐有两层平台，高度是分别是 EL13.000m 和 EL4.300m；另一台脱氧塔有五个操作平台，平台高度分别是 EL13.760、EL11.600、EL8.000、EL5.800 和 EL4.300m，都是以地坪 EL0.000m 为基准。脱氧塔检修和操作钢平台形状大小由四个局部平面图表示。

(3) 掌握设备布置情况

图 9-19 中右上角的安装方位标（设计北向标志），指明了有关设备的安装方位基准。由于没有厂房定位，在贮罐区域的左下脚标出了坐标点为 $A=1719.10$、$B=1749.80$。

① 脱氧塔（E201），其横向定位尺寸 3.0m、纵向定位尺寸 4.5m（以坐标点为基准线，设备中心线为基准），支承点标高是 POSEL0.300m，该设备在 HHDW 贮罐区域的西南角。

② HDEW 加热器（C204），其在脱氧塔正北面，横向定位尺寸 2.0m、纵向定位尺寸 8.0m（以坐标点为基准线，该设备中心线及一个固定支座为基准），支承点标高是 POSEL0.500m，中心线标高 EL1.300m，该设备图形的虚线部分表示预留的检修场地。

另一台 HDEW 加热器（C205）在它的北面，南北相距 1.5m。

③ HDEW 循环泵（J217），其横向定位尺寸 8.0m、纵向定位尺寸 7.9m（以坐标点为基准线，设备中心线及泵的出口管中心线为基准），支承点标高是 POSEL0.150m，该设备用 M 表示泵的电机位置。

另一台 HDEW 加料泵（J218）在它的北面，南北相距 2.7m。

④ 水喷射真空泵机组（P201），布置在脱氧塔的东南方向，横向定位尺寸 7.7m、纵向定位尺寸 2.0m（以坐标点为基准线，设备中心线及出口管中心线为基准），支承点标高是 POSEL0.150m。

⑤ 脱盐水进料泵（J215），其横向定位尺寸 7.7m、纵向定位尺寸 4.0m（以坐标点为基准线，设备中心线及泵的出口管中心线为基准），支承点标高是 POSEL0.150m，该设备用 M 表示泵的电机位置。

水喷射真空泵机组在它的南面，南北相距 2.0m。

⑥ HDEW 贮槽（F203A），在贮罐区域的最北面，横向定位尺寸 3.0m、纵向定位尺寸 3.0m（以坐标点为基准线，该设备中心线为基准），支承点标高是 POSEL0.300m。

另一台 HDEW 缓冲罐（F203B）在它正南面，南北相距 6.5m。

9.2.8 设备布置图的绘制

9.2.8.1 绘图前的准备工作

9.2.8.1.1 了解有关图纸和资料

绘制设备布置图时，应以管道仪表流程图、厂房建筑图、设备一览表和设备条件表等原始资料为依据。通过这些图纸资料，充分了解工艺过程的特点和要求、厂房建筑的基本结构等。

9.2.8.1.2 考虑设备布置的合理性

对于设备布置的合理性，主要需要掌握化工装置设备布置设计工程规定（HG 20546.2—92）和化工装置设备布置设计技术规定（HG 20546.5—92）的知识，下面简单介绍布置要点。

(1) 工艺及流程的要求　设备（装置）布置设计应满足工艺及流程的要求。如真空、重力流、固体卸料等，一律按管道仪表流程图（PID）的标高要求布置设备。对处理腐蚀性、有毒、黏稠物料的设备宜按物料性质紧凑布置，必要时还需采取设隔离墙等措施。另外，还应根据地形、主导风向等情况布置，以免影响工艺的要求。例如空气吸入口及循环水冷却塔等。

（2）环境保护、防火及其他安全生产的要求　设备、建筑物、构筑物等的防火间距应符合现行的有关防火规范的要求。要注意环境保护、防止污染及噪声，还应根据危险程度的划分来考虑布置设备。

利用电能或电动机的电气设备的布置，应符合国家现行的《爆炸和火灾危险场所电力装置设计规定》的要求。

对于加热炉、压缩机及控制室配电室等的位置要考虑主导风向的问题。从设备泄漏出的可燃气体或蒸汽不应吹向加热炉，故加热炉应位于上风向或侧风向。烟囱排口的烟气不应吹向压缩机室或控制室。配电室宜布置在能漏出氨气场所的上风向。

（3）方便操作　装置布置应考虑能给操作者创造一个良好的操作条件，主要包括：必要的操作通道和平台；楼梯与安全出入口要符合规范要求；合理安排设备间距和净空高度等。

控制室的位置要合理，应避开危险区，远离振动设备，以免影响仪表的运行。

（4）便于安装和维修　设备的安装和维修应尽量采用可移动式的起吊设备。在布置中应满足以下各方面要求。

① 道路的出入口要方便吊车的出入。

② 搬运及吊装所需的占地面积和空间。

③ 设备内填充物的清洗在定期大修时，能对所有设备同时进行大修。

④ 对换热器、加热炉等的管束抽芯要考虑有足够的场地，应避免拉出管束时延伸到相邻的通道上。对压缩机驱动机等转动设备部件的检修和更换，也要提供足够的检修区。

下述场合需设固定式维修设备：

① 人孔盖需设置吊柱；

② 塔板及塔内部件需设置吊柱；

③ 室内压缩机、透平机等需设置起重机；

④ 小型压缩机可酌情设置简易起重设施；

⑤ 建筑物内的搅拌器需设置吊梁或起重机。

（5）经济合理的要求　设备布置在符合工艺要求的前提下应以经济合理为主，并注意整齐美观。除热膨胀有要求的管道外，设备布置时应考虑管道尽量短而直，有的设备为了某厂的特殊目的可以不按工序来布置。

为了考虑整齐美观，可采取下列方式布置：

① 成排布置的塔，如可能时可设置联合平台；

② 换热器并排布置时，推荐靠管廊侧管程接管中心线取齐；

③ 离心泵的排列应以泵出口管中心线取齐；

④ 卧式容器推荐以靠管廊侧封头切线取齐；加热炉、反应器等推荐以中心线取齐。

9.2.8.2　绘图方法与步骤

下面以天然气脱硫系统设备布置图为例介绍绘图方法与步骤。

9.2.8.2.1　确定视图配置

详见本章 9.2.3 相应内容的介绍。

9.2.8.2.2　选定比例与图幅

详见本章 9.2.3 相应内容的介绍。

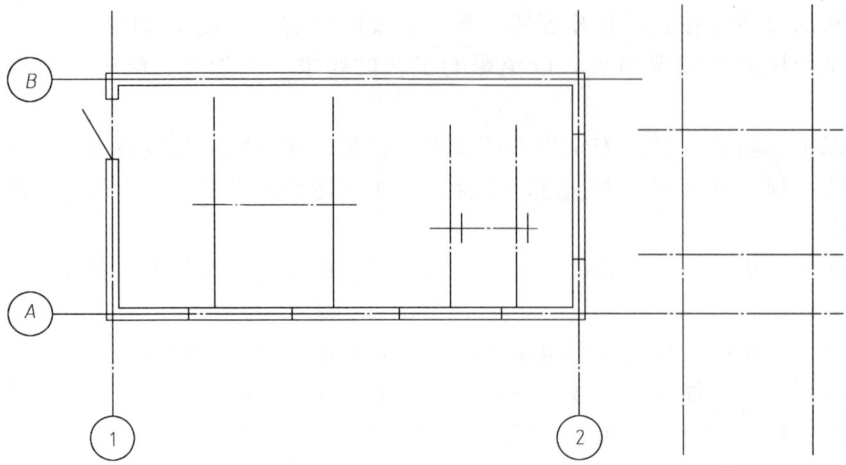

(a)

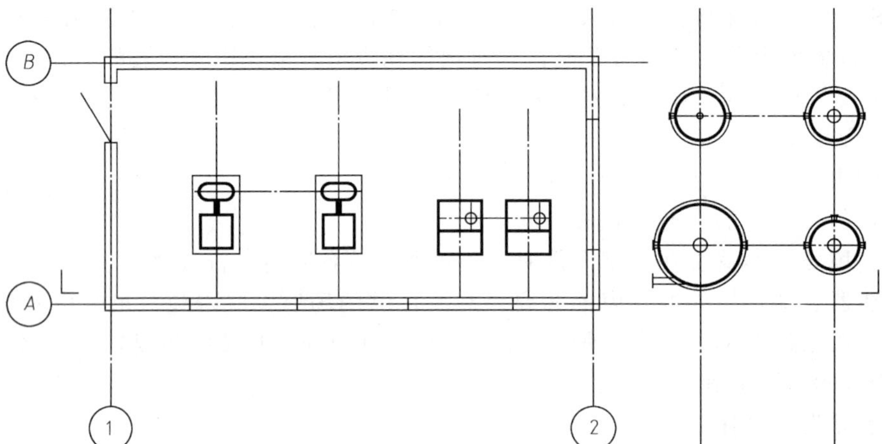

(b)

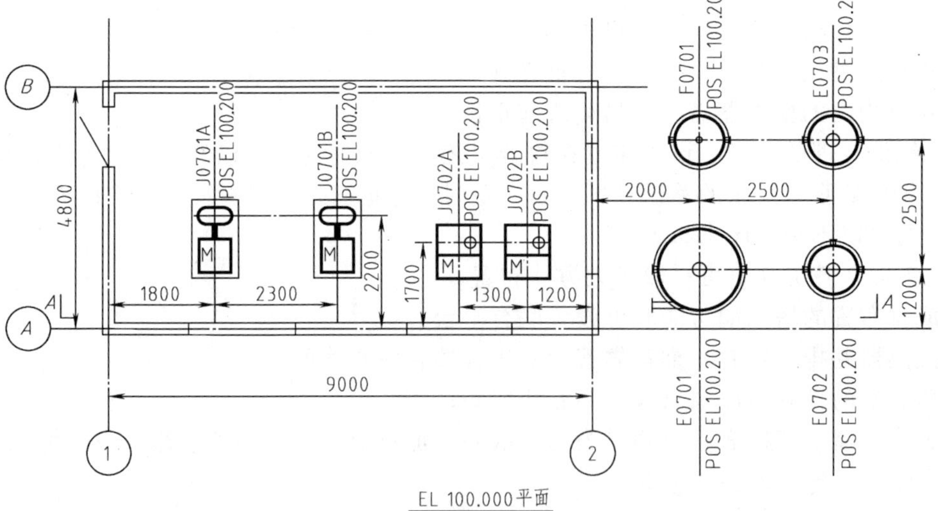

(c)

图 9-21　天然气脱硫系统设备布置图绘图步骤（一）

9.2.8.2.3　绘制设备布置平面图

① 用细点画线画出建筑定位轴线、设备的定位线，再用细实线画出厂房平面图，表示厂

房的基本结构，如墙、柱、门、窗、楼梯等，注写厂房定位轴线编号，如图 9-21（a）所示。

② 用粗实线画出设备、支架、基础及设备所带操作平台等基本轮廓，如图 9-21（b）所示。

③ 标注各类文字符号，包括：厂房定位轴线间的尺寸和厂房总尺寸；设备的定位尺寸；设备位号（应与工艺流程图中一致）和标高；视图名称；其他。如图 9-21（c）所示。

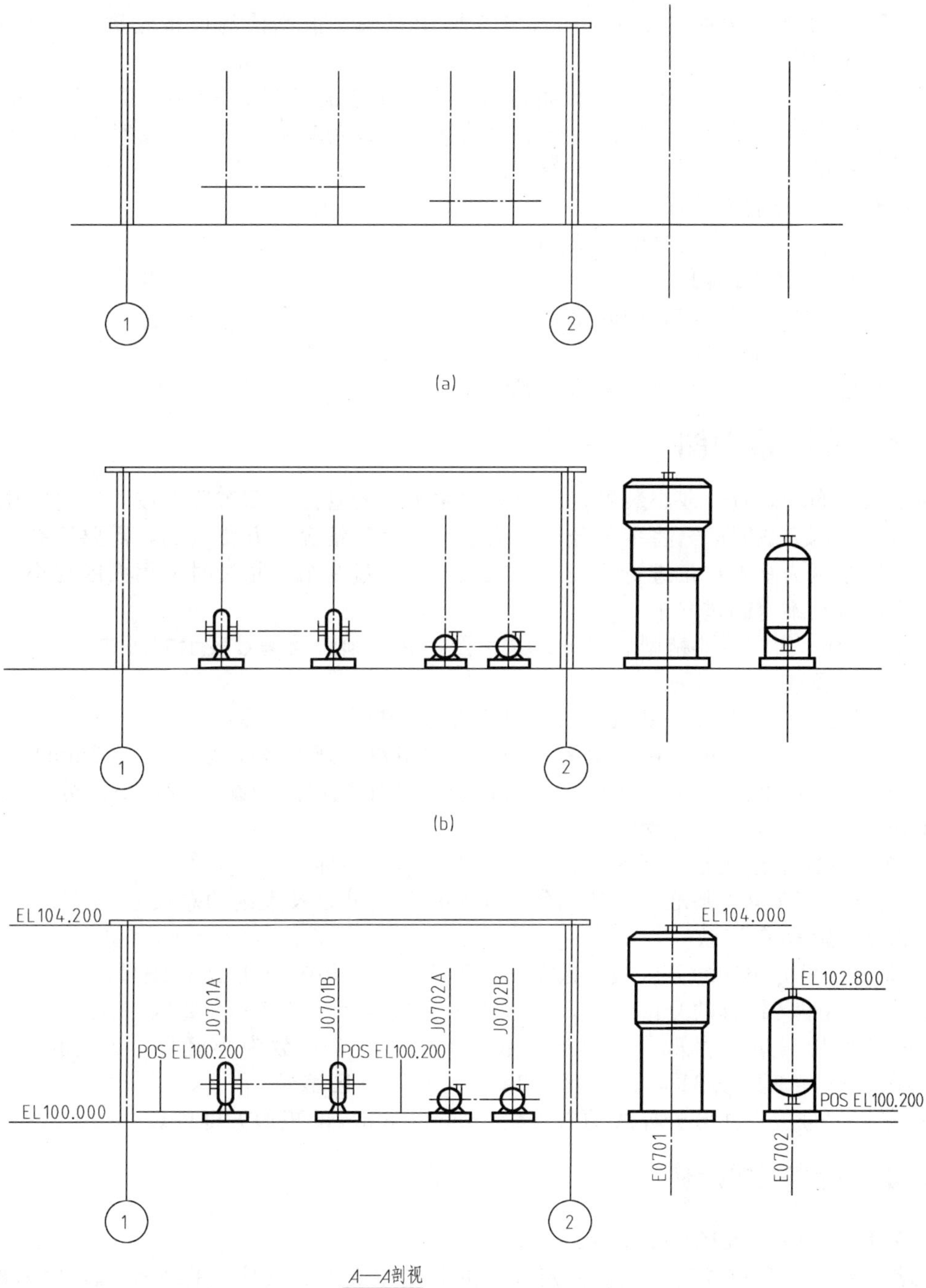

图 9-22 天然气脱硫系统设备布置图绘图步骤（二）

9.2.8.2.4　绘制设备布置剖视图

剖视图应完全、清楚地反映设备与厂房高度方向的关系，在充分表达的前提下，剖视图的数量应尽可能少。

① 用细实线、细点画线画出厂房剖面图及设备的定位线。与设备安装定位关系不大的门窗等构件和表示墙体材料的图例，在剖面图上则一概不予表示。注写厂房定位轴线编号，如图 9-22（a）所示。

② 用粗实线按比例画出带管口的设备立面示意图，被遮挡的设备轮廓一般不予画出，如图 9-22（b）所示。

③ 标注各类文字符号，包括：设备位号（应与工艺流程图中一致）；厂房定位轴线间的尺寸；厂房室内外地面标高；操作检修平台的标高；设备基础标高；必要时，标注主要管口中心线、设备最高点等标高，如图 9-22（c）所示。

9.2.8.2.5　绘制方位标

详见本章 9.2.6 相应内容的介绍。

9.2.8.2.6　图上的附注

详见本章 9.2.6 相应内容的介绍。

9.2.8.2.7　完成图样

填写标题栏。检查、校核，最后完成图样。

9.3　分区索引图

对于联合布置装置（或小装置）或独立的主项，若管道平面布置图按所选定的比例不能一张图纸上绘制完成时，需将装置分区。为了了解分区情况，方便查找，需要绘制分区索引图。一般以小区为基本单位进行绘制，小区数不得超过 9 个，超过时采用大区与小区结合方式，但大区数也不得超过 9 个。

图 9-23 所示为润滑油精制装置分区索引图，它的画法及编号表示方法如下。

9.3.1　画法

① 一般利用设备布置图复制成二底图后进行绘制。

② 无大区只分小区的分区索引图，分区线用粗双点画线（线宽 0.9～1.2mm）表示。

③ 大区与小区结合的分区索引图，大区分区线用粗双点画线表示，小区分区线以中粗双点画线（0.5～0.7mm）表示。

④ 在图的左下角定分区基准点，在右上方画出方向标。

⑤ 以分区基准点为基准，标注出每一个分区的尺寸以及大区的总尺寸。

9.3.2　编号表示法

① 无大区只分小区的分区编号按 1 区、2 区、3 区、…、9 区进行编号。

② 大区与小区结合的分区编号，大区用 1 位数表示，按 1 区、2 区、3 区、…、9 区进行编号；小区用两位数表示，其中十位数为大区号，个位数为小区号，即可按 11 区、12 区、13 区、…、19 区或 31 区、32 区、33 区、…、39 区编号。

③ 分区编号应写在区分界线的右下角 16mm×6mm 的矩形方框内。

9.4　设备安装图

9.4.1　设备安装图的作用与内容

设备安装详图用以表达安装、固定设备的非定型支架、支座、操作平台及附属的栈桥、钢梯、传动等设备。在设备布置设计中需要单独绘制图样，以作为制造与安装的依据。图 9-24 为冷却塔挡架安装图，从图中可以看出它与机械装配图相似，有如下内容。

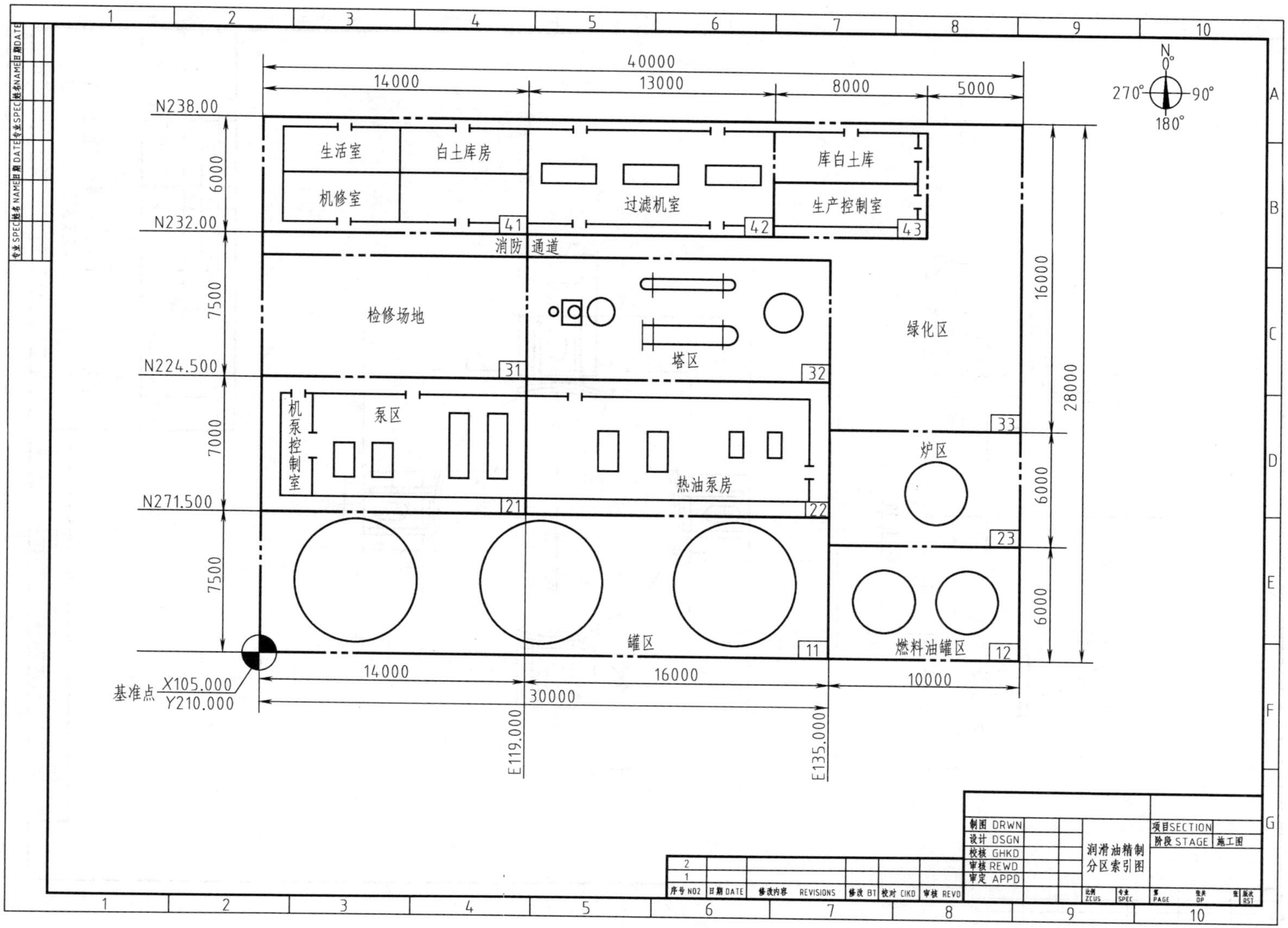

图 9-23　润滑油精制分区索引图

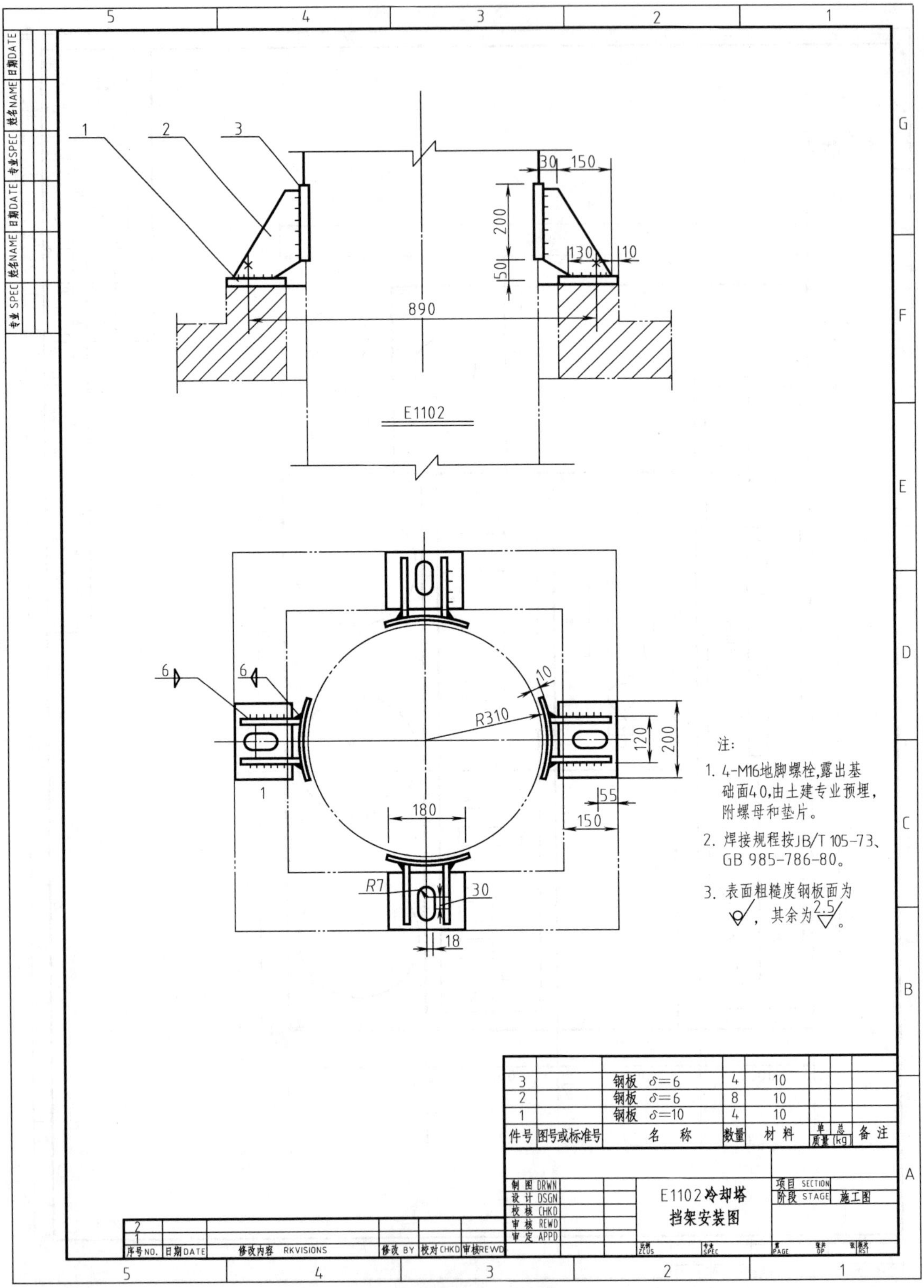
1
2
3
30
150
200
50
130
10
890
E1102
6
6
10
R310
120
200
1
55
150
180
R7
30
18
注:
1. 4-M16地脚螺栓,露出基础面40,由土建专业预埋,附螺母和垫片。
2. 焊接规程按JB/T 105-73、GB 985-786-80。
3. 表面粗糙度钢板面为✓,其余为2.5✓。
3 钢板 δ=6 4 10
2 钢板 δ=6 8 10
1 钢板 δ=10 4 10
件号 图号或标准号 名称 数量 材料 单重 总重(kg) 备注
E1102冷却塔
挡架安装图
阶段 施工图

图 9-24　设备安装图

（1）一组视图　表示挡架各组成部分的结构形状、装配关系、挡架与设备的连接情况等。

（2）尺寸标注　标明挡架各组成部分的定形、定位尺寸，与设备安装定位有关的尺寸。

（3）说明或附注　用于编写技术要求或施工要求以及采用的标准、规范。

（4）明细栏和标题栏　对各组成部分进行编号并列出明细栏，注写有关名称、规格、数量等。在标题栏中注写图名、图号、比例等。

9.4.2　画法

① 设备安装图的画法与机械制图相近，其中主要表达内容（如：支架、支座、操作平台等）的具体画法按《技术制图与机械制图》国家标准绘制。螺栓、螺母等采用简化画法。图中的设备和有关的厂房建筑结构属次要表达内容，一般采用细实线或双点画线绘制其有关部分的轮廓。

② 图纸幅面一般采用 A3 或 A3 图幅，比例一般为 1∶20 或 1∶10。

附表 9-1　建筑材料图例（GB/T 5001—2001）

序号	名　称	图　例	说　　明
1	自然土壤		包括各种自然土壤
2	夯实土壤		
3	砂、灰、土	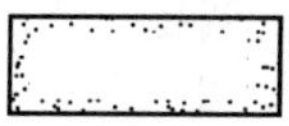	靠近轮廓线的点较密
4	砂砾石、碎砖、三合土	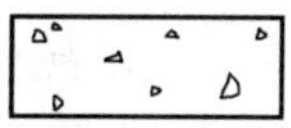	
5	天然石材	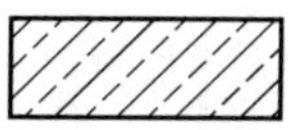	包括岩层、砌体、铺地、贴面等材料
6	毛石		
7	普通砖	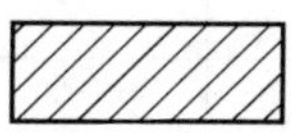	1. 包括砌体、砌块 2. 断面较窄，不易画出图例线时，可涂红
8	耐火砖	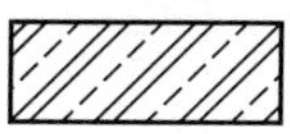	包括耐酸砖等
9	空心砖	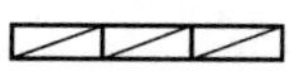	包括各种多孔砖
10	饰面砖	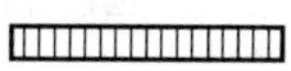	包括铺地砖、马赛克、陶瓷锦砖、人造大理石等
11	混凝土	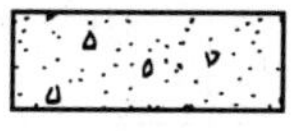	1. 本图例仅适用于能承重的混凝土及钢筋混凝 2. 包括各种标号、骨料、添加剂的混凝土 3. 在剖面图上画出钢筋时，不画图例线 4. 断面较窄，不易画出图例线时，可涂黑
12	钢筋混凝土	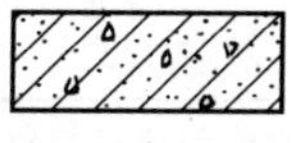	

续表

序号	名　称	图　例	说　　明
13	焦渣、矿渣	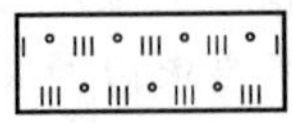	包括与水泥、石灰等混合而成的材料
14	多孔材料	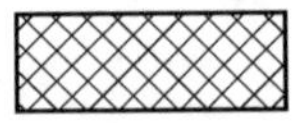	包括水泥珍珠岩、沥青珍珠岩、泡沫混凝土、非承重加气混凝土、泡沫塑料、软木等
15	纤维材料		包括麻丝、玻璃棉、矿渣棉、木丝板、纤维板等
16	泡沫塑料	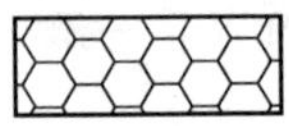	
17	木材	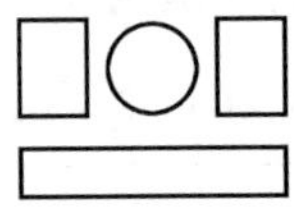	1. 上图为横断面，左上图为垫木、木砖、木龙骨 2. 下图为纵断面
18	胶合板	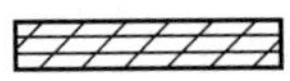	应注明×层胶合板
19	石膏板	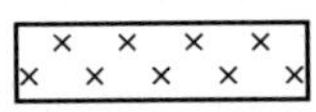	
20	金属	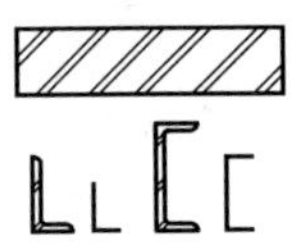	1. 包括各种金属 2. 图形小时，可涂黑
21	网状材料		1. 包括金属、塑料等网状材料 2. 注明材料
22	液体	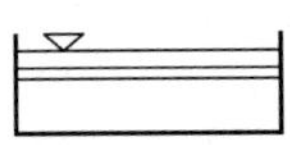	注明液体名称
23	玻璃		包括平板玻璃、磨砂玻璃、夹丝玻璃、钢化玻璃等
24	橡胶	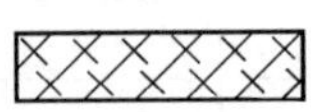	
25	塑料	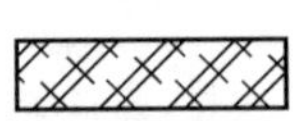	包括各种软、硬塑料及有机玻璃等
26	防水材料		构造层次多或比例较大时，采用上面图例
27	粉刷	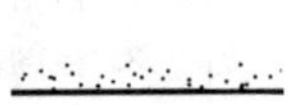	本图例的点较稀

注：序号1、2、5、7、8、12、14、18、20、24、25图例中的斜线、短斜线、交叉斜线等一律为45°。

附表 9-2 **建筑配件和构件图例**（GB/T 50104—2001）

序号	名　称	图　例	说　　明
1	土墙		包括土筑墙、土坯墙、三合土墙等
2	隔断	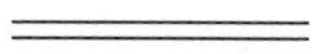	1. 包括板条抹灰、木制、石膏板、金属材料等隔断 2. 适用于到顶与不到顶隔断
3	栏杆		
4	楼梯	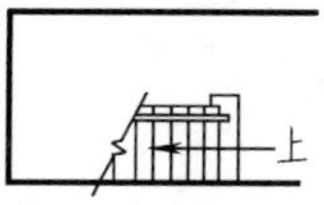 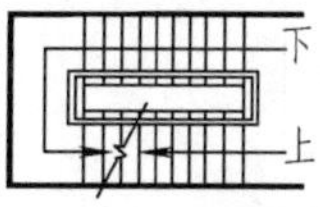 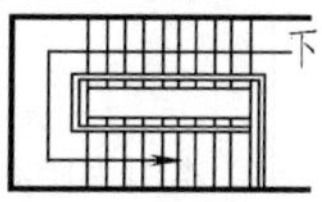	1. 上图为底层楼梯平面，中图为中间层楼梯平面，下图为顶层楼梯平面 2. 楼梯的形式及步数应按实际情况绘制
5	长坡道	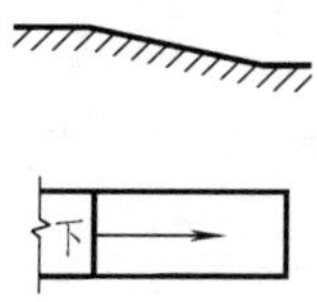	
6	门口坡道	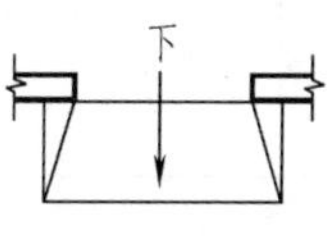	
7	平面高差	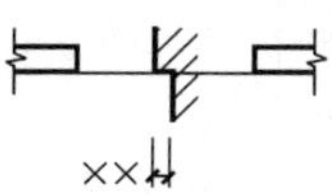	
8	检查孔		左图为可见检查孔 右图为不可见检查孔
9	孔洞		
10	坑槽		
11	墙预流洞	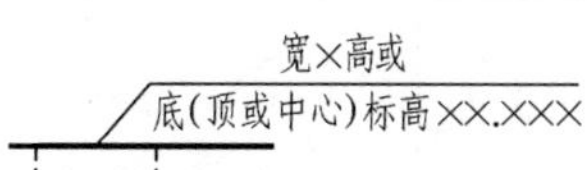	

续表

序号	名　称	图　例	说　　明
12	墙预流槽	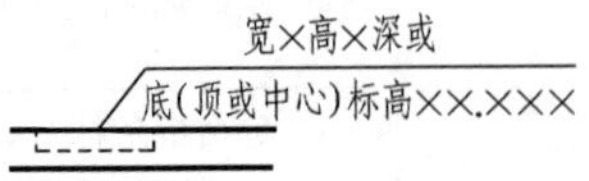	
13	烟道	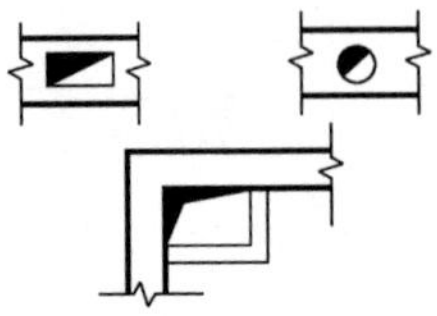	
14	通风道	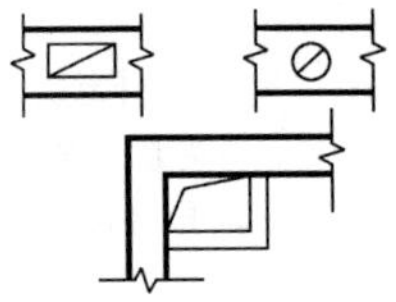	
15	新建的墙和窗	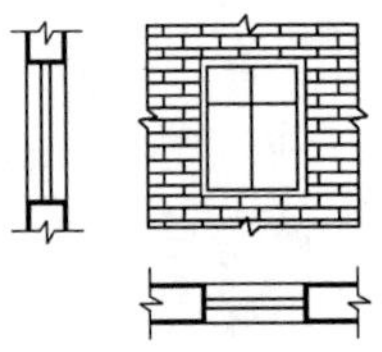	本图为砖墙图例，若用其他材料，应按所用材料的图例绘制
16	改建时保留的原有墙和窗	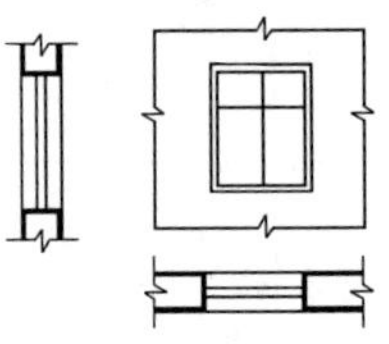	
17	应拆除的墙	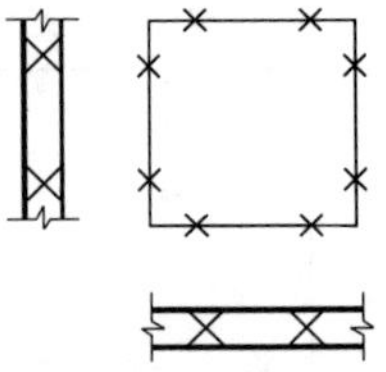	
18	在原有墙或楼板上新开的洞	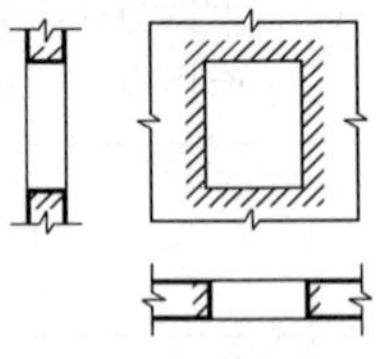	
19	在原有洞旁扩大的洞	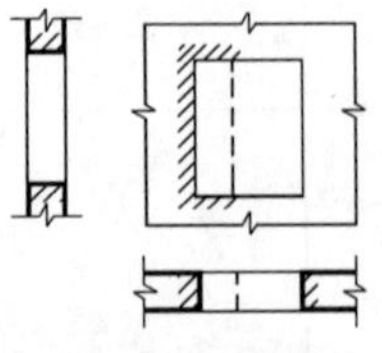	

续表

<table>
<tr><th>序号</th><th>名　称</th><th>图　例</th><th>说　　明</th></tr>
<tr><td>20</td><td>在原有墙或楼板上全部填塞的洞</td><td>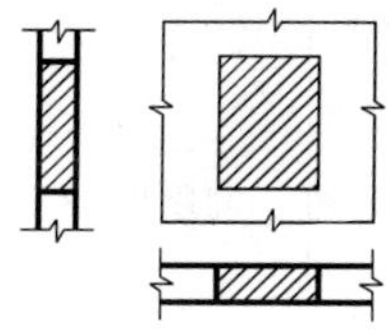</td><td></td></tr>
<tr><td>21</td><td>在原有墙或楼板上局部填塞的洞</td><td>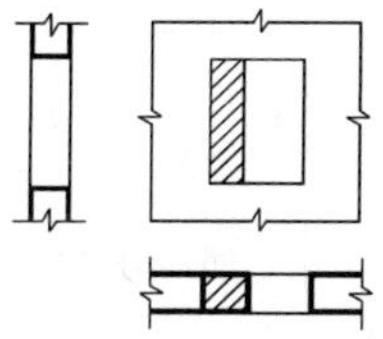</td><td></td></tr>
<tr><td>22</td><td>空门洞</td><td>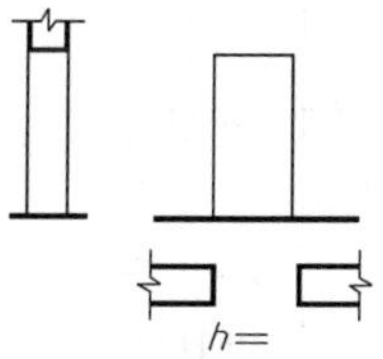</td><td></td></tr>
<tr><td>23</td><td>单扇门</td><td>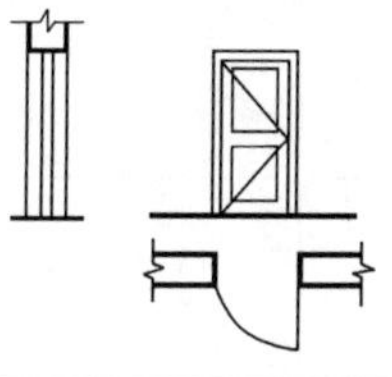</td><td rowspan="3">1. 门的名称代号用 M 表示
2. 剖面图上，左为外、右为内，平面图上，下为外、上为内
3. 立面图上，开启方向线交角的一侧为安装合页的一侧，实线为外开，虚线为内开
4. 平面图上的开启弧线及立面图上的开启方向线，在一般设计图上不需表示，仅在制作图上表示
5. 立面形式应按实际情况绘制</td></tr>
<tr><td>24</td><td>双扇门</td><td>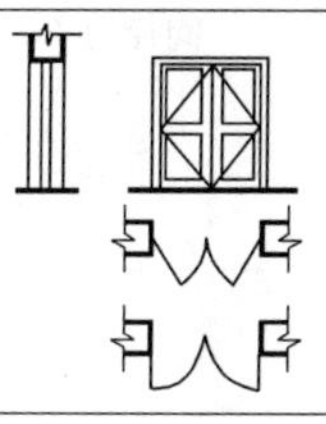</td></tr>
<tr><td>25</td><td>对开折叠门</td><td>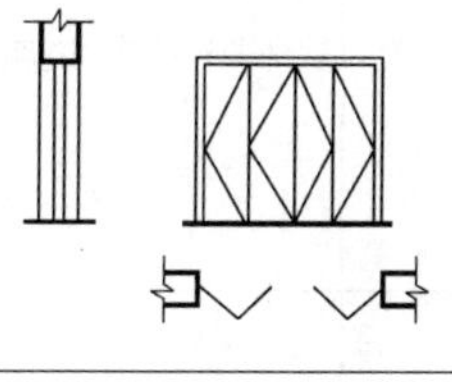</td></tr>
<tr><td>26</td><td>推拉门</td><td>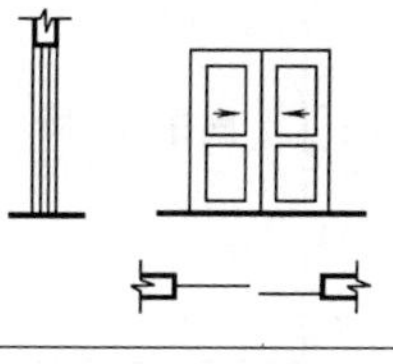</td><td>同序号 23 说明中的 1、2、5</td></tr>
<tr><td>27</td><td>墙外单扇推拉门</td><td>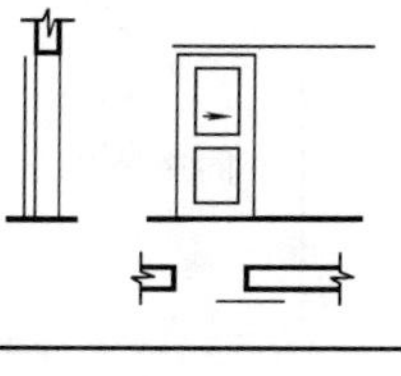</td><td>同序号 26</td></tr>
</table>

续表

序号	名 称	图 例	说 明
28	单扇双面弹簧门	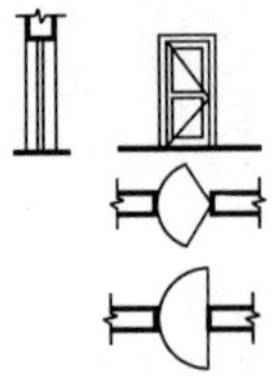	同序号 23
29	双扇双面弹簧门	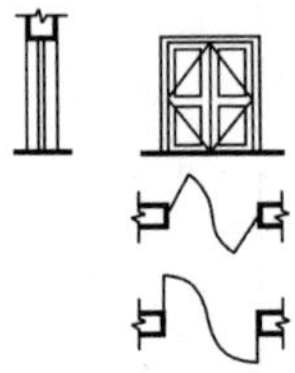	同序号 23
30	单扇内外开双层门	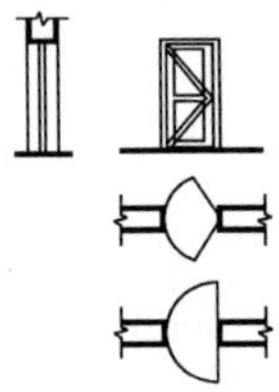	同序号 23
31	双扇内外开双层门	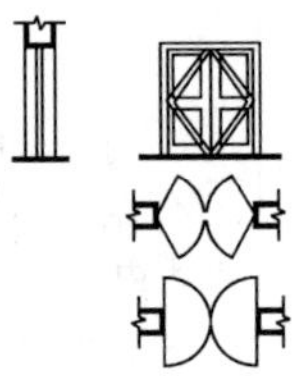	同序号 23
32	转门	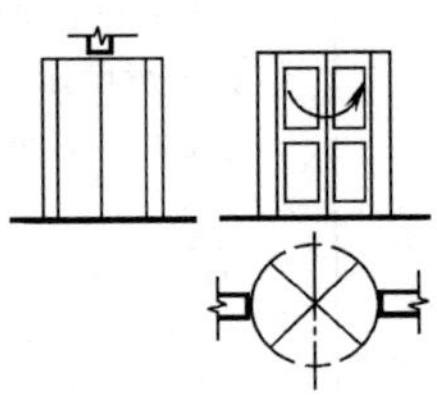	同序号 23 说明中的 1、2、4、5
33	自动门	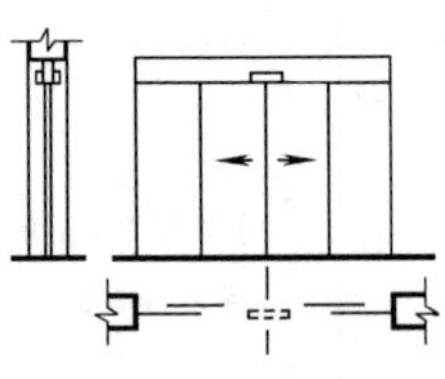	同序号 26
34	折叠上翻门	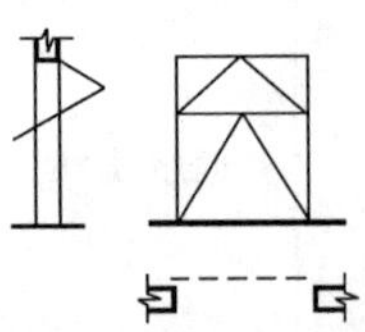	同序号 23

续表

序号	名　称	图　例	说　　明
35	竖向卷帘门	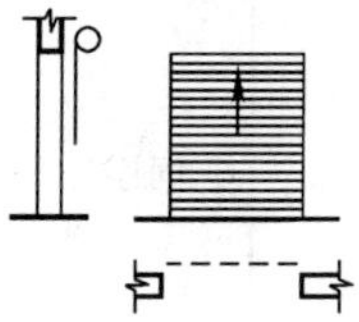	同序号 23 说明中 1、2、5
36	横向卷帘门	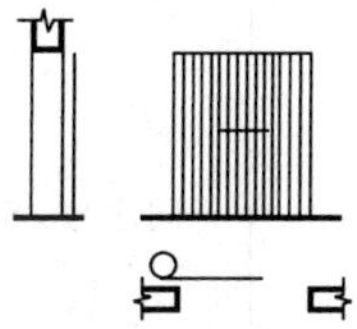	同序号 23 说明中 1、2、5
37	提升门	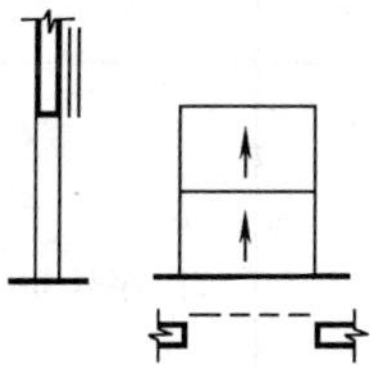	同序号 23 说明中 1、2、5
38	单层固定窗	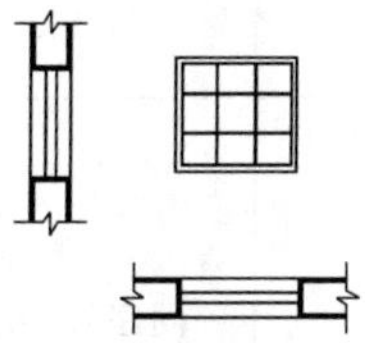	1. 窗的名称代号用 C 表示 2. 立面图中的斜线表示窗的开关方向，实线为外开，虚线为内开；开启方向线交角的一侧为安装合页的一侧，一般设计图中可不表示 3. 剖面图上，左为外、右为内，平面图上，下为外、上为内 4. 平、剖面图上的虚线仅说明开关方式，在设计图中不需表示 5. 窗的立面形式应按实际情况绘制
39	单层外开上悬窗	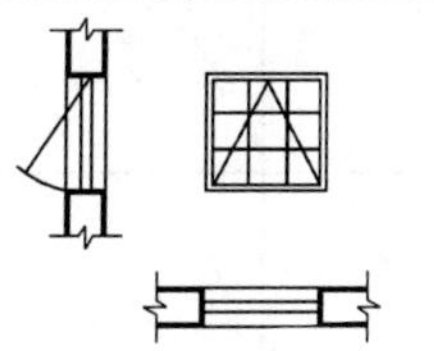	
40	单层中悬窗	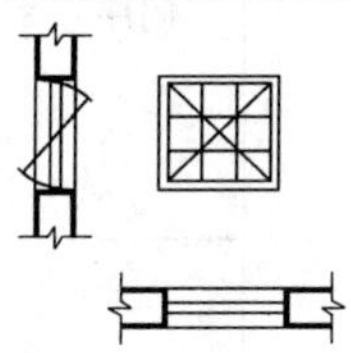	
41	单层内开下悬窗	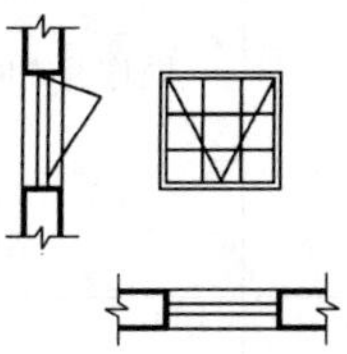	
42	立转窗	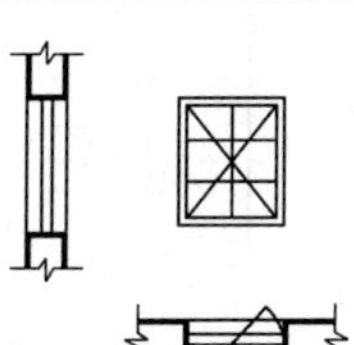	同序号 38

序号	名　称	图　例	说　　明
43	单层外开平开窗	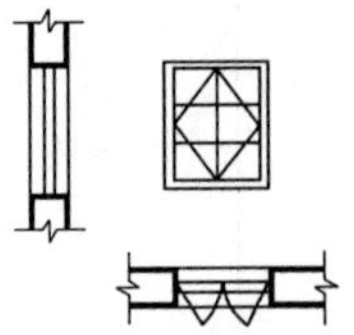	同序号 38
44	单层内开平开窗	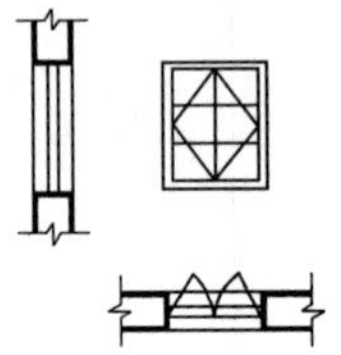	同序号 38
45	双层内外开平开窗	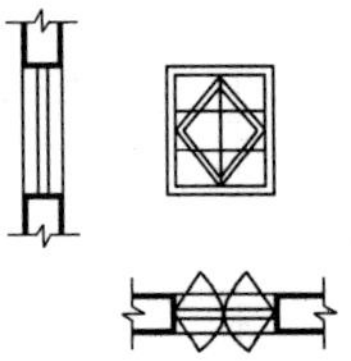	同序号 38
46	推拉窗	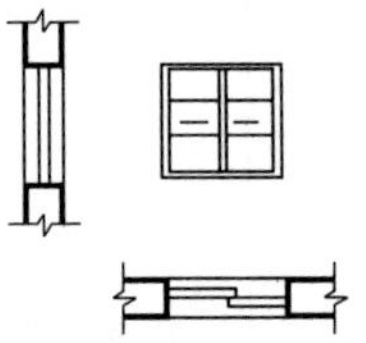	同序号 38 说明中的 1、3、5
47	上推窗	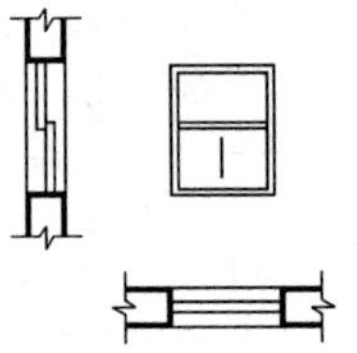	同序号 38 说明中的 1、3、5
48	百叶窗	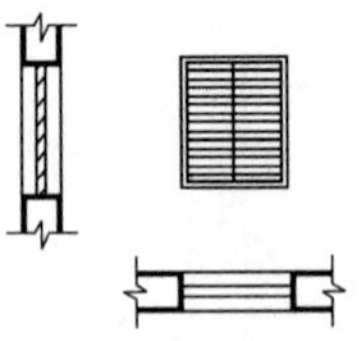	同序号 38 说明中的 1、3、5
49	高窗	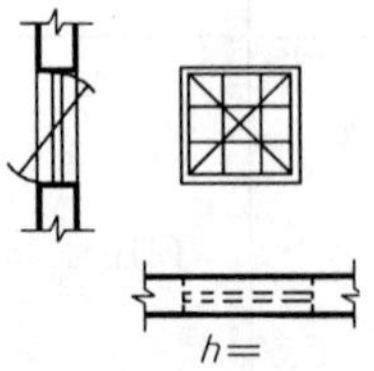	同序号 38

附表 9-3　水平及垂直运输装置图例（GB/T 50104—2001）

序号	名　称	图　例	说　　明
1	铁路	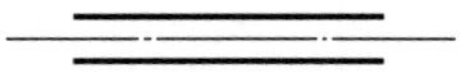	本图例适用于标准轨及窄轨铁路，使用本图例时应注明轨距
2	起重机轨道		
3	电动葫芦	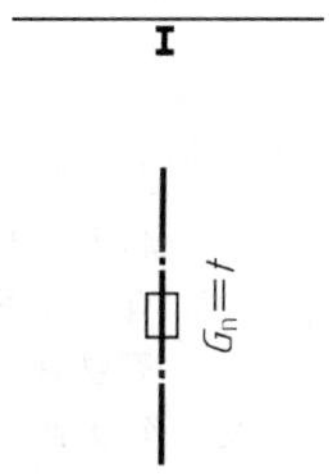	同序号 8
4	梁式悬挂起重机	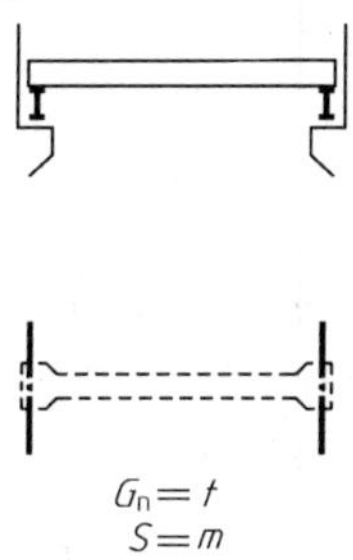	同序号 8
5	梁式起重机	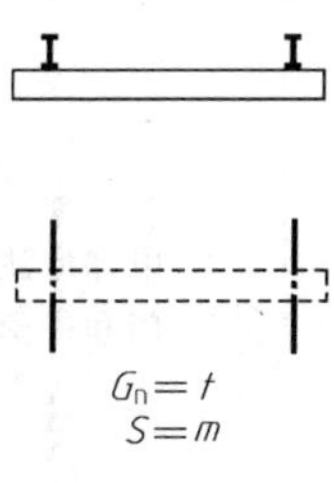	同序号 8
6	自动扶梯	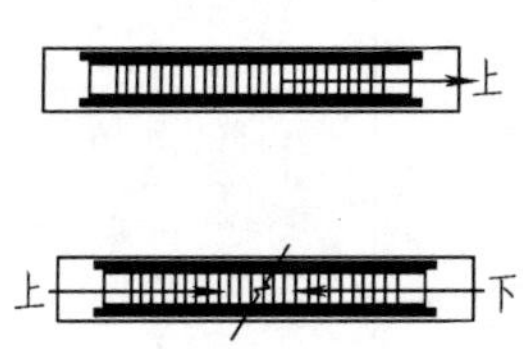	

续表

序号	名　称	图　例	说　　明
7	桥式起重机	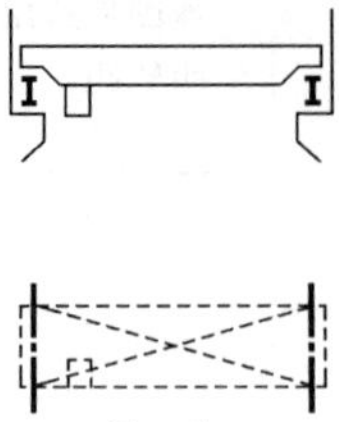 $G_n=t$ $S=m$	1. 上图表示立面(或剖面),下图表示平面 2. 起重机的图例应按比例绘制 3. 有无操纵室,应按实际情况绘制 4. 需要时,可注明起重机的名称、行驶的轴线范围及工作级别 5. 本图例的符号说明: G_n——起重机起重量,以吨计算 S——起重机的跨度或臂长,以米计算
8	壁行起重机	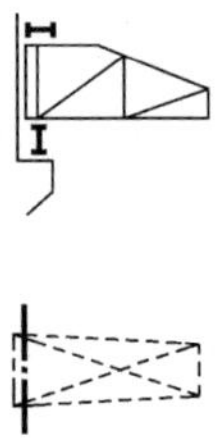 $G_n=t$ $S=m$	
9	悬臂起重机	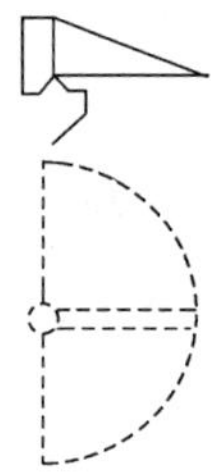 $G_n=t$ $S=m$	
10	电梯	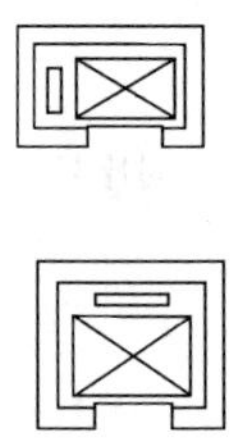	1. 电梯应注明类型 2. 门和平衡锤的位置应按实际情况绘制
11	自动人行道	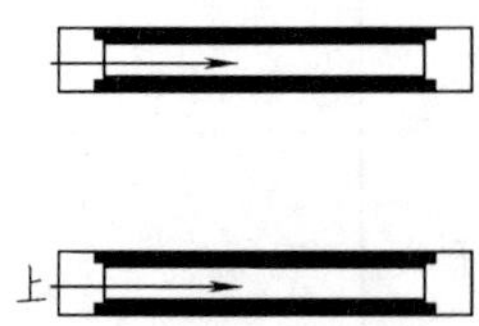	

附表 9-4　设备布置图图例及简化画法（HG 20546.1—92）

名　称	图例及简化画法	备　注
坐标原点	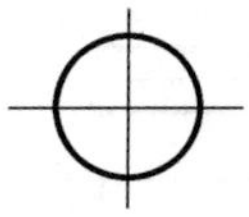	圆直径为 10mm
方向标	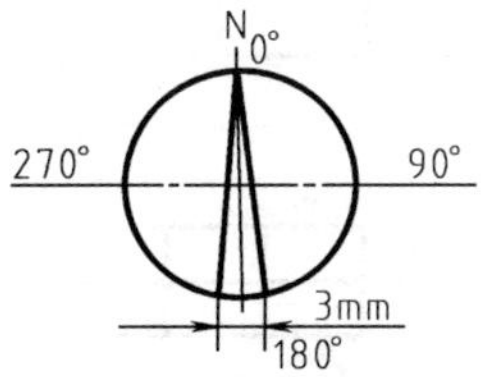	圆直径为 20mm
砾石（碎石）地面	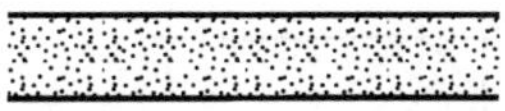	
素土地面		
混凝土地面	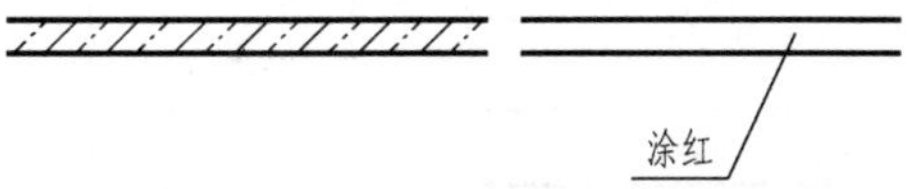	
钢筋混凝土		涂红色也适用于素混凝土
安装孔、地坑	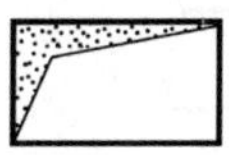	
电动机	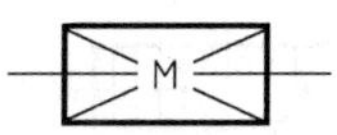	
圆形地漏		
仪表盘、配电箱		
双扇门	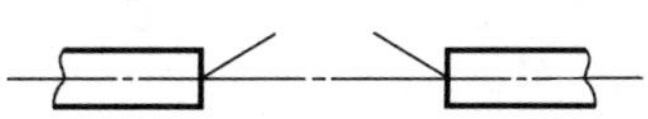	剖面涂红色
单扇门	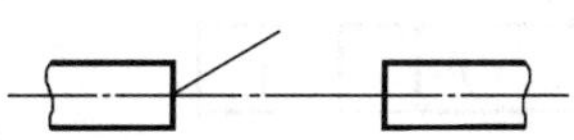	剖面涂红色

续表

名　称	图例及简化画法	备　注
空门洞	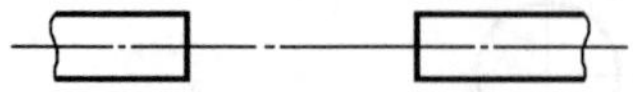	剖面涂红色
窗	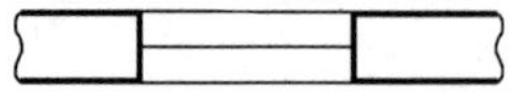	剖面涂红色
栏杆		
花纹钢板	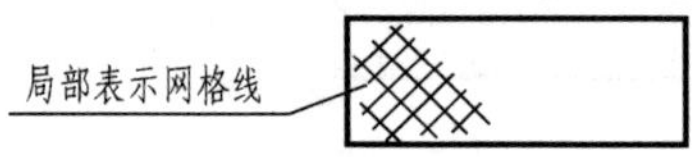	
箅子板	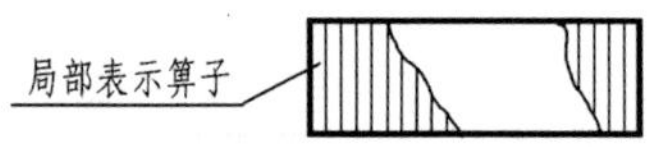	
楼板及混凝土梁	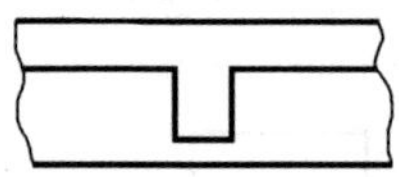	剖面涂红色
钢梁	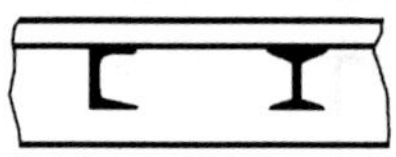	混凝土楼板涂红色
楼梯	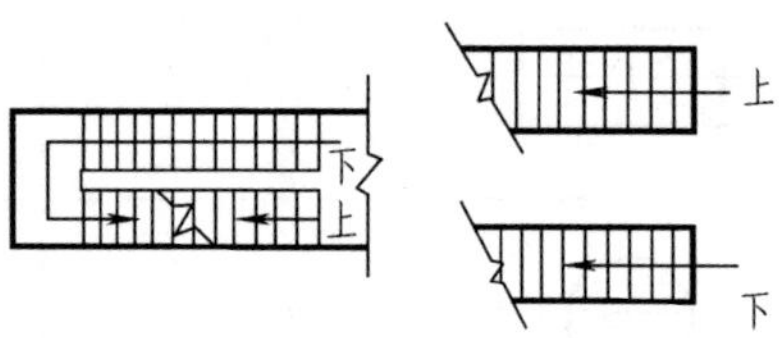	
直梯	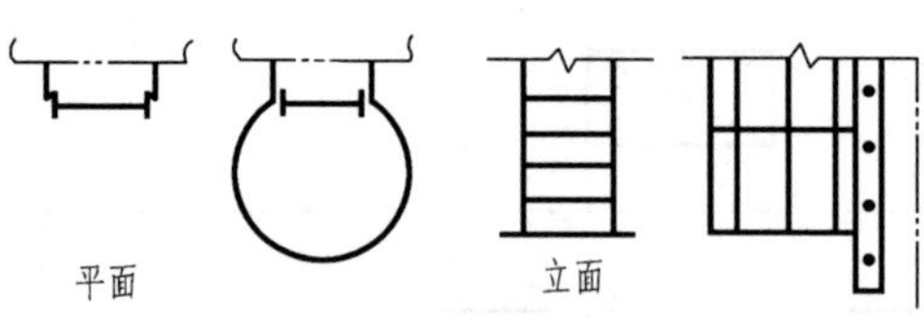	
地沟混凝土盖板	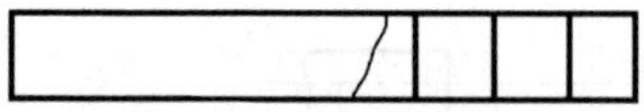	

续表

名　称	图例及简化画法	备　注
柱子		剖面涂红色
管廊	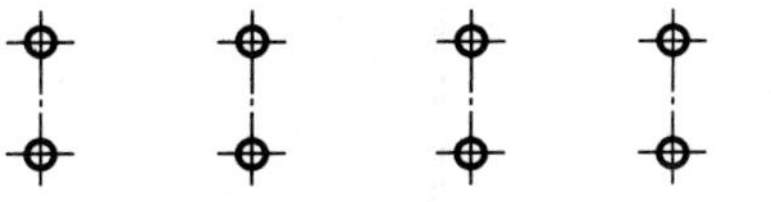	小圆直径为 3mm 也允许按柱子截面形状表示
单轨吊车	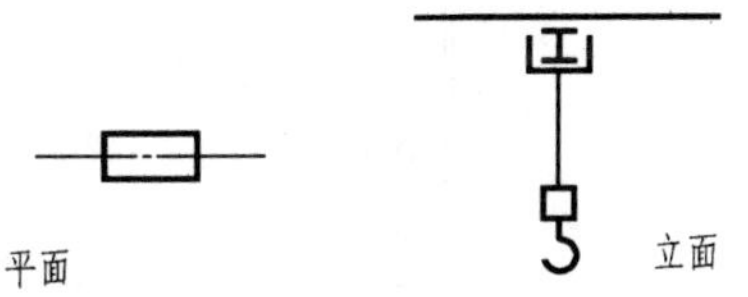	
桥式起重机	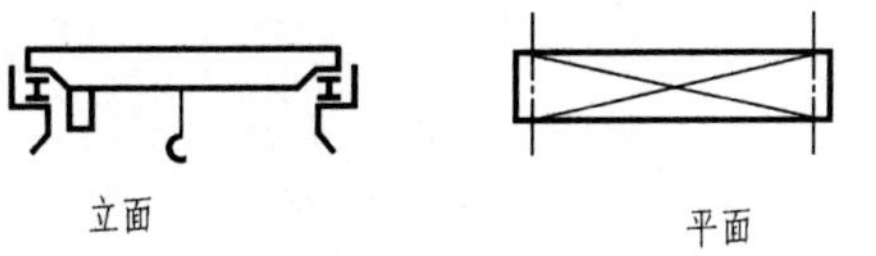	
悬臂起重机	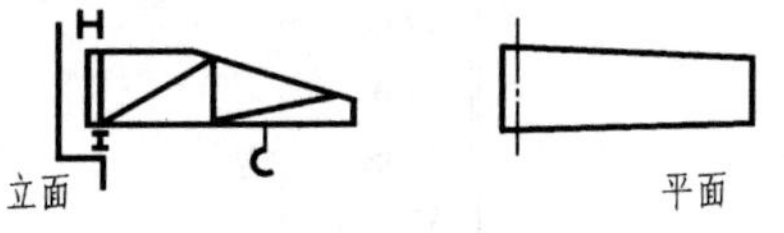	
旋臂起重机	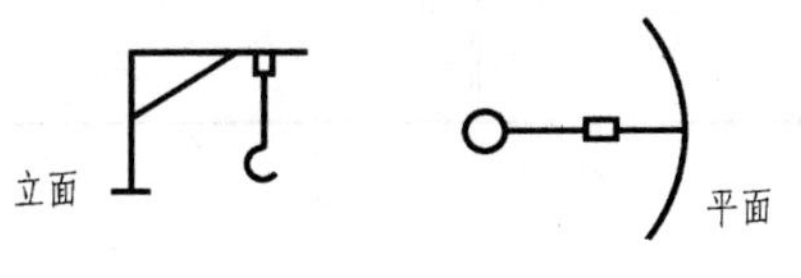	
铁路		线宽 0.9mm
吊车轨道及安装梁		

附表 9-5　设备布置图用缩写词（HG 20546—92）

缩　写　词	词　　意	缩　写　词	词　　意
ABS	绝对的	MAX	最大
ATM	大气压	MFR	制造厂、制造者
BL	装置边界	MH	人孔
BLDG	建筑物	MIN	最小
BOP	管底	M. L	接续线
C—C	中心到中心	N	北
C—E	中心到端面	NOM	公称的、额定的
C—F	中心到面	NOZ	管口
CHKD PL	网纹板	NPSH	净正吸入压头
C. L(ϕ)	中心线	N. W	净重
COD	接续图	OD	外径
COL	柱、塔	PID	管道及仪表流程图
COMPR	压缩机	PL	板
CONTD	续	PF	平台
DEPT	部门、工段	POS	支承点
DIA	直径	QTV	数量
DISCH	扫出口	R	半径
DWG	图纸	REF	参考文献
E	东	REV	修订
EL	标高	RPM	转/分
EQUIP	设备、装备	S	南
EXCH	换热器	STD	标准
FDN	基础	SUCT	吸入口
F—F	面至面	T	吨
FL	楼板	TB.	吊车梁
GENR	发电机、发生器	THK	厚
HC	软管接头	TOB	梁顶面
HH	手孔	TOP	管顶
HOR	水平的、卧式的	TOS	架顶面或钢的顶面
HS	软管站	VERT	垂直的、立式
ID	内径	VOL	体积、容积
IS. B. L	装置边界内侧	W	西
LG	长度	WT.	重量
MATL	材料		

第 10 章　化工管道布置图

管道的布置和设计是以管道仪表流程图、设备布置图及有关土建、仪表、电气、机泵等方面的图纸和资料为依据的。设计首先应满足工艺要求，使管道便于安装、操作及维修，另外应合理、整齐和美观。根据 HG/T 20549—1998《化工装置管道布置设计规定》（国际通用设计体制和方法）的要求，化工装置管道布置设计的图样包括：管道布置图、管道轴测图、管口方位图、管架图与管件图，本章将分别介绍这五种图样。

10.1　管道布置图

10.1.1　管道布置图的作用和内容

管道布置图（配管图），主要用于表达车间或装置内管道的空间位置、尺寸规格，以及与机器、设备的连接关系。管道布置图是管道安装施工的重要依据。

图 10-1 为天然气脱硫系统管道布置图。从图中可以看出，管道布置图一般包括以下内容。

① 一组视图。视图按正投影法绘制，包括平面图和剖视图，用以表达整个车间（装置）建筑物和设备的基本结构以及管道、阀、管件、仪表控制点等的布置安装情况。

② 尺寸和标注。包括管道、管件、阀门、仪表控制点的定位尺寸和其他必要的相关标注和说明等。

③ 管口表。

④ 安装方位标。

⑤ 标题栏及修改栏。

10.1.2　绘制管道布置图应遵循的规定

管道布置图的设计要遵循 HG/T 20549—1998（国际通用设计体制和方法）《化工装置管道布置设计规定》。具体到管道布置图的绘制应遵循下列规定。

① 图线宽度（HG 20549.1—1998），见附表 10-1。

② 管道布置图上的管子、管件、阀门及管道特殊件图例（HG/T 20549.2—1998 第 2 章），见附表 10-2。

③ 管道布置图中有关设备布置内容的绘制，应符合“化工装置设备布置设计内容和深度规定”（HG 20546.1 第 6 章），见附表 9-4。

④ 管道布置图的分区应符合“化工装置设备布置设计内容和深度规定”（HG 20546.1 第 4 章），见第 9 章 9.3 的内容介绍。

⑤ 管道布置图尚应符合有关机械制图的国家标准。

10.1.3　管道布置图的视图

10.1.3.1　图幅与比例

（1）图幅

管道布置图图幅应尽量采用 A0，比较简单的也可采用 A1 或 A2。同区的图应采用同一种图幅。图幅不宜加长或加宽。

（2）比例

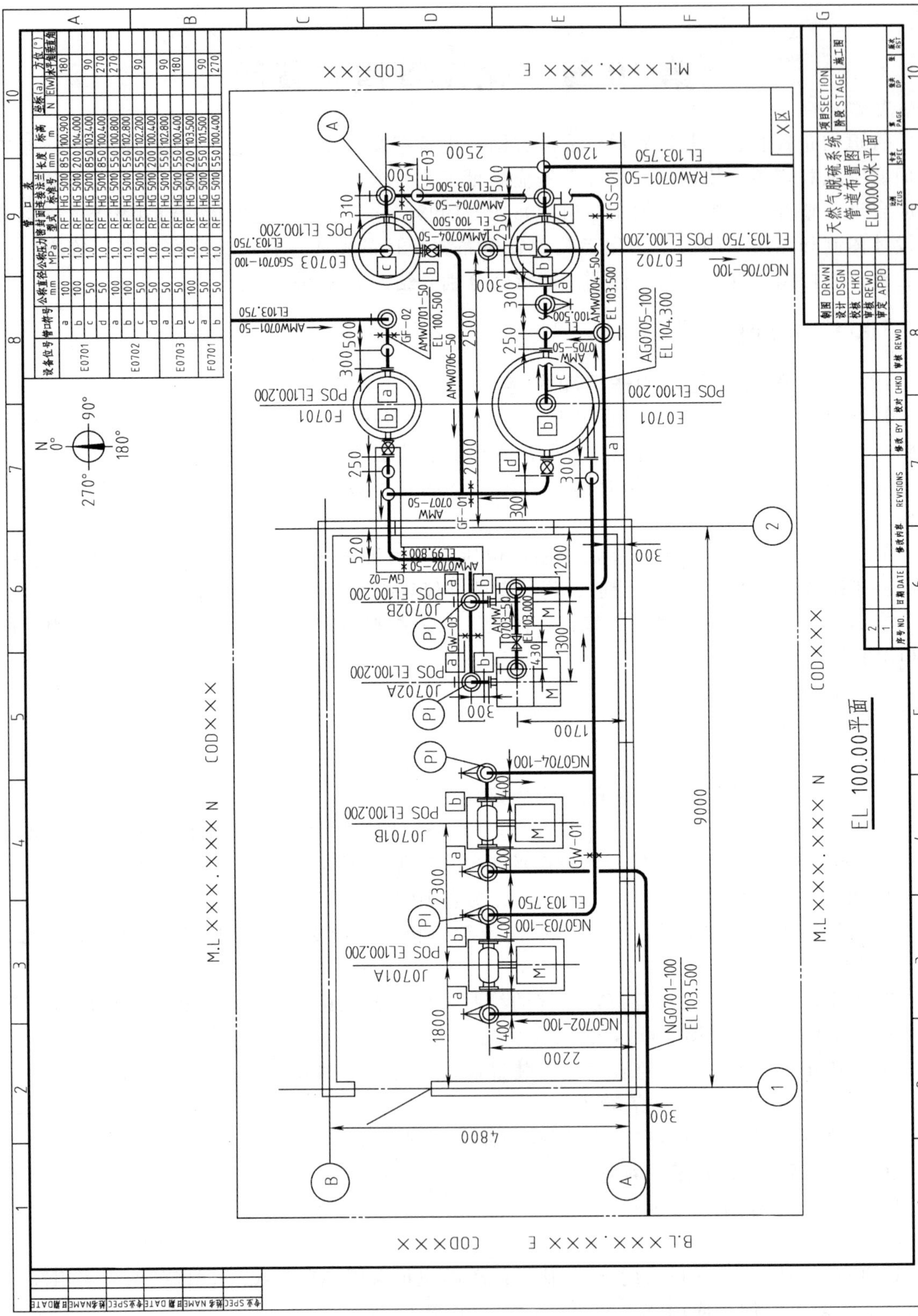

图 10-1 天然气脱硫系统管道布置图

常用比例为 1∶30，也可采用 1∶25 或 1∶50，但同区的或各分层的平面图，应采用同一比例。

10.1.3.2 图面安排及视图要求

① 管道布置图应按设备布置图或分区索引图所划分的区域（以小区为基本单位）绘制。区域边界线用粗双点画线表示。在区域边界线的外侧标注分界线的代号、坐标和与此图标高相同的相邻部分的管道布置图图号，如图 10-2 所示。

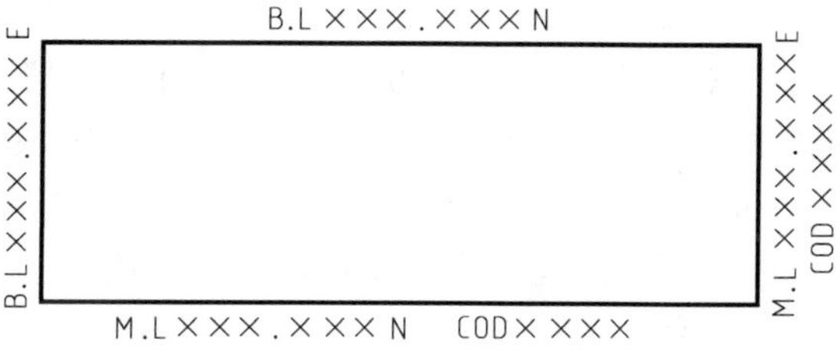

图 10-2 区域分界线的表示方法

注：B.L 表示装置边界；M.L 表示接续线；COD 表示接续图

② 管道布置图一般只绘平面图。当平面图中局部表示不够清楚时，可绘制剖视图或轴测图，此剖视图或轴测图可画在管道平面布置图边界线以外的空白处（不允许在管道平面布置图内的空白处再画小的剖视图或轴测图）或绘在单独的图纸上。绘制剖视图时要按比例画，可根据需要标注尺寸。轴测图可不按比例，但应标注尺寸，表示方法见 10.2。剖视符号规定用 *A—A*、*B—B*、等大写英文字母表示，在同一小区内符号不得重复。平面图上要表示所剖截面的剖切位置、方向及编号。

③ 对于多层建筑物、构筑物的管道平面布置图应按层次绘制，如在同一张图纸上绘制几层平面图时，应从最低层起，在图纸上由下至上或由左至右依次排列，并于各平面图下注明“EL ×××.×××平面”。

10.1.3.3 图示方法

管道布置图采用正投影法绘制。管道布置图中视图的表达内容主要是三部分，一是建筑物及其构件，二是设备，三是管道，现分别讨论如下。

10.1.3.3.1 建筑物及其构件

如图 10-1 所示，厂房建筑物及其构件的画法如下。

① 建筑物和构筑物应按比例，根据设备布置图用细点画线、细实线画出厂房的定位轴线和柱、梁、楼板、门、窗、楼梯、平台、安装孔、管沟、篦子板、散水坡、管廊架、围堰、通道、栏杆、梯子和安全护圈等。

② 为避免与管道相碰，按比例用细点画线画出就地仪表盘、电气盘的外轮廓及电气、仪表电缆槽或架和电缆沟，但不必标注尺寸。

10.1.3.3.2 设备

用细点画线、细实线，按设备布置图所确定的位置画出所有设备的中心线（或定位线）以及设备的外形和基础。但是为了避免管道布置设计考虑不周到，发生管道和辅助设施的碰撞，或操作检修的不方便，要在原有设备布置图的基础上画出以下几部分内容。

① 用细实线表示吊车梁、吊杆、吊钩和起重机操作室。

② 按比例用细实线画出卧式设备的支承底座，并标注固定支座的位置，支座下如为混凝土基础时，应按比例画出基础的大小，不需标注尺寸。

③ 对于立式容器或塔还应用细实线表示出裙座、人孔的位置及标记符号。

④ 对于工业炉，凡是与炉子和其平台有关的柱子及炉子外壳和总管连箱的外形、风道、烟道等均应用细实线表示出。

⑤ 用细点画线按比例表示出重型或超限设备的“吊装区”或“检修区”和换热器抽芯

的预留空地。但不标注尺寸，如图 10-3 所示。

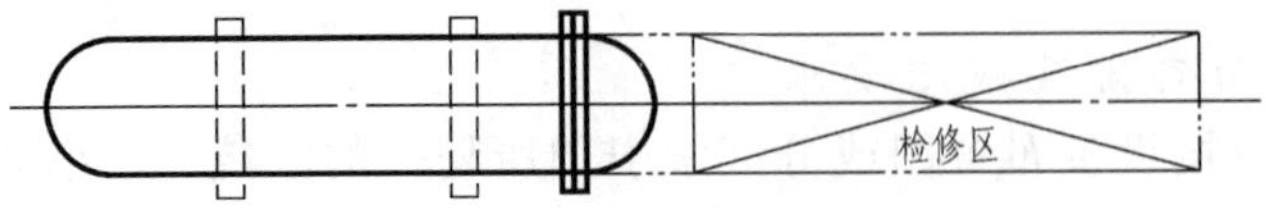

图 10-3　设备检修或抽芯区示意图

⑥ 对于设备自带的液面计、液面报警器、排气、排液、取样点、测温点、测压点等，按管道仪表流程图给定的符号画出，其中某项若有管道及阀门应画出，不必标注尺寸。

10.1.3.3.3　管道

管道上不仅包括管子而且还有管道附件（阀门、管件及仪表控制点）和管道支架。

(1) 管子画法

① 管道单线、双线的画法。管道布置图中，公称直径（*DN*）大于和等于 400mm 或 16 英寸的管道用双线表示，小于和等于 350mm 或 14 英寸的管道用单线表示。如果管道布置图中，大口径的管道不多时，则公称直径（*DN*）大于和等于 250mm 或 10 英寸的管道用双线表示，小于和等于 250mm 或 8 英寸的管道用单线表示。单线用粗实线（或粗虚线），双线用中粗实线（或中粗虚线），如图 10-4 所示。

(a) 单线　　(b) 双线

图 10-4　管道单线、双线的表示方法

② 管道箭头的画法。在适当位置画箭头表示物料流向，单线管道箭头画在管线上，双线管道箭头画在中心线上，如图 10-5 所示。

(a) 单线　　(b) 双线

图 10-5　管道单线、双线箭头的表示方法

③ 管道转折的画法。向下弯折 90°角的管道，画法如图 10-6（a）所示；向上弯折 90°角的管道，画法如图 10-6（b）所示；大于 90°角的弯折管道，画法如图 10-6（c）所示。

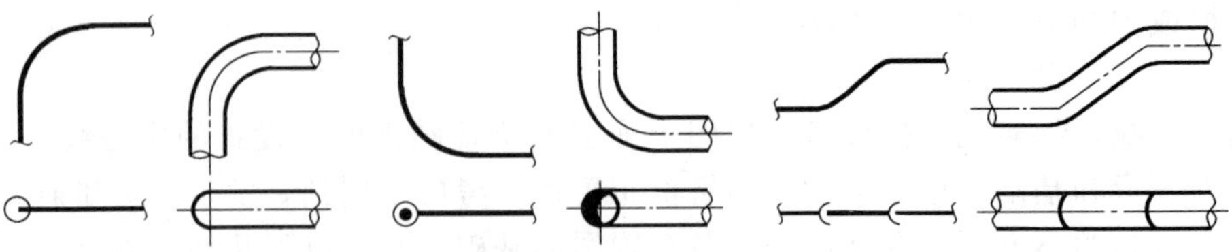

(a) 向下弯折 90°角　　(b) 向上弯折 90°角　　(c) 大于 90°角弯折

图 10-6　管道转折的表示方法

管道公称直径小于和等于 40mm 或 $1\frac{1}{2}$英寸的弯头一律用直角表示。

④ 管道交叉的画法。当两管道交叉时，可把被遮挡的管道的投影断开，画法如图 10-7（a）所示；也可将上面管道的投影断开表示，以便看见下面的管道，画法如图 10-7（b）所示。

⑤ 管道重叠的画法。当管道投影重叠时，将上面（或前面）管道的投影断开表示，下

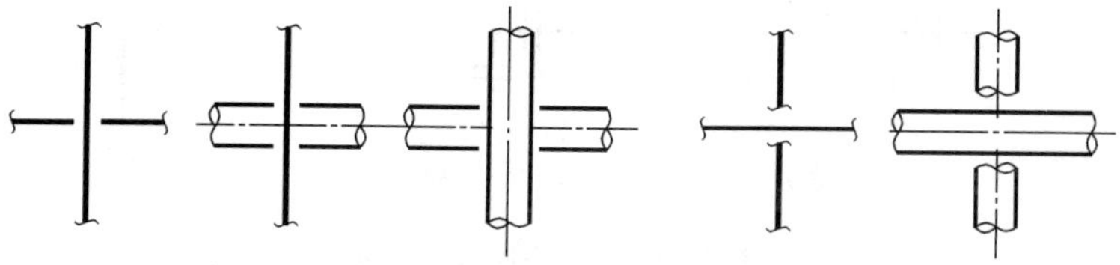

(a) 被遮挡管道断开的画法　　(b) 上面管道断开的画法

图 10-7　管道交叉的表示方法

面管道的投影画至重影处，稍留间隙断开，如图 10-8（a）、(c）所示；当多条管道投影重叠时，可将最上（或最前）的一条用“双重断开”符号表示，如图 10-8（b）所示，也可在投影断开处注上相应的小写字母，如图 10-8（d）所示。

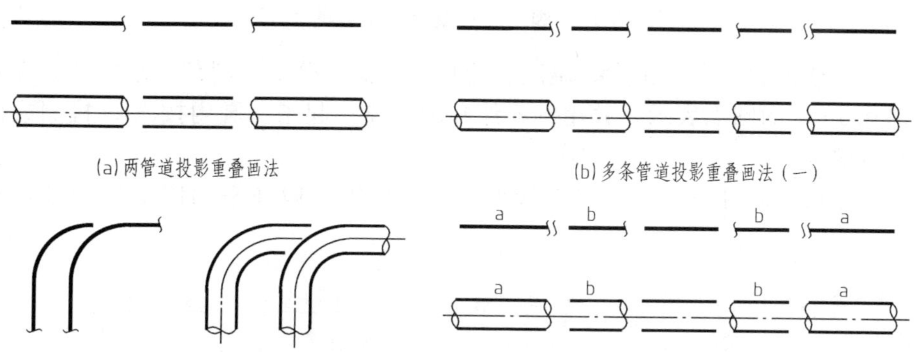

(a) 两管道投影重叠画法　　(b) 多条管道投影重叠画法（一）

(c) 管道转折后投影重叠　　(d) 多条管道投影重叠画法（二）

图 10-8　管道重叠的表示方法

⑥ 管道连接画法。两段直管道相连有 4 种型式，如图 10-9（a）所示。当管道用三通连接时，可能形成三个不同方向的视图，其画法如图 10-9（b）所示。

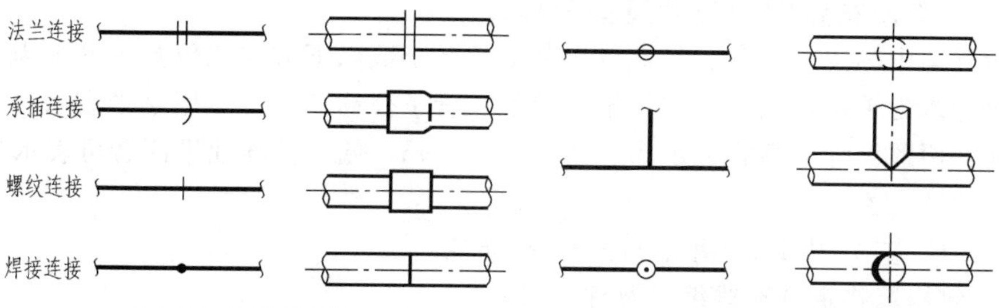

(a) 两直管道连接的画法　　(b) 管道用三通等连接的画法

图 10-9　管道连接的表示方法

（2）管道附件（阀门、管件及仪表控制点）画法　管道上的阀门、管件通常在管道布置图中按比例、以细实线并根据本章附表 10-2 所示图例的简化画法画出，但应注意以下两点。

① 管件不同连接方式要按照本章附表 10-2 的图例表示出来，如 90°弯头有三种连接方式，分别为螺纹或承插焊连接、对焊连接和法兰连接，它们的表示方法如图 10-10 所示。

② 阀门与控制元件（传动结构）组合作为自动控制系统执行器，不仅要画出控制阀门，而且要将控制元件表示出来。如图 10-11（a）所示只是控制元件，图 10-11（b）则为阀门与控制元件（传动结构）组合作为自动控制系统执行器的画法。

图 10-10　管件连接的表示

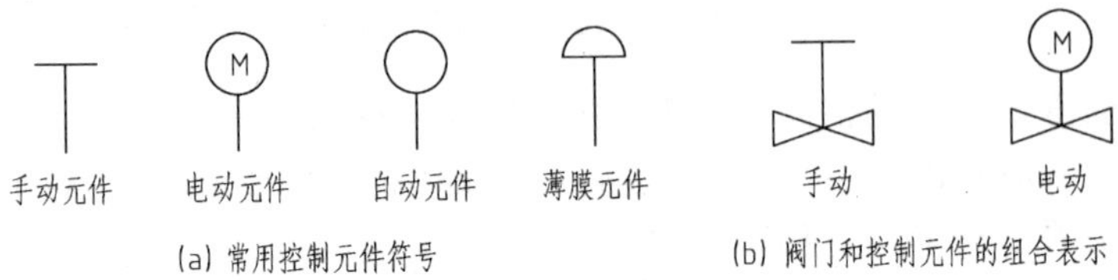

图 10-11　阀门与控制元件组合的表示

管道的检测或控制仪表（压力、温度、流量、液面、分析、料位、取样等）在管道布置平面图上用 ϕ10mm 的圆圈表示，并用细实线和圆圈连接起来。圆内按 PID 检测或控制仪表的符号及编号填写。

(3) 管道支架　是用来支承和固定管道的，其位置一般在平面图上用符号表示，如图 10-12 所示。

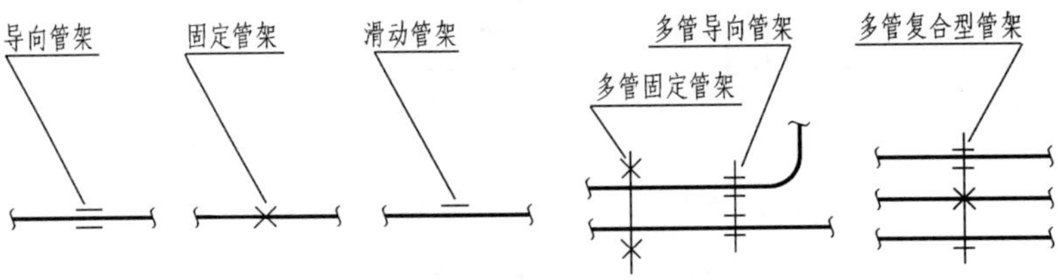

图 10-12　管道支架的表示方法

10.1.4　管道布置图的尺寸及必要标注

管道布置图中标注的标高、坐标以米为单位，小数以下应取三位数至毫米为止。其余的尺寸一律以毫米为单位，只注数字，不注单位。管子公称直径一律用毫米表示。

基准地平面的设计标高宜表示为：EL100.000 m，低于基准地平面者可表示为：9×.×××m。

10.1.4.1　厂房建筑、构件的尺寸和标注

① 标注建构筑物定位轴线编号及柱距尺寸。

② 标注地面、楼面、平台面、吊车的标高。

③ 标注电缆托架、电缆沟、仪表电缆槽、架的宽度和底面标高以及就地电气、仪表控制盘的定位尺寸。

④ 标注吊车梁定位尺寸、梁底标高、荷载或起重能力。

⑤ 标注管廊柱距尺寸（或坐标）及各层的顶面标高。

10.1.4.2　设备的尺寸和标注

① 按设备布置图标注所有设备的定位尺寸和基础面（或中心线、支承面）标高。

② 按设备图用 5mm×5mm 的方块标注设备管口符号、管口方位（或角度）、底部或顶部管口法兰面标高、侧面管口的中心线标高和斜接管口的工作点标高等，如图 10-13 所示。

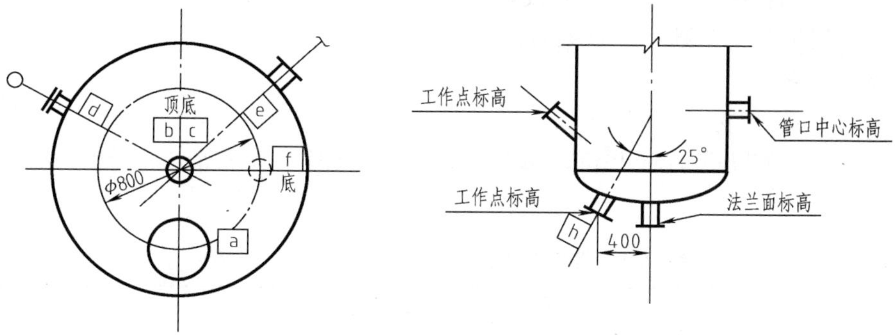

(a) 平面图　　　　　　(b) 立面图

图 10-13　管口方位标注示意图

③ 在管道布置图的设备中心线上方标注与流程图一致的设备位号，下方标注支承点（如 POS EL×××.×××）或主轴中心线（如 ϕEL×××.×××）或支架架顶（如 TOS EL×××.×××）的标高。剖视图的设备位号注在设备近侧或设备内。

10.1.4.3　管道的尺寸和标注

10.1.4.3.1　主要标注部位

① 以建筑物或构筑物的定位轴线、设备中心线、设备管口中心线、区域界线（或接续图分界线）等作为基准标注管道、管件、阀门和仪表控制点的定位尺寸。

② 按 PID 在管道上方（双线管道在中心线上方）标注管道号（包括介质代号、管道编号、公称直径、管道等级及隔热形式）及流向，下方标注管道标高（标高以管道中心线为基准时，只需标注数字如 EL×××.×××，以管底为基准时，在数字前加注管底代号如 BOP EL×××.×××），写不下时可引出标注。

由于管道布置图表示内容较多，为使图纸清晰，PID 上的管道号与管道布置图上的管道号写法略有不同。

PL—1305—100—B1A—(H)
____

PID 的管道号

PL1305—100B1A(H)
____
BOP EL ×××.×××

管道布置图的管道号

PL1305—100B1A(H)
____
EL×××.×××

③ 在仪表控制点的圆内按 PID 的符号及编号填写。

10.1.4.3.2　其他标注部位

① 有特殊要求的管道要标注其要求的定位尺寸或标高，如液封高度、有袋形弯的管道等应标注相应尺寸、文字或符号。

② 标出异径管前后端管子的公称通径，如：DN80/50 或 80×50。

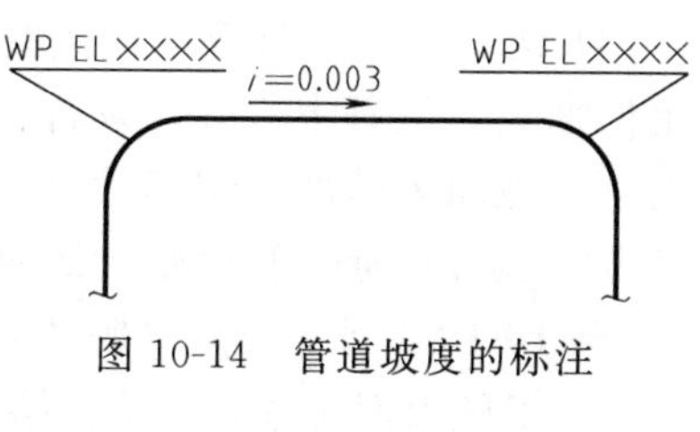

图 10-14　管道坡度的标注

③ 有坡度的管道，应标注坡度（代号用 i）和坡向，如图 10-14 所示。

④ 非 90°的弯管和非 90°的支管连接，要注出角度。

⑤ 每个管架标注一个独立的管架号。

10.1.5 其他

10.1.5.1 管口表

管口表在管道布置图的右上角，填写该管道布置图中设备管口。管口表的格式见表10-1。

表 10-1 管口表格式（HG/T 20549.1—1998）

管口表											
设备位号	管口符号	公称通径 *DN*/mm	公称压力 *PN*/MPa	密封面型式	连接法兰标准号	长度/mm	标高/m	坐标		方位	
								N	*E*(*W*)	垂直角	水平角
T1304	a	65	1.0	RF	GB 9115		104.100				
	b	100	1.0	RF	GB 9115	400	103.800				180
	c	50	1.0	RF	GB 9115	400	101.700				
V1301	a	50	1.0	RF	GB 9115		101.700				180
	b	65	1.0	RF	GB 9115	800	100.400				135
	c	65	1.0	RF	GB 9115		101.700				120
	d	50	1.0	RF	GB 9115		101.700				270

10.1.5.2 安装方位标

在绘有管道平面图的图纸的右上角，管口表的左边，画一个与设备布置图的设计北向一致的方位标。

10.1.5.3 标题栏和修改栏

标题栏中要注写图名、图号、比例、设计者等内容。图名一般分成两行，上行写“××××管道布置图”，下行写“EL×××.×××平面”或“×—×剖视”等。

10.1.6 管道布置图的阅读

阅读管道布置图的目的，是了解管道、管件、阀门、仪表控制点等，在车间（装置）中的具体布置情况，阅读设备布置图的步骤如下。

（1）了解概况　由于管道布置设计是在工艺管道仪表流程图和设备布置图的基础上进行的，因此首先应找出相关的工艺管道仪表流程图、设备布置图及分区索引图等图样，了解生产工艺过程、设备配置和分区情况，再通过本张图的初步阅读，明确表达重点。

（2）看懂管道的来龙去脉　参考工艺管道仪表流程图，从起点设备开始按流程顺序、管道编号，对照平面图和剖视图，逐条弄清其投影关系，明确管道走向，并在图中找出管件、阀门、控制点、管架等位置。

（3）建立起设备与管道连接的空间形状　在看懂管道走向的基础上，在平面图上，以建筑定位轴线、设备中心线、设备管口法兰等为尺寸基准，阅读管道的水平定位尺寸；在剖视图上，以地面为基准，阅读管道的安装标高；管口表上阅读管道在设备上的位置及标高；最后参考安装方位标、管道轴测图最终建立起设备与管道连接的空间形状。

[例 10-1]　阅读天然气脱硫系统管道布置图，见图 10-1。

（1）了解概况　通过第 8、第 9 章管道仪表流程图和设备布置图的阅读，了解天然气脱硫系统的生产工艺过程和设备的布置，再通过本图的初步阅读和标题栏内容，了解到本张图重点是 EL100.000 米平面的管道配置。

(2) 看懂管道 看懂管道的来龙去脉。

① 天然气管道。

NG0701—100、NG0702—100：天然气管道从室外南墙分两路进入厂房，由南向北，再向下拐进入罗茨鼓风机（J0701A、B）气体入口管，此管道上装有闸阀。

NG0703—100、NG0704—100：由罗茨鼓风机加压后的气体通过出口管由下而上，再从北向南，向东拐，两根出口管汇合后出厂房，向下拐进入脱硫塔（E0701）的气体进口管，此管道上装有闸阀和就地压力指示仪表。

NG0705—100：脱硫后的气体从塔顶出去，向东拐，再向下拐从底部进入除尘塔（E0702），此管道上装有闸阀。

NG0706—100：除尘后的气体从除尘塔塔顶出去后，向南拐出界区。

② 氨水管道。

AMW0701—50：氨水由界区的北面进入，由北向南，正对氨水贮罐（F0701）的进液口（*a* 管口）向下打了一个 U 形弯（目的阀门操作）进入氨水贮罐，此管道上装有截止阀。

AMW0702—50：氨水从贮罐的底部出去接了一个阀门后，向下拐，进入地沟，再从东向西进入厂房、由北拐向南、由东向西拐、由下而上分两根管路进入氨水泵（J0702A、B），此管道上装有截止阀。

AMW0703—50、AMW0704—50、AMW0705—50：氨水经氨水泵加压后，从氨水泵（J0702A）的出口管（AMW0703—50），自下而上，向东拐，连在氨水泵（J0702B）的出口管（AMW0704—50）上，汇集后，由北向南、由西向东出厂房，再经过脱硫塔和除尘塔后，向北拐、向下打了一个 U 形弯（目的阀门操作）、由东向西进入再生塔（E0703）将氨水再生。

同时，加压氨水还至脱硫塔进行脱硫（AMW0705—50）。

在 AMW0703—50 管道上装有一个截止阀和一个止回阀，AMW0704—50 管道上装有一个截止阀和一个止回阀，在 AMW0705—50 管道上装有一个截止阀。

AMW0706—50、AMW0707—50：经过再生后的氨水与脱硫塔的氨水汇合，由南向北、再向下接在氨水泵入口管道上（AMW0702—50），氨水循环使用。在 AMW0706—50、AMW0707—50 管道上各装有一个截止阀。

③ 原水管道。

RAW0701—50：原水由界区自南向北，正对除尘塔的进液口（*c* 管口），向下打了一个 U 形弯（目的阀门操作），然后由东向西进入除尘塔，此管道上装有一个截止阀。

(3) 建立空间形状 建立起设备与管道连接的空间形状。

10.1.7 管道布置图的绘制

10.1.7.1 绘图前的准备工作

10.1.7.1.1 了解有关图纸和资料

在绘制管道布置图之前，应先从有关图纸资料中了解设计说明、本项目工程对管道布置的要求以及管道设计的基本任务，充分了解和掌握工艺生产流程、厂房建筑的基本结构、设备布置情况及管口的配置。

10.1.7.1.2 考虑管道布置的合理性

管道布置将直接影响工艺操作、安全生产、输出介质的能量损耗及管道的投资，同时也存在管道布置美观的问题。对于管道布置的合理性，主要需要掌握化工装置管道布置设计工程规定（HG 20549.2—1998）和化工装置管道布置设计技术规定（HG 20549.5—1998）的知识。下面简要介绍合理布置管道的一些主要原则及应考虑问题。

（1）物料因素　对易燃、易爆、有毒及腐蚀性的物料管道应避免敷设在生活间、楼梯和走廊处，并应配置安全装置（如安全阀、防爆膜及阻火器等），其放空管要引至室外指定地点，并符合规定的高度。腐蚀性强的物料管道，应布置在平行管道的外侧或下方，以防泄漏时腐蚀其他管道。冷、热管道应分开布置，无法避开时，热管在上，冷管在下。管外保温层表面的间距，在上下并行时不少于 0.5m，交叉排列时不少于 0.25m。

为了防止停工时物料积存在管内，管道设计时一般应有$\frac{1}{100}$～$\frac{5}{1000}$的坡度。当被输送的物料含有固体颗粒或黏度较高时，管道坡度还应比上述值大一些。对于坡度和坡向无明确规定的管道，可将敷设坡度定为$\frac{2}{1000}$，坡向朝着便于流体流动和排放的方向。

（2）便于操作及安全生产　管道布置的空间位置不应妨碍设备的操作，如设备的人孔，手孔的前方不能有管道通过，以免影响其正常使用。阀门要安装布置在便于操作的部位，对操作时频繁使用的阀门，应按操作的顺序依次排列。不同物料的管道及阀门，可涂刷不同颜色的油漆加以区别。容易开错的阀门，相互要拉开间距布置，并在明显处加以明确的标志。管道和阀门的重量，不要支承在设备上。

距离较近的两设备之间，管道一般不应直连，如图 10-15（a）所示。因垫片不易配准，难以紧密连接，且会因热胀冷缩而损坏设备。建议用波形伸缩器或采用 45°斜接和 90°弯连接，如图 10-15（b）、（c）、（d）所示。

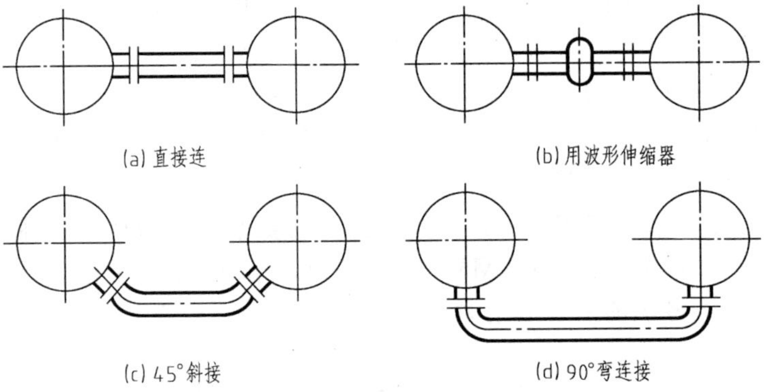

图 10-15　两设备较近时的管道连接

不同材料的管道与管架之间（如不锈钢管与碳钢管架），不应直接接触，以防止电化学腐蚀。管道通过楼板、屋顶、墙壁或裙座时，应安装一个直径较大的管套，管套两端伸出 50mm 左右。管道的敷设，要避免通过电动机、配电盘、仪表盘的上空，以防止管道中介质的跑、冒、滴、漏造成事故。

此外，对于管道上的温差补偿装置、管架的间距，管子在管架上的固定端及活动端分布等问题，都要给予充分考虑和注意，还应顾及电缆、照明、仪表、暖风等其他管道。

（3）考虑施工、操作及维修方便　对敷设集中的并行管道，应将较重的管道布置在管架的支承部位，将支管及管件较多的管道安排在并行管的外侧。引出支管时，若是气体管或蒸汽管要从管上方引出，液体管则在管下方引出。有可能时管道要集中布置，共用管架。除了进行温差补偿需要外，管道应尽量走直线，且不应妨碍交通、门窗、设备使用及维修。在行

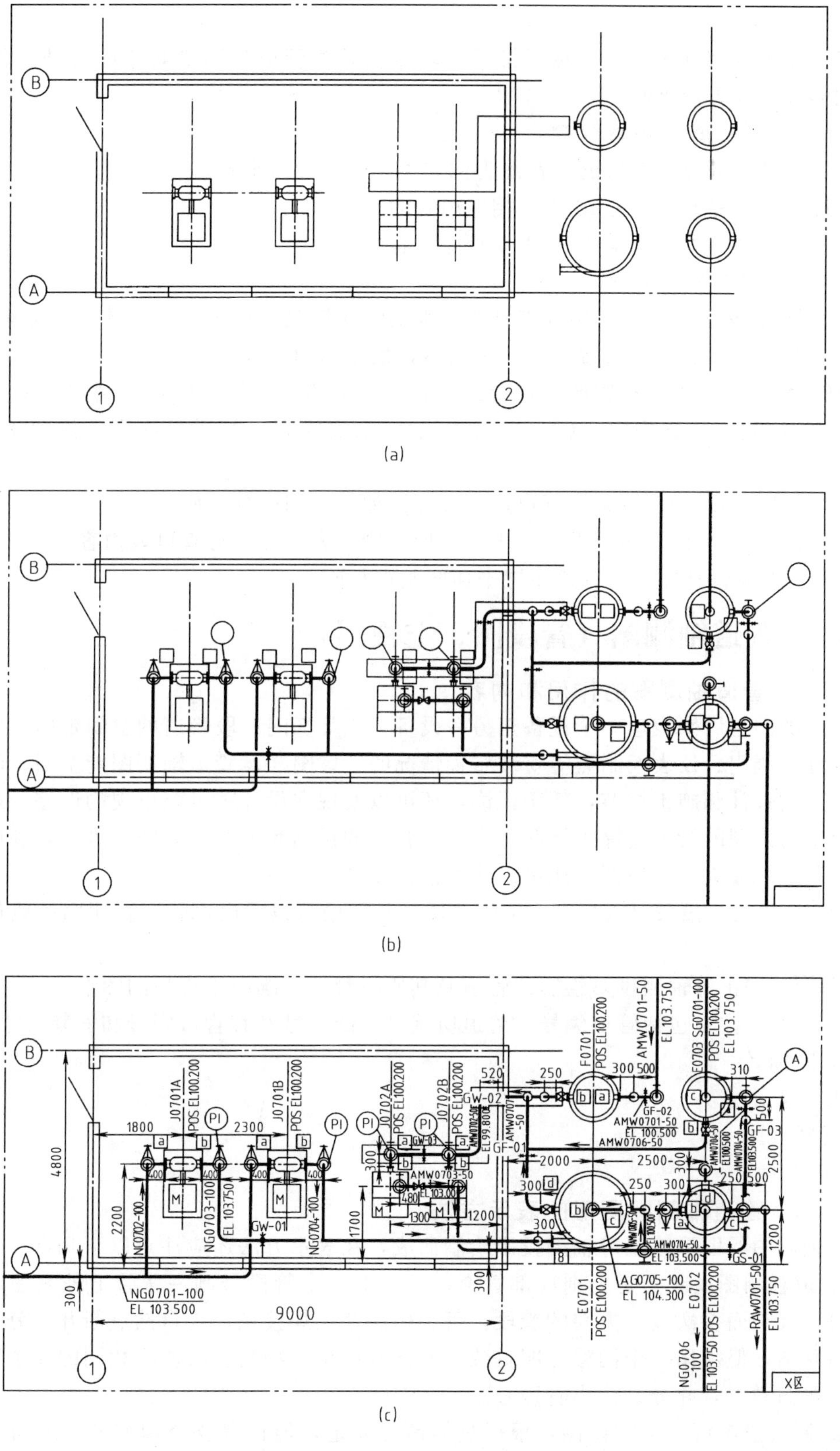

(a)

(b)

(c)

图 10-16　管道布置图的绘制

走的过道地面至 2.2m 的空间，也不应安装管道。管道应避免出现“气袋”、“口袋”或“盲肠”。

管道应集中并架空布置，应尽量沿厂房墙壁安装，管道与墙壁间应能容纳管件、阀门等，同时也要考虑方便维修。

10.1.7.2 绘图方法与步骤

下面以天然气脱硫系统管道布置图为例介绍绘图方法与步骤。

(1) 确定视图配置 详见 10.1.3 相应内容的介绍。

(2) 选定比例与图幅 详见 10.1.3 相应内容的介绍。

(3) 绘制管道布置平面图

① 参照设备平面布置图，用细点画线、细实线和粗双点画线，画出具有厂房建构筑物、带有管口方位的设备和管道布置界区的平面图，如图 10-16 (a) 所示。

② 按流程顺序，管道布置原则，管道、管件、管架、阀门、仪表控制点线型要求按比例用粗实线（粗虚线）、中粗实线（中粗虚线）、细实线画出管道平面图，如图 10-16 (b) 所示。

③ 对厂房建构筑物、设备和管道进行标注，如图 10-16 (c) 所示。

④ 最后在检查无误的情况下，画出方位标、管口表，并注写管口表内容。

(4) 绘制管道剖视图 与管道布置平面图基本相同。

10.2 管道轴测图（管段图、空视图）

10.2.1 管道轴测图的作用和内容

管道轴测图是用来表达一个设备至另一设备、或某区间一段管道的空间走向，以及管道上所附管件、阀门、仪表控制点等安装布置情况的立体图样。管道轴测图能全面、清晰地反映管道布置的设计和施工细节，便于识读，还可以发现在设计中可能出现的误差，避免发生在图样上不易发现的管道碰撞等情况，有利于管道的预制和加快安装施工进度。利用计算机绘图，绘制区域较大的管段图，还可以代替模型设计。

图 10-17 为某工段泵出入口管道的轴测图。从图中可以看出，管道轴测图一般包括以下内容。

① 图形：按正等轴测投影绘制的管道及其所附管件、阀门等符号的图形。

② 尺寸及标注：包括管道编号、管道所接设备的位号及其管口序号和安装尺寸等。

③ 方向标。

④ 技术要求。

⑤ 材料表。

⑥ 标题栏。

10.2.2 管道轴测图图形的表示方法

管道轴测图的图形按正等轴测投影绘制而成，在表示方法还应注意以下几点。

① 管道轴测图反映的是个别局部管道，原则上一个管段号画一张管道轴测图。对于复杂的管段，或长而多次改变方向的管段，可利用法兰或焊接点作为自然点断开，分别绘制几张管道轴测图，但需用一个图号注明页数。对比较简单，物料、材质均相同的几个管段，也可画在一张图样上，并分别注出管段号。

② 绘制管段图可以不按比例，根据具体情况而定，但位置要合理整齐，图面要均匀美观，即各种阀门、管件的大小及在管道中的位置、相对比例要协调。

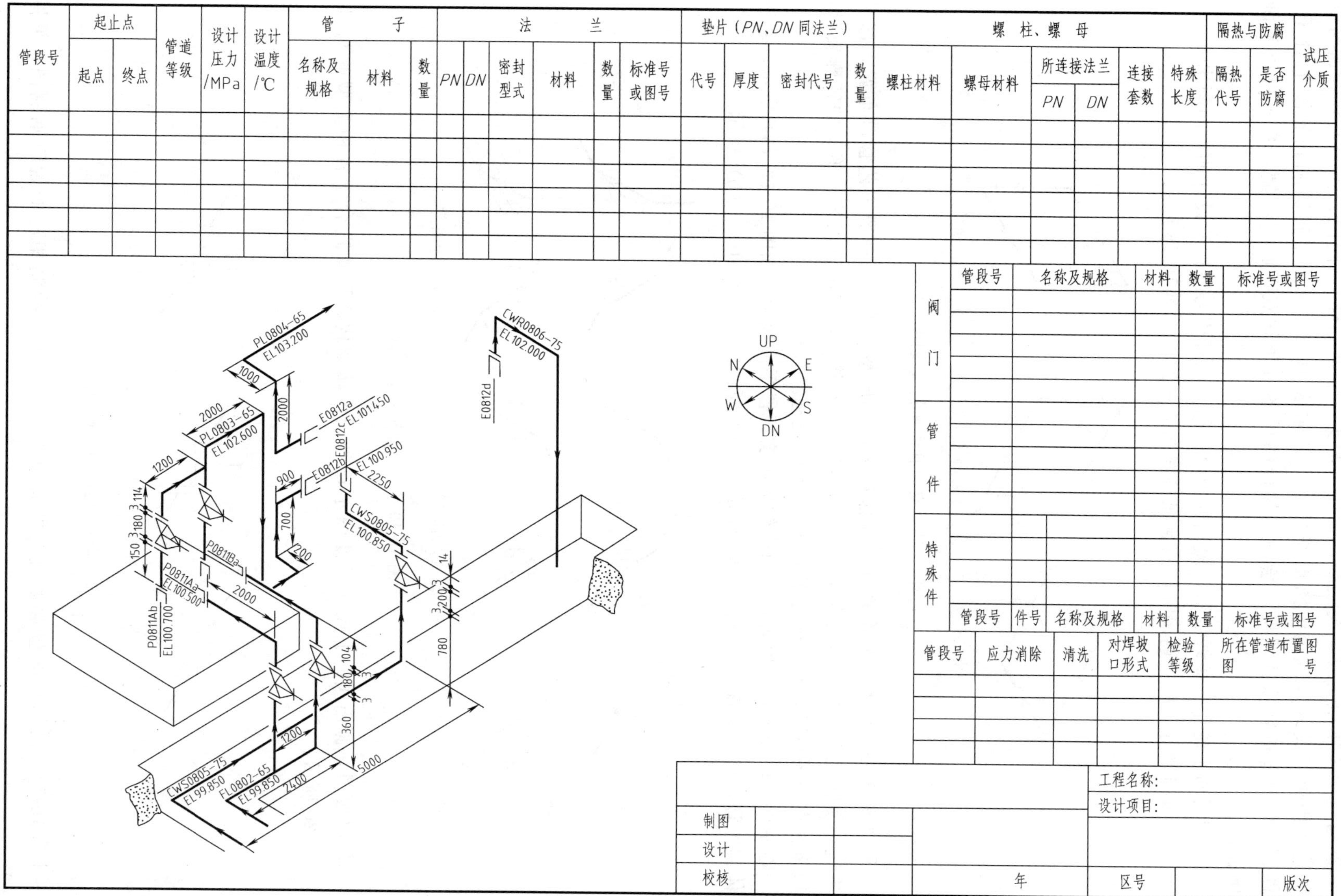

图 10-17　某工段管道轴测图

③ 管道一律用粗实线单线绘制，管件（弯头、三通除外）、阀门、控制点和管道与管件的连接则用细实线以规定的图形符号（本章附表 10-2，管道布置图和轴侧图上管子、管件、阀门及管道特殊件图例）绘制，相接的设备可用细双点画线绘制，弯头可以不画成圆弧。

④ 阀门的手轮用一短线表示，短线与管道平行。阀杆中心线按所设计的方向画出。

⑤ 管道与管件、阀门连接时，注意保持线向的一致，如图 10-18 所示。

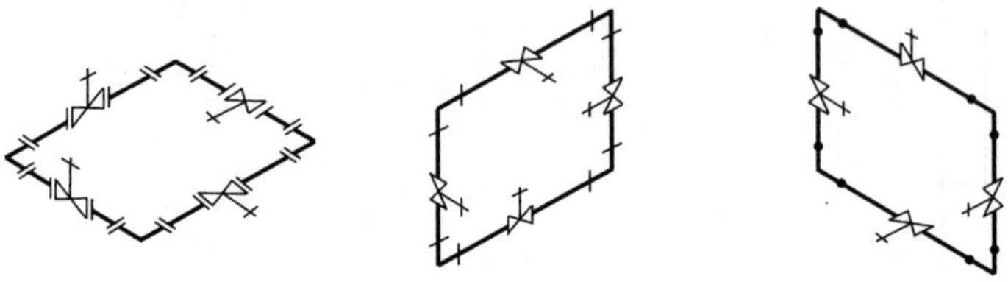

(a) H面法兰连接　(b) V面螺纹连接　(c) W面焊接

图 10-18　空间管道连接（线向）

⑥ 为便于安装维修和操作管理，并保证劳动场所整齐美观，一般工艺管道布置大都力求平直，使管道走向同三轴测方向一致，但有时为了避让，或由于工艺、施工的特殊要求，必须将管道倾斜布置，此时称为偏置管（offset 也称斜管）。

在平面内的偏置管，用对角平面或轴向细实线段平面表示，如图 10-19（a）所示；对于立体偏置管，可将偏置管绘在由三个坐标组成的六面体内，如图 10-19（b）所示。

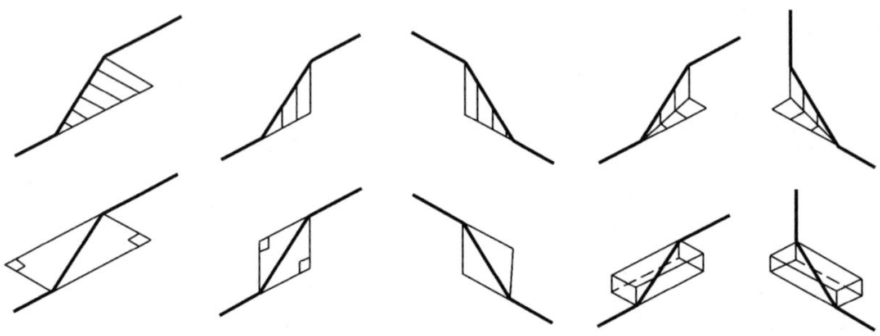

(a)平面内的偏置管　(b)立体偏置管

图 10-19　空间偏置管表示法

⑦ 必要时，画出阀门上控制元件图示符号，传动结构、型式适合于各种类型的阀门。如图 10-20 所示。

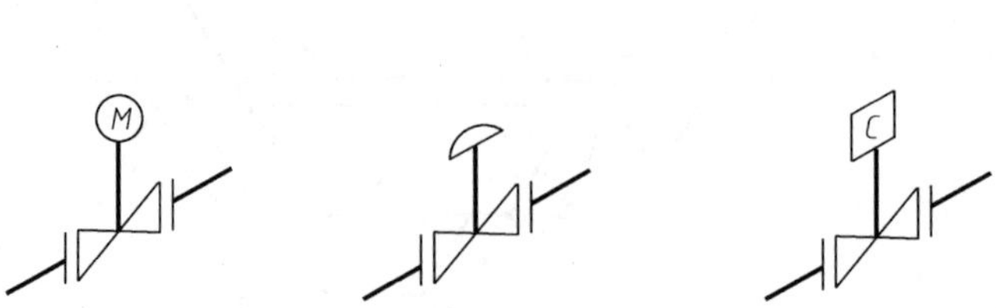

(a)电动式　(b) 气动式　(c) 液压式

图 10-20　仪表控制元件表示法

[例 10-2]　已知一段包含偏置管的管道平、立面图，绘制相应的管道轴测图，见图 10-21。

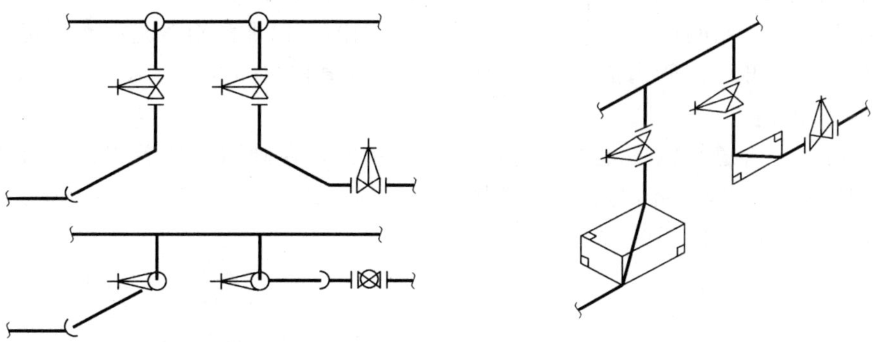

(a) 管道布置平、立面图　　(b) 管道轴测图

图 10-21　绘制管道轴测图

10.2.3　管道轴测图的尺寸与标注

① 注出管子、管件、阀门等为满足加工预制及安装所需的全部尺寸。如阀门长度、垫片厚度等细节尺寸，以免影响安装的准确性。

② 每级管道至少有一个表示流向的箭头，尽可能在流向箭头附近注出管道编号。

③ 标高的尺寸单位为 m，其余的尺寸均以 mm 为单位。

④ 尺寸界线从管件中心线或法兰面引出，尺寸线与管道平行。

⑤ 所有垂直管道不注高度尺寸，而以水平管道的标高“EL ×××. ×××”表示即可。

⑥ 对于不能准确计算，或有待施工时实测修正的尺寸，加注符号“～”作为参考尺寸。对于现场焊接时确定的尺寸，只需注明“F. W”。

⑦ 注出管道所连接的设备位号及管口序号。

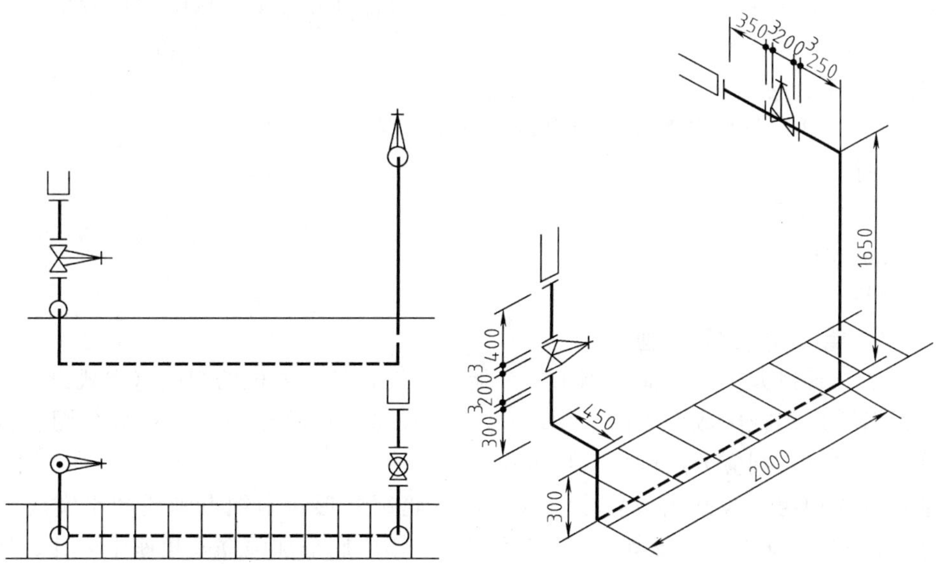

(a) 管道布置平、立面　　(b) 管道轴测图

图 10-22　绘制管道轴测图并标注尺寸

⑧ 列出材料表说明管段所需的材料、尺寸、规格、数量等。

根据以上介绍对照阅读图 10-17 所示的管道轴测图，以加深对管道轴测图的了解。

[例 10-3] 已知一段管道的平、立面图，绘制管道轴测图并标注尺寸，见图 10-22。

10.2.4 其他

（1）方向标　管道轴测图是按正等测投影绘制的，在画图之前首先确定其方向，如图 10-23（a）所示。要求其方向与管道布置图的方位标一致，如图 10-23（b）所示。并将管道轴测图的方向标绘制在图样的右上方。

(a)正等测轴测图　(b)管道轴测图方向标

图 10-23　管道轴测图方向标

（2）技术要求　注写有关焊接、试压等方面的要求。

（3）材料表　在管道轴测图的顶侧及标题栏上方附有材料表。材料表综合了一个管段全部的管件、阀门、管子、法兰、垫片、螺栓和螺母的详细内容，其基本内容的表达如图 10-17 所示附有材料表的管道轴测图。

10.3 管口方位图

10.3.1 管口方位图的作用与内容

管口方位图是制造设备时确定各管口方位、支座及地脚螺栓等相对位置的图样，也是安装设备时确定安装方位的依据。图 10-24 是一设备的管口方位图，从图中可看出管口方位图应包括以下内容。

① 视图：表示设备上各管口的方位情况。

② 尺寸及标注：标明各管口以及管口的方位情况。

③ 方向标。

④ 管口符号及管口表。

⑤ 必要的说明。

⑥ 标题栏。

10.3.2 管口方位图的画法

（1）视图　管口方位图只简化画出一个能反映设备管口方位的视图（立式设备采用俯视图，卧式设备采用左视图或右视图）。每个非定型设备一般绘制一张管口方位图。对于多层设备且管口较多时，则应分层画出管口方位图。

用细点画线和粗实线画出设备中心线及设备轮廓外形；用细点画线和粗实线画出各管口、罐耳（吊柱）、支腿（或支耳）、设备铭牌、塔裙座底部加强筋及裙座上人孔、地脚螺栓孔的位置。

（2）尺寸及标注　在图上按顺时针方向标出各管口及有关零部件的安装方位角；各管口用小写英文字母加方框（5mm×5mm）按顺序编写管口符号。

注：在设备人孔上方用红漆标出 0°方位。

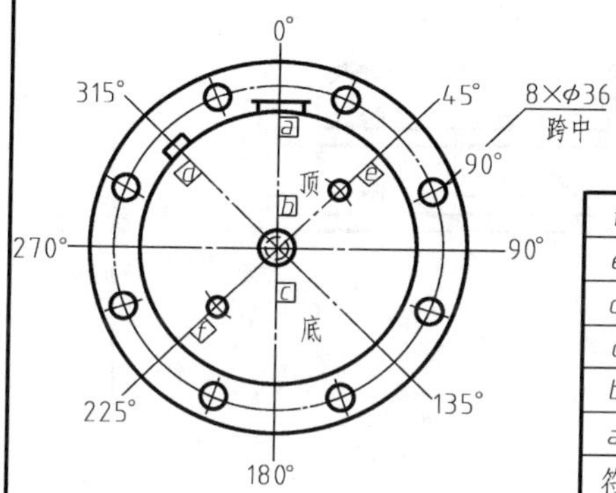

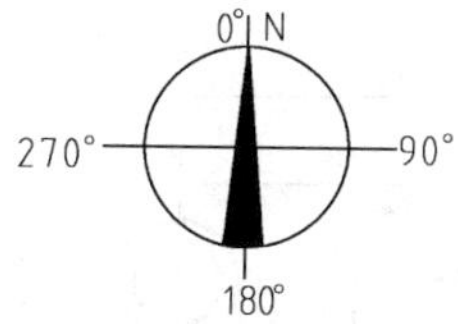

符号	公称尺寸	连接尺寸，标准	连接面形式	用途或名称
f		MT27×2	螺纹	温度计口
e	DN25	JB/T81—1994	平面	压力计口
d	DN32	JB/T81—1994	凸面	进料口
c	DN32	JB/T81—1994	平面	液体出口
b	DN80	JB/T577—1979	平面	气体出口
a	DN450	JB/T577—1979	平面	人孔

			设计项目	
			设计阶段	
职责	签字	日期	设备管口方位图	
设计				
制图				
校对				
审核			比例	共 张 第 张

图 10-24 管口方位图

(3) 方向标 图纸右上角绘制一个方向标，画法同前。

(4) 管口符号及管口表 在标题栏上方列出与设备图一致的管口表，以注写各管口的编号、公称直径、公称压力、连接标准、连接面型式及管口用途等内容。在管口表右上侧注出设备装配图图号。

(5) 必要的说明 在管口方位图上应加两点必要说明：①应在裙座和器身上用油漆标明0°的位置，以便现场安装识别方位用；②铭牌支架的高度应能使铭牌露在保温层之外。

10.4 管架图与管件图

10.4.1 管架图

在管道布置图中采用的管架有两类，即标准管架和非标准管架。无论采用哪一种，均需要提供管架的施工图样。标准管架可套用标准管架图，特殊管架可依据 HG 20519.16—92 的要求绘制。其绘制方法与机械制图基本相同，图面上除要求绘制管架的结构总图外，还需编制相应的材料表。

管架的结构总图应完整地表达管架的详细结构与尺寸，以供管架的制造和安装使用。每一种管架都应单独绘制图纸，不同结构的管架图不得分区绘制在同一张图纸上，以便施工时分开使用。图面上表达管架结构的轮廓线以粗实线表示，被支承的管道以细实线表示。管架图一般采用 A3 或 A4 图幅，比例一般采用 1∶10 或 1∶20，图面上常采用主视图和俯视图结合表达其详细结构，编制明细表说明所需的各种配件，在标题栏中还应标注该管架的代号。必要时，应标注技术要求和施工要求，以及采用的相关标准与规范，如图 10-25 所示。

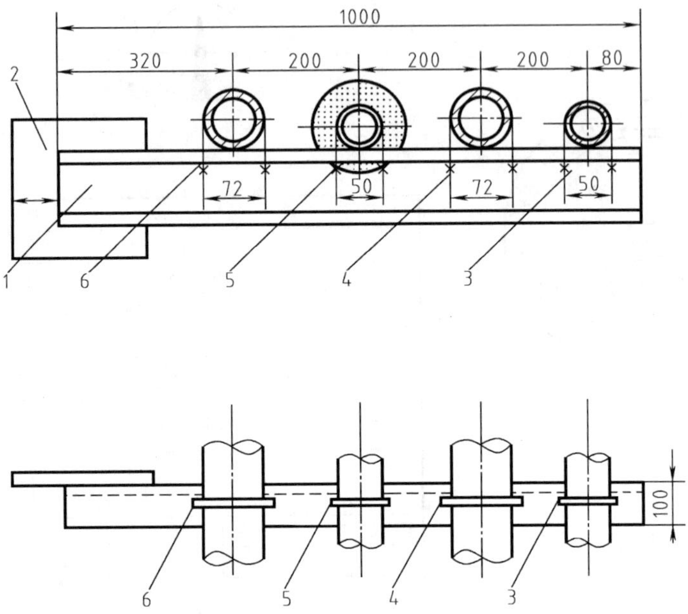

注：焊缝均采用电弧焊，焊条牌号为×××。管架总质量约为22kg。

件号	图号或标准号	名称及规格	数量	材料	单重	总重	备注
6	GB 39—88	方螺母 M12	4	Q215			
5	GB 39—88	方螺母 M8	4	Q215			
4	×××-××	管卡，ϕ18，Q1-50	2	Q215			
3	×××-××	管卡，ϕ16，Q1-40	2	Q215			
2		钢板300×300，δ=10	1	Q215			
1		槽钢100×48×5.3，L=1000	1	Q215			

（单位名称）				工程名称	
				设计项目	
设计			AS 1105	设计阶段	
制图			管 架 图	（图号）	
校核					
审核			年 月	比例 1:10	第 张 共 张

图 10-25 管架图

10.4.2 管件图

标准管件一般不需要单独绘制图纸，在管道平面布置图编制相应材料表加以说明即可。非标准的特殊管件，应单独绘制详细的结构图，并要求一种管件绘制一张图纸以供制造和安装使用。图面要求和管架图基本相同，在附注中应说明管件所需的数量、安装的位置和所在图号，以及加工制作的技术要求和所采用的相关标准与规范，如图 10-26 所示。

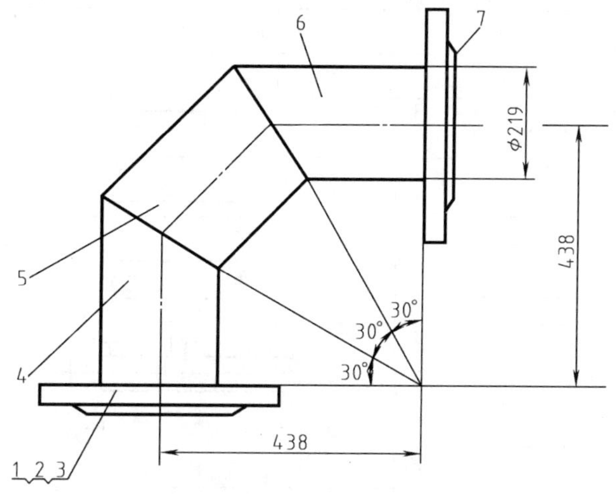

件号	图号或标准号	名称及规格	数量	材料	单重	总重	备注
7		垫片，ϕ260×220，δ＝3	2	橡胶			
6		短管，ϕ219×9.5，L＝315	1	Q215			
5		短管，ϕ219×9.5，L＝326	1	Q215			
4		短管，ϕ219×9.5，L＝315	1	Q215			
3		垫圈，ϕ18	16	Q235			
2	GB 39—88	六角螺母，M16	8	Q235			
1	HG20592—1997	法兰，RF300—0.25	2	Q235			

（单位名称）						工程名称	
						设计项目	
设计			T205 管件图			设计阶段	
制图						（图号）	
校核							
审核			年 月	比例	1:10	第 张	共 张

图 10-26 管件图

附表 10-1 管道布置图、轴侧图和管口方位图的图线宽度规定（摘录 HG/T 20549.1—1998）

类别		图线宽度/mm 粗线（0.9～1.2）	中粗线（0.5～0.7）	细线（0.15～0.3）	备注
管道布置图	单线（实线或虚线）	管道		法兰、阀门及其他	
	双线（实线或虚线）		管道		
管道轴侧图		管道	法兰、阀门、承插焊、螺纹连接的管件	其他	
管口方位图		设备轮廓	设备支架、设备基础	其他	

附表 10-2 管道布置图和轴侧图上管子、管件、阀门及管道特殊件图例（HG/T 20549.2—1998）

1. 管子、管件和法兰

名称		管道布置图 单线	管道布置图 双线	轴测图
管子				
现场焊		F.W	F.W	
伴热管（虚线）				
夹套管（举例）				
地下管道（与地上管道合画一张图时）				
异径法兰（举例）	螺纹、承插焊、滑套	80×50	80×50	80×50
	对焊	80×50	80×50	80×50
法兰盖	与螺纹、承插焊或滑套法兰相接			
	与对焊法兰相接			
同心异径管（举例）	螺纹或承插焊	C.R40×25		C.R40×25
	对焊	C.R80×50	C.R80×50	C.R80×50
	法兰式	C.R80×50	C.R80×50	C.R80×50
偏心异径管	螺纹或承插焊	E.R25×20 FOB；E.R25×20 FOT		E.R25×20 FOB；E.R25×20 FOT
	对焊	E.R25×20 FOB；E.R25×20 FOT	E.R25×20 FOB；E.R25×20 FOT	E.R25×20 FOB；E.R25×20 FOT
	法兰式	E.R25×20 FOB；E.R25×20 FOT	E.R25×20 FOB；E.R25×20 FOT	E.R25×20 FOB；E.R25×20 FOT
90°弯头	螺纹或承插焊			

<table>
<tr><th colspan="5">1. 管子、管件和法兰</th></tr>
<tr><th colspan="2" rowspan="2">名　称</th><th colspan="2">管道布置图</th><th rowspan="2">轴测图</th></tr>
<tr><th>单线</th><th>双线</th></tr>
<tr><td rowspan="4">90°
弯头</td><td rowspan="2">对焊</td><td>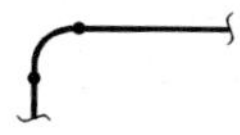</td><td>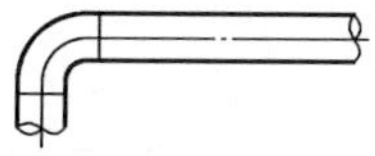</td><td rowspan="2"></td></tr>
<tr><td></td><td>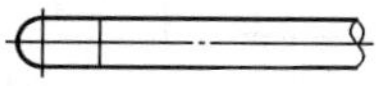</td></tr>
<tr><td rowspan="2">法兰式</td><td>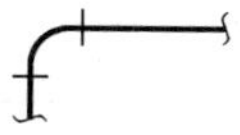</td><td></td><td rowspan="2">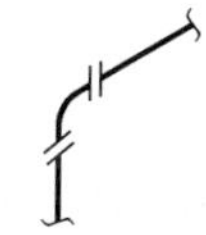</td></tr>
<tr><td></td><td></td></tr>
<tr><td rowspan="6">45°
弯头</td><td rowspan="2">螺纹或承插焊</td><td>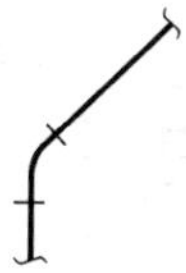</td><td rowspan="2"></td><td rowspan="2"></td></tr>
<tr><td></td></tr>
<tr><td rowspan="2">对焊</td><td></td><td>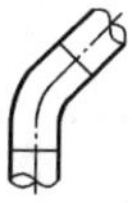</td><td rowspan="2"></td></tr>
<tr><td>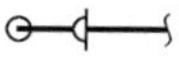</td><td></td></tr>
<tr><td rowspan="2">法兰式</td><td></td><td></td><td rowspan="2">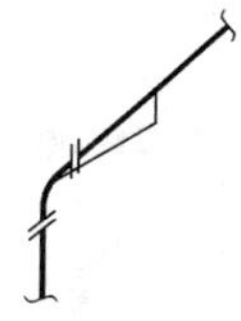</td></tr>
<tr><td>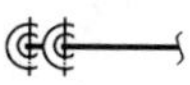</td><td>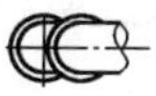</td></tr>
<tr><td rowspan="4">U 型
弯头</td><td rowspan="2">对焊连接</td><td>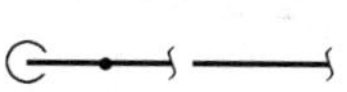</td><td>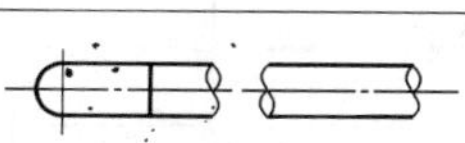</td><td rowspan="2">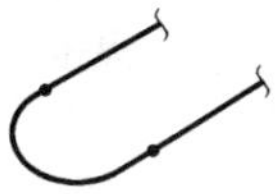</td></tr>
<tr><td>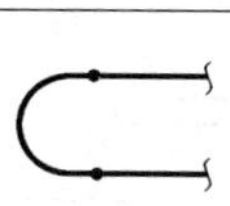</td><td>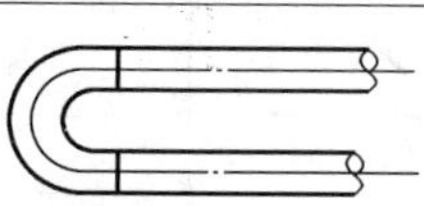</td></tr>
<tr><td rowspan="2">法兰连接</td><td>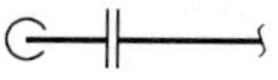</td><td>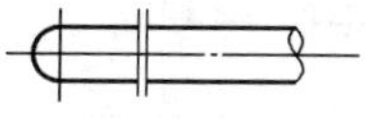</td><td rowspan="2">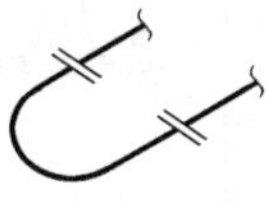</td></tr>
<tr><td>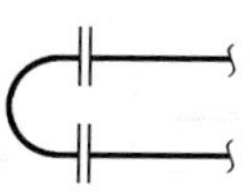</td><td>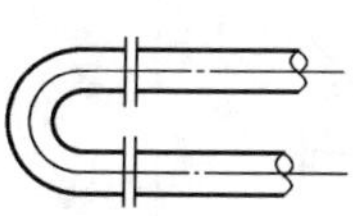</td></tr>
</table>

1. 管子、管件和法兰				
名　　称		管道布置图		轴测图
		单线	双线	
斜接弯头（举例）			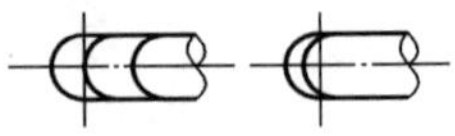	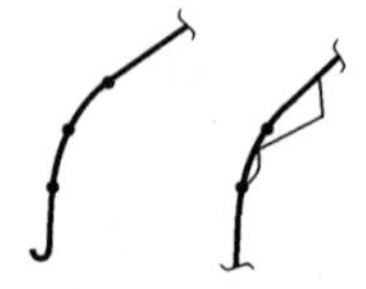
		 （仅用于小角度斜接弯头）	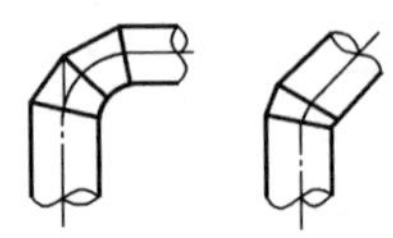	
三通	螺纹或承插焊连接			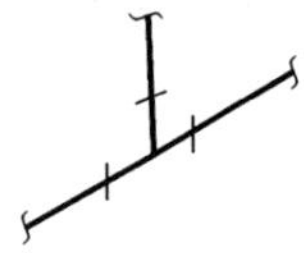
		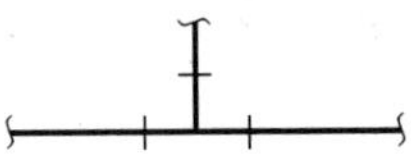		
	对焊连接		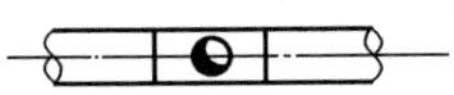	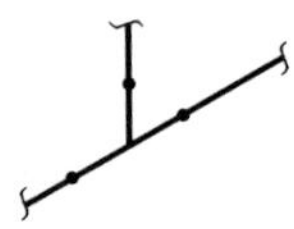
		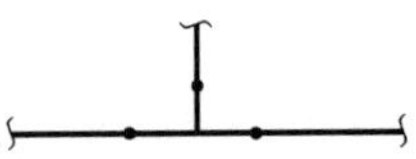	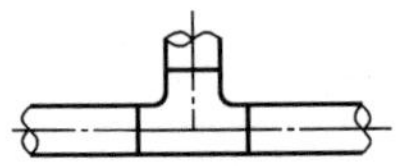	
	法兰连接		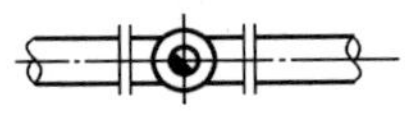	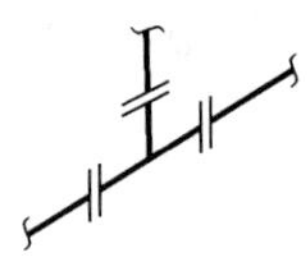
		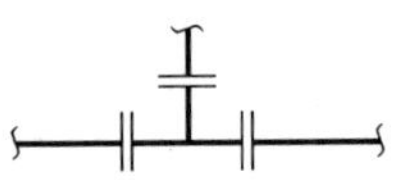	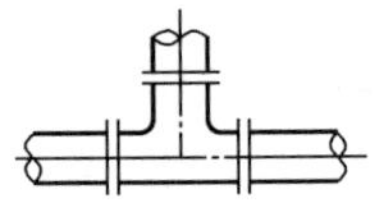	
斜三通	螺纹或承插焊连接	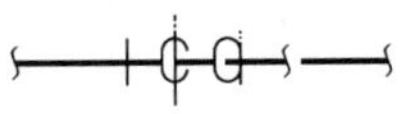		
		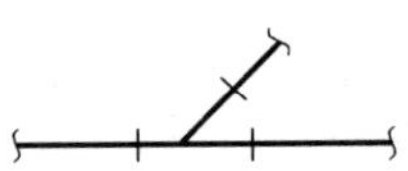		
	对焊连接	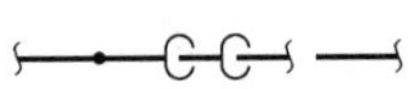	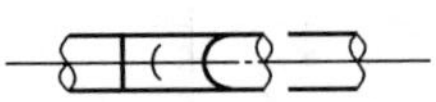	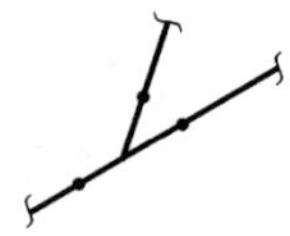
		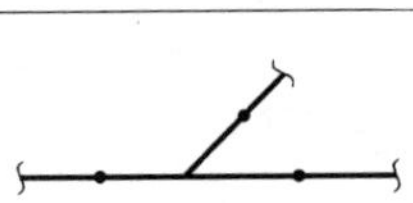	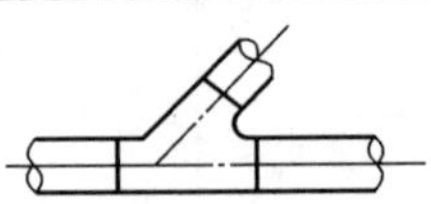	
	法兰连接	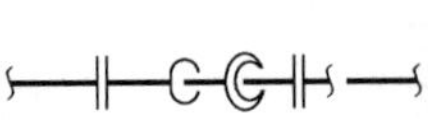	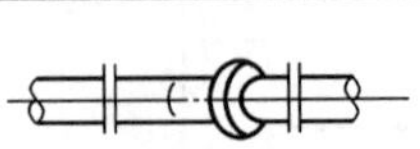	（续1）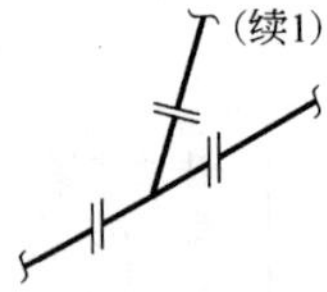
		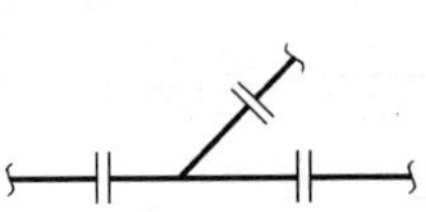	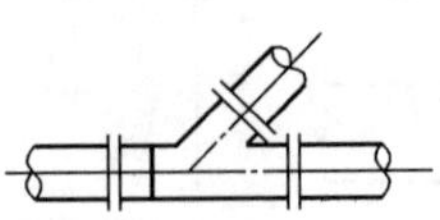	

续表

1. 管子、管件和法兰				
名　称		管道布置图		轴测图
		单线	双线	
焊接支管	不带加强板	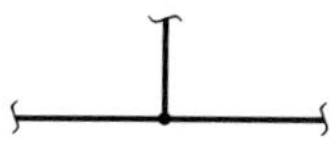	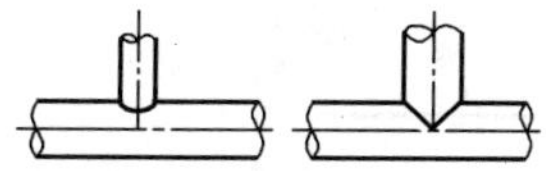	
	带加强板	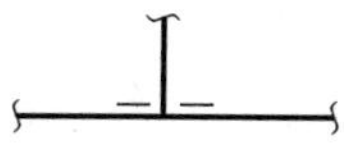	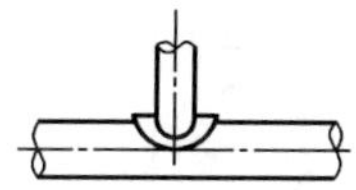	
半管接头及支管台	螺纹或承插焊连接	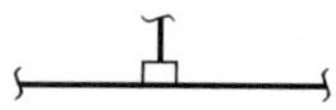	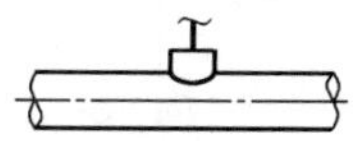	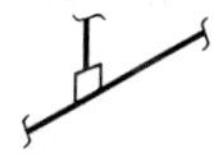
	对焊连接	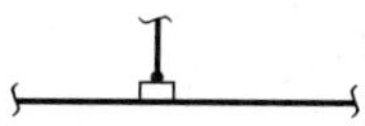	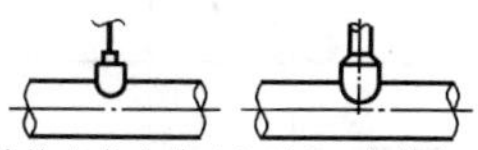 （用于半管接头或支管台）（用于支管台）	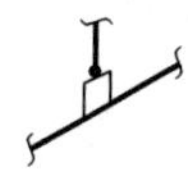
四通	螺纹或承插焊连接	 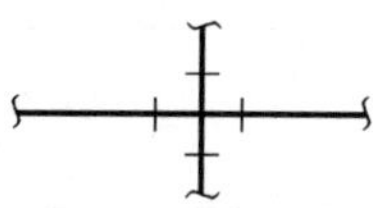		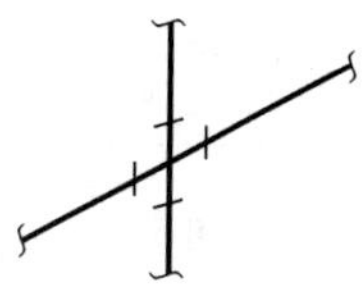
	对焊连接	 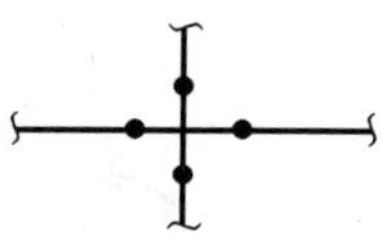	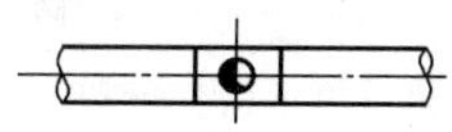 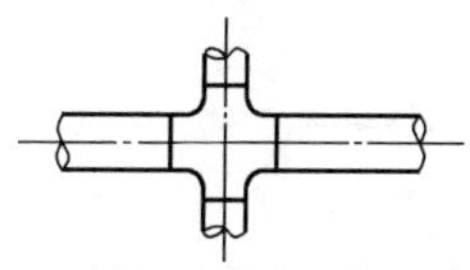	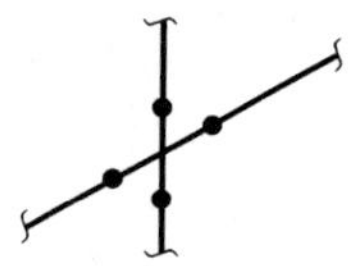
	法兰连接	 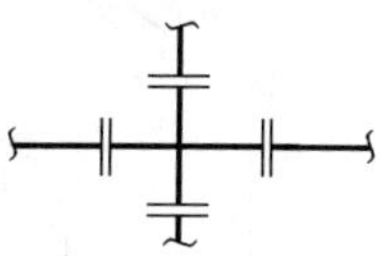	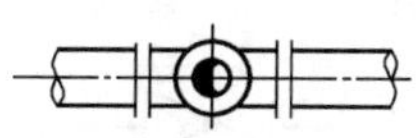 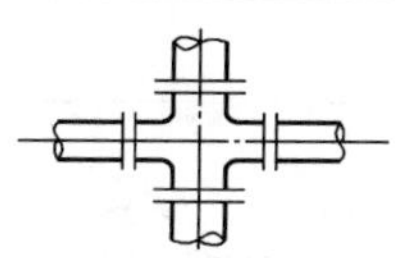	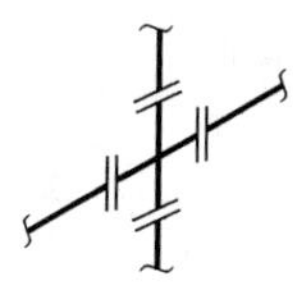
管帽	螺纹或承插焊连接			
	对焊连接		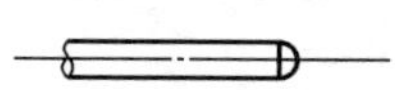	
	法兰连接			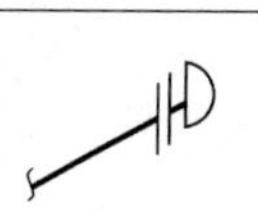

1. 管子、管件和法兰				
名　称		管道布置图		轴测图
		单线	双线	
堵头	螺纹连接	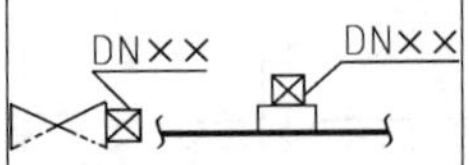		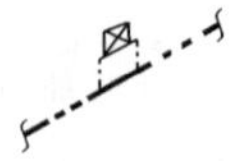
螺纹或承插焊管接头		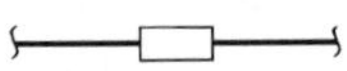		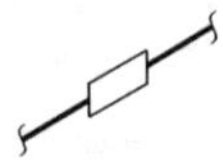
螺纹或承插焊活接头		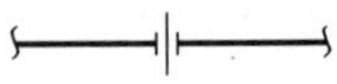		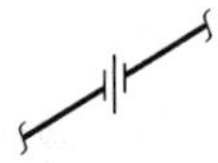
软管接头	螺纹或承插焊连接	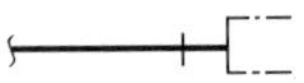		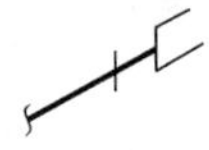
	对焊连接			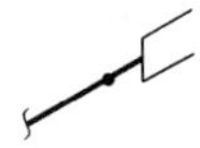
快速接头	阳	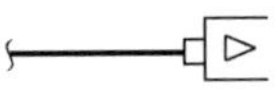		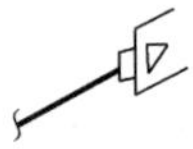
	阴	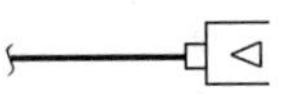		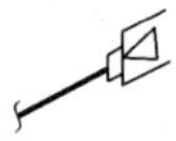

2. 阀　门					
名　称	管道布置图各视图			轴测图	备　注
闸阀	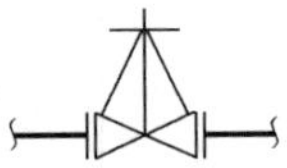	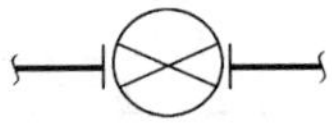	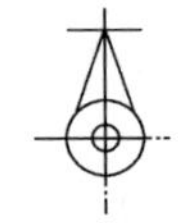	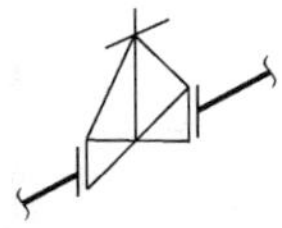	
截止阀	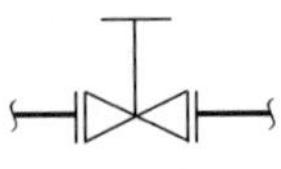	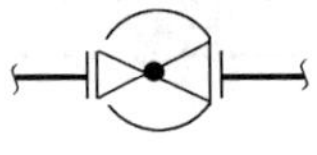			
角阀	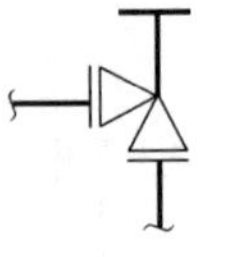	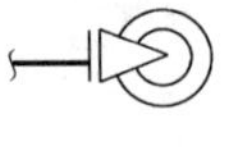			
节流阀	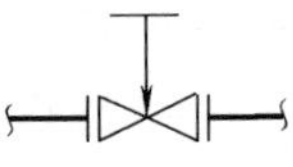			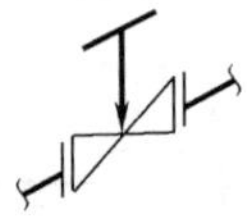	
“Y”形阀	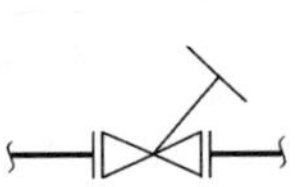	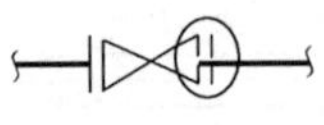	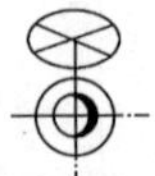		

2. 阀　门					
名　称	管道布置图各视图			轴测图	备　注
球阀	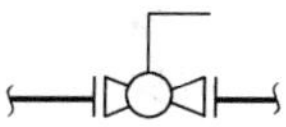	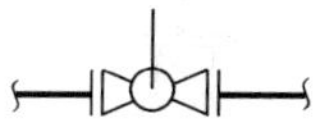		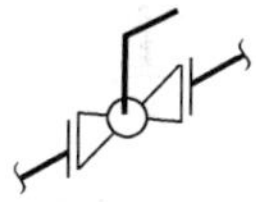	
三通球阀	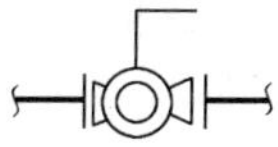		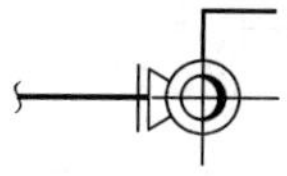	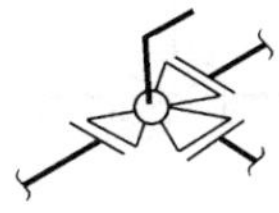	
旋塞阀 (COCK 及 PLUG)	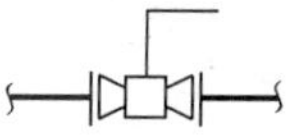	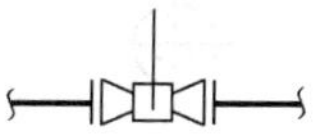		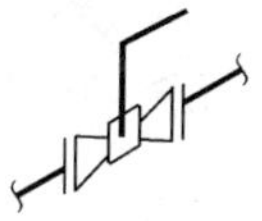	
三通 旋塞阀	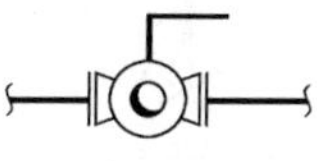	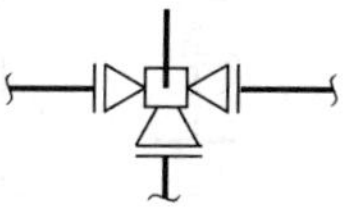	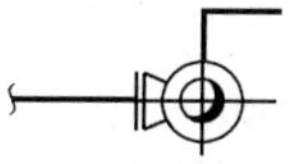	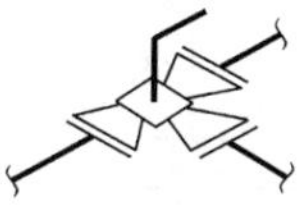	
三通阀	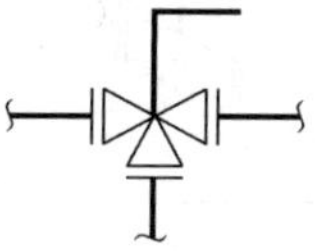			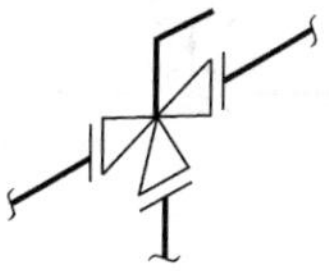	
对夹式 蝶阀	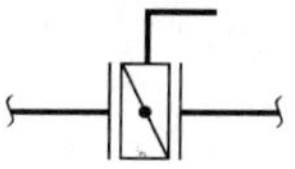	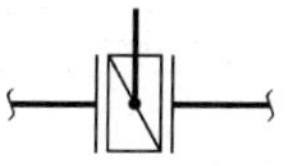	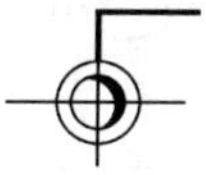	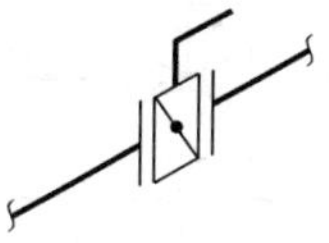	
法兰式 蝶阀	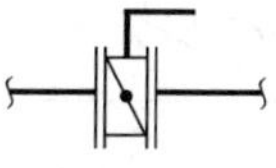				
柱塞阀	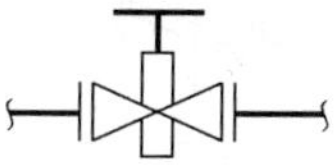		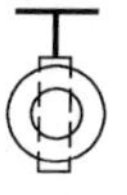	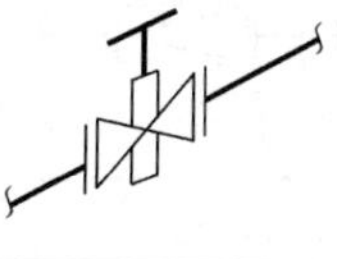	
止回阀				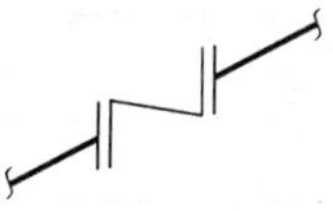	
切断式 止回阀					

2. 阀 门					
名 称	管道布置图各视图			轴测图	备 注
底阀		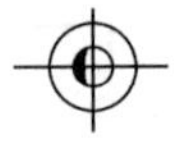	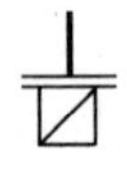		
隔膜阀	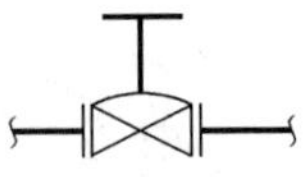	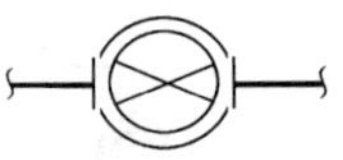		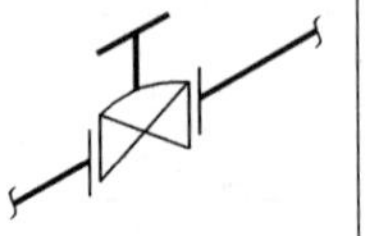	
"Y"形 隔膜阀	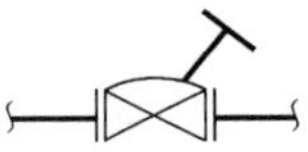	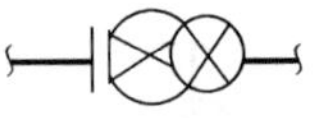	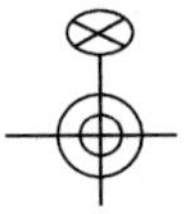	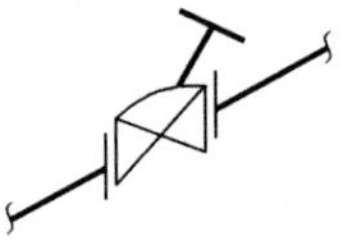	
放净阀					
夹紧式 胶管阀	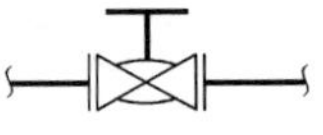				
夹套式阀		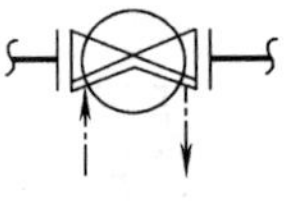	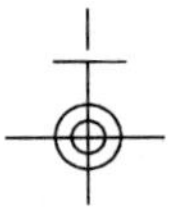	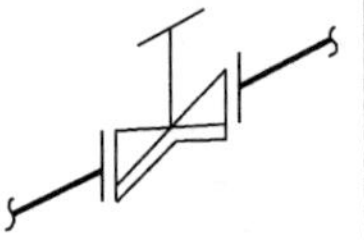	
疏水阀	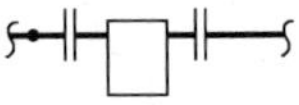			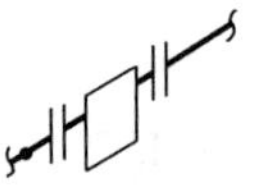	
减压阀	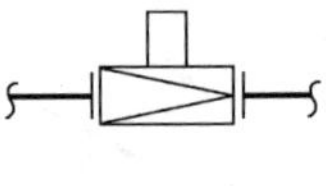	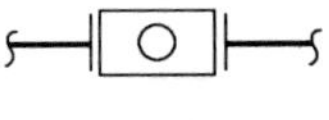		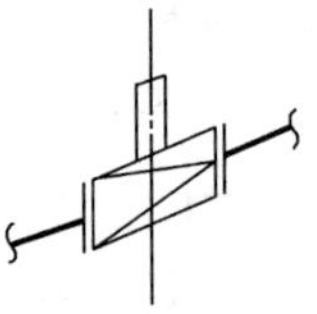	
弹簧式 安全阀	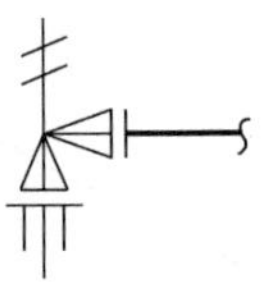	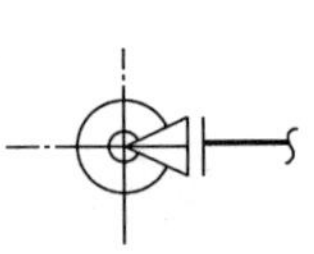		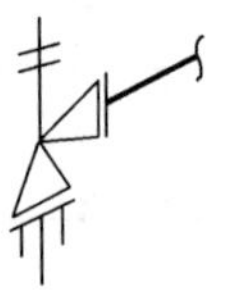	
双弹簧式 安全阀	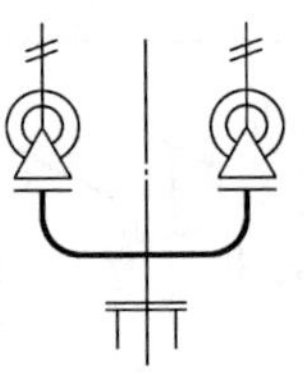	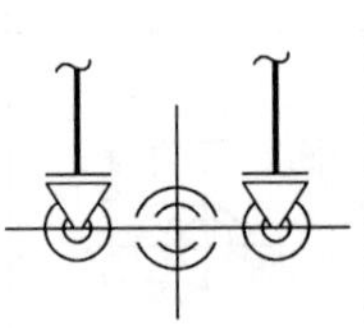	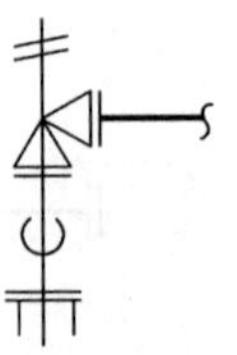		

2. 阀　门					
名　称	管道布置图各视图			轴测图	备　注
杠杆式安全阀	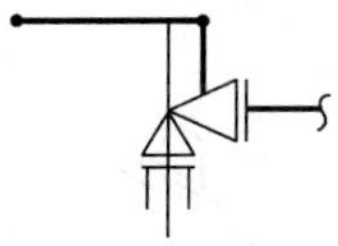	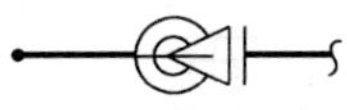		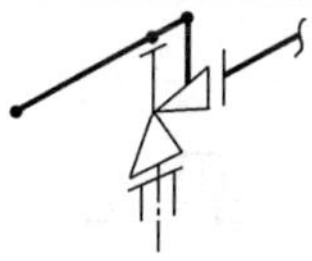	杠杆长度应按实物尺寸的比例画出

非法兰的端部连接					
名　称	螺纹或承插焊连接		对焊连接		备　注
	单　线	双　线	单　线	双　线	
闸阀	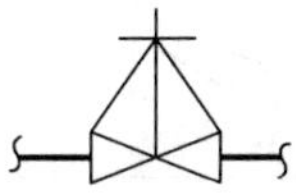		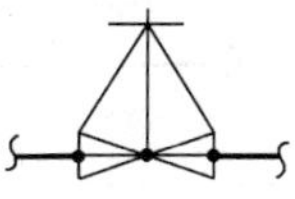	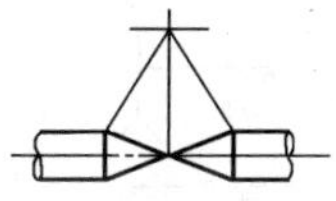	
截止阀	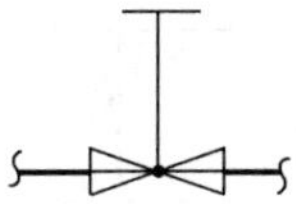		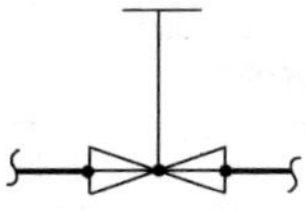	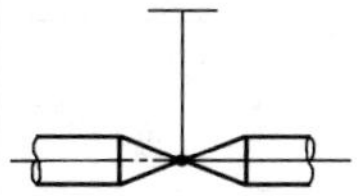	

3. 传　动　结　构					
名　称	传动结构 管道布置图各视图			轴测图	备　注
电动式	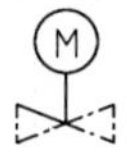	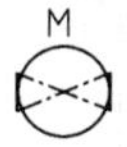	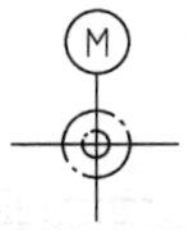		1. 传动结构型式适合于各种类型的阀门 2. 传动结构应按实物的尺寸比例画出，以免与管道或其他附件相碰 3. 点画线表示可变部分
气动式			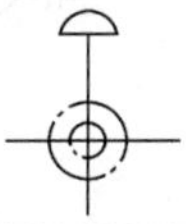	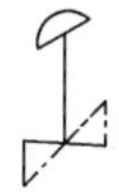	
液压或气压缸式	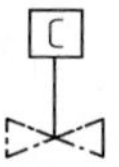		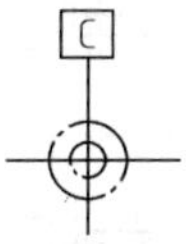		
正齿轮式	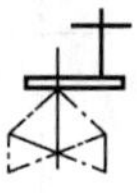	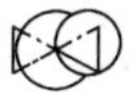		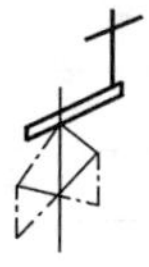	
伞齿轮式		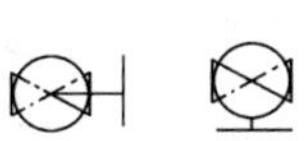	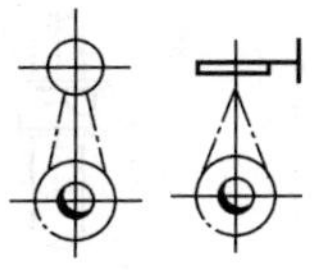	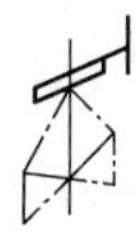	
伸长杆（用于楼面）　普通手动阀门	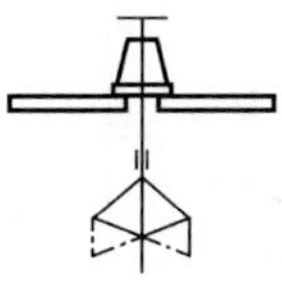		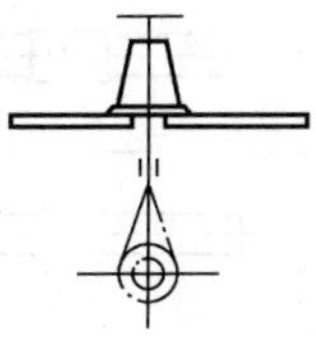	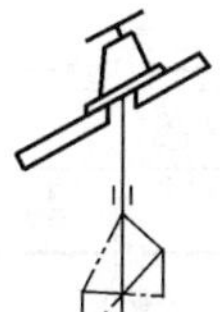	

3. 传　动　结　构

名　称		传动结构			轴测图	备　注
		管道布置图各视图				
伸长杆（用于楼面）	正齿轮式阀门	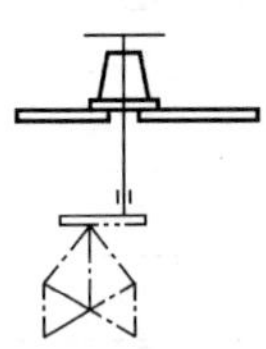	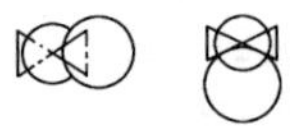	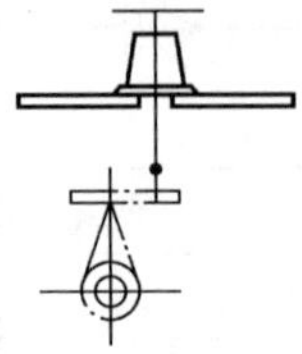	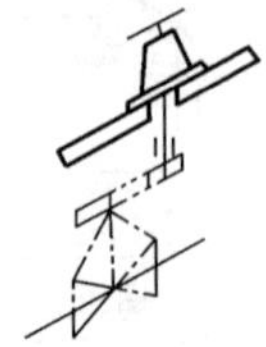	1. 传动结构型式适合于各种类型的阀门 2. 传动结构应按实物的尺寸比例画出，以免与管道或其他附件相碰 3. 点画线表示可变部分
链轮阀		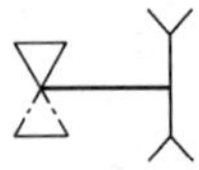	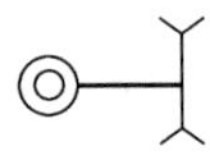			

4. 管　道　特　殊　件

名　称		管道布置图		轴测图	备　注
		单线	双线		
漏斗			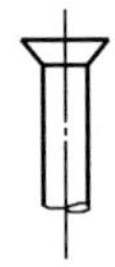		带盖的漏斗画法 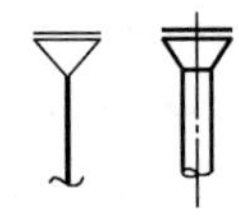
视镜		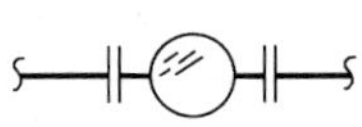	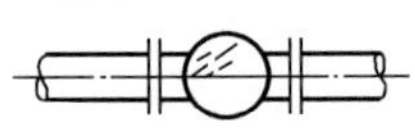	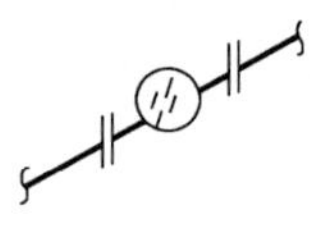	玻璃管式视镜画法举例 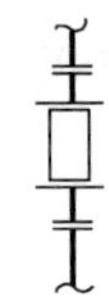
波纹膨胀节		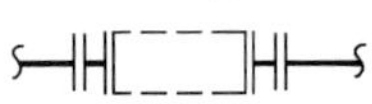	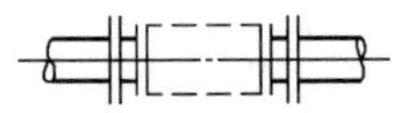	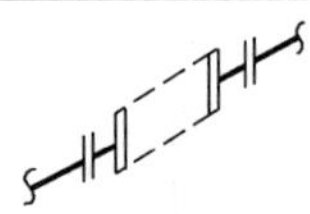	
球形补偿器		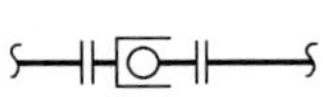		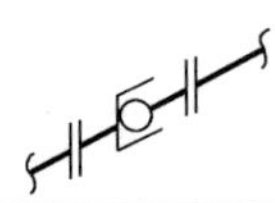	也可根据安装时的旋转角表示
填函式补偿器		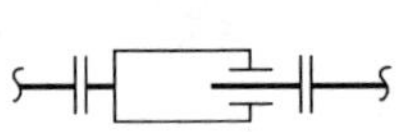	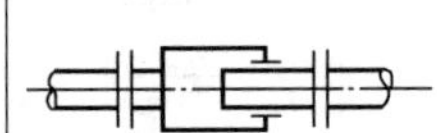	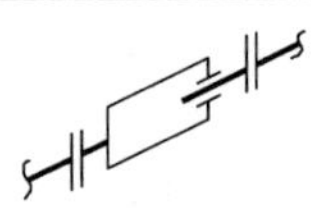	
爆破片			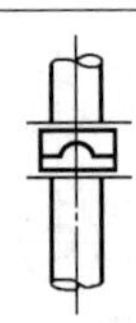		
限流孔板	对焊式	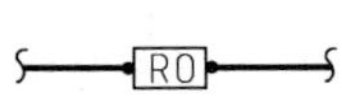	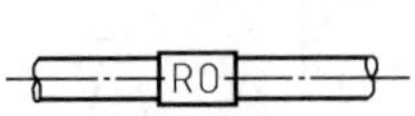	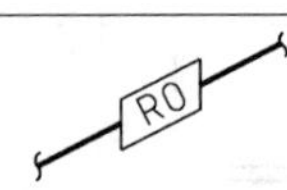	
	对夹式	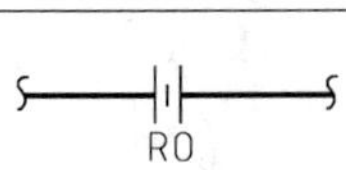	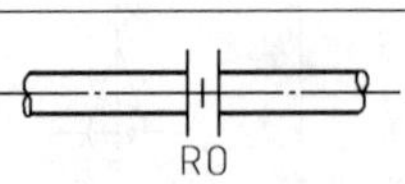	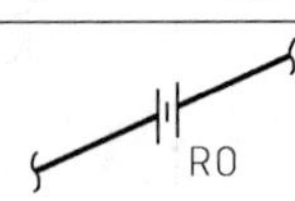	

4. 管　道　特　殊　件				
名　称	管道布置图		轴测图	备　注
	单线	双线		
插板及垫环	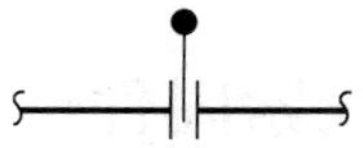	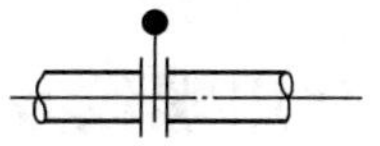	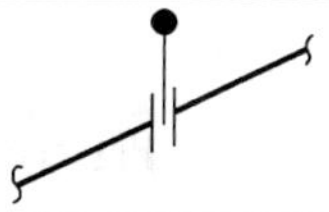	
8字盲板	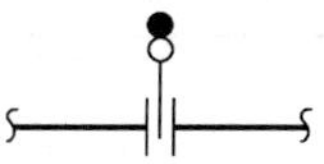	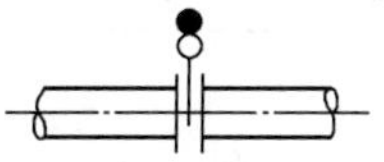	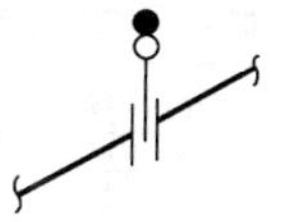	 正常通过  正常切断
阻火器		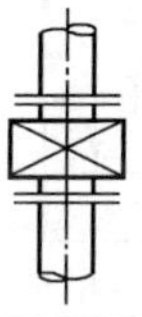		
排液环	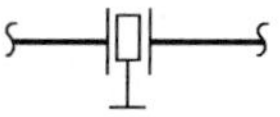	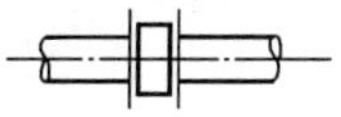	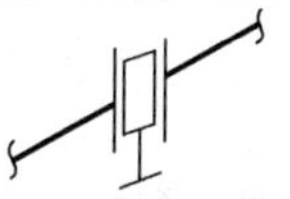	
临时粗滤器		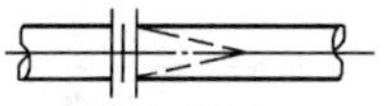		
Y形粗滤器		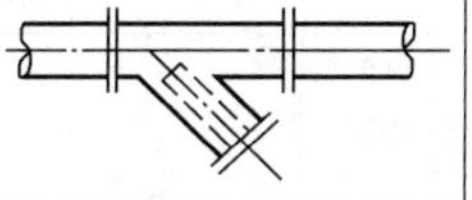		
T形粗滤器	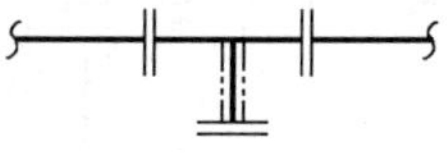	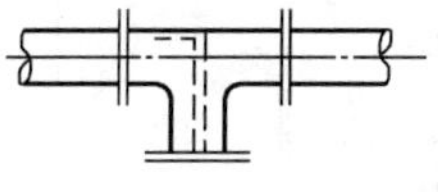		
软管			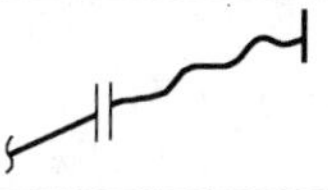	
喷头	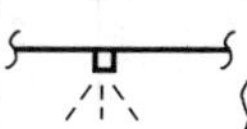 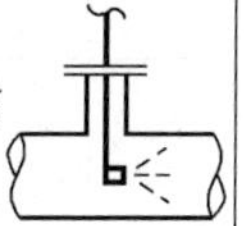	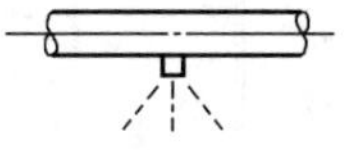		
洗眼器及淋浴		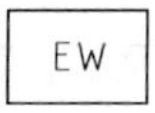 (平面用) 立面图按简略外形画		

注：

① C. R——同心异径管；

E. R——偏心异径管；

FOB——底平；

FOT——顶平。

② 其他未画视图按投影相应表示；

③ 点划线表示可变部分；

④ 轴测图图例均为举例，可按实际管道走向作相应的表示；

⑤ 消声器及其他未规定的特殊件可按简略外形表示。

附　　录

附录 1　常用螺纹及螺纹紧固件

附录 1-1　普通螺纹的基本牙型和基本尺寸（GB 192—81，GB 196—81）

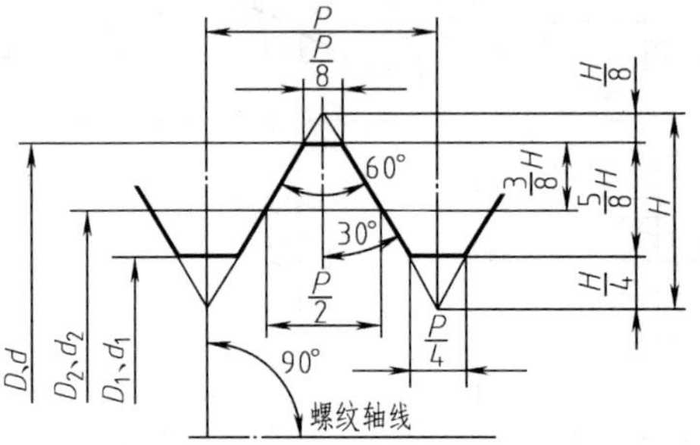

$$H=\frac{\sqrt{3}}{2}P$$

$$D_2=D-2\times\frac{3}{8}H=D-0.6495P$$

$$d_2=d-2\times\frac{3}{8}H=d-0.6495P$$

$$D_1=D-2\times\frac{5}{8}H=D-1.0825P$$

$$d_1=d-2\times\frac{5}{8}H=d-1.0825P$$

标记示例

右旋粗牙普通螺纹，直径为 24mm，螺距 3mm 的标记：M24

左旋细牙普通螺纹，直径为 24mm，螺距 2mm 的标记：M24×2LH

/mm

公称直径 D 或 d 第一系列	公称直径 D 或 d 第二系列	螺距 P	中径 D_2 或 d_2	小径 D_1 或 d_1
4		(0.7) 0.5	3.545 3.675	3.242 3.459
	4.5	(0.75)	4.175	3.959
5		(0.8) 0.5	4.480 4.675	4.134 4.459
6		(1) 0.75	5.350 5.513	4.917 5.188
8		(1.25) 1 0.75	7.188 7.350 7.513	6.647 6.917 7.188
10		(1.5) 1.25 1 0.75	9.026 9.188 9.350 9.513	8.376 8.647 8.917 9.188
12		(1.75) 1.5 1.25 1	10.863 11.026 11.188 11.350	10.106 10.376 10.647 10.917
	14	(2) 1.5 1	12.701 13.026 13.350	11.835 12.376 12.917
16		(2) 1.5 1	14.701 15.026 15.350	13.835 14.376 14.917

公称直径 D 或 d 第一系列	公称直径 D 或 d 第二系列	螺距 P	中径 D_2 或 d_2	小径 D_1 或 d_1
	18	(2.5) 2 1.5 1	16.376 16.701 17.026 17.350	15.294 15.835 16.376 16.917
20		(2.5) 2 1.5 1	18.376 18.701 19.026 19.350	17.294 17.835 18.376 18.917
	22	(2.5) 2 1.5 1	20.376 20.701 21.026 21.350	19.294 19.835 20.376 20.917
24		(3) 2 1.5 1	22.051 22.701 23.026 23.350	20.752 21.835 22.376 22.917
	27	(3) 2 1.5 1	25.051 25.701 26.026 26.350	23.752 24.835 25.376 25.917
30		(3.5) 2 1.5 1	27.727 28.701 29.026 29.350	26.211 27.835 28.376 28.917
	33	(3.5) 2 1.5	30.727 31.701 32.026	29.211 30.835 31.376

注：表中有括号的螺距数值为粗牙螺距。

附录 1-2　螺纹密封的管螺纹（GB 7306—87）

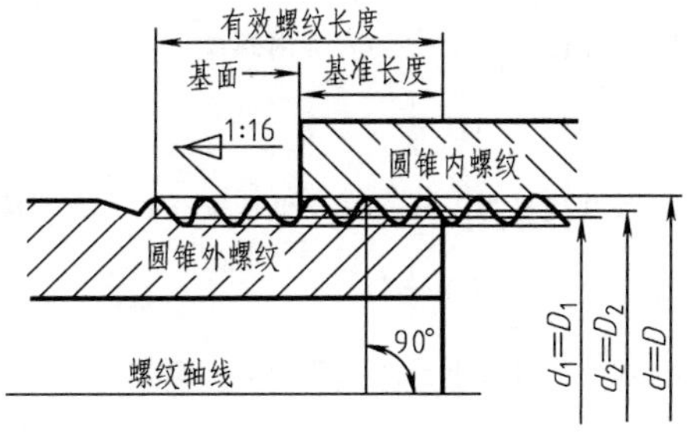

标记示例

1. 尺寸代号为 $1\frac{1}{2}$ 的右旋圆锥内螺纹：

　　$R_c 1\frac{1}{2}$

2. 尺寸代号为 $1\frac{1}{2}$ 的左旋圆锥外螺纹：

　　$R1\frac{1}{2}$-LH

3. 尺寸代号为 $1\frac{1}{2}$ 的右旋圆柱内螺纹：

　　$R_p 1\frac{1}{2}$

/mm

尺寸代号	每 25.4mm 内的牙数 n	螺距 P	牙高 h	圆弧半径 $r\approx$	基面上的直径			基准距离	有效螺纹长度
					大径 $d=D$	中径 $d_2=D_2$	小径 $d_1=D_1$		
1/16	28	0.907	0.581	0.125	7.723	7.142	6.561	4.0	6.5
1/8					9.728	9.147	8.566		
1/4	19	1.337	0.856	0.184	13.157	12.301	11.445	6.0	9.7
3/8					16.662	15.806	14.950	6.4	10.1
1/2	14	1.814	1.162	0.249	20.955	19.793	18.631	8.2	13.2
3/4					26.441	25.279	24.117	9.5	14.5
1	11	2.309	1.479	0.317	33.249	31.770	30.291	10.4	16.8
$1\frac{1}{4}$					41.910	40.431	38.952	12.7	19.1
$1\frac{1}{2}$					47.803	46.324	44.845		
2					59.614	58.135	56.656	15.9	23.4
$2\frac{1}{2}$					75.184	73.705	72.226	17.5	26.7
3					87.884	86.405	84.926	20.6	29.8
$3\frac{1}{2}$					100.330	98.851	97.372	22.2	31.4

注：1. 本标准包括了圆锥内螺纹与圆锥外螺纹和圆柱内螺纹与圆锥外螺纹两种连接形式，适用于管子、管接头、旋塞、阀门和其他螺纹连接的附件。

2. 尺寸代号为 $3\frac{1}{2}$ 的螺纹，限用于蒸汽机车。

附录 1-3　非螺纹密封的管螺纹（GB 7307—87）

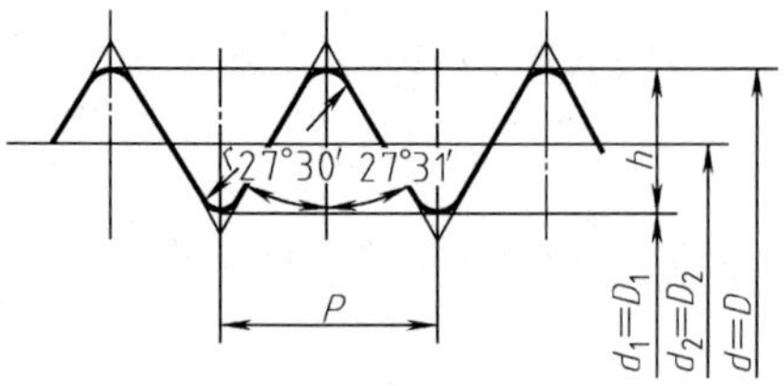

标记示例

1. 尺寸代号为 $1\frac{1}{2}$ 的右旋内螺纹：

　　G$1\frac{1}{2}$

2. 尺寸代号为 $1\frac{1}{2}$ 的用于低压管路的右旋内螺纹：

　　G$1\frac{1}{2}$D

3. 尺寸代号为 $1\frac{1}{2}$ 的右旋 A 级外螺纹：

　　G$1\frac{1}{2}$A

4. 尺寸代号为 $1\frac{1}{2}$ 的左旋 B 级外螺纹：

　　G$1\frac{1}{2}$B-LH

/mm

尺寸代号	每 25.4mm 内的牙数 n	螺距 P	牙高 h	圆弧半径 $r\approx$	大径 $d=D$	中径 $d_2=D_2$	小径 $d_1=D_1$
1/16	28	0.907	0.581	0.125	7.723	7.142	6.561
1/8					9.728	9.147	8.566
1/4	19	1.337	0.856	0.184	13.157	12.301	11.445
3/8					16.662	15.806	14.950
1/2	14	1.814	1.162	0.249	20.955	19.793	18.631
5/8					22.911	21.749	20.587
3/4					26.441	25.279	24.117
7/8					30.201	29.039	27.877
1	11	2.309	1.479	0.317	33.249	31.770	30.291
$1\frac{1}{8}$					37.897	36.418	34.939
$1\frac{1}{4}$					41.910	40.431	38.952
$1\frac{1}{2}$					47.807	46.324	44.845
$1\frac{3}{4}$					53.746	52.267	50.788
2					59.614	58.135	56.656
$2\frac{1}{4}$					65.710	64.231	62.752
$2\frac{1}{2}$					75.184	73.705	72.226
$2\frac{3}{4}$					81.534	80.055	78.576
3					87.884	86.405	84.926
$3\frac{1}{2}$					100.330	98.851	97.372
4					113.030	111.551	110.072

注：1. 本标准的圆柱管螺纹适用于管接头、旋塞、阀门及其他附件；

2. 内螺纹中径只规定一种公差带，不用代号表示。推荐用于低压水、煤气等管路的内螺纹，中径公差等级代号用 D；

3. 外螺纹中径公差分 A 和 B 两个等级。

附录 1-4　六角头螺栓（GB 5780—86）

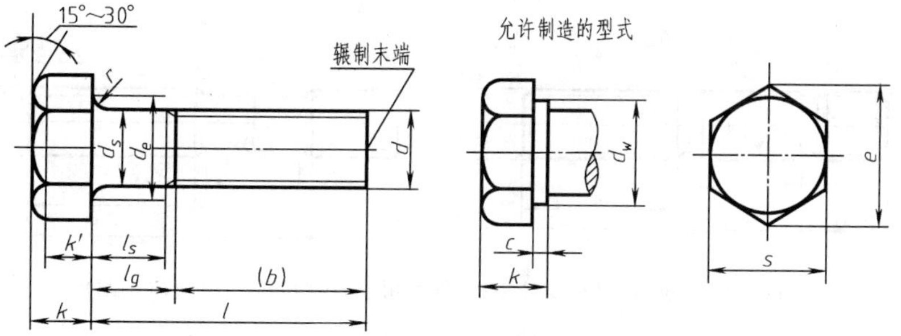

标记示例

螺纹规格 d=M12，公称长度 l=80mm，性能等级为 8.8 级，表面氧化，A 级的六角头螺栓：

螺栓　GB 5780—86　M12×80

/mm

螺纹规格 d		M5	M6	M8	M10	M12	M16	M20	M24	M30	M36
$b_{参考}$	l≤125	16	18	22	26	30	38	46	54	66	78
	125<l≤200	—	—	28	32	36	44	52	60	72	84
	l>200	—	—	—	—	—	57	65	73	85	97
c	max	0.5	0.5	0.6	0.6	0.6	0.8	0.8	0.8	0.8	0.8
d_a	max	6	7.2	10.2	12.2	14.7	18.7	24.4	28.4	35.4	42.4
d_s	max	5.48	6.48	8.58	10.58	12.7	16.7	20.84	24.84	30.84	37
	min	4.52	5.52	7.42	9.42	11.3	15.3	19.16	23.16	29.16	35
d_w	min	6.7	8.7	11.4	14.4	16.4	22	27.7	33.2	42.7	51.1
e	min	8.63	10.89	14.20	17.59	19.85	26.17	32.95	39.55	50.85	60.79
k	公称	3.5	4	5.3	6.4	7.5	10	12.5	15	18.7	22.5
	min	3.12	3.62	4.92	5.95	7.05	9.25	11.6	14.1	17.65	21.45
	max	3.88	4.38	5.68	6.85	7.95	10.75	13.4	15.9	19.75	23.85
k'	min	2.2	2.5	3.45	4.2	4.95	6.5	8.1	9.9	12.4	15.0
r	min	0.2	0.25	0.4	0.4	0.6	0.6	0.8	0.8	1	1
s	max	8	10	13	16	18	24	30	36	46	55
	min	7.64	9.64	12.57	15.57	17.57	23.16	29.16	35	45	53.8
l(商品规格范围及通用规格)		25~50	30~60	35~80	40~100	45~120	55~160	65~200	80~240	90~300	110~360
l 系列	25,30,35,40,45,50,(55),60,(65),70,80,90,100,110,120,130,140,150,160,180,200,220,240,260,280,300,320,340,360										

注：1. 末端按 GB 2—85 规定；

2. $l_{gmax}=l_{公称}-b_{参考}$；

3. $l_{smin}=l_{gmax}-5P$；

4. P—螺距。

附录 1-5 双头螺柱（GB 897—88、GB 898—88、GB 899—88、GB 900—88）

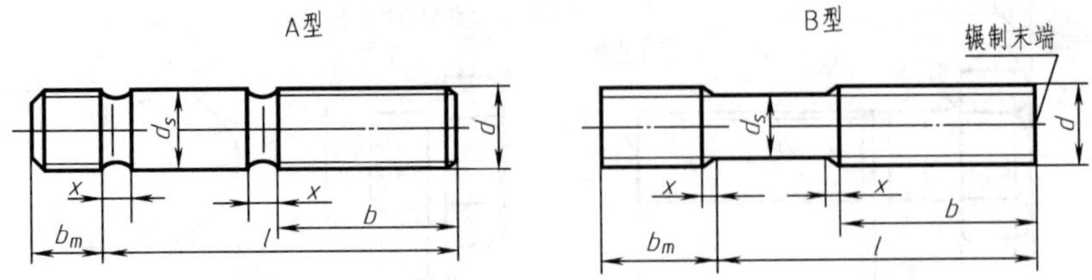

末端按 GB 2 规定；d_s≈螺纹中径（仅适用于 B 型）；$x_{max}=1.5P$（螺距）

标记示例

两端均为粗牙普通螺纹，$d=10$mm，$l=50$mm，性能等级为 4.8 级，不经表面处理，B 型，$b_m=1.25d$ 的双头螺柱：

螺柱 GB 898—88 M10×50

旋入机体一端为粗牙普通螺纹、旋螺母一端为螺距 $P=1$mm 的细牙普通螺纹，$d=10$mm，$l=50$mm，性能等级为 4.8 级、不经表面处理，A 型，$b_m=1.25d$ 的双头螺柱：

螺柱 GB 898—88 AM10—M10×1×50

螺纹规格	b_m				L/b
	GB 897—88 $b_m=1d$	GB 898—88 $b_m=1.25d$	GB 899—88 $b_m=1.5d$	GB 900—88 $b_m=2d$	
M5	5	6	8	10	16～22/10，25～50/16
M6	6	8	10	12	20～22/10，25～30/14，32～75/18
M8	8	10	12	16	20～22/12，25～30/16，32～90/22
M10	10	12	15	20	25～28/14，30～38/16，40～120/26，130/32
M12	12	15	18	24	25～30/16，32～40/20，45～120/30，130～180/36
(M14)	14	18	21	28	30～35/18，38～50/25，55～120/34，130～180/40
M16	16	20	24	32	30～35/20，40～55/30，60～120/38，130～200/44
(M18)	18	22	27	36	35～40/22，45～60/35，65～120/42，130～200/48
M20	20	25	30	40	35～40/25，45～65/35，70～120/46，130～200/52
(M22)	22	28	33	44	40～55/30，50～70/40，75～120/50，130～200/56
M24	24	30	36	48	45～50/30，55～75/45，80～120/54，130～200/60
(M27)	27	35	40	54	50～60/35，65～85/50，90～120/60，130～200/66
M30	30	38	45	60	60～65/40，70～90/50，95～120/66，130～200/72
(M33)	33	41	49	66	65～70/45，75～95/60，100～120/72，130～200/78
M36	36	45	54	72	65～75/45，80～110/60，130～200/84，210～300/97
(M39)	39	49	58	78	70～80/50，85～120/65，120/90，210～300/103
M42	42	52	64	84	70～80/50，85～120/70，130～200/96，210～300/109
M48	48	60	72	96	80～90/60，95～110/80，130～200/108，210～300/121
l(系列)	16，(18)，20，(22)，25，(28)，30，(32)，35，(38)，40，45，50，(55)，60，(65)，70，(75)，80，(85)，90，(95)，100，110，120，130，140，150，160，170，180，190，200，210，220，230，240，250，260，270，280，290，300				

注：1. 尽可能不采用括号内的规格；

2. P—粗牙螺纹的螺距。

附录 1-6　1 型六角螺母——A 级和 B 级（GB 6170—86）

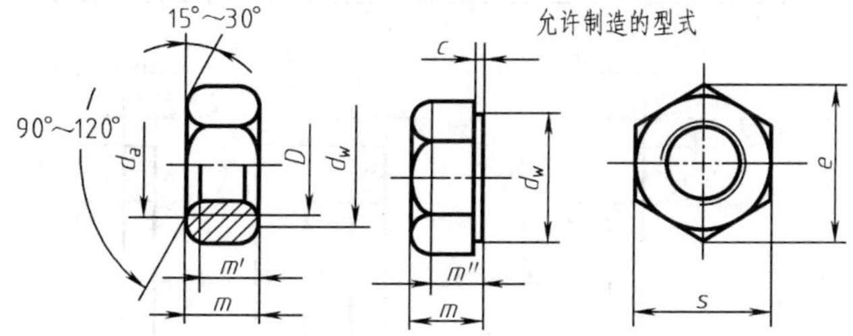

标记示例

螺纹规格 D=M12,性能等级为 10 级,不经表面处理,A 级的 1 型六角螺母;

螺母　GB 6170—86　M16

螺纹规格 D	c max	d_a		d_w min	e min	m		m' min	m'' min	s	
		min	max			max	min			max	min
M1.6	0.2	1.6	1.84	2.4	3.41	1.3	1.05	0.8	0.7	3.2	3.02
M2	0.2	2	2.3	3.1	4.32	1.6	1.35	1.1	0.9	4	3.82
M2.5	0.3	2.5	2.9	4.1	5.45	2	1.75	1.4	1.2	5	4.82
M3	0.4	3	3.45	4.6	6.01	2.4	2.15	1.7	1.5	5.5	5.32
M4	0.4	4	4.6	5.9	7.66	3.2	2.9	2.3	2	7	6.78
M5	0.5	5	5.75	6.9	8.79	4.7	4.4	3.5	3.1	8	7.78
M6	0.5	6	6.75	8.9	11.05	5.2	4.9	3.9	3.4	10	9.78
M8	0.6	8	8.75	11.6	14.38	6.8	6.44	5.1	4.5	13	12.73
M10	0.6	10	10.8	14.6	17.77	8.4	8.04	6.4	5.6	16	15.73
M12	0.6	12	13	16.6	20.03	10.8	10.37	8.3	7.3	18	17.73
M16	0.8	16	17.3	22.5	26.75	14.8	14.1	11.3	9.9	24	23.67
M20	0.8	20	21.6	27.7	32.95	18	16.9	13.5	11.8	30	29.16
M24	0.8	24	25.9	33.2	39.55	21.5	20.2	16.2	14.1	36	35
M30	0.8	30	32.4	42.7	50.85	25.6	24.3	19.4	17	46	45
M36	0.8	36	38.9	51.1	60.79	31	29.4	23.5	20.6	55	53.8
M42	1	42	45.4	60.6	72.02	34	32.4	25.9	22.7	65	63.8
M48	1	48	51.8	69.4	82.6	38	36.4	29.1	25.5	75	73.1
M56	1	56	60.5	78.7	93.56	45	43.3	34.7	30.4	85	82.8
M64	1.2	64	69.1	88.2	104.86	51	49.1	39.3	34.4	95	92.8

注：1. A 级用于 $D\leqslant16$ 的螺母；B 级用于 $D>16$ 的螺母。本表仅按商品规格和通用规格列出。

2. 螺纹规格为 M8～M64、细牙、A 级和 B 级的 1 型六角螺母，请查阅 GB 6171—86。

附录 1-7 小垫圈——A 级（GB 848—85）、平垫圈——A 级（GB 97.1—85）、平垫圈（倒角形）——A 级（GB 97.2—85）、大垫圈——A 级和 C 级（GB 96—85）

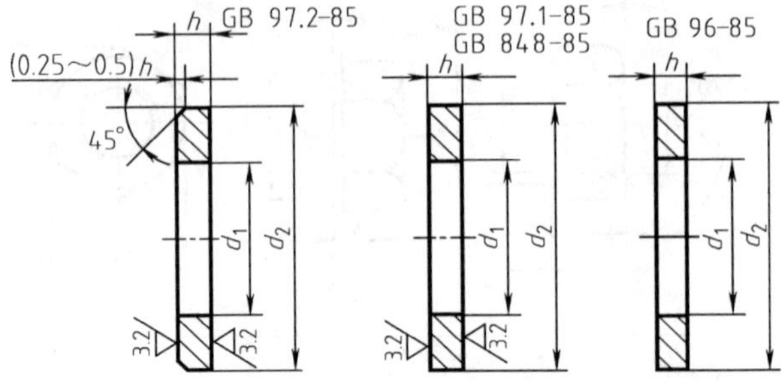

标记示例

标准系列，公称尺寸 $d=8$mm，性能等级为 140HV 级，不经表面处理的平垫圈：

垫圈 GB 97.1—85 8—140HV

公称尺寸（螺纹规格）d			1.6	2	2.5	3	4	5	6	8	10	12	14	16	20	24	30	36
d_1 内径	max	GB 848—85	1.84	2.34	2.84	3.38	4.48	5.48	6.62	8.62	10.77	13.27	15.27	17.27	21.33	25.33	31.33	37.62
		GB 97.1—85															31.39	
		GB 97.2—85	—	—	—	—	—											
		GB 96—85	—	—	—	3.38	3.48								22.52	26.84	34	40
	公称（min）	GB 848—85	1.7	2.2	2.7	3.2	4.3	5.3	6.4	8.4	10.5	13	15	17	21	25	31	37
		GB 97.1—85																
		GB 97.2—85	—	—	—	—	—											
		GB 96—85	—	—	—	3.2	4.3								22	26	33	39
d_2 外径	公称（max）	GB 848—85	3.5	4.5	5	6	8	9	11	15	18	20	24	28	34	39	50	60
		GB 97.1—85	4	5	6	7	9	10	12	16	20	24	28	30	37	44	56	66
		GB 97.2—85	—	—	—	—	—											
		GB 96—85	—	—	—	9	12	15	18	24	30	37	44	50	60	72	92	110
	min	GB 848—85	3.2	4.2	4.7	5.7	7.64	8.64	10.57	14.57	17.57	19.48	23.48	27.48	33.38	33.38	49.38	58.8
		GB 97.1—85	3.7	4.7	5.7	6.64	8.64	9.64	11.57	15.57	19.48	23.48	27.48	29.48	36.38	43.38	56.26	64.8
		GB 97.2—85	—	—	—	—	—											
		GB 96—85	—	—	—	8.64	11.57	14.57	17.57	23.48	29.48	36.38	43.38	49.38	58.1	70.1	89.8	107.8
h 厚度	公称	GB 848—85	0.3	0.3	0.5	0.5	0.5	1	1.6	1.6	1.6	2	2.5	2.5	3	4	4	5
		GB 97.1—85					0.8				2	2.5		3				
		GB 97.2—85	—	—	—	—	—											
		GB 96—85	—	—	—	0.8	1	1.2	1.6	2	2.5	3	3	3	4	5	6	8
	max	GB 848—85	0.35	0.35	0.55	0.55	0.55	1.1	1.8	1.8	1.8	2.2	2.7	2.7	3.3	4.3	4.3	5.6
		GB 97.1—85					0.9				2.2	2.7		3.3				
		GB 97.2—85	—	—	—	—	—											
		GB 96—85	—	—	—	0.9	1.1	1.4	1.8	2.2	2.7	3.3	3.3	3.3	4.6	6	7	9.2
	min	GB 848—85	0.25	0.25	0.45	0.45	0.45	0.9	1.4	1.4	1.4	1.8	2.3	2.3	2.7	3.7	3.7	4.4
		GB 97.1—85					0.7				1.8	2.3		2.7				
		GB 97.2—85	—	—	—	—	—											
		GB 96—85	—	—	—	0.7	0.9	1.0	1.4	1.8	2.3	2.7	2.7	2.7	3.4	4	5	6.8

附录 2　常见键与销

附录 2-1　普通平键　型式尺寸（GB 1096—79，1990 年确认有效）

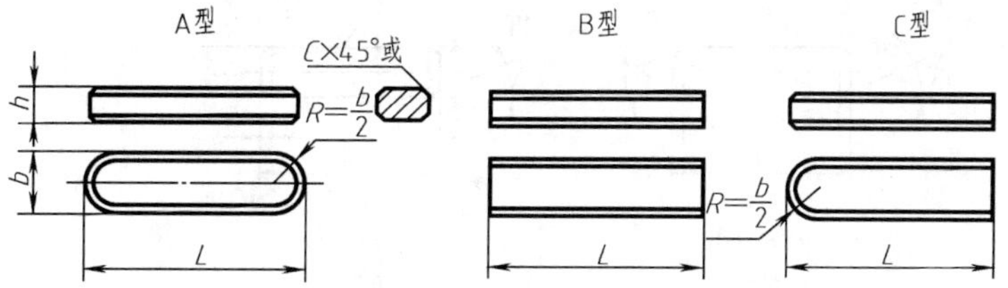

标记示例

圆头普通平键 A 型：b=18mm，h=11mm，L=100mm：键　18×100　GB 1096—79

方头普通平键 B 型：b=18mm，h=11mm，L=100mm：键　B18×100　GB 1096—79

单圆头普通平键 C 型：b=18mm，h=11mm，L=100mm：键　C18×100　GB 1096—79

/mm

b	2	3	4	5	6	8	10	12	14	16	18	20	22	25
h	2	3	4	5	6	7	8	8	9	10	11	12	14	14
C 或 r	0.16～0.25			0.25～0.4			0.40～0.60					0.60～0.80		
L	6～20	6～36	8～45	10～56	14～70	18～90	22～110	28～140	36～160	45～180	50～200	56～220	63～250	70～280
L 系列	6、8、10、12、14、18、20、22、25、28、32、36、40、45、50、56、63、70、80、90、100、110、125、140、160、180、200、220、250、280													

附录 2-2　平键　键和键槽的剖面尺寸（GB 1095—79，1990 年确认有效）

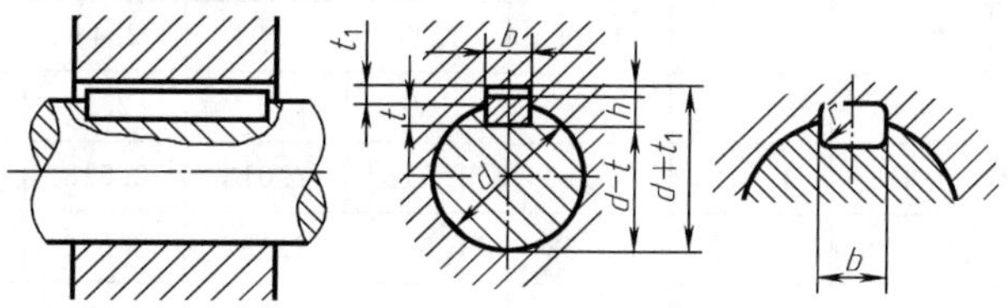

/mm

轴	键	键槽											
公称直径 d	公称尺寸 $b×h$	宽度 b						深度				半径 r	
		公称尺寸 b	极限偏差					轴 t		毂 t_1			
			较松键联结		一般键联结		较紧键联结	公称尺寸	极限偏差	公称尺寸	极限偏差		
			轴 H9	毂 D10	轴 N9	毂 JS9	轴和毂 P6					最小	最大
自 6～8	2×2	2	−0.025	+0.060	−0.004	±0.0125	−0.006	1.2		1			
>8～10	3×3	3	0	+0.020	−0.029		−0.031	1.8		1.4		0.08	0.16
>10～12	4×4	4						2.5	+0.1	1.8	+0.1		
>12～17	5×5	5	+0.030	+0.078	0	±0.015	−0.012	3.0	0	2.3	0		
>17～22	6×6	6	0	+0.030	−0.030		−0.042	3.5		2.8		0.16	0.25
>22～30	8×7	8	+0.036	+0.098	0	±0.018	−0.015	4.0		3.3			
>30～38	10×8	10	0	+0.040	−0.036		−0.051	5.0		3.3			
>38～44	12×8	12	+0.043	+0.120	0		−0.018	5.0		3.3			
>44～50	14×9	14						5.5		3.8		0.25	0.40
>50～58	16×10	16				±0.0215		6.0	+0.2	4.3	+0.2		
>58～65	18×11	18	0	+0.050	−0.043		−0.061	7.0	0	4.4	0		
>65～75	20×12	20	+0.052	+0.149	0		−0.022	7.5		4.9			
>75～85	22×14	22				±0.026		9.0		5.4		0.40	0.60
>85～95	25×14	25						9.0		5.4			
>95～110	28×16	28	0	+0.065	−0.052		−0.074	10.0		6.4			

注：$(d-t)$ 和 $(d+t_1)$ 两组合尺寸的极限偏差按相应的 t 和 t_1 的极限偏差选取，但 $(d-t)$ 极限偏差值应取负号(−)。

附录 2-3 圆柱销（GB 119—86）

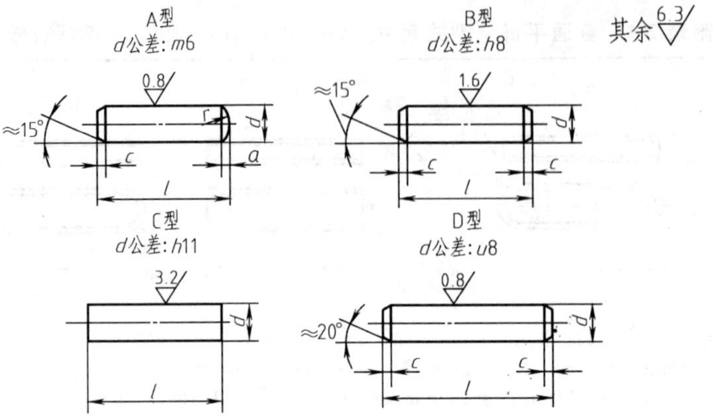

标记示例

公称直径 d=8mm，长度 l=30mm，材料为 35 钢，热处理硬度为 28～38HRC、表面氧化处理的 A 型圆柱销：

销 GB 119—86 A8×30

/mm

d	公称		0.6	0.8	1	1.2	1.5	3	2.5	3	4	5
	A 型	min	0.602	0.802	1.002	1.202	1.502	2.002	2.502	3.002	4.004	5.004
		max	0.608	0.808	1.008	1.208	1.508	2.008	2.508	3.008	4.012	5.012
	B 型	min	0.585	0.786	0.986	1.186	1.486	1.986	2.486	2.986	3.982	4.982
		max	0.6	0.8	1	1.2	1.5	2	2.5	3	4	5
	C 型	min	0.54	0.74	0.94	1.14	1.44	1.94	2.44	2.94	3.925	4.925
		max	0.6	0.8	1	1.2	1.5	2	2.5	3	4	5
	D 型	min	0.618	0.818	1.018	1.218	1.518	2.018	2.518	3.018	4.023	5.023
		max	0.632	0.832	1.032	1.232	1.532	2.032	2.532	3.032	4.041	5.041
a	≈		0.08	0.10	0.12	0.16	0.20	0.25	0.30	0.40	0.50	0.63
c	≈		0.12	0.16	0.20	0.25	0.30	0.35	0.40	0.50	0.63	0.80
l	公称		2～6	2～8	4～10	4～14	4～16	6～20	6～24	8～30	8～40	10～50
d	公称		6	8	10	12	16	20	25	30	40	50
	A 型	min	6.004	8.006	10.006	12.007	16.007	20.008	25.008	30.008	40.009	50.009
		max	6.012	8.015	10.015	12.018	16.018	20.021	25.021	30.021	40.025	50.025
	B 型	min	5.982	7.978	9.978	11.973	15.973	19.967	24.967	29.967	39.961	49.961
		max	6	8	10	12	16	20	25	30	40	50
	C 型	min	5.925	7.91	9.91	11.89	15.89	19.87	24.87	29.87	39.84	49.84
		max	6	8	10	12	16	20	25	30	40	50
	D 型	min	6.023	8.028	10.028	12.033	16.033	20.041	25.048	30.048	40.060	50.07
		max	6.041	8.050	10.050	12.060	16.060	20.074	25.081	30.081	40.099	50.109
a	≈		0.80	1.0	1.2	1.6	2.0	2.5	3.0	4.0	5.0	6.3
c	≈		1.2	1.6	2.0	2.5	3.0	3.5	4.0	5.0	6.3	8.0
l	公称		12～60	14～80	18～95	22～140	26～180	35～200	50～200	60～200	80～200	95～200
长度 l 的系列			2、3、4、5、6、8、10、12、14、16、18、20、22、24、26、28、30、32、35、40、45、50、55、60、65、70、75、80、85、90、95、100、120、140、160、180、200									

附录3 弹　　簧

附录 3-1 普通圆柱螺旋压缩弹簧（两端圈并紧磨平）尺寸和参数（GB 2089—80）

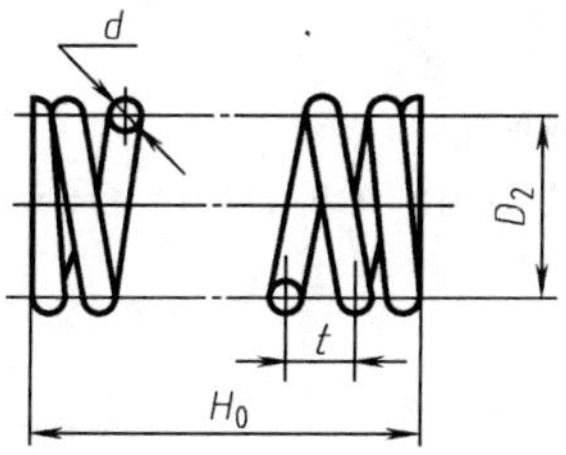

标记示例

材料直径 d=3mm；弹簧中径 D_2=20mm；自由高度 H_0=50mm；负荷，内径、自由高度及轴心线与两端圈垂直度精度为 3 级，材料为碳素弹簧钢丝Ⅱ组，表面氧化处理的右旋弹簧：

压簧　3×20×50　GB 2089—80

/mm

材料直径 d	弹簧中径 D_2	节距 ≈ t	最大极限负荷 P_j /N	最大心轴直径 $D_{x\max}$	最小套筒直径 $D_{r\max}$	自由高度 H_0	有效圈数 n	弹簧刚度 P' /(N/mm)	工作极限负荷下变形量 F_i	展开长度 L
1	8	3.44	42.5	6	10	25	6.5	3.01	14.1	214
	10	4.94	35.2	8	12	30	5.5	1.82	19.3	236
1.6	10	3.65	120	7.4	12.6	25	5.5	11.9	10.1	236
	14	5.87	91.1	10.4	17.6	42	6.5	3.67	24.8	374
2	16	6.28	149	12	20	32	4.5	8.68	17.2	327
						45	6.5	6.01	24.8	427
	20	8.92	123	15	25	55	5.5	3.64	34.0	471
						70	7.5	2.67	46.3	597
2.5	16	5.51	256	11.5	20.5	35	5.5	17.3	14.8	377
						45	7.5	12.7	20.1	478
	25	10.4	177	19.5	30.5	52	4.5	5.56	31.8	511
						85	7.5	3.33	53.1	746
3	20	6.95	357	14	26	38	4.5	22.5	15.9	408
						50	6.5	15.6	22.9	534
	30	12.5	255	24	36	75	5.5	5.46	46.7	707
						100	7.5	4.00	63.7	895
3.5	20	6.58	515	13.5	26.5	42	5.5	34.1	15.1	471
						55	7.5	25.0	20.6	597
	30	11	372	23.5	36.5	55	4.5	12.4	30.1	613
						100	8.5	6.54	56.8	990
4	25	8.15	607	18	32	45	4.5	36.4	16.7	511
						70	7.5	21.8	27.8	746
	35	12.3	461	27	43	65	4.5	13.3	34.8	715
						105	7.5	7.96	58.0	1045
4.5	30	9.52	682	22.5	37.5	60	5.5	27.6	24.7	707
						90	8.5	17.9	38.2	990
	40	13.9	538	41.5	48.5	70	4.5	14.2	37.8	917
						115	7.5	8.54	63.0	1138
5	30	9.42	914	22	38	60	5.5	42.1	21.7	707
						80	7.5	30.9	29.6	895
	35	11.2	809	26	44	60	4.5	32.4	25.0	715
						95	7.5	19.4	41.6	1045
	40	13.3	726	31	49	85	5.5	17.8	40.9	942
						110	7.5	13.0	55.7	1194
	50	18.5	600	41	50	130	6.5	7.69	78.0	1335
						220	10.5	4.76	126	1964

附录4 轴 承

附录 4-1 深沟球轴承（GB/T 276—94）

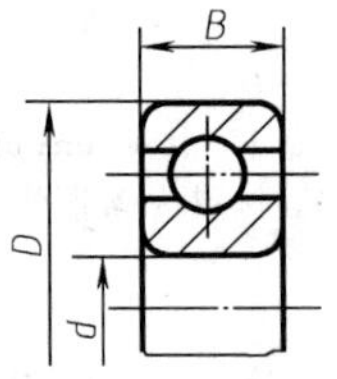

外形尺寸

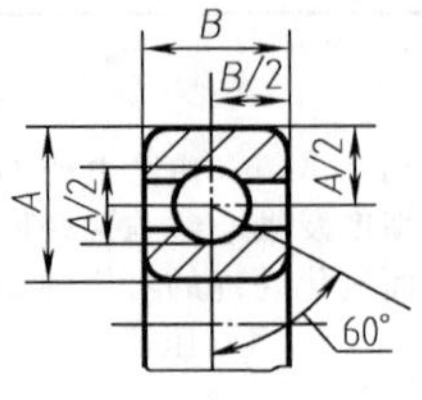

规定画法

标记示例

滚动轴承 6012 GB/T 276—94

轴承型号		外形尺寸/mm			轴承型号		外形尺寸/mm		
		d	*D*	*B*			*d*	*D*	*B*
(0)1 尺寸系列	6004	20	42	12	(0)3 尺寸系列	6304	20	52	15
	6005	25	47	12		6305	25	62	17
	6006	30	55	13		6306	30	72	19
	6007	35	62	14		6307	35	80	21
	6008	40	68	15		6308	40	90	23
	6009	45	75	16		6309	45	100	25
	6010	50	80	16		6310	50	110	27
	6011	55	90	18		6311	55	120	29
	6012	60	95	18		6312	60	130	31
	6013	65	100	18		6313	65	140	33
	6014	70	110	20		6314	70	150	35
	6015	75	115	20		6315	75	160	37
	6016	80	125	22		6316	80	170	39
	6017	85	130	22		6317	85	180	41
	6018	90	140	24		6318	90	190	43
	6019	95	145	24		6319	95	200	45
	6020	100	150	24		6320	100	215	47
(0)2 尺寸系列	6204	20	47	14	(0)4 尺寸系列	6404	20	72	19
	6205	25	52	15		6405	25	80	21
	6206	30	62	16		6406	30	90	23
	6207	35	72	17		6407	35	100	25
	6208	40	80	18		6408	40	110	27
	6209	45	85	19		6409	45	120	29
	6210	50	90	20		6410	50	130	31
	6211	55	100	21		6411	55	140	33
	6212	60	110	22		6412	60	150	35
	6213	65	120	23		6413	65	160	37
	6214	70	125	24		6414	70	180	42
	6215	75	130	25		6415	75	190	45
	6216	80	140	26		6416	80	200	48
	6217	85	150	28		6417	85	210	52
	6218	90	160	30		6418	90	225	54
	6219	95	170	32		6419	95	240	55
	6220	100	180	34		6420	100	250	58

附录 4-2　圆锥滚子轴承（GB/T 297—94）

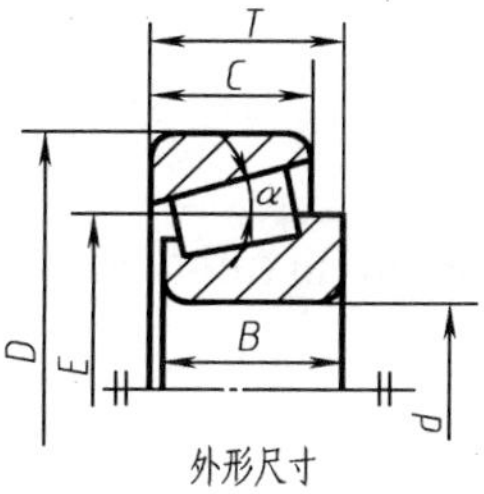

外形尺寸

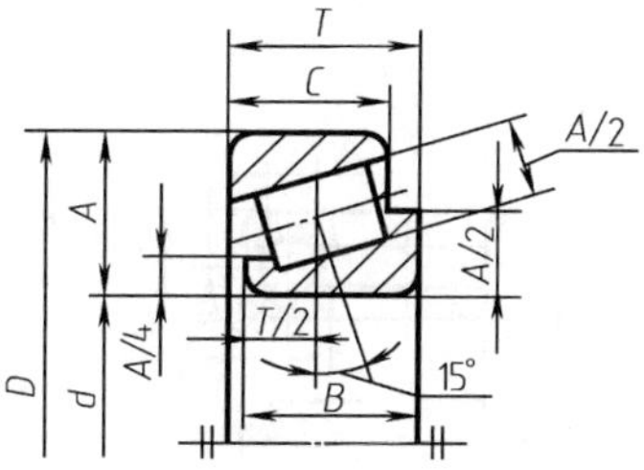

规定画法

标记示例

滚动轴承　30205 GB/T 297—94

轴承类型		外形尺寸/mm					轴承类型		外形尺寸/mm				
		d	D	T	B	C			d	D	T	B	C
02尺寸系列	30204	20	47	15.25	14	12	22尺寸系列	32204	20	47	19.25	18	15
	30205	25	52	16.25	15	13		32205	25	52	19.25	18	16
	30206	30	62	17.25	16	14		32206	30	62	21.25	20	17
	30207	35	72	18.25	17	15		32207	35	72	24.25	23	19
	30208	40	80	19.75	18	16		32208	40	80	24.75	23	19
	30209	45	85	20.75	19	16		32209	45	85	24.75	23	19
	30210	50	90	21.75	20	17		32210	50	90	24.75	23	19
	30211	55	100	22.75	21	18		32211	55	100	26.75	25	21
	30212	60	110	23.75	22	19		32212	60	110	29.75	28	24
	30213	65	120	24.75	23	20		32213	65	120	32.75	31	27
	30214	70	125	26.25	24	21		32214	70	125	33.25	31	27
	30215	75	130	27.25	25	22		32215	75	130	33.25	31	27
	30216	80	140	28.25	26	22		32216	80	140	35.25	33	28
	30217	85	150	30.50	28	24		32217	85	150	38.50	36	30
	30218	90	160	32.50	30	26		32218	90	160	42.50	40	34
	30219	95	170	34.50	32	27		32219	95	170	45.50	43	37
	30220	100	180	37	34	29		32220	100	180	49	46	39
03尺寸系列	30304	20	52	16.25	15	13	23尺寸系列	32304	20	52	22.25	21	18
	30305	25	62	18.25	17	15		32305	25	62	25.25	24	20
	30306	30	72	20.75	19	16		32306	30	72	28.75	27	23
	30307	35	80	22.75	21	18		32307	35	80	32.75	31	25
	30308	40	90	25.25	23	20		32308	40	90	35.25	33	27
	30309	45	100	27.25	25	22		32309	45	100	38.25	36	30
	30310	50	110	29.25	27	23		32310	50	110	42.25	40	33
	30311	55	120	31.50	29	25		32311	55	120	45.50	43	35
	30312	60	130	33.50	31	26		32312	60	130	48.50	46	37
	30313	65	140	36	33	28		32313	65	140	51	48	39
	30314	70	150	38	35	30		32314	70	150	54	51	42
	30315	75	160	40	37	31		32315	75	160	58	55	45
	30316	80	170	42.50	39	33		32316	80	170	61.50	58	48
	30317	85	180	44.50	41	34		32317	85	180	63.50	60	49
	30318	90	190	46.50	43	36		32318	90	190	67.50	64	53
	30319	95	200	49.50	45	38		32319	95	200	71.50	67	55
	30320	100	215	51.50	47	39		32320	100	215	77.50	73	60

附录 4-3　推力球轴承（GB/T 301—95）

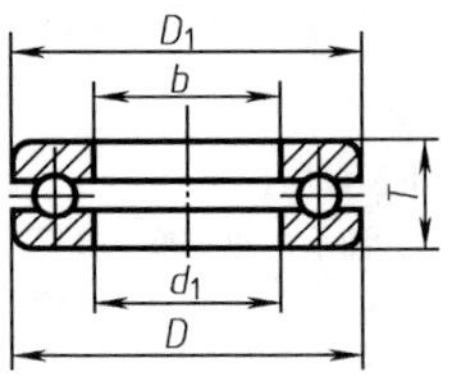

外形尺寸

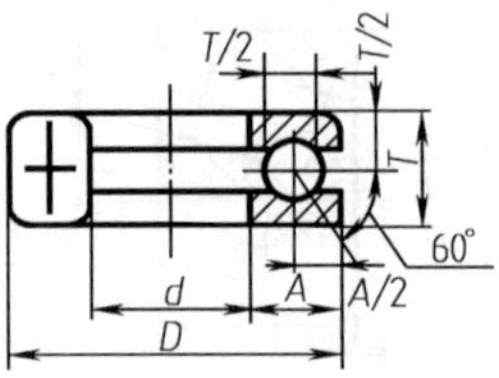

规定画法

标记示例

滚动轴承　51210 GB/T 301—1995

轴承类型		外形尺寸 d	D	T	d_1	D_1
11 尺寸系列（51000 型）	51104	20	35	10	21	35
	51105	25	42	11	26	42
	51106	30	47	11	32	47
	51107	35	52	12	37	52
	51108	40	60	13	42	60
	51109	45	65	14	47	65
	51110	50	70	14	52	70
	51111	55	78	16	57	78
	51112	60	85	17	62	85
	51113	65	90	18	67	90
	51114	70	95	18	72	95
	51115	75	100	19	77	100
	51116	80	105	19	82	105
	51117	85	110	19	87	110
	51118	90	120	22	92	120
	51120	100	135	25	102	135
12 尺寸系列（51000 型）	51204	20	40	14	22	40
	51205	25	47	15	27	47
	51206	30	52	16	32	52
	51207	35	62	18	37	62
	51208	40	68	19	42	68
	51209	45	73	20	47	73
	51210	50	78	22	52	78
	51211	55	90	25	57	90
	51212	60	95	26	62	95
	51213	65	100	27	67	100
	51214	70	105	27	72	105
	51215	75	110	27	77	110
	51216	80	115	28	82	115
	51217	85	125	31	88	125
	51218	90	135	35	93	135
	51220	100	150	38	103	150

轴承类型		外形尺寸 d	D	T	d_1	D_1
13 尺寸系列（51000 型）	51304	20	47	18	22	47
	51305	25	52	18	27	52
	51306	30	60	21	32	60
	51037	35	68	24	37	68
	51308	40	78	26	42	78
	51309	45	85	28	47	85
	51310	50	95	31	52	95
	51311	55	105	35	57	105
	51312	60	110	35	62	110
	51313	65	115	36	67	115
	51314	70	125	40	72	125
	51315	75	135	44	77	135
	51316	80	140	44	82	140
	51317	85	150	49	88	150
	51318	90	155	50	93	155
	51320	100	170	55	103	170
14 尺寸系列（51000 型）	51405	25	60	24	27	60
	51406	30	70	28	32	70
	51407	35	80	32	37	80
	51408	40	90	36	42	90
	51409	45	100	39	47	100
	51410	50	110	43	52	110
	51411	55	120	48	57	120
	51412	60	130	51	62	130
	51413	65	140	56	68	140
	51414	70	150	60	73	150
	51415	75	160	65	78	160
	51416	80	170	68	83	170
	51417	85	180	72	88	177
	51418	90	190	77	93	187
	51420	100	210	85	103	205
	51422	110	230	95	113	225

注：表中轴承类型已按 GB/T 272—93“滚动轴承代号方法”编号，其中 51100、51200、51300 和 51400 型分别相当于 GB 301—84 中的 8100、8200、8300 和 8400 型。

附录5 公　　差

附录 5-1 标准公差数值（GB/T 1800.3—1998）

基本尺寸/mm		标准公差等级																	
		IT1	IT2	IT3	IT4	IT5	IT6	IT7	IT8	IT9	IT10	IT11	IT12	IT13	IT14	IT15	IT16	IT17	IT18
大于	至	/μm											/mm						
—	3	0.8	1.2	2	3	4	6	10	14	25	40	60	0.1	0.14	0.25	0.4	0.6	1	1.4
3	6	1	1.5	2.5	4	5	8	12	18	30	48	75	0.12	0.18	0.3	0.48	0.75	1.2	1.8
6	10	1	1.5	2.5	4	6	9	15	22	36	58	90	0.15	0.22	0.36	0.58	0.9	1.5	2.2
10	18	1.2	2	3	5	8	11	18	27	43	70	110	0.18	0.27	0.43	0.7	1.1	1.8	2.7
18	30	1.5	2.5	4	6	9	13	21	33	52	84	130	0.21	0.33	0.52	0.84	1.3	2.1	3.3
30	50	1.5	2.5	4	7	11	16	25	39	62	100	160	0.25	0.39	0.62	1	1.6	2.5	3.9
50	80	2	3	5	8	13	19	30	46	74	120	190	0.3	0.46	0.74	1.2	1.9	3	4.6
80	120	2.5	4	6	10	15	22	35	54	87	140	220	0.35	0.54	0.87	1.4	2.2	3.5	5.4
120	180	3.5	5	8	12	18	25	40	63	100	160	250	0.4	0.63	1	1.6	2.5	4	6.3
180	250	4.5	7	10	14	20	29	46	72	115	185	290	0.46	0.72	1.15	1.85	2.9	4.6	7.2
250	315	6	8	12	16	23	32	52	81	130	210	320	0.52	0.81	1.3	2.1	3.2	5.2	8.1
315	400	7	9	13	18	25	36	57	89	140	230	360	0.57	0.89	1.4	2.3	3.6	5.7	8.9
400	500	8	10	15	20	27	40	63	97	155	250	400	0.63	0.97	1.55	2.5	4	6.3	9.7
500	630	9	11	16	22	32	44	70	110	175	280	440	0.7	1.1	1.75	2.8	4.4	7	11
630	800	10	13	18	25	36	50	80	125	200	320	500	0.8	1.25	2	3.2	5	8	12.5
800	1000	11	15	21	28	40	56	90	140	230	360	560	0.9	1.4	2.3	3.6	5.6	9	14
1000	1250	13	18	24	33	47	66	105	165	260	420	660	1.05	1.65	2.6	4.2	6.6	10.5	16.5
1250	1600	15	21	29	39	55	78	125	195	310	500	780	1.25	1.95	3.1	5	7.8	12.5	19.5
1600	2000	18	25	35	46	65	92	150	230	370	600	920	1.5	2.3	3.7	6	9.2	15	23
2000	2500	22	30	41	55	78	110	175	280	440	700	1100	1.75	2.8	4.4	7	11	17.5	28
2500	3150	26	36	50	68	96	135	210	330	540	860	1350	2.1	3.3	5.4	8.6	13.5	21	33

注：1. 基本尺寸大于 500mm 的 IT1 至 IT5 的标准公差数值为试行的。

2. 基本尺寸小于或等于 1mm 时，无 IT14 至 IT18。

代号		a	b	c	d	e	f	g	h					
基本尺寸/mm									公　　差					
大于	至	11	11	*11	*9	8	*7	*6	5	*6	*7	8	*9	10
—	3	-270 -330	-140 -200	-60 -120	-20 -45	-14 -28	-6 -16	-2 -8	0 -4	0 -6	0 -10	0 -14	0 -25	0 -40
3	6	-270 -345	-140 -215	-70 -145	-30 -60	-20 -38	-10 -22	-4 -12	0 -5	0 -8	0 -12	0 -18	0 -30	0 -48
6	10	-280 -338	-150 -240	-80 -170	-40 -76	-25 -47	-13 -28	-5 -14	0 -6	0 -9	0 -15	0 -22	0 -36	0 -58
10	14	-290 -400	-150 -260	-95 -205	-50 -93	-32 -59	-16 -34	-6 -17	0 -8	0 -11	0 -18	0 -27	0 -43	0 -70
14	18													
18	24	-300 -430	-160 -290	-110 -240	-65 -117	-40 -73	-20 -41	-7 -20	0 -9	0 -13	0 -21	0 -33	0 -52	0 -84
24	30													
30	40	-310 -470	-170 -330	-120 -280	-80 -142	-50 -89	-25 -50	-9 -25	0 -11	0 -16	0 -25	0 -39	0 -62	0 -100
40	50	-320 -480	-180 -340	-130 -290										
50	65	-340 -530	-190 -380	-140 -330	-100 -174	-60 -106	-30 -60	-10 -29	0 -13	0 -19	0 -30	0 -46	0 -74	0 -120
65	80	-360 -550	-200 -390	-150 -340										
80	100	-380 -600	-220 -440	-170 -390	-120 -207	-72 -126	-36 -71	-12 -34	0 -15	0 -22	0 -35	0 -54	0 -87	0 -140
100	120	-410 -630	-240 -460	-180 -400										
120	140	-460 -710	-260 -510	-200 -450	-145 -245	-85 -148	-43 -83	-14 -39	0 -18	0 -25	0 -40	0 -63	0 -100	0 -160
140	160	-520 -770	-280 -530	-210 -460										
160	180	-580 -830	-310 -560	-230 -480										
180	200	-660 -950	-340 -630	-240 -530	-170 -285	-100 -172	-50 -96	-15 -44	0 -20	0 -29	0 -46	0 -72	0 -115	0 -185
200	225	-740 -1030	-380 -670	-260 -550										
225	250	-820 -1110	-420 -710	-280 -570										
250	280	-920 -1240	-480 -800	-300 -620	-190 -320	-110 -191	-56 -108	-17 -49	0 -23	0 -32	0 -52	0 -81	0 -130	0 -210
280	315	-1050 -1370	-540 -860	-330 -650										
315	355	-1200 -1560	-600 -960	-360 -720	-210 -350	-125 -214	-62 -119	-18 -54	0 -25	0 -36	0 -57	0 -89	0 -140	0 -230
355	400	-1350 -1710	-680 -1040	-400 -760										
400	450	-1500 -1900	-760 -1160	-440 -840	-230 -385	-135 -232	-68 -131	-20 -60	0 -27	0 -40	0 -63	0 -97	0 -155	0 -250
450	500	-1650 -2050	-840 -1240	-480 -880										

注：带 * 者为优先选用的，其他为常用的。

（摘自 GB/T 1800.3、1801—1999） /μm

		js	k	m	n	p	r	s	t	u	v	x	y	z
等	级													
*11	12	6	*6	6	*6	*6	6	*6	6	*6	6	6	6	6
0 −60	0 −100	±3	+6 0	+8 +2	+10 +4	+12 +6	+16 +10	+20 +14	—	+24 +18	—	+26 +20	—	+32 +26
0 −75	0 −120	±4	+9 +1	+12 +4	+16 +8	+20 +12	+23 +15	+27 +19	—	+31 +23	—	+36 +28	—	+43 +35
0 −90	0 −150	±4.5	+10 +1	+15 +6	+19 +10	+24 +15	+28 +19	+32 +23	—	+37 +28	—	+43 +34	—	+51 +42
0 −110	0 −180	±5.5	+12 +1	+18 +7	+23 +12	+29 +18	+34 +23	+39 +28	—	+44 +33	—	+51 +40	—	+61 +50
									—		+50 +39	+56 +45	—	+71 +60
0 −130	0 −210	±6.5	+15 +2	+21 +8	+28 +15	+35 +22	+41 +28	+48 +35	—	+54 +41	+60 +47	+67 +54	+76 +63	+86 +73
									+54 +41	+61 +48	+68 +55	+77 +64	+88 +75	+101 +88
0 −160	0 −250	±8	+18 +2	+25 +9	+33 +17	+42 +26	+50 +34	+59 +43	+64 +48	+76 +60	+84 +68	+96 +80	+110 +94	+128 +112
									+70 +54	+86 +70	+97 +81	+113 +97	+130 +114	+152 +136
0 −190	0 −300	±9.5	+21 +2	+30 +11	+39 +20	+51 +32	+60 +41	+72 +53	+85 +66	+106 +87	+121 +102	+141 +122	+163 +144	+191 +172
							+62 +43	+78 +59	+94 +75	+121 +102	+139 +120	+165 +146	+193 +174	+229 +210
0 −220	0 −350	±11	+25 +3	+35 +13	+45 +23	+59 +37	+73 +51	+93 +71	+113 +91	+146 +124	+168 +146	+200 +178	+236 +214	+280 +258
							+76 +54	+101 +79	+126 +104	+166 +144	+194 +172	+232 +210	+276 +254	+332 +310
0 −250	0 −400	±12.5	+28 +3	+40 +15	+52 +27	+68 +43	+88 +63	+117 +92	+147 +122	+195 +170	+227 +202	+273 +248	+325 +300	+390 +365
							+90 +65	+125 +100	+159 +134	+215 +190	+253 +228	+305 +280	+365 +340	+440 +415
							+93 +68	+133 +108	+171 +146	+235 +210	+277 +252	+335 +310	+405 +380	+490 +465
0 −290	0 −460	±14.5	+33 +4	+46 +17	+60 +31	+79 +50	+106 +77	+151 +122	+195 +166	+265 +236	+313 +284	+379 +350	+454 +425	+549 +520
							+109 +80	+159 +130	+209 +180	+287 +258	+339 +310	+414 +385	+499 +470	+604 +575
							+113 +84	+169 +140	+225 +196	+313 +284	+369 +340	+454 +425	+549 +520	+669 +640
0 −320	0 −520	±16	+36 +4	+52 +20	+66 +34	+88 +56	+126 +94	+190 +158	+250 +218	+347 +315	+417 +385	+507 +475	+612 +580	+742 +710
							+130 +98	+202 +170	+272 +240	+382 +350	+457 +425	+557 +525	+682 +650	+822 +790
0 −360	0 −570	±18	+40 +4	+57 +21	+73 +37	+98 +62	+144 +108	+226 +190	+304 +268	+426 +390	+511 +475	+626 +590	+766 +730	+936 +900
							+150 +114	+244 +208	+330 +294	+471 +435	+566 +530	+696 +660	+856 +820	+1036 +1000
0 −400	0 −630	±20	+45 +5	+63 +23	+80 +40	+108 +68	+166 +126	+272 +232	+370 +330	+530 +490	+635 +595	+780 +740	+960 +920	+1140 +1100
							+172 +132	+292 +252	+400 +360	+580 +540	+700 +660	+860 +820	+1040 +1000	+1290 +1250

代号		A	B	C	D	E	F	G	H					
基本尺寸/mm		公差												
大于	至	11	11	*11	*9	8	*8	*7	6	*7	*8	*9	10	*11
—	3	+330 +270	+200 +140	+120 +60	+45 +20	+28 +14	+20 +6	+12 +2	+6 0	+10 0	+14 0	+25 0	+40 0	+60 0
3	6	+345 +270	+215 +140	+145 +70	+60 +30	+38 +20	+28 +10	+16 +4	+8 0	+12 0	+18 0	+30 0	+48 0	+75 0
6	10	+370 +280	+240 +150	+170 +80	+76 +40	+47 +25	+35 +13	+20 +5	+9 0	+15 0	+22 0	+36 0	+58 0	+90 0
10	14	+400 +290	+260 +150	+205 +95	+93 +50	+59 +32	+43 +16	+24 +6	+11 0	+18 0	+27 0	+43 0	+70 0	+110 0
14	18													
18	24	+430 +300	+290 +160	+240 +110	+117 +65	+73 +40	+53 +20	+28 +7	+13 0	+21 0	+33 0	+52 0	+84 0	+130 0
24	30													
30	40	+470 +310	+330 +170	+280 +120	+142 +80	+89 +50	+64 +25	+34 +9	+16 0	+25 0	+39 0	+62 0	+100 0	+160 0
40	50	+480 +320	+340 +180	+290 +130										
50	65	+530 +340	+380 +190	+330 +140	+174 +100	+106 +60	+76 +30	+40 +10	+19 0	+30 0	+46 0	+74 0	+120 0	+190 0
65	80	+550 +360	+390 +200	+340 +150										
80	100	+600 +380	+440 +220	+390 +170	+207 +120	+126 +72	+90 +36	+47 +12	+22 0	+35 0	+54 0	+87 0	+140 0	+220 0
100	120	+630 +410	+460 +240	+400 +180										
120	140	+710 +460	+510 +260	+450 +200	+245 +145	+148 +85	+106 +43	+54 +14	+25 0	+40 0	+63 0	+100 0	+160 0	+250 0
140	160	+770 +520	+530 +280	+460 +210										
160	180	+830 +580	+560 +310	+480 +230										
180	200	+950 +660	+630 +340	+530 +240	+285 +170	+172 +100	+122 +50	+61 +15	+29 0	+46 0	+72 0	+115 0	+185 0	+290 0
200	225	+1030 +740	+670 +380	+550 +260										
225	250	+1110 +820	+710 +420	+570 +280										
250	280	+1240 +920	+800 +480	+620 +300	+320 +190	+191 +110	+137 +56	+69 +17	+32 0	+52 0	+81 0	+130 0	+210 0	+320 0
280	315	+1370 +1050	+860 +540	+650 +330										
315	355	+1560 +1200	+960 +600	+720 +360	+350 +210	+214 +125	+151 +62	+75 +18	+36 0	+57 0	+89 0	+140 0	+230 0	+360 0
355	400	+1710 +1350	+1040 +680	+760 +400										
400	450	+1900 +1500	+1160 +760	+840 +440	+385 +230	+232 +135	+165 +68	+83 +20	+40 0	+63 0	+97 0	+155 0	+250 0	+400 0
450	500	+2050 +1650	+1240 +840	+880 +480										

注：带*者为优先选用的，其他为常用的。

（摘自 GB/T 1800.3、1801—1999） /μm

	JS		K			M	N		P		R	S	T	U
等级														
12	6	7	6	*7	8	7	6	7	6	*7	7	*7	7	*7
+100 0	±3	±5	0 −6	0 −10	0 −14	−2 −12	−4 −10	−4 −14	−6 −12	−6 −16	−10 −20	−14 −24	—	−18 −28
+120 0	±4	±6	+2 −6	+3 −9	+5 −13	0 −12	−5 −13	−4 −16	−9 −17	−8 −20	−11 −23	−15 −27	—	−19 −31
+150 0	±4.5	±7	+2 −7	+5 −10	+6 −16	0 −15	−7 −16	−4 −19	−12 −21	−9 −24	−13 −28	−17 −32	—	−22 −37
+180 0	±5.5	±9	+2 −9	+6 −12	+8 −19	0 −18	−9 −20	−5 −23	−15 −26	−11 −29	−16 −34	−21 −39		−26 −44
+210 0	±6.5	±10	+2 −11	+6 −15	+10 −23	0 −21	−11 −24	−7 −28	−18 −31	−14 −35	−20 −41	−27 −48	—	−33 −54
													−33 −54	−40 −61
+250 0	±8	±12	+3 −13	+7 −18	+12 −27	0 −25	−12 −28	−8 −33	−21 −37	−17 −42	−25 −50	−34 −59	−39 −64	−51 −76
													−45 −70	−61 −86
+300 0	±9.5	±15	+4 −15	+9 −21	+14 −32	0 −30	−14 −33	−9 −39	−26 −45	−21 −51	−30 −60	−42 −72	−55 −85	−76 −106
											−32 −62	−48 −78	−64 −94	−91 −121
+350 0	±11	±17	+4 −18	+10 −25	+16 −38	0 −35	−16 −38	−10 −45	−30 −52	−24 −59	−38 −73	−58 −93	−78 −113	−111 −146
											−41 −76	−66 −101	−91 −126	−131 −166
+400 0	±12.5	±20	+4 −21	+12 −28	+20 −43	0 −40	−20 −45	−12 −52	−36 −61	−28 −68	−48 −88	−77 −117	−107 −147	−155 −195
											−50 −90	−85 −125	−119 −159	−175 −215
											−53 −93	−93 −133	−131 −171	−195 −235
+460 0	±14.5	±23	+5 −24	+13 −33	+22 −50	0 −46	−22 −51	−14 −60	−41 −70	−33 −79	−60 −106	−105 −151	−149 −195	−219 −265
											−63 −109	−113 −159	−163 −209	−241 −287
											−67 −113	−123 −169	−179 −225	−267 −313
+520 0	±16	±26	+5 −27	+16 −36	+25 −56	0 −52	−25 −57	−14 −66	−47 −79	−36 −88	−74 −126	−138 −190	−198 −250	−295 −347
											−78 −130	−150 −202	−220 −272	−330 −382
+570 0	±18	±28	+7 −29	+17 −40	+28 −61	0 −57	−26 −62	−16 −73	−51 −87	−41 −98	−87 −144	−169 −226	−247 −304	−369 −426
											−93 −150	−187 −244	−273 −330	−414 −471
+630 0	±20	±31	+8 −32	+18 −45	+29 −68	0 −63	−27 −67	−17 −80	−55 −95	−45 −108	−103 −166	−209 −272	−307 −370	−467 −530
											−109 −172	−229 −292	−337 −400	−571 −580

附录 6　材料及热处理知识

附录 6-1　常用材料及非金属材料的种类、牌号和用途

名称		牌号	说　明	用　途
黑色金属	灰铸铁 (GB/T 9439)	HT150	HT—"灰铁"代号 150—抗拉强度(MPa)	用于制造端盖、带轮、轴承座、阀壳、管子及管子附件、机床底座、工作台等
		HT200		用于较重要铸件，如汽缸、齿轮、机器、飞轮、床身、阀壳、衬筒等
	球墨铸铁 (GB/T 1438)	QT450-10 QT500-7	QT—"球铁"代号 450—抗拉强度(MPa) 10—伸长率(%)	具有较高的强度和塑性，广泛用于机械制造业中受磨损和受冲击的零件，如曲轴、汽缸套、活塞环、摩擦片、中低压阀门、千斤顶座等
	铸钢 (GB/T 11352)	ZG200-400 ZG270-500	ZG—"铸钢"代号 200—屈服强度(MPa) 400—抗拉强度(MPa)	用于各种形状的零件，如机座、变速箱座、飞轮、重负荷机座、水压机工作缸等
	碳素结构钢 (GB/T 700)	Q215-A Q235-A	Q—"屈"字代号 215—屈服点数值(MPa) A—质量等级	有较高的强度和硬度，易焊接，是一般机械上的主要材料，用于制造垫圈、铆钉、轻载齿轮、键、拉杆、螺栓、螺母、轮轴等
	优质碳素结构钢 (GB/T 699)	15	15—平均含碳量(万分之几)	塑性、韧性、焊接性和冷冲性能均良好，但强度较低，用于制造螺钉、螺母、法兰盘及化工贮器等
		35		用于强度要求较高的零件，如汽轮机叶轮、压缩机、机床主轴、花键轴等
		15Mn 65Mn	15—平均含碳量(万分之几) Mn—含锰量较高	其性能与 15 号钢相似，但其塑性、强度比 15 号钢高
				强度高，适宜作大尺寸的各种扁、圆弹簧
	低合金结构钢 (GB/T 1591)	15MnV	15—平均含碳量(万分之几) Mn—含锰量较高 V—合金元素钒	用于制作高中压石油化工容器、桥梁、船舶、起重机等
		16Mn		用于制作车辆、管道、大型容器、低温压力容器、重型机械等
有色金属	普通黄铜 (GB/T 5232)	H96	H—"黄"铜的代号 96—基体元素铜的含量	用于导管、冷凝管、散热器管、散热片等
		H59		用于一般机器零件、焊接件、热冲及热轧零件等
	铸造锡青铜 (GB/T 1176)	ZCuSn10Zn2	Z—"铸"造代号 Cu—基体金属铜元素符号 Sn10—锡元素符号及名义含量(%)	在中等及较高载荷下工作的重要管件，以及阀、旋塞、泵体、齿轮、叶轮等
	铸造铝合金 (GB/T 1173)	ZAlSi5Cu1Mg	Z—"铸"造代号 Al—基体元素铝元素符号 Si5—硅元素符号及名义含量(%)	用于水冷发动机的汽缸体、汽缸头、汽缸盖、空冷发动机头和发动机曲轴箱等
非金属	耐油橡胶板 (GB/T 5574)	3707 3807	37、38—顺序号 07—扯断强度(kPa)	硬度较高，可在温度为−30～100℃的机油、变压器油、汽油等介质中工作，适于冲制各种形状的垫圈
	耐油橡胶板 (GB/T 5574)	4708 4808	47、48—顺序号 08—扯断强度(kPa)	较高硬度，具有耐热性能，可在温度为−30～100℃且压力不大的条件下，在蒸汽、热空气等介质中工作，用作冲制各种垫圈和垫板
	油浸石棉盘根 (JC 68)	YS350 YS250	YS—"油石"代号 350—适用的最高温度	用于回转轴、活塞或阀门杆上做密封材料，介质为蒸汽、空气、工业用水、重质石油等
	橡胶石棉盘根 (JC 67)	XS550 XS350	XS—"橡石"代号 550—适用的最高温度	用于蒸汽机、往复泵的活塞和阀门杆上做密封材料
	聚四氟乙烯 (PTFE)			主要用于耐腐蚀、耐高温的密封元件，如填料、衬垫、涨圈、阀座，也用作输送腐蚀介质的高温管路、耐腐蚀衬里、容器的密封圈等

附录 6-2　热处理方法及应用

热处理方法	解　　释	应　　用
退火	退火是将钢件(或钢坯)加热到适当温度，保温一段时间，然后再缓慢地冷下来(一般用炉冷)	用来消除铸锻件的内应力和组织不均匀及晶粒粗大等现象。消除冷轧坯件的冷硬现象和内应力，降低硬度以便切削
正火	正火是将坯件加热到相变点以上 30～50℃，保温一段时间，然后用空气冷却，冷却速度比退火快	用来处理低碳和中碳结构钢件及渗碳机件，使其组织细化增加强度与韧性。减少内应力，改善低碳钢的切削性能
淬火	淬火是将钢件加热到相变点以上某一温度，保温一段时间，然后在水、盐水或油中(个别材料在空气中)急冷下来，使其得到高硬度	用来提高钢的硬度和强度，但淬火时会引起内应力使钢变脆，所以淬火后必须回火
表面淬火	表面淬火是使零件表面获得高硬度和耐磨性，而心部则保持塑性和韧性	对于各种在动负荷及摩擦条件下工作的齿轮、凸轮轴、曲轴及销子等，都要经过这种处理
高频表面淬火	利用高频感应电流使钢件表面迅速加热，并立即喷水冷却，淬火表面具有高的机械性能，淬火时不易氧化及脱碳，变形小，淬火操作及淬火层易实现精确的电控制与自动化，生产率高	表面淬火必须采用含碳量大于 0.35% 的钢，因为含碳量低淬火后增加硬度不大，一般都是些淬透性较低的碳钢及合金钢(如 45，40Cr，40Mn2，9CrSi 等)
回火	回火是将淬硬的钢件加热到相变点以下的某一种温度后，保温一定时间，然后在空气中或油中冷却下来	用来消除淬火后的脆性和内应力，提高钢的冲击韧性
调质	淬火后高温回火，称为调质	用来使钢获得高的韧性和足够的强度，很多重要零件是经过调质处理的
渗碳	渗碳是向钢表面层渗碳，一般渗碳温度 900～930℃，使低碳钢或低碳合金钢的表面含碳量增高到 0.8%～1.2%，经过适当热处理，表面层得到的高的硬度和耐磨性，提高疲劳强度	为了保证心部的高塑性和韧性，通常采用含碳量为 0.08%～0.25% 的低碳钢和低合金钢，如齿轮、凸轮及活塞销等
氮化	氮化是向钢表面层渗氮，目前常用气体氮化法，即利用氨气加热时分解的活性氮原子渗入钢中	氮化后不再进行热处理，用于某种含铬、钼或铝的特种钢，以提高硬度和耐磨性，提高疲劳强度及抗蚀能力
氰化	氰化是同时向钢表面渗碳及渗氮，常用液体碳化法处理，不仅比渗碳处理有较高硬度和耐磨性，而且兼有一定耐磨蚀和较高的抗疲劳能力。在工艺上比渗碳或氮化时间短	增加表面硬度、耐磨性、疲劳强度和耐蚀性。用于要求硬度高、耐磨的中、小型及薄片零件和刀具等
发黑 发蓝	使钢的表面形成氧化膜的方法叫“发黑、发蓝”	钢铁的氧化处理(发黑、发蓝)可用来提高其表面抗腐蚀能力和使外表美观但其抗腐蚀能力并不理想，一般只能用于空气干燥及密闭的场所

附录 7　化工设备标准零部件

附录 7-1　内压筒体壁厚

<table>
<tr><th rowspan="3">材料</th><th rowspan="3">工作压力/MPa</th><th colspan="29">公称直径 DN/mm</th></tr>
<tr><th>300</th><th>(350)</th><th>400</th><th>(450)</th><th>500</th><th>(550)</th><th>600</th><th>(650)</th><th>700</th><th>800</th><th>900</th><th>1000</th><th>(1100)</th><th>1200</th><th>1300</th><th>1400</th><th>(1500)</th><th>1600</th><th>(1700)</th><th>1800</th><th>(1900)</th><th>2000</th><th>(2100)</th><th>2200</th><th>(2300)</th><th>2400</th><th>2600</th><th>2800</th><th>3000</th></tr>
<tr><th colspan="29">筒体壁厚/mm</th></tr>
<tr><td rowspan="5">Q235—A
Q235—A·F</td><td>≤0.3</td><td rowspan="4">3</td><td rowspan="3">3</td><td rowspan="3">3</td><td rowspan="3">3</td><td rowspan="2">3</td><td rowspan="2">3</td><td rowspan="2">3</td><td rowspan="3">4</td><td rowspan="3">4</td><td rowspan="2">4</td><td rowspan="2">4</td><td rowspan="3">5</td><td rowspan="3">5</td><td rowspan="3">5</td><td rowspan="2">5</td><td rowspan="2">5</td><td rowspan="2">5</td><td rowspan="2">5</td><td rowspan="2">5</td><td rowspan="2">6</td><td rowspan="2">6</td><td rowspan="2">6</td><td rowspan="2">6</td><td rowspan="2">6</td><td rowspan="2">6</td><td rowspan="2">6</td><td rowspan="2">8</td><td rowspan="2">8</td><td rowspan="2">8</td></tr>
<tr><td>≤0.4</td></tr>
<tr><td>≤0.6</td><td>4</td><td>4</td><td>4</td><td>4.5</td><td>4.5</td><td>6</td><td>6</td><td>6</td><td>6</td><td>8</td><td>8</td><td>8</td><td>8</td><td>8</td><td>8</td><td>10</td><td>10</td><td>10</td><td>10</td><td>10</td></tr>
<tr><td>≤1.0</td><td>4</td><td>4</td><td>4.5</td><td>4.5</td><td>5</td><td>6</td><td>6</td><td>6</td><td>6</td><td>6</td><td>8</td><td>8</td><td>8</td><td>8</td><td>10</td><td>10</td><td>10</td><td>10</td><td>12</td><td>12</td><td>12</td><td>12</td><td>12</td><td>14</td><td>14</td><td>14</td><td>16</td><td>16</td></tr>
<tr><td>≤1.6</td><td>4.5</td><td>5</td><td>6</td><td>6</td><td>8</td><td>8</td><td>8</td><td>8</td><td>8</td><td>8</td><td>10</td><td>10</td><td>10</td><td>12</td><td>12</td><td>12</td><td>14</td><td>14</td><td>16</td><td>16</td><td>16</td><td>18</td><td>18</td><td>18</td><td>20</td><td>20</td><td>22</td><td>24</td><td>24</td></tr>
<tr><td rowspan="5">不锈钢</td><td>≤0.3</td><td rowspan="4">3</td><td rowspan="4">3</td><td rowspan="4">3</td><td rowspan="3">3</td><td rowspan="3">3</td><td rowspan="3">3</td><td rowspan="3">3</td><td rowspan="3">3</td><td rowspan="3">3</td><td rowspan="3">3</td><td rowspan="3">3</td><td rowspan="3">4</td><td rowspan="3">4</td><td rowspan="2">4</td><td rowspan="2">4</td><td rowspan="2">4</td><td rowspan="2">4</td><td rowspan="2">4</td><td rowspan="2">5</td><td rowspan="2">5</td><td rowspan="2">5</td><td rowspan="2">5</td><td rowspan="2">5</td><td rowspan="2">5</td><td rowspan="2">5</td><td>5</td><td rowspan="2">7</td><td rowspan="2">7</td><td rowspan="2">7</td></tr>
<tr><td>≤0.4</td><td>7</td></tr>
<tr><td>≤0.6</td><td>5</td><td>5</td><td>5</td><td>5</td><td>5</td><td>6</td><td>6</td><td>6</td><td>6</td><td>7</td><td>7</td><td>7</td><td>8</td><td>8</td><td>9</td><td>9</td></tr>
<tr><td>≤1.0</td><td>4</td><td>4</td><td>4</td><td>4</td><td>5</td><td>5</td><td>5</td><td>5</td><td>6</td><td>6</td><td>6</td><td>7</td><td>7</td><td>8</td><td>8</td><td>9</td><td>9</td><td>10</td><td>10</td><td>12</td><td>12</td><td>12</td><td>12</td><td>14</td><td>14</td><td>16</td></tr>
<tr><td>≤1.6</td><td>4</td><td>4</td><td>5</td><td>5</td><td>6</td><td>6</td><td>7</td><td>7</td><td>7</td><td>7</td><td>8</td><td>8</td><td>9</td><td>10</td><td>12</td><td>12</td><td>12</td><td>14</td><td>14</td><td>14</td><td>16</td><td>16</td><td>18</td><td>18</td><td>18</td><td>18</td><td>20</td><td>22</td><td>24</td></tr>
</table>

附录 7-2 椭圆形封头（摘自 JB/T 4737—1995） /mm

以内径为公称直径的封头

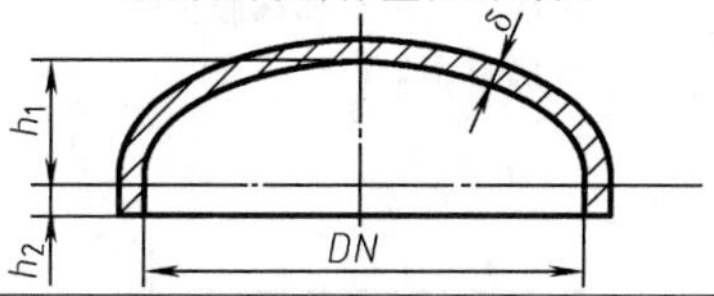

以外径为公称直径的封头

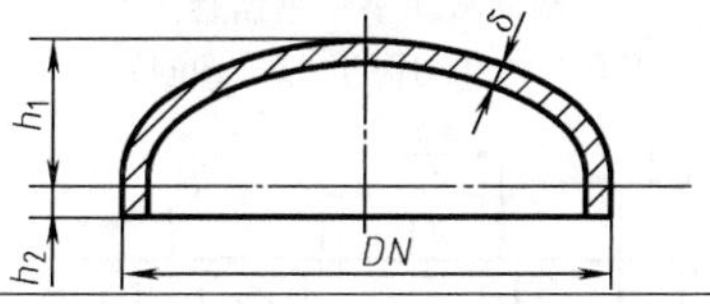

以内径为公称直径的封头

公称直径 DN	曲面高度 h_1	直边高度 h_2	厚度 δ	公称直径 DN	曲面高度 h_1	直边高度 h_2	厚度 δ
300	75	25	4～8	1600	400	25	6～8
350	88					40	10～18
400	100	25	4～8			50	20～42
		40	10～16	1700	425	25	8
450	112	25	4～8			40	10～18
		40	10～18			50	20～24
500	125	25	4～8	1800	450	25	8
		40	10～18			40	10～18
		50	20			50	20～50
550	137	25	4～8	1900	475	25	8
		40	10～18			40	10～18
		50	20～22	2000	500	25	8
600	150	25	4～8			40	10～18
		40	10～18			50	20～50
		50	20～24	2100	525	40	10～14
650	162	25	4～8	2200	550	25	8,9
		40	10～18			40	10～18
		50	20～24			50	20～50
700	175	25	4～8	2300	575	40	10～14
		40	10～18	2400	600	40	10～18
		50	20～24			50	20～50
750	188	25	4～8	2500	625	40	12～18
		40	10～18			50	20～50
		50	20～26	2600	650	40	12～18
800	200	25	4～8			50	20～50
		40	10～18	2800	700	40	12～18
		50	20～26			50	20～50
900	225	25	4～8	3000	750	40	12～18
		40	10～18			50	20～46
		50	20～28	3200	800	40	14～18
1000	250	25	4～8			50	20～42
		40	10～18	3400	850	50	20～36
		50	20～30	3500	875	50	12～38
1100	275	25	6～8	3600	900	50	20～36
		40	10～18	3800	950		
		50	20～24	4000	1000		
1200	300	25	6～8	4200	1050	50	12～38
		40	10～18	4400	1100		
		50	20～34	4500	1125	50	20～38
1300	325	25	6～8	4600	1150		
		40	10～18	4800	1200		
		50	20～24	5000	1250		
1400	350	25	6～8	5200	1300		
		40	10～18	5400	1350		
		50	20～38	5500	1375		
1500	375	25	6～8	5600	1400		
		40	10～18	5800	1450		
		50	20～24	6000	1500		

以外径为公称直径的封头

公称直径 DN	曲面高度 h_1	直边高度 h_2	厚度 δ	公称直径 DN	曲面高度 h_1	直边高度 h_2	厚度 δ
159	40	25	4～8	325	81	25	8
219	55					40	10～12
273	68	25	4～8	377	94	40	10～14
		40	10～12	426	106		

注：厚度 δ 系列 4～50 之间 2 进位。

附录 7-3　管路法兰及垫片

凸面板式平焊钢制管法兰
（摘自 JB/T 81—1994）

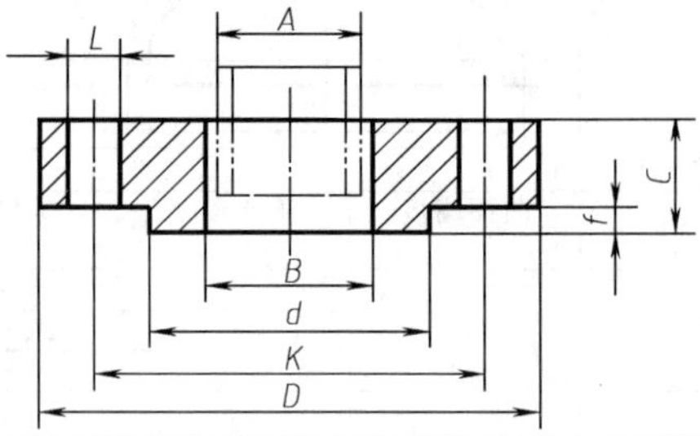

管路法兰用石棉橡胶垫片
（摘自 JB/T 87—1994）

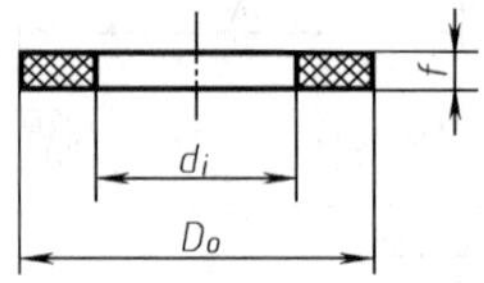

凸面板式平焊钢制管法兰/mm

PN/MPa	公称通径 *DN*	10	15	20	25	32	40	50	65	80	100	120	150	200	250	300
	直径/mm															
0.25 0.6 1.0 1.6	管子外径 *A*	14	18	25	32	38	45	57	73	89	108	133	159	219	273	325
	法兰内径 *B*	15	19	26	33	39	46	59	75	91	110	135	161	222	276	328
	密封面厚度 *f*	2	2	2	2	2	3	3	3	3	3	3	3	3	3	4
0.25 0.6	法兰外径 *D*	75	80	90	100	120	130	140	160	190	210	240	265	320	375	440
	螺栓中心直径 *K*	50	55	65	75	90	100	110	130	150	170	200	225	280	335	395
	密封面直径 *d*	32	40	50	60	70	80	90	110	125	145	175	200	255	310	362
1.0 1.6	法兰外径 *D*	90	95	105	115	140	150	165	185	200	220	250	285	340	395	445
	螺栓中心直径 *K*	60	65	75	85	100	110	125	145	460	480	210	240	295	350	400
	密封面直径 *d*	40	45	55	65	78	85	100	120	135	155	185	210	265	320	368
	厚度/mm															
0.25	法兰厚度 *C*	10	10	12	12	12	12	12	14	14	14	14	16	18	22	22
0.6		12	12	14	14	16	16	16	16	18	18	20	20	22	24	24
1.0							18	18	20	20	22	24	24	24	26	28
1.6		14	14	16	18	18	20	22	24	24	26	28	28	30	32	32

PN/MPa	公称通径 *DN*	10	15	20	25	32	40	50	65	80	100	120	150	200	250	300
	螺　　栓															
0.25,0.6	螺栓数量 *n*	4	4	4	4	4	4	4	4	4	4	8	8	8	12	12
0.6										4	8			8		
1.6										8	8			12		
0.25 0.6	螺栓孔直径 *L*	12	12	12	12	14	14	14	14	18	18	18	18	18	18	23
	螺栓规格	M10	M10	M10	M10	M12	M12	M12	M12	M16	M16	M16	M16	M16	M16	M20
1.0	螺栓孔直径 *L*	14	14	14	14	18	18	18	18	18	18	18	23	23	23	23
	螺栓规格	M12	M12	M12	M12	M16	M16	M16	M16	M16	M16	M16	M20	M20	M20	M20
1.6	螺栓孔直径 *L*	14	14	14	14	18	18	18	18	18	18	18	23	23	26	26
	螺栓规格	M12	M12	M12	M12	M16	M16	M16	M16	M16	M16	M16	M20	M20	M24	M24
	管路法兰用石棉橡胶垫片/mm															
0.25,0.6	垫片外径 D_0	38	43	53	63	76	86	96	116	132	152	182	207	262	317	372
1.0		46	51	61	71	82	92	107	127	142	462	492	217	272	327	377
1.6															330	385
垫片内径 d_1		14	18	25	32	38	45	57	76	89	108	133	159	219	273	325
垫片厚度 *t*		2														

附录 7-4　设备法兰及垫片

甲型平焊法兰（平密封面）
（摘自 JB/T 4701—1992）

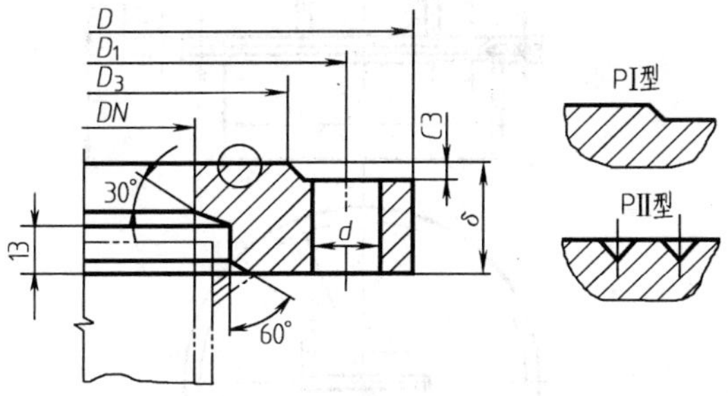

非金属垫片
（摘自 JB/T 4704—1992）

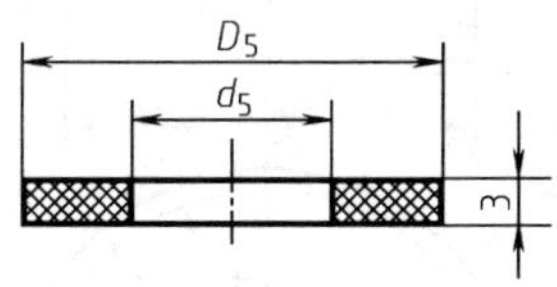

公称直径 DN/mm	甲型平焊法兰/mm					非金属垫片/mm		螺柱	
	D	D_1	D_3	δ	d	D_5	d_5	规格	数量
PN=0.25MPa									
700	815	780	740	36	18	739	703	M16	28
800	115	880	840	36		839	803		32
900	1015	980	940	40		939	903		36
1000	1030	1090	1045	40	23	1044	1004	M20	32
1200	1330	1290	1241	44		1240	1200		36
1400	1530	1490	1441	46		1440	1400		40
1600	1730	1690	1641	50		1640	1600		48
1800	1930	1890	1841	56		1840	1800		52
2000	2130	2090	2041	60		2040	2000		60
PN=0.6MPa									
500	615	580	540	30	18	539	503	M16	20
600	715	680	640	32		639	603		24
700	830	790	745	36	23	744	704	M20	24
800	930	890	845	40		844	804		24
900	1030	990	945	44		944	904		32
1000	1130	1090	1045	48		1044	1004		36
1200	1330	1290	1241	60		1240	1200		52
PN=1.0MPa									
300	415	380	340	26	18	339	303	M16	16
400	515	480	440	30		439	403		20
500	630	590	545	34	23	544	504	M20	20
600	730	690	645	40		644	604		24
700	830	790	745	46		744	704		32
800	930	890	845	54		844	804		40
900	1030	990	945	60		944	904		48
PN=1.6MPa									
300	430	390	345	30	23	344	304	M20	16
400	530	490	445	36		444	404		20
500	630	590	545	44		544	504		28
600	730	690	645	54		644	604		40

附录 7-5 人孔与手孔

常压人孔（摘自 JB/T 577—1979）

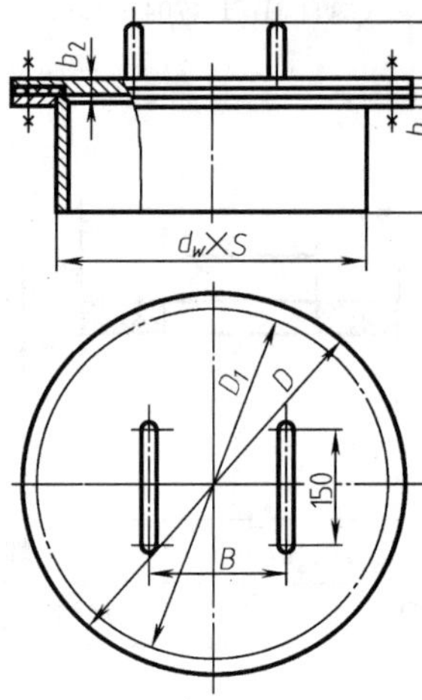

平盖手孔（摘自 JB/T 588—1979）

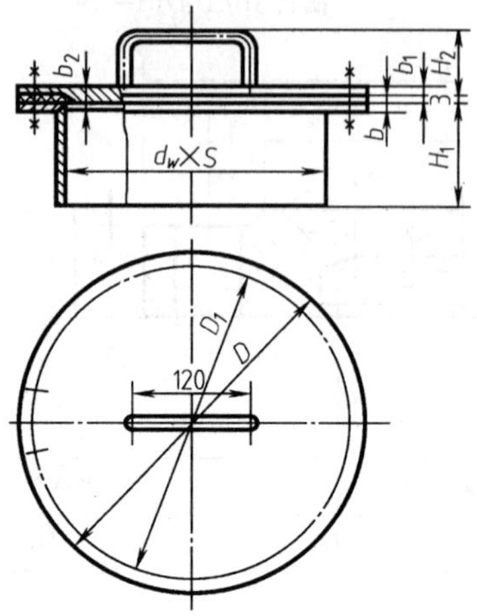

<table>
<tr><td colspan="13">常 压 人 孔</td></tr>
<tr><td rowspan="2">公称压力
/MPa</td><td rowspan="2">公称直径
DN
/mm</td><td rowspan="2">$d_w \times S$
/mm</td><td rowspan="2">D
/mm</td><td rowspan="2">D_1
/mm</td><td rowspan="2">b
/mm</td><td rowspan="2">b_1
/mm</td><td rowspan="2">b_2
/mm</td><td rowspan="2">H_1
/mm</td><td rowspan="2">H_2
/mm</td><td rowspan="2">B
/mm</td><td colspan="2">螺栓</td></tr>
<tr><td>数量</td><td>规格
/mm</td></tr>
<tr><td rowspan="4">常压</td><td>(400)</td><td>426×6</td><td>515</td><td>480</td><td rowspan="3">14</td><td rowspan="3">10</td><td rowspan="3">12</td><td>150</td><td rowspan="3">90</td><td rowspan="2">250</td><td>16</td><td rowspan="4">M16×50</td></tr>
<tr><td>450</td><td>480×6</td><td>570</td><td>535</td><td rowspan="2">160</td><td rowspan="2">20</td></tr>
<tr><td>500</td><td>530×6</td><td>620</td><td>585</td><td rowspan="2">300</td></tr>
<tr><td>600</td><td>630×6</td><td>720</td><td>685</td><td>16</td><td>12</td><td>14</td><td>180</td><td>92</td><td>24</td></tr>
<tr><td colspan="13">平 盖 手 孔</td></tr>
<tr><td rowspan="2">1.0</td><td>150</td><td>159×45</td><td>280</td><td>240</td><td>24</td><td>16</td><td>18</td><td>160</td><td>82</td><td>—</td><td>8</td><td>M20×65</td></tr>
<tr><td>250</td><td>273×8</td><td>390</td><td>350</td><td>26</td><td>18</td><td>20</td><td>190</td><td>84</td><td>—</td><td>12</td><td>M20×70</td></tr>
<tr><td rowspan="2">1.6</td><td>150</td><td>159×6</td><td>280</td><td>240</td><td>28</td><td>18</td><td>20</td><td>170</td><td>84</td><td>—</td><td>8</td><td>M20×70</td></tr>
<tr><td>250</td><td>273×8</td><td>405</td><td>355</td><td>32</td><td>24</td><td>26</td><td>200</td><td>90</td><td>—</td><td>12</td><td>M22×85</td></tr>
</table>

注：尽量不采用带括号的公称直径。

附录 7-6 耳式支座（摘自 JB/T 4725—1992）

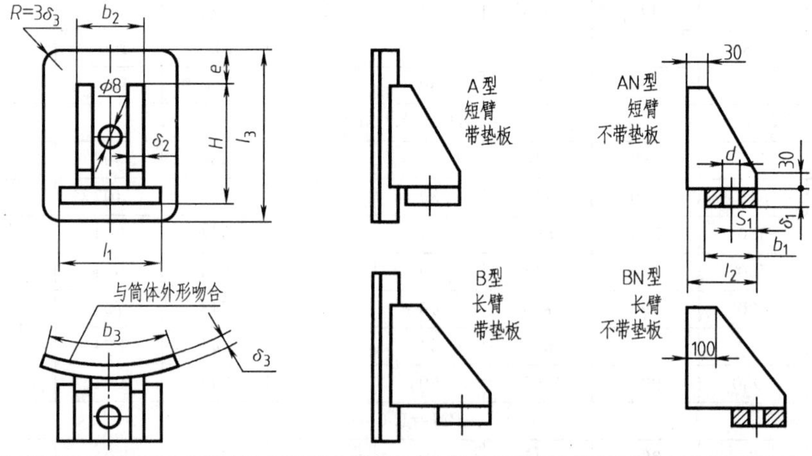

支座号	1	2	3	4	5	6	7	8
支座本体允许载荷/kN	10	20	30	60	100	150	200	250
适用容器公称直径 DN	300～600	500～1000	700～1400	1000～2000	1300～2600	1500～3000	1700～3400	2000～4000
高度 H	125	160	200	250	320	400	480	600

续表

底板	l_1		100	125	160	200	250	315	375	480
	b_1		60	80	105	140	180	230	280	360
	δ_1		6	8	10	14	16	20	22	26
	S_1		30	40	50	70	90	115	130	145
肋板	l_2	A、AN 型	80	100	125	160	200	250	300	380
		B、BN 型	160	180	205	290	330	380	430	510
	δ_2	A、AN 型	4	5	6	8	10	12	14	16
		B、BN 型	5	6	8	10	12	14	16	18
	b_2		80	100	125	160	200	250	300	380
垫板	l_3		160	200	250	315	400	500	600	720
	b_3		125	160	200	250	320	400	480	600
	δ_3		6	6	8	8	10	12	14	16
	e		20	24	30	40	48	60	70	72
地脚螺栓	d		24	24	30	30	30	36	36	36
	规格		M20	M20	M24	M24	M24	M30	M30	M30

附录 7-7　鞍式支座（摘自 JB/T 4712—1992）

（DN500～900 适用）

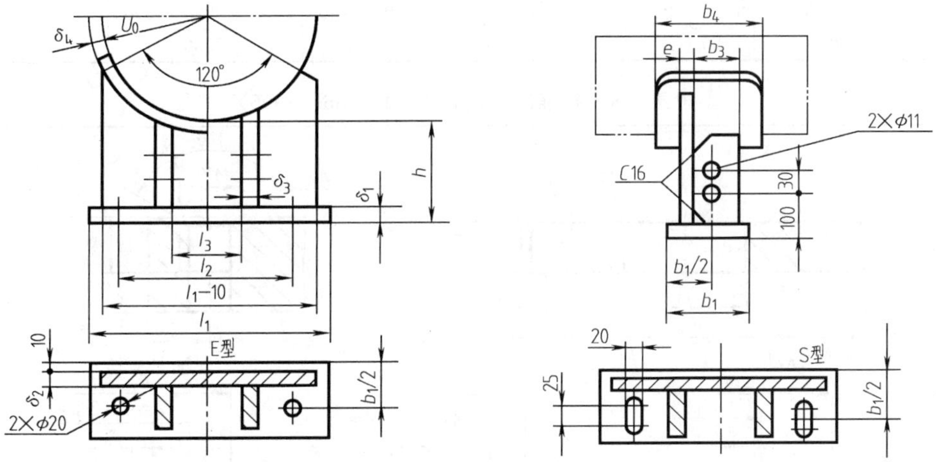

（DN1000～2000 适用）

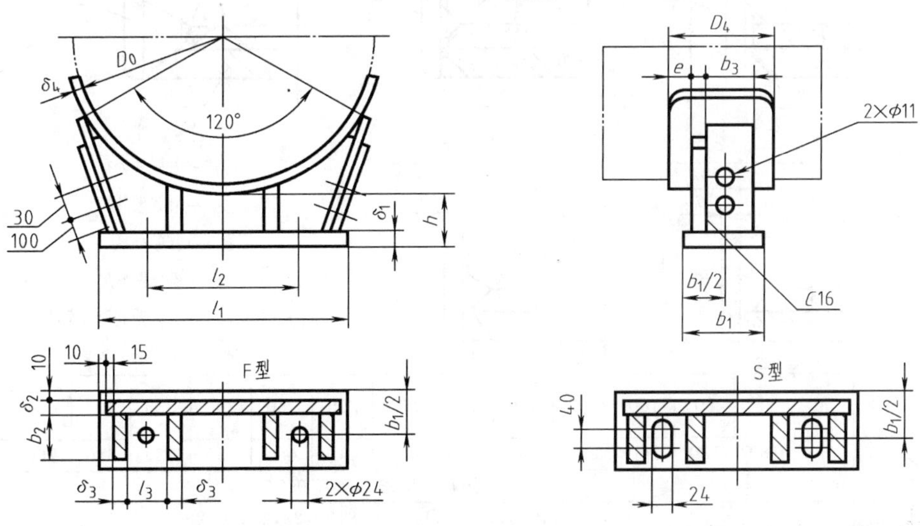

续表

形式特征	公称直径 DN	鞍座高度 h	底板 l_1	底板 b_1	底板 δ_1	腹板 δ_2	肋板 l_3	肋板 b_2	肋板 b_3	肋板 δ_3	垫板 弧长	垫板 b_4	垫板 δ_4	垫板 e	螺栓间距 l_2
DN500～900 120°包角重型带垫板	500	200	460	150	10	8	250		120	8	590	200	6	36	330
	550		510				275				650				360
	600		550				300				710				400
	650		590				325				770				430
	700		640				350				830				460
	800		720			10	400			12	940				530
	900		810				450				1060				590
DN1000～2000 120°包角重型带垫板或不带垫板	1000	200	760	170	12	8	170	140	180	8	1180	270	80	40	600
	1100		820				185				1290				660
	1200		880			10	200			10	1410				720
	1300		940				215				1520				780
	1400		1000				230				1640				840
	1500	250	1060	200	16	12	242	170	230	12	1760	320	10		900
	1600		1120				257				1870				960
	1700		1200				277				1990				1040
	1800		1280	220		14	296	190	260		2100	350			1120
	1900		1360				316				2220				1200
	2000		1420				331				2330				1260

附录 7-8 补强圈（摘自 JB/T 4736—1995）

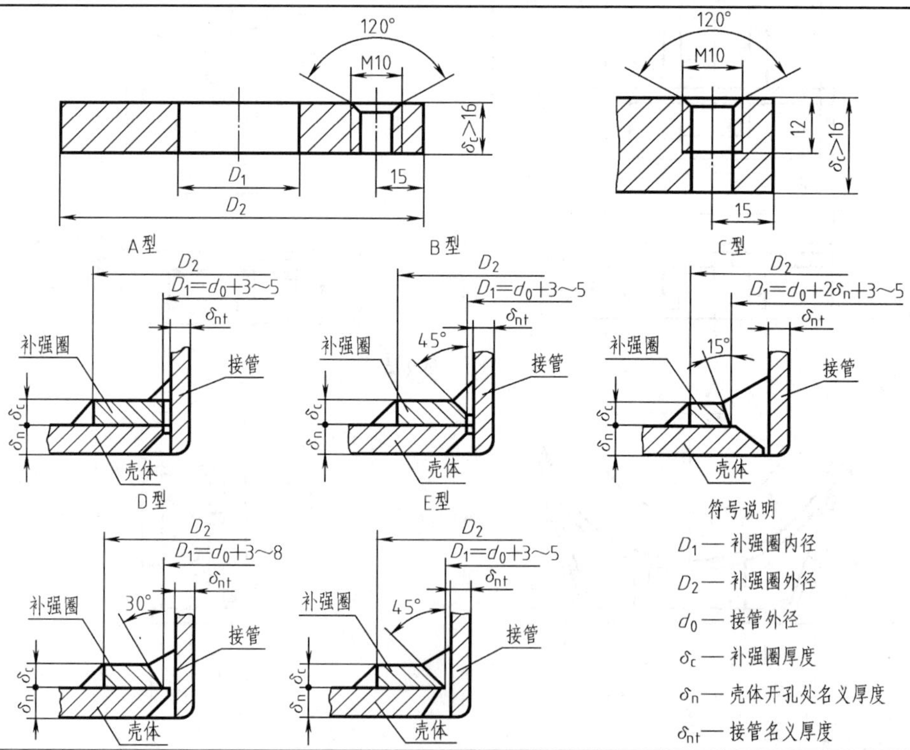

符号说明

D_1— 补强圈内径

D_2— 补强圈外径

d_0— 接管外径

δ_c— 补强圈厚度

δ_n— 壳体开孔处名义厚度

δ_{nt}— 接管名义厚度

接管公称直径 DN	50	65	80	100	125	150	175	200	225	250	300	350	400	450	500	600
外径 D_2	130	160	180	200	250	300	350	400	440	480	550	620	680	760	840	980
外径 D_1	按补强圈坡口类型确定															
厚度系列 δ^c	4,6,8,10,12,14,16,18,20,22,24,26,28															

附录 7-9 视镜（摘自 HGJ 501—86）

视镜（HGJ 501—86）

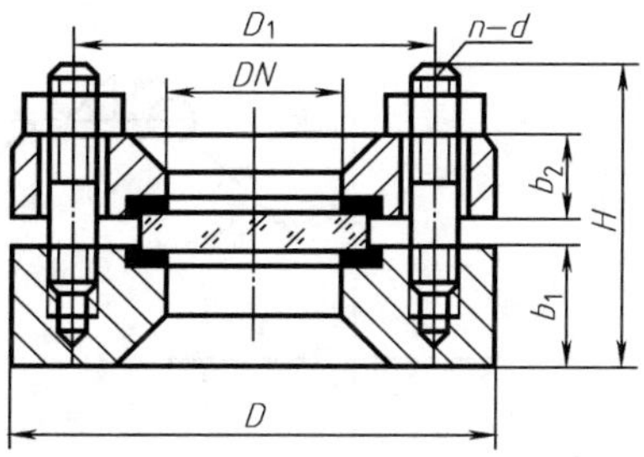

带颈视镜（HGJ 502—86）

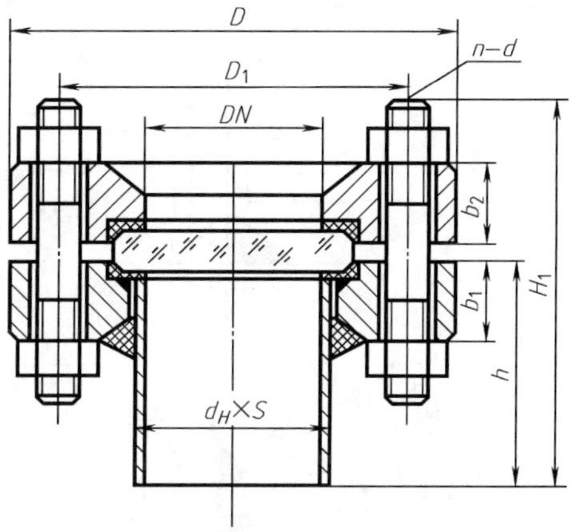

视 镜 尺 寸

公称直径 DN	公称压力 PN /(kgf/cm^2) (MPa)	D	D_1	b_1	b_2	≈H	螺柱 数量 n	螺柱 直径 d	质量 /kg	标准图图号 碳素钢 Ⅰ	标准图图号 不锈钢 Ⅱ
50	10(0.98)	130	100	34	22	79	6	M12	4.7	HGJ 501—86—1	HGJ 501—86—11
	16(1.57)	130	100	34	24	79	6	M12	4.9	HGJ 501—86—2	HGJ 501—86—12
	25(2.45)	130	100	34	26	84	6	M12	5.1	HGJ 501—86—3	HGJ 501—86—13
80	10(0.98)	160	130	36	24	86	8	M12	6.8	HGJ 501—86—4	HGJ 501—86—14
	16(1.57)	160	130	36	26	91	8	M12	7.1	HGJ 501—86—5	HGJ 501—86—15
	25(2.45)	160	130	36	28	96	8	M12	7.4	HGJ 501—86—6	HGJ 501—86—16
100	10(0.98)	200	165	40	26	100	8	M16	12.0	HGJ 501—86—7	HGJ 501—86—17
	16(1.57)	200	165	40	28	105	8	M16	12.5	HGJ 501—86—8	HGJ 501—86—18
125	10(0.98)	225	190	40	28	105	8	M16	14.7	HGJ 501—86—9	HGJ 501—86—19
150	10(0.98)	250	215	40	30	110	12	M16	17.6	HGJ 501—86—10	HGJ 501—86—20

带颈视镜尺寸

公称直径 DN	公称压力 PN /(kgf/cm^2) (MPa)	D	D_1	b_1	b_2	$d_H \times S$	h	≈H_1	螺柱 数量 n	螺柱 直径 d	质量 /kg	标准图图号 碳素钢 Ⅰ	标准图图号 不锈钢 Ⅱ
50	10(0.98)	130	100	22	22	57×3.5	70	113	6	M12	4.2	HGJ 502—86—1	HGJ 502—86—11
	16(1.57)	130	100	24	24	57×3.5	70	116	6	M12	4.5	HGJ 502—86—2	HGJ 502—86—12
	25(2.45)	130	100	26	26	57×3.5	70	120	6	M12	5.0	HGJ 502—86—3	HGJ 502—86—13
80	10(0.98)	160	130	24	24	89×4	70	120	8	M12	6.4	HGJ 502—86—4	HGJ 502—86—14
	16(1.57)	160	130	26	26	89×4	70	127	8	M12	7.0	HGJ 502—86—5	HGJ 502—86—15
	25(2.45)	160	130	28	28	89×4	70	128	8	M12	7.4	HGJ 502—86—6	HGJ 502—86—16
100	10(0.98)	200	165	26	26	108×4	80	142	8	M16	10.9	HGJ 502—86—7	HGJ 502—86—17
	16(1.57)	200	165	28	28	108×4	80	143	8	M16	11.6	HGJ 502—86—8	HGJ 502—86—18
125	10(0.98)	225	190	28	28	133×4	80	143	8	M16	13.6	HGJ 502—86—9	HGJ 502—86—19
150	10(0.98)	250	215	30	30	159×4.5	80	150	12	M16	17.4	HGJ 502—86—10	HGJ 502—86—20

附录 8 焊接接头形式及代号

附录 8-1 焊接接头形式及代号（摘自 HGJ 17）

<table>
<tr><th>序号</th><th>接 头 形 式</th><th>基本尺寸/mm</th><th>标 注 代 号</th></tr>
<tr><td>G6</td><td>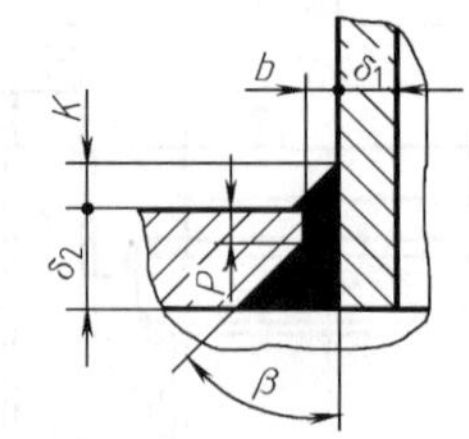
</td><td>$\beta=50°\pm5°$
$b=2\pm0.5$
$P=2\pm0.5$
$K\geqslant1/3\delta_1$，且
$K\geqslant6$</td><td>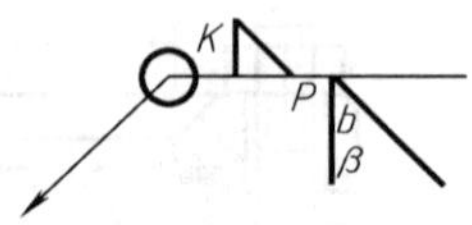
</td></tr>
<tr><td>G28</td><td>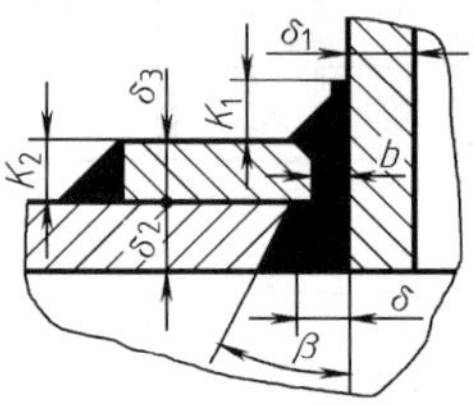
</td><td>$\beta=20°\pm2°,b=2\pm0.5$
$K_1=1.4\delta_1$，且 $K_1\geqslant6$
$K_2=\delta_3$（当 $\delta_3\leqslant8$ 时）
$K_2=0.7\delta_3$（当 $\delta_3>8$ 时）</td><td>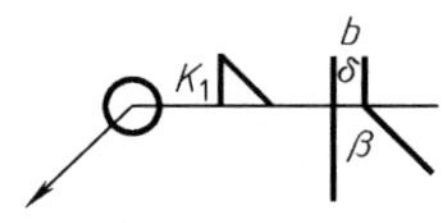
</td></tr>
<tr><td>J1</td><td>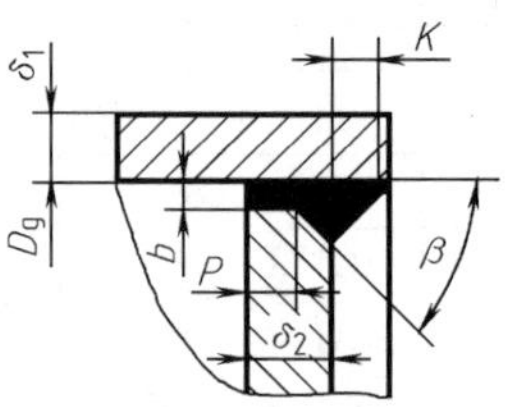
</td><td>$\beta=55°\pm5°,b=2^{+1}_{-2}$
$P=2\pm1,K=\delta_2$
$\delta_1\geqslant3,\delta_2=3\sim16$</td><td>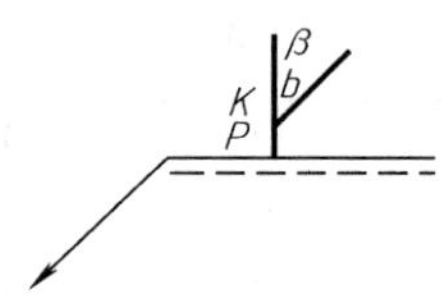
</td></tr>
<tr><td>Da5</td><td>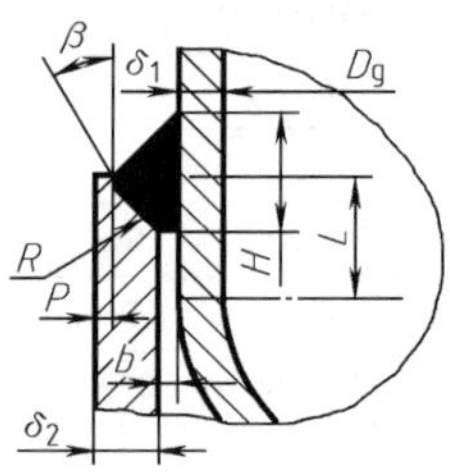
</td><td>$\beta=20°\pm2°,b=2^{+1}_{-2}$
$P\geqslant2,H\geqslant1.75\delta_1$
$L\geqslant25,\delta_1=4\sim16$
$\delta_2\geqslant8,R=6\sim13$</td><td>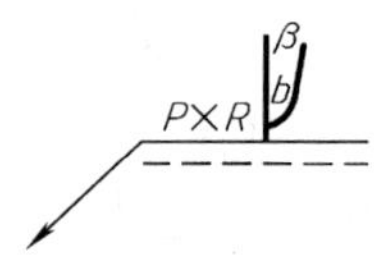
</td></tr>
<tr><td>DU19</td><td>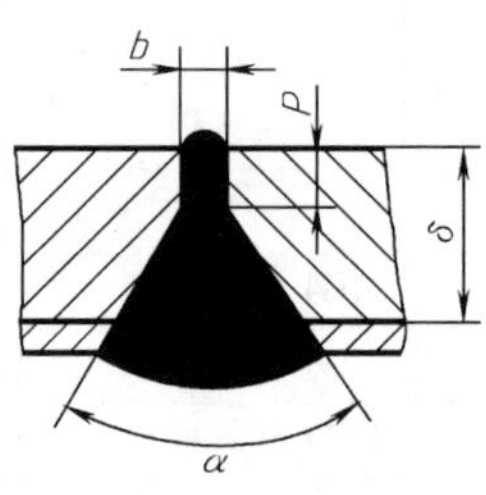
</td><td>
<table>
<tr><td>δ</td><td>8</td><td>10</td><td>12</td><td>14</td><td>16</td><td>18</td><td>20</td></tr>
<tr><td>α°</td><td colspan="2">80±5</td><td colspan="2">70±5</td><td colspan="3">60±5</td></tr>
<tr><td>b</td><td colspan="4">0^{+2}</td><td colspan="3">$0^{+2.5}$</td></tr>
<tr><td>P</td><td colspan="2">2±1</td><td colspan="2">4±1</td><td colspan="3">6±1</td></tr>
</table>
</td><td>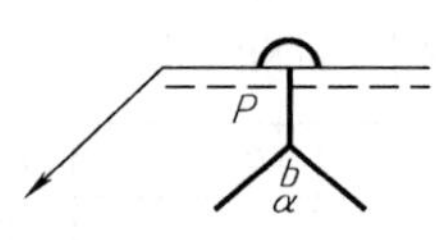
</td></tr>
<tr><td>G1</td><td>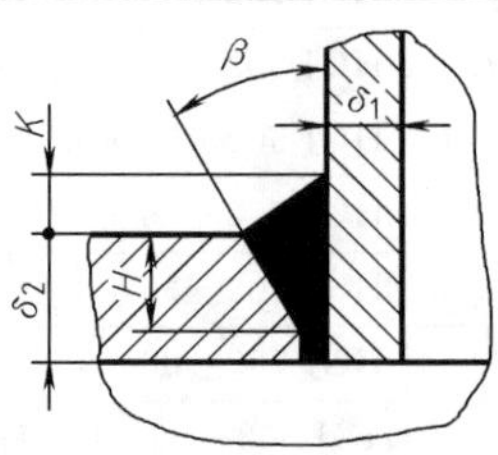
</td><td>$\beta=45°\pm5°$
$b=1\pm0.5$
$H\geqslant\delta_1$
$K\geqslant6$</td><td>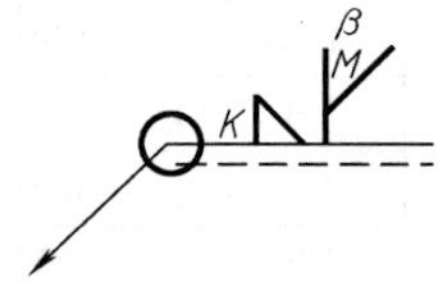
</td></tr>
</table>

参 考 文 献

1 清华大学工程图学及计算机辅助设计教研室刘朝儒，彭福荫，高政一主编．机械制图．北京：高等教育出版社，2001

2 谭建荣，张树有，陆国栋，施岳定主编．图学基础教程．北京：高等教育出版社，1999

3 魏崇光，郑晓梅主编．化工工程制图．北京：化学工业出版社，1994

4 郑晓梅主编．化工制图．北京：化学工业出版社，2002

5 马瑞兰等．化工制图．上海：科学技术文献出版社，2000

6 周大军，揭嘉主编．化工工艺制图．北京：化学工业出版社，2005

7 汪剀主编．技术制图国家标准宣贯教材．北京：中国计量出版社，1997

8 国家石油和化学工业局发布．中华人民共和国行业标准　化工设备设计文件编制规定 HG/T 20668—2000．北京，2001

9 中华人民共和国化学工业部发布．中华人民共和国行业标准　管道仪表流程图设计规定 HG/T 20559—93．北京，1994

10 中华人民共和国化学工业部发布．中华人民共和国行业标准　化工装置设备布置设计规定 HG/T 20546—92．北京，1993

11 国家石油和化学工业局发布．中华人民共和国行业标准　化工装置管道布置设计规定 HG/T 20549—1998．北京，1999

12 国家石油和化学工业局发布．中华人民共和国行业标准　过程测量与控制仪表的功能标志及图形符号 HG/T 20509—2000．北京，2001

参考文献

[illegible]